Die

Fortschritte der Physik

im Jahre 1886.

Dargestellt

von

der physikalischen Gesellschaft zu Berlin.

XLII. Jahrgang.

Erste Abtheilung,

enthaltend:

Physik der Materie.

Redigirt von

Dr. E. Budde.

Berlin.

Druck und Verlag von Georg Reimer.

1892.

Die Fortschritte
der
Physik der Materie
im Jahre 1886.

Dargestellt

von

der physikalischen Gesellschaft zu Berlin.

Redigirt

von

Dr. E. Budde.

Berlin.

Druck und Verlag von Georg Reimer.

1892.

Erklärung der Citate.

Ein Kreuz (†) bedeutet, dass der Berichterstatter den citirten Abdruck nachgelesen, ein Sternchen (*), dass der Berichterstatter oder der Redacteur nochmals sich von der Richtigkeit des Citats überzeugt hat. [vor einem Citat bedeutet Auszug bezw. Referat der angegebenen Abhandlung in der dann genannten Zeitschrift. Wenn der Referent über russische Arbeiten von einem Verfasser freundlichst unterstützt wurde und er die Mittheilung desselben für das in diesen Berichten gegebene Referat benutzen konnte, befindet sich vor der Chiffer des Referenten der eingeklammerte Name des Verfassers. Entsprechendes gilt für Referate aus dem Gebiet der Mechanik, wenn der Referent bereits vorhandene, von andern Mitarbeitern herrührende Referate aus dem Jahrbuch über die Fortschritte der Mathematik benutzt hat.

Eine rund eingeklammerte (arabische) Zahl vor der (römischen) Bandzahl bezeichnet, welcher Reihe (Folge, Serie) einer Zeitschrift der betreffende Band angehört; hinter der Bandzahl deutet eine eckig eingeklammerte arabische Zahl auf gleichzeitige, eine rund eingeklammerte auf zeitlich getrennte, nacheinander erscheinende Abtheilungen. H bedeutet Heft, L Lieferung und (L) bei den Citaten aus Nature Brief, Briefliche Mittheilung, N (oder Nr.) Nummer.

Zeitschriften, von welchen für jedes Jahr ein Band erscheint, sind nach dieser Jahreszahl citirt, welche von der Jahreszahl des Erscheinens manchmal verschieden ist, wie bei den Rep. Brit. Ass., oder auch gleichzeitig nach dem Bande.

Im Folgenden ist angegeben, welche Abkürzungen für die Titel bei den Citaten benutzt sind. Abkürzungen, welche an sich vollständig verständlich sind, sind nicht mitgetheilt.

Manche nähere Angaben über die citirten Zeitschriften sind zu finden in diesen Berichten 1852, S. VIII-XXIV, 1854, S. X-XII etc., sowie am Ende der dritten Abtheilung von 1884.

Abh. d. Berl. Ak. = Physikalisch-mathematische Abhandlungen der Königlichen Preussischen Akademie der Wissenschaften zu Berlin. Aus dem Jahre · · · . Berlin: (Dümmler's Verlagsbuchhandlung [jetzt Georg Reimer] in Comm.) 4⁰. — Erscheinen auch in einzelnen Heften. R.

Abh. d. Böhm. Ges. d. W. = Abhandlungen der königl. böhmischen Gesellschaft der Wissenschaften. Prag: Selbstverlag der Kgl. böhm. Ges. 4⁰. R.

Abh. d. Brem. naturw. Ver. = Abhandlungen hrsg. vom naturwissenschaftlichen Vereine zu Bremen. Bremen: Müller. gr. 8⁰.

Abh. d. G. d. W. zu Gött. = Abhandlungen der königlichen Gesellschaft der Wissenschaften zu Göttingen. Göttingen: Dietrich's Verlag. gr. 4⁰.

Abh. d. k. bayr. Ak. = Abhandlungen der Münchener Akademie der Wissenschaften. 2. Classe. München. In einzelnen Heften erhalten. R.

Abh. d. k. sächs. G. d. W. = Abhandlungen der mathematisch-physikalischen Classe der Königl. Sächsischen Gesellschaft der Wissenschaften. Leipzig: Hirzel. Erscheint in einzelnen Nummern mit durchlaufender Pagination, hoch 8⁰. R.

Abh. d. Senk. Naturf. Ges. = Abhandlungen hrsg. von der Senkenbergischen naturforschenden Gesellschaft. Frankfurt a/M.: Diesterweg. gr. 4⁰.

Ac. di Bologna sh. **Mem. di Bol.** und **Rend. di Bol.**

Ac. d. Brux. = **Ac. d. Belg.** sh. **Bull. de Belg.** und **Mém. de Belg.**

Ac. dei Lincei sh. **Atti R. Acc. dei Lincei.**

Act. de la soc. Helv. = **Verh. d. Schweiz. Naturf. Ges.** sh. **Verh.** ...

Act. soc. Ups. = Nova acta Regiae societatis scientiarum Upsaliensis. Upsala. R.

Act. Univ. Lund. = Acta Universitatis Lundensis. Lund. 4⁰.

Acta Ac. Leopoldinae = Nova acta academiae caesareae Leopoldino-Carolinae Germanicae naturae curiosorum. Halis Saxonum (Lipsiae: W. Engelmann) 4⁰; auch mit dem Titel: Verhandlungen der Kaiserlichen Leopoldinisch-Carolinischen Deutschen Akademie der Naturforscher ...

Aerztl. Intellgzbl. München. = Aerztliches Intelligenz-Blatt; Münchener medicinische Wochenschrift. Organ für amtliche und praktische Aerzte. Hrsg. von Bollinger. .... Red.: Leop. Graf. München; J. A. Finsterlin. Imp. 4⁰.

Allg. J. f. Uhrm. = Allgemeines Journal für Uhrmacherkunst. Red.: Ferd. Rosenkranz. Leipzig: Kunath & Rosenkranz. gr. 4⁰.

Allg. Wien. med. Zeitung = Allgemeine Wiener medizinische Zeitung. Red. u. Hrsg.: B. Kraus. Wien: Sallmayer in Comm. Fol.

D'Almeida J. sh. **J. de phys.**

Alpine J. = The Alpine Journal. (Zeitschrift des englischen Alpenklubs.)

Amer. Chem. = The American Chemist. A monthly journal of theoretical, analytical and technical chemistry. New-Series. (Citate, einzelnen Zeitschriften entnommen.)

Amer. Chem. J. = American Chemical Journal.

Amer. Ass. bezieht sich auf die Verhandlungen der nordamerikanischen Naturforscherversammlung, sh. **Proc. Amer. Ass.**

Amer. J. of Math. = American Journal of Mathematics pure and applied. Editor in chief: J. J. Sylvester, Associate Editor in charge: W. E. Story. ... Published under the auspices of the Johns Hopkins University. Baltimore: Murphy. 4⁰.

Amer. J. of science sh. **Sill. J.**

Ann. agron. = Annales de l'Institut national agronomique, administration, enseignement et recherches. Année .... Paris: impr. et lib. Tremblay. — Ministère de l'agriculture et du commerce. — 8⁰.

Ann. d. Bur. d. Long. sh. **Annu. d. Bur. des Long.**

Ann. chim. phys. = Annales de chimie et de physique, par MM. Chevreul,

DUMAS, BOUSSINGAULT, WURTZ, BERTHELOT, PASTEUR, avec la collaboration de M. BERTIN. (Sixième série.) Paris: G. Masson. 8⁰. Erscheint in 12 Monatsheften. R.

Ann. d. Hydr. = Annalen der Hydrographie und maritimen Meteorologie. Organ des hydrographischen Amtes und der deutschen Seewarte. Hrsg. von dem hydrographischen Amt der Admiralität. Berlin: Mittler & Sohn. Lex. 8⁰. 12 H. R.

Ann. d. mines = Annales des Mines ou Recueil de mémoires sur l'exploitation des mines et sur les sciences et les arts qui s'y rapportent, rédigées par les Ingénieurs des Mines et publiées sous l'autorisation du ministre des travaux publics. Paris. 8⁰.

Ann. d. l'obs. d. Mosc. = Annales de l'observatoire de Moscou.

Ann. d'ocul. = Annales d'oculistique. Bruxelles: Bureau, Avenue de la Toison d'Or, 74.

Ann. d. Phys. u. Chem. sh. **Wied. Ann.** [früher (vor 1877) **Pogg. Ann.**]

Ann. d. phys. CObs. = Annalen des physikalischen Central-Observatoriums, hrsg. v. H. WILD. St. Petersburg (Leipzig: Voss Sort.) Imp.-4⁰. R.

Ann. des mal. de l'oreille = Annales des Maladies de l'Oreille et du Larynx. Erscheint in Paris jährlich 6 Mal.

Ann. éc. norm. = **Ann. de l'éc. norm.** = Annales scientifiques de l'école normale supérieure publiées sous les auspices du ministre de l'instruction publique par un comité de rédaction ⋯. Paris: Gauthier-Villars. 4⁰. (Das Erscheinen wurde durch den Krieg unterbrochen und 1872 mit einer neuen Serie wieder aufgenommen.)

Ann. obs. Brux. = Annales de l'observatoire royal de Bruxelles, publiées aux frais de l'État. Bruxelles: F. Hayez. 4⁰.

Ann. soc. mét. d. France = Annales de la société météorologique de France. (Diese Citate sind entnommen ZS. f. Met.)

Ann. soc. scient. d. Brux. = Annales de la société scientifique de Bruxelles. Bruxelles: F. Hayez. 8⁰.

Ann. tél. = Annales télégraphiques.

Annu. d. Br. des Long. = Annuaire pour l'an ..., publié par le bureau des longitudes. — Avec des Notices scientifiques: Paris: Gauthier-Villars. kl. 8⁰.

Annu. de Belg. = Annuaire de l'Academie royale des sciences, des lettres et des beaux arts de Belgique. Bruxelles: F. Hayez. kl. 8⁰. (Enthält Lebensbeschreibungen etc.)

Annu. d. Club. alpin = Annuaire du Club Alpin français. Paris: Hachette & Co. 8⁰.

Annu. d. Soc. Met. It. = Annuario della Società meteorologica Italiana (red. von RAGONA).

Annu. obs. Brux. = Annuaire de l'observatoire royal de Bruxelles.

Arch. de Genève sh. **Arch. sc. phys.**

Arch. de Math. = Archiv der Mathematik und Physik mit besonderer Rücksicht auf die Bedürfnisse der Lehrer an höheren Unterrichtsanstalten. Gegründet von J. A. GRUNERT, fortgesetzt von R. HOPPE. Leipzig: C. A. Koch. Die Bände fallen nicht mit den Jahrgängen zusammen. 8⁰. R.

Arch. de Physiol. = Archives de physiologie normale et pathologique,

Directeurs MM. Brown-Séquard, Charcot, Vulpian. Directeur-adjoint: M. A. Joffroy. Paris: G. Masson (jährlich 2 Bde.).

Arch. f. Anat. = Archiv für Anatomie und Entwicklungsgeschichte. Zugleich Fortsetzung der Zeitschrift für Anatomie und Entwickelungsgeschichte. Unter Mitwirkung von Chr. Aeby, Al. Ecker, Jos. Gerlach etc. hrsg. von Wilh. His und Wilh. Braune. Leipzig: Veit & Co. gr. 8⁰. 6 H.

Arch. f. Anat. u. Physiol. = Archiv für Anatomie und Physiologie. Fortsetzung des von Reil, Reil und Autenrieth, J. F. Meckel, Joh. Müller, Reichert und Du Bois-Reymond herausgegebenen Archives. Hrsg. von Wilh. His und Wilh. Braune, und Emil Du Bois-Reymond. Leipzig: Veit & Co. gr. 8⁰ 2 Abtheilungen zu 6 Heften und 1 Suppl.-Bd. 1. Anatomische Abtheilung sh. **Arch. f. Anat.** 2. Physiologische Abtheilung sh. **Arch. f. Physiol.**

Arch. f. Augenheilk. = Archiv für Augenheilkunde. Unter Mitwirkung von H. Pagenstecher in deutscher und englischer Sprache hrsg. von H. Knapp und C. Schweigger. Wiesbaden: Bergmann. gr. 8⁰. 4 H.

Arch. f. mikrosk. Anat. = Archiv für mikroskopische Anatomie, hrsg. von v. la Valette St. George und W. Waldeyer. Bonn: Cohen & Sohn. gr. 8⁰.

Arch. f. Ohrenheilk. = Archiv für Ohrenheilkunde im Verein mit A. Böttcher, Ad. Fick, C. Hasse etc., hrsg. von A. v. Tröltzsch, Adam Politzer und H. Schwartze. Leipzig: F. C. W. Vogel. gr 8⁰. 4 H.

Arch. f. Ophth. = Albr. v. Graefe's Archiv f. Ophthalmologie. Hrsg. von F Arlt, F. C. Donders u. Th. Leber. Berlin: H. Peters. gr. 8⁰.

Arch. f. path. Anat. = **Virchow Arch.** = Archiv für pathologische Anatomie und Physiologie und für klinische Medicin. Hrsg. v. Rud. Virchow. Berlin: Georg Reimer. gr. 8⁰.

Arch. f. Pharm. = Archiv für Pharmacie. Zeitschrift des deutschen Apotheker-Vereins. Hrsg. vom Vereins-Vorstande unter Redaction von E Reichardt. (3. Reihe.) Halle: Buchh. d. Waisenh. in Comm. 12 H. 8⁰. R.

Arch. f. Physiol. = **Du Bois Arch.** = Archiv für Physiologie (physiologische Abtheilung des Archivs für Anatomie und Physiologie). Unter Mitwirkung mehrerer Gelehrten hrsg. von Emil Du Bois-Reymond. Leipzig: Veit & Co. gr. 8⁰. 6 H u. 1 Suppl.-Bd. (Der Suppl.-Bd. von 1883 ist die Festschrift für E. du Bois Reymond zum 15. October 1883). R.

Arch. f. ges. Physiol. = **Pflüger Arch.** = Archiv für die gesammte Physiologie des Menschen und der Thiere. Hrsg. von E. F. W. Pflüger. Bonn: Strauss. R.

Arch. f. Psych. = Archiv für Psychiatrie und Nervenkrankheiten. Hrsg. v. B. v. Gudden, L. Meyer. Th. Meynert, C. Westphal. Red. v. C. Westphal. Berlin: Hirschwald. gr. 8⁰.

Arch. Mus. Teyl. = **Arch. Teyler** = Archives du Musée Teyler. Haarlem. 4⁰.

Arch. Néerl. = Archives néerlandaises des sciences exactes et naturelles publiées par la société hollandaise des sciences à Harlem, et rédigées par E. H. von Baumhauer, Secrétaire de la Société, avec la collaboration de MM. D. Bierens de Haan, C. A. J. A. Oudemans, W. Koster, C. H D. Buijs Ballot et C. K Hoffmann. Haarlem: les héritiers Loosjes. 8⁰. 5 livraisons. R.

Arch. sc. phys. = Bibliothèque universelle et revue suisse. Archives des sciences physiques et naturelles. Lausanne: Bridel. 8⁰. 12 H. R.

Ass. franc. = Association francaise pour l'avancement des sciences. Jährlich 2 Bände; der erste enthält Protocolle etc., Vorträge allgemeinen Inhalts und kurze Auszüge, der zweite ausführlichere Mittheilungen.

Astr. Nachr. = **Astron. Nachr.** = Astronomische Nachrichten, begründet von H. C. Schumacher. Unter Mitwirkung des Vorstandes der Astronomischen Gesellsc aft hrsg. von Professor Dr. A. Krueger, Director der Sternwarte in Kiel Kiel: Druck von C. F. Mohr (P. Peters). 4⁰. (Hamburg: Mauke S öhne in Comm.) Erscheint in einzelnen Nummern. Die Bände fallen n icht mit Jahrgängen zusammen. R.

Astr. Soc. bezieht sich auf Berichte über die Astronomical Society of London in Nature etc.

Ath. = **Athen.** = **Athenaeum** = The Athenaeum, Journal of English and Foreign Literature, Science, the fine Arts, Music and Drama. For the year 1886. (In zwei Bänden: I. von Januar bis Juni, II. von Juli bis December.) R.

Atti R. Acc. dei Lincei = Atti della R. Accademia dei Lincei (4. Ser.) 1) Rendiconti (**Rend.**), 2) Memorie (**Mem.**) della Classe di scienze fisiche, matematiche e naturali. R. Vor December 1884 wurden Transunti (**Trans.**) statt der Rendiconti herausgegeben.

Atti Acc. Pont. dei Linc. = Atti dell' Accademia pontificia dei Nuovi Lincei. Roma.

Atti di Napoli = Atti della Reale Accademia delle scienze fisiche e matematiche. Napoli. In Folio.

Atti di Torino = Atti della Reale Accademia delle scienze. Torino. 8⁰.

Atti R. Ist. Ven. = Atti del Reale Istituto Veneto di scienze, lettere ed arti.

Aus all. Weltth. = Aus allen Welttheilen. Illustrirtes Familienblatt für Länder- und Völkerkunde und verwandte Fächer. Red.: Osk. Lenz. Leipzig: Fues's Verl. gr. 4⁰.

Ausl. = **Ausland** = Das Ausland. Wochenschrift für Länder- und Völkerkunde, unter Mitwirkung von Frdr. Ratzel und anderen Fachmännern herausgegeben. Stuttgart: Cotta. gr. 4⁰. 52 Nrn. R.

Basler Verh. = Verhandlungen der naturforschenden Ge sellschaft in Basel Basel: H. Georg's Verlag. gr. 8⁰.

Bayr. Ind. u. Gewbl. = Bayerisches Industrie- und Gewerbeblatt. Zugleich Organ des bayerischen Dampfkessel-Revisions-Vereins. Hrsg. vom Ausschuss des polytechn. Vereins in München, red. von Egb. Hoyer. München: Literar.-artist. Anstalt. 6 H. Lex. 8⁰.

Behm's Jahrbuch = **Behm's geogr. Jahrb.** = Geographisches Jahrbuch. Begründet 1866 durch E. Behm. Unter Mitwirkung von A. Auwers, G. v. Boguslawski, O. Drude etc. hrsg. von Herm. Wagner. Gotha: J. Perthes. 8⁰.

Beibl. = Beiblätter zu den Annalen der Physik und Chemie. Hrsg. unter Mitwirkung befreundeter Physiker von G. u. E. Wiedemann. Leipzig: Johann Ambrosius Barth. 8⁰. Jährlich 12 Nummern, 1886 ein besonderes 13. Registerheft. R.

Beng. Soc. bezieht sich auf die Verhandlungen der englischen asiatischen Gesellschaft.

Ber. d. bot. Ges. = Berichte der Deutschen botanischen Gesellschaft. Berlin.

Ber. d. chem. Ges. = Berichte der deutschen chemischen Gesellschaft. Red.: FERD. TIEMANN. Berlin: Friedländer & Sohn in Comm. 8⁰. Erscheint in einzelnen Heften (jährlich 19), ungefähr jede 14 Tage ein Heft (Nummer) ausser den Sommermonaten. R.

Ber. d. naturf. Ges. Bamb. = Bericht über die Verhandlnngen der naturforschenden Gesellschaft zu Bamberg.

Ber. der naturf. Ges. Freib. = Berichte über die Verhandlungen der naturforschenden Gesellschaft in Freiburg i./B. Red. von F. HIMSTEDT. Freib. i./Br.: Stoll & Bader in Comm.

Ber. d. naturw. Ges. Chemn. = Bericht der naturwissenschaftlichen Gesellschaft Chemnitz.··· Chemnitz: Bülz.

Ber. d. Oberhess. Ges. = Berichte der oberhessischen Gesellschaft für Natur- und Heilkunde. Giessen: Ricker in Comm. gr. 8⁰.

Ber. d. sächs. Ges. d. Wiss. sh. **Leipz. Ber.**

Ber. d. ung. Acad. = **Ber. Ungarn** = Mathematische und naturwissenschaftliche Berichte aus Ungarn. Mit Unterstützung der ungar. Akademie der Wissenschaften und der königl. ungar. naturwissenschaftlichen Gesellschaft hrsg. von Baron R. EÖTVÖS, JUL. KÖNIG, JOS. v. SZABÓ, KOLOMAN v. SZILY, KARL v. THAN. Red. v. J. FRÖHLICH. Budapest. Berlin: Friedländer und Sohn. gr. 8⁰. — (Juli bis Juni.)

Ber. d. Wien. Ak. sh. **Wien. Ber.**

Berl. klin. Wochenschr. = Berliner klinische Wochenschrift. Organ f. prakt. Aerzte. Mit Berücksichtigung der preuss. Medicinalverwaltung und Medicinalgesetzgebung nach amtlichen Mittheilungen. Red.: C. A. EWALD. Berlin: Hirschwald. 52 N. gr. 4⁰.

Berl. Monatsber. = Monatsberichte der Königlich Preussischen Akademie der Wissenschaften zu Berlin. Berlin: (Dümmler's Vlgsbuchhandlung). (Bis 1881; von 1882 ab:)

Berl. Sitzber. = **Berl. Ber.** = Sitzungsberichte der Königl. Preussischen Akademie der Wissenschaften zu Berlin. Berlin: Dümmler's Verl. [jetzt Georg Reimer] in Comm.) 53 N. Lex. 8⁰.

Berl. stat. Jahrb. = Statistisches Jahrbuch der Stadt Berlin ··· Hrsg. v. RICH. BÖCKH. Berlin: Simion. gr. 8⁰.

Bern. Mitth. = Mittheilungen der Naturforschenden Gesellschaft in Bern. ··· Bern: Huber & Co. in Comm. 8⁰. R.

Biederm. CBl. f. Agr. Chem. = BIEDERMANN's Central-Blatt für Agrikulturchemie und rationellen Landwirtschafts-Betrieb. Referirendes Organ für naturwissenschaftliche Forschungen in ihrer Anwendung auf die Landwirtschaft Fortgesetzt unter der Red. v. MOR. FLEISCHER und unter Mitwirkung von E. BORGMANN, O. KELLNER, A. KERN, etc. Leipzig: Leiner. 12 H. gr. 8⁰.

Bih(ang) Sv. Vet. Ak. Handl. = **Bihang** = Bihang till Kongl. Svenska Vetenskaps-Akademiens Handlingar. Stockholm.

du Bois. Arch. = **du Bois-Reymond Arch.** sh. **Arch. f. Physiol.**

Boll. soc. geogr. Ital. = Bolletino della Società geografica italiana (seit 1868). Red. DALLA VEDOVA.

Bot. Ztg. = Botanische Zeitung. Red: A. DE BARY, L. JUST. Leipzig: Felix. 4⁰. 52 N.

Brioschi Ann. = Annali di matematica pura ed applicata, diretti da F. Brioschi e L. Cremona in continuazione degli Annali già pubblicati in Roma dal Prof. Tortolini. Milano: 4⁰.

Brit. J. of photogr. bezieht sich auf die Verhandlungen der photographischen Gesellschaft in London, die der Redaction nicht direct zugänglich waren.

Brit. med. J. = The British Medical Journal, being the Journal of the British Medical Association, edited by Ernest Hart. London 4⁰.

Bull. de Belg. = **Bull. Brux.** = **Bull. de Brux.** = Académie Royale des sciences, des lettres et des beaux-arts de Belgique. Bulletins des séances de la Classe des sciences. Bruxelles: F. Hayez. 8⁰. (2 Bände im Jahre.) In Band XI, 1885, sind durch einen längere Zeit fortgesetzten Druckfehler die Seitenzahlen 125—224 doppelt vorhanden; die Zahlen der zweiten Serie sind im Register des Werkes und in diesen Berichten durch einen Stern * bemerklich gemacht. R.

Bull. d'enc. = Bulletin de la société d'encouragement pour l'industrie nationale, par Combes et Peligot. Paris. 4⁰. (Nach verschiedenen Journalen citirt.)

Bull. de Marseille = Bulletin de la société scientifique et industrielle de Marseille.

Bull. de Moscou = Bulletin de la société impériale des naturalistes de Moscou. Moscou. Red. von Menzbier.

Bull. de Mulhouse = Bulletin de la société industrielle de Mulhouse.

Bull. de Nancy = Bulletin de la société de géographie de l'Est. Nancy.

Bull. de Neufch. = Bulletin de la société des sciences naturelles de Neufchatel.

Bull. de Pét. = **Bull. Pétersb.** = Bulletin de l'Académie Imperiale de St. Pétersbourg. St. Pétersbourg et Leipzig. gr. 4⁰. R.

Bull. de Toulouse = Bulletin de la société des sciences physiques et naturelles de Toulouse.

Bull. Phil. Soc. Wash. = Bulletin of the Philosophical Society Washington. Washington. 8⁰.

Bull. sc. math. = Bulletin des sciences mathématiques et astronomiques, rédigé par MM. G. Darboux et J. Hoüel avec la collaboration de MM. André, Lespiault, Painvin et Radau, sous la direction de la commission des hautes études. Paris: Gauthier-Villars. 8⁰.

Bull. soc. Belg. de Géogr. = Bulletin de la société belge de géographie. Bruxelles.

Bull. soc. chim. = Bulletin de la société chimique de Paris comprenant le procès-verbal des séances, les mémoires présentés à la société, l'analyse des travaux de chimie ···. Comité de rédaction: MM. Ph. de Clermont, P.-T. Clève ···. Secrétaire de la rédaction: M. Th. Schneider. Paris: C. Masson. (2 Bände im Jahre, jeder besteht aus 12 H.) R.

Bull. soc. math. = Bulletin de la société mathématique de France publié par les secrétaires. Paris: au siège de la société ···. 8⁰.

Bull. soc. min. = **Bull. soc. min. de France** = Bulletin de la société mineralogique de France.

Bull. soc. philomat. = Bulletin de la société philomatique de Paris. R.

Bull. Soc. Vaud. = Bulletin de la société vaudoise des sciences naturelles. Publié, sous la direction du Comité, par M. F. Roux. Lausanne: F. Rouge.

Bull. U. S. Geol. Survey = Bulletin of the United States geological survey. herausg. durch das Department of the Interior, Washington. Einzelne numerirte Hefte.

Cambridge Phil. Soc. bezieht sich auf Berichte in Nature etc.

Carinthia = Carinthia. Zeitschrift für Vaterlandskunde, Belehrung und Unterhaltung. Hrsg. vom Geschichtsvereine und naturhistorischen Landesmuseum in Kärnthen. Red.: Markus Frhr. v. Jabornegg. Klagenfurt: v. Kleinmayr in Comm. 12 Nrn. 8°.

Cas. = **Casopis** = Casopis prv pěstování mathematiky a fisiky. (ZS. f. Mathematik und Physik), redigirt von A. Panek. Prag. (Böhmisch. 8°.

CBl. f. Agr. Ch. sh. **Biederm. CBl. f. Agr. Chem.**

CBl. f. Augenheilk. = Centralblatt für praktische Augenheilkunde. Hrsg. von J. Hirschberg. Leipzig: Veit & Co. gr. 8°. 12 N.

CBl. f. d. Forstw. = Centralblatt für das gesammte Forstwesen. Hrsg. von Gustav Hempel. Wien: Frick. 12 H.

CBl. f. d. med. Wiss. = **Centrbl. f. d. med. Wiss.** = Centralblatt für die medicinischen Wissenschaften. Red. von H. Kronecker und H. Senator und M. Bernhardt. Berlin: Hirschwald. gr. 8°. 52 N.

CBl. f. Nervenheilk. = Centralblatt für Nervenheilkunde, Psychiatrie und gerichtliche Psychopathologie. Hrsg. u. red. von Alb. Erlenmeyer. Leipzig: Thomas. gr. 8°. 24 N.

Centrztg. f. Opt. u. Mech. = Central-Zeitung für Optik und Mechanik. Red.: Osc. Schneider. Leipzig: Gressner & Schramm. gr. 4°. 24 N.

Chem. Ber. = **Ber. d. chem. Ges.**

Chem. CBl. = Chemisches Centralblatt. Repertorium für reine, pharmazeutische, physiologische und technische Chemie. Red.: Rud. Arendt. Hamburg und Leipzig: Leopold Voss. (Wöchentlich eine Nummer.) R.

Chem. Ind. = Die chemische Industrie. Monatsschrift, hrsg. vom Verein zur Wahrung der Interessen der chemischen Industrie Deutschlands. Red. von Emil Jacobsen. Berlin: Springer. hoch 4°.

Chem. News = The Chemical News and Journal of Physical Science. With which is incorporated the „Chemical Gazette“. A Journal of Practical Chemistry in all its applications to pharmacy, arts and manufactures. Edited by William Crookes. London: Published at the office. Boy Court, Ludgate Hill, E. C. 4°. Bd. LIII enthält No. 1632—1387, LIV No. 1388 bis 1413. R.

Chem. Ztg. = Chemiker-Zeitung. Central-Organ für Chemiker, Techniker, Fabrikanten, Apotheker, Ingenieure. Chemisches Central-Annoncenblatt. Hrsg.: G. Krause. Köthen: Verlag der Chemiker-Ztg. gr. 4°. 52 N.

Cim. = Il nuovo Cimento, Giornale fondato per la fisica e la chimica da C. Matteucci e R. Piria, continuato per la fisica esperimentale e matematica da E. Betti e R. Felici. Pisa: Tip. Pieraccini dir. da P. Salvioni. (Jährlich 2 Bände, in je drei Heften.) R.

Civiling. = Der Civilingenieur. ... hrsg. von E. Hartig. Neue Folge. Leipzig: Felix. gr. 4°. 8 H.

Coast Survey of the U. S. Rep. sh. **Rep. U. S. C. S.**

Comptes rendus de l'acad. des sc. de Stockholm = Kongliga Svenska Vetenskaps-Akademiens Handlingar. Ny Följd.

Cosmos di Cora = Cosmos. Communicazione sui progressi più recenti e notevoli della geografia e delle scienze affini di GUIDO CORA.

C. R. = Comptes rendus hebdomadaires des séances de l'académie des sciences, par MM. les secrétaires perpétuels. Tome CII, CIII, 1886. Paris: Gauthier-Villars. 4⁰. (In jedem Jahr 2 Bände. Jan.—Juni, Juli bis Dec.). R.

Crelle J. = Journal für die reine und angewandte Mathematik. In zwanglosen Heften. Hrsg. von L. KRONECKER und K. WEIERSTRASS. Mit thätiger Beförderung hoher Königlich-Preussischer Behörden. Fortsetzung des von A. L. CRELLE [1826—1856] und C. W. BORCHARDT [1856—1880] herausgegebenen Journals. Berlin: Georg Reimer. gr. 4⁰. (Erscheint in Bänden zu vier Heften.) R.

d'Almeida J. sh. **J. de phys.**

Danske Geogr. Selsk. Tidskr. = Det Danske Geografiske Selskabs Tidskrift. Kopenhagen. (Vom 2. Bde. an kürzer: Geografisk Tidskr. betitelt. Seit Jan. 1877 monatliche Hefte.)

Denkschr. d. K. Acad. d. Wiss. Wien sh. **Wien. Denkschr.**

Dingl. J. = DINGLER's Polytechnisches Journal. Hrsg. von JOH. ZEMAN und FERD. FISCHER. Augsburg: Cottasche Buchh. (Jährlich 4 Bände und zu jedem Bande ein Atlas mit 30 bis 40 Tafeln. Jeder der Bände besteht aus 13 Heften.) R.

Diss. = **Dissert.** = Inaugural-Dissertation ⋯.

D. LZtg. = **Dtsch. LZtg.** = Deutsche Litteraturzeitung. Hrsg. von MAX ROEDIGER. Berlin: Weidmann. Hoch 4⁰. 52 N.

Dtsch. Arch. f. klin. Med. = Deutsches Archiv für klinische Medicin. Hrsg. v. ACKERMANN, BAUER, BÄUMLER etc. Red. von H. v. ZIEMSSEN und F. A. ZENKER. Leipzig: P. C. W. Vogel. (2 Bde. zu je 6 H.) gr. 8⁰.

Dtsch. Bauz. = Deutsche Bauzeitung. Verkündigungsblatt des Verbandes deutscher Architekten- und Ingenieur-Vereine. Red.: K. E. O. FRITSCH und F. W. BÜSING. Berlin: Toeche in Comm. 104 N. hoch 4⁰.

Dtsch. geogr. Blätter = Deutsche geographische Blätter. ⋯ Neue Folge d. Mittheilungen d. früher. Ver. f. d. deut. Nordpolarfahrt. Red. M. LINDEMAN. Bremen: v. Halem in Comm. 4 H. gr. 8⁰. (1. Jahrg. 1877.)

Dtsch. Indztg. = Deutsche Industriezeitung. Organ der Handels- und Gewerbekammern zu Chemnitz, Dresden, Plauen und Zittau. Red.: MAX DIEZMANN. Chemnitz: Bülz in Comm. 52 N. Imp. 4⁰.

Dtsch. med. Wochenschr. = Deutsche medicinische Wochenschrift. Mit Berücksichtigung der öffentlichen Gesundheitspflege und der Interessen des ärztlichen Standes. Red.: P. BÖRNER. Berlin: Georg Reimer. 52 N. gr. 4⁰.

Dtsch. Rundsch. f. Geogr. = Deutsche Rundschau für Geographie und Statistik. Unter Mitwirkung hervorragender Fachmänner hrsg. von FRDR. UMLAUFT. Wien: Hartleben. 12 H. gr. 8⁰.

Dtsch. ZS. f. prakt. Med. = Deutsche Zeitschrift für praktische Medicin Red.: C. F. KUNZE. Leipzig: Veit & Co. (52 N. jährl.)

D. R. P. = Deutsches Reichs Patent. (Für jedes Patent erscheint eine besondere Patentschrift.)

Dubl. J. of med. sc. = Journal of medical science. Dublin.

Dubl. Phil. Trans. = Philosophical Transactions of the Royal Society of Dublin.

Dublin Proc. sh. **Proc. Dublin.**

Du Bois Arch. = **Du Bois-Reymond Arch.** sh. **Arch. f. Physiol.**

Edinb. Trans. = Transactions of the Royal Society of Edinburgh. Edinburgh. 4⁰.

Electr. = **Electrician** = The Electrician. A weekly journal of theoretical and applied electricity and chemical physics. London: James Gray. Fol.

Electricien = L'Electricien. Paris.

Elektrot. ZS. = Elektrotechnische Zeitschrift. Hrsg. vom elektrotechnischen Verein. Red. von R. RÜHLMANN. Berlin: Springer. 12 H. hoch 4⁰.

Encéphale = L'encéphale. Journal des maladies mentales et nerveuses. Sous la direction de B. BALL ··· J. LUYS. Paris 8⁰ (I 1881, jährlich 1 Band).

Eng. and Min. J. = The Engineering and Mining Journal. New-York.

Engineering = Engineering: An Illustrated Weekly Journal. Edited by W. H. MAW and J. DREDGE. London. Offices for Advertisements and Publication, ···. Fol. Erscheint in Wochennummern. Bd. XLI enthält die Hefte 1044 bis 1069, XLII die Hefte 1070—1095. R.

Erdm. J. sh. **J. f. prakt. Chem.**

Erlang. Ber. = **Erl. Sitzber.** = Sitzungsberichte der physikalisch-medizini schen Societät zu Erlangen. Erlangen. 8⁰. R.

Exner Rep. sh. **Rep. d. Phys.**

Exner Prot. = Protocolle der chemisch physikalischen Gesellschaft zu Wien, abgedruckt in EXNER Rep. Die Seitenzahlen beziehen sich auf EXNER's Repertorium.

Explorat. = L'Exploration. Journal des conquêtes de la civilisation sur tous les points du globe. (Fortsetzung des seit 1875 erschienenen L'explorateur géographique et commerciale, welcher 1876 einging.)

F. d. Math. siehe **Jahrb. d. Math.**

Forh. Christiania = Forhandlinger i Videnskabs-Selskabet i Christiana Aar ···.

Fortschr. d. Med. = Fortschritte der Medicin. Unter Mitwirkung hervorragender Fachmänner hrsg. von CARL FRIEDLÄNDER. Berlin: Fischer's med. Buchh. gr. 8⁰. 24 N.

Frankl. J. = The Journal of the Franklin Institute. Philadelphia. (Nach englischen Journalen citirt.)

Gaea = Gaea. Natur und Leben. Zeitschrift zur Verbreitung naturwissenschaftlicher und geographischer Kenntnisse, sowie der Fortschritte auf dem Gebiete der gesammten Naturwissenschaften. Unter Mitwirkung von R. AVÉ-

Lallemant, O. Buchner, J. Egli hrsg. von Herm. J. Klein. Köln: Mayer 12 H. Lex. 8⁰.

Gazz. chim. (Ital.) = Gazzetta chimica Italiana. (Citirt nach Chem. CBl., Ber. d. chem. Ges., J. chem. soc. etc.)

Geol. Soc. bezieht sich auf die Verhandlungen der Englischen Geologischen Gesellschaft nach Phil. Mag.

G. d. mat. = **Battaglini G.** = Giornale matematico ad uso degli studenti delle università italiane pubblicato per cura del Prof. G. Battaglini. Napoli. gr. 8⁰.

G. d. Palermo = Giornale di scienze naturali ed economiche pubblicato per cura del consiglio di perfezionamento annesso al R. Istituto tecnico di Palermo.

Gesundheit = Gesundheit. Zeitschrift für körperliches und geistiges Wohl hrsg. von Carl Reclam. Elberfeld: Loll. 24 N. gr. 4⁰. (1. Jahrg. erschien Oct. 1875 bis Sept. 1876.)

Gewerbehalle = Gewerbehalle. Organ für den Fortschritt in allen Zweigen der Kunstindustrie ··· red. von Ludw. Eisenlohr und Carl Weigle. Stuttgart: Engelhorn. 12 H. Fol.

Globus = Globus. Illustrirte Zeitschrift für Länder- und Völkerkunde. Mit besonderer Berücksichtigung der Anthropologie und Ethnologie. Begründet von Karl Andree. ··· hrsg. von R. Kiepert. Braunschweig: Vieweg und Sohn. hoch 4⁰.

Gött. Nach. = Nachrichten von der Königlichen Gesellschaft der Wissenschaften und der Georgia-Augusta-Universität zu Göttingen. Göttingen: Dietrich's Verlag. 8⁰.

Gornij J. = Journal für Bergwesen. St. Petersburg. (Russisch.)

Gräfe's Arch. f. Oph. sh. **Arch. f. Opht.**

Groth ZS. f. Kryst. sh. **ZS. f. Kryst.**

Grun. Arch. sh. **Arch. d. Math.**

Heidelberger Physiol. Unters. = Untersuchungen aus dem physiologischen Institute der Universität Heidelberg. Hrsg. von W. Kühne (= Ergänzungshefte zu den Verhandlungen des naturhistorisch-medicinischen Vereins zu Heidelberg). Heidelberg: C. Winter. gr. 8⁰.

Hoppe Arch. sh. **Arch. d. Math.**

Humb. = **Humboldt** = Humboldt. Monatsschrift für die gesammten Naturwissenschaften. Hrsg. v. G. Krebs. Stuttgart: Encke. 12 H. hoch 4⁰. (1. Jahrg. 1882.)

Hydrog. Not. = Hydrographic Notices. Washington.

Jahrb. d. Math. = **F. d. Math.** = Jahrbuch über die Fortschritte der Mathematik begründet von Carl Orthmann. Im Verein mit anderen Mathematikern und unter besonderer Mitwirkung von Felix Müller und Albert Wangerin hrsg. von Max Henoch und Emil Lampe. Berlin: Georg Reimer. 8⁰.

Jahrb. d. Medic. sh. **Schmidt's Jahrb. d. Med.**

Jahrb. d. Schweiz. A. C. = Jahrbuch des Schweizer Alpen-Club. Bern: Schmid, Francke & Co. in Comm. 8⁰.

Jahrb. f. Min. = Neues Jahrbuch für Mineralogie, Geologie und Palaeontologie ··· hrsg. von E. W. Benecke, C. Klein und H. Rosenbusch etc. Stuttgart: Schweizerbart.

Jahrb. geol. Reichsanst. = Jahrbuch der k. k. geologischen Reichsanstalt. Wien: Hölder. 4 H. R.

Jahrb. d. met. Centralanst. = Jahrbuch der k. k. Centralanstalt für Meteorologie und Erdmagnetismus. Wien. R.

Jahresh. d. Ver. f. Würt. = Jahreshefte des Vereins für vaterländische Naturkunde in Württemberg. Hrsg. von dessen Redactions-Commission H. v. Fehling, O. Fraas, F. v. Kraus, P. v. Zech. Stuttgart: Schweizerbart. gr. 8⁰.

J. chem. soc. = The Journal of the Chemical Society of London by Foster etc. Editor H. Watts. London (Van Voorst). Jährlich 2 Bände in zwölf Heften. Der eine Band enthält Abhandlungen, der andere Referate). R.

J. d. math. = Journal de mathématiques pures et appliquées fondé en 1836 et publié jusqu'en 1874 par J. Liouville. Publié par H. Resal avec la collaboration de plusieurs savants. Paris: Gauthier-Villars. 4⁰. R.

J. d. Pharm. = **J. de Pharm. et Chim.** = Journal de Pharmacie et de Chimie. Paris. (Erscheint in Heften. Nach Citaten anderer Zeitschriften)

J. de phys. = Journal de physique théorique et appliquée, fondé par J.-Ch. d'Almeida et publié par MM. E. Bouty, A. Cornu, E. Mascart, A. Potier. (2e série) — Paris: au bureau du Journal de Physique ···. 8⁰. (Erscheint in 12 Monatsheften.) R.

J. d. russ. chem.-phys. Ges. = Journal der physico-chemischen Gesellschaft zu St. Petersburg. (Russisch.) [1] = 1. Abtheilung: Chemie, [2] = 2. Abtheilung: Physik.

J. éc. pol. = Journal de l'école polytechnique, publié par le conseil d'instruction de cet établissement. Paris: Gauthier-Villars. 4⁰.

Jelinek ZS. sh. **ZS. f. Met.**

Jen. ZS. = Jenaische Zeitschrift für Naturwissenschaft, hrsg. von der medicinisch-naturwissenschaftlichen Gesellschaft zu Jena. Jena: Fischer. gr. 8⁰. (Mit den Sitzungsberichten der Gesellschaft.)

J. f. Gasbel. = Journal für Gasbeleuchtung und Wasserversorgung. Organ d. Vereins von Gas- und Wasserfachmännern Deutschlands mit seinen Zweigvereinen hrsg. von N. H. Schilling und H. Bunte. München: Oldenbourg. 24 N. Lex. 8⁰.

J. f. prakt. Chem. (2) = Journal für praktische Chemie. Neue Folge hrsg. von Ernst von Meyer, gegründet von Otto Linné Erdmann. Leipzig: Johann Ambrosius Barth. 8⁰. Der Jahrgang (= 2 Bände) besteht aus 22 Nummern, von denen mehrere gemeinsam erscheinen. Bd. XIII und XXXIV der neuen Folge sind Bd. CXLI und CXLII der ganzen Reihe. R.

J. Frankl. Inst. = **J. of the Franklin Inst.** sh. **Frankl. J.**

Inaug. Diss. = Inaugural-Dissertation.

Ind. Antiqu. = The Indian Antiquary, a journal of oriental research in archeology, history, literature, languages, philosophy, religion, folklore etc. Edited by Jas. Burgess. Bombay. gr. 4⁰.

Ind. Bl. = Industrie-Blätter. Wochenschrift für gemeinnützige Erfindungen .... Hrsg. von E. JACOBSON. Berlin: Gaertner. gr. 4°.

J. of anat. = The Journal of anatomy and physiology normal and pathological. Conducted by G. M. HUMPHRY, WM. TURNER and J. G. MAC KENDRIK. London and Cambridge: Macmillan and Co. 4 H.

J. of Telegr. Eng. = Journal of the Society of the Telegraph Engineers. London.

Iron = Iron. An illustrated weekly Journal of Science, Metals & Manufactures in Iron and Steel. London. 2 Bde. Fol.

J. Scott. Met. Soc. = Journal of the Scottish Meteorological Society.

Isis = Isis. Zeitschrift für alle naturwissenschaftlichen Liebhabereien.... Hrsg. von KARL RUSS und BRUNO DÜRIGEN. Berlin: Gerschel. 52 Nrn. gr. 4°.

Iswestija = Isw. geogr. Ob. = Nachrichten (Iswestija) der kais. geographischen Gesellschaft. St. Petersburg. (Russisch; aus dieser Zeitschrift bringen PETERM. Mitth. kürzere Auszüge.)

Isw. Peterb. T. Inst. = Schriften des St. Petersburger technologischen Institutes. St. Petersburg. (Russisch.)

Klin. Mon.-Bl. f. Augenheilk. = Klinische Monatsblätter für Augenheilkunde. Hrsg v. W. ZEHENDER. Stuttgart: Enke. gr. 8°.

Kolbe J. sh. **J. f. prakt. Chem.**

Kronecker J. sh. **Crelle J.**

K. Sv. Vet. Ak. Handl. = Kongliga Svenska Vetenskaps-Akademiens Handlingar. Stockholm. R.

La Lum. électr. sh. **Lum. électr.**

La Nat. = **La Nature** = La Nature; Revue des sciences et de leurs applications aux arts et à l'industrie. Journal hebdomadaire illustré honoré par M. le ministre de l'instruction publique d'une souscription pour les bibliothèques populaires et scolaires. Rédaction en chef GASTON TISSANDIER. Paris: G. Masson. gr. 8°. (Jährlich 2 Bände.)

Lancet = The Lancet. A journal of british and foreign medicine, physiology, surgery, chemistry, criticism, literature and news. Edited by JAMES G. WAKLEY.

Landw. Jahrb. = Landwirthschaftliche Jahrbücher. Zeitschrift für wissenschaftliche Landwirthschaft und Archiv des Königl. Preuss. Landes-Oekonomie-Kollegiums. Hrsg. von H. THIEL. Berlin: Parey. 6 H. gr. 8°.

Landw. Versuchs-St. = Die landwirthschaftlichen Versuchs-Stationen. Organ für naturwissenschaftliche Forschungen auf dem Gebiete der Landwirthschaft. Unter Mitwirkung sämmtlicher deutscher Versuchs-Stationen hrsg. von FRDR. NOBBE. Berlin: Parey. 6 H. gr. 8°.

Leipz. Abh. sh. **Abh. d. k. sächs. Ges. d. W.**

Leipz. Ber. = Berichte über die Verhandlungen der königlich sächsischen Gesellschaft der Wissenschaften zu Leipzig. Mathematisch-physikalische Classe. Leipzig: Hirzel. 8°. R.

Leipz. Jahrb. d. Ver. f. Erdk. = Mittheilungen des Vereins für Erdkunde zu Leipzig. Nebst dem . . . Jahresbericht des Vereins. Leipzig: Dunker und Humblot. (Seit 1872 als Fortsetzung d. Jahresberichte.)

L'Électricien sh. **Électricien.**

Leop. = Leopoldina. Amtliches Organ der kaiserl. Leopoldinisch-Carolinischen deutschen Akademie d. Naturforscher. Hrsg. unter Mitwirkung der Sectionsvorstände von dem Präs. C. H. Knoblauch. Halle a. S. Leipzig: Engelmann in Comm. 15 N. gr. 4⁰.

Lieb. Ann. = Just. Liebig's Annalen der Chemie. Hrsg. von F. Wöhler, H. Kopp, A. W. Hofmann, A. Kekulé, E. Erlenmeyer, J. Volhard. Leipzig: C. F. Winter. gr. 8⁰. R

Lincei Trans., Lincei Rend. und **Lincei Mem.** sh. **Atti R. Ac. dei Lincei.**

Liouville J. sh. **J. de math.**

Lit(er.) CBl. = Literarisches Centralblatt für Deutschland. Hrsg. u. verantwortl. Red. Fr. Zarncke. Leipzig: Avenarius. 52 N. gr. 4⁰.

Lond. phys. Soc. bezieht sich auf die Verhandlungen der Physikalischen Gesellschaft zu London nach Berichten in Chem. News, Engineering etc.

London Trans. = **Trans. Roy. Soc.** sh. **Phil. Trans.**

Lotos = Lotos. Jahrbuch für Naturwissenschaft. Im Auftrage des Vereines „Lotos“ hrsg. von Th. Knoll. Prag: Tempsky. gr. 8⁰.

Lund's Univ. Aarskrift sh. **Act. Univ. Lund.**

Lum. électr. = La lumière électrique, Journal universel de l'électricité. — Directeur: Dr. Cornelius Herz. — Paris: Aux bureaux du journal. 4⁰. (Jährlich 4 Bde., deren erste Nummern nicht selten auf dem Umschlag eine falsche Bandzahl tragen.)

Manch. Soc. = **Manch. Philos. Soc.** bezieht sich auf die Verhandlungen der naturwissenschaftlichen Gesellschaft zu Manchester nach Berichten in Nature etc.

Masch.-Constr. = Der practische Maschinen-Constructeur. Zeitschrift für Maschinen- und Mühlenbau, Ingenieure und Fabrikanten. ··· hrsg. v. Wilh. Heinr. Uhland. Leipzig: Baumgärtner. 24 H. gr. 4⁰.

Math. = Mathésis, recueil mathématique à l'usage des écoles spéciales et des établissements d'instruction moyenne, publié par P. Mansion et J. Neuberg; Gand, Korte. Paris: Gauthier-Villars. 8⁰.

Math. Ann. = Mathematische Annalen. In Verbindung mit C. Neumann begründet durch Rud. Frdr. Alfr. Clebsch. ··· hrsg. von Fel. Klein u. Adph. Mayer. Leipzig: B. G. Teubner. gr. 8⁰.

Math. Soc. bezieht sich auf die Verhandlungen der Londoner mathematischen Gesellschaft nach Berichten in Nature etc.

Med. Jahrb. Wien = Medizinische Jahrbücher. Hrsg von der k. k. Gesellschaft der Aerzte, red. von E. Aebert, H. Kundrat und E. Ludwig. Wien: Braumüller. 4 H. gr. 8⁰.

Mém. c. de Belg. = Mémoires couronnés et mémoires des savants étrangers publiés par l'académie royale des sciences, des lettres et des beaux-arts de Belgique. Bruxelles. F. Hayez. 4⁰.

Mém. de Belg. = Mémoires de l'académie royale des sciences, des lettres et des beaux-arts de Belgique. Bruxelles. F. Hayez. 4⁰.

Mém. de Bordeaux = Mémoires de la société des sciences physiques et naturelles à Bordeaux. Bordeaux, Paris. 8⁰.

Mém. de Cherbourg = Mémoires de la société des sciences de Cherbourg. Paris et Cherbourg. 8⁰. R.

Mém. de Liége = Mémoires de la société royale des sciences de Liége. Liége. 8⁰.

Mém. de Lille = Mémoires de la société des sciences de l'agriculture et des arts de Lille et publications faites par ses soins. Paris, Lille. 8⁰.

Mém. de Paris = Mémoires de l'Académie des sciences de l'Institut de France. 4⁰.

Mém. p. de Paris = Mémoires présentés par divers savants à l'Académie des sciences de l'Institut de France et imprimés par son ordre. Paris. 4⁰.

Mém. de St.-Pétersb. = **Mém. de Pét.** = Mémoires de l'académie impériale des sciences de St.-Pétersbourg. St.-Pétersbourg. Leipzig: Voss' Sort. Imp. 4⁰. R.

Mém. de Toulouse = Mémoires de la société des sciences physique et naturelle de Toulouse.

Mem. di Bol. = **Mem. di Bologna** = **Bol. Mem.** = Memorie dell' Accademia Reale di scienze dell' Istituto di Bologna. 4 Hefte. 4⁰.

Mem. di Modena = Memorie della Accademia Reale di Modena. Modena.

Mem. di Torino = Memorie della Reale Accademia delle scienze di Torino. Torino.

Mem. Ist. Lomb. = Memorie del Reale Istituto Lombardo di Scienze e Lettere. Classe di scienze matematiche e naturali. Milano, Napoli, Pisa: Ulrico Hoepli. 4⁰.

Mem. Ist. Ven. = Memorie del Reale Istituto Veneto di scienze, lettere ed arti. Venezia.

Mem. Manch. Soc. = Memoirs of the literary and philosophical society of Manchester. London: H. Baillière. 8⁰.

Mem. Russ. geogr. Soc. bezieht sich auf die Sapiski (Schriften) der Kais. Russischen Geographischen Gesellschaft. Petersburg.

Mem. Roy. Astr. Soc. = Memoirs of the Royal Astronomical Society. London. 4⁰.

Mem. Spettr. = Memorie della società degli spettroscopisti italiani. (Gegründet 1872.)

Mess. of Math. = The Messenger of Mathematics edited by ALLEN WHITWORTH, C. TAYLOR, R. PENDLEBURY, J. W. L. GLAISHER. London and Cambridge: Macmillan and Co. 8⁰.

Met. Ital. = Meteorologia Italiana. Memorie e Notizie.

Met. Soc. bezieht sich auf die Verhandlungen der Meteorologischen Gesellschaft zu London nach Berichten in Nature etc.

Microsc. Soc. bezieht sich auf das Journal der Londoner Mikroskopischen Gesellschaft, das nach Nature und Athenaeum citirt ist.

Min. Mitth. = **Miner. u. petrogr. Mittheil.** = Mineralogische und petrographische Mittheilungen, hrsg. von G. TSCHERMAK. Wien: Hölder. gr. 8⁰.

Mitt. a. d. Geb. d. Seew. = Mittheilungen aus dem Gebiete des Seewesens. Hrsg. vom k. k. hydrographischen Amte, Marine-Bibliothek. Nebst Kundmachung für Seefahrer und Hydrographische Nachricht. Pola. Wien: Gerold's Sohn in Comm. gr. 8°.

Mitt. d. Arch. Ver. Böhmen = Mittheilungen des Architekten- und Ingenieur-Vereins im Königreich Böhmen. Red.: R. v. Schubert-Soldern und Jos. Saska. Prag: Rziwnatz in Comm. 4 H. Imp. 4°.

Mitt. d. d. ö. A. V. = Mittheilungen des deutschen und österreichischen Alpenvereins, red. von Th. Trautwein. Wien. München: Lindauer in Comm. 10 H. gr. 8°.

Mitt. d. Ges. f. Natur- u. Völkerk. = Mittheilungen der Deutschen Gesellschaft für Natur- und Völkerkunde Ostasiens hrsg. vom Vorstande. Yokohama. Berlin: Asher & Co. gr. 4°.

Mitt. d. naturf. Ges. in Bern sh. **Bern. Mitt**.

Mitt. d. naturw. Ver. v. Neuvorpomm. = Mittheilungen aus dem naturwissenschaftlichen Vereine von Neu-Vorpommern und Rügen in Greifswald. Red. v. Th. Marsson. Berlin: Gaertner. gr. 8°.

Mitt. naturw. Ver. Steiermark = Mittheilungen des naturwissenschaftlichen Vereins für Steiermark. Unter Mitverantwortung der Direction red. von Aug. v. Mojsisovics. Graz: Wiessner in Comm.

Mitt. f. Erdk. Leipzig sh. **Leipz. Jahrb. d. Ver. f. Erdk.**

Mitt. geo. Ges. Wien = Mittheilungen der k. k. geographischen Gesellschaft in Wien. Red. von Jos. Chavanne. Wien: Verlag der „Steyrermühl". 12 H. gr. 8°.

Monatsber. d. preuss. Ak. d. Wiss. = **Monatsber. d. Berl. Ak.** sh. **Berl. Monatsb.**

Monatschr. für Ohrenheilk. = Monatschrift für Ohrenheilkunde, sowie für Kehlkopf-, Nasen-, Rachen-Krankheiten. Hrsg. von Jos. Gruber, J. M. Rossbach, N. Rüdinger, Leop. v. Schrötter, R. Voltolini und Weber-Liel. Berlin: Expedition der allgemeinen medicinischen Centralzeitung. 12 N. Fol.

Monatsh. f. Chem. = **Monatshefte d. Chem.** = Monatshefte für Chemie und verwandte Theile anderer Wissenschaften. Gesammelte Abhandlungen aus den Sitzungsberichten der Kaiserl. Akademie der Wissenschaften. Wien: Gerold's Sohn in Comm. 12 H. gr. 8°.

Mondes = Cosmos Les Mondes, Revue hebdomadaire des sciences et de leurs applications aux arts et à l'industrie, fondée par M. l'abbé Moigno et publiée sous sa direction par M. l'abbé H. Valette.

Mon. ind. belge = Moniteur industriel belge. Bruxelles.

Mon. scient. = Le Moniteur scientifique, Journal des sciences pures et appliquées à l'usage des chimistes, des pharmaciens et des manufacturiers avec une revue de physique et d'astronomie par M. R. Radau. Année ·· de publication par le Dr. Quesneville. Paris. (Nach anderen Journalen.)

Month. Not. = **Monthl. Not.** = Monthly Notices of the Royal Astronomical Society. (Band und Jahr fällt nicht zusammen.)

Morscoi Sbornik = Repertorium für Seewesen. St. Petersburg. (Russisch.)

Münch. Sitzber. = **Münch. Ber.** = Sitzungsberichte der mathematisch-physikalischen Classe der k. b. Akademie der Wissenschaften zu München. München: G. Franz in Comm. gr. 8°. R.

Müttr. Beobergebn. = Beobachtungsergebnisse der von den forstlichen Versuchsanstalten des Königreichs Preussen, des Herzogthums Braunschweig, der thüringischen Staaten, der Reichslande mit dem Landesdirectorium der Provinz Hannover eingerichteten forstlich-meteorologischen Stationen. Hrsg. von A. Müttrich. Berlin: Springer. 12 N. 8⁰. sh. ZS. f. Forst- und Jagdwesen.

Nach. d. Götting. Ges. d. W. sh. **Gött. Nach.**

Natur = Die Natur. Zeitung zur Verbreitung naturwissenschaftlicher Kenntniss und Naturanschauung für Leser aller Stände. Organ des „Deutschen Humboldt-Vereins". Begründet unter Hrsg. von Otto Ule und Karl Müller. Hrsg. von Karl Müller. Halle: Schwetschke. 52 N. gr. 4⁰.

Nature = **Nat.** = Nature, a weekly illustrated journal of science. London and New York: Macmillan and Co. Erscheint in Wochennummern; die Bände reichen von November bis April und Mai bis October. Januar bis April 1886 umfasst die Nummern 845 bis 861 des Bandes XXXIII, Bd. XXXIV umfasst 862 bis 887, XXXV, November bis December umfasst No. 888 bis 896. R.

Naturen (holländisches Journal) nach Citaten.

Naturf. = **Natf.** = Der Naturforscher, Wochenblatt zur Verbreitung der Fortschritte in den Naturwissenschaften. Hrsg. v. Wilh. Sklarek. Berlin: Dümmler's Verlag. 52 N. 4⁰.

Naturw. Verein in Karlsruhe = Verhandlungen des naturwissenschaftlichen Vereins in Karlsruhe.

Nat. Tijdsch. v. Ned. Indie = Naturkundig Tijdschrift voor Nederlandsch-Indie, uitgegeven door de Koninklijke Natuurkundige Vereeniging in Nederlandsch-Indie, onder redactie van H. Onnen. Batavia. (Tijdschrift voor Nederl. Indie).

N. Cim. sh. **Cim.**

Nederl. met. Jaarb. = Nederlandsch meteorologisch Jaarboek ··· hrsg. von Buijs-Ballot. Querfolio.

N. Jahrb. f. Min. sh. **Jahrb. f. Min.**

Nieuw. Arch. = Nieuw Archief voor Wiskunde. Amsterdam.

North. Chin. Branch. of R. As. Soc. = Journal of the North-China Branch of the Royal Asiatic Society. Shanghai. 8⁰.

Nouv. Ann. = Nouvelles annales de mathématiques. Journal des candidats aux écoles polytechnique et normale, rédigé par MM. Gerono et Ch. Brisse. Paris: Gauthier-Villars. 8⁰.

Nov. Act. Ups. = Nova acta Regiae Societatis Upsaliensis.

Nuovo Cimento sh. **Cim.**

Nyt Mag. = Nyt Magazin for Naturvidenskaberne, ··· udgivet ved Th. Kjerulf ···. Christiania: P. T. Mallings Boghandel. gr. 8⁰.

Observatory = The Observatory, a monthly review of astronomy. Edited by W. N. M. Christie. London.

Öf. af Finska Vet. Soc. Förh. = Öfversigt af Finska Vetenskaps Societetens Förhandlingar. Helsingfors.

Öfvers. Svensk. Vet. Ak. Förh. = **Öfversigt** = Öfversigt af Kongl. Vetenskaps-Akademiens Förhandlingar. Stockholm. 8⁰. R.

Oesterr. med. Jahrb. = Medizinische Jahrbücher. Hrsg. von der k. k. Gesellschaft der Aerzte, red. von E. ALBERT und E. LUDWIG. Wien: Braumüller. 4 H. gr. 8⁰.

Oesterr. ZS. f. Bergw. = Oesterreichische Zeitschrift für Berg- und Hüttenwesen. Red.: HANNS HÖFER und C. v. ERNST. Wien: Manz. 52 N. gr. 4⁰.

Org. f. Eisenbahnw. = Organ für die Fortschritte des Eisenbahnwesens in technischer Beziehung. ··· Hrsg. von E. HEUSINGER v. WALDEGG. Wiesbaden: Kreidel. 6 H. gr. 4⁰.

Org. f. Rübenz. Ind. = Organ des Centralvereins für Rübenzucker-Industrie der österreichisch-ungarischen Monarchie. Zeitschrift für Landwirthschaft und technischen Fortschritt der landwirthschaftlichen Gewerbe. Red. v. OTTO KOHLRAUSCH. Wien: Frick in Comm.

Overs. Danske Vid. Selsk. = **Overs. k. dan. Vidensk. Selsk. Forh.** = Oversigt over det Kongelige Danske Videnskabernes Selskabs Forhandlinger og dets Medlemmers Arbejder····. Kopenhagen. 8⁰. (Es erscheinen im Jahre gewöhnlich 4 Nummern, oft ist ein französisches Resumé hinzugefügt.) R.

Peterm. Mitth. = A. PETERMANN's Mittheilungen aus JUSTUS PERTHES geographischer Anstalt. Hrsg. von E. BEHM. Gotha: J. Perthes. 4⁰. R.

Petersb. med. Wochenschr. = St. Petersburger medicinische Wochenschrift unter Redaction von E. MORITZ und L. v. HOLST. St. Petersburg: Röttger. gr. 4⁰. 52 N.

Pflüg. Arch. = **Pflüger Arch.** sh. **Arch. f. ges. Physiol.**

Pharm. Centralh. = Pharmaceutische Centralhalle für Deutschland. Zeitung für wissenschaftliche und geschäftliche Interessen der Pharmacie. Hrsg. von Dr. HERM. HAGER und EWALD GEISSLER. Berlin: Springer in Comm. 52 N. 8⁰.

Pharm. ZS. = Pharmaceutische Zeitschrift für Russland. Hrsg. von der pharmaceutischen Gesellschaft zu St. Petersburg. Red. EDWIN JOHANSON. St. Petersburg: Ricker. 52 N. gr. 8⁰.

Phil. Mag. (5) = The London, Edinburgh and Dublin Philosophical Magazine and Journal of Science. Conducted by Sir ROBERT KANE, Sir WILLIAM THOMSON and WILLIAM FRANCIS. ·· Fifth series. London: Taylor und Francis. 8⁰. Bd. XXI enthält Heft 128 bis 133, XXII enthält Heft 134 bis 139. R.

Phil. Trans. = **Phil. Trans. Lond.** = Philosophical Transactions of the Royal Society of London 4⁰.

Phot. Arch. = Photographisches Archiv. Hrsg. v. P. E. LIESEGANG. Düsseldorf: Liesegang. 20 H. gr. 8⁰.

Phot. Corresp. = Photographische Correspondenz. Zeitschrift für Photographie und verwandte Fächer. Organ der photogr. Gesellschaft in Wien, ··· red. v. E. HORNIG. Wien: Verlag der photographischen Correspondenz. 25 H. gr. 8⁰.

Phot. Mitth. = Photographische Mittheilungen. Zeitschrift des Vereins zur

Förderung der Photographie. Hrsg. von HERM. W. VOGEL. Berlin: Oppenheim. 24 H. gr. 8°.

Phot. Soc. London bezieht sich auf die Verhandlungen der Londoner photographischen Gesellschaft nach Berichten in englischen Journalen.

Phys. Soc. bezieht sich auf die Verhandlungen der physikalischen Gesellschaft zu London in Nature etc. sh. Proc. Phys. Soc.

Pogg. Ann. = Annalen der Physik und Chemie, hrsg. zu Berlin von J C. POGGENDORFF. Leipzig: Barth. (CLX ist der letzte von POGGENDORFF redigirte Band, jetzt von WIEDEMANN red. sh. **Wied. Ann.**)

Pol. Notizbl. = **Polyt. Notizbl.** = Polytechnisches Notizblatt für Chemiker, Gewerbtreibende, Fabrikanten und Künstler. Gegründet von RUD. BÖTTGER. Hrsg. und red. von THEODORR PETERSEN. Frankfurt a. M.: Expedition. 24 N. 8°. R.

Practitioner = The Practitioner. A journal of therapeutics and public health. Edited by T. LAUDER BRUNTON and DONALD MACALISTER. London: Macmillan and Co. (Jährlich 2 Bände.)

Prag. Ber. = Sitzungsberichte der königl. böhmischen Gesellschaft der Wissenschaften zu Prag. Prag: Tempsky in Comm. gr. 8°. R.

Prag. med. Wochenschr. = Prager medizinische Wochenschrift. Red.: FRDR. GANGHOFNER u. OTTO KAHLER. Prag: Tempsky. 52 N. fol.

Preuss. Stat. = Preussische Statistik (amtliches Quellenwerk). Hrsg. in zwanglosen Heften v. Kgl. statistischen Büreau in Berlin. Berlin: Verlag d. k. statist. Büreaus. Imp. 4°.

Proc. Amer. Acad. = Proceedings of the American Academy of sciences and arts. Boston.

Proc. Amer. Ass. = Proc. of the American Association for the advancement of science.

Proc. Amer. Phil. Soc. = Proceedings of the American Philosophical Society. Philadelphia. 8°.

Proc. Amer. Soc. of Microscop. = Proceedings of the American Society of Microscopists.

Proc. California Acad. = Proceedings of the Academy of Sciences in California. San Francisco.

Proc. Camb. Soc. = Proceedings of the Cambridge Philosophical Society. Cambridge. 8°.

Proc. Dubl. Soc. = **Proc. Dublin** = The Scientific Proceedings of the Royal Dublin Society.

Proc. Glasgow Soc. = Proceedings of the Philosophical Society at Glasgow.

Proc. Manch. Soc. = Proceedings of the Literary and Philosophical Society of Manchester. Manchester 8°.

Proc. Math. Soc. = Proceedings of the Mathematical Society. London: C. F. Hogdson and Son. 8°.

Proc. Phys. Soc. = Proceedings of the Physical Society of London. Jährlich 3—4 Hefte.

Proc. R. Edinb. Soc. = **Proc. Edinb.** = Proceedings of the Royal Society of Edinburgh. Edinburgh.

Proc. Roy. Geogr. Soc. = Proceedings of the Royal Geographical Society. London.

Proc. Roy. Soc. = **Proc. London** = Proceedings of the Royal Society of London. London: Taylor und Francis. 8. (Erscheint in einzelnen Nummern.)

Prof. pap. = Professional Papers (of the signal service), einzelne numerirte Abhandlungen, herausgeg. vom War Department oder vom Navy Department der vereinigten Staaten, Washington.

Progr. = Programm (bezieht sich auf Schulprogramme).

Progrès méd. = Le Progrès Médical. Journal de médecine, de chirurgie et de pharmacie. Redacteur en chef: BOURNEVILLE, Secrétaire de la Rédaction: A. BLONDEAU ···. Paris aux bureaux du journal ···. gr. 4⁰. (Wöchentlich eine Nummer.)

Publ. d. astro-phys. Obs. zu Potsdam = Publicationen des astro-physikalischen Observatoriums zu Potsdam. Potsdam. Leipzig: Engelmann in Comm. 4⁰.

Quart. J. Met. Soc. = Quarterly Journal of the Meteorological Society. (Schottische meteorologische Gesellschaft, ganz entsprechend für die englische Gesellschaft.)

Quart. J. of Math. = **Quart. J.** = The quarterly Journal of pure and applied Mathematics, by J. J. SYLVESTER, N. M. FERRERS, G. G. STOKES, A. CAYLEY, M. HERMITE. London R.

Rec. trav. chim. = Recueil des travaux chimiques des Bays-Bas par MM. W. A. VAN DROP, A. P. N. FRANCHIMONT ···. Leide: A. W. Sijthoff. 8⁰.

Rend. di Bol. = Rendiconto delle sessioni dell' accademia reale delle scienze dell' Istituto di Bologna. Bologna. 8⁰.

Rend. di Nap(oli) = Rendiconti dell' accademia delle scienze fisiche e matematiche di Napoli. 4⁰. R.

Rend. Lomb. = **Rend. Ist. Lomb.** = Reale Istituto Lombardo di scienze e lettere. Rendiconti. Classe di scienze matematiche e naturali. Milano. R.

Rep. anal. Chem. = Repertorium der analytischen Chemie für Handel, Gewerbe und öffentliche Gesundheitspflege. Organ des Vereins analytischer Chemiker. Red.: J. SKALWEIT. Hamburg: Voss. (seit 1881).

Rep. Brit. Ass. = Report of the meeting of the British Association for the advancement of science, held at Birmingham 1886. London: John Murray 1886. 8⁰.

Rep. d. Phys. = Repertorium der Physik. Hrsg. von F. EXNER. München: Oldenbourg. Lex. 8⁰. 12 H.

Rep. f. Met. = Repertorium für Meteorologie, hrsg. von der kaiserlichen Akademie der Wissenschaften, red. v. HEINR. WILD. St. Petersburg. Leipzig: Voss' Sort. Imp. 4⁰. R.

Rep. Smith. Inst. sh. **Smiths. Rep.**

Rep. U. S. C. S. = Report of the Superint. of the U. S. Coast Survey. Washington.

Rev. des trav. scient. = Revue des travaux scientifiques. Paris.

Rev. scient. = La Revue scientifique de la France et de l'étranger. Revue des cours scientifiques (3e série) ··· Paris: G. Baillière et Cie. (Jährlich 2 Bände zu je 25 oder 26 N.)

Riv. scient. ind. = **Riv. scient.-indust.** = Rivista scientifico-industriale. Firenze (von Vimercati). Nach Citaten in anderen Journalen.

Sap. Chark. Univ. = Schriften (Sapiski) der Charkower Universität. (Russisch.)

Sap. Novoruss. Univ. = Schriften der Odessaer Universität. Odessa. (Russisch.)

Sap. k. r. techn. Ges. = Schriften der kaiserlich russischen technischen Gesellschaft. St. Petersburg. (Russisch.)

Schmidt's Jahrb. d. Med. = Schmidt's Jahrbücher der in- und ausländischen gesammten Medizin. Red. v. Adf. Winter. Leipzig: O. Wigand. (Im Jahre erscheinen mehrere Bände.)

Schr. d. Königsb. Ges. = Schriften der physikalisch-ökonomischen Gesellschaft zu Königsberg. Königsberg: in Comm. bei W. Koch. 4⁰. XIV. (1., 2. Abtheilung.) R.

Schweiz. Alpen-Ztg. = Schweizer Alpen-Zeitung.

Schweiz. Denkschr. = Neue Denkschriften der allgemeinen Schweizerischen Gesellschaft für die gesammten Naturwissenschaften. Zürich. = Nouveaux mémoires etc. R.

Science = Science. A weekly newspaper of all the arts and sciences. Published by N. D. C. Hodges, New York, 47 Lafayette Place.

Scient. Amer. = Scientific American. New York. (Nach verschiedenen Journalen citirt.)

Scient. Proc. Ohio Mech. Inst. = Scientific Proceedings of the Ohio Mechanics' Institute. Publishing Committee: Robt. B. Warder, Editor; Lewis M. Hosea; Jas. B. Stanwood. Cincinnati, Ohio: Ohio Mechanics' Institute, departement of science and arts. 8⁰.

Sill. J. (3) = The American Journal of Science. Editors: James D. and E. S. Dana, and B. Sillimann. Associate editors: Professors Asa Gray, Jolian P. Cooke, and John Trowbridge, of Cambridge, Professors H. A. Newton and A. E. Vervill of New Haven, Professor George F. Barker, of Philadelphia. — 3. Series. New Haven, Comm.: J. D. and E. S. Dana. Bd. XXXI enthält die Hefte 181—186, XXXII 187-192.

Sirius = Sirius. Zeitschrift für populäre Astronomie ···. Hrsg. ··· von Herm. J. Klein. Leipzig: Scholtze. 12 H. gr. 8⁰.

Sitzber. d. Bayr. Akad, sh. **Münch. Ber.** = **Münch. Sitzber.**

Sitz. d. Jen. Ges. f. Med. Nat. sh. **Jen. ZS.**

Sitzber. d. kön. böhmischen Ges. d. Wissensch. zu Prag sh. **Prag. Ber.**

Sitzber. d. Wien. Ak. sh. **Wien. Ber.**

Smiths. Contrib. = Smithsonian Contributions to Knowledge. Washington: Smithsonian Institution.

Smiths. Inst. = **Smiths. Rep.** = Annual report of the board of regents of the Smithsonian Institution. Washington. 8⁰. R.

Soc. mét. de France bezieht sich auf die Schriften der meteorologischen französischen Gesellschaft.

Svensk. Vet. Handl. = Kongliga Svenska Vetenskaps-Akademiens Handlingar.

Tagbl. d. Naturf.-Vers. Berlin = Tageblatt der 58. Versammlung deutscher Naturforscher und Aerzte in Berlin vom 18. bis 24. September 1886.

Tech. Bl. = Technische Blätter. Vierteljahrsschrift d. deutschen polytechnischen Vereins in Böhmen. Red. von EMAN. CZUBER ···. Prag: Calwe in Comm. gr. 8⁰.

Techniker = Der Techniker. Internationales Organ über die Fortschritte der Wissenschaft, Erfindungen und Gewerbe. Hrsg. und Red.: PAUL GOEPEL. New-York (Berlin: Polytechnische Buchh. in Comm.). gr. 4⁰. 24 Nrn.

Telegr. J. = Telegraphic Journal, (gegr. 1872).

Tijdschr. Aardrijks Gen. = Tijdschrift van het Aardrijkskund Genootschap te Amsterdam.

Trans. Cambr. Soc. = Transactions of the Philosophical Society of Cambridge. Cambridge. 4⁰.

Trans. Con. Acad. = Transactions of the Connecticut Academy of Arts and Sciences. New-Haven.

Trans. Dubl. Soc. = The Scientific Transactions of the Royal Dublin Society. 4⁰.

Trans. Edinb. = **Trans. Edinb. Roy. Soc.** = Transactions of the Royal Society of Edinburgh.

Trans. Royal Soc. of London sh. **Phil. Trans.**

Trans. Edinb. Geol. Soc. = Transactions of the Geological Society of Edinburgh.

Trans. N. Z. Inst. = Transactions and Proceedings of the New Zealand Institute.

Trans. R. S. of Victoria = Transactions and Proceedings of the Royal Society of Victoria. Melbourne.

Tschermak Mitth. sh. **Min. Mitth.**

U. S. Coast Survey sh. **Rep. U. S. C. S.**

Verh. d. Ges. f. Erdk. = Verhandlungen der Gesellschaft für Erdkunde zu Berlin. 8⁰. (Enthaltend Sitzungsberichte, Nachrichten über andere Gesellschaften etc. sh. ZS. f. Erdk.)

Verh. d. k. k. geol. Reichsanst. = Verhandlungen der k. k. geologischen Reichsanstalt. Wien: Hölder. 17—18 N. Lex.-8⁰. R.

Verh. d. k. k. zool.-bot. Ges. Wien = Verhandlungen der k. k. zoologisch-botanischen Gesellschaft in Wien. Hrsg. von der Gesellschaft. Wien: Hölder in Comm. Leipzig: Brockhaus' Sort. in Comm.

Verh. d. naturf. Ges. zu Basel = Verhandlungen der naturforschenden Gesellschaft in Basel. Basel: Schweighauser. 8⁰. R.

Verh. d. naturh. Ver. f. Rheinl. = Verhandlungen des naturhistorischen Vereines der preussischen Rheinlande und Westphalens. Hrsg. von C. J. ANDRÄ. Bonn: Cohen & Sohn in Comm. gr. 8⁰.

Verh. physik. Ges. Berlin = Verhandlungen der physikalischen Gesellschaft zu Berlin. Berlin: Georg Reimer. 8⁰. R.

Verh. d. physiol. Ges. Berl. = Verhandlungen der physiologischen Gesellschaft zu Berlin, enthalten in DU BOIS-Arch. R.

Verh. d. Schweiz. Naturf. Ges. LXIX = Verhandlungen der schweizerischen Naturforscher-Gesellschaft. — 69. Jahresversammlung. — Jahresbericht 1886. Glarus: Buchdruckerei von Frid. Schmidt. 1886. 8⁰. R. Erscheint gleichzeitig in französischer Ausgabe, und der wesentliche Inhalt wird einer der letzten Jahresnummern der Arch. sc. phys. beigefügt.

Verh. d. Ver. f. Gewerbfl. = Verhandlungen des Vereins zur Beförderung des Gewerbefleisses. Red.: HERM. WEDDING. Berlin: Simion. 10 H. gr. 4⁰.

Verh. Polyt. Ges. Berlin = Verhandlungen der Polytechnischen Gesellschaft zu Berlin. 8⁰.

Versl. K. Ak. d. Wet. (Afd. Nat.) = Verslagen en Mededeelingen d. Koninklijke Akademie van Wetenschappen Afdeeling Natuurkunde. Amsterdam.

Vidensk. Selsk. Skr. = Videnskabs Selskabs Skriften, naturvidenskabelig og matematisk Afd. (Erscheint in einzelnen Heften.) Kopenhagen. 4⁰. R.

Vierteljschr. d. Astr. Ges. = Vierteljahrschrift der Astronomischen Gesellschaft. Hrsg. von E. SCHÖNFELD, A. WINNECKE. Leipzig: W. Engelmann. 8⁰.

Vierteljschr. d. naturf. Ges. Zürich. = Vierteljahrschrift der naturforschenden Gesellschaft in Zürich. Red. von RUD. WOLF. Zürich: Höhr in Comm. 8⁰. R.

Virchow's Arch. sh. **Arch. f. path. Anat.**

Warsch. Univ. Isw. = Nachrichten (Iswestija) der Warschauer Universität. Warschau. (Russisch.)

Wied. Ann. = Annalen der Physik und Chemie. Unter Mitwirkung der Physikalischen Gesellschaft zu Berlin und insbesondere des Herrn H. VON HELMHOLTZ hrsg. von G. WIEDEMANN. Leipzig: J. A. Barth. 8⁰. 3 Bände. R.

Wien. Anz. = **Wien. Anzeig.** = Anzeiger der Kaiserlichen Akademie der Wissenschaften. — Mathematisch naturwissenschaftliche Classe. — XXII. Jahrgang. 1884. N. I—XXVIII. Wien: Aus der K. K. Hof- und Staatsdruckerei. 8⁰. R.

Wien. Ber. = Sitzungsberichte der mathematisch-naturwissenschaftlichen Classe der Kaiserlichen Akademie der Wissenschaften. Abtheilung ··· (I. Abtheilung enthält die Abhandlungen aus dem Gebiete der Mineralogie, Botanik, Zoologie, Geologie und Paläontologie. II. Abtheilung··· Mathematik, Physik, Chemie, Mechanik, Meteorologie und Astronomie. III. Abtheilung··· Physiologie, Anatomie und theoretische Medicin.) Jahrgang 1886. Wien: in Comm. bei Carl Gerold's Sohn. 1886. (Der Band jeder Abtheilung besteht aus 5 Heften.) R.

Wien. Denkschr. = Denkschriften der Kaiserlichen Akademie der Wissenschaften. Mathematisch naturwissenschaftliche Classe. Wien: Gerold's Sohn in Comm. Imp. 4⁰.

Wien. med. Blätter = Wiener medizinische Blätter···. Hrsg. von WILH. SCHLE-

SINGER. Red.: G. A. EGGER. Wien: Braumüller in Comm. 52 Nrn. Imp. 4⁰. (I. Jahrg. 1878.)

Wien. med. Presse = Wiener medizinische Presse. Organ für praktische Aerzte. Hrsg. u. Chef-Red.: JOH. SCHNITZLER. Mit Beiblatt: Wiener Klinik. Vorträge aus der gesammten praktischen Heilkunde. Wien: Urban und Schwarzenberg. 12 H. gr. 8⁰.

Wien. med. Rundschau = Medicinisch-chirurgische Rundschau ··· hrsg. von W. F. LOEBISCH. Wien: Urban u. Schwarzenberg. 12 H. gr. 8⁰.

Wien. med. Wochenschr. = Wiener medizinische Wochenschrift. Hrsg. u. Red.: L. WITTELSHÖFER. Wien: Seidel & Sohn in Comm. gr 8⁰.

Wochenschr. D. Ing. = Wochenschrift des Vereins deutscher Ingenieure sh. **ZS. D. Ing.**

Wolf Vierteljahrsschrift = **Wolf ZS.** sh. **Vierteljschr. d. naturf. Ges. Zürich.**

Württemb. Corr.-Bl. = Medicinisches Correspondenz-Blatt des württembergischen ärztlichen Landesvereins. Aus Auftrag desselben hrsg. von B. ARNOLD, O. KÖSTLIN, J. TEUFFEL. Stuttgart: Schweizerbart. gr. 4⁰. 40 N.

Württemb. Jahrb. f. Statistik = Württembergische Jahrbücher für Statistik und Landeskunde. Hrsg. v. dem k. statistisch-topograph. Bureau. Stuttgart: Kohlhammer. Lex. 8⁰.

Würz. Ber. = Sitzungsberichte der physikalisch-medicinischen Gesellschaft zu Würzburg. Würzburg: Stahel. gr. 8⁰.

Würz. Verh. = Verhandlungen der physikalisch-medicinischen Gesellschaft in Würzburg. Würzburg: Stahel. gr. 8⁰.

Zool. Anzeiger = Zoologischer Anzeiger hrsg. v. J. VICT. CARUS. Leipzig: Engelmann. 26 N. gr. 8⁰.

Zool. Gart. = Der Zoologische Garten. Zeitschrift für Beobachtung, Pflege und Zucht der Tiere. Gemeinsames Organ f. Deutschland und angrenzende Gebiete. Hrsg. von der „Neuen Zoologischen Gesellschaft“ in Frankfurt am Main. Red. v. F. C. NOLL. Frankfurt a. M.: Mahlau & Waldschmidt. 8⁰. 12 H.

ZS. anal. Chem. = Zeitschrift für analytische Chemie. Hrsg. von C. REMIGIUS FRESENIUS unter Mitwirkung von HEINR. FRESENIUS. Wiesbaden: Kreidel. 4 H. gr. 8⁰.

ZS. d. d. ö. A. V. = Zeitschrift des deutschen und österreichischen Alpenvereins. Redigirt von TH. TRAUTWEIN. Wien. München: Lindauer in Comm. gr. 8⁰.

ZS. d. geol. Ges. = **ZS. d. deutschen geol. Ges.** = Zeitschrift der deutschen geologischen Gesellschaft. Berlin: Hertz. 4 H. gr. 8⁰.

ZS. d. Ges. f. Erdk. sh. **ZS. f. Erdk.**

ZS. D. Ing. = Zeitschrift des Vereins deutscher Ingenieure. Red. TH. PETERS. Nebst Wochenschrift desselben Vereines. Berlin: Springer in Comm. 12 H. und 52 N. Imp. 4⁰.

ZS. d. k. preuss. statist. Bur. = Zeitschrift des königl. preussischen statistischen Bureaus. Berlin: Verlag des k. stat. Bureaus. Imp. 4⁰.

ZS. d. V. f. Rübenz. = Zeitschrift des Vereins für die Rübenzucker-Industrie des Deutschen Reichs. Hrsg. vom Vereins-Directorium. Red. KARL STAMMER. Berlin: Verein für die Rübenzucker-Industrie des Deutschen Reichs. 8°. 12 H.

ZS. f. angew. Elekr. = Zeitschrift für angewandte Elektricitätslehre ··· Hrsg. von F. UPPENBORN jun. München: Oldenbourg. 24 N. Lex. 8°.

ZS. f. Berg- u. Hüttenw. = Zeitschrift für das Berg-, Hütten- und Salinenwesen in dem preussischen Staate, hrsg. im Ministerium der öffentl. Arbeiten. Berlin: Ernst & Korn. 6 H. gr. 4°.

ZS. f. Biol. = Zeitschrift für Biologie von M. v. PETTENKOFER u. C. VOIT. München: Oldenbourg. 4 H. gr. 8°.

ZS. f. Erdk. = Zeitschrift der Gesellschaft für Erdkunde zu Berlin ··· hrsg. von W. KONER. Nebst: Verhandlungen der Gesellschaft für Erdkunde zu Berlin. Red.: G. NACHTIGAL. Berlin: D. Reimer. 6 H. u. 18 N. 8°.

ZS. f. Forst- und Jagdwesen = Zeitschrift für Forst- und Jagdwesen. Zugleich Organ für forstliches Versuchswesen. Hrsg. ··· v. B. DANCKELMANN. Berlin: Springer. (Mit Müttr. Beobergebn.)

ZS. f. Gasb. = **ZS. f. Gasbeleuchtung** = Zeitschrift für Gasbeleuchtung und Wasserversorgung.

ZS. f. Instrk. = Zeitschrift für Instrumentenkunde. Organ für Mittheilungen aus dem gesammten Gebiete der wissenschaftlichen Technik. — Hrsg. von E. ABBE in Jena, FR. ARZBERGER in Wien, C. BAMBERG in Berlin, ··· Red.: A. LEMAN und A. WESTPHAL. Sechster Jahrgang. 1886. Berlin: Julius Springer. R.

ZS. f. Kryst. = Zeitschrift für Krystallographie und Mineralogie unter Mitwirkung zahlreicher Fachgenossen des In- und Auslandes, hrsg. von P. GROTH. VIII. Bd. ··· Leipzig: Wilhelm Engelmann. R.

ZS. f. Math. (u. Phys.) = Zeitschrift für Mathematik und Physik, hrsg. unter der verantwortlichen Redaction von O. SCHLÖMILCH, E. KAHL und M. CANTOR. ··· Leipzig: B. G. Teubner. 8°.

ZS. f. Met. = Zeitschrift der österreichischen Gesellschaft für Meteorologie. Red. von J. HANN. Wien: Braumüller. 12 H. Lex. 8°.

ZS. f. Naturw. = **ZS. f. ges. Naturw.** = Zeitschrift für Naturwissenschaften ···. Hrsg. vom naturwissenschaftlichen Vereine für Sachsen und Thüringen in Halle ···. Berlin: Parey. 6 H. gr. 8°.

ZS. f. Ohrenheilk. = Zeitschrift für Ohrenheilkunde. Unter Mitwirkung von C. AGNEW, E. BERTHOLD, G. BRUNNER etc. hrsg. von H. KNAPP und S. MOOS. Wiesbaden: Bergmann. 4 H. gr. 8°.

ZS. f. Unterr. = Zeitschrift zur Förderung des physikalischen Unterrichts, hrsg. vom physikalisch-technischen Institut LISSER und BENEKE. Jahrg. I, 1884, hat 3 Hefte und bildet mit dem aus 12 Heften bestehenden Jahrgang II, 1885, den ersten Band. 1886 ist als Band III numerirt. Berlin: Lisser & Beneke. 8°.

ZS. f. physiol. Chem. = Zeitschrift für physiologische Chemie, unter Mitwirkung von E. BAUMANN, GÄTGENS, O. HAMMERSTEIN etc. hrsg von F. HOPPE-SEYLER. Strassburg: Trübner. gr. 8°.

ZS. f. vergl. Augenheilk. = Zeitschrift für vergleichende Augenheilkunde, unter Mitwirkung von O. BOLLINGER, L. FRANCK, R. LEUCKART u. A. hrsg. von

K. Berlin und O. Eversbusch. Leipzig: F. C. W. Vogel. 2 H. gr. 8°. (Erscheint mit der Deutschen Zeitschrift für Thiermedicin und vergleichende Pathologie. ...)

ZS. f. Verm. = Zeitschrift für Vermessungswesen. Organ des deutschen Geometervereins. Unter Mitwirkung von F. R. Helmert und F. Lindemann hrsg. von W. Jordan. Stuttgart: Wittwer in Comm. 24 H. gr. 8°.

ZS. f. wiss. Geogr. = Zeitschrift für wissenschaftliche Geographie, in Verbindung mit O. Delitsch, J. I. Egli, Th. Fischer etc. hrsg. von J. I. Kettler. Lahr: Schauenberg. 6 H. Lex. 8°.

ZS. f. wiss. Zool. = Zeitschrift für wissenschaftliche Zoologie, hrsg. von Carl Thdr. v. Siebold u. Alb. v. Köllicker unter der Red. von Ernst Ehlers. Leipzig: Engelmann. gr. 8°.

Zürch. Vierteljschr. sh. **Vierteljschr. d. naturf. Ges. Zürich.**

Inhalt der einzelnen Abschnitte.

I. Allgemeine Physik.

1a. Allgemeines.

Lehrbücher, welche die ganze Physik oder mehrere Zweige der Physik behandeln, Pädagogisches, Wörterbücher, Sammlungen von Abhandlungen, Philosophie und allgemeine Grundsätze, Geschichte der Physik oder mehrerer Zweige derselben, Biographisches, Varia.

1b. Maass und Messen.

Theorie des Messens, Zusammenfassendes, Einheiten und Dimensionen, Längen-, Flächen- und Volumenmaass (Integratoren etc.), Winkel-, Zeit-, Geschwindigkeits-, Gewichtsmaass. Hinter Geschwindigkeit sind zusammengesetztere Vorrichtungen, wie Myographien etc. eingeschaltet, die für Amplituden, Geschwindigkeiten, Arbeit etc. dienen können.

1c. Laboratoriumsapparate.

Quecksilberluftpumpen und Aspiratoren, Behandlung des Quecksilbers, Varia, Brenner, Glasbehandlung, Versilberung (siehe hierzu auch Cap. 18), Kitte etc.

2. Dichtigkeit.

3. Zusammensetzung der Molekel, physikalische Theorie des chemischen Processes.

Atomtheorie, neue Elemente, Atomgewichte, Valenz, Allotropieen und Polymerieen, Structurformeln, chemisches Gleichgewicht, Dissociation. Processe von einseitiger Richtung, Explosionen vom chemischen Gesichtspunkte, Geschwindigkeit der chemischen Processe, Katalyse, Einfluss von Druck, Magnetismus etc. auf chemische Processe, Makromoleküle und Krystallwasser.

3a. Krystalle.

4. Mechanik.

Physikalische Grundlagen, Mechanik eines Punktes (Relativbewegung am Schluss), Systeme von Punkten, Schwerpunkte, Anziehungstheorie, Kinematik, Statik und Dynamik des starren Körpers, Systeme, bei denen mehrere starre Körper zusammenwirken, Erddruck, dynamometrische etc. Apparate, Aehnlichkeitsprincip und

Verwandtes, deformable Linien und Flächen, gleitende Reibung. (Die ganze äussere Ballistik ist, damit ihr Zusammenhang gewahrt werde, unter Cap. 6, Luftwiderstand, verwiesen).

5. Hydromechanik.

Statik, Dynamik auf Grund der idealen Differentialgleichungen, Widerstand, viscose Flüssigkeiten. Hierher Reibung geschmierter Axen etc.

6. Aëromechanik.

Statik, Dynamik, innere Reibung, Widerstand (hierher Geschosse), Mechanik der Explosionen.

7. Cohäsion und Adhäsion.

7a. Feste Körper.

Allgemeine Betrachtungen über intermolekulare Kräfte. Ideale Elasticitätslehre. Reale Elasticität und elastische Nachwirkung. Festigkeit. Härte. Ductilität und Viscosität fester Körper. Besonderheiten der Colloide.

7b. Kapillarität.

7c. Lösungen.

Löslichkeit, Sättigung, Ausscheidung, Uebersättigung, Constitution der Lösungen, verschiedene physikalische Eigenthümlichkeiten, welche den Lösungen als solchen zukommen. Feste Lösungen, Legirungen.

7d. Emulsion und Suspension.

e. Diffusion, Osmose.

f. Ab- und Adsorption.

II. Akustik.

8. Physikalische Akustik.

Hierher auch ganz allgemeine Betrachtungen über Wellen, die sich nicht an bestimmte Träger binden.

9. Physiologische Akustik.

9a. Physiologische Schallerzeugung.

9b. Wahrnehmung des Schalles.

III. Optik.

10. Allgemeine Theorie des Lichts.

Zusammenfassende Schriften, welche sich auf mehrere Zweige der Optik beziehen, und solche, die wesentlich auf die Gleichungen des Aethers zurückgehen, unter der Voraussetzung a) des fest-elastischen Aethers, b) des Maxwell'schen. Aberration. Sofern der Aether zur Begründung von Dispersion, Beugung, Doppelbrechung etc. verwendet wird, siehe auch Cap. 11, 15, 15a und 15b.

11. **Fortpflanzung des Lichts, Spiegelung, Brechung und Dispersion.**

Geschwindigkeit des Lichts, geradlinige Fortpflanzung, Spiegel, Brechung an ebenen Flächen, Prismen, Linsen und Linsencombinationen, soweit sie nicht instrumentell behandelt sind, Brechungs- und Dispersionscoefficienten in Beziehung zur chemischen Constitution.

12. Objektive Farben, Spektrum, Absorption.

13. Photometrie.

14. Phosphorescenz und Fluorescenz.

15a. Interferenz, Beugung, Polarisation.

Letztere, soweit sie nicht speciell mit den Eigenschaften anisotroper Medien zusammenhängt.

15b. Cirkularpolarisation.

Erst natürliche, dann magnetische.

15c. Krystalloptik, Doppelbrechung.

Am Schluss Doppelbrechung nicht krystallinischer und künstlich anisotrop gemachter Objecte.

16. Chemische Wirkungen des Lichts.

Hierher Chlorophyll.

17. Physiologische Optik.

17a. Der dioptrische Apparat des Auges.

17b. Physiologie der Retina und der Leitung zum Centrum.

17c. Farbensinn.

17d. Psychische Verarbeitung der Gesichtseindrücke.

17e. Wirkung des Lichts auf Pflanzen und niedere Thiere.

Mit Ausschluss des Chlorophyllchemismus, siehe 16.

18. Optische Apparate.

Spiegelapparate, Linseninstrumente, Mikroskope, Fernrohre, Photometer, Spectralapparate, Polarisationsapparate und Apparate für Gangunterschiede, Varia, Instrumente für physiologische Optik.

IV. Wärmelehre.

19. **Theorie der Wärme und kalorische Maschinen.**

19a. **Allgemeines.**

19b. **Erster Hauptsatz.**

Nur im Allgemeinen; die Anwendungen auf einzelne Fälle finden sich bei diesen.

19c. **Zweiter Hauptsatz.**

Formulirungen des Satzes und Versuche mechanischer Begründung: Princip der freien Energie.

27. **Elektrostatik.**

28. **Batterieentladung.**

29. **Galvanische Ketten.**

Beschreibung von Elementen und ähnlich wirkenden Combinationen, Etalons ausgenommen (siehe 30), charakterisirende Messungen an Elementen, Allgemeines über deren Anordnung.

30. **Galvanische Mess- und Hülfsinstrumente.**

Galvanometer und Tangentenboussolen etc. nach altem Princip, Dynamometer, Ammeter, Ergmeter, Stromzähler und ähnliche Apparate, welche technischen, oft combinirten Zwecken dienen, Messinstrumente, welche nicht die Bewegung eines Magnets oder einer Rolle benutzen, darunter als besondere Abtheilung Voltameter; Messbrücken, Widerstandsetalons und Rheostaten, Etalons der elektromotorischen Kraft, allgemeine Betrachtungen und Sammelreferate, Hülfsapparate.

31. **Theorie der Kette.**

Prototype und deren absolute Messung. Hierauf folgen relative Messungen und Messungen, die nur insofern absolut sind, als sie auf anderweitig festgestellte absolute Werthe von Etalons und Constanten recurriren. Und zwar: Theoretische Sätze, welche der Messung zu Grunde liegen, Bestimmungsmethoden für Stromstärke, Widerstand, elektromotorische Kraft. Hierauf Resultate der Messungen: Leitungsfähigkeit von Metallen, Variation durch Temperatur und Druck eingeschlossen, Leitungsfähigkeit von Elektrolyten (darunter reines Wasser etc.) am Schluss mit besonderer Beziehung auf die neuere Entwickelung der Jonentheorie, Uebergangswiderstand und asymmetrische Leitung, Widerstand in Gasentladungen (siehe hierzu auch Capitel 35), Einwirkung anderer Agentien (Magnetismus, Licht) auf den Widerstand (Selen), Elektromotorische Differenzen einzelner Contacte und elektromotorische Kraft der ganzen Kette (hierzu ist „Polarisation“ unter Abschnitt 32 zu vergleichen, so wie auch die charakterisirenden Messungen in Abschnitt 29), Herkunft der Stromarbeit; Anwendung der mechanischen Wärmetheorie auf die Kette.

32. **Elektrochemie.**

Theorie der elektrolytischen Leitung; Resultate der Elektrolyse, a) von Flüssigkeiten, b) von festen Körpern; Elektrochemische Wirkungen beim Durchgang der Elektricität durch Gase, Ozon, Polarisation einschliesslich Elektrocapillarität.

33. **Thermoelektricität und reversible Wärmewirkungen des Stromes.**

34. **Irreversible Wärmewirkungen des Stromes.**

35. **Elektrisches Licht.**

36. **Magnetismus.**

Inhalt.

Erster Abschnitt.

Allgemeine Physik.

Seite

1a. Sammelwerke und Abhandlungen, die sich auf die gesammte Physik oder grössere Theile derselben beziehen, historische Werke derselben Art und Biographien.

1b. Maass und Messen.

1c. Laboratoriumsapparate.

2. Dichtigkeit.

Seite

3a. Krystallographie.

4. Mechanik.

5. Hydromechanik.

6. Aeromechanik.

7. Cohäsion und Adhäsion.

7a) Cohäsionsverhältnisse fester Körper, Elasticität.

Zweiter Abschnitt.

Akustik.

8. Physikalische Akustik.

9. Physiologische Akustik.

9a) Physiologische Erzeugung des Schalles.

9b) Wahrnehmung des Schalles.

Verzeichniss der Herren, welche für die 1. Abtheilung des XLII. Jahrganges (1886) der Fortschritte der Physik Berichte geliefert haben.

Herr Prof. Dr. Ångström (*K. A.*) in Stockholm.
- Dr. Blasius (*E. B.*) in Berlin.
- Dr. Böttger (*Bgr.*) in Berlin.
- Dr. Budde (*Bde.*) in Berlin.
- Prof. Dr. Chwolson (*O. Chw.*) in Petersburg.
- Dr. Cohen (*Cn.*) in Würzburg.
- Dr. Grunmach (*L. Grnm.*) in Berlin.
- Dr. Gruss (*Gs.*) in Prag.
- Dr. Gumlich (*Glch.*) in Charlottenburg.
- Prof. Dr. Hoh (*Hh*) in Bamberg †.
- Dr. Jäger (*W. J.*) in Charlottenburg.
- Dr. Knoblauch (*O. Kch.*) in Erlangen.
- Dr. F. Kötter (*F. K.*) in Berlin.
- Dr. Krigar-Menzel (*K. M.*) in Berlin.
- Prof. Dr. Lampe (*Lp.*) in Berlin.
- Dr. Nernst (*Nst.*) in Göttingen.
- Prof. Dr. Pernet (*Pt.*) in Zürich.
- Dr. Pockels (*F. P.*) in Göttingen.
- Dr. Prytz (*K. P.*) in Kopenhagen.
- Dr. Richarz (*Rz.*) in Bonn.
- Dr. Scheel (*Schl.*) in Charlottenburg.
- Prof. Dr. Schumann (*Schn.*) in Berlin.
- Dr. Sella (*A. S.*) in Rom.
- Dr. Siebert (*Sbt.*) in Lichterfelde.
- Prof. Dr. Strouhal (*Str.*) in Prag.
- Prof. Dr. Voigt (*W. V.*) in Göttingen.
- Prof. Dr. Volkmann (*P. V.*) in Königsberg i./O.-Pr.
- Prof. Dr. Wangerin (*Wn.*) in Halle.

Erster Abschnitt.

Allgemeine Physik.

1a. Sammelwerke und Abhandlungen, die sich auf die gesammte Physik oder grössere Theile derselben beziehen, historische Werke derselben Art und Biographien.

Litteratur.

B. Weinstein. Handbuch der physikalischen Maassbestimmungen. 1. Bd. Die Beobachtungsfehler, ihre rechnerische Ausgleichung und Untersuchung. Berlin: Springer 1886, XX+524 pp. [Rundsch. I, 325; [ZS. f. Instrk. VI, 216; [Beibl. X, 576.

W. H. Behse. Lehrbuch der Physik für höhere Bürgerschulen und technische Lehranstalten. Weimar: Voigt. XVIII+229 pp.

J. Crüger. Schule der Physik. Leipzig: Amelang. VI und 674 pp.

H. Klein. Leitfaden und Repetitorium der Physik mit Einschluss der einfachen Lehren der Chemie und mathematischen Geographie. Leipzig: Teubner. VI+112 pp.

Meiser und Mertig. Anleitung zum experimentellen Studium der Physik. 1. Th. Galvanische Elektricität. Leipzig: E. Baldamus. 39 pp.

P. Meutzner. Lehrbuch der Physik im Anschluss an Weinhold's physikalische Demonstrationen und Vorschule der Experimentalphysik. Leipzig: Fues. XVI und 268 pp.

G. Recknagel. Compendium der Experimentalphysik. Kaiserslautern: Tascher. XI+365 pp.

P. Reiss. Elemente der Physik, Meteorologie und mathematischen Geographie. Leipzig: Quandt & Händel. 429 pp.

P. Reiss. Lehrbuch der Physik. Einschliesslich der Physik des Himmels (Himmelskunde), der Luft (Meteorologie) und der Erde (Physikalische Geographie). Gemäss den neueren Anschauungen und mit den neuesten Fortschritten. Leipzig: Quandt & Händel 1885. 827 pp.; [Beibl. X, 311.

W. Stary und Fr. Čecháč. Physikalische Diagramme und Bilder zur Erläuterung der Principien und Apparate beim Unterrichte in der Physik. Prag: Neugebauer. 7 pp.

K. Sumpf. Schulphysik. Methodisches Lehr- und Uebungsbuch in zwei getrennten Lehrstufen. Hildesheim 1885; [Beibl. X, 258.

W. Schütte. Physikalische Bilder. 1. Lieferung. Leipzig 1886.

A. Weinhold. Vorschule der Experimentalphysik. Leipzig: Quandt & Händel 1885. 554 pp.; [Beibl. X, 216.

W. Winter. Lehrbuch der Physik zum Schulgebrauch. München: Ackermann 1886. VIII+495 pp.

Encyklopädie der Naturwissenschaften. 2 Abhandlungen. Breslau: Trewendt 1886.

George F. Barker. Physics. Smith's Rep. 577-636.

J. D. Everett. Units and physical constants. London: Macmillan 1885. 214 pp.

A. P. Gage. Elements of physics for high schools and Academies. Boston: Guin & Co. 1886.

A. Gardiner. Sound, Light and Heat. Band 1. Manchester and London: J. Heywood 1886. 204 pp.; [Chem. News LIII, 108.

W. Lees. Acoustics, Light and Heat. New and enlarged Edition (London and Glasgow: Wm. Collins, Sons & Co.); [Nat. XXXIV, 27.

Physical laboratory text books. Engin. XLI, 182-183.

T. W. Piper. Acoustics, light and heat. London: 1886.

C. J. Woodward and G. G. Smith. A series of exercises in experimental physics. Part II. Magnetism and electricity. London: Simkin 1886. 34 pp.

Wormell's „Lectures on Heat, Sound and Light“. (London: Thomas Murby); [Nat. XXXIII, 580.

Worthington's „First Course of Physical laboratory Practice“. (London: Rivingtons, 1886); [Nat. XXXIII, 580.

Ch. Brisse et Ch. André. Nouveau cours de physique. Paris: Tignol 1886. VI + 782 pp.

Chevallier et Müntz. Problèmes de physique avec leurs solutions. Paris: Gauthier-Villars 1885. [Rev. scient. (3) VI, (1) 152.

P. Duhem. Le potentiel thermodynamique et ses applications à la mécanique chimique et à l'étude des phénomènes électriques. Paris: Hermann 1886. XI + 247 pp.

J. Dufailly. Problèmes de physique, recueil de principes, formules et exercices à l'usage des candidats au baccalauréat des sciences. Paris: Delagrave 1886. 79 pp.

E. Fernet. Cours de physique, pour la classe de mathématiques spéciales. 3. édit., entièrement revue et modifiée. Paris: G. Masson 1886. 688 pp. 8°.

A. Ganot et G. Maneuvrier. Traité élementaire de physique. Paris: Hachette & Co. 1886. 1451 pp.

H. Gossin. Cours élémentaire de physique, 3. année. Paris: Hachette & Co. 1886. 246 pp.

Jamin et Bouty. Cours de physique à l'usage de la classe de mathématiques spéciales. Paris: Gauthier-Villars 1886.

Jamin et Bouty. Cours de physique de l'école polytechnique. T. II, fasc. 3. Thermodynamique, propagation de la chaleur. Paris: Gauthier-Villars 1886. 262 pp.

V. Lelorieux. Mesures des grandeurs physiques. J. de Phys. élém. avril 1886, 81.

J. Lorédan. Cours élementaire de physique, contenant le programme des matières du baccalauréat des lettres avec 285 exercices. Paris: Poussielgue frères 1886. 628 pp.

P. Poiré. Physique. Paris: Delagrave 1886. 773 pp.

C. Rivière. Cours élémentaire de physique. Paris: Dunod 1886. 626 pp.

A. Serpieri. Traité élémentaire des mesures absolues, mécaniques, électrostatiques et électromagnétiques, avec application à de nombreux problèmes. Paris: Gauthier-Villars 1886. X + 115 pp.

P. E. Alessandri. Manuale teorico-pratico di manipolazioni e operationi fisico-chimiche. Milano: Dumolard 1886.

E. Morandotti. Manuale ragionato del laboratorio di precisione. Rome, imprim. du Comité d'artillerie et du génie 1886; [Rev. intern. l'Electr. II, (2) 124.

A. Benecke. Einfache Vorrichtungen und Experimente. ZS. phys. Unterr. III, 70-71.

H. Emsmann. Das Innere physikalischer Schulapparate. ZS. phys. Unterr. III, 97-98.

E. Mach. Der relative Bildungswert der philologischen und der mathematisch-naturwissenschaftlichen Fächer der höheren Schulen. Leipzig: G. Freitag 1886; Prag: F. Tempsky. 29 pp.

Meutzner. Bemerkungen aus der Praxis des physikalischen Unterrichts. ZS. phys. Unterr. II, 229-232. 1885; [Beibl. X, 535.

Henry A. Rowland. The physical laboratory in modern education. Science VII, 573-575.

Physics at Johns Hopkins. Nat. XXXIII, 237.

F. J. Wershofen. Technisches Vocabular für technische Lehranstalten und zum Selbststudium für Studirende, Lehrer, Techniker, Industrielle. Leipzig: F. A. Brockhaus 1885. 280 pp.; [Beibl. X, 63.

Beeton's Illustrated Dictionary of the Physical sciences; including Astronomy, Botany, Chemistry, Geology, Physiology, Electricity, Acoustics, Light, Heat etc. London: Ward and Lock 1886. 630 pp.

Physikalisches Jahrbuch, herausgegeben vom Breslauer Physikalischen Verein. Erstes Heft. Breslau: J. N. Kern 1884; [ZS. f. Naturw. Halle LIX, 167.

Mémoires de la Société de physique. Rev. Scient. (3) VI, (1) 117.

P. G. Tait. Conférences sur quelques-uns des progrès récents de la physique. Uebersetzt von Krouchkoll. Paris: Chuit & Fetscherin 1886; [Rev. scient. (3) VI, (2) 565-566.

E. u. N. Dühring. Neue Grundgesetze zur rationellen Physik und Chemie. 2. Folge. Leipzig: Fues 1886. VIII und 180 pp.

E. O. von Lippmann. Ueber Dühring's Neue Grundgesetze zur rationellen Physik und Chemie. Chem. CBl. (3) XVII, 754.

W. D. Niven. „The scientific papers of the late Prof. J. Clerk Maxwell." Cambridge: University Press 1886; [Nature XXXIV, 530.

L. Weiller. Etudes électriques et mécaniques sur les corps solides; conférences. Paris: Michelet 1886. 225 pp.

Mélanges physiques et chimiques tirés du bulletin de l'académie impériale des sciences de St. Pétersbourg. T. XII livre 4. Leipzig: Voss' Sortiment 1886.

Clausius. Les forces de la nature et leur exploitation par l'homme. Rev. scient. (3) VI, (2) 129-134.

O. LIEBE. Die Aufgabe der Naturwissenschaft. Ber. der naturw. Ges. Chemnitz X, 53-66.

R. O. NALD. Licht und Schwere, oder die Zurückführung der Licht- und Wärmeerscheinungen auf die allgemeine Schwere. Berlin: Polytechnische Buchhandl. 1886. 100 pp.

A. TURNER. Die Kraft und Materie, Grundlage einer neuen Schöpfungstheorie. Leipzig: Th. Thomas 1886. 218 pp. [Naturf. XIX, 372.

O. ULE. Warum und Weil. 1. Physikalischer Theil. Berlin: Klemann 1886. VI+213 pp.

W. WUNDT. Philosophische Studien. Bd. III Heft 1. Leipzig: W. Engelmann 1885. 194 pp.; [Naturf. XIX, 136.

N. BARLOW. Neue Theorieen über Stoff und Kraft. London: S. Low Marston Searle, Rivington 1885. XII+395 pp.; [Beibl. X, 439.

The transformation of physical forces. Tel. J. and El. Eev. XVIII, H. 444. 1886.

A. M. STAPLEY. The mechanism of nature, an essay on the fundamental principles of natural philosophy. London: Cornisch 1886. 71 pp.

J. H. KLEIN. Relations réciproques des grands agents de la nature d'après les travaux récents de HIRN et CLAUSIUS. Traduit de l'allemand par E. SCHWOERER. Paris: Gauthier-Villars 1886. 31 pp.

E. SCHWOERER. Les relations réciproques des grands agents de la nature. C. R. CIII, 638-539; [Chem. News LIV, 225.

E. DESROUSSEAUX. Le mouvement dans la nature, un nouveau système du monde basé sur l'action mécanique des atomes. Charleville: Letellier 1886. 412 pp.

EM. SABBIA. Sul principio delle energie fisiche, studio. Spezia: tip. degli eredi Argiroffo 1886. 8° 14 pp.

G. ZANON. Physical hypotheses. Venezia: Lorenzo Tondelli; [Nat. XXXIV, 357-358.

F. Garay. El atomo. Rivista de Telegrafos, April 1886. 377, 399. *Bde.*

J. Kanonnikoff. Zur Frage über die Einheit der Materie. Russkoje Bogatstwo (russ.) 1886, No. 1, p 2-30.

P. Gorbatoff. Ueber Bewegung und Materie. St. Petersburg 1886, 24 pp†. *O. Chw.*

M. Marie. Histoire des sciences mathématiques. T. IX, de Lagrange à Laplace. Paris: Gauthier-Villars 1886. 301 pp.; [Beibl. X, 527.

L. Loewenherz. Zur Geschichte der Entwicklung der mechanischen Kunst. ZS. f. Instrk. VI, 405-419.

M. Zwerger. Die lebendige Kraft und ihr Maass. Beiträge zur Geschichte der Physik. München: Lindenauersche Buchhandlung 1885, 291 pp.; [ZS. f. Mathem. u. Phys. XXXII, [2] 18.

K. Pearson. Galilei to Saint-Venant, 1639-1850, by the late J. Todhunter. Cambridge University press. 1886; [Nature XXXIV, 530.

Ch. Henry. Lettres inédites de Laplace. Paris: Gauthier-Villars 1886.

G. Govi fait hommage à l'Académie de trois opuscules publiés en italien, et relatifs à Galilei, à Toricelli et à Volta. C. R. CIII, 475-476.

G. Govi. Una lettera inedita di Alessandra Volta con illustrazioni. Rend. Lomb. (2) XIX, 513, 588-597.

C. Anschütz. Ungedruckte wissenschaftliche Correspondenz zwischen H. Kepler und H. v. Hohenburg 1599. Ergänzung zu Kepleri opera omnia ed. Chr. Fritsch. Nach den Mss. zu München und Pulkowa edirt. Sep. Prag. Ber. 1886; [Rundsch. II, 164.

J. Müller. Die wissenschaftlichen Vereine und Gesellschaften Deutschlands im neunzehnten Jahrhundert. Bibliographie ihrer Veröffentlichungen seit ihrer Begründung bis auf die Gegenwart. Neunte Lieferung p. 641 bis 720. Berlin: A. Asher & Co. 1886.

Friedrich Wilhelm Barentin †. Verh. d. Phys. Ges. Berlin V, 65; Wied. Ann. XXVIII, 368.

G. Böhm. Philipp von Jolly. Ein Lebens- und Charakterbild. München: C. Fritsch 1886. 48 pp.; [Beibl. X, 523.

Wilhelm von Beetz †. Verh. d. Phys. Ges. Berlin V, 29; Wied. Ann. XXVII, 320; Beilage zur Münchener Allg. Ztg.; Necrolog von C. v. Voit. München. Ber. 1886, 10-11.

John C. Adams. (Scientific worthies.) Nat. XXXIV, 565 bis 566.

E. R. L. William Benjamin Carpenter (Obituary Notice). Prov. R. Soc. XLI, II-IX.

Jules Janin †. Nekrologe in C. R. CII, 337-338, 339-343, 344 bis 345; Cim. (3) XIX, 96; Nature XXXIII, 493-494; Lum. él. XIX, 375-377.

de Jonquières. Notice sur la vie et les travaux de Louis Bréguet. C. R. CIII, 5-14; Rev. scient. (3) VI, (2) 39 bis 43.

G. Tissandier. M. E. Chevreul. La Nat. XIV, (2) 197 bis 202.

Auguste Guerout †. Lum. él. XIX, 433.

Mascart. Notice sur M. A. Lallemand. C. R. CII, 784 bis 786.

F. Melsens. Nécrologie. Lum. El. XX, 283-284, 330-333.

Ed. Phillips. Notice sur M. de Saint-Venant et sur ses travaux. C. R. CII, 141-147. Weiteres in Nat. XXXIII, 319-391.

C. S. Élie Wartmann. Arch. Sc. Phys. (3) XVI, 488-493.

E. Maindron. L'oeuvre de Jean-Bapt. Dumas. Avec une introduction par Schutzenberger. Paris: 1886; [Bull soc. chim. XLV, Muss.

P. Clemenceau. François Arago. Lum. El. XIX, 469 bis 471.

DE MORGAN'S „NEWTON: His Friend and His Niece.“ London: Elliot Stock 1885; [Nat. XXXIII, 557-558.

M. MARAKUJFFF. GALILEI, sein Leben und seine Werke. Moskau: 1886. 176 pp. *O. Chw.*

W. T. JEANS. Lives of the electricians I: Prof. TYNDALL, WHEATSTONE, MORSE. London: Whittacker 1886. 338 pp.

W. GARNETT. Heroes of Science; Physicists. London: Society for Promoting Christian Knowledge 1886; New York: E. and J. B. Young and Co. 1886; [Chem. News LIV, 272.

Ausstellung wissenschaftlicher Instrumente, Apparate und Präparate. S. Z. f. Instrk. VI, 348-352; [Beibl. XI, 295, 388-91, 425-31. 1887.

E. HOSPITALIER. Sur les réformes à apporter à la terminologie de la physique. L'Electricien X, H. 158, 1886.

K. ZICKLER. Jahrbuch für Elektrotechniker 1886. Wien: Perles. 203 pp.

BIEDERMANN. Chemiker-Kalender 1886.

Academie München: Inhaltsverzeichniss der Sitzungsberichte der mathematisch-physikalischen Classe der k. k. Akademie der Wissenschaften. Jahrgang 1871 bis 1885. München 1886, 62 pp. *Bde.*

1b. Maass und Messen.

F. Y. EDGEWORTH. On the determination of the modulus of errors. Phil. Mag. XXI, 500-507†.

Der Herr Verfasser theilt ein Verfahren mit zur Bestimmung einer bei der Anwendung des Fehlergesetzes für Zwecke der Statistik vorkommenden Constanten. *L. Grnm.*

Ch. M. Schols. Théorie des erreurs dans le plan et dans l'espace. Ann. de Delft III, 123-179†.

Französische Uebersetzung einer vom Verfasser im Jahre 1874 der Akademie der Wissenschaften zu Amsterdam vorgelegten und im Jahre 1875 in den „Verhandelingen van de Koninklijke Akademie van Wetenschappen, Deel XV, Amsterdam" veröffentlichten holländischen Abhandlung. *L. Grnm.*

F. J. Dorst. Ueber die Grösse der Beobachtungsfehler beim Ablesen eingetheilter Instrumente. ZS. f. Instrk. VI, 383-387†.

Bei allen Maassbestimmungen mittelst eingetheilter Instrumente schätzt man entweder Unterabtheilungen, oder man misst dieselben mittelst Nonien oder mit Hülfe von Mikrometer-Mikroskopen. Demgemäss unterscheidet der Verfasser Schätzungs-, Coincidenz- oder Einstellungsfehler, deren Grössen er an der Hand von Beobachtungen mit verschiedenen Instrumenten bestimmt und diskutirt. *L. Grnm.*

Travaux et mémoires du bureau international des poids et mesures, publiés sous l'autorité du comité international par le directeur du bureau. Paris: Gauthier-Villars 1886. Tome V†.

The international comittee of weights and measures. [Nature XXXV, 103†; [Beibl. XI, 487-488, 322-325, 488-489, 305†.

Der vorliegende fünfte Band der „Travaux et mémoires" zerfällt in zwei Theile: Der erste, unter der Verantwortlichkeit des internationalen Comités von dem Direktor des Bureau's veröffentlichte Theil enthält zwei Abhandlungen der HHrn. O. J. Broch und Ch. Ed. Guillaume, der zweite Theil eine Abhandlung von Hrn. M. Thiesen und eine von Hrn. Tornoë unter der Verantwortlichkeit der letztgenannten Autoren.

Die Broch'sche Arbeit (Seite 1 bis 82) behandelt die Etalonnirung der Unterabtheilungen eines Maassstabes, die Bestimmung der progressiven Fehler einer Mikrometerschraube und die Kalibrirung eines Thermometers. Die vom Verfasser entwickelte Methode beruht im Wesentlichen auf der HANSEN'schen Methode der Bestimmung der Theilungsfehler eines geradlinigen Maassstabes und unterscheidet sich von letzterer hauptsächlich durch eine vereinfachte und bequemere Methode der Berechnung der Beobachtungen und der wahrscheinlichen Fehler. Ferner gibt der Verfasser abgekürzte Methoden für die Etalonnirung von Maassstäben und die Kalibrirung von Thermometern mit den erforderlichen modificirten Formeln, welche eine beträchtliche Einschränkung der Zahl der Beobachtungen ermöglichen, ohne den wahrscheinlichen Fehler des Resultats merklich zu vergrössern. Die Anwendbarkeit und Zweckmässigkeit dieser Methoden wird an der Hand zahlreicher, im Bureau international ausgeführter Untersuchungen, welche eingehend diskutirt werden, gezeigt. —

Die zweite Abhandlung (92 S.) bilden thermometrische Untersuchungen von Hrn. CH. ED. GUILLAUME, angestellt an einer grossen Anzahl von TONNELOT'schen Stabthermometern mit eingeätzter Skala, welche bezüglich ihrer Kaliber- und Theilungsfehler nach den von den HHrn. BENOÎT und BROCH angegebenen Methoden auf das Sorgfältigste untersucht und bestimmt worden waren. Der äussere Druckkoefficient β_e der Thermometer wurde direkt bestimmt, der innere Druckkoefficient β_i wurde aus diesem, resp. aus der Differenz der mittleren in vertikaler und in horizontaler Lage gemachten Ablesungen, sowie der mittleren Höhe der Quecksilbersäule über der Marke des Reservoirs abgeleitet; es ergab sich die Formel

$$\beta_i = \beta_e + 0{,}0000154.$$

Bei der Bestimmung des Fundamentalabstandes der Thermometer wurde der Siedepunkt in vertikaler und horizontaler Lage bestimmt. Die direkten Beobachtungen zeigten hierbei eine sehr gute Uebereinstimmung mit den unter Zugrundelegung der obigen Druckkoefficienten ausgeführten Rechnungsresultate.

Hieran schliessen sich interessante Versuche des Verfassers über die thermischen Nachwirkungen, welche das Thermometer-Gefäss mit der Zeit und in Folge der Temperaturen, denen es ausgesetzt war, erleidet und die dadurch bedingten Verschiebungen des Eispunktes. Der Untersuchung unterworfen wurden Thermometer aus hartem Glase und aus Krystallglas. Die Ergebnisse dieser Untersuchung werden wohl noch an anderer Stelle dieser Berichte ihre Besprechung finden; hier sei nur mitgetheilt, dass bei den Thermometern aus hartem Glase die Lage des Eispunktes fast genau eine lineare Funktion der Temperatur ist, und dass die Verschiebung des Eispunktes bei den Thermometern aus hartem Glase etwas schneller erfolgt, als bei denen aus Krystallglas, so dass sich die ersten zu hypsometrischen Messungen besser eignen. In den vom Verfasser für die Gangdifferenz bei der Vergleichung verschiedener Thermometer entwickelten Formeln sind die Depressionen des Eispunktes in Rechnung gezogen. Es sind zwei grössere Vergleichungsreihen ausgeführt worden. Bei der ersten im Jahre 1884 ausgeführten Reihe zeigten die Thermometer aus hartem Glase keine bemerkbare systematische Abweichung, während die Thermometer aus Krystallglas unter sich systematische Abweichungen bis zu 0,03° C. zeigten. Die zweite im Jahre 1886 mit besseren Mitteln ausgeführte Vergleichungsreihe ergab, dass die Angaben der Krystallglasthermometer zwischen 0° und 100° C. stets höher waren, als diejenigen der Thermometer aus hartem Glase, und dass das Maximum der Abweichung bei 47° C. lag und 0,0315° C. betrug.

In der dritten Abhandlung „Untersuchungen über die Waage" (40 Seiten) stellt Hr. Thiesen zunächst die Hauptbedingungen für die Leistungsfähigkeit einer guten Präcisionswaage auf und diskutirt eingehend die Fehlerquellen, welche aus der Konstruktion der Waage und der angewandten Beobachtungsmethode hervorgehen. Die hauptsächlichsten Unsicherheiten in den Angaben einer Waage werden durch die Temperaturschwankungen, ferner durch die elastische Deformation des Waagebalkens und durch den mangelhaften Parallelismus der drei Schneiden des Waagebalkens und deren gegenseitige Verschiebung bedingt. Der Verfasser zeigt, wie man theils durch symmetrische Anordnung von Partialwägungen, theils durch vorherige Bestimmung der Konstanten der Waage sich von den meisten Fehlerquellen unabhängig machen kann. Hieran schliesst der Verfasser eine allgemeine Theorie des statischen Gleichgewichts der Waage, welche er bereits in den Jahrgängen II. und III. der ZS. f. Instrk. (1882 und 1883) veröffentlicht hat, und über welche in diesen Berichten XXXVIII, I. Abth. S. 21 und XXXIX, I. Abth. S. 31 vom Referenten kurz berichtet ist, ferner eine Untersuchung über die Berechnung des Gleichgewichts der Waage und eine Untersuchung über die Schwingungen einer der Normal-Aichungs-Kommission zu Berlin gehörigen SCHICKERT'schen Waage nach den Beobachtungen des Hr. ZWINCK, aus denen hervorgeht, dass die Schwingungsdauer und demgemäss die Empfindlichkeit der Waage mit der Amplitude stark abnimmt.

Den Schluss des Werkes bildet die Abhandlung des Hrn. TORNOË: „Ueber einige für das internationale Maass- und Gewichtsbureau ausgeführte chemische Analysen“ (12 Seiten).

Es werden die Methoden und Resultate der Analyse von verschiedenen Glassorten, und zwar von hartem Glase, welches zur Construction von Thermometern von TONNELOT und von ALVERGNIAT angewandt worden war, mitgetheilt, ferner die Ergebnisse der Analyse verschiedener Messing- und Bronzesorten von Maassstäben des internationalen Maass- und Gewichtsbureaus.

Die Resultate einer Analyse von hartem Glase und einer Analyse von Krystallglas sind in folgenden Tabellen zusammengefasst:

Hartes Glas.	
Kieselsäure	71,45
Schwefelsäure (SO_3)	0,74
Chlor	Spuren
Thonerde	1,26
Eisensuperoxyd	0,29
Kalk	14,52
Natron	11,17
Kali	0,30
Magnesia	Spuren
Manganoxydul	Spuren
	99,73

Krystallglas.	
Kieselsäure	60,68
Schwefelsäure (SO_3)	0,37
Bleioxyd	15,12
Thonerde mit Spuren von Eisen und Mangan	0,87
Kalk	5,44
Magnesia	Spuren
Natron	10,59
Kali	6,55
	99,62

L. Grnm.

The international committee of weights and measures. Nature XXXIV, 79†.

Kurzer Bericht über den im Referate über die Procès-verbaux des séances du comité international ... (vergl. Seite 23) erwähnten, vom internationalen Comité an die Signatarmächte der Meterkommission erstatteten neunten Generalbericht. *L. Grnm.*

H. Wild. Des moyens d'obtenir l'invariabilité de la température dans les constructions souterraines et dans celles qui s'élèvent au-dessus du sol. Bull. de Pétersb. XXX, 363-371†; [Beibl. X, 391-393†.

Die magnetischen Pavillons bestehen aus einem oberirdischen eisenfreien Hause für absolute magnetische Messungen und einem unterirdischen Gebäude für magnetische Variationsbeobachtungen. Im ersteren Pavillon kommt es darauf an, für die Dauer der absoluten magnetischen Messungen, d. h. während ungefähr 6 Stunden bis auf 0,1° C. konstante Temperaturen, welche im Sommer möglichst wenig von der äusseren Mitteltemperatur abweichen und im Winter nicht unter 6,5° C. herabgehen sollen, zu erhalten, während im unteren Pavillon die Temperaturschwankungen während des ganzen Jahres höchstens ±0,5° C. betragen sollen. Gleichzeitig sollen im Sommer Kondensationen von Wasserdampf oder ein hoher Feuchtigkeitsgrad der Luft in den Sälen vermieden werden. Um dies zu erreichen, ist im hölzernen oberirdischen Pavillon im Abstande eines Meters von der Hauswand eine zweite dünne Holzwand errichtet. An den beiden westlichen Enden des durch diese beiden Wände gebildeten Corridors sind zwei Luftheizungsöfen angebaut, aus denen die erwärmte Luft beiderseits durch die Corridore in das Innere des Hauptsaales tritt. Durch passend angebrachte Ventilationsröhren wird die kühlere Luft vom Boden des Saales nach aussen abgeführt. Der bis auf den natürlichen Boden hinuntergehende Mosaikboden des Saales hat eine doppelte, 0,7 Meter dicke Lage. Sein Licht empfängt der Saal hauptsächlich durch eine hohe

Laterne über der Mitte, durch welche die Sonnenstrahlen auch beim höchsten Stande nicht ins Innere fallen können. In den Sommermonaten beträgt nach den vorliegenden Beobachtungen die Mitteltemperatur im Saale etwa +20° C., der Feuchtigkeitsgrad nie mehr als 85 pCt.

Der untere Pavillon für magnetische Variationsbeobachtungen wurde in Stein und gewölbt und zwar wegen des hohen Grundwasserstandes oberirdisch construirt, aber mit einer Erdschicht von 1,5 Meter überschüttet. Da indessen bei dieser Konstructionsanlage die Temperaturen im Innern des Gebäudes unter natürlichen Verhältnissen im Laufe eines Jahres noch etwa von —3° bis +12° C. hätten schwanken können, so wurde zur Beseitigung dieser Temperaturschwankungen auch im unteren Pavillon eine Heizungsvorrichtung angebracht, welche derjenigen im oberen Pavillon ganz ähnlich ist und welche eine konstante Temperirung auf +21° C., die sich aus längere Zeit andauernden Versuchen als die geeignetste ergeben hatte, herzustellen ermöglicht. Um endlich einen hohen Feuchtigkeitsgrad in den Sälen, besonders im Saale für direkte Beobachtungen während des Sommers, zu vermeiden, wird die absolute Feuchtigkeit der von Aussen einströmenden Luft durch Abkühlung derselben vor ihrem Eintritt in die Luftheizungsöfen erniedrigt. Zu diesem Zwecke sind vor den Kanälen aus Backsteinen aufgemauerte und mit Erde umschüttete Eiskeller angebaut, welche die von Aussen einströmende Luft passiren muss, bevor sie in die Luftkanäle des Ofens gelangt. *L. Grnm.*

Die Herstellung und die wiederkehrende Prüfung der Hauptnormale und Kontrolnormale nach den Festsetzungen der Kaiserlichen Normal-Aichungs-Kommission. Berlin: W. Möser 1886. 63 pp†.

Nach der Maass- und Gewichtsordnung vom Jahre 1868 hat die Normal-Aichungs-Kommission die Anfertigung und Verabfolgung der Normale an die Aufsichtsbehörden zu bewirken und darüber zu wachen, dass das Aichungswesen nach übereinstimmenden Regeln und den Interessen des Verkehrs entsprechend gehandhabt wird. Auf Grund dieser Bestimmungen ist jede Aufsichtsbehörde mit einem Satze der nach beglaubigten Kopieen des Urmaasses und des Urgewichtes hergestellten „Hauptnormale“ ausgerüstet, welche zum Zwecke ihrer Richtighaltung periodisch mit den Kopieen des Urmaasses und des Urgewichtes von der Normal-Aichungs-Kommission verglichen werden, während die periodisch wiederkehrenden Vergleichungen der Aichungsnormale („Gebrauchsnormale“) mit den Hauptnormalen mittelst der „Kontrolnormale“ von den Aufsichtsbehörden bewirkt werden.

Die zur Herstellung der Hauptnormale der Längenmaasse dienenden Kopieen des Urmaasses sind als Strichmaasse aus Messing, Bronze oder Stahl mit oder ohne Eintheilung der Längeneinheit hergestellt. Die Endstriche, resp. die Theilstriche befinden sich auf in den Körper des Maassstabes eingelassenen Silber- oder Platin- oder Platin-Iridium-Streifen oder -Stiften. Die Vergleichung der zwischen den Endstrichen der Kopie enthaltenen Länge und der zwischen den Mitten der Endflächen des Urmaasses aus Platin enthaltenen Länge erfolgt mit einer solchen Genauigkeit, dass ihre wahre metrische Länge bei der gewöhnlichen Gebrauchstemperatur mit einer Fehlergrenze von zwei Tausendsteln des Millimeter angegeben werden kann.

Die Hauptnormale der Längenmaasse sind prismatische Strich-Meterstäbe aus Messing mit rechteckigem Querschnitt. Die Theilung ist auf einen in den Körper des Maassstabes eingelassenen Silberstreifen aufgetragen. Die Bestimmung der Länge eines Hauptnormals mittelst der Kopie des Urmaasses erfolgt durch Vergleichung beider bei mindestens drei verschiedenen Temperaturen zwischen 0° und +25° C. Die inneren Fehler der Eintheilung übersteigen ein Hundertstel des Millimeter nicht, und die Genauigkeit der Bestimmung ist eine derartige, dass die Lage jedes Striches zu den Endstrichen gegen die seiner Bezifferung entsprechende normale Lage zu den Endstrichen mit einer Fehlergrenze von zwei Tausendsteln des Millimeter angegeben werden kann. Bei der Temperatur des schmelzenden Eises, der Normaltemperatur der metrischen Längen, stimmt der Abstand zwischen den Endstrichen eines Hauptnormals, gemessen in der Mitte zwischen zwei Längenlinien, innerhalb einer Fehlergrenze von fünf Hundertsteln des Millimeter mit der Länge eines Meter überein, und innerhalb der Temperaturen 0° und +25° C. kann seine Grösse in wahrem metrischen Maasse und die Grösse jedes anderen seiner Strich-Intervalle bis auf vier Tausendstel des Millimeter genau angegeben werden.

Die zur Herstellung der Hauptnormale der Gewichte dienenden Kopieen des Urgewichtes sind aus Messing oder Bronze hergestellt mit einem specifischen Gewichte, welches von 8 wenig verschieden ist. Die Oberfläche der Kopieen wird gegen Oxidationswirkungen durch eine starke Vergoldung einigermaassen geschützt. Zur Bestimmung von Gewichtsstücken aus Platin oder einer Platinlegirung oder aus Bergkrystall besitzt die Normal-Aichungs-Kommission eine Kopie des Urgewichts aus Platin und einen Gewichtssatz aus Bergkrystall. Die Kopieen des Urgewichts sind an das gesetzliche Urgewicht aus Platin durch Wägungen in gewöhnlicher Temperatur und bei gewöhnlichem Luftdrucke derartig angeschlossen, dass ihr Gewicht unter Berücksichtigung der bei ihrer Anwendung vorkommenden Schwankungen der Temperatur und des Druckes innerhalb einer Fehlergrenze von zwei Zehntel des Milligramm angegeben werden kann. Mittelst der Kopieen des Urgewichts sind Urnormale für die Gewichtsgrössen von 20 kg bis zu 1 g abwärts aus vergoldetem Messing und von 500 mg bis einschliesslich 1 mg abwärts aus Platin abgeleitet worden. Die Genauigkeit der Gewichtsbestimmung der Urnormale von 20 kg bis 1 mg hat bisher der Einhaltung folgender Fehlergrenzen entsprochen:

Bei 20	kg	± 5	mg
- 10	-	± 3	-
- 5	-	± 2	-
- 2	-	± 1	-
- 500	g	± 0,5	-
200, 100, 50	-	± 0,2	-
20, 10, 5	-	± 0,1	-
2, 1	-	± 0,05	-
- 500	mg	± 0,05	-
200, 100, 50	-	± 0,02	-
20, 10, 5	-	± 0,01	-
2, 1	-	± 0,005	-

Durch Vergleichung mit der Urgewichtskopie und den Urnormalen sind alsdann in den Jahren 1870 bis 1872 die Gewichtsgrössen der aus gleichem Material hergestellten Hauptnormale der Aufsichtsbehörden bis auf Fehlergrenzen festgestellt worden, welche im Mehr oder Minder das Doppelte der angegebenen Fehlergrenzen der Bestimmung der Urnormale betragen. Die Gewichtsbestimmung der Hauptnormale des Kilogramm ist noch durch unmittelbare Vergleichungen mit der Urgewichtskopie innerhalb einer Fehlergrenze von ± 0,5 mg erfolgt.

Besonders in Betracht kommen noch die Hauptnormale für die Goldmünzgewichte und für die Postgewichte. Während für die letzteren indessen eine Zusammensetzung der bezüglichen Gewichtsgrössen aus den Stücken der vorstehenden Reihe von Hauptnormalen ausreicht, sind für die eigentlichen Goldmünzgewichte besondere Urnormale (Normal- und Passirgewichte) aus vergoldetem Messing abgeleitet worden, und zwar mit einer solchen Genauigkeit, dass ihre Gewichtsgrössen innerhalb einer Fehlergrenze von 0,02 mg bestimmt sind. Ausserdem sind für die Gewichtsgrössen für 50 Mark, für 100 Mark und für 200 Mark Urnormale innerhalb der Fehlergrenze 0,2 mg, und ferner für die Gewichtsgrössen für 500, 1000 und 2000 Mark Urnormale innerhalb einer Fehlergrenze von 0,5 mg bestimmt worden. Hauptnormale sind für die Goldmünzgewichte nicht hergestellt, sondern nur Kontrolnormale.

Die von der Normal-Aichungs-Kommission in den Jahren 1870 bis 1872 an die Aufsichtsbehörden verabfolgten Hauptnormale der Längenmaasse wurden nun in den Jahren 1883 und 1884 zum ersten Male einer erneuten Vergleichung mit derjenigen Kopie des Urmaasses, von welcher sie ein Jahrzehnt zuvor abgeleitet waren, unterzogen. Hierbei hat sich herausgestellt, nicht nur, dass sämmtliche Hauptnormale wohlerhalten waren, sondern dass auch das Durchschnittsergebniss der neuen Vergleichungen innerhalb der Fehlergrenze von einem Tausendstel des Millimeter mit dem der älteren Vergleichungen übereinstimmt. Für die Richtighaltung dieser Normale wird es daher nicht erforderlich sein, dieselben öfter als alle 12 Jahre durch Vermittelung einer Kopie des Urmaasses mit dem letzteren zu vergleichen.

Die in den Jahren 1870 bis 1872 von der Normal-Aichungs-Kommission an die Aufsichtsbehörden verabfolgten Hauptnormale der Gewichte sind zuerst in den Jahren 1880 und 1881 einer erneuten Vergleichung mit den entsprechenden Urnormalen, von welchen sie ein Jahrzehnt zuvor abgeleitet waren, unterzogen worden. Bezüglich des allgemeinen Ergebnisses dieser Neubestimmung wird auf das folgende Referat verwiesen.

Es werden in der vorliegenden Druckschrift des Weiteren die Herstellung der Kontrolnormale der Längenmaasse und der Gewichte, sowie die wiederkehrende Prüfung derselben besprochen, ferner die Herstellung und wiederkehrende Prüfung der Haupt- und Kontrolnormale der Hohlmaasse, die Herstellung der Urnormale und Kontrolnormale der Alkoholometer und Thermometer und die wiederkehrende Prüfung der Kontrolnormale derselben, sowie schliesslich die Richtighaltung der Kontrolnormal-Einrichtungen für die Aichung der Fässer und der Kontrolnormal-Apparate für die Aichung der Gasmesser. *L. Grnm.*

B. WEINSTEIN. Bericht über die Schrift: „Die Herstellung und die wiederkehrende Prüfung der Hauptnormale und Kontrolnormale der Kaiserlichen Normal-Aichungs-Kommission.“ Berlin: W. Möser's Hofbuchdruckerei 1886. 63 S. 8°; Verh. d. phys. Ges. Berlin V, 107-108†.

Verfasser giebt einen kurzen Bericht über einen Theil der obigen Schrift. Nach der Interpretation, welche dieselbe den gesetzlichen Bestimmungen über die Gewichtseinheit giebt, ist unter Gewicht nicht Kraft, sondern stets nur Masse zu verstehen.

Nach den von der Normal-Aichungs-Kommission hinsichtlich der Veränderlichkeit von Gewichtsstücken und Hohlmaassen gemachten Erfahrungen findet bei Gewichten, welche nicht durch Abnutzung besondere Substanzverluste erlitten, in der Regel in Folge der inneren Oxydation eine langsame Gewichtszunahme statt, welche bei eisernen Gewichten grösser ist, als bei messingnen, aber auch bei vergoldeten Messinggewichten noch verhältnissmässig bedeutend ist. Diese Gewichtszunahme verlangsamt sich im Laufe der Zeit mehr und mehr. — Prüfungen an Hohlmaassen aus vergoldetem

Messing haben ergeben, dass letztere im Laufe der Zeit an Raumgehalt abnehmen, aber nicht proportional der Grösse des Raumgehalts, sondern wie wenn die Höhe der Maasse sich bei allen um dieselbe Grösse verkürzt hätte. Diese Abnahme sei wahrscheinlich thermischen und elastischen Nachwirkungen zuzuschreiben.

L. Grnm.

Mittheilungen der Kaiserlichen Normal-Aichungs-Kommission. Berlin 15. Juni 1886. 16 pp.

Die von der Kaiserlichen Normal-Aichungs-Kommission herausgegebenen, in zwanglosen Heften erscheinenden „Mittheilungen" bringen „alle zur Maass- und Gewichtsordnung, zur Aichordnung und zur Aichgebühren-Taxe ergehenden Bestimmungen, welche für die aichamtliche Prüfung oder für Herstellung und Gebrauch von Maass- und Gewichtsgeräthschaften von Bedeutung sind". Die vorliegende erste Nummer der ersten Reihe enthält zunächst eine Bekanntmachung, betreffend die äussersten Grenzen der im öffentlichen Verkehr noch zu duldenden Abweichungen der Maasse und Messwerkzeuge, Gewichte und Waagen von der absoluten Richtigkeit, ferner Erläuterungen zur Aichordnung und Zusätze zur Instruktion vom 1. Mai 1885. In der Rubrik „Verschiedenes" werden unter Anderem einige noch nicht abgeschlossene Versuche über thermische Nachwirkungen bei Metallen mitgetheilt, denen zu Folge Stücke aus gehärtetem Stahl durch Erwärmung auf mässig hohe Temperaturen dauernde Dimensionsänderungen von nicht unerheblichem Betrage erleiden. Scheiben aus glashartem Stahl zeigten nach einer Erwärmung auf etwa 100° C. eine durchgängige Verkleinerung des Durchmessers; eine erneute Erwärmung auf eine höhere Temperatur, als zuvor, hatte eine weitere Verkleinerung zur Folge; z. B. erwies sich bei einer Scheibe von 22,5 mm Durchmesser nach einer Erwärmung bis auf etwa 250° C. der Durchmesser um 0,04 mm oder um 0,0018 seines Anfangswerthes verkürzt. Aehnliche Nachwirkungserscheinungen sind auch an Endmaassstäben aus gehärtetem Stahl sowie an Messingmaassstäben beobachtet werden.

L. Grnm.

Comité international des poids et mesures. Procès-verbaux des séances de 1885. Paris: Gauthier-Villars 1886. 235 Seiten†.

Die Sitzungsprotokolle des internationalen Comité's für Maass und Gewicht während der Session 1885 liefern neben den in üblicher Weise mitgetheilten Korrespondenzen und Verhandlungen ausführlichen Bericht über die inneren Angelegenheiten, über die Geschäfte, die Arbeiten und die Veröffentlichungen des Comité's während des Jahres 1885. Besonders hervorzuheben wäre aus den Protokollen, dass auf Anregung der französischen Kommission für die universellen elektrischen Maasseinheiten die französische Regierung sich an die internationale Meterkonvention mit dem Ersuchen gewandt hat, einen Kostenanschlag aufzustellen für den Fall, dass die internationale Meterkommission mit der Herstellung und Verifikation der Einheiten für den elektrischen Widerstand und für das Licht betraut würde. Das internationale Comité, in der Befürchtung, die ihm durch die Meterkonvention gezogenen Kompetenzen zu überschreiten, berichtet hierüber zunächst an die einzelnen Regierungen der Meterkonvention und erbittet von denselben Anweisung resp. die Ermächtigung, die Angelegenheit in den Kreis seiner Obliegenheiten ziehen zu dürfen. Von Seiten der Regierungen Belgiens, Dänemarks, Spaniens, der Vereinigten Staaten, Italiens, Serbiens und der Schweiz entsprechen die bezüglichen Antworten dem Wunsche der französischen Regierung, von anderen Regierungen sind Antworten noch nicht erfolgt. — Aus den Protokollen wäre ferner hervorzuheben der Beitritt Japans zur Meterkonvention. — Die durch den Tod von Herr und durch die Demission der HHrn. General Wrede und Gould eingetretenen Vakanzen werden durch die Wahl der HHrn. v. Oppolzer, Christie und Thalèn zu Mitgliedern der internationalen Meterkommission erledigt. — Im Auftrage des österreichischen Handelsministeriums beantragt Hr. v. Oppolzer, die von dem internationalen Comité festgesetzte Liste der Abkürzungen (vergl. den Bericht des Referenten im Nachtrage zum XXXVI. Jahrgange dieser Berichte, S. 1049) durch ein Zeichen für das Wort „Myriameter“ zu vervollständigen; das Comité wählt hierfür das Zeichen μm. — Hr. Wild erstattet den Bericht der Kommission für die Instrumente und Arbeiten, Hr. Foerster den Bericht einer Subkommission für Aufstellung der Beglaubigungsformulare für die geprüften Gegenstände, und Hr. Guillaume überreicht ein Mémoire über seine im internationalen Bureau ausgeführten, im V. u. VI. Bande der „Travaux et mémoires“ zu veröffentlichenden thermometrischen Arbeiten. Alsdann wird das Programm für die demnächst auszuführenden Arbeiten festgesetzt und schliesslich von Hrn. Foerster der Bericht der Finanzkommission über die Kosten für bauliche Veränderungen, für Verbesserung des wissenschaftlichen Materials, für die Fertigstellung der Prototype, sowie über die jährlichen Ausgaben gegeben.

Anhangsweise ist den Sitzungsprotokollen beigefügt der 9. Bericht des internationalen Comité's an die Signatarmächte der Meterkonvention über seine Gesammtthätigkeit während des Jahres 1885. Es werden in dem Berichte nacheinander die baulichen und maschinellen Veränderungen, welche im internationalen Bureau stattgefunden, besprochen, die Aufstellung der Dynamomaschinen und der Wasserreservoire für den geodätischen Komparator; ferner wird über die Instrumente, Apparate, Prototype, über Personalien, über die Bibliothek, sowie über die Arbeiten des internationalen Bureaus berichtet, und zum Schlusse die Korrespondenz mit den einzelnen Regierungen und deren Behörden, sowie die Rechnungsabschlüsse mitgetheilt. *L. Grnm.*

W. Kohlrausch. Die Verwendung von Spiralfedern in Messinstrumenten und die Genauigkeit der mit Spiralfedern arbeitenden Galvanometer. Elektrot. ZS. VII, 323 bis 327†; [Lum. él. XXI, 563-564; [Beibl. X, 720-721†; [ZS. f. Instrk. VII, 36-38†, 1887.

In vorliegendem Aufsatze theilt der Verfasser die Resultate von Versuchen mit, welche zeigen, dass die Verwendung von Spiralfedern bei Messinstrumenten den in der Praxis vorkommenden Anforderungen durchaus genügt. Aus einer grösseren Anzahl von Dauerversuchen, welche während eines Zeitraums von 7 Jahren an der Messingspirale einer Jolly'schen Federwaage im physikalischen Institut der Universität Strassburg unter Hrn. KUNDT's Leitung angestellt worden sind, ergeben sich für die Belastung von 1 g Verlängerungen von solcher Uebereinstimmung, dass die einzelnen Halbjahresmittel nur einen wahrscheinlichen Fehler von 0,16 pCt. zeigen. Die in Folge lang andauernder Deformation bei Spiralfedern eintretenden Aenderungen sind nach den Beobachtungen des Verfassers für die Praxis gleichfalls belanglos; sie sind geringer bei Stahlfedern, als bei Neusilberfedern. Ebenso bringen häufig wiederholte Deformationen einer Spirale (z. B. 80 000 Spannungen und Entspannungen derselben) kaum messbare Aenderungen hervor. Was den Einfluss der Temperatur betrifft, so werden die Angaben von 3 SIEMENS'schen Torsionsgalvanometern für je 10° Temperaturerhöhung im Mittel um 0,1 pCt. grösser. Temperaturerhöhungen von 5° auf 40° bewirkten bei gleicher Belastung Verlängerungen, welche für je 10° bei Stahlfedern um 0,23 pCt., bei Neusilberfedern um 0,43 pCt. zunehmen. Da in der elektrotechnischen Praxis eine Fehlergrenze in den Angaben der Messinstrumente von 0,5 pCt. zulässig sein dürfte, so zeigen demnach die Versuche, dass die Verwendung der Spiralfedern, wofern man der Elasticitätsgrenze derselben fern bleibt, bei Messinstrumenten eine hinreichende Zuverlässigkeit verbürgt.

Mit einem SIEMENS'schen Torsionsgalvanometer lässt sich nach den Erfahrungen des Verfassers, wenn man den Aenderungen des magnetischen Moments des Glockenmagnets durch periodische Kontrole des Instruments mit einer zuverlässigen Aichungsvorrichtung Rechnung trägt, eine Genauigkeit von wenigen Zehnteln Procent, und mit dem SIEMENS'schen Dynamometer für starke Ströme eine Genauigkeit von 1 pCt. erreichen. Denselben Grad von Genauigkeit soll man auch bei Anwendung des nach den Angaben von Hrn. F. KOHLRAUSCH von HARTMANN und BRAUN construirten Federgalvanometers für starke Ströme erzielen können, wenn man den von der Koërcitivkraft herrührenden störenden Einfluss durch geeignete Vorsichtsmaassregeln beim Gebrauch (Eintauchen des Eisenrohrs in die Spule vor der Ablesung) zu eliminiren sucht.

L. Grnm.

Mouchez. Nouveau bain de mercure, atténuant les trépidations du sol. C. R. CII, 147-148†; [ZS. f. Instrk. VI, 178†.

Zur Beseitigung der durch die Erschütterungen des Erdbodens hervorgerufenen Störungen bei Nadirbeobachtungen hat der Mechaniker Gauthier zu Paris nach einer Mittheilung von Hrn. Mouchez folgende Anordnung des Quecksilberhorizonts getroffen: In der Mitte des cylindrischen Quecksilbergefässes befindet sich eine vertikale mit Schraubengewinde versehene Axe, auf welche ein zweites kleineres cylindrisches Gefäss aufgeschraubt werden kann. Ist letzteres genügend tief gesenkt, so tritt durch eine in seinem Boden befindliche kleine Oeffnung das Quecksilber aus dem unteren Behälter ein, und der so gebildete Quecksilberhorizont soll durch die Erschütterungen des Bodens nicht beeinflusst werden, wenn der obere Cylinder in passender Weise, d. h. nicht zu fest und auch nicht zu lose auf die Axe aufgeschraubt ist *L. Grnm.*

M. Thiesen. Ueber die Ablesung von Normalbarometern und überhaupt von grösseren Flüssigkeitsoberflächen. ZS. f. Instrk. VI, 89-93†; [Beibl XI, 385-386†. 1887.

Die vom Verfasser beschriebene Ablesungsvorrichtung ist, vorausgesetzt, dass es sich um genügend weite (4 cm) Barometerröhren handelt, eine zweckmässige Modifikation der von Hrn. Marek angegebenen, welche auf dem Satze beruht, dass die Fläche des Quecksilberspiegels den Abstand zwischen einem Objekte und seinem Bilde halbirt, über welche vom Referenten in diesen Berichten, Jahrg. XXXVI, I. Abth., Seite 5 berichtet worden ist.

Hr. Thiesen verwendet als Objekt direkt die Striche eines Maassstabs, welcher unmittelbar hinter der Barometerröhre aufzustellen ist, eventuell auf die Röhre selbst zu theilen ist. Die Bestimmung der Lage der Quecksilberoberfläche zum Maassstabe beschränkt sich dann auf die mikrometrische Messung des Abstandes zwischen einem Striche des Maassstabs und seinem Spiegelbilde; alle kathetometrischen Einrichtungen und die aus ihnen resultirenden Fehlerquellen fallen fort. *L. Grnm.*

Metronomische Beiträge No. 5. Zur Geschichte und Kritik der Toisen-Maass-Stäbe. Ein Beitrag zur definitiven Einordnung der auf das altfranzösische System begründeten Messungen in das metrische System von C. F. W. PETERS. Herausgegeben von der Kaiserl. Normal-Aichungs-Kommission, Berlin 1885.
Ferd. Dümmler's Verlagsbuchhandlung. 4° 24† Seiten.

C. WOLF. Sur l'autenticité de la toise du Pérou.
C. R. CII, 567-574†; [ZS. f. Instrk. VI, 284-287†.

FOERSTER. Sur la toise du Pérou. C. R. CIII, 122-124†.

C. WOLF. Remarques relatives à la communication de M. FOERSTER. Ibidem 124†.

Die auf Veranlassung von Hrn. W. FOERSTER, damaligem Direktor der kaiserl. Normal-Aichungs-Kommission von Hrn. C. F. W. PETERS ausgeführte und in den Metronomischen Beiträgen veröffentlichte Arbeit verfolgt den Zweck, den Anschluss der vielen wichtigen, in diesem Jahrhundert bis in die neueste Zeit ausgeführten, auf dem altfranzösischen Maasssystem beruhenden, geodätischen Messungen an das metrische System, speciell an den gegenwärtigen Vertreter der Längeneinheit des metrischen Systems, nämlich das internationale Urmaass des Meter, vorzubereiten. Die Abhandlung zerfällt in zwei Theile. In dem ersten Theile wird eine Uebersicht über die Geschichte der von der Toise du Châtelet abgenommenen Kopieen gegeben, von denen die meisten bereits im vorigen Jahrhundert verloren gegangen sind, während eine von ihnen, die berühmte Toise du Pérou, welche zur Ableitung und Definition des Meter gedient hat, vielleicht noch erhalten ist. Auf Grund seiner Untersuchungen gelangt der Verfasser zu der Ansicht, dass die Geschichte der Toise du Pérou sich mit Sicherheit nur bis zum Jahre 1831 verfolgen lasse, dass aber von da ab die Identität der Toise du Pérou nicht mehr mit Sicherheit festgestellt werden könne; keinesfalls kann aber, wenn auch keine Zweifel über die Identität der Toise du Pérou beständen, ihre Unversehrtheit und ihre ursprüngliche Länge als ausreichend verbürgt gelten, so dass eine Diskussion des Verhaltens aller sicher beglaubigten und gut erhaltenen Kopieen der Toise du Pérou unter einander und zu den mittelst jener Kopieen hergestellten wichtigsten Toisen-Maassstäben von grösster Wichtigkeit ist. Diese Diskussion nun bildet den Gegenstand des zweiten Theils der PETERS'schen Abhandlung. Ausser der BESSEL'schen Toise (*B*), welche nach dem Vorgange BESSEL's in weiten Kreisen als Grundlage für die Ableitung der Längeneinheit für die späteren und strengeren Anwendungen des altfranzösischen Systems anerkannt worden ist, werden einer eingehenden Diskussion unterworfen die Dänische Toise von FORTIN (*D*), die Dänische Toise von GAMBEY (*G*), die Dänische Toise von LENOIR (*L*), BAUMANN's Kopieen Nr. 9, Nr. 10 und Nr. 11 der BESSEL'schen Toise, die Italienischen Toisen von ERTEL (*E*) und SPANO (*Sp*), die Dorpater oder STRUVE'sche Toise von FORTIN (△), die Englische Ordnance Toise (*To*) und die Berliner Toise von LENOIR (*A*).

Für die 5 direkt mit der Toise du Pérou verglichenen Toisen ergeben sich folgende Resultate:

		Reduction auf die Toise du Pérou	Länge der Toise du Pérou	Jahr der Verf.
	L	*L*	*L*	
Dänischer Lenoir (*L*)	= 864,06005	0,00000	864,06005	1819
Russischer Fortin (△)	= 864,00007	0,00000	864,00007	1821
Dänischer Fortin (*D*)	= 864,00238	0,00000	864,00238	1821
BESSEL's Fortin (*B*)	= 863,99920	+0,00080	864,00000	1823
Dänischer Gambey (*G*)	= 863,99493	−0,00021	863,99472	1831

Die Uebereinstimmung ist eine zu geringe, um das Mittel aus den 5 für die Länge der Toise du Pérou gefundenen Werthen als ihre wahre Länge anzusehen. Wenn daher auch der Anschluss der gegenwärtig noch in geodätischem Gebrauch befindlichen Repräsentanten der Toisen-Einheit an die Toise du Pérou immerhin unsicher bleibt, so ist doch wenigstens, wie Hr. W. FOERSTER in seinem Vorworte zur PETERS'schen Abhandlung hervorhebt, eine innere Uebereinstimmung zwischen denjenigen beiden authentischen Kopieen der Toise du Pérou erreicht, auf welchen die meisten und wichtigsten geodätischen Arbeiten dieses Jahrhunderts beruhen, nämlich zwischen der BESSEL'schen und der STRUVE'schen Toise, und somit zwischen allen denjenigen Messungsergebnissen, welche nach diesen beiden wichtigen Maassstäben und den von ihnen genommenen Kopieen bis in die neueste Zeit erlangt sind. Ausserdem machen es die Ergebnisse der vorliegenden Abhandlung wahrscheinlich, dass die Veränderlichkeit der als Grundlagen der Messungen dienenden eisernen Maassstäbe in den letzten fünf Jahrzehnten Beträge nicht überschritten hat, bis zu welchen die aus der Beschaffenheit der Endflächen dieser Maassstäbe hervorgehenden Fehlerquellen die Vergleichungen unsicher machen können, so dass es möglich sein wird, bis zu dieser Fehlergrenze die Ergebnisse der geodätischen Arbeiten der letzten Jahrzehnte mit neueren, nach metrischen Maassen angestellten Messungen in Verbindung zu bringen, sobald eine erneute Vergleichung des internationalen Meter mit der BESSEL'schen oder STRUVE'schen Toise oder guten Kopieen derselben stattgefunden haben wird.

Gegen die von Hrn. PETERS im ersten Theile seiner Abhandlung begründete Auffassung, dass es bei der Toise du Pérou keine Kennzeichen gebe, nach welchen mit Sicherheit ihre Identität festgestellt werden könnte, wendet sich Hr. C. WOLF in der oben citirten Mittheilung an die Pariser Akademie mit aller Entschiedenheit. Unter Bezugnahme auf seine historischen Untersuchungen über die Maassstäbe des Observatoriums, welche in diesen Berichten, Jahrgang XXXVII, I. Abth., Seite 23 bis 25, vom Referenten besprochen worden sind, insbesondere an der Hand eines wichtigen Dokuments des spanischen Officiers Don J. JUAN, welcher an den Gradmessungen BOUGUER's und LA CONDAMINE's in Peru theilnahm, aus dem Jahre 1748 über die Gestalt, die Dimensionen und besonderen Merkmale der Toise du Pérou, beseitigt Hr. WOLF alle Zweifel über die Identität derselben. Besonders charakteristisch für diesen Maassstab sind zwei auf der Oberfläche desselben befindliche, die Theilung begrenzende Punkte. Ursprünglich hat die Toise du Pérou nicht als Endmaass, sondern als Strichmaass gedient. Bei allen Vergleichungen und Messungen wird die zwischen jenen zwei Punkten enthaltene, mit einem Stangenzirkel gemessene Entfernung als die wahre Länge der Toise du Pérou angesehen. Keine der anderen Toisen, auch nicht die Toise du Nord, zeigt zwei solcher

Punkte, die Toise du Pérou ist die einzige Toise, welche diese beiden Punkte besitzt. — Im Namen von Hrn. PETERS und als Verfasser der Vorrede zu Hrn. PETERS' Abhandlung erkennt Hr. FOERSTER nach diesen Darlegungen in einem Briefe an Hrn. WOLF, welchen letzterer der Akademie unterbreitet, die Authenticität der Toise du Pérou an und hebt hervor, dass es, um einen sicheren Uebergang von den Messungsergebnissen der älteren grossen französischen Gradmessungsarbeiten auf die Ergebnisse der Messungen nach dem metrischen Systeme zu ermöglichen, von der grössten Wichtigkeit ist, die durch jene beiden Punkte definirte Länge der Toise du Pérou direkt mit dem Internationalen Meter zu vergleichen. Die Ausführung dieser von der Internationalen Meter-Commission in Aussicht genommenen Vergleichungen wird auch von Hrn. WOLF als dringend wünschenswerth befürwortet.

L. Grnm.

.J BOSSCHA. Relation des expériences qui ont servi à la construction de deux mètres étalons en platine iridié, comparés directement avec le mètre des Archives. Seconde partie. Annal. de Delft 1886. 1-121†.

Die vorliegende Schrift bildet den zweiten Theil des von Hrn. BOSSCHA erstatteten Generalberichts, über dessen ersten Theil im vorigen Jahrgange dieser Berichte, I. Abth., Seite 38 bis 39 vom Referenten berichtet worden ist, und behandelt die eigentlichen Vergleichungen der Platin-Iridiummeter Nr. 19, Nr. 23 und Nr. 27 unter einander und mit dem Mètre des Archives. Es werden in aller Ausführlichkeit die Einrichtung der Komparatoren und der Hülfsmessinstrumente und die Beobachtungsmethode beschrieben und die in extenso mitgetheilten Originalbeobachtungen eingehend diskutirt. Als Resultat der im Jahre 1879 ausgeführten Maassbestimmungen ergeben sich für die beiden Prototype der niederländischen Regierung Nr. 19 und Nr. 27 die Schlussgleichungen:

$$\text{Nr. } 19 = 1{,}00000580\,(1+0{,}0000085032\,t+0{,}000000002935\,t^2) \quad \text{Meter}$$
$$\text{Nr. } 27 = 1{,}00000611\,(1+0{,}0000084327\,t+0{,}00000000401\,t^2).$$

Eine im Jahre 1880 ausgeführte Neubestimmung bestätigte dieses Resultat in durchaus befriedigender Weise.

Anhangsweise sind dem Generalbericht beigefügt eine Abhandlung von Hrn. Bosscha über die Untersuchung der bei mikrometrischen Messungen durch Pointirungsfehler bedingten Fehlerquelle, sowie eine zweite Abhandlung von Hrn. Oudemans über die chemische Analyse des zur Herstellung der Maassstäbe verwendeten Platiniridiums. *L. Grnm.*

J. Pernet. Ueber Vergleichungen von Normalmeterstäben. Verh. d. phys. Ges. Berlin V, 32-37†.

Der Verfasser weist in einem Vortrage zunächst darauf hin, dass die Genauigkeit der älteren Vergleichungen der Urmaasse mit dem Mètre des Archives in Paris durch mehrere Fehlerquellen beschränkt ist, und giebt dann einen kurzen Ueberblick über die Entstehung der internationalen Meterkommission und der von ihr ausgeführten Längenmessungen. [Ausführlicheres hierüber siehe in den auf die Arbeiten der internationalen Meterkommission bezüglichen Berichten des Referenten. D. Ref.] *L. Grnm.*

L. Loewenherz und S. Czapski. Das Kathetometer. ZS. f. Instrk. VI, 257-266†; [Beibl. X, 664†.

Ebenso wie zwei Arten von Horizontalkomparatoren unterschieden werden, nämlich Transversalkomparatoren, — bei welchen von den beiden Mikroskopen zuerst das eine auf den Anfangs-, das andere auf den Endstrich des einen Maassstabes eingestellt und hierauf durch eine zur Verbindungslinie der beiden Mikroskope senkrechte Verschiebung oder Drehung der Tragschiene die Mikroskope zum genauen Einstehen auf Anfang- und Endstrich des anderen, zum ersten parallel gelegenen Maassstab gebracht werden — und Longitudinalkomparatoren, — bei welchen von den beiden Mikroskopen zuerst das eine auf den Anfangsstrich des einen, das andere auf den des anderen Maassstabes eingestellt, und dann beide Mikroskope in fester Verbindung mit einander durch eine Verschiebung längs der Tragschiene zum Einstehen auf die beiden Endstriche der Maassstäbe gebracht werden —, so werden auch zwei Typen von Vertikalkomparatoren oder Kathetometern unterschieden, nämlich Transversalkathetometer und Longitudinalkathetometer. Das Transversalkathetometer besitzt zwei auf dem Führungsprisma verschiebbare Fernrohre, während die Skala ausserhalb des Prismas gelegen ist; das Longitudinalkathetometer hingegen besitzt nur ein verschiebbares Fernrohr; die Skala befindet sich in unmittelbarer Nähe des Führungsprismas oder in letzterem selbst, und dementsprechend ist das zweite Fernrohr durch einen Nonius oder ein Mikrometermikroskop ersetzt. Für beide Typen des Kathetometers wird die Theorie entwickelt, an welche sich Angaben über zweckmässige Konstructionen und Gesichtspunkte für die Beurtheilung derselben knüpfen.

L. Grnm.

R. Fuess. Longitudinalkathetometer mit Glasskale.
ZS. f. Instrk. VI, 153-158†.

Der bei einem Longitudinalkathetometer zu erfüllenden Bedingung, dass der Vertikalabstand der beiden, durch den Ableseindex einerseits und durch die optische Axe des Fernrohrs andererseits gelegten Horizontalebenen für jede Stellung des Fernrohrs eine konstante Grösse sei, ist bei der vom Verfasser gewählten Konstruction dadurch Genüge geleistet, dass dieser Vertikalabstand gleich Null gewählt wird, oder dass der Ableseindex stets mit der optischen Axe selbst zusammenfällt. Diese Verlegung des Ableseindex in die optische Axe des Fernrohrs führt die Nothwendigkeit ein, den Index und also auch die Theilung, auf welcher er sich bewegt, mit der Bildebene des Objektivs zusammen fallen zu lassen, so dass die Skala die eine Hälfte des Gesichtsfeldes einnimmt und bei der Messung durch das Okular gleichzeitig dicht neben dem zu messenden Gegenstande vergrössert erblickt wird. Der in den freien Theil des Gesichtsfeldes hinein verlängerte Indexstrich dient dann gleichzeitig als Einstellungsmarke. Als Skala verwendet Verfasser einen Glasmaassstab, welcher auf der mattgeschliffenen Vorderseite getheilt ist und von hinten durch eine kleine Flamme oder durch Tageslicht beleuchtet wird. In den

Fernrohrtubus ist hinter dem Maassstab eine Milchglasplatte eingelegt, wodurch die Ablesung der mit diffusem Licht erhellten Theilung eine sehr scharfe wird. Der Ableseindex ist auf einem kreisrunden Glasplättchen gezogen. Um die Lage des Indexstriches gegen die Theilstriche des Maassstabes schätzen zu können, schliesst sich an ersteren noch eine nach Zehntelmillimetern fortschreitende Hülfstheilung von 1 Millimeter Gesammtlänge an, so dass man bei der starken Vergrösserung des Okulars Zwanzigstel-Millimeter mit Leichtigkeit schätzen kann.

Da die Bildebene des Objektivs unveränderlich mit der Vorderfläche des Maassstabes zusammenfällt, so ist das Objektiv gegen den Fernrohrtubus mittelst Trieb- und Zahnstange verschiebbar angeordnet, um dasselbe für verschiedene Entfernungen einstellen zu können. Bei den bisher ausgeführten Exemplaren des Kathetometers liegen die Grenzen der Entfernungen, innerhalb deren Messungen mit demselben vorgenommen werden können, zwischen 0,5 und 2 Meter Die Vergrösserung der Fernrohre ist für mittlere Entfernungen von 1 Meter eine 8fache. *L. Grnm.*

F. H. REITZ. Einfacher Komparator. ZS. f. Instrk. VI, 424-425†.

Der Komparator dient zur Prüfung von drei Meter langen, hölzernen Maassstäben. Der zu untersuchende Maassstab wird zwischen zwei Kontakte gebracht, von denen der eine verschiebbar und mit Eintheilung in Millimeter und Nonius versehen ist zur Ablesung der Differenz des zu vergleichenden Maassstabes und eines drei Meter langen hohlen Messingstabes mit Glockenmetallendflächen, welcher als Normalmaassstab dient. *L. Grnm.*

A. M. MAYER. On the Well-Spherometer; an instrument that measures the radius of curvature of a lens of any linear aperture. SILL. J. (3) XXXII, 61-69†; [J. de phys. (2) VI, 444. 1887; [Beibl. XI, 4-5. 1887†.

Das Sphärometer ruht mit seinen drei Spitzen auf der ebenen Platte eines mit drei Füssen versehenen Tischchens. In der Mitte des Tischchens befindet sich eine kreisrunde Durchbohrung, deren unterer Rand eine Schneide bildet. Bei der Messung wird zunächst eine Planfläche gegen diesen unteren Rand durch eine Feder sanft angedrückt und das Sphärometer auf die Planfläche eingestellt, hierauf wird letztere durch die zu messende Linse ersetzt und das Sphärometer auf den höchsten Punkt der oberen Fläche der Linse eingestellt. Die Differenz h der Schraubenablesungen bei beiden Einstellungen giebt die Höhe des obersten Punktes der Linse über der unteren Fläche der Oeffnung. Ist r der innere Radius der letzteren, so ist der gesuchte Radius der Linse

$$R = \frac{r^2}{2h} + \frac{h}{2}.$$

Um zu erreichen, dass die Schraube stets mit gleichem Drucke gegen die zu messende Fläche anliegt, gleitet in der durchbohrten Schraubenspindel der Mikrometerschraube ein Stift, der an seinem oberen Ende mit einer Fühlhebelvorrichtung in Verbindung steht.

Der Verfasser theilt mehrere auf demselben Principe beruhende Konstruktionseinrichtungen mit. Bei einer derselben drückt der in der cylindrischen Hülse gleitende Stift gegen einen Spiegel und dreht ihn um seine Drehungsaxe; die Grösse der Drehung wird durch die Ablenkung des von dem Spiegel reflektirten Bildes einer vor ihm aufgestellten Skala nach der Gauss-Poggendorff'schen Spiegelablesungsmethode mittelst Fernrohr gemessen.

L. Grnm.

Hervier. Sphéromètre. La Nature XIV, (1) 270-271†.

Der Verfasser benutzt die gewöhnlichen zusammenlegbaren Meterstäbe zur Messung des Durchmessers von Cylindern, Kugeln etc., indem er den zu messenden Körper in ein gleichschenkliges Dreieck einschliesst, dessen gleiche Schenkel durch die beiden ersten Arme des Maassstabes gebildet werden, während der dritte Arm als Grundlinie dient und eine Theilung besitzt, auf welcher man direkt den gesuchten Durchmesser ablesen kann. Diese Theilung lässt sich je nach der Gliederung des Maassstabes angenähert berechnen oder besser empirisch bestimmen. *L. Grnm.*

DORST. Ueber die unveränderlichen Maassstäbe von DENNERT und PAPE in Altona. ZS. f. Instrk. VI, 173 bis 174†.

Die Maassstäbe bestehen aus geradfaserigem Mahagoniholz mit abgeschrägten Kanten aus einer elfenbeinartigen, mattgeschliffenen Masse, welche die Auftragung einer feinen und scharfen Theilung ermöglicht. Um ein Verziehen zu verhindern, ist die Rückseite des Maassstabes mit starkem Papier beklebt. *L. Grnm.*

R. KLEEMANN. Trockener Volumenmesser. ZS. f. Instrk. VI, 277-278†.

Das von Hrn. P. BAESSLER angegebene Instrument besteht aus einem cylinderförmigen Gefässe aus Kupferblech, welches sich nach oben in einen abgestumpften Kegel fortsetzt. Auf dem Kegelstumpf sitzt eine cylindrische Tülle, in welche eine graduirte Glasröhre fest eingekittet ist. Der Cylinder wird unten durch einen Boden mit Rand bajonettartig verschlossen; der Boden trägt in der Mitte einen dünnen Stift, auf welchen sich die bezüglich ihres Volumens zu untersuchenden Objekte aufstecken lassen. Die mit dem Instrument zu erreichende Genauigkeit ist natürlich nur eine geringe. *L. Grnm.*

R. MÜNCKE. Ueber graduirte Röhren mit weissbelegter Rückwand und schmalem dunkelgefärbtem Emailstreifen zur genauen Ablesung des Meniskus. Chem. Ztg. IX, 1515; [Chem. Ber. XIX, (2) 11†.

Dadurch, dass der hinter der Röhre befindliche schwarze Streifen in Folge einer Spiegelung im Meniskus bis auf einen Punkt zusammengeschnürt erscheint, erhält man eine scharfe Ablesungsmarke. *L. Grnm.*

O. SCHREIBER. Untersuchung von Kreistheilungen mit zwei und vier Mikroskopen. ZS. f. Instrk. VI, 1-5, 47-55, 93-104†.

Die Trigonometrische Abtheilung besitzt ein von J. WANSCHAFF in Berlin konstruirtes Instrument zur Untersuchung von Kreistheilungen, welches im Wesentlichen aus einer um eine vertikale Axe drehbaren horizontalen Kreisscheibe, auf welche der zu untersuchende Kreis centrisch befestigt wird, sowie aus vier Mikroskopen besteht, die auf vier beliebige, paarweise um 180° von einander entfernte Theilstriche gestellt und in dieser Stellung so befestigt werden können, dass sie an der Drehung der Scheibe und des Kreises nicht Theil nehmen. Eine ausführlichere Beschreibung des Instruments befindet sich in dem Berichte über die wissenschaftlichen Instrumente auf der Berliner Gewerbeausstellung im Jahre 1879 (vergl. diese Berichte, Jahrgang XXXVI, Nachtrag, Seite 1054 bis 1056). Zweck der vorliegenden Abhandlung des Verfassers ist die Aufstellung von Beobachtungsprogrammen und Rechnungsvorschriften für Kreistheilungsuntersuchungen, die den Forderungen genügen, dass jedes Programm eine strenge und dabei einfache Ausgleichung sämmtlicher Beobachtungen gestattet, und dass sämmtliche Strich- und Winkelkorrektionen (Differenzen der Strichkorrektionen) mit gleichem Gewichte aus der Ausgleichung hervorgehen, und zwar mit dem grössten, welches überhaupt mit der durch die Anordnung vorgeschriebenen Zahl von Beobachtungen erreichbar ist. Der Verfasser giebt zunächst die Anordnung und Berechnung der Reihe, welche die Grundform des ganzen Messungs- und Rechnungsverfahrens ist, und die man dadurch erhält, dass alle zu bestimmenden Striche an jedem Mikroskope abgelesen werden, und geht dann zur Lösung der Aufgabe über: Wie sind die Beobachtungen anzuordnen, wenn die Fehler von r gleichmässig auf den Kreisumfang vertheilten Strichen einer Kreistheilung mit v beliebig gegen einander verstellbaren Mikroskopen so bestimmt werden sollen, dass die verbesserten Winkel zwischen je zweien der r Striche sämmtlich ein und dasselbe Gewicht erhalten? Hierauf werden vom Verfasser Beobachtungsprogramme aufgestellt: 1) für zwei Mikroskope, 2) für vier beliebig gegen einander verstellbare Mikroskope, 3) für vier paarweise einander gegenüberstehende Mikroskope, und die drei Untersuchungsmethoden mit einander verglichen. Ein näheres Eingehen auf die Darlegungen des Verfassers würde den Rahmen dieser Berichte überschreiten, es muss deshalb auf die Originalabhandlung verwiesen werden. *L. Grnm.*

A. NAGEL. Mittheilungen aus dem Gebiete der Geodäsie. Civil-Ingen. XXXII, Heft 3, XXXIII, Heft 6; [ZS. f. Instrk. VI, 312 bis 314†.

Die Mittheilungen beziehen sich erstens auf einen Centrirapparat für Theodolit- und Signalaufstellung, welchen Verfasser unter konstruktiver Mitwirkung der HHrn. HILDEBRAND und SCHRAMM in Freiberg i. S. für die Zwecke einer Kleinvermessung von dieser Firma hat anfertigen lassen, und welcher eine Kombination der von HILDEBRAND herrührenden sogenannten Freiberger Aufstellung und eines vom Verfasser früher auf Schachtlothungen angewandten Verfahrens ist, welches darin besteht, dass der Lothpunkt mit einem vertikalen Fernrohr auf das Stativ übertragen, und über diesen Punkt der Theodolit centrisch aufgestellt wird. Zweitens werden vom Verfasser in einer Abhandlung über Präcisionsnivellements die Herstellung der zu dem Kgl. Sächsischen Präcisionsnivellement benutzten Nivellirlatten sowie die Methoden der Bestimmung des Lattenmeters und der Länge der Latten besprochen.

L. Grnm.

HUGO LANGNER. Ueber eine Methode zur Messung kleiner Winkeldifferenzen. ZS. f. Instrk. VI, 299-304†; [Beibl. XI, 92-93. 1887†.

Ein zwischen zwei geneigten ebenen Spiegeln befindlicher leuchtender Punkt erzeugt eine Reihe von Bildern, deren Zahl und Lage vom Neigungswinkel φ der beiden Spiegel und der Lage des Punktes zwischen ihnen abhängt. Umgekehrt kann man aus der beobachteten Lage der Bilder auf die Grösse des Winkels φ schliessen und auf diese Weise kleine Winkeldifferenzen zweier spiegelnder Flächen mit einem hohen Grade von Genauigkeit bestimmen. Kommt der Winkel φ einem geradzahligen aliquoten Theile der Kreisperipherie sehr nahe, so lässt sich die Abweichung δ von demselben leicht bestimmen, wenn man mittelst einer in genügend grosser Entfernung aufgestellten geradlinigen Skala und Fernrohr die gegenseitige Verschiebung der Skalenbilder beobachtet und durch die Entfernung der Skala von der Schnittkante der Spiegel dividirt. Setzt man diesen Quotienten gleich der Tangente oder dem Sinus des Winkels x, so ist die Abweichung $\delta = x/2t$, wo π/t der geradzahlig aliquote Theil der Peripherie ist, welchem der Neigungswinkel φ sehr nahe kommt. Die praktische Brauchbarkeit dieser zuerst von Hrn. L. Weber in der Schles. Ges., Sitzung vom April 1886, mitgetheilten Methode wird vom Verfasser durch die Messung der Abweichung, welche der Winkel eines rechtwinkligen Prismas von 90° besass, erwiesen. *L. Grnm.*

H. Bruns. Ein neuer Libellenprüfer von Hildebrand und Schramm in Freiberg i. S. ZS. f. Instrk. VI, 198-201†.

Der Libellenprüfer ist für die zum Meridiankreise der Leipziger Sternwarte gehörige Libelle, welche mit ihrer Fassung ein Gewicht von 8,5 kg besitzt, bestimmt. Der kräftig gehaltene *T*-förmige Untersatz ruht mit einer Spitze und zwei Fussschrauben auf drei Fussplatten und besitzt in der Nähe der Fussschrauben nach oben gerichtete Ansätze, welche das Muttergewinde für je eine starke Körnerschraube enthalten, zwischen deren Spitzen sich der eigentliche Libellenprüfer, ein nahezu symmetrisches gusseisernes Kreuz mit kurzem Querarm, dreht. Der Längsarm besteht aus einem cylindrischen Rohr von 10 mm Wandstärke, 60 mm äusserem Durchmesser und etwa 800 mm Länge, der Querarm ist massiv. In das eine Ende des Längsarms ist ein Rothgussstück eingesetzt, welches das aus 120 Umgängen bestehende Muttergewinde für die Messschraube enthält, deren Ganghöhe 0,25 mm beträgt, so dass eine Umdrehung derselben bei den gewählten Dimensionen eine Drehung des Libellenträgers von 123″ erzeugt. Ein einfaches Differentialgetriebe dient zur Zählung der ganzen Umdrehungen. Die Spitze der Messschraube ruht excentrisch auf einer fein geschliffenen, kreisrunden Achatplatte, welche mit Reibung drehbar in einer besonderen, mit Korrektionsschräubchen versehenen, in den Untersatz eingelassenen Fassung sitzt. Auf dem Trägerrohr gleiten die Lagerringe mit den *V*-förmigen Lagern für die Libellen. Die Lagerringe werden mit je zwei radial wirkenden Schrauben festgeklemmt und gleiten mit einer Nase in einer an der Unterseite des Längsrohres ausgefrästen Nuth.

Um die Axe der zu untersuchenden Libelle stets zu der durch die Körnerspitzen bestimmten Drehungsaxe des Libellenträgers senkrecht stellen zu können, sind die Backen der *V*-förmigen Ausschnitte bei dem einen Lagerring beweglich eingerichtet. Unter dem Rohre des Libellenträgers gleitet auf einer Stange ein Laufgewicht, um nach Aufsetzung der Libelle das System um die Drehungsaxe ausbalanciren zu können. *L. Grnm.*

E. GELCICH. Zur Geschichte der Kreistheilungen.

ZS. f. Instrk. VI, 158-163†.

Der Verfassser giebt in dem vorliegenden Aufsatze einige aphoristische Mittheilungen über die historische Entwickelung der Kreistheilungen vom Anfang des vergangenen Jahrhunderts (GRAHAM, HINDLEY, v. CHAULNES, RAMSDEN) bis zum Anfang des gegenwärtigen (REICHENBACH). Vergl. diese Berichte, Jahrgang XXXVIII, (1.) 4. *L. Grnm.*

A. BÖRSCH. Der CEREBOTANI'sche Distanzmesser.

ZS. f. Instrk. VI, 77-86, 125-134†.

Ueber den CEREBOTANI'schen Distanzmesser ist bereits früher vom Referenten (vergl. diese Berichte XXXVIII, (1) 15-16) berichtet worden. In Folgendem theilt der Verfasser die Ergebnisse von Versuchen mit, mit deren Ausführung er von Hrn. W. FOERSTER betraut worden ist. Nach einer kurzen Beschreibung und Theorie des Instruments werden die Beobachtungen mitgetheilt, an welchen sich ausser dem Verfasser noch die HHrn. A. GRAFFY und L. KRÜGER betheiligten, und welche in der Messung von zuvor mit 5-Meterlatten gemessenen Entfernungen bis zu 600 Meter einer Allee von Treptow bei Berlin bestanden. Aus denselben ergiebt sich, dass bei einer Distanz von 600 Meter der mittlere Fehler einer Beobachtung nur etwa 0,5 Procent erreicht, dass derselbe aber mit der Entfernung wächst, so dass für ein Instrument von 1 m Basis bei einer Entfernung

von 1000 m ein mittlerer Fehler von 10,7 m
- 2000 - - - - - 42,7 -
- 3000 - - - - - 96,0 -

bei einer einzelnen Messung zu befürchten wäre. Für manche praktische Arbeiten, wie z. B. Eisenbahntracirungen, würde demnach der CEREBOTANI'sche Distanzmesser mit Nutzen und Zeitersparniss zu gebrauchen sein, indessen nur bis zu gewissen Entfernungen. — Der Verfasser setzt dann noch in eingehender Weise die Methode der Ableitung der Konstanten des Instruments und der Aufstellung der Distanztabellen für dasselbe auseinander.

L. Grnm.

The Cambridge Scientific instrument & Co. Eine neue Form des Nivellirinstruments. ZS. f. Instrk. VI, 55-58†.

Bei diesem Nivellirinstrumente ist ein eigenartiges Princip der Lagerung der einzelnen Theile zur Anwendung gebracht worden. Der sonst gebräuchliche konische Drehzapfen ist durch eine cylindrische, auf der Grundplatte des Instruments befestigte Säule ersetzt, auf welcher vier mit dem seitlich gelegenen Fernrohr fest verbundene Punkte laufen, die durch eine Feder beständig gegen die Säule gedrückt werden. In ähnlicher Weise ist das bewegliche Objektiv an vier Punkten aufgehängt, welche gegen den genau cylindrischen Tubus des Fernrohres durch Federn gedrückt werden. Endlich ruht auch die Libelle in vier Punkten auf dem cylindrischen Tubus und ebenso das eigentliche Niveaurohr auf vier Punkten im Innern seines Umhüllungsrohres. *L. Grnm.*

P. SELLE. Entfernungsmesser. D R. P. Nr. 34578. 1885; [ZS. f. Instrk. VI, 219†.

Ein festes Visirinstrument ist durch einen geradlinigen Träger mit einem zweiten verbunden, welches mittelst einer Kreisbogennuth um eine ausserhalb des Entfernungsmessers liegende ideelle Axe geführt wird. Durch das am beweglichen Visirinstrument befindliche Bogenstück wird ein Zeiger bewegt, welcher die zu messende Entfernung des Schnittpunktes der beiden Visirlinien vom Standorte des Beobachters anzeigt. *L. Grnm.*

JOS. und JAN. FRIČ. Der neue Grubentheodolit „Duplex“. ZS. f. Instrk. VI, 221-232, 305-308†.

Der in aller Ausführlichkeit an der Hand sorgfältiger Zeichnungen beschriebene Apparat kann sowohl als Nivellirinstrument über dem Tage zum Ausstecken von Horizontallinien, wie als astronomisches Universalinstrument für Zeit- und Meridianbestimmungen angewandt werden, und ist als Theodolit für Beobachtungen unter dem Tage mit centrischem Fernrohr für schwach geneigte Visuren und mit seitlichem Fernrohr für Zenith- und Nadirbeobachtungen versehen. Die Dimensionen des Instruments sind so gewählt, dass es sich leicht transportiren lässt, und dass es sowohl auf einem zerlegbaren Stativ aufgestellt, als auch an einem Wandträger oder an einem Querbalken angebracht und bequem centrirt werden kann. Wegen der näheren Einrichtung muss auf die Originalabhandlung verwiesen werden. *L. Grnm.*

G. BUTENSCHÖN. Nivellirinstrument, bei welchem Libelle, Fadenkreuz und Bild gleichzeitig zu beobachten sind. D. R. P. Nr. 36795. 1886; [ZS. f. Instrk. VI, 440†.

Zwischen Okular und Fadenkreuz ist im Fernrohr die Libelle und ein schräg gestellter durchbrochener Spiegel behufs Ablesung der Blase der letzteren angeordnet. *L. Grnm.*

H. MÜLLER und F. REINECKE. Horizontirvorrichtung für Messinstrumente. D. R. P. Nr. 36577. 1886; [ZS. f. Instrk. VI, 439†.

Durch diese Horizontirvorrichtung wird nicht allein die Senkrechtstellung der Vertikalaxe derselben, sondern auch deren centrische Einstellung innerhalb bestimmter Grenzen ohne Verrückung des Stativs ermöglicht. *L Grnm.*

The DREDGE-STEWART Omnitelemeter. Engineering XLII, 178, 180, 210†.

Beschreibung eines einfachen Distanzmessers für militärische Zwecke. *L. Grnm.*

D'ARSONVAL. Sur un procédé optique pour lire les faibles déviations angulaires. Soc. franc. de Physique, 5. févr. 1886; Rev. intern. Electr. II, (1) 206; La lum. él. XX, 18-20†.

— — New method of reading small angular deflections. Nature XXXIII, 610†.

Der Verfasser bezweckt durch eine Anwendung einer mikrometrischen Skala die Empfindlichkeit eines Spiegelgalvanometers in beliebigen Verhältnissen zu steigern. Das Princip der von ihm angegebenen Vorrichtung beruht auf einer Umkehrung der POGGENDORFF'schen subjektiven Spiegelablesungsmethode. Bei Anwendung der letzteren ist die Empfindlichkeit nicht proportional mit dem Abstande der Skala vom Spiegel, weil das vom Spiegel reflektirte und durch das Fernrohr beobachtete Bild der Skala mit der Entfernung der Skala vom Spiegel immer kleiner und kleiner wird. Der Verfasser bringt daher umgekehrt an die Stelle jenes Bildes eine auf Glas photographirte in $\frac{1}{20}$ bis $\frac{1}{40}$ mm getheilte Skala, welche durch eine geeignete Lichtquelle mittelst eines Reversionsprismas oder eines Spiegels beleuchtet wird. Von dieser mikrometrischen Skala wird durch eine Objektivlinse ein vergrössertes Bild entworfen, welches nach der Reflexion vom Spiegel des Galvanometers mittelst eines Okulars beobachtet wird. Anstatt des Planspiegels wendet der Verfasser noch einen auf der Rückseite versilberten Konkavspiegel an. *L. Grnm.*

BARTHÉLEMY und KLEIN. Einrichtung zum Ablesen eines Niveaus eines Nivellirinstruments vom Okular aus. Sep.-Abdr. aus den Ber. der Pariser Société d'Encouragement pour l'industrie nationale 1884; [ZS. f. Instrk. VI, 174-175†.

Die zu beschreibende Anordnung bezieht sich auf ein Nivellirinstrument mit festem Fernrohr, dessen Horizontalität durch ein Reitniveau bestimmt wird, und bezweckt, die Fehlerquelle zu vermeiden, welche bei nicht genügender Stabilität dadurch entsteht, dass der Beobachter während der Dauer einer Messung seinen Platz vor dem Okular behufs Ablesung des Niveaus verlassen muss. Das Libellenrohr ist auf einer Grundplatte befestigt, welche mit kurzen Füssen auf dem Fernrohr gleitet und einen vertikalen Rahmen trägt. Die in letzterem enthaltene Vorrichtung besteht aus zwei in verschiedener Höhe über den Endpunkten der Niveaublase angebrachten gleichschenklig rechtwinkligen Prismen, deren Fassungen an der unteren Fläche des oberen Rahmenstückes kulissenartig mittelst Zahnstange und Trieb durch einen Knopf verschoben und um 180° gedreht werden können. Die beiden vertikalen Ständer des Rahmens sind mit passenden Oeffnungen versehen, durch welche der Beobachter das durch die Prismen reflektirte Bild der Blasenenden und der Theilung sieht. *L. Grnm.*

J. Plassmann. Ein veränderliches Naturmaass. Naturw. Rundschau I, 61-62†.

— — Bemerkungen zu dem Artikel: „Ein veränderliches Naturmaass". Ibid. I, 108†.

Im ersten Aufsatze glaubt Verfasser darauf aufmerksam machen zu müssen, dass der mittlere Sonnentag und demgemäss die als Zeiteinheit gewählte mittlere Sekunde in Folge der Veränderungen der Lage der Aequinoktialpunkte nicht konstant, sondern veränderlich sei; im zweiten Artikel erkennt er an, dass seine Ansicht eine irrthümliche ist. *L. Grnm.*

W. Döllen. Zeitbestimmung zum Allgemeinbedarfe. Astr. Nachr. CXIV, Nr. 2729, 289-300†.

Für die vom Verfasser vorgeschlagene Methode der Zeitbestimmung eignet sich jedes um eine nivellirbare, mit guten Zapfen versehene Horizontalaxe bewegliche Fernrohr, in dessen Fokus einige Vertikalfäden sich befinden, wenn die Aufstellung für 5 Minuten als unveränderlich gelten darf. In einem gewissen Momente seines Chronometers stellt der Beobachter den Mittelfaden des Instruments auf den Polarstern und beobachtet in dieser Aufstellung nach Verlauf von möglichst nahe 4 Minuten den Durchgang eines der vom Verfasser in dessen ausführlichen „Zeitstern-Ephemeriden" bezeichneten Sterne. Ist der Kollimationsfehler des Instruments bekannt, so ist nur noch die Neigung der Horizontalaxe zu bestimmen, anderenfalls bedarf es noch einer zweiten ganz ähnlichen Beobachtung nach Drehung des Instruments um 180° im Azimute. Das Beobachtungsverfahren sowie die Berechnung desselben wird vom Verfasser eingehend erläutert. *L. Grnm.*

F. Küstner. Ueber den Gang der auf der Berliner Sternwarte im luftdichten Verschluss aufgestellten Pendeluhr Tiede Nr. 400. Astr. Nachr. CXIV, Nr. 2735, 391-392†.

Der Verfasser veröffentlicht, bezugnehmend auf frühere Mittheilungen von Hrn. Foerster, eine Zusammenstellung derjenigen Abweichungen, welche die von ihm während des Winters 1885/1886 beobachteten täglichen Gänge der genannten Pendeluhr gegen einen mittleren Werth des täglichen Ganges gezeigt haben; der mittlere Zahlenwerth dieser Abweichungen hat den geringen Betrag 0,015 sec. *L. Grnm.*

A. Favarger. Le pendule électrique comme pendule de précision. Lum. électr. XX, 206-207†.

Das Observatorium zu Neuchâtel befindet sich im Besitze einer elektrischen Pendeluhr, deren Gang nach den Angaben von Prof. Hirsch von einer bisher wohl kaum erreichten Genauigkeit ist, da während einer Beobachtungsreihe von sieben Monaten die mittlere tägliche Variation nur 0,03 Sekunde betragen haben soll. Bei dieser Uhr kommt keine Art von Zahngetriebe oder Zapfen vor, so dass eine der hauptsächlichsten Störungsursachen im Gange einer astronomischen Pendeluhr, nämlich die Anwendung von Oel, vermieden wird. Die Uhr besteht aus einem Sekundenpendel, dessen Oscillationen durch den Strom einer galvanischen Batterie mittelst eines „elektrischen Echappements“ unterhalten werden. Bei Stromesschluss wirkt ein festliegender Elektromagnet auf einen am Pendel passend befestigten Anker und ertheilt ihm die zur Bewegung erforderlichen Impulse. Der Stromschluss findet nicht nach jeder Sekunde, auch nicht nach gleichen Zeitintervallen statt, sondern nur dann, wenn die Amplitude einen nicht zu überschreitenden Minimalwerth erreicht. Die Wirkungsdauer des Impulses, welche abhängig ist von der Stärke des Stroms, beträgt bei der vorliegenden Uhr ungefähr eine Minute. Nahe am Aufhängungspunkte befinden sich Lamellenunterbrecher, welche in jeder Sekunde den Strom einer zweiten galvanischen Batterie schliessen und ein Zählwerk bilden, dessen Gang jedoch den Gang des Pendels selbst nicht beeinflusst. Der Sekundenbalancier schwingt, da er nur die Lamellenunterbrecher in jeder Sekunde zu schliessen und das elektrische Echappement in Thätigkeit zu setzen hat, so frei als möglich. Die Schneiden sind hergestellt aus polirtem Platin-Iridium. Zur Beseitigung des Einflusses der Temperaturschwankungen ist der Balancier mit einem Quecksilberkompensator versehen. Endlich befindet sich der Balancier unter einer hermetisch abzuschliessenden Glasglocke, welche evakuirt werden kann, um den Einfluss der äusseren Druckschwankungen auf den Gang des Pendels zu studiren Konstruirt ist die Uhr von Hrn. HIPP. *L. Grnm.*

HILFIKER. Ueber den Gang der WINNERL'schen Pendeluhr der Sternwarte zu Neuchâtel. Astr. Nachr. CXIV, Nr. 2735, 391-394†.

Die von Hrn. Prof. HIRSCH im Bull. de la soc. des sciences nat. de Neuchâtel" gemachten Mittheilungen über den ausgezeichneten Gang der HIPP'schen elektrischen Pendeluhr (vergl. das vorhergende Referat) werden durch Beobachtungen des Verfassers vollständig bestätigt, indem die mittlere tägliche Variation des beobachteten Ganges in der Zeit vom September 1885 bis April 1886 nur ±0,031 Sekunde beträgt.

Der Verfasser hat die mit der HIPP'schen Uhr ausgeführten Zeitbestimmungen zu einer vergleichenden Studie über den Gang der seit 1861 als Normaluhr der Sternwarte zu Neuchâtel dienenden WINNERL'schen astronomischen Pendeluhr mit Rostpendelkompensation benutzt. Von der Voraussetzung ausgehend, dass der beobachtete Gang der WINNERL'schen Uhr sich durch die Formel darstellen lässt

$$\text{Gang} = a+p(T-1884{,}0)^d+q(t-12^\circ\text{C.})+r(B-720\text{mm}),$$

wo T die Epoche des Ganges, t und B die Angaben des Thermometers und Barometers bedeuten, ergiebt die zunächst nur auf das-

Intervall von Anfang Juni 1883 bis Ende Juli 1884 sich erstreckende Rechnung für den wahrscheinlichen Fehler des berechneten Ganges der WINNERL'schen Uhr den Werth ±0,048 sec. *L. Grnm.*

M. DEPREZ. Sur un procédé permettant de compter mécaniquement les oscillations d'un pendule entièrement libre. C. R. CII, 1523-1524†; Lum. électr. XXI, 76-77; [Cim. (3) XX, 63; [Beibl. X, 593-594†; [DINGL. J. CCLXI, 225.

MARCEL DEPREZ. An impalpable counter. Engineering XLI, 43.

— — Registering free pendulum oscillations. The Electrician XVII, Heft 11, 1866.

Bei dem vom Verfasser vorgeschlagenen Verfahren wird die Empfindlichkeit der thermoëlektrischen Säule zur mechanischen Abzählung der Schwingungen eines Pendels benutzt. Zu dem Zwecke wird das Pendel mit einem Schirme versehen, in welchem sich ein 30 bis 40 mm langer und 3 bis 4 mm breiter Spalt befindet. Ein von einer Petroleumlampe mit Flachbrenner kommendes, nöthigenfalls durch eine Cylinderlinse koncentrirtes Lichtbündel durchdringt bei jeder Oscillation des Pendels den Spalt und trifft auf eine vor demselben aufgestellte Thermosäule. In Folge dessen wird bei jeder Oscillation des Pendels in der Thermosäule ein elektrischer Strom erzeugt, welcher durch ein empfindliches, aperiodisches Galvanometer geleitet, die Magnetnadel des letzteren in Schwingungen versetzt, die genau denjenigen des Pendels entsprechen. *L. Grnm.*

A. D'ARSONVAL. Sur un chronomètre à embrayage magnétique. C. R. CII, 1334-1336†; Lum. él. XX, 550-551†.

Angeregt durch Hrn. BROWN-SÉQUARD, welcher seine alten Versuche über die Geschwindigkeit, mit welcher sich Nervenreize durch das Rückenmark fortpflanzen, gemeinsam mit dem Verfasser wieder aufnehmen wollte, hat letzterer ein Chronometer mit magnetischer Einrück- und Ausrückvorrichtung konstruirt. Die absolute Fortpflanzungsgeschwindigkeit von Nervenreizen ist von einer grossen Anzahl von Physiologen gewöhnlich nach der von MAREY ausgebildeten graphischen Methode bestimmt worden, welche zwar sehr präcise Resultate liefert, deren Anwendung aber für den Kliniker und besonders in der Privatpraxis recht umständlich ist. Der zu beschreibende Apparat, welcher Zeitmessungen in Hundertsteln der Sekunde liefert, besteht im Wesentlichen aus einem mit FOUCAULT'schem Regulator versehenen Uhrwerk, welches eine Axe in einer Sekunde genau zwei Umdrehungen machen lässt. Das Ende dieser Axe wird durch eine kleine mit einer dünnen Kautschukmembran überzogene kreisförmige Scheibe von 12 mm Durchmesser gebildet. Vor dieser Scheibe in einer Entfernung von 1 mm befindet sich eine zweite, gleich grosse, ihr parallele Scheibe aus weichem Eisen, welche das Ende einer kleinen, sehr kurzen Axe bildet, deren anderes Ende einen feinen Aluminumdraht senkrecht zur Axe trägt. Eine Feder drückt beständig die Eisenplatte gegen die Platte der beweglichen Axe, so dass unter diesem Federdrucke beide Axen nur eine einzige Axe bilden und der Aluminiumdraht als Zeiger ein in 50 Theile getheiltes Zifferblatt in einer Sekunde genau zwei Mal umkreist. Hinter der Eisenplatte befindet sich ein kleiner Elektromagnet, welcher, wenn er von einem Strome erregt wird, die Eisenplatte anzieht und die Axen trennt; in Folge dessen bleibt der Aluminiumzeiger unbeweglich auf seinem Zifferblatt, so lange der Strom dauert. Im Momente der Stromunterbrechung bewirkt die Feder die Einrückung, und der Zeiger bewegt sich sofort mit einer Geschwindigkeit von zwei Umdrehungen in der Sekunde. Der Apparat, welcher nach den Angaben des Verfassers von Hrn. CH. VERDIN in compendiöser Form, nämlich in einer cylindrischen Büchse von 20 cm Durchmesser und 6 cm Dicke hergestellt wird, eignet sich nicht nur für seinen ursprünglichen Zweck, sondern überhaupt zur Messung kleiner Zeitintervalle.

L. Grnm.

STEPHAN V. KRUSPER. Die Uhren des Polytechnikums zu Budapest. Ungar. Ber. IV, 18-32†.

Im geodätischen Kabinet des Polytechnikums zu Budapest sind zwei Normaluhren aufgestellt, eine von KRALIK verfertigte Pendeluhr, welche nach Sternzeit geht und welche eine Nebenuhr und einen HIPP'schen Chronographen des Observatoriums treibt, und eine zweite von ARNOLD verfertigte Uhr, welche mittlere Zeit angiebt und eine in der Nähe aufgestellte öffentliche Uhr treibt. Die Einrichtung dieser Uhren nebst den elektrischen Uebertragungsvorrichtungen werden vom Verfasser eingehend beschrieben.

L. Grnm.

PAUL GUISOL. Vorrichtung zur Erzeugung eines isochronen Ganges bei Uhren. ZS. f. Elektrot. IV, H. 9, 438 bis 439†; Oesterr.-Ungar. Uhrm.-Ztg.

Die in den Stromkreis einer Normaluhr mit Wechselstromkontakt einzuschaltende GUISOL'sche Nebenuhr besteht aus einem gewöhnlichen Uhrwerk mit beliebiger Gangdauer, bei welchem die eigenthümlich angeordnete Hemmung durch den elektrischen Strom bewegt wird, der in gleichen aufeinanderfolgenden Zeitintervallen von der Normaluhr aus durch die Windungen des an der Nebenuhr angebrachten Elektromagnets gesendet wird. *L. Grnm.*

SANFORD FLEMING. Time-reckoning for the twentieth century. Smithsonian Rep. 1886, I, 345-366†.

Ausführliche Darlegung des bereits in früheren Jahrgängen dieser Berichte, vergl. XL, (1) 22-25, XLI, (1) 57-60 behandelten Gegenstandes. *L. Grnm.*

ASAPH HALL. World time. Science VII, 373†.

Anknüpfend an einen in der „Nature" erschienenen Aufsatz von Hrn. CHRISTIE über Universalzeit führt der Verfasser aus, dass für den Telegraphen- und Eisenbahndienst die Einführung einer Universalzeit und eines Anfangsmeridians, am besten desjenigen von Greenwich, wünschenswerth sei, dass dagegen im gewöhnlichen praktischen Leben die Lokalzeit beizubehalten wäre. *L. Grnm.*

HEINR. AINMILLER. Freie Hemmung mit konstanter Kraft für Pendeluhren. DINGL. J. CCLX, 212-213†.

Bei dieser indirekt wirkenden Hemmung ist das Pendel nur während eines Viertels seiner Doppelschwingung vom Werke abhängig, während des zweiten Viertels erhält dasselbe den Anstoss durch eine konstante Kraft und schwingt während der übrigen Hälfte vollständig frei. *L. Grnm.*

GEO M. HOPKINS. La désaimantation des montres. Scient Amer.; Rev. intern. de l'Electr. II, (2) 441-444†.

Um magnetisch gewordene Taschenuhren zu entmagnetisiren, wendet der Verfasser einen einfachen Apparat an, welcher aus einer flachen zur Aufnahme der Uhr geeigneten Spirale, einem Tauchelement und einem Kommutator besteht. Die Entmagnetirung erzielt man dadurch, dass man eine Anzahl Wechselströme durch die Spirale gehen lässt. *L. Grnm.*

G. HERMITE. Sur l'emploi de la lumière intermittente pour la mesure des mouvements rapides. C. R. CIII, 412-413†; [ZS. f. Instrk. VII, 148†. 1887; [Beibl. X, 707-708†.

Um bei schnell rotirenden Bewegungen, welche unter dem Einflusse schwacher Kräfte stattfinden, die Tourenanzahl zu messen, beleuchtet der Verfasser den rotirenden Gegenstand mit einer GEISSLER'schen Röhre. Ist v die Anzahl der Stromunterbrechungen, also auch der Entladungen in der Sekunde, und liegen auf einem Kreisumfang l Bilder, so ergiebt sich die Zahl r der Umdrehungen aus der Relation $l = v/r$. Ist v/r eine ganze Zahl, so erscheinen die Bilder unbeweglich; ist dagegen v/r ein Bruch, so lässt sich eine andere Methode anwenden, welche den Gegenstand einer späteren Mittheilung bilden soll. *L. Grnm.*

P. CURIE. Dynamomètre de transmission avec système de mesure optique. C. R. CIII, 45-47†; [Beibl. XI, 584†. 1887.

Der Apparat besteht aus einer von zwei Zapfenlagern getragenen horizontalen Welle, die an den Enden mit zwei Riemenscheiben für die Uebertragung der Bewegung des Motors versehen ist. Die übertragene Arbeit wird durch die Torsion der Welle zwischen den beiden Riemenscheiben gemessen. Die Welle besteht aus einer metallenen, 8 mm weiten Röhre; ihre Enden sind durch zwei dünne parallel zur optischen Axe geschnittene Quarzplatten verschlossen, welche beide eine Phasendifferenz von einer halben Wellenlänge zwischen den ordentlichen und ausserordentlichen Strahlen geben. Lässt man einen monochromatischen polarisirten Lichtstrahl axial durch die Welle fallen, so drehen die beiden Quarzplatten die Polarisationsebene um eine konstante Grösse auch während der Rotation der Welle, vorausgesetzt, dass letztere nicht tordirt wird. Findet aber eine Torsion um den Winkel α statt, so wird die Polarisationsebene des Lichtstrahls um den doppelten Winkel gedreht. Aus dem Winkel α erhält man das Moment der Torsionskraft, wenn man vorher auf empirischem Wege festgestellt hat, welche Torsion c erforderlich ist, um eine Drehung von 1° hervorzubringen.

Ist n die Tourenanzahl pro Sekunde, so ist die übertragene Arbeit pro Sekunde $2\pi n c \alpha$. *L. Grnm.*

A. u. V. Flamache. Geschossgeschwindigkeitsmessung.
Engineering XLII, 652; [ZS. f. Instrk. VII, 66†. 1887.

Der von J. G. Benton angegebene Apparat zum Messen von Geschossgeschwindigkeiten (vergl. ZS. f. Instrk. IV, 431) beruht auf folgendem Principe: In der Geschossrichtung sind zwei mit feinen Drähten überspannte Rahmen angebracht; das Geschoss zerreisst beim Passiren der beiden Rahmen die Drähte, unterbricht hierdurch einen elektrischen Strom und löst nach einander zwei Pendel aus, die über einem getheilten Gradbogen nach entgegengesetzten Richtungen schwingen. Aus der Entfernung des auf dem Gradbogen fixirten Treffpunktes der beiden Pendel vom Nullpunkte wird auf die Zeit geschlossen, welche das Geschoss gebraucht hat, um von einem Rahmen zum andern zu gelangen. Bei dem vorliegenden Apparate werden die Momente, in denen das Geschoss die Rahmen passirt, mittelst des elektrischen Stromes direkt auf den Registrirstreifen eines Chronographen übertragen. Der Gang des Registrirstreifens wird nun durch einen besonderen Apparat bestimmt, welcher aus einer beiderseitig verschlossenen und luftleer gemachten Glasröhre besteht, an deren oberem Ende ein mit einer elektrischen Batterie verbundener Elektromagnet angeordnet ist, dessen Anker bei geschlossenem Strome eine eiserne Kugel anzieht. Wird der Strom unterbrochen, so fällt die Kugel auf ein 30 cm unter dem Anker angebrachtes Elfenbeinplättchen, drückt auf eine unter demselben befindliche Spiralfeder und bewirkt so den Schluss eines zweiten Stromkreises. Die beiden Momente des Unterbrechens des einen und des Schliessens des andern Stromkreises werden auf dem Registrirstreifen des Chronographen markirt. *L. Grnm.*

E. J. HOUSTON. Ueber die Messung der Geschwindigkeit von Geschossen (und Anderes). DINGL. J. CCLXI, 251-255†.

Der Verfasser giebt im Journ. of the Franklin Instit. 1885, CXX, 134 einige Mittheilungen über die Benutzung der Elektricität zur Messung der Geschwindigkeit von Geschossen. VIGNOTTI's elektro-ballistische Maschine, welche vom Artillerieoberst T. LAIDLEY eine kleine Verbesserung erfuhr, beruht auf einem bekannten und vielfach angewandten Principe. (SIEMENS'scher Funkenchronograph, diese Berichte XXXI, (1) 17-19.) Ueber die Rohrmündung ist ein Draht gespannt, welcher beim Abfeuern zerrissen wird und ein Pendel auslöst. Die Durchgänge des Geschosses durch zwei entfernt von einander aufgestellte Scheiben bringen nach einander Unterbrechungen in den Stromkreisen zweier Induktorien hervor, welche durch Funken markirt werden, die zwischen der isolirten Pendellinse und einer in geeigneter Weise darunter befindlichen, mit einem berussten Silberbogen überzogenen Messingplatte überspringen. — Bezüglich des BENTON'schen elektroballistischen Pendels oder Velocimeters vergleiche das vorhergehende Referat.

Bei dem Chronoskop von SCHULTZ zeichnet eine sorgfältig abgestimmte Gabel eine Wellenlinie auf der berussten Oberfläche einer sich zugleich drehenden und in der Axenrichtung verschiebenden Trommel. — Bei LE BOULANGÉ's Chronographen wird die Zeit gemessen durch den Unterschied der Grösse des Fallraums zweier schweren frei fallenden Körper. *L. Grnm.*

G. RUNG. Der pneumatische Rotationsindikator. ZS. f. Instrk. VI, 201-206†; [Beibl. X, 746†.

Der pneumatische Rotationsindikator besteht aus zwei Haupttheilen, nämlich dem Rotator und dem Indikator. Der Rotator, welcher mittelst einer Schnurscheibe mit der Maschine, deren Umdrehungsgeschwindigkeit man zu kennen wünscht, verbunden ist, besteht in seiner einfachsten Form aus einem Gasrohr, das um eine zu seiner Längsrichtung senkrechte Axe rotirt. Das eine Axenende ist hohl und verbindet daher die Oeffnung des rotirenden Rohres mit der zum Indikator führenden Luftleitung, in welcher bei der Rotation in Folge der Centrifugalkraft eine Druckverminderung eintritt. Diese Druckverminderung ist von der Umdrehungsgeschwindigkeit abhängig und wird mittelst des Indikators, d. h. einer manometrischen Vorrichtung gemessen. (Vgl. das zweit folgende Referat. D. Ref.) *L. Grnm.*

J.-A. B. Le clinomètre. La Nature XIV, (1) 203†.

Das Instrument dient zur Messung der Amplitude von Schiffsschwankungen und hat die Form einer kreisförmigen graduirten Wasserwaage. *L. Grnm.*

H. W. SCHLOTFELDT. Umlaufs- bezw. Schiffsgeschwindigkeitszeiger. D. R. P. Nr. 33485, 1884. Nr. 33863, 1885; DINGL. J. CCLX, 245-252†; [ZS. f. Instrk. VI, 75, 116†.

Um die Umlaufszahl einer Dampfmaschine in grösseren Entfernungen von derselben anzuzeigen, wird an einem von der Maschine angetriebenen Centrifugalapparate ein Druck hervorgerufen, welcher das Auslassventil einer Luftleitung beeinflusst. Dabei kann entweder eine abgeschlossene Luftmenge oder eine

Luftmenge, welche fortwährend durch eine Pumpe in die Rohrleitung zugeführt, oder aus derselben abgesaugt wird, in einem bestimmten Verhältnisse zur Umlaufsgeschwindigkeit zusammengepresst, bezw. verdünnt werden. Die resultirende Luftspannung, welche an jedem Punkte der Luftleitung gemessen werden kann, liefert also ein Maass für die Umdrehungsgeschwindigkeit des Regulators. *L. Grnm.*

L. Grunmach. Ueber Versuche zur Messung kleiner periodischer Erderschütterungen. Verhandl. Phys. Ges. zu Berlin 1886, Nr 8, 58-64†.

Zur Messung der Stärke und Fortflanzung kleiner, künstlich hervorgerufener periodischer Erderschütterungen, z. B. solcher, welche in Folge eines regen Fabrikbetriebes oder bei bei lebhaftem Strassenverkehr oder durch eine fahrende Lokomotive erzeugt werden, hat der Verfasser verschiedene Versuchsmethoden angewandt. Zunächst kam ein von Hrn. R. Fuess konstruirter seismometrischer Apparat zur Verwendung, welcher früher mit gutem Erfolge zur Untersuchung der Stabilität der Grundpfeiler der Berliner Sternwarte und des Dienstgebäudes der Normal-Aichungs-Kommission benutzt worden war. Bei diesem Apparate wird die Grösse der Erderschütterungen durch die Grösse der Amplitude der durch dieselben hervorgerufenen Schwingungen eines Kreuzpendels gemessen, welches sowohl in vertikaler, als auch in horizontaler Richtung auf je zwei Stahlspitzen sicher aufgestellt werden kann.

Eine starke, mit drei Stellschrauben versehene, gusseiserne Grundplatte trägt zwei starke gusseiserne pyramidenförmige Säulen, längs deren ein treppenförmig konstruirtes Eisenstück schlittenartig verschoben und durch zwei Druckschrauben in beliebiger Höhe festgeklemmt werden kann. Dieses Eisenstück trägt zwei Paar genau kegelförmig ausgearbeiteter Stahlnäpfchen, von denen je ein Paar in einer und derselben Horizontalebene liegt, und von denen das eine Paar zur Verwendung kommt, wenn das Kreuzpendel mit seiner Längsaxe vertikal steht, das andere dagegen benutzt wird, wenn das Pendel mit seiner Längsaxe horizontal gestellt wird, was durch eine Neigung des ganzen Apparates um einen Winkel von 90 Grad bewirkt werden kann.

Das Pendel selbst besteht aus einem dünnen Stäbchen aus Birnbaumholz, das an seinem oberen Ende eine Achatkugel trägt, und an dessen unterem Ende sich ein ziemlich schweres Laufgewicht verschieben lässt. Oberhalb des letzteren trägt das Pendel einen Querstab aus Buchsbaumholz, an welchem in Entfernungen, die denen der vorhin erwähnten Stahlnäpfchen entsprechen, zwei senkrecht zu einander stehende Paare von genau gleich langen feinen Stahlspitzen angebracht sind, mit denen das Pendel in dem einen oder in dem anderen Paare der Näpfchen aufliegt, je nachdem es zur Messung der Vibrationen in vertikaler oder horizontaler Lage benutzt werden soll. Die beiden gusseisernen Säulen enthalten an ihren oberen Enden konaxiale Gewinde für zwei mit Theilkreisen versehene Mikrometerschrauben, deren Endflächen plan geschliffen sind. In der Mitte zwischen diesen einander gegenüberliegenden Endflächen der in einer und derselben Horizontalebene liegenden Schrauben befindet sich die Achatkugel des Kreuzpendels in der Ruhelage. Sind die durch die Erderschütterungen hervorgerufenen Elongationen des Pendels so gross, dass es mit seiner Kugel eben gegen die planen Endflächen der beiden Schrauben anschlägt, so bietet die Grösse des Abstandes derselben ein Maass für die Stärke der Erderschütterungen. Als Index für die Messung dieses Abstandes dient ein unmittelbar über den beiden Theilkreisen der Schrauben ausgespannter feiner Faden. Der Apparat eignet sich wohl für Messungen kräftiger, momentan stattfindender, aber nicht continuirlich wirkender Erschütterungen.

Bei der zweiten, graphischen Methode kam es darauf an, einen während der Erschütterungen möglichst konstanten Referenzpunkt herzustellen, in Bezug auf welchen die durch die Erschütterungen eintretenden Verschiebungen anderer Theile gemessen werden könnten. Einen solchen Referenzpunkt liefert ein Pendel, dessen Länge so gross gewählt wird, dass seine Eigenschwingungen sehr langsam im Verhältniss zur Zeitdauer der zu messenden Oscillationen und deren Aufeinanderfolge verlaufen. An dem unteren Ende eines starken, bis zu 8 Meter langen Eisendrahtes wurde eine mehrere Kilogramm schwere Linse angebracht, an deren unterer Fläche ein leicht beweglicher Schreibstift befestigt wurde, welcher auf einem in horizontaler Ebene nach verschiedenen Richtungen hin mit Gleichmässigkeit sich bewegenden Papierstreifen die Erschütterungen bei ruhendem und stattfindendem Betriebe der Fabrik registriren sollte, wenn das Pendel an der Decke und an verschieden hohen Stellen der Seitenwände befestigt, und der den Papierstreifen tragende schwere Bock in passender Weise unter dem Pendel aufgestellt war.

Eine dritte Methode war folgende: An der Wand des am sichersten fundirten und festesten Theiles des Fabrikgebäudes, des grossen Fabrikschornsteins, wurde in einer Höhe von etwa 1,5 m eine sehr starke eiserne Strebe angebracht, die in eine feine vertikale Schneide endete; an der gegenüberliegenden Wand des Gebäudes wurde eine ähnliche sehr starke eiserne Strebe angebracht, welche gleichfalls mit einer feinen, mikrometrisch verstellbaren Schneide versehen war, die parallel zur ersteren eingestellt werden konnte. Der durch die beiden Schneiden gebildete feine Spalt wurde mit Hülfe eines mit Okularmikrometer versehenen Mikroskops beobachtet; aus den Veränderungen der Breite des Spaltes bei ruhendem und stattfindendem Betriebe sollte auf die Grösse der Erschütterungen geschlossen werden.

Es gelang nach den angeführten Methoden nicht, quantitative Messungen mit einiger Sicherheit auszuführen, obschon die Erschütterungen in subjektiver Weise durch das Gefühl, z. B. durch die auf einen Theil des Gebäudes aufgelegte Hand, sehr deutlich wahrnehmbar waren.

Einigermaassen sichere numerische Werthe der hierbei zu messenden Grössen erhielt der Verfasser bei Anwendung der GAUSS-POGGENDORFF'schen Spiegel-Ablesungsmethode. An der zu untersuchenden Wand wurde in einer Höhe von etwa 2,5 m über dem Erdboden ein Spiegel vertikal befestigt und in einer Entfernung von etwa 30 m von demselben ein gutes stark vergrösserndes Fernrohr nebst gut beleuchteter vertikaler Millimeterskala möglichst sicher aufgestellt. Aus mehreren, während der Nacht bei sternklarem

Himmel und ruhiger Luft angestellten Beobachtungen ergab sich, dass die in der Höhe von 2,5 m über dem Erdboden befindlichen Theile der Mauer Oscillationen um die Grundlinie der Mauer als Axe ausführten, deren Amplitude etwa 0,02 mm betrug.

Es ist überraschend, ein wie feines und sicheres Mittel uns zur subjektiven Wahnehmung so kleiner Oscillationen unser Tastsinn gewährt.

L. Grnm.

H. Kronecker. Ein Elektromyographion. Sep.-Abdr. aus ZS. f. Biologie XXIII, 139-144†.

Das im Jahre 1850 von Hrn. v. Helmholtz erfundene Myographion zur Messung rascher Vorgänge im Thierkörper ist im Laufe der Zeit von verschiedenen Forschern in mannichfacher Weise modificirt worden. Die vom Verfasser angegebene Konstruktion eignet sich besonders zum Studium der Entstehung des Tetanus und hat folgende Einrichtung: Ein mit berusstem Glanzpapier umspannter vertikaler Cylinder von 20 cm Höhe und 50 cm Umfang, dessen Axe in Spitzen ausläuft, ist in konischen Axenlagern drehbar fest verbunden mit der Axe eines Zahnrades *R* mit 50 Zähnen aus weichem Eisen, welches vor dem Polende eines Elektromagneten rotirt. Der Elektromagnet bildet die primäre Spirale eines du Bois'schen Schlitteninduktoriums, dessen secundäre Spirale am Ende der Schlittenbahn die Bowditch'sche Drehvorrichtung trägt. Die Grundplatte des Apparates trägt eine prismatische Stange, auf welcher ein Muskelhalter nebst Schreibhebel durch ein Zahngetriebe verstellt werden kann. Auf der Grundplatte befindet sich ferner ein verstellbarer Träger für einen gläsernen Spülkontakt, durch dessen kapillare Oeffnung in die Quecksilberkuppe die Platinspitze einer schwingenden flachen Stahlfeder taucht. Dieser Unterbrecher steht mit der Batterie und der primären Spirale des Induktoriums in Verbindung. Auf der schwingenden Feder, welche sich unter dem Zahnrade *R* befindet, ist ein kleines Elfenbeinprisma der Art angebracht, dass bei der Drehung des Rades jeder Zahn die Feder in das Quecksilber des Kontaktes drückt, jede Zahnlücke sie aus dem Quecksilber herausfedern lässt, so dass also beim Ueberstreifen eines Zahnes der magnetisirende Strom einmal geschlossen und einmal geöffnet wird. Ebenso oft wird auch der dem Magnetpole nächste Zahn von diesem angezogen und wieder losgelassen. Es rotiren also das Zahnrad und ebenso der Myographioncylinder mit einer der Vibrationsfrequenz der Feder entsprechenden Geschwindigkeit, welche durch Aenderung der Schwingungszahl des Unterbrechers, durch Einsetzen stärkerer oder schwächerer, längerer oder kürzerer Federn innerhalb gewisser Grenzen beliebig verändert werden kann. In der Zeit einer Stromunterbrechung läuft ein Centimeter des Cylindermantels am Zeichenstift vorüber; die Geschwindigkeit kann mittelst eines $^1/_{100}$ Secunde notirenden Zeitschreibers kontrolirt werden. Durch die von der sekundären Spirale des Induktoriums dem Muskel zugeführten Ströme wird derselbe erregt. Auf dem Zahnrade lassen sich leicht Nasen anbringen, welche eine Nebenschliessung zum sekundären Stromkreise öffnen und schliessen, so dass man nur einen Induktionsstoss oder jede gewünschte Anzahl während einer Cylinderumdrehung dem Muskel zuführen kann.

Die Art der Regulirung der Rotationsgeschwindigkeit erinnert an das „Phonische Rad“ von Hrn. Paul la Cour, dessen Einrichtung in diesen Berichten XXXIV, (1) 12-13 vom Referenten besprochen worden ist. *L. Grnm.*

W. Ashton. Arbeitsmesser. D. R. P. Nr. 32683 vom 18. Okt. 1884; [ZS. f. Instrk. VI, 114†.

Der Kolben wird wie bei einem Indikator durch den Dampfdruck verschoben, wodurch eine lange rauhe Walze an einem entsprechenden Punkte der in einem Rahmen gelagerten Trommel eingestellt wird, die von einem passenden Theile der Dampfmaschine eine Hin- und Herbewegung erhält, während der Rahmen durch Stangen geführt wird. Je nach der Stellung der Walze ergiebt sich eine mehr oder minder grosse Drehung der Trommel und einer mit ihr verbundenen Schnecke, die sich auf einem entsprechend langen, mit einem Zählwerk verbundenen Rade wälzt.

L. Grnm.

Th. Hoech. Dehnungsmesser nebst Zubehör. D. R. P. Nr. 36261. 1885; [ZS. f. Instrk. VI, 321-322†.

Der Dehnungsmesser besteht aus zwei mit Maassstab und Nonius versehenen Linealen, welche mit Hülfe von mit Dornen versehenen Zwingen so an dem sich dehnenden Körper befestigt werden können, dass die beiden Lineale sich an einander verschieben können. Er ist mit Hülfseinrichtungen versehen sowohl zur Messung von vorübergehenden Längenänderungen, als auch zur Ermittelung von Längenänderungen, welche während eines grösseren Zeitraumes entstehen. *L. Grnm.*

—

Neuerungen an Arbeitsmessern (Dynamometern). Dingl. J. CCLIX, 525-532†.

Nach einem im Bulletin de Mulhouse, 1884. S. 488 von Hrn. Walther-Meunier über Versuche zur Bestimmung des Wirkungsgrades von Dampfmaschinenen erstatteten Berichte ist das Bremsdynamometer von E. Brauer, welches in diesen Berichten XXXVII, (1) 52-53 u. XXXIX, (1) 48-49 vom Referenten besprochen ist, für langandauernde Messungen nicht zu empfehlen. Bei dem Bremsdynamometer von V. Cadiat setzt sich das Bremsband aus einer Anzahl von Stäben aus Eichenholz zusammen, welche auf ein dünnes Eisenband geschraubt sind. Die beiden Enden des Bandes tragen schmiedeeiserne Gabeln, in welche zwei Schraubenmuttern beweglich eingesetzt sind. Durch diese Muttern geht eine mit Links- und Rechtsgewinde versehene Schraubenspindel mit Handrädern zur Anziehung des Bremsbandes. Festgehalten wird das Bremsband mit Hülfe eines an der einen Gabel befestigten, die untere Hälfte des Bremsbandes umschlingenden Seils, welches über eine an der Decke befestigte Seilscheibe geführt wird und eine Waageschale zur Aufnahme der erforderlichen Gewichte trägt. An der unteren Seite dieser Waageschale ist eine Kette aus Eisenstäben angebracht, von denen eine dem Steigen oder Fallen der Waageschale entsprechende Zahl in selbstthätiger Weise sich an die Waageschale hängt. — Von summirenden Arbeitsmessern wird die Triebkraftwaage von E. A. Bourry zur Angabe der Nutzleistung beschrieben, welche in zwei verschiedenen Formen ausgeführt wird, von denen die eine als Vorgelege mit Riemenbetrieb, die andere als Kuppelung zur Einschaltung in die Triebwerkswelle benutzt wird. — Bei dem Dynamometer von F. A. GLEASON und J. H. SWARTZ findet die fortlaufende Messung einer übertragenen Kraft durch Aufzeichnung der durch dieselbe hervorgerufenen Formänderung von Federn statt. — Ein Triebwerksdynamometer mit elektrischer Kuppelung ist ferner die von E. J. DICK vorgeschlagene sogenannte dynamometrische Kurbel. — Das von W. FRITSCHE und H. BOCKHACKER angegebene Rotationsdynamometer, welches in jedem Augenblicke die übertragene Kraftgrösse an einer Skale anzeigen soll, ist hauptsächlich für schnell laufende Wellen, wie bei Dynamomaschinen, bestimmt. — DENY verbindet mit einem Dynamometer eine kleine Pumpe und benutzt die von dieser geförderte Wassermenge zur Messung der von einer Kraftmaschine auf eine Arbeitsmaschine übertragenen Arbeit. — L. NIELSEN endlich bildet die Kuppelung, indem das Dynamometer als Vorgelege konstruirt ist, und die Uebertragung des Drehmomentes von der treibenden Riemenscheibe auf die getriebene durch eine in der hohlen Vorlegewelle angeordnete lange Stahlstange erfolgt, die an ihren Enden mit je einer der Scheiben verbunden ist. Die dem wechselnden Drehmomente entsprechende gegenseitige Verdrehung der Stangenenden und demgemäss der Scheiben wird ähnlich wie bei dem Dynamometer von SCHUCKERT (vgl. DINGL. J. CCXXXIII, 301) gemessen. *L. Grnm.*

Neuere summirende Indikatoren. DINGL. J. CCLX, 241-244†.

F. HLAWATSCHEK gibt dem Indikator die Anordnung eines Planimeters, durch welche jeder gewöhnliche Indikator leicht in einen summirenden verwandelt werden kann; ausgeführt wird derselbe von KRAFT & Sohn in Wien. Anstatt des das Diagramm zeichnenden Stiftes wird ein Messrädchen angewandt, durch dessen Abrollen auf der Zeichenfläche des Indikators die Diagrammflächen nach einander summirt werden. An Stelle des schwingenden Zeichencylinders wird ein abgestutzter Kegel benutzt, mit welchem das Messrädchen durch eine Feder in beständiger Berührung gehalten wird. Das Rädchen ist auf seiner Axe *b* mit Keil und Nuth verschiebbar und mittelst eines gegabelten Armes mit der Indikatorstange verbunden, so dass es die Auf- und Abbewegungen des Indikatorkolbens mitmacht. Die Axe *b* greift mittelst einer Schnecke in zwei auf demselben Zapfen sitzende Räder mit 100, resp. 101 Zähnen; ein Zeiger gibt die Zahl der Umdrehungen des Messrädchens bis zu 100, ein zweiter Zeiger aus der gegenwärtigen Verdrehung der beiden Räder die Zahl der Hunderte der Umdrehungen bis zu 10000 an. Der Schwingungswinkel des mittelst Schnur bewegten Kegelstutzes wird mit Hülfe eines Nonius abgelesen. — Bei dem summirenden Indikator von WILL. ASHTON, welcher von E. SCOTT & Co. in Newcastle-on-Tyne ausgeführt wird, sind die schädlichen Widerstände, welche durch die Reibung des Messrädchens beim Auf- und Abschleifen desselben an dem Kegelstutzen auftreten, möglichst vermieden; ferner liefert derselbe das Ergebniss für beide Cylinderseiten zusammen, was bei dem vorhin beschriebenen nur für eine Cylinderseite der Fall war. Die Umfangsflächen der Rolle und des Kegels, der hier eine hyperbolische Form hat, sind zur Vermeidung der Gleitungsverluste mit feinen, spitzen in einander tretenden Zähnchen versehen.

L. Grnm.

C. BAUMGARTEN. Arbeitsregistrirapparat. D. R. P. Nr. 35742, 1885; [ZS. f. Instrk. VI, 324†.

Der zwischen den beiden Theilen einer Uebertragungskuppelung entstehende Druck wird hydraulisch durch die Antriebswelle auf einen Schreibstift übertragen und von letzterem auf eine durch die Maschine in Umdrehung versetzte Scheibe registrirt.

L. Grnm.

F. RICHARZ. Eine Methode zur direkten Bestimmung des Gewichtes der verdrängten Luft bei Wägungen. Verh. Phys. Ges. zu Berlin V, 83-86†; [Beibl. XI, 198. 1887; [ZS. f. anal. Chem. XXVI, 721.

In der Regel bestimmt man bei feinen Wägungen den Auftrieb der Luft aus Luftdruck, Temperatur, Feuchtigkeits- und

Kohlensäuregehalt. Leichter und sicherer kann man ihn durch eine Hülfswägung ermitteln. Das Verfahren des Verfassers ist zunächst auf seine mit A. KÖNIG projectirten Versuche zur Bestimmung der Attractionsconstante berechnet, lässt sich aber auch auf gewöhnliche Wägungen anwenden, und wir theilen hier den auf diese bezüglichen Paragraphen mit: Die zu wägende Masse sei M_1; ihr specifisches Gewicht Δ, und ihr Ausdehnungscoefficient α seien bekannt. Man wäge nun mit Gewichten, deren Ausdehnungscoefficient β und Volumina gleichfalls bekannt sind, und zwar zunächst einen Hülfskörper m_1 von bekanntem Volumen v_1 und Ausdehnungscoefficienten γ. Ist m_2 die Masse und v_2 das Volumen der bei der Hülfswägung verwendeten Gewichtstücke, so hat man die Gleichung

$$m_1 - v_1(1+\gamma t)d = m_2 - v_2(1+\beta t)d,$$

in welcher t die Temperatur und d die Dichtigkeit der Luft unter den gerade vorhandenen Umständen ist. Aus dieser Gleichung ist d zu bestimmen, und wenn dann M_2 die Masse, V_2 das Volumen der Gewichtsstücke ist, welche bei der Hauptwägung zur Verwendung kommen, so hat man für diese

$$M_1 \left\{1-(1+\alpha t)\frac{d}{\Delta}\right\} = M_2 - V_2(1+\beta t)d.$$

Man wird am besten eine Hülfswägung vor und eine nach der Hauptwägung anstellen und kann dann den Werth, welchen d während der Hauptwägung gehabt hat, aus den beiden gefundenen Werthen linear interpoliren unter der alleinigen Voraussetzung, dass die Dichtigkeit der Luft sich linear mit der Zeit geändert habe. *Bde.*

G. N. HUNTLY. An improved form of weight burette.

Chem. News LIV, 224†.

Der Apparat besteht aus einer gewöhnlichen Bürette, welche in einen mit Glasstopfen versehenen Hals ausläuft, welcher mit einer mit Marke und angeschmolzenem kleinen Glasgefäss versehenen Kapillarröhre verbunden ist. *L. Grnm.*

C. Decharme. Notes sur l'application de l'électricité à l'évaluation du poids des corps. Lum. él. XIX, 15-22†.

Ausgehend von der Umkehrbarkeit der elektromagnetischen und elektrodynamischen Waagen setzt der Verfasser auseinander, wie man diese Apparate benutzen kann, um mittelst elektrischer Ströme von verschiedener Intensität das absolute Gewicht der Körper zu bestimmen. Er bespricht zu diesem Zweck nach einander die verschiedenen älteren und neueren Apparate, nämlich die elektromagnetische Waage von Becquerel, die elektrodynamische Waage von v. Helmholtz, das Elektrodynamometer und das Galvanometer von Marcel Deprez, die elektromagnetische Waage von du Moncel, das aperiodische Galvanometer von le Goarant de Tromelin, die Galvanometer von Ayrton und Perry und das Amperometer von Lalande, und zeigt an einigen Beobachtungen, welche Genauigkeit man bei dieser Art der Gewichtsbestimmung erzielen kann. *L. Grnm.*

E. Grimaux. Lavoisier et la commission des poids et mesures. C. R. CII, 1362-1364†; [Chem. News LIV, 12.

Bezugnehmend auf die von Hrn. Wolf der Akademie gemachte Mittheilung über den hervorragenden Antheil Lavoisier's an der Begründung des metrischen Maasssystems (vergleiche das folgende Referat) theilt der Verfasser, welcher eine vollständige Biographie Lavoisier's zu schreiben beabsichtigt, ein bisher unveröffentlichtes von Borda und Hauy an den allgemeinen Wohlfahrtsausschuss gerichtetes Schreiben mit, in welchem um die Freilassung Lavoisier's gebeten wird, und auf welchem sich auch der abschlägliche Bescheid des Wohlfahrtsausschusses befindet. *L. Grnm.*

C. Wolf. Sur le rôle de Lavoisier dans la détermination de l'unité de poids du système métrique. C. R. CII, 1279-1290†; [Beibl. X, 543-544†.

Nach den historischen Untersuchungen des Verfassers gebührt die Priorität der von Lefèvre-Gineau benutzten Methode zur Bestimmung des Gewichts des Kubikdecimeters destillirten Wassers LAVOISIER und HAUY. — [In dem Referate der Beiblätter ist durch einen Druckfehler LANG anstatt HAUY genannt. D. Ref.]

L. Grnm.

Litteratur.

GENGE. Beiträge zu graphischen Ausgleichungen. Zürich. Vierteljahrsschr. XXXI, 268-313.

J. VON KRIES. Die Principien der Wahrscheinlichkeitsrechnung. Eine logische Untersuchung. Freiburg 1886, 288 pp. [Beibl. X, 256.

F. G. EDGEWORTH. The law of error and the elimination of chance. Phil. Mag. XXI, 308-324; [Cim. (3) XXII, 170.

J. STURGEON. Electrische Einrichtung zur annähernden Summirung der Spiele mehrerer unabhängig von einander wirkenden Zähler. D. R. P. 36797.

STOLZENBURG. Ein Differentialzählwerk. ZS. phys. Unterr. III, 16-20.

A. BENECKE. Bemerkung zu STOLZENBURG's Abhandlung: Ein Differentialzählwerk. ZS. phys. Unterr. III. 22-23.

ROSÉN. Om gradmätnings konferensen i Berlin. Öfversigt af K. Vetensk. Ak. Forhandl. XLIII, 299.

HELMERT. Die mathematischen und physikalischen Theorieen der höheren Geodäsie. II. Theil: Die physikalischen Theorieen mit Untersuchungen über die mathemathische Erdgestalt auf Grund von Beobachtungen. Leipzig, Teubner 1884, XV+610 pp, 2 Taf. [ZS. f. Math. u. Phys. XXXI, [2] 139.

Uebersicht über die Geschäftsthätigkeit der Aichungsbehörden während des Jahres 1885. Berlin, A. W. Schade. 1886.

Nachweisung der Resultate der Geschäftsthätigkeit der Aichämter im Deutschen Reiche während des Jahres 1884. Berlin, A. W. Schade.

Pliny Earle Chase. Tests of Herrschel's Æthereal Physics. Phil. Mag. (5) XXII, 255-58; [Cim. (3) XXIII, 165. 1888.

Bde.

A. Konstantinoff. Tabellen russischer Längenmaasse ausgedrückt in Millimetern. Tiflis 1886, 26 S. *O. Chw.*

W. de Fonvielle. La mesure du mètre. Dangers et aventures des savants qui l'ont déterminée. Paris 1886, Hachette. *Bde.*

J. Macé de Lépinay. Méthode pour mesurer en longueur d'onde de petites épaisseurs. J. de phys. V, (2) 405-411†.

Das Princip der Messungsmethode ist bereits im vorigen Jahrgang dieser Berichte, Seite 47 bis 48 vom Referenten besprochen worden. *L. Grnm.*

W. A. Rogers. The combined yard and metre. Science VIII, 207.

Stanley. Gridiron slide rule. Phys. Soc.; Engin. XLI, 567. (Konstruktion an der citirten Stelle nicht angegeben.)

Ch. A. Vogler. Ueber Stative. ZS. f. Vermessungswesen XV, 104; [ZS. f. Instrk. VI, 278-280.

B. Abdank-Abakanowicz. Les intégraphes. La courbe intégrale et ses applications. Étude sur un nouveau système d'intégrateurs mécaniques. Paris: Gauthier-Villars†.

Das Werk bildet eine Zusammenfassung der vom Verfasser in der Lum. électr. XVIII veröffentlichten Reihe von Abhandlungen, über welche bereits im vorigen Jahrgange dieser Berichte, (1) 48-50 vom Referenten berichtet worden ist. *L. Grnm.*

J. Bertrand et C. Jordan. Rectification d'une erreur de date, dans le rapport sur une réclamation de priorité de M. Mestre au sujet de l'intégraphe de MM. Napoli et Abdank-Abakanowicz. C. R. CII, 35.

F. W. Fischer. Ueber ein einfaches Winkelinstrument zum Gebrauche für die Schule. ZS. f. phys. Unterr. III, 162-165.

Getheilter Kreis mit Visirlineal, um eine horizontale, einem seiner Durchmesser parallele Axe drehbar, welche am Kopf eines Stativs angebracht ist.

JOHN A. BRASHEAR. Gravity parallelometer. Science VIII, 207.

Nicht näher beschriebenes Instrument, um den Parallelismus zweier Flächen zu constatiren, bezw. Abweichungen von demselben zu messen.

L. WEBER's Raumwinkelmesser zur Bestimmung der Helligkeitsgüte eines Platzes. DINGL. J. CCLIX, 122-124.

E. A. MARTEL. La poudre à canon et la mesure des altitudes. La Nat. XIV, (2) 106-107.

A. P. DU SONICH. Note sur l'emploi de la montre pour l'évaluation des distances. Nancy: Berger-Levrault & Co. 9 p.

LEROY et fils. Sur l'aimantation des montres par les dynamos électriques. La Nature XIV, (1) 319-320. *Bde.*

THOMAS BUCKNEY. On the superiority of zinc and steel pendulums. Monthly Not. XLVI, 462-469†. *L. Grnm.*

W. BEAUMONT. A new system of mecanism for imparting and recording variable velocity. The Electrician XVII, H. 18, 1886.

J. D. VAN DER PLAATS. Sur la méthode la plus rationnelle dans la repartition des poids. Rec. trav. chim. V, 215-218.

F. SARTORIUS. Neuerungen an kurzarmigen Waagen. CZ. f. Opt. u. Mech. VII, 6-7. *Bde.*

1c. Laboratoriumsapparate.

GREINER und FRIEDRICHS. Ueber eine neue Quecksilberluftpumpe. WIED. Ann. XXIX, 672-673†; [Cim. (3) XXIII, 88. 1888; [SILL. J. (3) XXXII, 151. 1887; [J. d. phys. (2) VI, 510. 1887.

Die Einrichtung der neuen Quecksilberluftpumpe unterscheidet sich von der GEISSLER'schen nur durch die Form des Haupthahns, der zwar auch ein Dreiweghahn ist, dessen Bohrungen aber schräg zur Axe des Hahnstopfens stehen. Als Vorzüge dieses Hahnes werden hervorgehoben erstens, dass die die Dichtung gefährdende Rillenbildung zwischen Hülse und Stopfen in der peripheren Richtung der Bohrungen vermieden wird, und zweitens, dass an Stelle der bei der GEISSLER'schen Pumpe nöthigen Drehungen um 45° solche um 90° und 180° treten, wodurch das Arbeiten mit der Pumpe sicherer wird. *L. Grnm.*

J. T. BOTTOMLEY. A. mercurial air-pump. Rep. Brit. Assoc. 1886, 519-520†; The Electric. XVII, H. 19. 1886.

Die Pumpe schliesst das arbeitende Quecksilber vollständig von der äusseren Luft ab. Sie ist eine Combination von GEISSLER'scher und SPRENGEL'scher Pumpe, arbeitet zuerst als GEISSLER'sche und dann als SPRENGEL'sche, welche letztere die Gasreste in das Vacuum der GEISSLER-Pumpe hineintreibt. Zeichnung und technische Beschreibung sind im Report nicht gegeben. *Bde.*

Fig. 1.

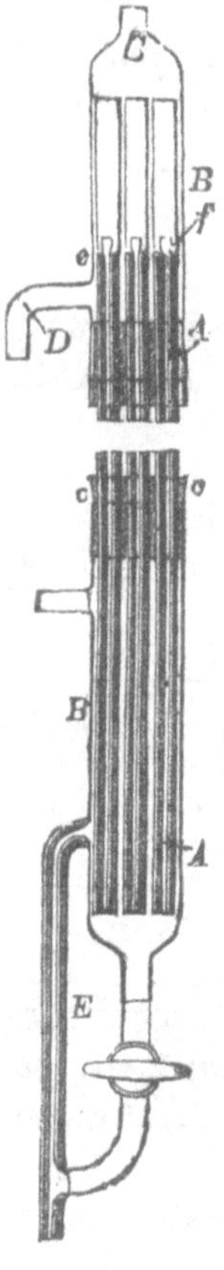

WILLIAM FREDERIK DONKIN. Neuerung an Quecksilberluftpumpen. D. R. P. Nr. 35433, 1885; Polyt. Notizbl. XLI, 251; [Ber. chem. Ges. XIX, (2) 468†; DINGL. J. CCLXI, 216-217†; [ZS. f. Instrk. VI, 291†.

Die Pumpe (Fig. 1) beruht auf dem SPRENGELschen System. Statt einer Fallröhre wird ein ganzes Bündel Röhren verwendet, welche oben offen und von einem weiten Rohre umgeben sind, welches mit dem zu evakuirenden Gefäss verbunden wird, und in welches seitlich das Quecksilber einfliesst. Dieses umgiebt die inneren Röhren bis zu einer gewissen Höhe und strömt durch feine Oeffnungen in das Innere derselben, wo kleine Ueberläufe angeordnet sind, welche die Tropfenbildung sichern. Der untere Theil des Fallröhrenbündels ist wieder von einem weiteren Rohr umgeben, in welches das Quecksilber fällt, und welches durch den Abfluss desselben in eine lange SPRENGEL'sche Röhre luftleer gehalten wird.

L. Grnm.

P. CLERC. Vakuumpumpe. D. R. P. Nr. 36447 vom 25. Decbr. 1885; [ZS. f. Instrk. VI, 403†.

P. CLERC's Quecksilberluftpumpe mit umlaufender Quecksilbersäule für Glühlampen u. dergl. DINGL. J. CCLXII, 519-520†.

Zwischen dem zu evakuirenden Gefässe *V* und der Luftpumpe ist ein zum Theil mit Quecksilber gefüllter beweglicher Rohrring eingeschaltet. Bewegt man denselben nach Art einer konischen Pendelung, so treibt das Quecksilber die Luft aus *V* in das Gefäss *E*, aus welchem sie durch die Luftpumpe entfernt wird. Ein zwischen dem Ringe und dem Gefässe *E* befindlicher Knick des Ringes bleibt stets mit Quecksilber gefüllt, so dass *V* und *E* nicht direkt mit einander kommuniciren können. *L. Grnm.*

A. GAWALOWSKI. Doppelaspirator. Chem. CBl. (3) XVI, 465; [ZS. f. anal. Chem. XXV, 545†.

Der Apparat ist ähnlich wie der von MÜNCKE angegebene (vergl. diese Berichte XL, (1) 66-67) eingerichtet.

L. Grnm.

F. MOLNÁR. Ein gleichmässig wirkender Saugapparat. Rep. anal. Chem. VI, 563-564; Chem. CBl. (3) XVII, 897†.

Der Apparat (Fig. 2, sh. umstehende Seite) besteht aus zwei etwa 35 cm hohen Glascylindern, dem äusseren *A* von etwa 4 cm Durchmesser und einem inneren *B* von 3 cm Durchmesser.

Fig. 2.

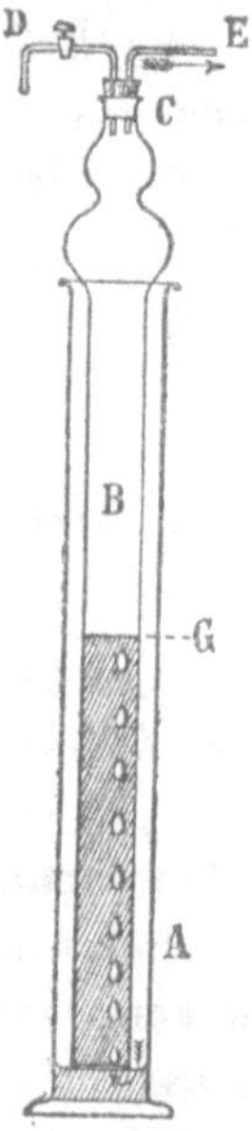

Letzterer ist oben kugelig aufgeblasen und endigt in einen Hals, der mit einem doppelt durchbohrten Korke luftdicht verschlossen wird. Durch die Bohrungen gehen zwei rechtwinklig gebogene Röhren, von denen die eine mit einem Glashahne versehen ist, die andere mit der Wasserstrahlluftpumpe verbunden wird. Giesst man in den äusseren Cylinder Wasser, so wird dasselbe, sobald man die Wasserstrahlluftpumpe bei *E* wirken lässt, in *B* so lange aufwärts steigen, bis in *A* das Niveau die untere Oeffnung des Cylinders *B* erreicht hat, dann kann weiter nur Luft eintreten, und die Wassersäule bleibt unverändert.

L. Grnm.

W. Stott. Hahndichtung. D. R. P. Nr. 32649 vom 11. Decbr. 1884; [ZS. f. Instrk. VI, 38†.

In eine Eindrehung des Hahnes ist ein Kautschukring eingesetzt, welcher das Ende des Kükens vom Hahnkörper ab drückt und den Küken in seinen Sitz presst.

L. Grnm.

Quecksilberüberzug auf Eisen. ZS. f. Instrk. V, 332; [Polyt. Notizbl. XLI, 120†.

Zur Amalgamirung von Gusseisen, Stabeisen und Stahl bringe man in ein glasirtes Thon- oder Porzellangefäss 12 Theile Quecksilber, 1 Theil Zink, 2 Theile Eisenvitriol, 12 Theile Wasser und 1,5 Theile Salzsäure vom spec. Gewicht 1,2 und bringe das vorher gereinigte und zu amalgamirende Eisen in dieses Gemisch. Erhitzt man dann bis zum Kochen, so erhält das Eisen nach kurzer Zeit einen dünnen spiegelblanken Quecksilberüberzug.

L. Grnm.

H. B. Dixon. The preservation of gases over mercury. Chem. News LIV, 227-228†; [J. Chem. Soc. LII, 105. 1887; [Chem. Ber. XX (2), 43†. 1887; [Beibl. XII, 6. 1888.

FARADAY hielt es entgegen der Ansicht von HUMPHREY DAVY für unmöglich, Gase längere Zeit über Quecksilber aufzubewahren. Dem Verfasser ist es mehrfach gelungen, Gase bis zu acht Jahren über Quecksilber in unverändertem Zustande zu bewahren, wenn er die Gefässe sowohl, wie das Quecksilber vor der Füllung erhitzte. Den Grund für die abweichenden Resultate FARADAY's sieht der Verfasser darin, dass FARADAY diese Vorsichtsmaassregel unterlassen und mit nicht reinem Quecksilber gearbeitet habe.

L. Grnm.

E. PFLÜGER's Verfahren zum Trocknen mittelst Wasserstrahlluftpumpe und über Schwefelsäure. DINGL. J. CCLXI, 217†.

Der Verfasser brachte mittelst einer Wasserstrahlluftpumpe unter einer Glasglocke den Druck auf 11 mm, welcher noch bis auf 1 mm sank, wenn er in den entleerten Raum Schwefelsäure einbrachte, so dass die Spannung von 10 mm lediglich dem Wasserdampf zukommt.

L. Grnm.

P. SCHREIBER. Apparate zur Prüfung von Federbarometern, sowie von Thermometern. ZS. f. Instrk. VI, 121 bis 125†; [Beibl. X, 761-762†.

Der Apparat zur Prüfung der Federbarometer hat im Wesentlichen folgende Einrichtung: Zur Aufnahme des zu prüfenden Aneroids dient ein Glasgefäss, welches durch ein Seitenrohr mit einer der GEISSLER'schen Quecksilberluftpumpe ähnlichen Vorrichtung verbunden ist; nur kommt als Flüssigkeit nicht Quecksilber, sondern Wasser oder besser Glycerin zur Verwendung. Bei der Bewegung der Flüssigkeit aus der einen Luftpumpenkugel in die andere muss sie stets durch einen Cylinder fliessen, in welchen oben ein in eine Spitze ausgezogenes Röhrchen luftdicht eingesetzt ist. Die Flüssigkeit muss stets in Tropfen aus dieser Spitze fliessen, wenn der Apparat gut und langsam funktionirt. Es lässt sich mit dem Apparate eine Höhendifferenz der beiden Kugeln von 4 Metern, also ein Minderdruck im Recipienten von 0,4 Atmosphären erreichen.

Der Vergleichungsapparat für Thermometer besteht aus einem cylindrischen Metallgefäss, in dessen Mitte eine drei Flügelräder enthaltende Röhre angeordnet ist; das Umrühren des Wassers erfolgt vermittelst eines Motors. Zur Aufnahme der Thermometer sind in den aufgelötheten Deckel des Bades 16 Rohrstücke in zwei koncentrischen Kreisen angeordnet. Zur Wärmeisolirung ist das Gefäss zunächst von zwei Blechgefässen umhüllt, und das ganze System noch von einem Holzkasten umkleidet. *L. Grnm.*

DE COMBETTE's selbstthätige Drahtklemme. Telegraphic J. 1886, XVIII, 149; [DINGL. J. CCLXI, 548†.

Ein cylindrischer Metallstift *A* ruht mit der Flantsche *D* auf der Bodenplatte des Apparates. Ueber den oberen Theil des Stiftes *A* ist der hohle Cylinder *B* geschoben, welcher am unteren Theile eine kegelförmig nach unten gedrehte Verstärkung *C* und oben einen geriffelten Kopf besitzt und durch eine im Innern angebrachte, um Stift *A* gelegte Spiralfeder gegen die Flantsche *D* gedrückt wird. Hebt man den Cylinder *B*, indem man ihn am oberen Rande anfasst, in die Höhe und führt dann den Zuleitungsdraht zwischen *C* und *D* ein, so wird durch den Druck der inneren Spiralfeder ein genügender Kontakt hergestellt.

L. Grnm.

C. L. BERGER. Hilfsapparate für die Bedürfnisse der Werkstatt. ZS. f. Instrk. VI, 117-121, 163-167, 272-276†.

Es werden beschrieben die Einrichtung und Anwendung einiger Kollimatorenapparate zur Justirung geodätischer Instrumente, sowie ein Apparat zur genauen Bestimmung der Brennweite von Objektivgläsern. *L. Grnm.*

E. TORNOW. Bemerkung zu dem Aufsatze des Herrn C. L. BERGER „Hilfsapparate für die Bedürfnisse der Werkstatt“. ZS. f. Instrk. VI, 348†.

Der Verfasser weist darauf hin, dass der von Hrn. BERGER beschriebene Apparat zur genauen Bestimmung der Brennweite von Objektivgläsern (vergleiche das vorhergehende Referat) die doppelte Brennweite um etwa $^1/_3$ der Objektivdicke (in der Mitte gemessen) zu gross ergiebt, da die Brennweite nicht von dem optischen Mittelpunkte, sondern von dem betreffenden Hauptpunkte aus gezählt wird. *L. Grnm.*

P. CASAMAJOR. Two new Filters and a new Aspirator. Journ. of the Amer. Chem. Soc. VII, No. 4; Chem. News LIII, 248 bis 249†.

Zweckmässige Verbesserungen der bereits im XXXVIII. Jahrgange dieser Berichte 1. Abth. S. 43-44 vom Referenten besprochenen CASAMAJOR'schen Filtrirapparate. *L. Grnm.*

Gesättigte Salzlösungen für ein Wasserbad. J. Pharm. Chim. (5) XIV, 365-366; [Chem. CBl. (3) XVII, 942†.

Folgende Salzlösungen liefern eine geeignete Reihe von Siedepunktstemperaturen:

Natriumsulfat	100,5° C.	Natriumchlorid	106° C.
Bleiacetat	101,5	Ammoniumchlorid	112
Kupfersulfat	102	Kaliumnitrat	117
Kaliumchlorid	103	Natriumnitrat	117
Alaun	104	Natriumacetat	122
Borax	105	Calciumchlorid	142
Magnesiumsulfat	105	Zinkchlorid	160

L. Grnm.

Plastische Metallkomposition. Polyt. Notizbl. XLI, 17†.

Die Herstellung der Komposition ist nach dem „Techniker" folgende: Kupferoxyd wird mittelst Wasserstoff (oder Kupfervitriollösung durch Kochen mit Zinkspähnen) reducirt, um reines Kupfer zu erhalten. Je nach dem Härtegrade, welchen die Komposition erhalten soll, werden dann 20, 30 oder 36 Gewichtstheile des so gewonnenen feinen Kupferpulvers in einem gusseisernen oder porcellanenen Mörser mit Schwefelsäure von 1,85 spec. Gewicht zu einem Brei angerührt, welchem unter beständigem Umrühren

70 Gewichtstheile Quecksilber beigemengt werden. Hierauf wird die verwendete Schwefelsäure durch kochendes Wasser wieder herausgewaschen. Nach dem Erkalten wird diese Metallkomposition in zehn bis zwölf Stunden so hart, dass sie sich poliren lässt. Um sie als Kitt zu verwenden, kann man sie weich und bildsam machen, indem man ein Stück der harten Masse bis auf ca. 375° C. erhitzt und hieraus in einem bis auf 125° erwärmten eisernen Mörser reibt, drückt und knetet. In diesem Zustande zwischen die desoxydirten Ränder zweier mit einander zu verbindenden Metallstücke gebracht, bildet die Metall-Komposition einen geeigneten Kitt. *L. Grnm.*

Bourbouze. Sur un nouvel alliage d'aluminium. C. R. CII, 1317†; Bull. soc. chim. XLVI, 494; [J. chem. Soc. L, 772.

Die Legirung besteht aus 10 Theilen Zinn und 100 Theilen Aluminium. Sie ist glänzender als Aluminium und hat das spec. Gewicht 2,85, so dass sie als Material zur Herstellung von Instrumenten, welche ein geringes Gewicht haben sollen, sehr geeignet ist. Als weitere Vorzüge der Legirung werden hervorgehoben, dass sie widerstandsfähiger sei, als Aluminium, dass sie sich leicht bearbeiten und ebenso leicht schmelzen lasse, wie Messing.

L. Grnm.

Mira-Metall. Riga'sche Industrie-Ztg.; [ZS. f. Instrk. VI, 324†.

Eine von der Firma Klein, Schanzlin und Becker in den Handel gebrachte Metallkomposition, welche sich als widerstandsfähig gegen schweflige Säure, Fettsäure, Stearinsäure und saure Gase bewährt hat. *L. Grnm.*

Dr. Auer's Incandescent Gas-Burner. Chem. News LIII, 200 bis 201†.

Ueber Auer's Gasglühlicht. Prakt. Maschin. Konstr.; J. f. Gasbel.; D. Ind. Ztg. XXVII, 166; [Chem. CBl. XVII, 462†.

Das Wesentliche des Auer'schen Glühlichts besteht darin, dass ein aus feuerfesten Materialien hergestelltes maschenartiges Cylindergerippe durch die Flamme eines Bunsen'schen Brenners zum Glühen gebracht wird. Zur Herstellung des Glühkörpers werden weniger bekannte Substanzen chemisch rein dargestellt und besonders präparirt in flüssigem Zustande auf ein weitmaschiges Baumwollgewebe circa 4 Zoll lang aufgetragen. Nach Erhitzung der Masse durch die Flamme des Bunsen'schen Brenners wird die Baumwolle in Asche verwandelt, und man erhält einen cylindrischen Glühkörper, der die Flamme des Bunsen'schen Brenners eng umschliesst. In dem Gewebe ist ein freier Platindraht eingeschmolzen, welcher an ein Kupferdrahtgestell befestigt ist. Der Glühkörper ist an einer gewöhnlichen Brennerkrone befestigt, und ein Argandcylinder aufgesteckt. Das Auer'sche Gasglühlicht besitzt, besonders bei der Anwendung von Wassergas anstatt Leuchtgas, bei verhältnissmässig geringem Gasverbrauche eine bedeutende Leuchtkraft.

L. Grnm.

Linnemann. Leuchtgas-Sauerstoffgebläse. [Chem. CBl. (3) XVII, 260-264†; Monatsh. f. Chem. VI, 899-906; [Chem. Ber. XIX, 183; [Dingl. J. CCLX, 218-224.

Bereits im vorigen Jahrgange dieser Berichte I. Abth. S. 82 bis 83 vom Referenten besprochen. *L. Grnm.*

Kalk für Hydro-Oxygenbrenner. Lat. Mag. No. 30, p. 23. 1886; [Beibl. X, 786†.

Das beste künstliche Präparat wird aus 8 Theilen Kreidepulver, 1 Theil gepulverter kohlensaurer Magnesia mit etwas stark verdünntem Gummiwasser unter der hydraulischen Presse hergestellt. Am besten bewährt sich der gewöhnliche gebrannte Kalk. Zur Konservirung der Kalkcylinder ist es zweckmässig, sie in eine Lösung von Kautschuk in Benzin einzutauchen.

L. Grnm.

Ernst Beckmann. Sichere Methode zum Absprengen von Glas. ZS. f. anal. Chem. XXV, 530-531†; [J. Chem. Soc. LII, 105. 1887; [Chem. CBl. (3) XVIII, 5. 1877; [Beibl. XI, 112. 1887.

Man mache an einer Stelle der Sprengzone der Glassröhre einen kurzen Feilstrich, umgebe dieselbe zu beiden Seiten des Striches, 1 bis 2 mm von ihm entfernt, mit 2 bis 4 cm breiten und 1 bis 2 mm hohen Wülsten von feuchtem Filtrirpapier und erhitze den Zwischenraum, während die Röhre um die Axe gedreht wird, über einem BUNSEN'schen Brenner oder besser über der Stichflamme eines Gasgebläses, so entsteht vom Feilstrich ausgehend in der Mitte zwischen den Papierwülsten ein glatter Sprungring. Es sollen sich nach dieser Methode die dünnwandigsten Reagenzgläser, ebenso wie die dickwandigsten Schmelzröhren vollkommen glatt absprengen lassen. *L. Grnm.*

FRIEDR. SIEMENS. Gehärtetes Glas. J. of the soc. of Arts. 8 pp. Sprechsaal II; ZS. f. Gasindustrie XVIII, 417-418 und 433-434. 1885; [Beibl. X, 329-330†.

Der Verfasser theilt in einem Vortrage seine auch für den Physiker interessanten Erfahrungen über gehärtetes Glas mit. Von dem DE LA BASTIE'schen Verfahren, bei welchem der erhitzte Glasgegenstand in ein flüssiges Bad eingetaucht wird, unterscheidet sich das SIEMENS'sche dadurch, dass die Abkühlung ganz gleichmässig von allen Seiten erfolgt. Glasplatten kühlt Hr. SIEMENS, indem er sie zwischen zwei gusseiserne Platten bringt. Das so gehärtete Glas ist widerstandsfähiger und härter, als dasjenige von DE LA BASTIE. Die Erwärmung des zu härtenden Glases, welche zu der Härtung passend geregelt sein muss, erfolgt in einem SIEMENS'schen Regenerativ-Gasofen durch die Strahlung der frei über das Glas hinstreichenden Flamme. [Vergleiche FRIEDR. SIEMENS: Heizverfahren mit freier Flammenentfaltung. Julius Springer, Berlin 1885].

L. Grnm.

F. REINITZER. Ueber Mattätzen des Glases. Berichte der österreich. chem. Gesellsch. 1886, p. 67 u. 84; [DINGL. J. CCLXII, 322-329†.

Man unterscheidet zwei Arten des Aetzens, nämlich das Klarätzen, welches allgemein mit wässeriger Flusssäure ausgeführt wird und das Mattätzen, für welches verschiedene Verfahren gebräuchlich sind, von denen aber besonders drei in Betracht kommen, die Aetzung mit Lösungen saurer Alkalifluoride, ferner mit einem Gemenge von Flussspath und Schwefelsäure und endlich mit gasförmiger Fluorwasserstoffsäure. Verfasser erläutert die verschiedenen Verfahren an der Hand von Zeichnungen und setzt deren Theorie auseinander. *L. Grnm.*

Gebrauch von Diamanten. Polyt. Notizbl. XLI, 167†.

Trotz der grossen Härte der Diamanten werden dieselben in Folge ihrer Sprödigkeit leicht unbrauchbar, wenn man sie nicht vorsichtig gebraucht. Zum Drehen und Bohren können nur die schwarzen Diamanten verwandt werden, die aber siebenmal so theuer sind, als die weissen. Unter den letzteren sind die dunkleren, bläulichen die härtesten; je heller die Diamanten, desto weicher sind sie. Das Schneiden erfolgt beim Diamanten nur durch die Krystallkanten. Ist eine Krystallkante verdorben, so muss der Diamant anders gefasst, d. h. so gedreht werden, dass eine frische Krystallkante zum Angriff kommt. Die Befestigung des Diamanten in seiner Hülse wird durch einen Tropfen geschmolzenen Zinns bewirkt. *L. Grnm.*

Wasserdichtmachen von Papier. Chem. CBl. XVII, (3) 256†. [Beibl. X, 522.

1. Man erhitze nach DAVID BLACKBURN $4^1/_2$ Liter weiches (kalkfreies) Wasser bis zum Sieden, füge $^3/_4$ engl. Pfund Leim, und wenn derselbe zergangen, $^1/_2$ Pfund gute Schmierseife zu, sowie 1 Pfund Mehl und $^1/_4$ Pfund Salz, lasse das Ganze, um eine innige Mischung zu erhalten, bei beständigem Umrühren längere Zeit kochen und fülle dann die Mischung warm auf Flaschen. Beim Gebrauche erwärme man die Mischung bis zur Leichtflüssigkeit und trage sie mit einem Pinsel auf das vorher mit Alaun gewaschene, zu imprägnirende Papier auf.

2. Nach FRANK S. MITCHELL verseife man eine Oleïn-, Stearin-, Margarin- oder Palmitinsäure durch ein Alkali unter genügendem Wasserzusatz, bis keine überschüssige Säure mehr vor-

handen ist, setze dann schwefelsaure Thonerde oder ein anderes Aluminiumsalz hinzu und erhitze die Mischung, bis die entstehende Verbindung des Alauns mit der Fettseife sich vom Wasser trennt, welches abgegossen wird. Nach mehrmaligem Waschen der unlöslichen Verbindung wird dieselbe durch eine nochmalige Verseifung mittelst Wasser und Alkalien soweit löslich gemacht, dass das Papier damit getränkt werden kann. Nach dem Trocknen bringt man letzteres in ein Bad von Metallsalzen, am besten auch Alaun, wodurch die Verbindung wieder unlöslich gemacht wird.

L. Grnm.

Haltbarer Kitt.

Man stellt nach dem „Techniker" einen sehr haltbaren Kitt her aus einer Mischung von Asbestfasern mit Mennigpulver, die mit Leinöl getränkt und gut verrieben wird. *L. Grnm.*

H. C. Madan. A lubricant for brass work. Nature XXXIV, 265-266; [Beibl. XII, 85. 1888.

Nicht vulkanisirter Kautschuck wird bei möglichst niedriger Temperatur in einem eisernen Gefäss geschmolzen, unter Andrücken an die heisse Fläche, bis er eine homogene Schmiere bildet. Dann wird das doppelte Gewicht von Vaselin zugesetzt und das ganze gründlich verrührt. *Bde.*

Litteratur.

J. T. Bottomley. On an apparatus for connecting and disconnecting a receiver under exhaustion by a mercurial pump. Proc. Roy. Soc. XL, 249-251†. Siehe den nächstjährigen Bericht. *L. Grnm.*

Sur un perfectionnement dans les pompes à air. Lum. électr. XXII, 425-426†.

Bezieht sich auf Bottomley, vergl. das Vorstehende.

H. HELLMANN. Die Quecksilberluftpumpe in ihren wichtigsten Formen. Riga 1886, 40 pp. (deutsch). *O. Chw.*

ALBERT GEISSLER (CH. F. GEISSLER Sohn in Berlin). Neuerungen an GEISSLER'schen Quecksilberluftpumpen. D. R. P.; Chem. Industr. VIII, 333; [Chem. CBl. (3) XVII, 260†; Centrztg. f. Opt. u. Mech. VII, 12; [Beibl. X, 268†; siehe diese Ber. XLI, (1) 72-73. *L. Grnm.*

Apparat zum Pumpen sehr verdünnter Gase. Polyt. Notbl. XLI, 259.

Neuerung an Luftpumpen. Polyt. Notizbl. XLI, 274.

G. GUGLIELMO. Verbesserungen an der Quecksilberluftpumpe. Atti di Torino XIX; [ZS. f. Instrk. VI, 28-30. 1884.

O. N. WITT. Ueber eine einfache Wasserluftpumpe. Chem. Ztg. L, 760; [Chem. Ber. XIX, [2] 669.

SUNDELL. Gåfva af en quikksilverluftpump. Öfversigt af K. Vetensk. Ak. Forhandl. XLIII, 299.

E. PFLÜGER. Ueber die Wirkung der Wasserstrahlpumpe und die zweckmässige Einrichtung des Exsiccators. PFLÜG. Arch. XXXVIII, 311-312. *Bde.*

J. W. PRATT. Ausbessern schadhafter Platintiegel; Löthen von Platindrähten. Gentr. Ztg. f. Opt. u. Mech. VII, 45; [Beibl. X, 522†; sh. diese Ber. XLI, (1) 88. *L. Grnm.*

ARNOLD EILOART. Apparatus for the Extraction of Dissolved Substances from Liquids with light Volatile Solvents. Chem. News LIII, 281.

E. H. KEISER. Ein neuer Apparat zur Messung und Analyse der Gase. Americ. Chem. Journ. VIII, 9-16; [Chem. Ber. XIX, (2) 418.

V. MEYER. Nachtrag zu dem Aufsatz über Trockenapparate. Chem. Ber. XIX, 419-420.

DAVID P. TODD. Power in Laboratories. Nat. XXXIV, 121-122.

CH. A. VOGLER. Ueber Stative. Centrztg. f. Opt. u. Mech. VII, 73-75.

RAYDT. Ueber die Verwendung flüssiger Kohlensäure. Ind. Bl. XXIII, 68-69; [Chem. CBl. (3) XVII, 382.

SCHWALBE. Ueber die Anwendung der flüssigen und festen Kohlensäure für den Unterricht. ZS. phys. Unterr. III, 25-37.

R. PINTSCH. Ueber das AUER'sche Gasglühlicht. Sitz.-Ber. d. Vereins z. Beförd. d. Gewerbefleisses 1886, 211; [Naturf. XIX, 500.

H. LANDOLT. Lampe für Natriumlicht. ZS. f. Instrk. IV, 390; [Fres. ZS. XXV, 380. Siehe diese Ber. XL, (2) 294.

W. A. SHENSTONE. The Methods of Glass-Blowing. London: Rivingtons; [Chem. News LIV, 164; [Nat. XXXV, 133.

Korkstopfen luftdicht schliessend zu machen. Chem. Ztg. VIII, 526; Fres. ZS. XXV, 97. *Bde.*

Konstante elastische Gummilösung. Wiener illustr. Gew. Ztg. Polyt. Notizbl. XLI, 104-105†. *L. Grnm.*

---

2. Dichtigkeit.

J. MACÉ de LEPINAY. Note sur les difficultés propres aux pesées hydrostatiques. J. de Phys. (2) V, 416-419†; [Beibl. XI, 388. 1887.

Der Verfasser hat gefunden, dass bei Wägungen mit der hydrostatischen Wage nach dem Eintauchen des Körpers in das Wasser die Empfindlichkeit der Wage bedeutend geringer geworden ist, sodass man nach annähernder Einstellung auf den Mittelpunkt der Skala den Reiter um 1 mg verschieben kann, ohne einen merklichen Ausschlag zu erhalten. Dies scheint seinen Grund in der Reibung zu haben, welche infolge der Capillarität nach dem Eintauchen des Fadens stattfindet. Der Verfasser untersucht diesen Einfluss theoretisch und findet, dass sich das wahre Gewicht des Körpers sehr nahe in der Mitte zwischen den beiden Lagen befindet, wo eben ein Ausschlag der Wage zu beobachten ist.

Bgr.

C. BOHN. Ueber Dichtigkeitsvergleichungen aus den Höhen von Flüssigkeitssäulen, die gleich grossen Druck ausüben. EXNER Rep. XXII, 402-405†; [Beibl. X, 651.

Eine zweimal rechtwinkelig gebogene Glasröhre ist an einem verstellbaren Stativ befestigt und verbindet zwei mit Millimetertheilung versehene Röhren (Nullpunkt am unteren offenen Ende), von denen die eine 700 mm lang ist bei 25 mm innerer Weite, die andere 350 mm bei 10 mm innerer Weite. Man senkt die weitere Röhre in einen Cylinder mit Wasser und schiebt unter die Mündung der engeren ein Bechergläschen mit der zu untersuchenden Flüssigkeit. Hebt man dann die Röhren so, dass die Mündungen noch in den Flüssigkeiten bleiben, wobei das Becherglas mit gehoben werden muss, so verhalten sich die Dichten der Flüssigkeiten umgekehrt wie die Höhen der gehobenen Flüssigkeiten. Der Apparat beruht auf demselben Prinzip wie das Hydrodensimeter von HANDL (vgl. diese Ber. 1885 XLI, (1) 93); der Verfasser glaubt indessen, dass mit beiden Apparaten nur angenäherte Messungen ausführbar sind. Dagegen leistet er gute Dienste im Unterricht, z. B. zur Einleitung in die Lehre von den Wasserpumpen. Eine ähnliche Anordnung schlägt der Verfasser vor, um die absolute Ausdehnung von Flüssigkeiten zu messen. Zwei lange Röhren tauchen mit ihren unteren offenen Enden in niedere, weite Gefässe mit der betreffenden Flüssigkeit (z. B. Quecksilber). Diese Gefässe sind durch einen flüssigkeitsdichten Deckel verschlossen, durch welchen ein langes Rohr hindurchgeht und in die Luft mündet. Die ganze Vorrichtung wird in Bäder von beliebiger Temperatur eingesenkt. Die oberen Enden der Röhren sind durch ein enges Rohr verbunden, von dem eine kurze Abzweigung nach einer Luftpumpe führt. Man saugt durch Verdünnen der Luft in beiden Röhren Flüssigkeitssäulen empor und bestimmt durch Ablesen der Höhen die Dichten der auf verschiedene Temperaturen erwärmten Flüssigkeiten. *Bgr.*

CARLO MARANGONI. Il doppio volumetro per la determinazione esatta dei pesi specifici dei liquidi.
Cim. (3) XX, 112-114†; [Rundsch. II, 95. 1887; [J. de phys. (2) VI, 585. 1887; [Beibl. XI, 481. 1887.

Ist p das Gewicht eines Aräometers, dessen Stiel den Radius r besitzt, v das Volumen des in eine Flüssigkeit eintauchenden, u das Volumen des hervorragenden Theiles; sind ferner d und d_1 die spec. Gewichte der betreffenden Flüssigkeit und der Luft bezogen auf Wasser, ist endlich α die Kapillaritätskonstante und ω der Winkel, welchen die adhärirende Flüssigkeit mit dem Stiel des Aräometers bildet, so findet Gleichgewicht statt, wenn

$$p+2\pi r.\alpha.\cos\omega = vd+ud_1$$

ist. In diesem Ausdruck lässt sich ud_1 vernachlässigen, sodass man erhält

$$p+2\pi r.\alpha.\cos\omega = vd.$$

Für ein zweites Aräometer, dessen Stiel denselben Radius besitzt und welches in dieselbe Flüssigkeit eintaucht, gilt dann die entsprechende Gleichung

$$p_1 + 2\pi r . \alpha . \cos\omega = v_1 . d.$$

Durch Subtraktion beider Gleichungen erhält man

$$p - p_1 = vd - v_1 d.$$

Mithin

$$d = \frac{p - p_1}{v - v_1}.$$

Man kann mithin mittelst zweier Aräometer die Dichte genau und unabhängig von der Kapillarität bestimmen.

Bgr.

L. AMAT. Pipette à densité. Bull. soc. chim. XLV, 482-484†; [SILL. J. (3) XXXII, 231; [Chem. Ber. XIX, (2) 434; [Chem. CBl. (3) XVII, 514; [Beibl. XI, 74. 1887; La Nat. XIV, (1) 387.

An eine von ihrem unteren offenen Ende an in Millimeter geteilte Glasröhre (Saugpipette) ist am oberen Ende seitwärts ein U-förmiges Manometer angeschmolzen. Das obere Ende der Röhre ist mit einem Kautschukballon verbunden. Saugt man mittelst desselben die zu untersuchende Flüssigkeit in die Pipette, so steigt auch die Flüssigkeit im Manometer. Ist a die Höhe der emporgehobenen Flüssigkeitssäule von der gesuchten Dichte d, b die Niveaudifferenz in den Manometerschenkeln, d' die Dichte der Manometerflüssigkeit, so besteht Gleichgewicht, wenn $a.d = b.d'$ woraus $d = \frac{b.d'}{a}$ folgt. Ist im Manometer Wasser, so ist

$$d = \frac{b}{a}.$$

Um die Einwirkung der Kapillarität zu beseitigen, lässt man die Flüssigkeit aus der Pipette auslaufen. Es bleibt dann im unteren Ende eine durch die Kapillarität emporgehobene Flüssigkeitssäule von der Höhe c zurück, und man hat genauer

$$d = \frac{b}{a - c}.$$

Die ausgeführten Kontrollbestimmungen, bei denen $b = 28$ cm war, ergaben Werte, die bis auf die zweite Dezimale genau waren.

Bgr.

P. Parize. Détermination de la densité d'un corps poreux et friable. J. de Phys. (2) V, 222†; [Beibl. X, 453; La Nat. XIV, (2) 402; Erratum: La Nat. XIV, (2); Suppl. zu No. 679.

Um das spec. Gew. poröser Körper, speciell der Ackererde zu bestimmen, füllt der Verfasser einen Glaskolben von $^1/_2$ l Inhalt mit glatten, gleichgrossen Samenkörnern (Leinsamen, Hirse) an, bringt darauf die zu untersuchende Probe in den Kolben, streicht die verdrängten Samenkörner an der Mündung des Kolbens glatt ab und bestimmt das Gewicht des leeren und des mit Wasser gefüllten Kolbens. Ist p das Gewicht der Probe, P dasjenige des Samens, P' das des Wassers, P'' endlich das Gesammtgewicht von Samen nnd Probe, so ist die Dichte der letzteren

$$d = \frac{p.P}{(P+p-P'')\,P'}.$$

Bgr.

J. Joly. On a Method of Determining the Specific Gravity of Small Quantities of Dense or Porous Bodies. Proc. Dubl. Soc. V, 41-46†; [Rundsch. II, 110. 1887; [Beibl. XI, 1. 1887; [J. chem. Soc. LIV, 103. 1888.

Der Verfasser schmilzt die zu untersuchenden Mineralproben in ein Stück Paraffin ein, dessen absolutes und spec. Gewicht (ω und σ) genau bekannt sind. Durch Wägen vor und nach dem Einschmelzen erhält man das Gewicht W der Probe. Nun bringt man die eingeschmolzene Substanz in einer Salzlösung zum Schweben, bestimmt das spec. Gewicht s derselben und hat dann das spec. Gewicht S der Mineralprobe aus der Beziehung

$$S = \frac{W}{\frac{W+\omega}{s} - \frac{\omega}{\sigma}} = \frac{Ws\sigma}{(W+\omega)\sigma - \omega s}.$$

Bgr.

R. SCHULZE. Ueber eine kleine Abänderung des WIEDEMANN'schen Pyknometers. WIED. Ann. XXVIII, 144†; [Cim. (3) XXI, 178; [Chem. CBl. (3) XVII, 513.

Der an der citirten Stelle abgebildete Apparat gestattet das Entweichen der Luftblase, welche sich im oberen Theile des WIEDEMANN'schen Pyknometers bei Anwendung pulverförmiger Substanzen leicht bildet. *Bgr.*

L. ZEHNDER. Eine neue Methode zur Bestimmung des specifischen Gewichtes leicht löslicher Substanzen. WIED. Ann. XXIX, 249-62†; [Cim. (3) XXII, 190. 1887; [J. chem. Soc. LII, 9. 1887; [Chem. Ber. XIX, (2) 730; [Rundschau II, 11. 1887; [J. de phys. (2) VI, 288. 1887; DINGL. J. CCLXII, 383.

Der Verfasser bringt den zu bestimmenden gewogenen Körper in ein Pyknometer, taucht das letztere in Wasser ein, öffnet es in umgekehrter Stellung unter Wasser, so dass der Körper aus dem Pyknometer herausfällt, die Luft aber zurückbleibt, lässt das vom Körper verdrängte Volumen durch Wasser ersetzen und wägt wiederum. Man erhält dann das Volumen des Körpers, resp. das Gewicht eines gleichen Volumens Wasser und hat so ohne Weiteres das specifische Gewicht. Der Apparat ist in der Abhandlung abgebildet; wegen der näheren Angaben über seinen Gebrauch muss auf dieselbe verwiesen werden. Dichtebestimmungen wurden ausgeführt mit Kochsalz und Candiszucker. Für ersteres ergab sich $s = 2,1887$; für den letzteren $s = 1,5928$. *Bgr.*

K. OLSZEWSKI. Dichtebestimmung des flüssigen Grubengases. Krak. Ber. XIV, 181-196; [Beibl. X, 686.

— — Dichtebestimmung des flüssigen Sauerstoffes und Stickstoffes. Krak. Ber. XIV, 197-199; [Beibl. X, 686.

Die Methode ist die vom Verfasser für Sauerstoff früher angewendete: Eine abgemessene Menge der zu untersuchenden Flüssigkeit wird verdampft und das Volumen des entstehenden Gases bestimmt. Es ergab sich für

CH_4 bei —164° C.	und 736 mm Druck		0,4136—0,4158,
O_2 - —181,4° C.	- 736—747 mm Druck		1,110—1,137,
N_2	bei 739,7—748	- -	0,859—0,905.

Wegen der technischen Einrichtungen des Apparates siehe die Zeichnungen des Originals. *Bde.*

P. T. Cleve. Neue Untersuchungen über Didymverbindungen. Oefvers. af Kongl. Vetensh. Akad. Förhandl. XLII. 21-27; [Beibl. X, 317.

Enthält die specifischen Gewichte *d* und Molekularvolumina der folgenden Verbindungen:

Substanz	Didym *d*	Didym M.-V.	Samarium *d*	Samarium M.-V.	M.-V. Diff.
R_2O_3	7,179	46,2	8,347	41,7	4,5
$ROCl$	5,751	33,6	7,017	28,7	4,9
$RCl_3 6H_2O$	2,286	155,9	2,383	152,9	3,0
$RBr_3 6H_2O$	2,810	174,4	2,971	167,6	6,8
$RCl_3, AuCl_3, 10H_2O$	2,663	274,5	2,742	269,5	5,0
$RBr_3 AuBr_3, 10H_2O$	3,304	302,1	3,390	296,7	5,4
$RCl_3 PtCl_4, 10\frac{1}{2}H_2O$	2,689	288,0	2,712	288,5	—0,5
$R_3NO_3, 6H_2O$	2,249	193,9	2,375	186,9	7,0
$RJO_5, 4H_2O$	3,760	112,0	3,793	113,1	—1,1
$R_2 3SO_4$	3,667	156,0	3,898	150,8	5,2
$R_2 3SO_4, 8H_2O$	2,829	253,1	2,932	249,6	3,5
$RNH_4 2SO_4$	3,080	114,3	3,191	112,8	1,5
$RNH_4 2SO_4, 4H_2O$	2,575	164,7	2,675	161,5	3,2
$RK 2SeO_4$	3,839	121,7	4,113	115,5	6,2
RBO_3	5,700	35,3	6,048	34,6	0,7
RP_5O_{14}	3,345	155,8	3,487	151,7	4,1
$RV_5O_{14}, 14H_2O$	2,494	350	2,524	349,0	1,0
$R3CHO_2$	3,430	80,8	3,733	76,3	4,5
$R3C_2H_3O_2$	2,157	150,1	2,208	148,1	2,0
$R3C_2H_3O_2, 4H_2O$	1,882	207,8	1,940	205,7	2,2
$R3C_3H_5O_2$	1,861	194,0	1,894	194,8	—0,8

Substanz	Didym *d*	Didym M.-V.	Samarium *d*	Samarium M.-V.	M.-V. Diff.
$R3C_3H_5O_2, 3H_2O$	1,741	238,4	1,786	237,0	1,4
$R3C_2H_5, SO_4, 9H_2O$	1,863	364,5	1,879	365,6	—0,9

Cn.

G. Th. Gerlach. Specifische Gewichte einiger Lösungen. Dingl. J. CCLXII, 75; Chem. Ind. IX, 241-45; [Chem. CBl. (3) XVII, 786-789†.

Die Bestimmungen geschahen mittelst der hydrostatischen Wage in Petroleum, dessen spec. Gew. bei 19,5° gleich 0,8024 (Wasser von 19,5° = 1) oder gleich 0,8015 (Wasser von 4° = 1) war. Die angeführten spec. Gew. der festen Körper ($m^0/4$) sind diejenigen bei mittlerer Temperatur (19,5°), das Gewicht eines gleich grossen Volumens Wasser bei 4° = 1 gesetzt.

		$m^0/4$
Geschmolzenes Kaliumacetat	$KC_2H_3O_2$	1,470
Krystallisirtes -	$KC_2H_3O_2+H_2O$	1,415
Neutrales weinsaures Kalium	$K_2C_4H_4O_6$	1,942
Entwässerter Tartarus natronatus	$KNaC_4H_4O_6$	1,944
Krystallisirtes Kaliumcarbonat	$K_2CO_3+2H_2O$	2,043
- -	$K_2CO_3+4H_2O$	1,997
- Mangansulfat	$MnSO_4+4H_2O$	2,107
Wasserfreies Natriumhyposulfit	$Na_2S_2O_3$	1,667
Krystallinisches Calciumnitrat	$Ca(NO_3)_2+2H_2O$	2,000
Krystallisirtes Kaliumhydroxyd	K_2O+3H_2O	1,987
- Natriumhydroxyd	$(Na_2O)_2+3H_2O$	1,829

Die spec. Gewicht der Lösungen *s* sind bei 17,5° bestimmt (Wasser von 17,5° = 1), wenn die Lösung an Procenten enthält reines Kaliumacetat:

	10	20	30	40	50	60	Mutterlauge
s =	1,0490	1,1005	1,1545	1,2105	1,2685	1,3285	1,43

Natriumacetat ($NaC_2H_3O_2+3H_2O$):

	5	10	15	20	25 pCt.
s =	1,015	1,031	1,047	1,063	1,0795

Neutrales weinsaures Kali:

	10	20	30	40	50	Mutterlauge
$s=$	1,0650	1,1350	1,2110	1,2930	1,3815	1,496

Tartarus natronatus (krystallisirt):

	10	20	30	40	50
$s=$	1,0510	1,1050	1,1620	1,2230	1,2830

Kalialaun (krystallisirt):

	4	8	12	13
$s=$	1,0205	1,0415	1,0635	1,0690

Ammoniumnitrat:

	10	20	30	40	50	60	Mutterlauge
$s=$	1,0425	1,0860	1,1310	1,1790	1,2300	1,2835	1,305

Calciumnitrat ($CaN_2O_6+2H_2O$):

	10	20	30	40	50	60
$s=$	1,059	1,124	1,195	1,272	1,355	1,445

Oxalsäure ($C_2O_4H_2+2H_2O$):

	2	4	6	8	10	12	13
$s=$	1,007	1,014	1,021	1,028	1,035	1,042	1,0455

Bgr.

J. Schröder. Ueber die specifischen Gewichte der Quecksilbersublimatlösungen in Wasser und in Alkohol. Journ. d. russ. phys.-chem. Ges. 1886, [1] 18-25; [Chem. Ber. XIX, (2) 161†; [J. chem. Soc. L, 412; [Beibl. X, 453.

Die folgende Tabelle zeigt die auf Wasser von 4° bezogenen specifischen Gewichte der verschiedenen Quecksilbersublimatlösungen in Wasser bei 0°, 10°, 20° und 30° nach der Berechnung aus den bei den Beobachtungstemperaturen erhaltenen Daten unter Zugrundelegung der von Mendelejew für den Ausdehnungscoefficienten des Wassers gegebenen Formel

$$\frac{1}{\delta_0^a}\cdot\frac{ds}{dt} = 0{,}646 - 0{,}164t + 0{,}01142t^2.$$

Gehalt in pCt.	4,72	3,57	2,42	1,22
0°	1,04070	1,03050	1,02035	1,01008
10°	1,04033	1,03022	1,02018	1,00990
20°	1,03856	1,02855	1,01856	1,00835
30°	1,03566	1,02577	1,01585	1,00575

Die spec. Gew. der Lösungen in Alkohol sind in folgender Tabelle zusammengestellt:

Gehalt in pCt.	0	1,22	2,38	4,42	8,56	12,43	15,91	19,32	22,46
0°	0.83135	0,8397	0,8484	0,8635	0,8966	0,9306	0,9629	0,9951	1,0285
10°	0,82286	0,8312	0,8399	0,8549	0,8877	0,9213	0,9523	0,9852	1,0184
20°	0,81435	0,8228	0,8314	0,8463	0,8789	0,9119	0,9425	0,9753	1,0083
30°	0,80594	0,8141	0,8227	0,8375	0,8698	0,9024	0,9329	0,9652	0,9982

Bgr.

W. E. AYRTON and J. PERRY. On the Expansion produced by Amalgamation.

Phil. Mag. (5) XXII, 327†; [Cim. (3) XXIII, 166. 1888; [J. chem. Soc. LII, 327. 1887; [Rundschau I, 447; [J. de phys. (2) VI, 246. 1887; [Beibl. X, 483. 1887; Engin. XLI, 362; Proc. Phys. Soc. VIII, 88-89; Chem. News LIII, 129.

Beim Amalgamiren der Kante einer 3/4 Zoll dicken und 1 Fuss langen Messingstange krümmte sich dieselbe, sodass die amalgamierte Kante konvex wurde. Versuchte man die Stange durch Hämmern wieder gerade zu machen, so wurde die Krümmung noch stärker. Die Verfasser glauben, dass diese durch Amalgamation hervorgebrachte Biegung die eigenthümliche Wirkung der japanesischen Spiegel erklärt, deren reflektierende Fläche ebenfalls aus einem Amalgam besteht. Dasselbe übt einen krümmenden Einfluss auf das Bronzemetall aus, aus welchem der Spiegel verfertigt ist. Dieser Einfluss ist aber an den dünnen Stellen stärker, als an den dickeren, an denen sich auf der Rückseite das erhabene Muster befindet, welches nach der Reflexion eines divergenten Strahlenbündels durch die polirte Fläche und Auffangen der Lichtstrahlen alsdann hell auf dunklem Grunde erscheint.

Bgr.

A. BATTELLI e M. MARTINETTI. Sulla variazione di volume che si avvera nell'atto della mescolanza di sostanze organiche.

Atti R. Acc. dei Lincei Rend. (4) II, (2) 247

bis 251†; [Rundschau II, 70. 1887; [Beibl. XI, 429. 1887; [Chem. Ber. XX, [2] 193. 1887.

Die Bestimmungen wurden mit Mischungen von Naphtalin und Paraffin, Nitronaphtalin und Diphenylamin, Diphenylamin und Paraffin, Naphtalin und Naphtylamin, Monobromkampher und Stearin ausgeführt und zwar immer bei 0°, 18° und dem Schmelzpunkte des Gemisches. Die beobachteten Werte d wurden mit den aus der Formel $D = \frac{p_1 d_1 + p_2 d_2}{p_1 + p_2}$ berechneten Werten von D verglichen (worin p_1 das Gewicht des einen Bestandtheils von der Dicht d_1 und p_2 das Gewicht des zweiten von der Dichte d_2 bedeutet) und dann wurden die Differenzen $\delta = D - d$ für die einzelnen Temperaturen und Mischungsverhältnisse berechnet. Diese Werte sind ebenso, wie die Wärmemengen, welche beim Entstehen des Gemisches absorbirt werden, in Tabellen zusammengestellt, wegen deren auf das Original verwiesen werden muss. In allen Fällen findet, wie die erhaltenen Zahlen zeigen, beim Entstehen des Gemisches eine Kontraktion statt, welche im Einzelnen mit der Vermehrung des einen Bestandtheiles der Mischung wächst, beim weiteren Zusatz desselben ein Maximum erreicht, um dann wieder zu sinken. Dem Gang der Kontraktion entspricht der Gang der absorbirten Wärmemengen. *Bgr.*

G. P. Grimaldi. Variation of Temperature of Maximum Density of Water with Pressure. Gazetta XV, 297-302; [J. chem. Soc. L, 9†; [Beibl. X, 338.

Puschl und van der Waals haben gezeigt, dass, wenn der Kompressibilitätskoefficient des Wassers mit steigender Temperatur abnimmt, die Temperatur der Maximaldichte einer Flüssigkeit mit wachsendem Druck abnehmen muss. Marshall, Smith und Ormond, und Tait haben diese Abnahme experimentell bestätigt, und zwar sinkt nach den Untersuchungen von Tait für jede Zunahme des Druckes um 50 Atm. diese Temperatur um 1°, während van der Waals unter diesen Umständen eine Abnahme der Temperatur um 3,24° findet. Der Verfasser führt nun in der Abhandlung aus, dass dieser letztere Werth wahrscheinlich ungenau ist, weil VAN DER WAALS einen falschen Werth für den Kompressibilitätskoefficienten, wie ihn GRASSI angegeben hat, zu Grunde legt. *Bgr.*

E.-H. AMAGAT. Sur la mesure des très fortes pressions et la compressibilité des liquides. C. R. CIII, 429 bis 432†; [Cim. (3) XXI, 63; Phil. Mag. (5) XXIII, 384-386; [Beibl. X, 665; Arch. sc. phys. (3) XVI, 181-86; DINGL. J. CCLXXII, 363-65.

In dieser Abhandlung wird die Form mitgetheilt, welche der Verfasser seinem zur Messung sehr hoher Drucke benutzten Manometer mit Differentialkolben ertheilt hat. Ferner beschreibt derselbe das von ihm angewandte Piezometer und berichtet über die Ergebnisse seiner Versuche über das Verhalten des Kompressibilitätscoefficienten von Wasser und Aether bei sehr hohen Drucken. Derselbe nimmt, wie dies schon früher für niedere Drucke (bis 40 Atm.) von dem Verfasser nachgewiesen ist, (Ann. chim. phys. (5) XI. 1877) mit steigendem Druck ab, wie aus folgenden Zahlen hervorgeht:

Wasser bei 17,6°

Druck in Atmosphären					Kompressibilitätskoefficienten
Zwischen	1	und	262	Atm.	$0{,}0_4429$
-	262	-	805	-	$0{,}0_4379$
-	805	-	1334	-	$0{,}0_4332$
-	1334	-	1784	-	$0{,}0_4302$
-	1784	-	2202	-	$0{,}0_4276$
-	2202	-	2590	-	$0{,}0_4257$
-	2590	-	2981	-	$0{,}0_4238$

Aether bei 17,4°

Druck in Atmosphären					Kompressibilitätskoefficienten
Zwischen	1	und	154	Atm.	$0{,}0_3156$
-	154	-	487	-	$0{,}0_3107$
-	487	-	870	-	$0{,}0_483$
-	870	-	1243	-	$0{,}0_463$
-	1243	-	1623	-	$0{,}0_451$
-	1623	-	2002	-	$0{,}0_445$

Bei 3000 Atm. ist das Wasservolumen auf $^1/_{10}$ verkleinert, sein Kompressibilitätskoefficient um die Hälfte verringert. — Die angegebenen Zahlen sind nur scheinbare Koefficienten, die Kompressibilität der Piezometer wird später bestimmt werden.

Bgr.

Ch. E. Guillaume. Sur le coefficient de compressibilité des thermomètres et la compressibilité des liquides. C. R. CIII, 1183-1186; Arch. sc. phys. (2) XVII, 155. 1887.

Um die Ablesungen, die man an einem Thermometer in vertikaler Lage gemacht hat, auf horizontale Lage des Instruments zu reduciren, bedarf man des „inneren Druckkoefficienten“ β_i des Thermometers. Mit dem „äusseren Druckkoefficienten“ β_e hängt dasselbe durch die Gleichung

$$\beta_i = \beta_e + k(\chi_m - \chi_v)$$

zusammen, in der k ein Reductionsfactor, χ_m der kubische Kompressibilitätskoefficient des Quecksilbers, χ_v derjenige des Glases ist. Für χ_m geben nun aber die verschiedenen Beobachter sehr verschiedene Werthe an; für ein Megadyn/Quadratcentimeter ist χ_m nach

Regnault	Grassi	Descamps
$3{,}45.10^{-6}$	$2{,}91.10^{-6}$	$1{,}84.10^{-6}$.

Der Verfasser zeigt nun, dass Descamps, dessen Werth in neuerer Zeit von französischen Physikern meist angewendet wird, bei der Berechnung seines Koefficienten die Kompression der Glaswände des Piezometers vernachlässigt hat. Die deshalb anzubringende Korrektion lässt sich nicht genau angeben, weil das Glas, mit welchem Descamps arbeitete, nicht mehr existirt; führt man den Regnault'schen Werth für χ_v ein, so erhält man, je nachdem man mit Wertheim $\lambda = 2\mu$ oder mit Cornu $\lambda = \mu$ setzt, aus den Descamps'schen Beobachtungen $\chi_m = 3{,}48$ oder $3{,}20.10^{-6}$, also nahe Regnault's Zahlen.

Bde.

W. Lossen. Ueber Atomvolumen und specifisches Volumen. Lieb. Ann. CCXXXIII, 316-326†; J. Chem. Soc. L, 972; [Chem. Ber. XIX, (2) 648; [Beibl. X, 655-657.

Der Verfasser wendet sich gegen die Richtigkeit der von KOPP selbst nur als annäherungsweise gültig hingestellten Sätze, dass das Atomvolumen eines Elementes in allen Verbindungen dasselbe ist und dass das spec. Volumen einer Verbindung gleich der Summe der spec. Volumina der in ihr enthaltenen Bestandtheile ist. Das Volumen der Atomgruppe CH_2 ist nicht konstant gleich 22 oder besitzt 22 als Mittelwerth, weil nachgewiesen ist, dass der konstanten Formeldifferenz CH_2 wachsende Volumdifferenzen entsprechen. Die Regelmässigkeit, dass das Volumen von 1 C gleich dem Volumen von 2H ist, gilt nur für einen speciellen Fall, wenn man nämlich die Paraffine C_nH_{2n+2} mit dem Benzol und dessen Homologen, nicht aber wenn man erstere mit anderen Kategorieen von Kohlenwasserstoffen vergleicht. Octan C_8H_{18} (SV = 186,3) und Cymol $C_{10}H_{14}$ (SV = 184) haben gleiches, Octan und Hydronaphtalin $C_{10}H_{14}$ (SV = 171,2) dagegen ungleiches Volumen. Das spec. Vol. des Naphtalins $C_{10}H_8$ (SV = 147,2) ist weder gleich demjenigen des Heptylens C_7H_{14} (SV = 155) noch demjenigen des Hexahydrotoluols C_7H_{14} (SV = 141,8).

Das Atomvolumen des sog. extraradikalen Sauerstoffs wurde von KOPP zu 7,8 bestimmt (Molecularvolumen des Wassers = 18,8 minus Volumen von 2H = 11). In einer beschränkten Zahl von Fällen ergiebt sich thatsächlich diese Zahl. Diesen stehen aber viele analog konstituirte Verbindungen gegenüber, welche verschiedene Werthe für $\overset{I}{O}$ ergeben:

		SV	Differenz
Hexylalkohol	$C_6H_{14}O$	146,0	6,0
Hexan	C_6H_{14}	140,0	
Heptylalkohol	$C_7H_{16}O$	167,9	5,4
Heptan	C_7H_{16}	162,5	
Octylalkohol	$C_8H_{18}O$	190,3	4,0
Octan	C_8H_{18}	186,3	
Benzylalkohol	C_7H_8O	122,8	2,8
Toluol	C_7H_8	118,0	
Phenol	C_6H_6O	101,7	5,8
Benzol	C_6H_6	95,9	

		SV	Differenz
Resorcin	$C_6H_6O_2$	103,0	2.3,6
Benzol	C_6H_6	95,9	
Resorcin	$C_6H_6O_2$	103,0	1,3
Phenol	C_6H_6O	101,7	
Propylenglycol	$C_3H_8O_2$	85,2	2,9
Propylalkohol	C_3H_8O	81,3	
Propylenglycol	$C_3H_8O_2$	85,2	2,8
Isopropylalkohol	C_3H_8O	82,4	
Trimethylenglycol	$C_3H_8O_2$	84,0	2,7
Propylalkohol	C_3H_8O	81,3	
Salicylsaures Methyl	$C_8H_8O_3$	156,7	4,8
Benzoesaures Methyl	$C_8H_8O_2$	151,9	
Essigsäure	$C_2H_4O_2$	63,8	7,4
Acetaldehyd	C_2H_4O	56,4	
Propionsäure	$C_3H_6O_2$	85,7	10,3
Propionaldehyd	C_3H_6O	75,4	
Isobuttersäure	$C_4H_8O_2$	108,9	12,4
Isobutaldehyd	C_4H_8O	96,5	
Isobaldriansäure	$C_5H_{10}O_2$	130,1	11,6
Isobaldrianaldehyd	$C_5H_{10}O$	118,5	
Benzoesäure	$C_7H_6O_2$	126,6	8,7
Benzaldehyd	C_7H_6O	117,9	

Auch für $\overset{II}{O}$ ergaben sich schwankende Werthe.

Das Atomvolumen des Chlors schwankt ebenfalls, auch wenn man dasselbe aus nahestehenden Verbindungen unter der Annahme ableitet, das $C = 11$, $H = 5,5$ ist.

	SV	Vol. des Chlors
$CH_3.CHCl_2$	88,18	22,1
$CH_2Cl.CH_2Cl$	85,24	20,6
$CH_3.CCl_3$	107,98	23,2
$CH_2Cl.CHCl_2$	102,76	21,4
$CH_2Cl.CCl_3$	121,52	22,1
$CHCl_2.CHCl_2$	119,23	21,6
$CHCl_2.CCl_3$	138,15	22,1
	Im Mittel:	21,9

Zudem ist die übliche Ableitung des Atomvolumens des Chlors hypothetisch, weil abgesehen von der Unsicherheit der Atomvolumina des Kohlenstoffs und Wasserstoffs die Annahme gemacht ist, dass den einzelnen Chloratomen in einer mehrere Atome Chlor enthaltenden Verbindung gleiches Atomvolumen zukomme. Die Volumveränderungen, welche durch successiven Ersatz des Wasserstoffes in der Methylgruppe des Aethylidenchlorids durch Chlor entstehen, sind nun aus folgender Zusammenstellung ersichtlich

	SV	Differenz
$CHCl_2.CH_3$	88,18	
		14,58
$CHCl_2.CH_2Cl$	182,76	
		16,47
$CHCl_2.CHCl_2$	119,23	
		18,92
$CHCl_2.CCl_3$	138,15	

Sieht man in den Differenzen das Volumen des neu eingetretenen Chloratoms weniger dem des ausgetretenen Wasserstoffatoms, so kann das erstere um 4,38 differiren, wenn das letztere constant ist.

Die angeführten KOPP'schen Sätze können mithin nicht mehr festgehalten werden. Das Wesentliche ist die Erkennung der Thatsache, dass das spec. Vol. nicht nur von der empirischen Zusammensetzung, sondern auch von der rationellen Konstitution abhängt. Durch diesen Satz ist das Fundament gelegt worden für alle folgenden Untersuchungen, deren Aufgabe es nach wie vor bleibt, die gesetzmässigen Beziehungen zwischen der Raumerfüllung und der rationellen Konstitution immer vollständiger und klarer zu erkennen. *Bgr.*

A. HORSTMANN. Ueber die Vergleichbarkeit flüssiger Verbindungen in Bezug auf ihr Volumen bei den Siedepunkten und anderen Temperaturen. Chem. Ber. XIX, 1579-1596†; [Bull. soc. chim. XLVI, 309; [J. Chem. Soc. L, 759; [Beibl. X, 535-539.

Der Verfasser behandelt in dieser Abhandlung die Frage, ob nicht andere Temperaturen mit gleichem Rechte wie die Siedepunkte und vielleicht mit besserem Erfolge bei den Untersuchungen über das Molekularvolumen flüssiger Verbindungen zu Grunde gelegt werden könnten. Nachdem er die Möglichkeit der Vergleichung bei anderen Temperaturen (kritische Temperatur, Schmelzpunkt, beliebige, gleich hohe Temperaturen) besprochen hat, untersucht er an einzelnen Fällen, ob die Bevorzugung der Siedepunkte thatsächlich noch begründet ist. Er betrachtet zunächst die isomeren Verbindungen und gelangt zu dem Ergebniss, dass die bessere Uebereinstimmung der Molekularvolume dieser Verbindungen bei den Siedepunkten gegenüber gleichen Temperaturen, die in manchen Fällen beobachtet wird, mehr auf einem zufälligen Zusammentreffen günstiger Bedingungen (namentlich Ausgleich der Differenz zwischen dem Molekularvolumen dadurch, dass die Verbindung mit kleinerem Volumen höher siedet), als auf einer gesetzmässigen Beziehung zwischen den Differenzen der Siedepunkte und der Molekularvolume beruht. Weiter beschäftigt er sich mit der von Kopp zu Gunsten der Siedepunkte als Vergleichstemperaturen angezogenen Thatsache, dass bei den Siedepunkten das Molekularvolumen des Aethyläthers und des Wassers gleich dem Volumen des Aethylalkohols ist, aus welchem der Aether neben Wasser entstanden gedacht werden kann, während bei anderen Temperaturen (0°) diese einfache Beziehung nicht besteht, und zeigt, dass diese Beziehung nur zufällig ist, da sie schon beim Propyläther und -alkohol für die Siedepunkte nicht mehr gilt, ebensowenig für die Fettsäureäther bei ihrer Entstehung aus Säure und Alkohol unter Bildung von Wasser. In einzelnen Fällen, wie beim Ameisensäureäthyläther, gilt sie zwar ebenfalls: eine allgemeine Giltigkeit hat sie jedoch nicht. Die Differenz zwischen der Summe des Volumens von Säure und Alkohol ($C_nH_{2n}O_2 + C_nH_{2n+2}O$) weniger dem Volumen des Aethers ($C_nH_{2n+1}C_nH_{2n-1}O_2$), welche gleich sein müsste dem Volumen des ausgetretenen Wassers bei dessen Siedepunkt (18,8), liefert vielmehr, wenn man den Siedepunkt zu Grunde legt, und $n = 1, 2, 3 \ldots\ldots 8$ setzt, Werte die von +20,9 bis —16,6 abnehmen. Wählt man dagegen 0° als Vergleichstemperatur, so erhält man Differenzen, die nur zwischen 16,5 und 18,8 schwanken und dem Molekularvolumen des ausgeschiedenen Wassers bei 0° (18,0) ziemlich nahe kommen. — Die Zunahme der Molekularvolume homologer Verbindungen verläuft, wie der Verfasser weiter für die Fettsäuren, Fettalkohole und Paraffine zeigt, bei den Siedepunkten nicht regelmässiger als bei gleichen Temperaturen.

Aus dem Vergleich zwischen dem Molekularvolumen der Kohlenwasserstoffe der Aethylenreihe geht hervor, dass bei den Siedepunkten derselben jedes CH_2 nahezu denselben Raum einnimmt, insofern das Molekularvolumen von C_5H_{10} (5 . CH_2) und C_8H_{16} (8 . CH_2) gleich 110,1 = 5 . 22,0 bezw. 177,7 = 8 . 22,2 ist. Bei 0° ergeben sich zwar nicht so einfache Beziehungen; indes steht das bei dieser Temperatur erhaltene Resultat in besserem Einklang mit der Konstitution der verglichenen Verbindungen, denn die Moleküle der betrachteten Verbindungen enthalten zwei durch doppelte Bindung vereinigte C-atome; die doppelte Bindung vergrössert aber das Molekularvolumen, und der Ueberschuss der beobachteten Molekularvolumina über n . 16,2 (16,2 = Molekularvol. von 1CH_2 bei 0°) würde dann den Betrag dieser Vergrösserung angeben.

Endlich zeigt der Verfasser, dass die Vergleichung der Molekularvolume bei 0° dazu führt, dass der bisher als gültig angenommene Satz, die Elemente nähmen (bei gleicher Art der Bindung) in den Verbindungen stets denselben Raum ein, als unrichtig zu verwerfen ist. Bisher ist dies durch die Untersuchungen von SCHIFF (LIEBIG's Ann. CCXX, 309) und LOSSEN (LIEBIG's Ann. CXIV, 115) nur für den Sauerstoff der OH-gruppe nachgewiesen worden (s. indes die vorstehende Abhandlung von LOSSEN).

Nach der Meinung des Verfassers kann die Abhängigkeit der Raumerfüllung flüssiger Verbindungen von ihrer Zusammensetzung und Konstitution nur dann in besimmte Gesetze gefasst werden, wenn man nicht allein die Molekularvolume bei irgend welchen mehr oder weniger willkürlich gewählten Vergleichstemperaturen berücksichtigt, sondern auch die Ausdehnung mit wechselnder Temperatur, soweit der flüssige Zustand besteht. *Bgr.*

ROBERT SCHIFF. Einige Molekularvolumina. **Chem. Ber. XIX, 560-568†; [Bull. soc. chim. XLVI, 828; [Beibl. X, 539-541.**

In der folgenden Tabelle bedeutet *Sdp* den Siedepunkt beim Barometerstand B_0, D^t_4 das spec. Gew. bei den unter t angegebenen Temperaturen gegen Wasser von 4°, M/D das Molecularvolumen.

	Formel	*Sdp*	B_0	t	D^t_4	M/D
Citronenterpen	$C_{10}H_{16}$	168—168,5°	763,2 mm	168°	0,7286	186,24
					0,7285	186,25
					0,7279	186,42
Ameisensäure	CH_2O_2	100,3	763,5	100,3	1,1170	41,08
Methylisoamyläther	$CH_3.O.C_5H_{11}$	91—91,3	765,4	91	0,6871	148,13
Acetessigäther	$C_6H_{10}O_3$	180—180,3	754,5	180	0,8458	153,34
Anisol	$C_6H_5.O.CH_3$	155—155,5	757,4	155	0,8605	125,21
Methylparakresol	$C_6H_4.CH_3.OCH_3$	175,5	762,3	175,5	0,8236	147,79
Dimethylresorcin	$C_6H_4.(OCH_3)_2$	214—215	759,4	215	0,8752	157,13
Carvol	$C_{10}H_{14}O$	227—228	753,2	228	0,7866	190,26
Pinacolin	$CH_3.CO.C(CH_3)_3$	100—105,5	758,7	105,5	0,7217	138,25
Isobutylchlorid	C_4H_9Cl	68—68,2	761	68	0,8073	114,26
Isoamylchlorid	$C_5H_{11}Cl$	99,5—99,7	758,4	99,5	0,7903	134,40
Benzylchlorid	C_7H_7Cl	177,5—178,5	753,5	178	0,9453	133,45
Bichlorpropylen	$C_3H_6Cl_2$	97,5—98,5	760,3	98	1,0470	107,59
Benzalchlorid	$C_6H_5.CHCl_2$	203,5	756,2	203,5	1,0470	154,25
Bromäthyl	C_2H_5Br	38,4	762,4	38,4	1,4134	77,07
Isobutylbromid	C_4H_9Br	90,5—91	758,4	91	1,1456	110,39

	Formel	Sdp	B_0	t	D_4^t	M/D
Isoamylbromid	$C_5H_{11}Br$	118,5	756,3	118,5	1,0881	138,63
Brombenzol	C_6H_5Br	155,5—156	759,7	156	1,3090	119,88
o-Bromtoluol	C_7H_7Br	182—182,5	761,8	182,5	1,2031	141,95
Aethylenbromid	$C_2H_4Br_2$	130,3	759,5	130,3	1,9246	97,65
Jodäthyl	C_2H_5J	72,2	758,3	72,2	1,1810	86,12
Isobutyljodid	C_4H_9J	119,5—120	760,7	120	1,4335	128,28
Isoamyljodid	$C_5H_{11}J$	148—148,5	755,3	148	1,3098	151,08
Jodbenzol	C_6H_5J	187,5—188	754,5	188	1,5612	130,55
Propylamin (normal)	$C_3H_7NH_2$	49,3—49,8	755,5	49,5	{0,6882	85,61
					0,6884	85,60
Allylamin	$C_3H_5NH_2$	56—56,5	756,2	56	{0,7261	78,38
					0,7260	78,38
Isobutylamin	$C_4H_9NH_2$	67,7	755,7	67,7	0,6865	106,16
Amylamin	$C_5H_{11}NH_2$	94,8—95	754,2	95	0,6848	126,84
Diäthylamin	$(C_2H_5)_2NH$	55,5—56	757,8	56	{0,6684	109,05
					0,6686	109,02
					0,6684	109,05
Triäthylamin	$N(C_2H_5)_3$	88,8—89	758,3	89	{0,6620	153,82
					0,6622	153,77
Pyridin	C_5H_5N	116—116,2	759,5	115	{0,8826	89,34
					0,8823	89,38

	Formel	Sdp	B_0	t	D_4^t	M/D
Piperidin	$C_5H_{11}N$	104,5—105	755,7	105	0,7801	108,76
					0,7791	108,90
					0,7810	108,64
Anilin	$C_6H_5NH_2$	183,1	758,2	183	0,8750	106,08
					0,8752	106,05
Chinolin	C_9H_7N	234—234,5	758,6	234	0,9211	139,75
Nitromethan	CH_3NO_2	101—101,5	764,7	101	1,0237	59,49
					1,0235	59,50
Nitroäthan	$C_2H_5NO_2$	114—114,8	760,7	114,5	0,9330	80,24
					0,9328	80,26
Isoamylnitrat	$C_5H_{11}NO_3$	147,2—147,4	757,8	147,4	0,8698	153,59
Acetonitril	$CH_3.CN$	81,2—81,4	757,3	81,2	0,7157	57,21
					0,7153	57,25
Propionitril	$C_2H_5.CN$	97—97,2	757,1	97	0,7015	78,28
Valeronitril	$C_4H_9.CN$	129,3—129,5	764,3	129	0,6921	119,70
Capronitril	$C_5H_{11}CN$	154	762,1	154	0,6861	141,10
Schwefelkohlenstoff	CS_2	46,5	766,5	46,5	1,2233	62,06
					1,2234	62,06
Allylsenföl	C_3H_5CNS	151,3	764,2	151	0,8739	113,13
					0,8741	113,11
Phenylsenföl	C_6H_5CNS	219,8	748,8	220	0,9398	143,40

Bgr.

R. GARTENMEISTER. Ueber die Siedepunkte und specifischen Volumina normaler Fettsäureester. LIEB. Ann. CCXXXIII, 249-315†; [J. Chem. Soc. L, 966; [Chem. Ber. XIX, (2) 648; [Chem. CBl. (3) XVII, 658; [Beibl. X, 652-655.

In der folgenden Tabelle sind die Ergebnisse der Untersuchung zusammengestellt. α, β und γ sind die Konstanten der vom Verfasser zur Berechnung des Volumens beim Siedepunkte benutzten Gleichung:

$$v = 1 + \alpha t + \beta t^2 + \gamma t^3.$$

	Siedepunkt B_0 760 mm		Spec. Gew. bei 0°		Spec. Gew. beim Siedepunkte	Spec. Volumen beim Siedepunkte	Spec. Volumen		α	β	γ
	GARTENMEISTER	Mittel früherer Beobachter	GARTENMEISTER	Mittel früherer Beobachter			GARTENMEISTER	Mittel früherer Beobachter			
Ameisensaures											
Methyl	—	32,5°	—	1,0009	0,9554	1,0488	—	62,7	—	—	—
Aethyl	55,0°	54,1	0,9445	0,9422	0,8725	1,0825	84,6	84,8	—	—	—
Propyl	81,0	81,4	0,9250	0,9204	0,8270	1,1180	106,2	106,7	—	—	—
Butyl	106,9	—	0,9108	—	0,7972	1,1425	127,6	—	$0{,}0_2 10982$	$0{,}0_5 16213$	$0{,}0_8 53409$
Amyl	130,4	—	0,9018	—	0,7692	1,1723	150,5	—	$0{,}0_2 10583$	$0{,}0_5 16498$	$0{,}0_8 28471$
Hexyl	153,6	—	0,8977	—	0,7484	1,1995	173,3	—	$0{,}0_2 10511$	$0{,}0_6 10118$	$0{,}0_8 39025$
Heptyl	176,7	—	0,8937	—	0,7308	1,2229	196,7	—	$0{,}0_3 96196$	$0{,}0_5 12910$	$0{,}0_8 22887$
Octyl	198,1	—	0,8929	—	0,7156	1,2447	220,3	—	$0{,}0_3 9514$	$0{,}0_6 9663$	$0{,}0_8 2742$

	Siedepunkt B_0 760 mm		Spec. Gew. bei 0°		Spec. Gew. beim Siedepunkte	Spec. Volumen beim Siedepunkte	Spec. Volumen		α	β	γ
	Gartenmeister	Mittel früherer Beobachter	Gartenmeister	Mittel früherer Beobachter			Gartenmeister	Mittel früherer Beobachter			
Essigsaures											
Methyl	57,3	57,1	0,9643	0,9600	0,8873	1,0868	83,2	83,6	$0{,}0_{2}12785$	$0{,}0_{5}49742$	$-0{,}0_{7}14974$
Aethyl	77,5	77,2	0,9253	0,9245	0,8272	1,1182	106,1	106,1	—	—	—
Propyl	101,8	102,1	0,9093	0,9102	0,7934	1,1463	128,4	128,2	—	—	—
Butyl	124,5	125,1	0,9016	0,9000	0,7683	1,1743	150,6	151,2	$0{,}0_{2}11065$	$0{,}0_{5}20350$	$0{,}0_{8}2110$
Amyl	147,6	148,9	0,8948	0,8963	0,7461	1,1992	173,8	173,8	$0{,}0_{2}10378$	$0{,}0_{5}19036$	$0{,}0_{8}14289$
Hexyl	169,2	169,5	0,8902	—	0,7267	1,2250	197,7	—	$0{,}0_{3}9864$	$0{,}0_{5}16332$	$0{,}0_{8}23310$
Heptyl	191,3	191,6	0,8891	0,8875	0,7134	1,2462	221,0	221,4	$0{,}0_{3}9409$	$0{,}0_{5}15161$	$0{,}0_{8}18732$
Octyl	210,0	—	0,8847	0,8848	0,6981	1,2672	245,8	245,8	$0{,}0_{3}9323$	$0{,}0_{5}12043$	$0{,}0_{8}19892$
Propionsaures											
Methyl	79,5	79,1	0,9403	0,9396	0,8393	1,1203	104,6	104,6	—	—	—
Aethyl	—	98,8	—	0,9114	0,7970	1,1434	—	127,7	—	—	—
Propyl	122,6	122,1	0,9023	0,9005	0,7719	1,1690	149,9	150,1	—	—	—
Butyl	145,4	146,0	0,8953	0,8961	0,7489	1,1955	173,2	173,2	$0{,}0_{2}10380$	$0{,}0_{5}25870$	$-0{,}0_{8}32960$
Heptyl	208,0	—	0,8846	—	0,6946	1,2736	247,1	—	$0{,}0_{3}9558$	$0{,}0_{6}8667$	$0{,}0_{8}41331$
Octyl	226,4	—	0,8833	—	0,6860	1,2876	270,5	—	$0{,}0_{3}9214$	$0{,}0_{5}10430$	$0{,}0_{8}24376$
Buttersaures											
Methyl	102,2	102,3	0,9194	0,9202	0,8026	1,1455	126,7	126,6	—	—	—
Aethyl	102,9	120,3	0,9004	0,9004	0,7689	1,1710	150,5	150,3	—	—	—
Propyl	—	143,2	—	0,8929	0,7455	1,1981	—	174,0	—	—	—
Butyl	165,7	164,6	0,8878	0,8876	0,7264	1,2222	197,8	197,8	$0{,}0_{2}10402$	$0{,}0_{5}12306$	$0{,}0_{8}35228$
Amyl	184,8	—	0,8832	—	0,7092	1,2454	222,3	—	$0{,}0_{3}9791$	$0{,}0_{5}15800$	$0{,}0_{8}16568$
Hexyl	205,1	—	0,8825	—	0,6963	1,2674	246,4	—	$0{,}0_{3}9481$	$0{,}0_{5}12205$	$0{,}0_{8}25055$
Heptyl	225,2	—	0,8827	—	0,6869	1,2850	270,2	—	$0{,}0_{3}9119$	$0{,}0_{5}13663$	$0{,}0_{8}9092$
Octyl	242,2	244,5	0,8794	0,8752	0,6751	1,3028	295,6	297,8	$0{,}0_{3}9004$	$0{,}0_{5}10729$	$1{,}0_{8}15116$

Valeriansaures											
Methyl	127,3	—	0,9097	—	0,7767	1,1713	149,1	—	$0,0_2 10342$	$0,0_5 27519$	$0,0_8 23923$
Aethyl	144,7	145,5	0,8939	0,8940	0,7443	1,2010	174,3	174,5	$0,0_2 11059$	$0,0_6 6495$	$0,0_8 90414$
Propyl	167,5	—	0,8888	—	0,7264	1,2236	197,8	—	$0,0_2 10456$	$0,0_5 11684$	$0,0_8 33404$
Butyl	185,8	—	0,8847	—	0,7095	1,2465	222,1	—	$0,0_2 10048$	$0,0_6 8342$	$0,0_8 48247$
Amyl	203,7	—	0,8812	—	0,6982	1,2621	245,8	—	$0,0_3 9626$	$0,0_5 10264$	$0,0_8 26427$
Hexyl	223,8	—	0,8797	—	0,6823	1,2893	272,0	—	$0,0_3 9547$	$0,0_6 6232$	$0,0_8 39630$
Heptyl	243,6	—	0,8786	—	0,6708	1,3097	297,4	—	$0,0_3 8886$	$0,0_6 9440$	$0,0_8 26166$
Octyl	260,2	—	0,8784	—	0,6618	1,3272	322,6	—	$0,0_3 8692$	$0,0_6 8694$	$0,0_8 23965$
Capronsaures											
Methyl	149,6	150,0	0,9039	0,9136	0,7536	1,1994	172,2	170,3	$0,0_2 10376$	$0,0_5 12634$	$0,0_8 47593$
Aethyl	166,6	167,2	0,8888	0,8904	0,7269	1,2227	197,7	197,5	$0,0_2 10093$	$0,0_5 16863$	$0,0_8 16835$
Propyl	185,5	—	0,8844	—	0,7097	1,2462	222,2	—	$0,0_3 9985$	$0,0_5 11243$	$0,0_8 34110$
Butyl	204,3	—	0,8824	—	0,6978	1,2646	246,0	—	$0,0_3 9779$	$0,0_6 8375$	$0,0_8 36202$
Heptyl	259,4	—	0,8769	—	0,6594	1,3298	323,9	—	$0,0_3 8875$	$0,0_6 8849$	$0,0_8 24752$
Octyl	275,2	—	0,8748	—	0,6509	1,3440	349,6	—	$0,0_3 8710$	$0,0_6 7217$	$0,0_8 23836$
Heptylsaures											
Methyl	172,1	—	0,8981	—	0,7325	1,2261	196,2	—	$0,0_2 10200$	$0,0_6 6927$	$0,0_8 57461$
Aethyl	187,1	188,4	0,8861	0,8869	0,7105	1,2471	221,9	222,1	$0,0_3 9977$	$0,0_5 11430$	$0,0_8 31195$
Propyl	206,4	—	0,8824	—	0,6965	1,2670	246,5	—	$0,0_3 9558$	$0,0_5 11288$	$0,0_8 24548$
Butyl	225,1	—	0,8807	—	0,6839	1,2878	271,3	—	$0,0_3 9111$	$0,0_5 12843$	$0,0_8 15475$
Heptyl	274,6	274,0	0,8761	0,8757	0,6496	1,3488	350,2	—	$0,0_3 8548$	$0,0_6 8843$	$0,0_8 22900$
Octyl	290,4	—	0,8757	—	0,6419	1,3651	376,2	—	$0,0_3 8517$	$0,0_6 7153$	$0,0_8 23464$
Octylsaures											
Methyl	192,9	—	0,8942	—	0,7163	1,2483	220,1	—	$0,0_3 9301$	$0,0_5 13406$	$0,0_8 25375$
Aethyl	205,8	207,5	0,8842	0,8864	0,6980	1,2668	245,9	245,9	$0,0_3 9743$	$0,0_6 8908$	$0,0_8 32736$
Propyl	224,7	—	0,8805	—	0,6867	1,2823	270,3	—	$0,0_3 9106$	$0,0_6 9541$	$0,0_8 25974$
Butyl	240,5	—	0,8797	—	0,6745	1,3042	295,9	—	$0,0_3 9323$	$0,0_6 7770$	$0,0_8 25184$
Heptyl	289,8	—	0,8754	—	0,6405	1,3668	377,0	—	$0,0_3 8570$	$0,0_6 5453$	$0,0_8 29835$
Octyl	305,9	—	0,8755	0,8744	0,6318	1,3858	404,3	404,8	$0,0_3 8362$	$0,0_6 6458$	$0,0_8 24248$
Nonylsaures											
Methyl	213,5	213,6	0,8918	0,8907	0,7024	1,2696	245,7	246,0	$0,0_3 9037$	$0,0_5 11894$	$0,0_8 23030$

Eine Vergleichung der Siedepunkte lässt nun Folgendes erkennen: 1) die Differenz zwischen dem Methyl- und dem Octylester derselben Säure ist um so kleiner, je höher der Kohlenstoffgehalt der betreffenden Säure ist. Die Differenzen nehmen im allgemeinen in sehr regelmässiger Weise ab. Die Abnahme ist stärker zwischen Ameisensäure- und Essigsäureestern, anscheinend schwächer zwischen den Heptyl- und Octylsäureestern. 2) Die Differenzen zwischen den Siedepunkten des Ameisen- und Octylsäureesters des nämlichen Alkohols ist um so kleiner, je grösser der C-gehalt des letzteren ist. 3) Die Siedepunkte metamerer Ester sind von einander verschieden. Der Siedepunkt des Ameisensäureesters liegt höher als der des metameren Methylester (eine Ausnahme bilden das ameisensaure Methyl und das essigsaure Methyl). Die Differenz zwischen den Siedepunkten metamerer Ameisensäure- und Methylester nimmt ebenfalls mit wachsendem C-gehalt zu. Die Siedepunkte der Essigsäureester liegen alle höher als die der metameren Aethylester. Die Differenz zwischen dem Siedepunkt des Ameisensäure- und demjenigen des Essigsäureesters ist grösser als die Differenz zwischen dem Siedepunkt des Methyl- und des Aethylesters. Trägt man mithin die Siedepunkte metamerer Ester als Ordinaten in ein Koordinatensystem ein, dessen Abscissen die Zahl der C-Atome im Alkoholradikal darstellen, so liegen die Siedepunkte in einer anfangs fallenden, dann steigenden Kurve. Der Anfangspunkt liegt niedriger als der Endpunkt. Die Kurve fällt am Anfang weniger stark als sie am Ende steigt.

Für die specifischen Gewichte bei 0° und bei den Siedepunkten ergeben sich im allgemeinen dieselben Regelmässigkeiten. Bei metameren Estern entspricht meist dem höheren Siedepunkt auch eine grössere Dichte, der grösseren Siedepunktsdifferenz auch eine grössere Differenz zwischen den Dichten.

Für die specifschen Volumina ergiebt sich folgendes: 1) Die Differenzen zwischen dem Methyl- und Octylester derselben Säure sowohl als zwischen Ameisensäure- und Octylsäureester desselben Alkohols wachsen mit zunehmendem C-gehalt. Dieses Wachsen findet in regelmässiger Weise statt; die Differenz zwischen zwei aufeinander folgenden Differenzzahlen weicht nur wenig von dem

Mittel 3,8 ab. 2) Die spec. Vol. metamerer Ester weichen in der Regel um nicht mehr als 1,5 von einander ab.' Das spec. Volumen des Methylesters ist in allen Fällen kleiner als das des metameren Ameisensäureesters beobachtet worden. Die Differenzen nehmen mit zunehmendem C-gehalt ab. Die in den nach dem C-gehalt des Säureradikals geordneten Reihen metamerer Ester zwischen den Ameisensäure- und Methylestern stehenden Ester haben im allgemeinen ein grösseres spec. Vol. als die Endglieder. Eine Kurve, welche die spez. Vol. metamerer Ester als Funktion des C-gehaltes der Alkohole darstellt, würde von den beiden Endpunkten nach der Mitte hin steigen.

Für die Ausdehnung endlich stellt der Verfasser noch folgende Sätze auf: 1) Unter metameren Estern zeigen die Ameisensäureester die schwächste Ausdehnung; auf diese folgen die Methylester. 2) Die Ausdehnung metamerer zwischen den Ameisensäure- und Methylestern stehenden Ester ist nahezu gleich; jedoch ist 3) die Ausdehnung der Essigsäureester stets etwas geringer als diejenige der metameren Aethylester. *Bgr.*

G. P. Grimaldi. Sulla relazione teoretica trovata dal Dupré fra il volume, la temperatura ed i coefficienti di dilatazione e di compressibilità dei corpi. Lincei Rend. (4) II, (1) 238-244; [Chem. Ber. XIX, [2], 526; [Beibl. XI, 137. 1887.

Dupré hat in seiner mechanischen Wärmethorie die Formel

$$\frac{T\alpha V^2}{\beta} = K = \text{konst.}$$

für ein und dieselbe Flüssigkeit aufgestellt, in welcher T die absolute Temperatur, V das Volumen der Menge, die bei 0° das Volumen 1 hat, α der wahre Ausdehnungscoefficient beim vorhandenen Druck, β der Kompressibilitätskoefficient ist. Veranlasst durch die Wahrnehmung, dass seine Versuche mit der Formel nicht stimmten, hat Verfasser die Rechnung Dupré's durchgesehen und gefunden, dass in derselben ein Term von Belang vernachlässigt ist. Es ist

$$\frac{dp}{dt} = \frac{v_0}{v}\frac{\alpha}{\beta} = \frac{\alpha}{\beta + \Delta\beta},$$

wo Δ die Ausdehnung der Flüssigkeit von 0° bis t^0 C. bezeichnet. Den Term Δβ hat Dupré vernachlässigt. Führt man ihn ein, so gelangt man zu der Schlussgleichung

$$\frac{T\alpha V}{\beta} = K = \text{konst.}$$

Mit dieser Formel stimmen, wie an zwei Versuchstabellen nachgewiesen wird, die Resultate der Beobachtung für Schwefeläther und Amylhydrid recht gut, dagegen nicht diejenigen für Chloroform; bei dieser Substanz nimmt die angebliche Konstante K zwischen 0 und 60° von 32,9 bis 29,3 ab. Diese Ausnahmestellung des Chloroforms wird erklärt durch die Annahme, dass die Moleküle der Substanz sich bei steigender Temperatur theilweise dissociiren, so dass man es mit einer Flüssigkeit von veränderlicher Konstitution zu thun hat. *Bde.*

R. Hennig. Untersuchungen über die Homogenität von Messing, Zink, Kupfer und Eisen. Wied. Ann. XXVII, 321 376†; [Cim. (3) XXI, 83; [Rundsch. I, 155; [J. d. phys. (2) VI, 518. 1887; Berichtigungen: Wied. Ann. XXVIII, 696†.

Durch eine ausgedehnte Experimentaluntersuchung hat der Verfasser die Frage zu beantworten gesucht, inwieweit Dichteunterschiede bei festen Körpern gleicher Abstammung oder innerhalb eines und desselben Untersuchungskörpers auftreten können. Es zeigt sich dabei, dass die Dichteschwankungen von zweifachem Charakter sind. Einmal sind es unregelmässige Schwankungen, die bei allen untersuchten Körpern auftreten, deren Betrag oftmals indess nur wenig über die Grenzen der Beobachtungsfehler hinausgeht; sodann sind es Schwankungen von bestimmter räumlicher Gesetzmässigkeit, deren Betrag über die Beträge der unregelmässigen Schwankungen weit hinausgeht, die aber auch nicht bei allen untersuchten Körpern zu beobachten sind. Am bedeutendsten sind die Dichtigkeitsschwankungen beim Messing, wie dies von einer Legirung zu erwarten ist. Speciell beim Messingguss findet eine beträchtliche Abnahme der Dichte von aussen nach innen statt, die 4—6,8 pCt. betragen kann. Mit der Annäherung nach dem Mittelpunkt wird die Dichte konstanter, sodass die centralen Theile homogener sind als die peripherischen. Bei gegossenen Metallkörpern zeigen also diejenigen Theile die grössere Dichte, welche zuerst erstarrt sind. Durch mechanische Bearbeitung (Drahtziehen, Aushämmern zu Blech) werden die Dichteschwankungen z. Th. wieder ausgeglichen, vorzugsweise aber in den peripherischen Theilen, sodass diese bei dichtem Messingdraht homogener sind, als die centralen. In der Längsrichtung zeigt dicker Messingdraht nur geringe Dichteschwankungen (nur bis etwa 1 Promille). Dünner Messingdraht kann als vollkommen homogen angesehen werden. Messingblech ist in der Walzrichtung homogen; in der dazu senkrechten Querrichtung und in der Dickenrichtung zeigten einzelne Blechsorten ein verschiedenes Verhalten. — Zink zeigt keine gesetzmässigen Dichteveränderungen. — Beim Kupfer ist es schwer, sichere Schlüsse über eine bestimmte Gesetzmässigkeit der Dichte zu gewinnen. — Eisen zeigt im gegossenen Zustand eine stete Dichteabnahme von unten nach oben, und in den einzelnen Querschnitten von aussen nach innen, sodass auch hier die zuerst erstarrten Theile die grössere Dichte besitzen. Beim Stahl wurde keine Gesetzmässigkeit der Dichtevertheilung nachgewiesen, indess trat kei keinem der untersuchten Hartstahlstücke eine Dichteabnahme von aussen nach innen zu Tage. Der Verfasser erklärt die Dichteabnahme in der Richtung von aussen nach innen durch die beim Erstarren eintretende Volumenveränderung. Die inneren Theile sind durch die bereits erstarrte Oberfläche verhindert, sich auf diejenige Dicke zusammenzuziehen, welche jedes Theilchen nach dem Erstarren im freien Zustande besitzen würde. Ist dabei die Kohäsion der inneren Theile gering, so entstehen im Guss Blasen. *Bgr.*

J. A. GROSHANS. Ueber die Anwendung des Gesetzes der Densitätszahlen auf einen Fall in der Thermochemie. Rec. trav. chim. V, 119-120; Chem. Ber. XIX, 497-500†; [J. Chem. Soc. I, 498.

Ist *vbw* die Verbrennungswärme einer Verbindung C_pH_q von dem Molekulargewicht *a*, und ist $n = p + q$ die Anzahl der Atome im Molekül, so findet der Verfasser unter Benutzung der von THOMSEN bestimmten Werthe der Verbrennungswärme der Paraffine die Beziehung

$$vbw = 33333\,a/n.q/2,$$

deren allgemeiner Ausdruck ist:

$$vbw = 33333\,a/n.x,$$

worin x nur für einige Klassen von Verbindungen bekannt ist. Für die Olefine ist z. B. wie für die Paraffine $x = q/2$. Für einfache und gemischte Aether ($C_pH_{2p+2}O$) ist $x = q/2-1$.

Bgr.

J. G. MACGREGOR. On the Relative Bulk of Certain Aqueous Solutions and their Constituent Water.

Proc. Nova Scotia Inst. of nat. sc. VI, 261-264†.

Der Verfasser hatte früher gemeinsam mit Professor EWING (Trans. Royal Soc. Edinb. XXVII, 51. 1873) gefunden, dass schwache Lösungen von Kupfersulfat Wassermengen enthalten, deren Volumen im freien Zustand grösser sein würde als das der Lösung, und dass beim Hinzufügen von geringen Mengen entwässerten Kupfersulfats zu Wasser eine Raumverminderung stattfindet. Er hat dasselbe jetzt mittelst geräumiger Dilatometer für das Natriumphosphat

$$Na_2HPO_4+12H_2O$$

und das Natriumcarbonat

$$Na_2CO_3+10H_2O,$$

nachgewiesen, welche durch Erhitzen auf die entsprechende Temperatur wasserfrei gemacht waren. Die Kontraktion ist beim Natriumphosphat am stärksten für eine Lösung von etwa 0,011 pCt. Gehalt an Salz. Eine derartige Lösung, welche 1000 Cubikzoll Wasser enthält, nimmt einen Raum von 999,87 Cubikzoll ein. Beim Natriumcarbonat zeigen 0,026 procentige Lösungen die stärkste Kontraktion. Eine Lösung mit 1000 Cubikzoll Wasser nimmt 998,27 Cubikzoll ein.

Bgr.

D. Mendelejeff. Ueber die nach den Veränderungen des specifischen Gewichtes beurtheilte chemische Association der Schwefelsäure mit Wasser. Chem. Ber. XIX, 379-389†; [Bull. soc. chim. XLVI, 323; [J. Chem. Soc. L, 413; [Beibl. X, 740; Bull. soc. chim. XLVI, 820-821; aus Soc. chim. russc. XVIII, (1) 4-7, 64-67.

Der Verfasser hat das gesammte Material, welches sich auf das spec. Gewicht der verdünnten Schwefelsäure bezieht, gesammelt, verglichen und durch zwei neue Bestimmungen (für H_2SO_4 und H_4SO_5) vervollständigt. Er gelangt zu folgender Tabelle, welche das mittlere spec. Gewicht bei 0° verglichen mit Wasser von 4° im leeren Raum für die Verbindungen H_2SO_4, mH_2O giebt.

m = 400	s = 1,0099	m = 2,5	s = 1,6102
= 200	= 1,0192	= 2	= 1,6655
= 100	= 1,0372	= 1	= 1,7943
= 50	= 1,0716	= 0,5	= 1,8435
= 25	= 1,1336	= 0	= 1,8528
= 12,5	= 1,2345	= —0,2	= 1,9075
= 10	= 1,2760	= —0,4	= 1,9793
= 5	= 1,4314		

Die Veränderung der Dichte mit der Temperatur berechnet sich aus der Formel $s = s_0(1-kt)$, in welcher der Ausdehnungsmodulus innerhalb enger Grenzen aus $k = ds/s_0 dt$ berechnet wurde. Diese Berechnung wurde nach den Bestimmungen von Kremers und Marignac durchgeführt und lieferte folgende Werthe:

	t =	10°	30°	50°	70°	90°
H_2O	$10000k$ =	0,85	3,0	4,5	5,8	6,6
m = 100		2,25	3,8	4,7	5,7	6,3
25		4,76	5,0	5,3	5,6	6,0
12,5		5,7	5,7	5,6	5,6	5,7
6		5,6	5,6	5,4	5,3	5,2
2		5,8	5,6	5,4	5,3	5,2
1		6,2	6,0	5,8	5,7	5,5
0		5,61	5,3	—	—	—

An der Hand dieser Zahlen untersuchte nun der Verfasser die Brauchbarkeit der verschiedenen von Ure, Langberg, Gross-

HANS und THOMSEN aufgestellten Ausdrücke zur Berechnung des spec. Gewichts einer Schwefelsäure von bestimmter Verdünnung und gelangte zu dem Ergebniss, dass kein einziger dieser Ausdrücke eine genaue Berechnung zulässt. Die theoretischen Erörterungen, welche der Verfasser anstellt, um die Unmöglichkeit einer derartigen Verallgemeinerung zu erklären, lassen sich im Auszug nicht wiedergeben und sind deshalb in der Abhandlung nachzusehen. *Bgr.*

E. LOMMEL. Aerostatische Wage zur Bestimmung der specifischen Gewichte der Gase. WIED. Ann. XXVII, 144†; Cim. (3) XXI, 75; [ZS. f. anal. Chem. XXV, 397; [Chem. News LIV, 74.

Die eine kürzer aufgehängte Schale einer Waage trägt unten ein Häkchen, an welchem mittelst eines feinen Drahtes ein zugeschmolzener Glasballon aufgehängt ist. Derselbe befindet sich in einem mit Zu- und Ableitungsrohr versehenen grösseren Gefässe, dessen eben geschliffener Rand durch eine zum Durchtritt des Drahtes in der Mitte fein durchbohrte Glasscheibe verschlossen ist. Man tarirt den Glasballon, dessen Volumen vorher durch den Auftrieb im Wasser genau bestimmt war, während er sich in der Luft befindet, füllt dann das Gefäss mit dem betreffenden Gase und stellt wieder das Gleichgewicht her. Die Gewichtsdifferenz ist gleich dem Gewicht eines Gasvolumens von der Grösse des Ballons. *Bgr.*

FRIEDRICH LUX. Eine neue Methode zur Bestimmung des specifischen Gewichtes und zur Analyse von Gasen. ZS. f. anal. Chem. XXV, 3-10††; [J. Chem. Soc. L, 412; [Chem. Ber. XIX, (2) 307; [Chem. News LIII, 61; [Chem. CBl. (3) XVII, 265; [Chem. Ind. VIII, 330; [Beibl. X, 137; Polyt. Notizbl. XLI, 25-27; [DINGL. J. CCLXI, 214-215: [ZS. D. Ing. XXX, 503-504.

Der Apparat, welcher in erster Linie zur Bestimmung des spec. Gewichts vom Leuchtgas diente, bestimmt das spec. Gewicht der Gase durch die Verschiedenheit des Auftriebs, welchen ein Körper in verschieden schweren Gasen erleidet, derart, dass sich dasselbe an einer Skala direkt ablesen lässt. Ein cylindrisches Glasgefäss (12 cm weit und 70 cm hoch) ist oben durch einen eingeriebenen Glasstopfen verschlossen, durch welchen ein Thermometer hindurchgeht und trägt zwei seitliche Ansatzröhren mit Hähnen zum Ein- und Austritt des Gases. Das Gefäss ist zur Hälfte mit Wasser gefüllt, in welchem ein Aräometer schwimmt, dessen Stiel (4 mm breit, 1 mm stark) am oberen Ende zu einer hohlen Kugel von 300 ccm Inhalt erweitert ist. Der Punkt, bis zu welchem der Apparat eintaucht, wenn der Stiel sich in Luft befindet, ist mit 1 bezeichnet. Im luftleeren Raum sinkt das Aräometer tiefer in das Wasser (bei den gegebenen Dimensionen um etwa 10 cm) bis zum Punkte 0 ein. Der Abstand zwischen beiden Punkten ist in 100 gleiche Theile eingetheilt und gestattet somit ein direktes Ablesen des spec. Gewichtes des Gases, welches die obere Kugel umgibt. Der Verfasser benutzt ferner seinen Apparat, das Baräometer, zur densimetrischen Analyse eines Gasgemenges, indem er demselben nach und nach seine einzelnen Bestandtheile entzieht und die Dichte des verbleibenden Gasrestes misst. Hat man a Gase, so verbindet man $a-1$ Baräometer derart mit einander, dass zwischen je zweien sich ein passendes Absorptionsgefäss (mit KOH, ammoniakalischer Cu_2Cl_2-lösung etc.) befindet und bestimmt nun in den Baräometern die verschiedenen spec. Gewichte. Ist s_3 das spec. Gewicht eines Gemenges von 2 Gasen, s_1 und s_2 dasjenige seiner Componenten x und $1-x$, so ist

$$s_3 = x.s_1 + (1-x)s_2; \quad x = (s_3 - s_2)/(s_1 - s_2).$$

Das Instrument würde sich bei genügend grossen Absorptionsgefässen besonders zur fortlaufenden Untersuchung von Leuchtgas, Hochofen-, Regeneratorgasen u. s. w. eignen. *Bgr.*

F. LUX. Verfahren zur continuirlichen directen Bestimmung des specifischen Gewichtes, des Druckes und der Bestandtheile von Gasen, sowie des specifischen Gewichtes von Flüssigkeiten mittels gewöhnlicher Hebelwagen. D. R. P. Nr. 35430; [ZS. f. Instrk. VI, 255;

[Beibl. X, 535; [Chem. Ber. XIX, (2) 419; Chem. Ind. IX, 233; [Chem. CBl. (3) XVII, 658†.

Ein als Wagschale dienendes Aufnahmegefäss befindet sich auf dem Hebelarm und wird mit einer der Drehbewegung des Hebels folgenden Zu- und Ableitung für den zu wägenden Gas-, resp. Flüssigkeitsstrom verbunden. Der zu wägende Körper wird durch den Druck des nachfolgenden Stromes stetig in das Aufnahmegefäss hinein- und gleich darauf wieder aus demselben hinausgetrieben, wobei ein mit dem Hebelarm verbundener Hebel die Hebungen und Senkungen auf einer Skala anzeigt. Diese ist mittelst zweier Fixpunkte hergestellt, von denen der eine sich ergiebt, wenn das Gefäss mit Luft, der andere, wenn er mit Wasserstoff gefüllt ist. Ersterer ist mit 1, letzterer mit 0,07 bezeichnet. Durch Sperrung der Ableitung lässt sich der Druck bestimmen, unter welchem sich das Gas in einem Behälter befindet. Durch Anwendung einer Reihe von Hebelwaagen und Einschaltung von geeigneten Absorptionsgefässen lassen sich aus den Dichtigkeitsänderungen die Bestandtheile eines Gasgemisches bestimmen (sh. vor. Ref.). *Bgr.*

V. Meyer. Notiz über Dampfdichtebestimmung. Chem. Ber. XIX, 1861-62†; [Bull. soc. chim. XLVI, 827; [J. chem. Soc. L, 842; [Beibl. XI, 117. 1887.

Um das Zerspringen oft gebrauchter gläserner Dampfmäntel zu verhindern, bringt der Verfasser die Heizflüssigkeit in einen kleinen eisernen Tiegel, dessen Rand so gestaltet ist, dass man in denselben unter Dichtung mit Quecksilber ein gläsernes Rohr einstellen kann. Dasselbe springt selten, und kann, falls dies doch geschieht, leicht durch ein anderes ersetzt werden. *Bgr.*

Justus Mensching und Victor Meyer. Ueber die Dampfdichte des Zinks. Chem. Ber. XIX, 3295-3299†; [Arch. f. Pharm. CCXXV, 258. 1887; [Bull. soc. chim. XLVII, 390. 1887; [J. chem. Soc. LII, 218. 1887; [Chem. CBl. (3) XVIII, 215. 1887; [Beibl. XI, 381. 1887.

Die Verdampfung des kompakten Zinkstückchens geschah in den von V. und C. MEYER beschriebenen Porzellanbirnen (Chem. Ber. XII, 1112), nachdem der ganze Apparat mit völlig luftfreiem Stickstoff gefüllt war, in einem Schmelzofen, der durch Coke und Holzkohlen gespeist wird und eine längere Zeit sehr konstante Temperatur von etwa 1400° gibt. Die Dichte wurde bei zwei Versuchen gleich 2,41 bezw. 2,36 gefunden. Diese Werthe führen zu der Molekularformel Zn für das Zink, welche die Zahl 2,25 verlangt. Das Zinkmolekül besteht sonach, wie das vom Quecksilber und Cadmium, nur aus einem Atom. *Bgr.*

W. RAMSAY and S. YOUNG. Note on the Vapour-densities of Chloral Ethylalcoholate. J. Chem. Soc. XLIX, 685-690†; [Chem. Ber. XIX, (2) 808; Chem. News LIV, 10; [Beibl. XI, 3. 1887; [Chem. CBl. (3) XVII, 597; [Bull. soc. chim. L, 116. 1888.

Die Verfasser bestimmten die Dichte des gesättigten und ungesättigten Dampfes vom Chloral-Aethylalkoholat und zeigten, dass stets mindestens 75 pCt. der Verbindung dissociirt sind. Genaue Resultate wurden nicht erhalten. *Bgr.*

L. CAILLETET et MATHIAS. Recherches sur les densités des gaz liquéfiés et de leurs vapeurs saturées. J. de Phys. (2) V, 549-564†; [Beibl. XI, 633-636. 1887; C. R. CII, 1202-1207; [J. chem. Soc. L, 758; [Chem. News LIII, 297.

Nach einer kurzen Charakterisirung derjenigen Methoden, welche bisher zur Bestimmung des spec. Gew. verflüssigter Gase angewendet wurden, beschreiben die Verfasser den Apparat, dessen sie sich zur Bestimmung der Dampfdichte gesättigter Dämpfe bedienten. In einer durch eine Kühlflüssigkeit auf konstanter Temperatur erhaltenen dickwandigen graduirten Glasröhre, deren Inhalt genau bestimmt ist, wird das betreffende Gas komprimirt, dann vermindert man den Druck solange, bis eben der letzte Tropfen der Flüssigkeit wieder gasförmig geworden ist, und liest die Höhe des Quecksilbers in der Röhre ab. Untersucht wurden Stickstoffoxydul, Aethylen und Kohlendioxyd, deren gesättigte Dämpfe bei den Temperaturen t folgende Dichtigkeiten d besitzen:

1. N_2O.

t =	+33,9	+32,8	+30,7	+29,6	+28,6	+26,9	+25,4
d =	0,2650	0,2500	0,2260	0,2112	0,2023	0,1936	0,1782
t =	+23,4	+20,7	+17,2	+14,1	+13,5	+11,8	
d =	0,1690	0,1532	0,1360	0,1284	0,1216	0,1140	
t =	+9,2	+6,1	+4,0	−1,5	−4,0	−7,5	−12,2
d =	0,1066	0,0953	0,0909	0,0785	0,0722	0,0661	0,0566
t =	−21,5	−23,5	−27,0	−28,0			
d =	0,0461	0,0413	0,0387	0,0378			

Daraus berechnen die Verfasser die Interpolationsformel:

$$d = 0{,}5099 - 0{,}00361\,t - 0{,}0714\,\sqrt{36{,}4^0 - t)}.$$

36,4° ist die kritische Temperatur von N_2O.

2. C_2H_4.

t =	+8,9	+8,0	+6,1	+4,5	+3,6	+3,3	+2,8
d =	0,1500	0,1400	0,1233	0,1127	0,1033	0,1004	0,0923
t =	−0,5	−2,0	−5,0	−9,5	−11,5	−16,0	
d =	0,0860	0,0831	0,0727	0,0632	0,0528	0,0501	
t =	−23,0	−25,0	−30,0				
d =	0,0389	0,0357	0,0329				

Interpolationsformel:

$$d = 0{,}1929 - 0{,}00188\,t - 0{,}0346\,\sqrt{9{,}2^0 - t)}.$$

3. CO_2.

t =	+30,2	+29,8	+28,1	+27,0	+26,1	+25,0	+23,7
d =	0,3507	0,3118	0,3044	0,2864	0,2685	0,2543	0,2369
t =	+22,4	+21,3	+19,7	+17,3	+15,7	+13,6	+11,8
d =	0,2288	0,2155	0,2014	0,1835	0,1712	0,1585	0,1451

$t =$	+10,1	+8,2	+6,7	+2,2	+0,5	−1,4	−5,0
$d =$	0,1414	0,1304	0,1223	0,1040	0,0983	0,0953	0,0850
$t =$	−12,0	−16,0	−21,8	−23,8	−24,5	−26,0	−27,9
$d =$	0,0692	0,5696	0,0526	0,0475	0,0463	0,0414	0,0382
$t =$	−29,8						
$d =$	0,0352						

Interpolationsformel:

$$d = 0{,}5668 - 0{,}00426t - 0{,}084\sqrt{31^\circ - t}.$$

Die Verfasser beschreiben dann den Apparat, mittelst dessen die Dichte der flüssigen Gase bestimmt wurde, dessen wesentlichster Theil aus einer O-förmigen Glasröhre von 0,5 m Länge und 1,5 mm lichter Weite besteht, in deren unterer Biegung sich etwas Quecksilber befindet. Wird das Gas in der Röhre komprimirt und gleichzeitig der eine Schenkel abgekühlt, so befindet sich in diesem Schenkel kondensirtes Gas, in dem andern gesättigter Dampf, und aus der Niveaudifferenz des Quecksilbers (die man an den in mm getheilten Röhren ablesen kann) lässt sich die Dichte der kondensirten Flüssigkeit berechnen. Auf diese Weise wurde gefunden:

1. N_2O.

$t =$	+23,7	+22,7	+19,8	+16,7	+14,5	+13,1	+11,7
$d =$	0,698	0,729	0,758	0,791	0,800	0,809	0,810
$t =$	+9,0	+6,6	+1,4	−2,2	−5,5	−7,3	−11,6
$d =$	0,846	0,849	0,866	0,912	0,9308	0,953	0,9525
$t =$	−18,0	−20,6					
$d =$	0,981	1,0026					

Interpolationsformel:

$$d = 0{,}342 + 0{,}00166t + 0{,}0922\sqrt{36{,}4 - t}.$$

2. C_2H_4.

Die Bestimmung bietet grosse Schwierigkeiten; die Werthe sind deshalb nicht sehr genau:

$t =$	−21,0	−3,7	+4,3	+6,2
$d =$	0,414	0,353	0,332	0,310

3. CO_2.

$t =$	+22,2	+20,9	+19,7	+16,5	+15,9	+11,0	+6,8
$d =$	0,726	0,755	0,770	0,788	0,796	0,840	0,868
$t =$	+3,4	+1,3	−1,6	−3,3	−8,2	−11,5	−14,5
$d =$	0,870	0,907	0,910	0,936	0,955	0,966	0,985
$t =$	−23,0	−25,0	−30,0	−34,0			
$d =$	0,998	1,016	1,013	1,057			

Interpolationsformel:

$$d = 0{,}350 + 0{,}0035t + 0{,}101\sqrt{31^\circ - t}.$$

Die beobachteten Werthe stimmen für die gesättigten Dämpfe und für Temperaturen unter 0° auch für die verflüssigten Gase gut mit den Werthen überein, welche Sarrau nach den Tafeln von Clausius berechnet hat (C. R. CI, 1885). Die beiden Curven treffen sich bei jedem der Gase bei der kritischen Temperatur. Bei derselben ist also die Dichte des gesättigten Dampfes gleich derjenigen des flüssigen Gases. Man findet für

CO_2	N_2O	C_2H_4
0,46	0,41	0,22

Endlich haben die Verfasser die Zahlen benutzt, um die latente Verdampfungswärme L des CO_2 und des N_2O zu berechnen. Sie gelangen dabei zu den Formeln:

$$\text{für } CO_2\text{:}\quad L^2 = 118{,}485(31-t) - 0{,}4707(31-t)^2$$

$$\text{für } N_2O\text{:}\quad L^2 = 131{,}75(36{,}4-t) - 0{,}928(36{,}4-t)^2$$

Bgr.

L. F. Nilson und Otto Pettersson. Ueber ein neues mit exakter Temperaturbestimmung verbundenes Verfahren zur Feststellung der Dampfdichte flüchtiger Körper. J. f. prakt. Chem. XXXIII, 1-17†; J. chem. Soc. L, 298; [ZS. f. Instrk. VI, 355; [Chem. Ber. XIX, 88; [Beibl. X, 315; Ann. Chim. Phys. (6) VIII, 554-574; Bihang Sv. Ak. XI, Nr. 6, 16 p.

Das aus Platin verfertigte Verdampfungsgefäss ist cylindrisch und besitzt einen engeren Stil, in welchem sich in einem Platineimer die Substanz befindet. Eine Platinröhre von denselben Dimensionen wie der Stil ist neben demselben im Porzellanrohre aufgehängt, welches im PERROT'schen Ofen bis 1500° erhitzt werden kann. Mit diesem Platinrohr ist durch kapillare Glasröhren ein cylindrisches Glassgefäss verbunden, welches denselben Inhalt besitzt, wie das Reservoir des Verdampfungsgefässes. Beide sind mit einem *U*-förmigen Differentialmanometer verbunden, in welchem sich einige Tropfen concentrirte Schwefelsäure befinden. Das Verdampfungsgefäss ist ausserdem mit einer mit Quecksilber gefüllten, kalibrirten Messröhre verbunden, in welcher der Queksilberstand beliebig verändert werden kann. Letztere dient als Luftthermometer, das Glasgefäss sammt der Platinröhre zur Vermeidung des Einflusses des schädlichen Raumes im Luftthermometer, da das Glas im Verdampfungsgefäss sich unter konstantem Druck ausdehnt und die Wirkung der Temperaturerhöhung in diesem Gefäss durch den gleichen Vorgang in der zweiten Platinröhre und dem damit verbundenen gleich grossen Glasgefäss kompensirt wird. Die näheren Einzelheiten über den Bau der Apparate sowie über ihre Anwendung sind im Original nachzusehen. Die Bestimmungen der Verfasser beziehen sich auf das Berylliumchlorid; sie wurden in einer Atmosphäre von Kohlendioxid ausgeführt. Nachstehende Tabelle enthält die Resultate der neuen sowie der früheren Messungen (Berl. Ber. XVII, 987. 1884).

	Versuchs-temperatur	Dampfdichte. Luft = 1	
Im Verbrennungsofen	490°	6,7	Langsame Vergasung. Bestimmung unsicher.
	520	4,174	Vollständige langsame Vergasung.
	589	3,067	Normaler Verlauf des Versuchs.
	597	3,031	
	604	3,090	
	686	2,853	
	720	2,926	
	745	2,753	
	812	2,793	
In PERROT's Ofen	1080	2,684	
	1115	2,779	
	1184	2,824	
	1502	2,791	

Nach einer Periode allmählicher Dissociation von 490—604° erreicht das Chlorid mithin bei 680° vollkommenen Gaszustand und behält dann ohne eine Spur von Zersetzung die Molekulargrösse $BeCl_2 = 80$, welche die Dampfdichte 2,770 verlangt. *Bgr.*

F. Isambert. Sur le pentasulfure de phosphore. C. R. CII, 1386-1388†.

Beim Vermischen der Lösungen von Schwefel und Phosphor in Schwefelkohlenstoff scheidet sich unter der Einwirkung des Sonnenlichtes eine gelblichweisse Masse ab, welche im Verlauf eines Jahres theilweise krystallisirt. Der Verfasser hat nachgewiesen, dass diese Krystalle die Zusammensetzung P_2S_5 besitzen. Sie sieden bei 520°. Die Dampfdichte des durch Zusammenschmelzen von rothem Phosphor und Schwefel erhaltenen Phosphortrisulfids P_2S_3 ändert sich mit der Temperatur. Bei hohen Temperaturen ist sie 10,2, bei niederen 12. Die Formel verlangt 10,9. *Bgr.*

S. Wroblewski. Sur la densité de l'air atmosphérique liquide et de ses composants, et sur le volume atomique de l'oxygène et de l'azote. C. R. CII, 1010-1012†; [Beibl. X, 476; [Cim. (3) XX, 49; [Bull. soc. chim. XLVI, 51; [J. Chem. Soc. L, 661; [Chem. Ber. XIX, (2) 382; [Chem. News LIII, 251; [Chem. CBl. (3) XVII, 529; [Rundsch. I, 262.

Die Dichte wurde durch Messen der Gasmenge bestimmt, welche nach der Verflüssigung ein Reservoir von bekanntem Inhalt füllte. Auf diese Weise war es möglich, die Dichte sowohl unter hohem Druck in der Nähe der kritischen Temperatur als im leeren Raum bei sehr niederen Temperaturen zu bestimmnn. Für die Dichte des flüssigen Sauerstoffs (bezogen auf Wasser von 4°) gelangt der Verfasser zu der Formel:

$$d = 1{,}212 + 0{,}00428\,T - 0{,}0000529\,T^2,$$

in welcher T die absolute Temperatur bezeichnet. Dieselbe gilt für Temperaturen zwischen der kritischen Temperatur des Sauerstoffs (—118°), wo $d = 0{,}6$ ist, bis zu —200°, wo die Dichte bei einem Druck von 0,02 m gleich 1,24 ist. Das Atomvolumen des Sauerstoffs ist mithin < 14 und nicht gleich 16, wie DUMAS behauptete.

Für den Stickstoff wurden folgende Werthe gefunden:

Temperatur	Druck in Atmosph.	Spannung des gesättigten Dampfes in Atmosph.	Dichte auf Wasser von 4° bezogen	Dilatations-koefficient
—146,6°	38,45	32,2	0,4552	
—153,7	30,65	20,7	0,5842	0,0311
—193,0	1,00	1,0	0,83	0,007536
—202,0	0,103	0,105	0,866	0,004619

Die Dichte im Moment des Erstarrens ist mithin ungefähr 0,9; das Atomvolumen nahezu 15,5. In MENDELEJEFF's Curve der Atomvolume muss mithin zwischen dem Stickstoff und dem Natrium ein Minimum für den Sauerstoff vorhanden sein.

Die Luft verhält sich besonders bei niederen Temperaturen und schwachen Drucken nicht wie ein homogenes Gas, sondern wie eine Mischung, deren Bestandtheile bei der Verflüssigung verschiedenen Gesetzen folgen. Man kann deshalb auch eigentlich nicht von einer Dichte der atmosphärischen Luft reden. Der Werth, welchen man in der Nähe der kritischen Temperatur erhält, stimmt mit demjenigen nahezu überein, welchen man unter Zugrundelegung der für flüssigen Sauerstoff und Stickstoff gefundenen Zahlen berechnet. Bei —146,6° und 45 Atm. fand man 0,59; die Rechnung ergiebt 0,6. *Bgr.*

E.-H. AMAGAT. Sur le volume atomique de l'oxygène. C. R. CII, 1100†; [Cim. (3) XX, 52; [J. chem. Soc. L, 662; [Chem. Ber. XIX, (2) 479; [Chem. News LIII, 274; [Chem. CBl. (3) XVII, 530; [Beibl. X, 477.

Der Verfasser weist darauf hin, dass er schon früher (C. R. 2. März 1885) die Dichte des Sauerstoffs bei 17° und 4000 Atm. > 1,25 gefunden hat. Bei gleichzeitiger Anwendung hoher Drucke und niedriger Temperaturen wird vielleicht ein noch höherer Werth für die Dichte und mithin ein noch geringerer für das Atomvolumen gefunden werden. Man kann vielleicht annehmen, dass S, Se und Te dasselbe Atomvolumen besitzen, dass aber dasjenige des Sauerstoffs in einem einfachen Verhältniss (wahrscheinlich 1 : 2) zu jenen steht. Ebenso könnte das Atomvolumen des Fluors halb so gross als dasjenige der anderen drei Halogene sein. *Bgr.*

Litteratur.

ALOIS HANDL. Ueber ein neues Hydrodensimeter. EXNER Rep. XXII, 113-15; sh. diese Ber. XLI, (1) 93.

J. S. ADRIANA. Laboratory Calculations and Specific Gravity Tables. New-York, John Wiley and Sons 1886. [Chem. News LIV, 199.

P. T. MAIN. On our experimental knowledge of matter. Brit. Ass.; Eng. XXII, 282.

G. VICENTINI. Sulla variazione di volume di alcuni metalli nell' atto della fusione e sulla dilatazione termica degli stessi allo stato liquido. Torino 1886.

LE BEL. Specifische Gewichte russischen Petroleums. C. R. CIII, 1017-1019; [J. chem. Soc. LII, 225.

TAIT. On the Effect of Pressure on the Maximum Density Point of Water. Edinb. Proc. Roy. Soc. XIII, 527.

CRUM BROWN. On the Relation between the Densities and the Atomic Weights of the Elements. Edinb. Proc. Roy. Soc. XIII, 530. (Titel.)

H. KOPP. Memoir on the Molecular Volumes of Liquids (being a Critique on a Memoir by MM. BARTOLI and STRACCIATI published in the Ann. chim. phys., March 1886). Monit. scient. (3) XVI, Juli 1886; [Chem. News LIV, 61.

G. H. B. KOPP's „Memoire sur les Volumes moléculaires des Liquides, avec un avant-propos. 47 pp. Heidelberg, C. Winter 1886. [Nat. XXXIV, 359-360.

R. SCHIFF. Bestimmung des specifischen Gewichtes von Flüssigkeiten bei höherer Temperatur. Polyt. Notizbl. XLI, 75.

J. PINETTE. Ueber das specifische Volumen von Phenolen und Phenoläthern bei ihren Siedepunkten. Königsberg 1886.

BLUNT. Specifisches Gewicht der Strychninkrystalle. Pharm. Journ. and Trans. 1886, 62; [Arch. d. Pharm. CCXXIV, 988; [J chem. Soc. L, 1047; [Chem. Ber. XIX, [2] 838. $s = 1.13$.

A. DITTE. Ueber einige Eigenschaften des Schwefelantimons. C. R. CII, 212-214; [Beibl. X, 420.

V. GOLDSCHMIDT. Bestimmungen des specifischen Gewichts von Mineralien. Ann. k. k. naturhist. Hofmuseums I, 127-134, auch Sep. bei Hölder; [Beibl. X, 651.

W. GILES und A. SHEARER. Ueber den Procentgehalt und das specifische Gewicht von Schwefligsäure-Lösungen. DINGL. J. CCLVII, 80.

J. A. GROSHANS. The law of density numbers. Rec. trav. chim. IV, 1-31, 153-66, 307-31; [J. chem. Soc. L, 411.

A. BARTOLI. Die Dichte eines festen Körpers, welcher alle einfachen Körper enthält, und Vergleichung derselben mit der mittleren Dichte der Erde. EXNER Rep. XXII, 123-26; Cim. (3) XIX, 127-130; J. de phys. (2) VI, 586. 1887; siehe diese Ber. XLI, (1) 96.

W. LERMANTOFF. Sur les calculs de la densité. J. soc. phys.-chem. russ. XVII, 56; [J. de phys. (2) V, 91 Siehe diese Berichte XLI, (1) 93. *Bde.*

---

3. Physikalische Betrachtung chemischer Processe; Zusammensetzung des Moleküls.

CL. WINKLER. Germanium, Ge, ein neues, nicht metallisches Element. Chem. Ber. XIX, 210-211; [Arch. d. Pharm. CCXXIV, 358; [Bull. soc. chim. XLVI, 320; [J. Chem. Soc. L, 421; [SILL. J. (3) XXXI, 308; [Chem. CBl. (3) XVII, 242; [Chem. Z. X, 237; [Naturf. XIX, 143; [Rundsch. I, 100†; [Pharm. ZS. XXVII,

105-106; [C. R. CII, 528; [Wien. Anz. XXIII, 42; [Nat. XXXIII, 418; [Polyt. Notizbl. XLI, 75; [Bull. Belg. (3) XII, 127; [Chem. News LIII, 127; [Dingl. J. CCLIX, 474; [Beibl. X, 657†.

Lecoq de Boisbaudran. Sur le poids atomique du germanium. C. R. CIII, 452-453†; [J. Chem. Soc. LII, 15; [Chem. News LIV, 4-5 u. 164; [Beibl. X, 569.

Das von Hrn. Winkler endeckte neue Element findet sich im Silbererz Argyrodit, das bei Freiberg in Sachsen vorkommt. Erhitzt man letzteres unter Luftabschluss, so erhält man ein schwarzes Sublimat, das zum grössten Theil aus Germaniumsulfid besteht; es löst sich in Schwefelammonium und wird durch Säuren als weisser Niederschlag gefällt. An der Luft erhitzt oder mit Salpetersäure behandelt, wird es in ein weisses, nicht flüssiges Oxid übergeführt, das sich in Kalilauge löst. Mit Wasserstoff reducirt, giebt es ein graues, schwachglänzendes, dem Arsen ähnliches Metall. Schmelzpunkt ca. 900°, specifisches Gewicht bei ca. 20,4° 5,469, Atomgewicht 72,32; es scheint Mendelejeff's Ekasilicium zu entsprechen. Mittlere spec. Wärme von 0° bis t^0

für $t =$	100°	211°	301,5°	440°
	0,0737	0,0772	0,0768	0,0757
Atomwärme	5,33	5,58	5,55	5,47

Die specifische Wärme des Germaniumbioxids beträgt zwischen 0° und 100° 0,1293, woraus sich die Molekularwärme 13,48 berechnet. Die Dampfdichte des bei 86° siedenden Chlorids ergab sich bei 301,5° zu 7,43, bei 305,5° zu 7,46, bei 739° zu 7,44; der aus $GeCl_4$ berechnete Werth ist 7,40. Das Spectrum eines Funkens zwischen einer Platin- und einer Germaniumelektrode ergab die Wellenlängen: 6336, 6020 (sehr stark), 5832 (sehr stark); 5255,5; 5228,5; 5209, 5177,5 (breit, diffus); 5134; 5131 (breit, diffus); 4813 und 4742 (ebenso); 4684,5 (scharf, schwach); 4291 und 4260,5 (diffus, schwach); 4225,5, 4178 (diffus, schwach).

Aus dem Gesetz der Proportionalität zwischen den Aenderungen des Atomgewichts und der Wellenlängen berechnet Lecoq de Boisbaudran für das Atomgewicht des Germaniums die Zahlen 72,28; 72,32 und 72,27. *Cn.*

H. MOISSAN. Recherches pour isoler le fluor. C. R. CII, 1543-1544; La Nat. XIV, (2) 94†; Bull. soc. chim. XLVI, 785; Chem. News LIV, 51; Assoc. Franc. Nancy XV, (1) 109, (2) 271; [Beibl. X, 714.

Schickt man durch eine *U*-förmige Platinröhre, die mit Flusssäureanhydrid angefüllt ist, einen Strom von 50 Bunsen bei — 50°, so erhält man am negativen Pol Abscheidung von Wasserstoff, am positiven Pol die Entwicklung eines Gases mit folgenden Eigenschaften: von Quecksilber wird es vollständig absorbirt unter Bildung von Quecksilberprotofluorür mit hellgelber Farbe; es zersetzt Wasser unter Ozonbildung. Phosphor entzündet sich in seiner Gegenwart und liefert Phosphorfluorür; Schwefel erwärmt sich und schmilzt. Auf Kohle scheint es keine Wirkung zu haben. Geschmolzenes Chlorkalium wird in der Kälte angegriffen und entwickelt Chlor. Krystallisirtes Silicium, das mit Salpetersäure und Fluorwasserstoffsäure gewaschen ist, entzündet sich bei Berührung mit dem Gase und verbrennt leuchtend zu Fluorsilicium. Ob das Gas Fluor selbst oder ein Wasserstoffperfluorür oder ein Gemisch von Fluorwasserstoffsäure und Ozon ist, kann noch nicht mit Sicherheit entschieden werden. Es werden weitere Versuche in Aussicht gestellt. *Cn.*

W. CROOKES. Sur la présence d'un nouvel élement dans le samarskite. C. R. CII, 1464-1466†.

— — The existence of New Elements in Gadolinite and Samarskite. Chem. News LIII, 299†.

Es werden die mittleren Wellenlängen der Absorptionsbanden in den Phosphorescenzspektren einiger wahrscheinlich neuer Elemente angegeben, die durch fraktionirte Fällungen aus Samarskit und Gadolinit erhalten wurden. Die Bande 609, die der Verfasser im Spektrum eines Gemisches von Samarium und Yttrium nachgewiesen hatte, erweist sich als einem neuen Element angehörig, das sich im Samarskit findet, aber nicht im Gadolinit.

Cn.

E. LINNEMANN. Austrium, ein neues metallisches Element. Wien. Anz. XXIII, 87-88†; Wien. Ber. XCIII, (2) 662-665; [Arch. Pharm. CCXXIV, 718; Monatsh. f. Chem. VII, 121-123; [J. Chem. Soc. L, 773; [J, d. phys. (2) VI, 295; [SILL. J. (3) XXXII, 405; [Chem. Ber. XIX, (2) 431; [Chem. CBl. (3) XVII, 497; [DINGL. J. CCLX, 570; [Polyt. Not. XLI, 184; [Beibl. X, 542.

LECOQ DE BOISBAUDRAN. Sur l'annonce de la découverte d'un nouveau métal, l'austrium. C. R. CII, 1436; [Chem. CBl. (3) XVII, 516; [Beibl. X, 542†; [Chem. Ber. XIX, [2] 650; [Chem. News LIV, 23.

LINNEMANN fand das von ihm Austrium genannte Metall im Orthit von Arendal; das Spektrum zeigt 2 Linien im Violett $\lambda = 416,5$ und $\lambda = 403$; in ÅNGSTRÖM's Atlas findet sich bei $\lambda = 416,47$ eine nicht identificirte Linie, mit der die eine Austriumlinie coincidiren würde.

Nach LECOQ DE BOISBAUDRAN ist das Element mit Gallium identisch; die Spektrallinien des Galliums liegen bei 403,2 und 417,5. *Cn.*

A. PRINGLE. On some probable new elements. Chem. News LIV, 167†; [J. Chem. Soc. LII, 107†.

Enthält vorläufige Angaben, nach denen sich neue Elemente mit den Atomgewichten 74; 95,4; 43,6 und 45,2 in Material, das aus einer Gletschermoräne in Selkirk stammt, finden würden.

Cn.

CL. ZIMMERMANN. Ueber die Atomgewichte des Kobalts und des Nickels. Aus dem Nachlass. LIEB. Ann. CCXXXII, 324 bis 347†; [Arch. d. Pharm. CCXXIV, 632; [Bull. soc. chim. XLVII, 184; [J. Chem. Soc. L, 596; [Chem. Ber. XIX, (2) 385; [Chem. News LIII, 287; [Chem. CBl. (3) XVII, 569; [Beibl. X, 455.

Zur Atomgewichtsbestimmung, die von besonderem Interesse ist, da zahlreiche frühere Versuche für Co und Ni denselben Werth ergeben hatten, wurde die Methode der Reduktion der Monooxide durch Wasserstoff zu Metall benutzt; es ergab sich für $O = 15,96$

	Kobalt	Nickel
Atomgewicht	58,74	58,56
Minimalwerth	58,72	58,55
Maximalwerth	58,75	58,575
Zahl der Versuche	9	11

Cn.

A. ZIMMERMANN. Untersuchungen über das Uran. Dritte Abhandlung. Aus dem Nachlass. LIEB. Ann. CCXXXII, 273 bis 324†; [J. Chem. Soc. L, 598; [Chem. Ber. XIX, (2) 384; [Chem. CBl. (3) XVII, 569; [Beibl. X, 454.

Durch sorgfältigste Versuche weist ZIMMERMANN nach, dass ein Oxyd U_2O_5, das PÉLIGOT und Andere dargestellt zu haben glaubten, nicht als solches existirt, sondern dass der betreffende Körper ein Gemenge von vorwiegend U_3O_8 und mehr oder weniger UO_2 ist. Das Atomgewicht des Urans wurde aus der Zunahme an Sauerstoff bei der Ueberführung von UO_2 in U_3O_8 berechnet und ergab sich aus 10 Versuchen, die im Maximum um 0,27 differiren, im Mittel gleich 239,02 für $O = 15,96$, gleich 239,6 für $O = 16$. Aus 4 weiteren Bestimmungen, zu denen die Umwandlung des Natriumuranylacetats im Natriumuranat benutzt wurde, ergab sich für $C = 11,97$, $O = 15,96$ und $Na = 22,995$ im Mittel $U = 238,90$. *Cn.*

A. E. NORDENSKJÖLD. Sur le poids atomique de l'oxyde de gadolinium. C. R. CIII, 795-798†; [Chem. C.-Bl. (3) XVII, 906; [J. Chem. Soc. LII, 109; [Rundsch. II, 12; [Bull. soc. chim. XLVII, 392; [Chem. Ber. XX, (2) 5; [Chem. News LIV, 241-242.

Der Verfasser versteht unter Gadoliniumoxid das Gemisch von Oxiden, die im Gadolinit von YTTERBY entdeckt und chemisch dadurch definirt sind, dass sie aus ihren Lösungen durch Ammoniak, Ammoniumoxalat und neutrales Kaliumsulfat gefällt werden. Dieses Gemisch besteht aus

	Atomgewicht
Yttriumoxid	227,2
Erbiumoxid	380
Ytterbiumoxid	392

Es fand sich, dass diese 3 Oxide immer in demselben Verhältniss gemischt vorkommen. Aus 10 Mineralen, die in Zusammensetzung und Herkunft durchaus verschieden waren, ergab sich das Atomgewicht des Gadoliniumoxids im Mittel 261,9; der grösste Werth war 264,2, der kleinste 259,2; das sind Abweichungen, die in den Grenzen der Beobachtungsfehler liegen. Die Bestimmung geschah durch Ueberführung der Oxide in Sulfate. *Cn.*

P. T. Cleve. Contributions to the knowledge of Samarium. N. acta Upsala (3) XIII, 39 pp.†; Chem. News LIII, 30-31, 45-47, 67-69, 80-82, 91-93, 100-102.

Eine die Versuche des Verfasser's zusammenfassende Arbeit, welche eine Monographie des Samariums und seiner Verbindungen liefert. Ueber das physikalisch Wichtige ist bereits diese Ber. XXXIX, 112 Mittheilung gemacht. *Cn.*

J. D. van der Plaats. Essai de Calcul des Poids Atomiques de M. Stas. Ann. chim. phys. (6) VII, 499-532†; [Chem. Ber. XIX, 427; Rec. Trav. chim. V, 123-126; [Chem. CBl. (3) XVII, 561; Rundsch. I, 202; [Rev. Scient. (3) VI, (1) 573-574; [Chem. News LIV, 52-53, 66, 78-79, 88-89, 101-102, 163-164, 171-172, 186-187.

Bei einer sorgfältigen Neuberechnung der Versuche von Stas stellte sich heraus, dass in den Originalabhandlungen zahlreiche Rechen- und Druckfehler vorhanden sind. Die folgende Tabelle enthält die neuberechneten und controllirten Werthe nach van der Plaats für O = 16

	nach Stas.		
Symbol	1860	1865	1882
Ag	107,943	107,930	107,930
Cl	35,46	35,457	
Br		79,952	
J		126,850	
S	32,0742		
K	39,13	39,137	39,1425

nach STAS.

Symbol	1860	1865	1882
Na	23,046	23,043	23,045
Li		7,022	
N	14,041	14,044	14,055
Pb	206,906		
	206,920		

nach VAN DER PLAATS.

Symbol	Atomgewicht	Unsicherheit
Ag	107,930	0,01
Cl	35,456	0,005
Br	79,955	0,01
J	126,857	0,01
S	32,06	0,01
K	39,144	0,01
Na	23,049	0,005
Li	7,024	0,01
N	14,05	0,01
Pb	206,91	0,05

Die Jahreszahlen beziehen sich auf die Abhandlungen, in denen STAS die betreffenden Zahlen veröffentlichte, die Berechnung von VAN DER PLAATS ist mit 7 stelligen Logarithmen ausgeführt.

Cn.

A. POPPER. Zur Atomgewichtsfrage des Antimons.

LIEB. Ann. CCXXXIII, 153-160†; [Bull. soc. chim. XLVII, 391; [J. Chem. Soc. L, 856; [Chem. Ber. XIX, (2) 658; [Chem. News LIV, 49; [Beibl. XI, 76.

PFEIFER hatte als elektrolytisches Aequivalent des Antimons 40,34 gefunden, woraus das Atomgewicht 121 folgen würde; aus analytischen Versuchen ergiebt sich die Zahl 119,6. Der Verfasser wiederholt die PFEIFER'schen Versuche und findet sie bestätigt; er erhält gleichfalls im Mittel 121. Da die bekannten möglichen Fehlerquellen eine zu kleine Zahl ergeben würden, lässt sich die Differenz einstweilen nicht aufklären. *Cn.*

J. R. Rydberg. Die Gesetze der Atomgewichtszahlen. Bihang Sv. Akad. XI, H. 1 Nr. 13, 18 p. 1886/87†; [Beibl. XII, 5. 1888.

Der Verfasser stellt zunächst die 23 bestbestimmten Elemente von H bis Fe zusammen, und zeigt, dass ihre Atomgewichte sämmtlich bis auf Mg und Cl dem Gesetz gehorchen

$$x = \text{einer ganzen Zahl} \pm \delta,$$

wo $\delta < 0{,}125$. Die Wahrscheinlichkeit, dass dies rein zufällig sei, ist kleiner als 10^{-12}. Es ist also unzweifelhaft gestattet, diese Thatsache als Gesetz anzusehen, und eine erste Betrachtung anzustellen, indem man die δ weglässt und nur die abgerundeten Atomgewichte N in Betracht zieht. Für diese ergiebt sich die Regel:

Für die Elemente ungeraden Sättigungvermögens ist N von der Form $4n+3$.

Für diejenigen geraden Sättigungvermögens ist $N = 4n$, wo $n =$ einer ganzen Zahl. Ausnahmen sind Be, N und Sc. Die Wahrscheinlichkeit, dass diese Regel zufälliger Natur sei, ist 1/7056000.

Weiterhin werden nun auch die Elemente in Betracht gezogen, deren Atomgewicht über 60 hinausgeht; *U* und die neuesten seltenen Erden wurden ausgeschlossen, weil man sie nicht genügend kennt. Die Abrundung bei den höher liegenden Elementen wird erheblich weiter getrieben als bei den vorher behandelten; für δ sind Werthe angesetzt, die in einzelnen Fällen > 1 sind, ja 3,5 erreichen. Motivirt wird dies Verfahren durch Betrachtung des Mendelejeff'schen Periodensystems. Soll demselben ernstliche Bedeutung zukommen, so muss man zwischen den Elementen in jeder Reihe wirklich konstante Differenzen nachweisen können, und soll sich der Satz, dass für Stoffe mit ungerader Valenz $N = 4n+3$, für die mit gerader Valenz $N = 4n$ ist, auf alle Elemente ausdehnen lassen, so müssen diese Differenzen durch 4 theilbar sein. Es ist nun der Unterschied Tl—Al, Bi—P, Hg—Mg, Pb—Si im Mittel gleich 176,62; zwischen jedem Paar der hier aufgezählten Grenzelemente liegen in Mendeljeff's Anordnung 3 andere Elemente, also ist die fragliche Differenz 176 : 4 oder 44. Ganz entsprechend ist Ta—V, Ir—Co, Au—Cu, W—Cr im Mittel 132,53 und zwischen jedem Paar liegen zwei Elemente, so dass auch für sie die Differenz 132 : 3 = 44 herauskommt. Gegen diese Uebereinstimmung bedeutet es wenig, wenn kleinere Gruppen merkliche Abweichungen zeigen; der Verfasser hat also nach ihr seine Werthe von N abgerundet. Vergleicht man nun die so erhaltenen Werthe N mit den nicht abgerundeten Atomgewichten x, so ergiebt sich für die Differenz $x-N$ oder δ das bestimmte Gesetz: „Die δ aller Elemente sind periodische Functionen der N, und ihre Periode ist 11.“ Jede Periode enthält zwei Maxima und zwei Minima; die Maxima wachsen mit n. Für $x < 60$ sind die δ so klein, dass das Gesetz sich kaum verificiren lässt, für $x > 60$ kommt keine Ausnahme vor. Etwa noch vorhandene Mängel der Betrachtung sind wahrscheinlich darauf zurückzuführen, dass man konsequenter Weise auch für Wasserstoff annehmen muss, es sei nicht $H = 1$, sondern $H = 1 + \delta$, und dass das δ des Wasserstoffs in der Untersuchung nicht berücksichtigt werden konnte.

Der Verfasser schliesst aus dem aufgestellten Gesetz, dass die Atome nothwendig zusammengesetzte Körper mit Wasserstoffkernen sind. Zum Schluss werden regelmässige Beziehungen zwischen den δ und anderen Eigenschaften der Elemente mit Bezug auf eine frühere (schwedisch geschriebene) Abhandlung des Verfassers in Bihang X, No. 2 angedeutet. *Bde.*

J. R. RYDBERG. Ueber das periodische System der chemischen Grundstoffe. Bih. Svensk. Vet. Akad. Handl. X, Nr. 2, 31 pp.†; [Beibl. XII, 2-4. 1888.

Der Verfasser stellt zunächst das specifische Gewicht und den Schmelzpunkt als Funktionen der Atomgewichte graphisch dar, verbindet aber dabei die aus der Erfahrung entnommenen Kurvenpunkte nicht durch gradlinige Strecken, wie es bis dahin nach L. MEYER's Vorgange geschah, sondern durch einen kontinuirlichen Zug. Er fügt dann ferner die Kurve $y = s/x$ zu, wo s das specifische Gewicht, x das Atomgewicht ist. Die Kurven zeigen dann auffallende Regelmässigkeiten, aus denen zunächst hervorgeht, dass die beiden sogenannten kleinen Perioden der Elemente, Li—Fl und Na—Cl zusammen eine einzige, den grossen Reihen K—Br etc. ganz entsprechende Periode bilden. Die Kurve der oben erwähnten y wird dann näher untersucht, und es zeigt sich, dass sie durch Superposition zweier Sinusoiden von veränderlicher Amplitude entsteht, deren eine die Wellenlänge 45 (in Einheiten des Atomgewichts) die andere $22\frac{1}{2}$ besitzt. Vielleicht kommt noch eine dritte mit der Periode 15 vor. Die Grösse y lässt sich danach annähernd durch eine Sinusreihe von der Form darstellen:

$$y = F(x) + \Sigma F_n(x) . \sin \frac{2\pi n x}{p}.$$

Im zweiten Theil der Abhandlung versucht der Verfasser nachzuweisen, dass die Periodicität in den Eigenschaften der Elemente auf einer Periodicität der Kohäsion beruht, und dass diese letztere ihren Grund in periodischen Bewegungen der Atome hat, welche den Aether in Druckvibrationen versetzen. Die Energie der Atomschwingungen soll eine periodische Funktion des Atomgewichts sein, somit auch die Kohäsion.

In der dritten Abtheilung betrachtet der Verfasser eine periodische Veränderlichkeit bei den Grenzen der Atomgewichte.

Bde.

J. R. Rydberg. Sättigungsvermögen und Atomgewicht. Öfvers. K. Vet. Akad. Forh. 1885, Nr. 7†; [Beibl. XII, 4. 1888.

Zu den bereits bekannten Periodicitätseigenschaften der Elemente fügt der Verfasser eine neue: Die Anzahl der Oxide eines Elements ändert sich periodisch mit dem Atomgewicht. Ein ähnliches Gesetz kann, wenn auch weniger sicher, für Sulfide und Chloride nachgewiesen werden. Es ergiebt sich ein bemerkenswerther Zusammenhang mit den im vorigen Referat erwähnten Kohäsionsbetrachtungen: Die Minimal- und Maximalzahl der Verbindungen findet sich nämlich bei denjenigen Elementen, für welche nach dem dort Mitgetheilten die Energie der Atomschwingungen ein Minimum bezw. Maximum hat. *Bde.*

TH. CARNELLEY. Suggestions as to the cause of the periodic law and the nature of the chemical elements. Chem. News LIII, 157-159, 169-172, 183-186, 197-200†; [Beibl. X, 739.

Der Verfasser hat seinerseits eine Betrachtungsweise aufgebaut, welche schon von DUMAS (C. R. XLV, 709, 731, XLVI, 951, XLVII, 1026) und GLADSTONE (Phil. Mag. (4) V, 313) angeregt war. Er vergleicht die nach dem Periodengesetz angeordneten Elemente mit den reihenbildenden organischen Radikalen. Die zum Vergleich geeignetsten Radikale sind die Kohlenwasserstoffradikale, und er stellt einander folgende Gruppen gegenüber.

Reihe	H — Li — Na . . . Au	und	Reihe	C_nH_{2n-5}
-	Be — Mg — . . . . Kg	und	-	C_nH_{2n-4}
-	B — Al — Sc . . . Tl	und	-	C_nH_{2n-3}
-	C — Si — Ti . . . Pb	und	-	C_nH_{2n-2}
-	N — P — V . . . . Bi	und	-	C_nH_{2n-1}
-	O — S — Cr . . . . U	und	-	C_nH_{2n}
-	T — Cl — Mn . . . J	und	-	C_nH_{2n+1}

Von den organischen Radikalen sind die der ersten Reihe 1-, die der folgenden 2-, 3-, 4-, 3-, 2-, 1-werthig, wie es dem MENDELEJEFF'schen System entspricht. Die Analogie wird in Bezug auf mancherlei Einzelheiten, Siede- und Schmelzpunkte, Verhalten bei der Verbindung mit anderen Körpern durchgeführt, auch die vorkommenden Unähnlichkeiten sind hervorgehoben; wegen der Einzelheiten ist das Original nachzusehen. Aus der unleugbar vorhandenen, wenn auch nicht vollständigen Analogie schliesst nun der Verfasser, die Atome der sogenannten Elemente entstehen aus der Aneinanderlagerung von zwei Urelementen *A* und *B*, und er hat sich bemüht, zwei solche Urelemente aufindig zu machen, durch deren Combination die Eigenschaften der Atome in der MENDELEJEFF'schen Gruppirung nachgebildet werden können. Als solche Urelemente nimmt er *A*-Kohlenstoff mit dem Atomgewicht 12, und *B*-Aether mit dem Atomgewicht — 2. Er bildet aber nur die äusseren Periodicitätseigenschaften des MENDELEJEFF'schen Systems nach, ohne auf die wirklichen Atomgewichtsverhältnisse der realen Elemente zu kommen. *Bde.*

J. E. Reynolds. Note on a Method of Illustrating the Periodic Law. Chem. News LIV, 1-4; [Chem. Ber. XIX, (2) 647; [Beibl. XI, 2.

W. Crookes. Genesis of Elements. Opening address. Rep. Brit. Assoc. 1886, 558-576; Eng. XLII, 268; Nat. XXXIV, 423 bis 432†; [Sill. J. (3) XXXII, 400-405; Beibl. XI, 193.

Reynolds giebt eine graphische Darstellung der Beziehungen der Elemente zu einander nach dem periodischen Gesetz. Er trägt auf einer Vertikalen die Atomgewichte auf und schneidet diese in den Punkten 4, 20, 40, 60, 80, 100, 130, 160, 190 durch eine Zickzacklinie mit gleichen Amplituden; auf dieser werden einzelne den Elementen entsprechende Punkte verzeichnet. Es ergaben sich so 12 Serien oder Perioden von je 7—10 Gliedern auf derselben Horizontalen; die auf der einen Seite der Vertikalen auf einem Hin- und Hergang liegenden Elemente bilden eine Gruppe Mendelejeff's, von denen im Ganzen 8 vorhanden sind; es bilden sich 2 Klassen, rechts und links von der Vertikalen, die den graden und ungraden Perioden Mendelejeff's entsprechen.

Crookes giebt eine zusammenfasssende Darstellung der neuesten Arbeiten von Carnelley, Reynolds und seiner eigenen über das periodische Gesetz und zieht aus der Reynolds'schen Darstellung weitere Schlüsse über die Möglichkeit die Elemente aus einem Urstoff, dem Protyl, zu entwickeln. *Cn.*

H. Fritz. Ueber die gegenseitigen Beziehungen der physikalischen Eigenschaften der chemischen Elemente. Rundsch. I, 209-211†.

Fortsetzung einer Arbeit, über welche diese Ber. XL, 150 berichtet ist. Es wird für Metalle die Formel aufgestellt $K = \Delta^2 ts/5A$ wo K die absolute Festigkeit, Δ Dichte, s specifische Wärme, t Schmelztemperatur, A Atomgewicht bedeuten. Da, wie der Verfasser selbst zugiebt, die Werthe der Konstanten von der Reinheit und Bearbeitung der Metalle sehr abhängig sind, und bisher keine Bestimmungen an demselben Material vorliegen, ist auf eine

Uebereinstimmung zwischen berechneten und beobachteten Werthen kein grosses Gewicht zu legen. *Cn.*

E. J. Mills. On the numerics of the elements. Part II. Phil. Mag. (5) XXI, 151-158†; [Cim. (3) XXI, 274; [Beibl. X, 454.

Der Verfasser führt einige neuere Atomgewichtsbestimmungen zur Stütze seines Gesetzes (diese Ber. XL, (1) 129) auf und giebt dann von seinen Anschauungen aus eine Skizze von der Genesis und Klassification der Elemente. Er führt schliesslich seine Ansichten auf heraklitische Grundlagen zurück. *Bde.*

F. M. Raoult. Méthode universelle pour la détermination des poids moléculaires. Ann. Chim. Phys. (6) VIII, 317-339†; [Chem. Ber. XIX, (2) 591; [Beibl. X, 343†.

Eine zusammenfassende Darstellung der allgemeinen Methode zur Molekulargewichtsbestimmung durch Gefrierpunktserniedrigung wie sie sich aus den Arbeiten des Verfasser's, über die diese Ber. XXXVI, 593, 671, XXXVII, 823, XXXVIII, 348-53, XXXIX, 419-22, berichtet worden ist, ergiebt.

Ist T die molekulare Gefrierpunktserniedrigung, M das Molekulargewicht, C die Erniedrigung durch Lösen eines Gewichts P, der wasserfreien Substanz in 100 gr Lösungsmittel, so ist $M = T.P/C$. Von den nach der Zusammensetzung der betreffenden Substanz möglichen Molekulargewichten, ist das dem aus der Formel berechneten Werthe von M nächstliegende das genaue. Als Lösungsmittel dienen Wasser, Essigsäure und Benzol; die Reinheit der letzteren kontrollirt sich dadurch, dass während des Gefrierens die Temperatur konstant bleiben muss; andernfalls sind sie durch fraktionirtes Gefrierenlassen zu reinigen. Für Wasser als Lösungsmittel ist

$T =$ 19 für alle organischen Stoffe (mit Ausnahme der Ammoniumverbindungen und der Oxalsäure),

$=$ 35 für alle Salze der einatomigen Metalle mit einbasischen Säuren HCl, NaOH, NaCl . . .),

= 40 für alle neutralen Salze einatomiger Metalle mit zweibasischen Säuren CH^2SO^4, K^2CO^3 . . .),

= 45 für die Salze zweiatomiger Metalle mit starken einbasischen Säuren ($CuCl^2$ . . .),

= 17 für die Salze zweiatomiger Metalle mit starken zweibasisischen Säuren ($MgSO^4$, $MgCrO^4$ . . .),

= 130 für die Chlorüre und Nitrate der sechsatomigen Metalle (Al^2Cl^6, $Al^26(NO^3)$ . . .),

Es ergaben sich für die partiellen Gefrierpunktserniedrigungen der Radikale die folgenden genaueren Werthe:

elektronegative	einatomige	Radikale	(Cl, OH, NO^3. . .)	19
-	zweiatomige	-	(SO^4, CrO^4 . . .)	9
elektropositive	einatomige	Radikale	(H, K, NH^4 . . .)	16
-	zwei oder mehratomige	-	(Ba, Mg, Al . . .)	8

Cadmiumchlorür und Quecksilberchlorür bilden Ausnahmen: im Uebrigen lässt sich *T* für eine Verbindung als Summe der partiellen *T* finden.

Für Benzol als Lösungsmittel ist

T = 49 für alle organischen Verbindungen (ausgenommen die Alkohole, Phenole, Säuren, von denen wieder die Pikrinsäure eine Ausnahme bildet), und für die Chlorüre von Schwefel, Arsen, Zinn . . .

= 25 für die niederen Alkohole und Säuren.

Für Essigsäure endlich liegt

T zwischen 36 und 40 für alle organischen Verbindungen ohne Ausnahme; im Allgemeinen ist $T = 39$.

Wie mehrere Versuche mit verschiedenen *P* am Besten verwerthet werden zur Bestimmung der Quotienten P/C, ist vom Verfasser in einer andern Arbeit, über die weiter unten berichtet werden wird, behandelt, in vielen Fällen wird eine einmalige Bestimmung genügen.

Bezeichnet Σ das Gewicht eines neutralen Alkalisalzes einer Säure, das ein Aequival. Metall enthält, so ist $C\Sigma/P = 35$ für eine einbasische, $= 20$ für eine zweibasische und $= 15$ für eine drei- oder vierbasische Säure. Mit Hülfe dieser Relationen lässt sich also die Basicität einer Säure bestimmen.

Aehnliche Relationen können zur Bestimmung der Atomicität eines Metalls dienen. Bezeichnet Σ das Gewicht eines Metallnitrats, das 14 g oder ein Aequivalent Stickstoff enthält, so ist

$C\Sigma/P = 35$ wenn das Metall des Salzes einatomig,
$= 22{,}5$ - - - - - zweiatomig,
$< 22{,}5$ - - - - - mehratomig.

Es werden vom Verfasser eine grosse Zahl von Beispielen für die Anwendung der Methode durchgerechnet. *Cn.*

S. U. PICKERING. Modifications of Double Sulphates. Part I and II.

J. Chem. Soc. XLIX, 1-11, 12-17†; [Chem. Ber. XIX, 159, 160; [Bull. soc. chim. XLVI, 830.

Es sind drei Modifikationen des wasserfreien Kalium-Kupfersulfats zu unterscheiden, die durch successives Erwärmen auf höhere Temperaturen in einander übergehen. Erwärmt man das Hydrat auf 100°, so giebt es alles Wasser ab, und man erhält ein dunkelblaues Pulver (α), zwischen 150°—200° wird es weiss (β) und zwischen 300°—400° blau oder blaugrün (γ). Die drei Modifikationen unterscheiden sich durch die Lösungswärmen (bei 18,25° giebt α 9709 Cal., β ca. 6200 Cal. und γ 8407 Cal.) und durch ihre specifischen Wärmen (nach der Mischungsmethode bestimmt zu $c_\alpha = 0{,}168$, $c_\beta = 0{,}154$, $c_\gamma = 0{,}176$). Die weisse Modifikation gab erst 10 Tage nach ihrer Herstellung konstante Werthe für die Lösungswärme; BERTHELOT hat für andere Salze Aehnliches beobachtet. PERSON zeigte, dass die specifische Wärme eines Hydrats gleich der Summe der specifischen Wärme des wasserfreien Salzes plus der des Wassers ist. Berechnet man die specifische Wärme des Doppelsalzes als Summe der Wärmen der einzelnen Salze, so ergiebt sich für den vorliegenden Fall 0,164, also der α Modifikation nahe entsprechend. Daraus würde sich schliessen lassen, dass diese Modifikation einem Hydrat ähnlich constituirt ist.

Beim Magnesium-Kalium-Sulfat ergab sich Aehnliches; es wurden mit Sicherheit nur zwei Modifikationen unterschieden; die

α Modifikation, zwischen 110° und 155° erhalten, zeigte die Lösungs- 12037 Cal.; die β Modifikation (geschmolzen) 7400 Cal. Bis zum Schmelzen nahm die Lösungswärme continuirlich ab; eine zwischenliegende Modifikation, wenn eine solche vorhanden, hat nicht rein dargestellt werden können.

Durch die vorliegende Untersuchung, die ein ausgedehntes Beobachtungsmaterial mittheilt, ist eine Erklärung gewonnen für die Differenz zwischen dem THOMSEN'schen Werth 10,602 Cal. und GRAHAM'schen 7000 Cal für die Lösungswärme des wasserfreien Magnesium-Kaliumsulfats. *Cn.*

A. RECOURA. Sur les états isomériques du sesquichlorure de chrome, sesquichlorure vert. C. R. CII. 515†; [Bull. soc. chim. XLVI, 60; [Chem. Ber. XIX, (2) 232; [Chem. CBl. (3) XVII, 293; Chem. News LIII, 142; [Beibl. X, 481.

— — Sur les états isomériques du sesquichlorure de chrome. Chlorure hydraté gris. Chlorure anhydre. C. R. CII, 548-551†; [Bull. soc. chim. XLVI, 60; [Chem. Ber. XIX, (2) 233; [Chem. News LIII, 154; [Chem. CBl. (3) XVII, 294; [Beibl. X, 481.

Die beiden Arbeiten enthalten thermochemische Daten, die zur Unterscheidung der Chromsesquichlorüre dienen können. Das grüne Chromsesquichlorür wird krystallinisch durch einen Strom von Salzsäuregas aus seiner Lösung gefällt, es enthält 13 Moleküle Krystallwasser. 100 Theile Wasser lösen bei 15° 130 Theile Chromsesquichlorür

$$Cr^2Cl^3, 13H^2O \text{ fest} + 300H^2O = CrCl^3 \text{ gelöst} \cdots -0{,}04 \text{ Cal.}$$

Die grüne Lösung, die im Absorptionsspektrum ein breites grünes Band zeigt, wird mit der Zeit violett. Die Umwandlung wird beschleunigt und vollständig, wenn man aus der Lösung mit Natron Chromsesquioxid fällt und das letztere in Salzsäure löst. Es ergeben sich nach einander die folgenden Gleichungen in der Bezeichnungsweise des Verfassers:

					Cal.
(1.)	Cr^2Cl^3 grün gelöst	$+3NaO$	$=$	$3NaCl$ gelöst $+Cr^2O^3$ gefällt	...$+31,5$
(2.)	Cr^2O^3 gefällt	$+3HCl$	$=$	Cr^2Cl^3 violett gelöst	...$+20,7$
(3.)	Cr^2Cl^3 violett gelöst	$+3NaO$	$=$	$3NaCl+Cr^2O^3$ gefällt	...$+22,2$
(4.)	Cr^2O^3 gefällt	$+3HCl$	$=$	Cr^2Cl^3 violett gelöst	...$+20,4$

Als Umwandlungswärme der grünen in die violette Lösung ergiebt sich, 9,4 Cal. Eine grüne Lösung, die spontan violett geworden, ergab:

				Cal.
Cr^2Cl^3	$+3NaO$	$=$	$3NaCl$ $+Cr^2O^3$ gefällt	...$+22,0$
Cr^2O^3	$+3HCl$	$=$	Cr^2Cl^3 gelöst	...$+20,1$.

Die violette Lösung ist also in beiden Fällen dieselbe und eine stabile Modifikation. Eine isomere Varietät ist das graue Chlorür, das aus einer Lösung (zu gleichen Gewichten grünes Chlorür und Wasser), die einige Minuten auf 80° erwärmt wird, bei 0° durch einen Strom Salzsäuregas gefällt wird. Es enthält ebenso 13 Mol. Krystallwasser und giebt in Wasser eine mit der obigen Lösung identische violette Lösung; aber während sich das grüne Hydrat in Wasser mit ganz geringer Wärmeabsorption löst, löst sich das graue mit Wärmeentwickelung von 12,02 Cal. Es berechnet sich für die Umwandlung des grünen Hydrats in das graue eine Wärmeabsorption von 2,66 Cal.

Das pfirsichfarbene wasserfreie Chlorür endlich ist charakterisirt durch die Wärmegleichung

Cr^2Cl^3 gelöst in $nH^2O+3NaO = 3NaCl+Cr^2O^3$ gefällt ...$+26,2$ Cal.

die für jedes n gilt. *Cn.*

K. J. WILLIAMS and W. RAMSAY. Note as to the existence of an allotropic modification of nitrogen. Chem. News LIV, 9-10†; [Beibl. X, 659.

Die Verfasser haben die Versuche von ST. JOHNSON, wonach eine aktive Modifikation des Stickstoffs durch Erhitzung eines Gemisches von Salpeter- und Salmiaklösung entstehen soll, wiederholt und nicht bestätigt gefunden. *Bde.*

H. GIRAUD. Une propriété physique de l'α-triphénylguanidine. Bull. soc. chim. XLVI, 505-506; [J. Chem. Soc. LII,

366; 366; [Chem. Ber. XX, (2) 60. 1887; [Chem. CBl. (3) XVII, 933; [Rundsch. II, 39; [Beibl. XI, 485.

Der Körper schmilzt bei 143°, wird bei raschem Abkühlen zähe und allmählich ohne Zeichen von Krystallisation fest; man erhält so durchsichtige, sehr leicht zerbrechliche Massen, die bei einem Stoss zerpulvern, und an den Fingern wie Harz kleben. Erwärmt man ihn langsam, so wird er allmählich flüssig und krystallisirt bei 60° plötzlich unter Wärmeentwickelung aus. Bei gewöhnlicher Temperatur vollzieht sich die Umwandlung langsamer und, wie es scheint, unter Mitwirkung von Feuchtigkeit. Bei Berührung mit einer Flüssigkeit wird er undurchsichtig und zerfällt in Pulver, krystallisirt also ohne sich vorher zu lösen; die Geschwindigkeit dieser Umwandlung nimmt zu mit der Löslichkeit des Körpers in der betreffenden Flüssigkeit. Das Verhalten ist ähnlich dem des Schwefels, der geschmolzen in Wassser gegossen ebenfalls zu einer klebrigen Masse erstarrt. *Cn.*

V. Meyer. Ueber eine eigenthümliche Klasse von Isomerieerscheinungen. Rundsch. I, 177-178.

Vom Thiophen lassen sich drei isomere Carbonsäuren bilden, von denen die α- und β-Säure chemisch durchaus identisch, physikalisch verschieden sind. Es verschwindet aber jede Verschiedenheit, wenn man die Säuren in ihre Derivate überführt; dieselben verhalten sich chemisch und physikalisch identisch. Stellt man aus diesen aber wieder rückwärts die Säuren dar, so erhält man wieder die erwähnten zwei physikalisch verschiedenen Säuren, von denen die eine bei 118,5°, die andere bei 126,5° schmilzt, und deren Löslichkeit durchaus verschieden ist. Eine Umwandlung der beiden Säuren in einander gelang bisher nicht. *Cn.*

W. Petrieff. Materialien zur Frage über die Messung der Grösse chemischer Verwandtschaft. J. d. russ. phys.-chem. Ges. XVIII, chem. Theil, p. 141-171, 187-204†.

Die einzelnen Kapitel dieser, wie es scheint, deutsch nirgends referirten Arbeit, haben folgende Ueberschriften:

I. Ueber die Wirkung basischer Oxide oder ihrer Hydrate auf salpetersaure und chlorwasserstoffsaure Salze in wässrigen Lösungen; Wirkung kohlensaurer Salze auf salpetersaure unter denselben Bedingungen. Gleichgewichtszustand beim doppelten Austausch.

II. Einfluss der Zeit und der Wassermenge auf den doppelten Austausch. 1) Wirkung salpetersaurer Salze auf kohlensaure. 2) Wirkung salpetersaurer Salze auf Oxyde. 3) Einfluss der Wassermenge bei konstanter Zeitdauer.

III. Lösung von äquivalenten Mengen zweier kohlensauren Salze, oder von Oxiden und deren Hydraten in Säuren.

O. Chw.

W. TRAUBE. Ueber den Wechsel der Valenz und über Verbindungen von Molekülen mit Atomen. Chem. Ber. XIX, 1117-1119†; [Arch. d. Pharm. CCXXIV, 630; [Bull. soc. chim. XLVI, 210; [J. Chem. Soc. L, 661; [Beibl. X, 541.

Der Verfasser nimmt an, dass Atome eines Elements zu einem Molekül zusammentreten können, das dann eine eigene Werthigkeit hat; so theilt er die Gruppe der zweiwerthigen Metalle in folgende Untergruppen:

1) Metalle, die immer als zweiwerthige Atome in Verbindungen treten: Ba, Ca, Sr, Mg, Zn, Cd, Be.

2) Metalle, die auch als Moleküle eintreten, die sechswerthig sind: Fe, Mn, Ni, Co, Cr.

3) Metalle, die auch als Moleküle eintreten, die aber zweiwerthig sind: Cu, Hg.

Das Silber geht nie als Atom, sondern immer als zweiwerthiges Molekül Verbindungen ein. *Cn.*

L. HENRY. Sur la valence de l'atome de carbone. Méthode de détermination de la valeur relative de ses quatre unités d'action chimique. Bull. Brux. (3) XII, 644 661; [Beibl. XI, 801. 1887; [ZS. f. phys. Chem. I, 198. 1887; C. R. CIV, 1106-1109; [J. chem. Soc. LII, 711.

Der Verfasser hat drei Nitromethane und zwei Acetonitrile nach verschiedenen Methoden in der Weise hergestellt, dass in den Nitromethanen das Radical NO_2 und in den Acetonitrilen das Radical CN mit verschiedenen Affinitätspolen des Kohlenstoffs verbunden ist. Zwischen irgend zwei Präparaten derselben Formel aber verschiedenen Ursprungs ist kein Unterschied aufzufinden; daraus schliesst der Verfasser, dass die vier Valenzen des Kohlenstoffatoms durchaus gleichwerthig sind. *Bde.*

---

de Landero und Raoul Pietro. Sur quelques lois de la combinaison chimique. C. R. CIII, 934-936†; [Chem. CBl. (3) XVIII, 52. 1887; [Chem. News LIV, 285; [J. Chem. Soc. LII, 99. 1887; [Chem. Ber. XX, (2) 3. 1887.

Die Verfasser gehen von der Annahme aus, dass die chemische Verbindung durch den Zusammenstoss ihrer Elemente, denen eine konstante charakteristische Geschwindigkeit zugeschrieben wird, zu Stande komme; der Verlust dieser kinetischen Energie beim Zusammenstoss repräsentirt unter der weiteren Annahme, dass die Atome der Elemente unelastisch seien, die bei der Verbindung entwickelte Wärmemenge. Auf die auf Grund dieser sehr hypothetischen Annahmen aufgestellten Formeln und Berechnungen sei verwiesen. *Nst.*

G. de Franchis. Sulla chimica affinità I und II. Lincei Rend. II, (1) 206-210, 228-231†; [Chem. Ber. XIX, [2] 527.

In der ersten Abhandlung theilt der Verfasser allgemeine Betrachtungen über chemische Affinität mit, die zum grössten Theil bekannte Sätze zusammenstellen. Als ihm eigenthümliche Ansicht sind folgende Sätze hervorzuheben: „Sollen zwei heterogene Atome sich mit einander verbinden, so müssen ihre Bewegungen zusammensetzbar oder „interferibel“ sein, so dass sie ein harmonisches oder im dynamischen Gleichgewicht befindliches System bilden.“ Ferner: „Die Wirkung hat ein Maximum, welches Atomicität heisst, und ein Minimum, welches Null ist. Zwischen diesen Grenzen vaiirt sie continuirlich, erscheint aber als discontinuirlich wegen der eigenthümlichen Bedingungen, unter denen sie auftritt.“ In der zweiten Abhandlung werden einige Rechnungen auf dieser Voraussetzung ausgeführt, die aber nur Deutungen, nicht verificirbare Resultate ergeben. *Bde.*

H. LE CHATELIER. Du principe d'équivalence dans les phénomènes d'équilibres chimiques. C. R. CII, 1388-1391†; [J. Chem. Soc. L, 762; [Chem. Ber. XIX, 478; [Chem. News LIV, 12; [Beibl. X, 456.

— — Sur les lois numériques des équilibres chimiques. C. R. CIII, 253-256†; [Bull. soc. chim. XLVI, 786; [Cim. (3) XXI, 60; [Chem. Ber. XIX, 731.

Es wird der Satz: „wenn zwei chemische Systeme mit einem dritten in Gleichgewicht stehen, so sind sie auch miteinander im Gleichgewicht“ an einigen bekannten Beispielen (Verdampfung, Dissociation, Löslichkeit u. s. w.) erläutert und davon Anwendung auf folgende Reaktion gemacht:

$$CaCO_3 + H_2O = Ca(OH)_2 + CO_2.$$

In einem System aus diesen 4 Stoffen muss das Verhältniss der Partialdrucke des Wasserdampfes und der Kohlensäure bei gegebener Temperatur einen konstanten Werth besitzen, und der Verfasser schliesst aus obigem Satze, dass es gleich dem Verhältniss der Dissociationsspannungen des Calciumhydroxyds und des kohlensauren Kalks ist. Durch Benutzung der bei höherer Temperatur direkt gemessenen Tensionen und Extrapolation mit Hülfe der bekannten thermodynamischen Formel ermittelt der Verfasser für 100° dies Verhältniss zu 10^{-4}; thatsächlich lassen sich im Wasserdampfe bei Gegenwart von $CaCO_3$ und $Ca(OH_2)$ Spuren von Kohlensäure nachweisen.

In der zweiten Abhandlung giebt der Verfasser für die thermodynamische Formel, welche Dissociationswärme und Aendernng des Dissociationszustandes mit der Temperatur in Beziehung setzt, eine Ableitung, die von der bekannten Dissociationsisotherme als einer experimentell festgestellten Thatsache ausgeht, aber nach den älteren Entwickelungen von HORSTMANN, GIBBS, BOLTZMANN im übrigen kaum Neues enthält. *Nst.*

H. LE CHATELIER. Thermodynamique et Chimie. Bull. soc. chim. XLVI, 737-746†; [J. chem. Soc. LII, 431. 1887; [Chem. CBl. (3) XVIII, 162. 1887; [Chem. Ber. XX, 1. 1887.

Die Arbeit enthält eine kurze, durch Klarheit und scharfe Pointirung ausgezeichnete Darlegung über die durch Anwendung der mechanischen Wärmetheorie auf chemische Gleichgewichtszustände bisher erzielten Resultate. Deutlicher, als zuvor geschehen, betont der Verfasser auf das Entschiedenste, dass die beiden Hauptsätze der Wärmetheorie zu einer allgemeinen Formulirung der Dissociationsgesetze unzureichend seien, dass vielmehr bei Durchführung der Rechnungen noch eine weitere Annahme über Gasgemische hinzugezogen werden muss. Eine solche ist die von W. GIBBS eingeführte Hypothese, wonach die Entropie eines Gasgemisches gleich der Summe der Entropieen der einzelnen Bestandtheile gesetzt wird, eine Annahme jedoch, die weder an sich einleuchtend, noch selbst bei dem unstreitig immer noch wenig anschaulichen Charakter der Entropie leicht verständlich ist. Der Verfasser giebt daher der folgenden von VAN'T HOFF (diese Ber. XLI, 146) eingeführten, durch grosse Anschaulichkeit ausgezeichneten Hypothese entschieden den Vorzug: die Trennung jedes Gases aus einem Gasgemische kann bei Wahrung des Temperatur- und Druckgleichgewichts auf eine umkehrbare Weise geschen. Mit Hilfe dieser Hypothese ist eine vollständige und eindeutige Beschreibung der Dissociationserscheinungen möglich; sie ist ohne Weiteres auch auf Lösungen übertragbar. — Am Schlusse wird als dritter Faktor des chemischen Gleichgewichts neben Temperatur und Druck die Elektricität eingeführt; was man sich darunter vorzustellen hat, ist dem Referenten allerdings nicht klar geworden. *Nst.*

TH. THOMSEN. Untersuchungen über Gleichgewichtsverhältnisse in wässerigen Lösungen. II. Ueber die Existenz der sauren Salze und der Doppelsalze in wässeriger Lösung. J. f. Prakt. Chem. XXXIV, 74-91†; [J. Chem. Soc. L, 925; [Chem. Ber. XIX, [2] 574; [Chem. News LIV, 137; [Rundsch. I, 334; [Chem. CBl. (3) XVIII, 448; [Beibl. XII, 423. 1888.

Es wurde in wässeriger Lösung das optische Drehungsvermögen des weinsauren Natrons für sich und mit salpetersaurem Natron gemischt, des sauren weinsauren Natrons, des weinsauren Kalis und des weinsauren Kali-Natrons bestimmt. Von ähnlichen Gesichtspunkten aus, wie früher entwickelt (diese Ber. XLI, 143) gelangt der Verfasser zu folgenden Schlussfolgerungen: Weinsaures Natron behält auch in Lösung seine beiden Krystallwassermoleküle gebunden. Das saure weinsaure Natron ist nur bei sehr grosser Verdünnung völlig in normales Salz und freie Säure gespalten; mit zunehmender Koncentration werden die Lösungen immer reicher an saurem Salze. Aehnlich verhalten sich die sauren Alkalimalate, wie aus SCHNEIDER's Versuchen geschlossen wird. Das weinsaure Natron-Kali ist auch in starken Lösungen völlig in die beiden Einzelsalze zerlegt. *Nst.*

BERTHELOT. Sur les actions réciproques et les équilibres entre les acides chlorhydrique, sulfhydrique et les sels d'antimoine. C. R. CII, 86-90†; [Chem. Ber. XIX, 129; [Chem. News LIII, 129; [Chem. CBl. (3) XVII, 133; [Beibl. X, 340.

Antimonsulfür und Chlorwasserstoff setzen sich ohne Gegenwart von Wasser in Antimonchlorür und Schwefelwasserstoff unter Wärmeentwickelung von 15,3 Cal. um; in verdünnter Lösung geht die Reaktion in entgegengesetzter Richtung vor sich unter Entwickelung von 30,1 Cal. Verringert man die Menge des Wassers, so stellt sich zwischen beiden Systemen ein der jeweiligen Koncentration entsprechender Gleichgewichtszustand her. Der Verfasser bespricht diese Erscheinungen vom Standpunkte seines (bekanntlich jetzt allgemein aufgegebenen) „Princips der grössten Arbeit" und sucht störende Nebenwirkungen bei der betrachteten Reaktion durch die sekundäre Bildung von Hydraten, Chlorhydraten, Oxychloriden, Chlorosulfüren zu erklären. *Nst.*

P. SABATIER. Partage d'une base entre deux acides, cas particulier des chromates alcalins. C. R. CIII, 138-141†;

Bull. soc. chim. XLVI, 294-99; [J. chem. Soc. L, 973; [Chem. CBl. (3) XVII, 714; [Beibl. XI, 224. 1887.

Setzt man zu einer Lösung von neutralem Kaliumchromat irgend eine Säure, so bildet sich saures Kaliumchromat, indem die zugesetzte Säure einen Theil der Base für sich in Anspruch nimmt. Den Grad der Umsetzung sucht Verfasser aus der Farbänderung zu berechnen, welche durch die Verwandlung des citronengelben sauren in das rothe neutrale Chromat in der Lösung erzeugt und durch Vergleich mit Lösungen von bekanntem Gehalt an den beiden Chromaten des Kaliums kolorimetrisch gemessen wird. Auf diesem Wege gelangt der Verfasser zu dem Resultat, dass die bei dem Uebergang aus dem Chromat in das Bichromat in Frage kommende Säurevalenz kaum schwächer ist als die erste der Schwefelsäure, derjenigen der Salzsäure nahekommt, und stärker als die der Kohlensäure, Phosphorsäure und Essigsäure ist.

Nst.

F. Isambert. Action de l'acide chlorhydrique gazeux sur le fer. C. R. CII, 423-425†; [Beibl. X, 589; [Bull. soc. chim. XLVI, 55.

In ähnlicher Weise, wie sich nach Deville's Versuchen bei der Einwirkung des Wasserdampfes auf Eisen ein Gleichgewichtszustand zwischen den Partialdrucken des Wasserstoffes und Wasserdampfes herstellt, wird trockenes Chlorwasserstoffgas durch feinzertheiltes Eisen nicht vollständig, sondern nur zu einem bestimmten Bruchtheile zersetzt, welcher von dem äusseren Drucke unabhängig ist. Mit zunehmender Temperatur wird dieser Bruchtheil kleiner, indem bei dunkler Rothglut etwa 90, bei lebhafter Rothglut 68 und bei noch höherer Temperatur nur 55 pCt. von dem insgesammt vorhandenen Wasserstoff in Freiheit gesetzt wird. *Nst.*

F. Isambert. Action de l'oxyde de plomb sur le chlorhydrate d'ammoniaque. C. R. CII, 1313-1315†; [Chem. Ber. XIX, 477; [Chem. CBl. (3) XVII, 593.

Berthelot. Bemerkung dazu. C. R. CII, 1354.

Salmiak und Bleioxid entwickeln gasförmiges Ammoniak unter gleichzeitiger Bildung von Wasser und Bleichlorid, eine Reaktion, die der zur Ammoniakdarstellung gebräuchlichen (Salmiak und Kalk) ganz analog ist. Der Verfasser hat nun konstatirt, dass ein Gemisch der an dieser Reaktion sich beteiligenden Körper bei bestimmter Temperatur eine konstante Maximaltension besitzt, die zum weitaus grössten Theile von dem gasförmigen Ammoniak herrührt; ist der Partialdruck des Ammoniaks kleiner, so entwickelt sich neues; ist er grösser, so verbindet sich das Ammoniak mit dem Wasser und Bleichlorid, um Salmiak und Bleioxid zu liefern.

Der Verfasser hat bei den Temperaturen 17,5°, 22°, 24,2°, 27°, 29,7°, 32,1°, 36,3°, 39,5°, 42, 45,9°, 48,9° folgende Dampftensionen erhalten: 296, 346, 377, 420, 469, 514,5, 594, 675, 733, 839, 926 mm; um den Partialdruck des Ammoniaks zu erhalten, müsste hiervon derjenige des Wasserdampfes abgezogen werden.

In einer Bemerkung hierzu bespricht BERTHELOT die obigen Resultate vom Standpunkte seines „Princips der grössten Arbeit" aus. *Nst.*

ADOLF RÖMER. Ueber den Einfluss der Masse auf die Chlorirung brennbarer Gase. LIEB. Ann. CCXXXIII, 172 bis 215†; [Arch. d. Pharm. CCXXIV, 715; [Bull. soc. chim. XLVII, 386. 1887; [J. chem. Soc. L, 845; [Chem. Ber. XIX, [2] 670; [Chem. Ber. XIX, [2] 670; [Chem. CBl. (3) XVII, 643; [Rundschau I, 334.

Chlorgas wirkt auf die Homologen des Aethans, das Acetylen und das Kohlenoxid, ebenso wie auf Wasserstoff, nur unter Mitwirkung des Lichtes ein; die Kohlenwasserstoffe der Reihe C_nH_{2n} reágiren hingegen mit Chlor auch im Dunkeln. — Der Verfasser hat ferner die Einwirkung von Chlor auf ein Gemenge zweier Gase untersucht; das Chlor wurde in einer zur vollständigen Chlorirung letzterer unzureichenden Menge angewendet, bisweilen sogar weniger Chlor genommen, als zur einfachen Umsetzung des in geringster Menge vorhandenen Gases nöthig war. Die Verhältnisse scheinen recht komplicirt zu liegen. Bei Gemischen von Propan und Aetylen mit Wasserstoff ging alles Chlor an die ersten beiden Körper; bei Gemischen von Methan und Wasserstoff, Kohlenoxid und Wasserstoff, Propan und Acetylen trat eine Vertheilung des Chlors zwischen beiden Gasen ein. Letztere geschah bei wechselnden Mengenverhältnissen jedoch nicht im Verhältnis der wirkenden Massen; das GULDBERG-WAAGE'sche Gesetz ist also nicht, wie man hätte erwarten können, auf diese stetig verlaufenden Reaktionen anwendbar. Die Ursache hiervon erblickt der Verfasser, auf diesbezügliche Versuche gestützt, theilweise in der verschiedenen Geschwindigkeit der chemischen Induction, vermöge welcher das Maximum der Reaktionsgeschwindigkeit nicht gleich bei Beginn sondern erst, nachdem das Licht einige Zeit gewirkt hat, eintritt. Es kann so vorkommen, dass ein Gas, dessen Inductionsdauer eine sehr kleine ist, dem anderen alles Chlor entzieht, bevor letzteres zur vollen Wirksamkeit gelangt ist. Auf die vom Verfasser zur Ueberwindung der aussergewöhnlichen experimentellen Schwierigkeiten ersonnenen Methoden, das Gasgemisch nach beendeter Reaction zu analysiren, kann hier nicht näher eingegangen werden.

Nst.

F. SIEMENS. On dissociation temperatures, with special reference to pyrotechnical questions. Nat. XXXIV, 64-66, nach einem Vortrag in der Royal Institution.

Es wird die Zweckmässigkeit der vom Verfasser konstruirten neuen Oefen, bei welchen eine möglichst freie Entwickelung der Flamme unter Vermeidung von Berührung mit festen Wänden und Ausnutzung der von ihr direkt ausgestrahlten Wärme angestrebt wurde, auch von wissenschaftlichen Gesichtspunkten aus dargethan. Dem Einwande gegenüber, dass der Flammentemperatur durch Dissociation eine nicht allzufernliegende Grenze gesetzt sei, sucht der Verfasser nachzuweisen, dass die Dissociationstemperaturen für Wasserdampf und Kohlensäure innerhalb der Flamme wahrscheinlich bedeutend höher liegen, als es die bisher angestellten untereinander beträchtlich variirenden Versuche ergeben, bei denen die Gase mit festen Wänden mannigfacher Art in Berührung waren; die Versuche von MENTSCHUTKIN und KONOWALOW, V. MEYER sowie die Erfahrungen des Verfasser's und seines Bruders WILLIAM machen aber einen dissociirenden Einfluss der festen Wände auf die Verbrennungsprodukte wahrscheinlich. Einen grossen Raum heizt man ferner bei gleicher entwickelter Wärmemenge vortheilhafter mit einer kleinen Flamme von hoher wie mit einer grossen Flamme von niederer Temperatur, was ebenfalls zu Gunsten des neuen Systems spricht. *Nst.*

E. u. L. NATANSON. Ueber die Dissociation des Untersalpetersäuredampfes. WIED. Ann. XXVII, 606-622†; [Cim. (3) XXI, 168; [J. chem. Soc. L, 657; [Chem. Ber. XIX, 280; [J. de phys. (2) VI, 534. 1887.

Von dem früher (diese Ber. XLI, 138) angewendeten Verfahren abgehend benutzen die Verfasser hier die DUMAS'sche Methode, behalten jedoch das frühere Verfahren der Druckmessung bei, welche in der Aequilibrirung des im Untersalpetersäuredampfe herrschenden Druckes durch einen mit Quecksilbermanometer gemessenen Luftdruck bestand. Es wird so ein Verfahren von erheblicher Genauigkeit, jedoch ziemlich schwieriger Ausführung gewonnen, bei welchem der untersuchte Dampf weder mit gefetteten Hähnen noch mit Quecksilber in Berührung gelangt, Druck und Temperatur innerhalb weiter Grenzen variirt und beim Versuche das Eintreten eines stationären Zustandes abgewartet werden kann.

Die bei Temperaturen von —12 bis +151° und bei Drucken von 20 bis 700 mm angestellten Versuche geben zum ersten Male Gelegenheit, die von HORSTMANN, GIBBS, BOLTZMANN, VAN DER WAALS u. A. für den Vorgang der Dissociation abgeleiteten Formeln in einem weiteren Umfange zu prüfen. Für die Gleichung der Dissociationsisotherme fand man bisher übereinstimmend den einkonstantigen Ausdruck

$$p = A\frac{d-\delta}{(2\delta-d)^2},$$

worin p, d, δ, 2δ Druck, Dichte und die beiden theoretischen Grenzdichten bedeuten, welchen das in zwei Moleküle zerfallende Gas bei vollständiger und bei verschwindend kleiner Dissociation zustrebt. Der Vergleich des umfangreichen Beobachtungsmaterials der Verfasser mit obiger Formel zeigt ein befriedigendes Zusammenfallen der experimentellen und theoretischen Isothermen, wenn auch kleine, aber nach Meinung der Verfasser deutliche Abweichungen nicht fehlen.

Die Dissociationstheorie hat ferner die Form der Temperaturfunktion angegeben, welche die Konstante A der Isotherme besitzen soll, doch stehen die Angaben der verschiedenen Forscher darüber nicht im Einklange. GIBBS und VAN DER WAALS finden übereinstimmend

$$A = \mathfrak{A} e^{-\frac{a}{t}}$$

worin $\mathfrak{A}$, a, Konstante und t die absolute Temperatur bedeuten; BOLTZMANN hingegen ertheilt der Temperaturfunktion die Form $\mathfrak{A} e^{-\frac{a}{t}} t$. Nach den Beobachtungen der Verfasser scheint die GIBBS'sche Formel bessere Dienste zu leisten.

Schliesslich diskutiren die Verfasser noch den Verlauf der Kurven, welche den Druckfunktionen $\partial d/\partial p$ und $\partial d/\partial t$ zukommen und das Verhalten des Gases dem BOYLE-MARIOTTE'schen bezw. GAY-LUSSAC'schen Gesetze gegenüber charakterisiren. *Nst.*

G. CHAPERON. Sur la théorie de la dissociation et quelques actions de présence. C. R. CIII, 479-482†.

Die Arbeit enthält eine kurze Andeutung, dass man unter der Annahme, die Trennung jedes Gases oder Dampfes aus einem Gasgemische sei stets auf reversible Weise möglich, die Dissociationsgesetze in einfacher Weise herleiten und auch über die Möglichkeit, dass manche Reaktionen nur in Gegenwart gewisser katalytisch wirkender Stoffe vor sich gehen können, sich wenigstens qualitativ Rechenschaft geben kann. [Uebrigens ist obige Annahme bereits von VAN'T HOFF (diese Ber. XLI, 146) klar ausgesprochen u. in ausgiebigster Weise verwerthet.] *Nst.*

H. LESCOEUR. Sur la dissociation des hydrates du sulfate de cuivre. C. R. CII, 1466-1469†; Bull. soc. chim. XLVII, 377-379. 1887; [J. chem. Soc. L, 842; [Chem. Ber. XIX, 523; [Chem. News LIV, 23; [Beibl. XI, 383. 1887.

Aus dem Gange der Dampftensionen des Kupfersulfats mit zunehmender Verwitterung schliesst der Verfasser auf die Existenz dreier Hydrate mit bezw. 5, 3, $1H_2O$; die Versuche führten, bei 45° und 78° angestellt, zu den gleichen Resultaten. Das von GRAHAM angegebene Hydrat mit $2H_2O$ liess sich nicht konstatiren. Allen drei Hydraten kommt dem DEBRAY'schen Gesetze gemäss ein konstante Dampfspannung zu; gegenüber den widersprechenden Beobachtungen von NAUMANN und MÜLLER-ERZBACH wird darauf hingewiesen, dass diese Beobachter auf den physikalischen Zustand der sich dissociirenden Körper nicht genügend Rücksicht genommen hätten. *Nst.*

H. LE CHÂTELIER. Sur la dissociation du carbonate de chaux. C. R. CII, 1243-1245†; [Chem. CBl. (3) XVII, 549; [J. chem. Soc. L, 760; [Beibl. X, 458; [Chem. Ber. XIX, [2] 424; [Chem. News LIII, 297; [ZS. f. phys. Chem. I, 207.

Der Verfasser hat die Dissociationsspannungen des kohlensauren Kalks in ihrer Abhängigkeit von der Temperatur bestimmt und sie bei 547°, 610°, 625°, 740°, 745°, 810°, 812°, 865° bezw. gleich 27, 46, 56, 255, 289, 678, 763, 1333 mm Quecksilber gefunden. Die Temperaturmessung geschah mittelst einer Thermokette Platin-Platinrhodium. *Nst.*

J. H. VAN'T HOFF. Ueber die Dissociation des Hydrates $HBr.2HO_2$. Rec. trav. chim. IV, 414-417; [Chem. Ber. XIX, [2] 281†; [J. chem. Soc. L, 501; [Chem. CBl. (3) XVII, 466.

Bei der Untersuchung der Dissociationsspannung des festen Bromwasserstoffhydrats in Berührung mit seiner gesättigten wässerigen Lösung hatte ROOZEBOHM (diese Ber. XL, 171) einen Wendepunkt der die Tension darstellenden Kurve bei der Temperatur —15,5° und dem entsprechenden Drucke 2,5 Atm. beobachtet. Im Sinne des vom Verfasser früher ausgesprochenen Princips, wonach jedes chemische oder physikalische Gleichgewicht sich durch Temperaturerniedrigung bei konstantem Volum gegen denjenigen Zustand hin verschiebt, dessen Herstellung Wärme entwickelt, gelangt man nun bei dem vorliegenden Fall zu dem Schlusse, dass die Umwandlung des festen Hydrats in eine Lösung, welche der Zusammensetzung der bei dem Wendepunkte in Berührung befindlichen entspricht (1,22 HBr + $2H_2O$), daselbst ohne Wärmewirkung erfolgt; bei niederer Temperatur muss dieser Uebergang mit Wärmebindung, bei höherer mit Wärmeentwickelung vor sich gehen.

Nst.

J. H. van't Hoff u. Ch. M. van Deventer. Die Umwandlungstemperatur bei chemischer Zersetzung. Chem. Ber. XIX, 2142-2153†; [Bull. soc. chim. XLVII, 105. 1887; [J. chem. Soc. L, 968-970; [Beibl. XI, 83. 1887; Rec. trav. chim. V, 255-262.

Es giebt eine Anzahl chemischer Umwandlungen, welche mit dem physikalischen Vorgange des Schmelzens eines einheitlichen Stoffes in völliger Analogie stehen; bei gegebenem Drucke sind häufig zwei chemische Systeme, die ineinander überführbar d. h. von gleicher Zusammensetzung sind, nur bei einem bestimmten Temperaturpunkte koexistent; unterhalb desselben ist nur das eine, oberhalb desselben nur das andere existenzfähig. Eine nothwendige Bedingung für das Bestehen eines solchen „Uebergangspunktes“ ist die Nichtmischbarkeit der beiden Systeme.

Von bekannten Erscheinungen fallen in diese Kategorie chemischer Umwandlungen die Schmelzungserscheinungen fester Hydrate, der Uebergang des rhombischen Schwefels in den monosymmetrischen und dergl. Die Verfasser theilen eine Anzahl neuer derartiger Umsetzungen mit, die mit mehr Sicherheit als die schon bekannten als „chemische“ zu charakterisiren sind.

System I.		System II.	Uebergangspunkt bei Atmosphärendruck.
$SO_4Mg\,7H_2O + SO_4Na_2 . 10H_2O$	=	$(SO_4)_2MgNa_2\,4H_2O + 13H_2O$ Blödit.	21,5°
$C_4H_4Na(NH_4)O_6\,4H_2O + C_4H_4Na(NH_4)O_6 . 4H_2O$	=	$C_8H_8Na_2(NH_4)_2O_{12} . 2H_2O + 6H_2O$ Natriumammoniumracemat	27,7°
$CaCu(C_2H_3O_2)_4 + 8H_2O$	=	$Ca(C_2H_3O_2)_2 . H_2O + Cn(C_2H_3O_2) . H_2O$	ca. 65°
$2SO_4Mg . 7H_2O + 2ClNa$	=	$(SO_4)_2MgNa_2 . 4H_2O + MgCl_2 . 6H_2O + 4H_2O$	31°

Zur Ermittelung der Umwandlungstemperatur können folgende Methoden dienen: 1) man mischt die Bestandtheile des einen Systems gut in einem Dilatometer, welches im übrigen mit einer indifferenten Flüssigkeit (Oel) gefüllt ist; mit allmählicher Aenderung der Temperatur des Wasserbades, in welches das Hohlgefäss des Dilatometers taucht, variirt das Oelniveau in der Kapillare im Allgemeinen stetig, nur in unmittelbarer Nähe des Uebergangspunktes offenbart sich die Umwandlung des Systems durch die plötzliche, jene begleitende Volumänderung. 2) Die Löslichkeitskurven der beiden Systeme schneiden sich im Uebergangspunkte und führt daher die Bestimmung jener zu letzterem. 3) Die Dampfspannungen der beiden Systeme werden im Uebergangspunkte einander gleich. Zum Vergleich derselben benutzten die Verfasser ein Differentialtensimeter. Im Allgemeinen wird sich Methode 1) wegen ihrer bequemen Handhabung und grossen Sicherheit am meisten empfehlen. *Nst.*

L. MEYER. Ueber die Verbrennung von Kohlenoxyd. Chem. Ber. XIX, 1099-1106†; [Beibl. X, 589; [Rundsch. I, 352; [Bull. soc. chim. XLVI, 209-210; [SILL. (3) XXXII, 159.

Aus Versuchen, welche der Verfasser in seinem Laboratorium durch STAHL hat ausführen lassen, ergiebt sich, dass trockenes Kohlenoxid in Uebereinstimmung mit DIXON's Entdecknng viel schwerer entzündlich ist als feuchtes, jedoch nicht absolut unentzündlich wird. Ein Gemisch von Kohlenoxid-Knallgas, welches durch die Funken gewöhnlicher Induktionsapparate nicht entzündet werden konnte, explodirte bei einem Drucke von 443 mm unter Anwendung sehr kräftiger Funken.

Die Zusammenfassung der früheren Versuche mit den neuen des Verfassers führt zu folgender Anschauung über die Verbindungsfähigkeit des Kohlenoxids und Sauerstoffs. Die beiden Körper sind im Stande sich bei einer sehr hohen Temperatur, wie sie durch einen kräftigen elektrischen Funken erzeugt wird, zu verbinden, doch verbreitet sich die Entzündung eben wegen der zur Verbrennung erforderlichen hohen Temperatur nur schwierig weiter und ersichtlich um so schwieriger, je verdünnter das Gemisch ge-

gewählt wird. Bei einem noch unter der Entzündungstemperatur des Kohlenoxids liegenden Wärmegrade erleidet umgekehrt die Kohlensäure eine Reduktion zu Kohlenoxid und Sauerstoff, und finden so Oxidation und Reduktion nebeneinander statt, so dass keiner der beiden Processe vollständig die Oberhand gewinnt.

Die für die Verbrennung förderliche Wirkung des Wasserdampfes beruht darauf, dass die Reduktion des Wasserdampfes durch Kohlenoxid sowie die Verbrennung des Wasserstoff-Knallgases bei sehr viel niedrer Temperatur erfolgen, als die Entzündung des Kohlenoxid-Knallgases, und entsprechend brennt auch mit Wasserstoff gemischtes Kohlenoxid sehr viel leichter als reines. Die Entzündung kann sich in jenem viel besser als in diesem verbreiten, weil die Temperatur bedeutend weiter fallen darf, ehe sie unter die Entzündungstemperatur des Wasserstoffes heruntergeht, und die Verbrennung des letzteren stets wieder eine bedeutende Wärmemenge entwickelt. Auffallend ist, dass Chlor die Verbrennung des Kohlenoxids verhindert.

Der Umsatz

$$CO + H_2O = CO_2 + H_2$$

erfolgt also bei einer niedren Temperatur als der analoge:

$$2CO + O_2 = 2CO_2,$$

d. h. zur Dissociation der Sauerstoffmolekel ist eine viel stärkere Erhitzung nothwendig als zur Dissociation der Wassermolekel. Uebrigens stehen die obigen Thatsachen im vollen Widerspruch zum sogenannten „Princip der grössten Arbeit"; denn von den drei Vorgängen der Oxidation des Kohlenoxids, der Verbindung von Wasserstoff und Sauerstoff, der Reduktion des Wasserdampfes durch Kohlenoxid liefert der erste, am schwierigsten zu erzeugende Umsatz die grösste Wärmemenge. *Nst.*

H. Dixon. The Combustion of Cyanogen. J. chem. Soc. XLIX, 384-391†; [Chem. News LIII, 164; [Sill. J. (3) XXXII, 110; [Chem. CBl. (3) XVII; [Beibl. XI, 4. 1887.

Frühere Versuche, nach welchen ein Gemisch von Cyan und Sauerstoff ähnlich wie Kohlenoxidknallgas nur in Gegenwart wenn auch geringer Mengen Wasserdampf entzündlich zu sein schien, werden jetzt dahin berichtigt, dass beim Cyan die Explosionsfähigkeit nur von der Natur des Funkens, nicht aber von der Menge des Wasserdampfes abhängig sei, welche zugegen ist. Schwache Funken bleiben ohne sichtbare Wirkung; starke verursachen eine heftige Explosion des Knallgases. Um die Frage zu entscheiden, ob die bei dem Trockenen des Gemisches angewendeten Mittel (Phosphorsäure, Kali) nicht energisch gewirkt hätten, und ob nicht etwa die unvermeidlich zurückbleibenden Spuren von Wasserdampf schon hinreichten, um Explosionsfähigkeit zu ertheilen, wurden Parallelversuche über den Einfluss des Wasserdampfes auf die Fortpflanzungsgeschwindigkeit in geschlossenen Röhren angestellt, welche Kohlenoxid- oder Cyan-Knallgas enthielten. Der Augenblick, wo die Explosion bis zu einem bestimmten Punkte gelangt war, wurde durch Zerreissen eines dünnen Silberblättchens und damit verbundenen Auslösung eines elektrischen Kontaktes angezeigt. Die Geschwindigkeit ergab sich beim Kohlenoxidknallgase zu 36, 119, 175, 244, 317 Meter pro Sekunde, je nachdem die beigemengten Wasserdampfmengen einer Trockenung mittelst P_2O_5, H_2SO_4, und Sättigung bei 10°, 35°, 60° entsprachen. Man erkennt, wie mit steigendem Wassergehalte bei den fünf Versuchen die Geschwindigkeit ausserordentlich zunimmt. Beim Cyan-Knallgas erwies sich im Gegentheil Gegenwart von Wasserdampf als, wenn auch nur wenig, für die Fortpflanzungsgeschwindigkeit hinderlich; bei Trockenung durch P_2O_5 und KOH betrug dieselbe 812 und 808, bei Sättigung durch Wasser von 15° 745 Meter. Man darf also wohl schliessen, dass Cyan sich ohne Mitwirkung des Wassers direkt mit Sauerstoff verbindet.

Im Einklang mit älteren Versuchen DAVY's bewirkt glühender Platindraht eine allmähliche Vereinigung des Cyans mit dem Sauerstoff und reicht die hierbei entwickelte Wärme hin, denselben im Glühen zu erhalten. Eine Explosion wird durch galvanisch glühenden Platindraht ebensowenig wie durch einen schwachen Funken herbeigeführt; es ist nicht unwahrscheinlich, dass die Hitze nicht gross genug ist, um eine Dissociation des Cyans zu bewirken, und dass ohne diese eine Vereinigung des Kohlenstoffs mit dem Sauerstoff nicht stattfinden kann. Gegen diese Annahme spricht freilich, dass ein schwacher Funkenstrom eine theilweise allmähliche Vereinigung des Sauerstoffs mit dem Kohlenstoff des Cyans und gleichzeitige Gelbfärbung des Gemisches erzeugt. *Nst.*

HAROLD DIXON. The Combustion of Carbonic Oxyde and Hydrogen. J. chem. Soc. XLIX, 94-112†; [SILL. J. (3) XXXI, 392; [Chem. Ber. XIX, 157, 159; [Rundschau I, 135; [Beibl. XI, 3. 1887.

H. E. ARMSTRONG. The theory of the interaction of carbon monoxyde, water and oxygen gases. J. chem. Soc. XLIX, 112-115†; [Beibl. XI, 4. 1887.

Die Hypothese, durch welche DIXON die von ihm beobachtete Erscheinung (diese Ber. XL, 164) der Nichtendzündlichkeit trockenen Kohlenoxid-Knallgases zu erklären sucht und nach welches Wasserdampf als Sauerstoffüberträger wirkt im Sinne der Gleichungen:

$$(1.)\quad CO + H_2O = CO_2 + H_2$$

$$(2.)\quad 2H_2 + O_2 = 2H_2O.$$

wird durch folgende Versuche ebenfalls bestätigt.

Als anstatt des Wasserdampfes andere fremde Gase dem Kohlenoxid-Knallgase beigemengt wurden, trat in allen Fällen, wo jenes Wasserstoff enthielt ($H_2S, H_4C_2, H_2CO_2, H_2CO_2, H_3N_1H_{12}C_5$, HCl), Explosion beim Durchschlagen eines Funkens ein, nicht aber in den übrigen (SO_2, CS_2, CO_2, N_2O, C_2N_2, CCl_4). Dass Kohlenoxid durch Wasserdampf unter Entstehung freien Wasserstoffs bei sehr hoher Temperatur oxidirt wird, geht schon aus älteren Versuchen GROVE's hervor; es findet dieser Prozess nicht nur unter Mitwirkung des elektrischen Funkens, sondern auch in der Nähe eines roth glühenden Platindrahtes statt, wie direkte Versuche des Verfassers lehrten, bei denen ein Gemisch von Kohlenoxid und Wasserdampf in einem, von einem galvanisch glühenden Platindrahte durchsetzten Eudiometer sich befand. Ebenso wirken fremdartige, durch Explosion glühend gemachte Gase. Umgekehrt aber wird Kohlensäure in der Hitze durch Wasserstoff reducirt und es stellt sich demnach zwischen den beiden reciproken Reaktionen ein Gleichgewichtszustand her; entfernt man bei den ersteren fortwährend die sich neu bildende Kohlensäure und bei der letzteren den entstehenden Wasserdampf, so gehen beide Reaktionen vollständig vor sich, ganz wie es dem Gesetze der Massenwirkung entspricht.

Der Erklärung TRAUBE's (diese Ber. XXXXI, 156), wonach das bei der Einwirkung von Wasserdampf und Sauerstoff auf Kohlenoxid sich bildende Wasserstoffsuperoxid die Rolle eines Sauerstoffüberträgers spielen soll, wird ausführlich diskutirt, jedoch für nicht stichhaltig befunden; die von TRAUBE experimentell nachgewiesene Bildung von Wasserstoffsuperoxid bei der Verbrennung des Kohlenoxids in Sauerstoff ist nicht beweisend, weil jenes sich in allen Fällen bildet, wo Wasserdampf hoher Temperatur ausgesetzt wird.

In einer Bemerkung dazu versucht ARMSTRONG darzulegen, dass seine Meinung, nach welcher „die Oxdation des Kohlenoxids vermittelst des Sauerstoffs des Wassers durch die gleichzeitig erfolgende Oxidation des Wasserstoffs des Wassers vermittelst des freien Sauerstoffs bedingt wird“ (?) nicht mit den Versuchen DIXON's in Widerspruch ist. *Nst.*

DUGALD CLERK. On the explosion of homogeneous gaseous mixtures. Chem. News LIII, 207-209†; [J. chem. Soc. L, 761; [Chem. Ber. XIX, [1] 430.

Einige mit Gemischen von Leuchtgas sowie von Wasserstoff mit Luft angestellte Explosionsversuche bestätigen die wiederholt gemachte Erfahrung, dass der Maximaldruck im Explosionsgefäss beträchtlich unter dem berechneten bleibt. Den Erklärungen BUNSEN's, welcher in der bei hohen Temperaturen beginnenden Dissociation, sowie MALLARD und LE CHATELIER's, welche in einer Zunahme der specifischen Wärme der Gase mit steigender Temperatur den Grund dieser Erscheinung suchten, schliesst sich Verfasser nicht an; er ist vielmehr der Ansicht, dass der letzte Antheil des Gases noch unverbrannt ist, nachdem bereits die Entzündung das ganze Gefäss erfüllt hat, und dass der letzte Theil der

Reaktion langsam genug vor sich geht, um den Wärmeverlust durch Abgabe an die Gefässwände merklich werden zu lassen.

Nst.

A. Pizzarello. Explosions of Electrolytic Gas and Volatile Carbon Compounds. Gazetta XVI, 161-166; [J. chem. Soc. L, 762†.

Wird elektrolytisch entwickeltes Knallgas in Gegenwart flüchtiger organischer Verbindungen, wie Aether, Alkohol etc., durch den elektrischen Funken entzündet, so findet Explosion mit leuchtender Flamme und gleichzeitige Bildung einer geringen Menge von Kohlensäure statt. Verfasser ist der Meinung, dass die organische Verbindung theils direkt durch den Funken, theils durch die Explosion des Knallgases zerlegt wird. *Nst.*

G. Foussereau. Sur la composition du perchlorure de fer par l'eau. C. R. CIII, 42-45†; [Cim. (3) XX, 279; [J. chem. Soc. L, 844; [Chem. Ber. XIX, 524; [Rundschau I, 346; [Beibl. X, 659; Chem. CBl. (3) XVII, 664; [Chem. News LIV, 47.

— — Sur la décomposition lente des chlorures dans leurs dissolutions étendues. C. R. CIII, 248-250†; [Cim. (3) XX, 282; [J. chem. Soc. L, 975; [Chem. Ber. XIX, 731; [Rundschau I, 415; [Beibl. X, 259.

Der elektrische Leitungswiderstand verdünnter Lösungen von Eisenchlorid ändert sich in Folge Zersetzung in Oxychlorid oder Eisenoxidhydrat und freie Salzsäure mit der Zeit, um einem bestimmten, von der Koncentration und der Temperatur abhängigen Grenzzustande zuzustreben; derselbe wird um so schneller erreicht, je verdünnter die Lösung und je höher die Temperatur ist.

In der zweiten Abhandlung wird ein ähnliches Verhalten für die Lösungen von Aluminiumchlorid, Magnesiumchlorid, Rhodiumnatriumdoppelchlorid, Platinchlorid und Goldchlorid konstatirt; bei den Lösungen der letzten beiden Körper liess sich ein die Zersetzung beschleunigender Einfluss der Belichtung konstatiren. Zusatz von Salzsäure verschiebt in allen Fällen den Gleichgewichtszustand. *Nst.*

F. F. BECKER. A new Law of Thermochemistry.

SILL. J. (3) XXXI, 120-125†; [J. chem. Soc. L. 498; [Chem. Ber. XIX, [2] 195; [Beibl. XI, 320. 1887; Berg- und Hüttenm. Ztg. 1886.

Das BERTHELOT'sche Princip der grössten Arbeit wird dahin modificirt, dass neben der entwickelten Gesammtwärme die Geschwindigkeit, mit welcher jene erzeugt wird, ein für die Richtung chemischer Processe massgebender Faktor ist. *Nst.*

H. LANDOLT. Ueber die Zeitdauer der Reaktion zwischen Jodsäure und schwefliger Säure.

Chem. Ber. XIX, 1317 bis 1365†; Berl. Sitzber. 193-219. 1886; [Beibl. X, 579-585; [J. chem. Soc. L, 658-660; [Rundsch. I, 340; [Bull. soc. chim. XLVI, 213-215; [ZS. f. phys. Chem. I, 193.

Die Zeit, welche zwischen der Herstellung des Reaktionsgemisches und der durch die Blaufärbung der zugesetzten Stärke sichtbar gemachten Abscheidung freien Jods verfliesst, lässt sich in vortrefflicher Uebereinstimmung mit allen zahlreichen Beobachtungen des Verfassers (vergl. diese Berichte XXXI, 158) durch die Formel

$$t = \frac{524,35}{C_S^{0,904}, C_J^{1,642}}.$$

darstellen. Darin bedeuten C_S und C_J die Koncentrationen der schwefligen Säure und Jodsäure, ausgedrückt in *g*-Molekeln pro Kubikmeter; die Zeit t wird in sec. gezählt. Die Abweichung zwischen Rechnung und Beobachtung beträgt durchschnittlich nur 1,4 pCt. und ist in allen Fällen kleiner als eine sec. Doch gilt die Formel nur für Mischungsverhältnisse, bei denen C_S kleiner oder gleich $3C_J$ ist, und für Reaktionszeiten unter etwa einer Minute. Um auch bei längerer Reaktionsdauer Anschluss an die Erfahrung zu erzielen, muss auf der rechten Seite der Gleichung noch ein Korrektionsglied von der Form $+\frac{70,0}{(C_S^{0,904}, C_J^{1,642})^2}$ hinzugefügt werden, weil in diesem Falle die obige Formel zu kleine Werthe liefert. Was die Reaktionsdauer in den Fällen, wo

$$C_S > 3C_J$$

betrifft, so lässt sich dieselbe nicht bestimmen, da man keine Kennzeichen der Beendigung des Prozesses hat; möglicherweise hat t für $C_S = 3\,C_J$ (äquivalentes Verhältniss der reagierenden Bestandtheile) ein Maximum.

Fasst man die Reaktion als nach dem Schema

$$3SO_2 + HJO_3 = 3SO_3 + HJ$$

verlaufend auf, so würde nach GULDBERG-WAAGE für die Geschwindigkeit derselben (unter der unbedenklich zu machenden Annahme, dass die Geschwindigkeit der reciproken Reaktion verschwindend ist) das Produkt $C_S^3\,C_J$ maassgebend sein, was mit der Erfahrung jedoch nicht übereinstimmt. Bekanntlich hat nun VAN'T HOFF (diese Ber. XLI, 146) die GULDBERG-WAAGE'sche Theorie dahin modificirt, dass anstatt der Koncentrationen selbst letztere auf die $i$te Potenz erhoben erscheinen, wo i einen jedem Stoffe charakteristischen Zahlenkoefficienten bedeutet. Durch Bestimmung der Gefrierpunktserniedrigung, welche Jodsäure und schweflige Säure in Wasser hervorbringen, ermittelt der Verfasser die i-Werthe für beide Körper bezw. zu 1,650 bis 1,607 und 0,93 bis 1,23; dieselben stimmen auffälliger Weise gut mit den vom Verfasser empirisch gefundenen, auf die beiden reagirenden Substanzen bezüglichen Exponenten der Zeitformel. Gleichwohl findet keine Uebereinstimmung mit der VAN'T HOFF'schen Formulirung des GULDBERG-WAAGE'schen Gesetzes statt, weil nach dieser der Exponent von C_S nicht i, sondern $3i$ betragen müsste. Fasst man aber die Reaktion nicht als eine quadrimolekulare, sondern eine bimolekulare auf, denkt man sich also dieselbe in folgender Weise verlaufend

$$\text{I.}\quad SO_2 + HJO_3 = SO_3 + HJO_2$$
$$\text{II.}\quad SO_2 + HJO_2 = SO_3 + HJO$$
$$\text{III.}\quad SO_2 + HJO = SO_3 + HJ,$$

so würde die empirische Formel vom theoretischen Standpunkte wenigstens verständlich werden. Man gelangt so mit VAN'T HOFF zu der Schlussfolge, dass häufig chemische Gleichungen nur die quantitativen Relationen ausdrücken, dagegen von dem Mechanismus derselben ein falsches Bild geben. *Nst.*

H. Lescoeur. Sur la vitesse de dissociation. C. R. CIII, 931-934†; [Bull. soc. chim. XLVII, 30-33 (1) 1887; [J. Chem. Soc. LII, 100. 1887; [Chem Ber. XX, 3. 1887; [Chem. News LIV, 285; [Chem. CBl. (3) XVIII, 52. 1887; [Beibl. XI, 384. 1887.

Saures Natriumacetat befand sich bei 100° unter einer Glasglocke, welche gleichzeitig eine hinreichende Menge von Natronkalk enthielt; von Zeit zu Zeit wurde der Gewichtsverlust des festen Salzes ermittelt. Aus dem Gange der so erhaltenen Zahlen schliesst der Verfasser, ähnlich wie von Müller-Erzbach geschehen (diese Ber. XLI, 145) auf die Existenz zweier weiteren sauren Acetate von der Zusammensetzung

$$NaC_2H_3O_2 + C_2H_4O_2 \text{ und } Na_2C_2H_3O_2 + \tfrac{1}{2}C_2H_4O_2,$$

von denen das letzte zuvor auf andere Weise nicht gefunden worden war. Gegen Müller-Erzbach bemerkt der Verfasser, dass ein Schluss von der Dissociationsgeschwindigkeit auf die Dissociationsspannungen nicht statthaft sei, weil für die erste ausserdem noch die physikalischen Eigenschaften des sich dissociirenden Stoffes maassgebend sind und daher zwischen beiden Grössen kein einfacher Parallelismus besteht. *Nst.*

H. J. H. Fenton. On the limited hydration of ammonium carbamate. Chem. News LIII, 13-15†.

Der Verfasser untersuchte Wirkungen von Zeit, Masse und Temperatur auf die Hydrirung des Ammoniumcarbamats mit folgenden Ergebnissen: Wird reines Ammoniumcarbamat in reichlichem Wasser gelöst, so geht seine Ueberführung in Ammoniumcarbonat anfangs schneller, dann langsamer vor sich; der Process nähert sich asymptotisch dem Endzustande. Sind beide Substanzen, Carbamat und Wasser, in nahe molekularem Verhältniss vorhanden, so ist die Hydrirung ein Minimum, bei Zunahme des Wassers wächst sie; ob sie auch bei Zunahme des Carbamats wächst, konnte nicht konstatirt werden, weil das Wasser eine grössere Menge des Salzes nicht mehr benetzt. Je niedriger die Temperatur, desto weniger wird hydrirt. Normales Ammoniumcarbonat, in Wasser gelöst, hydrirt sich zum Theil, so dass der schliessliche Bestand einer Lösung von Ammoniumcarbamat oder -carbonat Sache des Dissociationsgleichgewichts ist. *Bde.*

G. Lemoine. Etudes de dynamique chimique sur la réaction des sels ferriques et de l'acide oxalique sous l'influence de la chaleur. Bull. soc. chim. XLVI, 289-94†; [Beibl. XI, 304. 1887; [Chem. News LIV, 309; [Chem. Ber. XIX, 727; [J. Chem. Soc. LII, 334. 1887.

Eisenchlorür und Oxalsäure reagiren in wässeriger Lösung nach der Gleichung

$$Fe_2Cl_6 + C_2O_4H_2 = 2FeCl_2 + 2HCl + 2CO_2.$$

Die Geschwindigkeit der Reaktion lässt sich durch Bestimmung der entwickelten Kohlensäure verfolgen; der Verfasser findet, dass dieselbe um so grösser, je höher die Temperatur und je kleiner die Koncentration des Reaktionsgemisches ist; einige, bei 100° angestellte Versuche zeigen, dass für den Verlauf der Reaktion die Differentialgleichung

$$dx/dt = K(a-x),$$

worin a die anfänglich vorhandene und x die in der Zeit t umgesetzte Oxalsäuremenge bedeuten, annähernd gültig ist. Mit zunehmender Koncentration nimmt die Reaktionskonstante K anfänglich langsam, dann aber schneller ab. Der Verfasser hat auch einige Versuche über den Einfluss angestellt, welchen Zusätze der an der Reaktion sich betheiligenden Stoffe ($HCl, C_2O_4H_2$, $FeCl_2$, Fe_2Cl_6) ausüben. *Nst.*

L. Th. Reicher. Ueber die Einwirkung von Chloralhydrat auf Basen. Rec. trav. chim. IV, 353-354; [Chem. CBl. (3) XVII, 120†.

Wenn die Wechselwirkung zwischen Chloralhydrat und Natron, wie gewöhnlich angenommen, nach der Gleichung

$$CCl_3COH(H_2O) + NaOH = CCl_3H + HCO_2Na + H_2O$$

vor sich ginge, so müsste die Reaktion der Differentialgleichung für bimolekulare Reaktionen entsprechend verlaufen; die vom Verfasser bei 0° angestellten Versuche lehren aber, dass der Reaktionskoefficient nicht konstant bleibt, sondern mit der Zeit zunimmt, dass also irgend welche störende Nebenreaktionen auftreten. Der Verfasser macht es wahrscheinlich, dass dieselben in einem Zusammentritt von Basis und Chloralhydrat zu einer den Alkoholaten vergleichbaren Verbindung ($CCl_3CONa(H_2O)$) bestehen, auf welch' letztere das überschüssige Natron einwirkt. *Nst.*

F. URECH. Zur Grundformel der chemischen Reaktionsgeschwindigkeit. Ergänzung einer Berichtigung. Chem. Ber. XIX, 1700-1706†; [Bull. soc. chim. XLVI, 507; Beibl. XI, 196. 1887.

Nur diejenigen Differentialgleichungen sollen einen Reaktionsverlauf richtig beschreiben können, welche integrirt zu logarithmischen Formeln führen. *Nst.*

F. URECH. Influence de la masse sur la vitesse de bromuration des acides gras. Arc. Sc. Phys. (3) XVI, 215-21†.

Bei dem Versuch, die vom Verfasser früher gemessenen Geschwindigkeiten, mit denen die Bromirung der Fettsäuren erfolgt, mit Hülfe der für chemische Vorgänge zweiter Ordnung gültigen Differentialgleichung zu berechnen, ergiebt sich kein konstanter, sondern ein mit fortschreitender Reaktion zunehmender Reaktionskoefficient. Vermuthlich rührt dies von der beschleunigenden Wirkung der bei der Reaktion neu entstehenden Säuren, besonders der Bromwasserstoffsäure, her; trägt man diesen hypothetischen Wirkungen durch Einführung neuer Konstanten in die Reaktionsgleichung Rechnung, so lässt sich in einigen Fällen eine Konstanz des Reaktionskoefficienten erzielen. *Nst.*

M. KORAL. Die Inversion des Rohrzuckers durch Benzoesäure und die Oxybenzoesäuren. J. Pract. Chem. XXXIX, 109-112†; [Chem. Ber. XIX, [2] 593.

Die Säuren wurden wegen ihrer Schwerlöslichkeit in $^1/_{20}$ normalen wässerigen Lösungen, welchen 25 pCt. Aceton zugesetzt war, untersucht. Setzt man die Inversionsgeschwindigkeit der Benzoesäure gleich eins, so betragen die entsprechenden Zahlen für Salicylsäure, Metaoxybenzoesäure, Paraoxybenzoesäure bei 25° im Mittel bez. 5,308, 1,269, 0,503, und bei 45° werden dieselben, wiederum die Inversionsgeschwindigkeit der Benzoesäure bei dieser Temperatur als Einheit genommen, bez. 5,505, 1,294, 0,532. Die auf diese Weise ermittelten Affinitätsgrössen obiger Säuren, welche ja bekanntlich der Inversionsgeschwindigkeit proportional sind, stimmen mit den von Ostwald durch Messung der elektrischen Leitfähigkeit erhaltenen überein; auffallend ist, dass die Paraoxybenzoesäure trotz der in ihr enthaltenen Hydroxylgruppe von der Benzoesäure an Stärke übertroffen wird. *Nst.*

W. Lutoslawski. Beitrag zur chemischen Dynamik: Das Gesetz der Beschleunigung der Esterbildung.
Halle: Nietschmann 1885. 12 pp. Sep.; [Beibl. X, 455.

Wirken zwei Stoffe $A\ B$ und $A'\ B'$ gegenseitig auf einander, so dass aus ihnen die Stoffkombination $AB'+A'B$ entsteht, die sich mit der erst gegebenen Kombination ins Gleichgewicht setzt, so gilt nach Berthelot für die Reaktionsgeschwindigkeit die Gleichung:

$$dx/dt = Ax^2+Bx+C,$$

wo A, B, C Konstanten sind. Ist ξ die im Gleichgewichtszustand bestehende Menge der Stoffkombination, deren Bildung betrachtet wird, so ist $A\xi^2+B\xi+C = 0$. Durch Elimination von C ergiebt sich daraus:

$$t = \int_0^x \frac{dx}{Ax^2+Bx-(A\xi^2+B\xi)}.$$

Diese Gleichung umfasst alle bisher aufgestellten Theorien mit Ausnahme derjenigen von Lemoine; der Verfasser untersucht sie unter der speciellen Voraussetzung, dass $B = -2A\xi$ sei. Man erhält dann, wenn dx/dt kürzer mit v bezeichnet wird:

$$\frac{dv}{dx} = -2A(\xi-x) \text{ und } \left(\frac{dv}{dx}\right)_{x=\xi} = 0.$$

Die aus diesen Gleichungen hervorgehende Beziehung vergleicht der Verfasser mit MENSCHUTKIN's Beobachtungen über Esterbildung. *Bde.*

L. T. REICHER. Ueber die Geschwindigkeit der Verseifung. LIEB. Ann. CCXXXII, 103-114†; [J. chem. Soc. L, 416; [Chem. Ber. [2] XIX, 200; [Beibl. X, 542; Rec. trav. chim. V, 51 bis 58.

In Fortsetzung seiner früheren Arbeit (diese Ber. XLI, 164) hat der Verfasser untersucht, ob die Geschwindigkeitskonstanten bei der Verseifung verschiedener Ester durch dieselben zwei Basen in einer einfachen Beziehung stehen. Als solche wurden Natron und Baryt gewählt, weil diese beiden Basen den grössten Unterschied gegeneinander aufweisen. Es ergeben sich für Essigsäuremethyläther, Essigsäureamyläther, Essigsäureäthyläther, Isovaleriansäureäthyläther bei den Temperaturen bez. 9,4, 9,4, 9,4, 15,4° die Werthe der Geschwindigkeitskonstanten R und R_1 für Natron und Baryt bez. 3,493 und 3,516, 1,645 und 1,660, 2,307 und 2,144, 0,614 und 0,597. Das Verhältniss R_1/R ist zwar annähernd konstant, doch sind die Schwankungen ausserhalb der Beobachtungsfehler.

Ferner wurde der Einfluss der Temperatur auf die Verseifungsgeschwindigkeit von Essigsäureäthyläther und Natron untersucht; es betrugen bei den Temperaturen 9,4, 14,4, 24,22, 35,14, 44,94° die Werthe der Geschwindigkeitskonstanten 2,307, 3,204, 6,151, 12,096, 21,65; die Zahlenreihe lässt sich durch folgende, thermodynamisch abgeleitete Formel sehr befriedigend darstellen:

$$\log R = 4{,}53 + 000754\,T - \frac{1780}{T}.$$

Nst.

JOHN J. HOOD. On the Theory of Fractional Precipitation. Phil. Mag. [5] XXI, 119-127†; [Cim. (3) XXXI, 184; [J. chem. Soc. LII, 325. 1887; [Beibl. X, 459.

Die Geschwindigkeit, mit welcher eine unlösliche chemische Verbindung aus einer Lösung ausfällt, setzt der Verfasser in jedem

Augenblicke dem Produkte der Koncentrationen derjenigen Stoffe proportional, die zu der unlöslichen Verbindung zusammentreten. Wenn also ein Fällungsmittel C in zur völligen Ausfällung ungenügender Menge zu zwei Stoffen von den Koncentrationen A und B zugesetzt wird, so sind die Geschwindigkeiten, mit denen die Körper A und B ausfallen, in jedem Augenblick bez.

$$\frac{dx}{dt} = \frac{1}{\varepsilon}(A-x)(C-x-y),$$

$$\frac{dy}{dt} = \frac{1}{\varepsilon'}(B-y)(C-x-y).$$

Dividirt man die Gleichungen und integrirt unter Berücksichtigung der Anfangsbedingungen, dass t, x und y gleichzeitig null sind, so wird

$$\varepsilon/\varepsilon' = \frac{\log\left(1-\frac{y}{B}\right)}{\log\left(1-\frac{x}{A}\right)}.$$

Mit Hülfe dieser Gleichung berechnet der Verfasser die von Mills und Bicket angestellten Messungen über die Fällung wechselnder Mengen von $NiSO_4$ und $MnSO_4$ durch Na_2CO_3, sowie von $NiSO_4$ und $CoSO_4$ durch $NaOH$. ε/ε' zeigt sich thatsächlich von dem Mengenverhältniss der beiden ausfallenden Stoffe nahezu unabhängig und besitzt im ersten Falle den Werth 2,97, im zweiten den Werth 1, d. h. wenn man zu einer Lösung, welche $MnSO_4$ und $NiSO_4$ im Verhältniss 1 : 2,97 Gewichtstheilen enthält, eine kleine Menge des Füllungsmittels zusetzt, so sind die beiden Stoffe im Niederschlage zu gleichen Antheilen enthalten, oder wenn die beiden Stoffe zu gleichen Gewichtstheilen in Lösung sich befinden, so ist das Verhältniss von $MnSO_4$ zu $NiSO_4$ im Niederschlage 1 : 2,97, und analog beim zweiten Falle. *Nst.*

O. Liebreich. Ueber den todten Raum bei chemischen Reaktionen. Berl. Sitzber. XLIV, 959-962†; Phil. Mag. (5) XXIII, 468. 1887; [Chem. CBl. (3) XVIII, 108. 1887; [Rundsch. I, 405; [Beibl. XI, 677. 1887; [Naturforschervers. Berlin chem. Section; [Verh.

Phys. Ges. Berlin V, 103-107; [ZS. phys. Chem. I, 194-195; [Naturf. XX, 112.

Lässt man Chloralhydrat und Natroncarbonat auf einander in wässeriger Lösung einwirken, so zeigt sich, dass die Reaktion (Abscheidung fein zertheilten Chloroforms) nur im Innern, nicht aber an den Grenzflächen, wo die Lösung mit Luft oder einer feinen Membran in Berührung ist, vor sich geht. Bringt man die Substanzen z. B. in einem Probirröhrchen zusammen, so bleibt der Raum 1—3 mm unter dem Meniskus vollkommen klar und grenzt sich von dem Innern der Lösung durch eine scharf dem Meniscus entgegengesetzt gekrümmte Fläche ab; mit der Zeit verkleinert sich die klare Flüssigkeitsschicht durch Aufsteigen des Chloroformnebels. — Aehnliche Erscheinungen sind bei der Wechselwirkung zwischen schwefliger Säure und Jodsäure zu beobachten; hier trat die durch Stärke sichtbar gemachte Abscheidung von freiem Jod im Innern einer engen Glasröhre zuerst ein, was sich durch Bildung eines centralen blauen Fadens zu erkennen gab, von welchem aus die Färbung sich allmählich durch die ganze Flüssigkeitssäule verbreitete. Der Verfasser schliesst aus seinen Versuchen, dass Kapillarräume im Stande sind, chemische Wirkungen stark zu verzögern oder völlig aufzuheben; die so erzeugten reaktionslosen Zonen werden im Gegensatz zum Reaktionsraum „todter Raum" genannt. *Nst.*

D. MENDELEJEFF. Notiz über die Kontaktwirkungen.

Chem. Ber. XIX, 456†; [Bull. soc. chim. XLVI, 311; [J. Chem. Soc. L, 415; [Beibl. XI, 2. 1887.

Zwei Körper *A* und *B* seien mit einander in Berührung. Dann soll Dreierlei eintreten können. 1) Die Atome der Körper *A* und *B* ändern ihre Bewegungen in Folge der Berührung, jedoch ohne in einen neuen Gleichgewichtszustand überzugehen; 2) Die Atome von *A* und *B* kommen in so innige Bemühung, dass eine Reaktion (Auflösung, chemische Bindung, wechselseitiger Umsatz u. dergl.) stattfindet. 3) Die Atome von *A* gelangen in einen solchen Bewegungszustand, dass zwischen ihnen an den Berührungspunkten mit *B* eine Neubildung zu Stande kommt, d. h. dass

A sich in ein Isomer umlagert oder, wenn der Körper ein Gemenge ist, seine Bestandtheile sich verbinden oder gegenseitig umsetzen. Diese Art von Erscheinungen gehört zur Katalyse oder Kontaktwirkung im engeren Sinne des Wortes. Der Körper *B* wird seine Atombewegungen zwar auch an der Berührungsfläche ändern, aber man muss annehmen, dass kleine Störungen seinen Gleichgewichtszustand nicht beeinflussen, während im Körper *A* die Atome von vorneherein einer Veränderung nicht abgeneigt sein sollen u. s. w. *Nst.*

A. Irving. Dissociation and contact-action. Rep. Brit. Ass. 1886, 577-578; Chem. News LIV, 179†; [Chem. Ber. XIX, [2] 644; [Chem. CBl. (3) XVIII, 3. 1887; Nature XXXIII, 485-486†.

Th. Blunt. Condensation of gases by porous bodies. Chem. News LIV, 212.

A. Irving. Contact-action versus condensation. Chem. News LIV, 236

Der Artikel von Irving in Nature ist nur eine erste andeutende Notiz, derjenige in Chem. News die Hauptabhandlung. Irving hat selbstständig einen auch von Konowaloff behandelten Gedanken ausgearbeitet: Wenn die Moleküle eines Gases gegen eine feste Wand prallen, so kann durch den Stoss ein Theil ihrer kinetischen Energie in innere molekulare Energie umgesetzt werden; ihre Dissociation wird dann erleichtert und sie werden verbindungsfähiger. Als bekannte Beispiele für katalytische Kontaktwirkungen werden angeführt die Oxidation des Ammoniaks und der schwefligen Säure in Gegenwart überschüssigen Sauerstoffs, die Verwandlung von Stickoxid in Ammoniak und Wasser in Gegenwart überschüssigen Wasserstoffs, die direkte Bildung von Jod- und Bromwasserstoff, die Oxidation von Alkohol- und Aetherdämpfen, auch von Ammoniak, in Berührung mit glühendem Platin oder Glas. In einer theoretischen Besprechung giebt er zunächst eine Erörterung über kinetische Energie und Dissociation, die nichts Neues enthält. Der Kernpunkt seiner Darstellung ist der folgende: Fein vertheiltes Platin und ähnliche Körper haben eine enorme Oberfläche; dies muss dazu führen, dass die Zahl der

Stösse, welche die Gasmoleküle mit dieser Oberfläche in Berührung bringen, sehr gross wird, und da die Moleküle durch derartige Stösse gelockert werden, so wird im allgemeinen die Anfangstemperatur der Dissociation durch die Anwesenheit der festen Stoffe herabgesetzt, also auch die Temperatur, bei welcher sich die Gase verbinden. Selbstverständlich wird die Dissociation und die katalytische Wirkung durch Temperaturerhöung vermehrt. Nebenbei wird übrigens nicht blos die dissociirende Wirkung der Stösse, sondern auch die der Strahlung als Grund für die Zerlegung der Moleküle herangezogen. Ferner wird auch auf eine ähnliche Wirkung der molekularen Reibung hingedeutet, aber in offenbar missverständlicher Weise, da der Verfasser sich die Gasreibung als Reibung eines Moleküls am andern vorstellt. Bei sehr stabilen Gasen, wie NH_3 oder NO, scheint Katalyse nur einzutreten, wenn Wasserstoff oder Sauerstoff im Ueberschuss vorhanden ist; der Verfasser nimmt an, dass in solchen Fällen hauptsächlich die vergrösserte Zahl der Atome H oder O wirke. Den Zustand, in welchem sich ein Molekül befindet, welches noch nicht gerade dissociirt, aber doch der Dissociation so nahe ist, dass es leicht durch die Anziehung eines fremden Atoms zersprengt werden kann, bezeichnet Irving als „quasi-nascent state“. Zum Schluss werden mechanische Vergleiche herangezogen, und es wird die Ansicht von Fr. Siemens berührt, wonach der Kontakt zwischen einer Flamme und einer erhitzten Oberfläche die Verbindung der dissociirten Atome in der Flamme verhindert. Endlich wird darauf hingewiesen, dass die Theorie, wonach chemische Verbindung durch vorangehende Dissociation bedingt ist, eine Anzahl von Thatsachen wie Verbindung durch elektrische Funken, durch Effluvium und Licht unter einen gemeinsamen Gesichtspunkt bringt.

Bde.

F. Spohr. Ueber den Einfluss der Neutralsalze und der Temperatur bei der Inversion des Rohrzuckers durch Säuren. II. J. Pract. Chem. XXXIII, 265-284†; [J. chem. Soc. L, 502; [Chem. Ber. XIX, [2] 279; [Chem. News LIII, 264; [Beibl. XI, 382. 1887; ZS. f. Rübenz.-Ind. XXXVI, 279-290.

Bei gleichbleibender Säurekoncentration werden in gleicher Zeit verschieden grosse Zuckermengen invertirt; um streng vergleichbare Resultate zu erzielen, muss man daher mit gleichem Zuckergehalte operiren. — Die über den Einfluss, welchen die Gegenwart von Neutralsalzen eine Säure auf die Inversionsgeschwindigkeit dieser Säure ausübt, mit Bromwasserstoffsäure und Schwefelsäure erhaltenen Resultate bestätigen im wesentlichen die früher (vgl. diese Ber. XLI, 163) gefundenen Gesetzmässigkeiten.

Nst.

C. Scheibler. Ueber das Verhalten der alkalischen Erden und deren Hydrate gegen trockene Kohlensäure.

Chem. Ber. XIX, 1973-1982†; [Beibl. X, 745.

Versuche, welche theils von Finkener, besonders aber vom Verfasser über das Verhalten trockener Kohlensäure gegen die alkalischen Erden bei höheren und gewöhnlichen Temperaturen angestellt wurden, führten zu folgenden Schlussfolgerungen. Wasserfreie Kohlensäure verbindet sich weder mit den wasserfreien Oxiden der Erdmetalle noch mit ihren Monohydraten und auch nicht mit dem Dihydrat des Baryums. Enthalten die Hydrate hingegen mehr Wasser, als den Formeln $Ca(OH)_2$, $Sr(OH)_2$, $Ba(OH)_2+H_2O$ entspricht, so entweicht über 100° dieser Wasserüberschuss und kann durch einen Kohlensäurestrom wie durch jeden anderen Gasstrom fortgeführt werden; da aber hierbei gleichzeitig feuchtes Kohlensäuregas entsteht, so findet eine theilweise Ueberführung der Hydrate in die Carbonate statt, die Benutzung eines trockenen Kohlensäurestroms zur Ueberführung der Erden in die Carbonate ist somit als analytische Methode unzulässig. *Nst.*

W. Spring. Reaction du carbonate de baryum et du sulfate de sodium sous l'influence de la pression.

Bull. soc. chim. XLVI, 299-312; [Chem. Ber. XIX, [2] 728†; [Beibl. XI, 481 1887; [J. chem. Soc. LII, 332. 1887; [Chem. CBl. (3) XVII, 849.

Ein trockenes, fein pulverisirtes Gemisch von 1 Theil Baryumcarbonat und 3 Theilen Natriumsulfat setzt sich schon nach längerem

Schütteln bis zu 49,79 pCt. in Baryumsulfat und Natriumcarbonat um. Bei Kompression bis auf 6000 Atmosphären steigt dieser Betrag und kann bei wiederholtem Pulverisiren und Komprimiren bis auf 73,3 pCt. gesteigert werden. Ueberlässt man die Masse während längerer Zeit sich selbst, so schreitet die Umsetzung bis auf 80 pCt. fort, scheint jedoch eine Grenze erreicht zu haben, so dass es den Anschein gewinnt, als ob zwischen den vier reagierenden Körpern trotz ihres starren Zustandes ein chemischer Gleichgewichtszustand sich herstellt. *Nst.*

G. SPEZIA. Ueber den Einfluss des Druckes auf die Bildung von Anhydrit. Atti di Torino XXI, 1886, Giugno; [Rundsch. I, 367†; [Beibl. X, 662.

Die Hypothese, dass ein Druck von 10 Atmosphären genüge, um die Abscheidung von wasserfreiem schwefelsauren Kalk in den Meeresablagerungen zu erklären, wird durch Versuche des Verfassers widerlegt, bei denen sich sowohl unter Atmosphärendruck wie bei 100 und 500 Atmosphären nur Gypskrystalle bildeten. *Cn.*

H. TREY. Ueber den Einfluss einiger Neutralsalze auf die Katalyse des Methylacetats durch Chlorwasserstoff- und Schwefelsäure. J. Pract. Chem. XXXIV, 353 bis 377†; [J. Chem. Soc. LII, 102-105. 1887; [Chem. Ber. XIX, [2] 819; [Chem. News LIV, 298; [Chem. CBl. (3) XVII, 929; [Rundsch. II, 31. 1887; [Beibl. XI, 804. 1887.

Die katalytische Wirkung der Chlorwasserstoffsäure auf die Umsetzung des Methylacetates in Methylalkohol und Essigsäure wird durch Zusatz andrer Chloride verstärkt, die der Schwefelsäure hingegen durch Zusatz anderer Sulfate verringert. Die Wirkung der Neutralsalze ist in beiden Fällen innerhalb gewisser Grenzen der Menge derselben proportional; äquivalente Mengen sind von ungefähr gleichem Einfluss. Das mitgetheilte Zahlenmaterial ist ein sehr umfangreiches, kann daher hier nicht wieder gegeben werden. *Nst.*

W. ALEXEEW. Ueber die katalytische Wirkung des Glases. Chem. Ber. XIX, 812†; [Bull soc. chim. XLVI, 51; [Beibl. XI, 191. 1887.

Der Verfasser hält seine Meinung aufrecht, dass KONOWALOW und MENSCHUTKIN aus ihren Versuchen ohne genügenden Grund auf eine katalytische Wirkung des Glases geschlossen haben, [vgl. diese Ber. XLI, 156]. *Nst.*

E. BICHAT. Sur le dédoublement des composés optiquement inactifs par compensation. C. R. CII, 428-431†; [Chem. Ber. XIX, (2) 210; [J. chem. Soc. L, 446; [Bull. soc. chim. XLVI, 54; [Chem. News LIII, 191; [Ass. Franc. Nancy XV, (1) 108; [Beibl. XI, 147.

J. JOUBERT. Sur la cristallisation du paratartrate de soude et d'ammoniaque. C. R. CII, 507-508†; [Chem. Ber. XIX, (2) 239; [Chem. News LIII, 142; [Beibl. XI, 148

G. WYROUBOFF. Sur le dédoublement des racémates sodico-ammonique et sodico-potassique. C. R. CII, 627 bis 629†; [Chem. Ber. XIX, (2) 210 u. 300; [Chem. News LIII, 96 u. 167; [Ass. Franc. Nancy XV, (1) 108; [Bull. soc. chim. XLV, 49 u. 52-61; [Beibl. XI, 148.

E. BICHAT. Sur le dédoublement des composés optiquement inactifs par compensation. C. R. CII, 766-767; [Chem. Ber. XIX, (2) 300; [Beibl. XI, 149.

BICHAT suchte die Ansicht PASTEUR's zu prüfen, nach der organischer Staub die Ursache der Spaltung des Ammoniumnatriumracemats sei; er fand, dass in heiss zugeschmolzenen Glasröhren keine Spaltung eintritt, sondern das Salz als solches auskrystallisirt; während in offenen Gefässen die beiden aktiven weinsauren Salze auskrystallisiren. Brachte er einen Tropfen von der Mutterlauge gespaltener Lösung in eine concentrirte Lösung von Ammoniumnatriumracemat, so trat keine Spaltung ein. Daraus schliesst BICHAT, dass die Staubtheilchen, welche die Spaltung veranlassen, nicht organischer Natur sind, sondern kleine Krystalltheilchen der aktiven Salze.

JOUBERT bemerkt, dass er schon früher regelmässige Krystalle der Doppelverbindung erhalten hat, indem er über die Salzlösung trockene staubfreie Luft leitete.

Gegen die Ansicht BICHAT's führt WYROUBOFF an, dass man den Vorgang der Spaltung so erklären könne, dass die Staubtheilchen nur eine Uebersättigung der Lösung verhindern, die Spaltung aber eintritt durch die verschiedene Löslichkeit der beiden Salze und deren Abhängigkeit von der Temperatur; bei Temperaturen über 28° hatte BICHAT auch in offenen Krystallisirschalen Krystalle von Ammoniumnatriumracemat erhalten. Nach WYROUBOFF hängt es nur von der Temperatur ab, ob Spaltung eintritt oder nicht.

BICHAT hält an seiner Ansicht fest; er giebt zu, dass für nicht aktive Racemate die Krystallisation sich nach der Löslichkeit regelt; im vorliegenden Falle treffe dies aber nicht zu; denn er habe auch unter 28° Krystalle der Doppelverbindung erhalten, obgleich die beiden aktiven Salze viel weniger löslich sind. Aehnliches hatte auch SIACCHI gefunden. *Cn.*

W. MÜLLER-ERZBACH. Die Konstitution wasserhaltiger Salze nach ihrer Dampfspannung bei gewöhnlicher Temperatur (Gruppe der Haloidsalze). WIED. Ann. XXVII, 623-630†; [Chem. Ber. XIX, [2] 287; [Cim. (3) XXI, 168; [Naturf. XIX, 269.

— — Die Konstitution wasserhaltiger Salze nach ihrer Dampfspannung bei gewöhnlicher Temperatur (Nitrate und Hydroxyde). Chem. Ber. XIX, 2874†; [Bull. soc. chim. XLVII, 178-179. 1887; [J. chem. Soc. LII, 207. 1887; [SILL. J. (3) XXXII, 148. 1887; [Chem. CBl. (3) XVIII, 52. 1887; [Beibl. XI, 382. 1887.

Die Bestimmung der Geschwindigkeit, mit welcher die in Röhrchen befindlichen Salze ihr Krystallwasser innerhalb verschlossener, durch am Boden befindliche Schwefelsäure trocken erhaltener Flaschen verloren, hat folgende Resultate ergeben. Chlorcalcium ($6H_2O$) verliert das erste und zweite Molekül Wasser mit der relativen Spannung 0,12, das dritte und vierte mit 0,08, das fünfte mit 0,012; das sechste besitzt keine erkennbare Spannung mehr. Bei Chlormagnesium ($6H_2O$) unterscheiden sich nur die vier ersten von den beiden letzten Wassermolekülen. Chlorbaryum ($2H_2O$) verliert das erste Molekül mit der relativen Spannung 0,03, das zweite mit derjenigen 0,05. Bei Chlorkobalt ($6H_2O$) liess sich eine Aenderung nur nach Verlust der beiden ersten Wassermoleküle erkennen. Manganchlorid ($4H_2O$) verlor das erste und zweite Molekül mit je verschiedener, die beiden letzten mit konstanter Dampfspannung. Bromnatrium lässt sein gesammtes Krystallwasser ($2H_2O$) mit ungeänderter Spannung verdunsten.

In der zweiten Abhandlung wird mitgetheilt, dass das Nitrat des Calciums und Strontiums sein gesammtes Krystallwasser mit der konstanten relativen Spannung 0,065 bezw. 0,61 verliert. Beim Zinknitrat ($6H_2O$) liessen sich zwei Etappen, nämlich nach Verlust der ersten drei und der weiteren zwei Wassermoleküle, feststellen. Baryum- und Strontiumhydroxid verlieren das erste ihrer acht Wassermoleküle mit der verhältnissmässig ungewöhnlich hohen relativen Spannung 0,9 bezw. 0,73, die nächsten fünf mit der Spannung 0,20 bezw. 0,27 und behalten das letzte Molekül Wasser zurück; Baryumhydroxid lässt ausserdem noch einen Unterschied zwischen dem sechsten und siebenten Molekül erkennen.

Nst.

Miss E. M. Farrer and S. U. Pickering. Hydration of Salts. Chem. News LIII, 279; [Beibl. X, 742.

S. U. Pickering. On Water of Crystallisation. J. chem. Soc. XLIX, 411-432†; [Sill. J. (3) XXXII, 231; [Chem. Ber. XIX, (2) 430; [Beibl. XI, 486†.

Die bisher angeführten theoretischen und experimentellen Gründe reichen nicht aus, um mit Sicherheit einen Unterschied zwischen Krystallwasser und Konstitutionswasser nachweisen zu können. Es ist nicht ohne Weiteres gerechtfertigt, mit Thomsen anzunehmen, dass die Differenz der Lösungswärmen zweier Hydrate, wie $MgSO_4$, $3H_2O$ und $MgSO_4$, $4H_2O$, die Verbindungswärme des 4. Wassermoleküls im Hydrat $MgSO_4$, $4H_2O$ angiebt; denn wir haben keinen Anhaltspunkt dafür, dass bei der Addition des 4. Moleküls Wasser die Verbindungsart der drei schon vorhandenen ungeändert bleibt. Das komplicirtere Hydrat enthält nicht das einfachere als solches; die Reaktion $MgSO_4$, $3H_2O+H_2O$ besteht aus zweien 1) Zersetzung des Trihydrats, 2) Bildung des Tetrahydrats; die Wärmetönung, die gemessen wird, ist die algebraische Differenz von 1) und 2). — Die Temperatur 100° ist durchaus nicht kritisch für Krystallwasser; denn sowohl kann sogenanntes Konstitutionswasser bei oder unter 100° entweichen, als auch kann umgekehrt Krystallwasser bei Temperaturen über 100° zurückbehalten werden. So enthält nach Versuchen mit Miss Farrer $MnCl_2$, $4H_2O$ bei Erhitzung bis 200—230° noch 2,5 pCt. Wasser. Ebenso verhält sich das von Farrer und Pickering zuerst dargestellte $MnCl_2$, $4NH_4Cl$, $3H_2O$; es gab bei 100° Wasser und Ammoniumchlorid ab, behielt aber bei 220° nach längerem Erwärmen noch beträchtliche Wassermengen, obgleich alles Ammoniumchlorid ausgetrieben war und 4 pCt. des Salzes sich oxidirt hatten. — Die Messungen der specifischen Wärmen sind zu ungenau, um einen Unterschied zwischen den verschiedenen Wassermolekülen eines Hydrats begründen zu können, ebenso die Messungen der Volumina der Salze in Lösung. Soweit die Letzteren vorhanden, sprechen sie gegen die Annahme von Konstitutionswasser. Wir haben keinen Grund zu der Annahme, dass ein Hydratsalz keine symmetrische Substanz ist, können aber auch bisher nicht nachweisen, dass es symmetrisch ist. *Cn.*

W. W. J. Nicol. Ueber Krystallwasser. J. chem. Soc. XLIX, 690-692†; [Bull. soc. chim. L, 120; [Chem. News LIII, 308; [Chem. CBl. (3) XVII, 609.

Nicol weist in seinem kurzen Aufsatz die speciell gegen ihn gerichteten Einwürfe Pickering's zurück. Es gibt überhaupt nur 24 Sulfate mit Konstitutionswasser, die zu den fraglichen Volumbestimmungen geeignet sind, von diesen hat er elf untersucht — die anderen sind meistens Sulfate der seltenen Erden. Die elf untersuchten Salze liefern aber mit Bestimmtheit die Beobachtung, dass Krystallwasser in der Lösung dasselbe Volumen hat, wie das Lösungswasser, Konstitutionswasser dagegen besitzt ein grösseres Volumen. Auch PICKERING selbst hat über dies eigenthümliche Verhalten keine Erklärung zu geben gewusst. *Bde.*

S. U. PICKERING and P. G. SANFORD. The Composition of Hydrated Salts. Chem. News LIV, 277-278†; [Chem. Ber. XX, (2) 89; [Beibl. XI, 502†.

Es ist schwer, wasserhaltige Salze mit der theoretischen Wassermenge herzustellen; das rührt nach den Verfassern von mechanisch eingeschlossenem Wasser her; sie bestimmen die eingeschlossene Wassermenge 1) nachdem das Salz über Schwefelsäure gestanden bis zum Konstantwerden des Gewichts, 2) nach Erwärmen auf 100°, 3) auf 200°, beides bis zum Konstantwerden des Gewichts. Es wurden durch Siebe mit 30, 60 und 90 Löchern per inch Proben von verschiedener Feinheit hergestellt, die das folgende Resultat gaben:

Wassermenge in pCt.

	gröbste Probe			mittlere Probe	feinste Probe
	Bei 200°	100°	über H_2SO_4	über H_2SO_4	über H_2SO_4
Na Cl	0,660	0,693	0,726	0,326	0,216
K Cl			0,755	0,320	0,332
K^2SO^4			0,1107		

Bei Kaliumnitrat war die eingeschlossene Wassermenge Null; sie hängt ab von der Herstellung der Krystalle und variirt, wie aus der Tabelle ersichtlich, erheblich. *Cn.*

D. MENDELEJEW a trouvé, que les données thermiques de M. THOMSEN font admettre ... Bull. soc. chim. XLVI, 822† aus soc. chim. russe.

Der Verfasser meint aus den Wärmetönungen und Kontraktionen beim Verdünnen von Schwefelsäure, Phänomenen, zwischen denen ein ungefährer Parallelismus stattfindet, auf die Existenz zweier Hydrate von der Zusammensetzung $H_2SO_4+100H_2O$, $H_2SO_4+2H_2O$ schliessen zu dürfen. *Nst.*

E. ASTON and S. U. PICKERING. On multiple Sulphates. J. chem. Soc. XLIX, 123-130†; [Beibl. XI, 75.

Die Verfasser wiederholen Versuche von VOHL, nach denen Doppelsulphate vom Typus $M''SO_4, M_2'SO_4, 6H_2O$, wo M'' irgend ein Metall der Magnesium- und Kupfer-Gruppe ist, sich molekülweise mit einander verbinden können, so dass Verbindungen wie

$$(CuSO_4, K_2SO_4, 6H_2O, MgSO_4, K_2SO_4, 6H_2O)$$

entstehen, mit negativem Resultat, und zeigen, dass es sich in keinem Falle um definitive chemische Verbindungen handeln kann, sondern eher um Körper von einer Zusammensetzung, wie sie durch gleichzeitiges Auskrystallisiren zweier isomorpher Salze entstehen.

Cn.

R. BLONDLOT. Sur le transport du cuivre à travers une couche gazeuse. C. R. CII, 210†; [Bull. soc. chim. XLVI, 51; [Naturf. XIX, 379; [Rundsch. I, 135; [J. Pharm. Chim. XIII, 436; [Arch. d. Pharm. CCXXIV, 719; [J. chem. Soc. L, 422; [Chem. Ber. XIX, [2] 132; [Chem. CBl. (3) XVII, 182; [Beibl. X, 322.

Eine Platin- und eine Kupferscheibe von 0,03 m Durchmesser wurden vertikal im Abstand von 3—4 mm einander gegenüber gestellt. Erhitzt man sie dann in einer Porzellanglocke drei Stunden lang zur Rothgluth, so bildet sich auf der dem Kupfer zugewandten Platinfläche ein grauer Ueberzug, der in kalter Salpetersäure unlöslich, in heisser zum Theil löslich ist und einen Rückstand von schwarzem Pulver lässt. Der gelöste Theil enthält beträchtliche Mengen Kupfer. Die Erscheinung tritt nicht auf in einer Wasserstoffatmosphäre, sehr ausgeprägt in einer reinen Stickstoffatmosphäre, so dass sich eine direkte Kupfer-Stickstoff-Verbindung zu bilden scheint, die sich am Platin niederschlägt. *Cn.*

Litteratur.

W. OSTWALD. Lehrbuch der allgemeinen Chemie. Erste Hälfte des zweiten Bandes. Verwandschaftslehre. Leipzig: W. Engelmann 1886, 448 pp.†; [Beibl. X, 650.

Nst.

LOTH. MEYER. Ueber die neuere Entwickelung der chemischen Atomlehre. (Vorgetragen zu Plochingen, den 25. Jan. 1885). Tübingen: Fues 24 S, 8°.

Aus Mathem.-naturw. Mitth. herausg. von OTTO BÖCKLEN. 1886. 3. Heft.

AUG. PIZZI. I pesi atomici e le proprietà fisiche principali dei corpi che nello stato presente della scienza si conoscono. Tavola I, II e III. Reggio nell' Emilia: stab. tip. lit. degli Artigianelli 1886. 3 voll (31, 15, 16 S.) u. 3 Taf.

I. I pesi atomici degli elementi. II. I pesi specifici ed i volumi atomici degli elementi chimici. III. I punti di fusione e d'ebollizione degli elementi chimici. *Bde.*

M. N. TEPLOW. Die Schwingungsknotentheorie der chemischen Verbindungen. Aus dem Russischen übersetzt von L. JAWEIN. Lief. II. Petersburg 1886, Kaiserl. Akad. 136 pp.†; diese Ber. XLI, (1) 193. *Nst.*

COOKE. Chemical Physics. London: Macmillan & Co. 748 pp. 1886; [Nat. XXXIV, 405-406; XXXV, 100.

T. L. PHIPSON. Oulines of a new atomic theory. London: 1886.

Molecular Physics. Nat. XXXIII, 330-331.

Citat eines Berichtes von GERSTMANN über WITTWER's Molekularphysik. *Bde.*

J. RODRIGUEZ-MONRELO. La Notion du Corps simple dans la chimie moderne. [Arch. sc. phys. (3) XVI, 409.

VAN DEVENTER. La loi des proportions multiples. Rev. scient. (3) VI, (1) 179-181.

L. DULK. Ueber Gravitation und Atomgewicht. Chem. Ber. XIX, 932-942; Bull. soc. chim. XLVI, 315; [J. chem. Soc. L, 591; [Beibl. XI, 381.

E. VARENNE. La matière. Rev. Scient. (3) VI, (1) 457-462.

CH. LUEDEKING. The intra-elemental Forces. Chem. News LIV, 249.

Simple or Compound? Chem. News LIV, 239. *Cn.*

WINKLER. Om upptäckten af Germanium. Öfversigt af K. Vetensk Ak. Forhandl. XLIII, 41.

NILSON. Om det nyupptäkta grundämnes Germanium. Ofversigt af K. Vetensk. Ak. Forhandl. XLIII, 171.

QUESNEVILLE. Germanium. Monit. scient. (3) XVI, June 1886; [Chem. News LIV, 49.

DE MARIGNAC's Gadolinium. DINGL. J. CCLX, 571.

AUER VON WELSBACH. Dédoublement du didyme. Monatsh. f. Chem. VI, 477-492; [Bull. soc. chim. XLVI, 58-59.

Bde.

B. BRAUNER. Contribution à la chimie des métaux de cérite. Monatsh. f. Chem. VI, 785; [Bull. soc. chim. XLVI, 509† sh. diese Ber. XLI, (1) 126.

H. ROBINSON. The Colour of the Oxides of Cerium and its atomic Weight. Rep. Br. Ass. 1886. 591; Chem. News LIV, 229-231; [Chem. Ber. XX, (2) 44; Nature XXXIV, 511.

Gegen WOLF's Darstellung von weissem Ceriumoxyd und seine Atomgewichtsbestimmung.

H. ROBINSON. Das Atomgewicht des Cers. Chem. News L, 251; [FRES. ZS. XXV, 148.

LECOQ DE BOISBAUDRAN. Sur l'équivalent des terbines. C. R. CII, 395-398, 483; [J. chem. Soc. L, 424; [Chem. Ber. XIX, (2) 202; [Bull. soc. chim. XLVI, 59; [Naturf. XIX, 213. *Cn.*

J. S. STAS. Das Verhältniss von Silber zu den Chloriden und Bromiden der Alkalimetalle. Mem. de l'acad. d. Belgique XLIII, 1882; [Chem. News LIV, 49; [FRES. ZS. XXV, 288 bis 292.

J. WADDELL. The atomic weight of TUNGSTEN. Amer. chem. J. VIII, 280-288; [Chem. Ber. XIV, [2] 812; Trans. Roy. Soc. Edinburgh XXIII, P. I, 1885/86, 1-9.

Durch Reduktion von WO_3

$WO = 184,5$ für $O = 16$,
$= 180,04$ für $O = 15,96$. Dichtigkeit 18,77.

T. E. THORPE. Das Aequivalentgewicht des Titans. J. chem. Soc. XLVII, 108; [FRES. ZS. XXV, 293-296; [Chem. News LIV, 49; sh. diese Ber. XLI, (1) 127.

W. HALBERSTADT. Das Atomgewicht des Platins. Chem. Ber. XVII, 2962; [Fres. ZS. XXI, 296-299; [Chem. News LIV, 49; sh. diese Ber. XL, (1) 135.

O. T. CHRISTENSEN. Beiträge zur Chemie des Mangans und des Fluors. J. Pract. Chem. XXXIV, 41-46.

Bestätigt F = 19 für O = 16.

LOTHAR MEYER and KARL SEUBERT. On the Unit used in Calculating the Atomic Weights. Chem. News LIII, 245-248; sh. diese Ber. XLI, (1) 194.

L. ERRERA. Pourquoi les éléments de la matière vivante ont-ils des poids atomiques peu élevés? Messina: 1886 G. Capra, auch Brüssel; [Chem. Ber. XX, [2] 131. 1887.

J. H. Les poids atomiques et la matière vivante. Rev. Scient. (3) VI, (2) 604.

THOM. CARNELLEY. Das periodische Gesetz und das Vorkommen der Elemente in dem Natron. Ber. d. deutsch. chem. Ges. XVII, 2287. 1884; [ZS. f. Kryst. XI, 395.

T. S. HUNT. The law of volume in chemistry. Chem. News LIV, 206; [J. chem. Soc. LII, 99. 1887; Science VIII, 235.

E. VOGEL. Die Variationen der Atomgewichte. C. R. XCVII, 1269; Nature XXXI, 42; [Beibl. IX, 546; [Fres. ZS. XXV, 147.

V. RANTZOFF. Déductions relativement aux régularités des poids atomiques des éléments. Bull. soc. chim. XLVI, 822.

MENDELEJEFF dazu ibid. Aus soc. chim. russe.

Die Auszüge in Bull. soc. chim. lassen den Inhalt beider Abh. nicht beurtheilen.

W. SPRING. Ueber eine Methode, das periodische Gesetz zu erläutern. Chem. Ber. XIX, 3092-3093; [Bull. soc. chim. XLVII, 384. 1887; [Beibl. XI, 193. 1887.

Priorititätsreklamation gegen REYNOLDS. *Bde.*

L. MEYER and K. SEUBERT. The atomic Weight of silver and PROUT's Hypothesis. Chem. News LIV, 17-19; sh. diese Ber. XLI, (1) 124. *Cn.*

E. Huth. Das periodische Gesetz der Atomgewichte und das natürliche System der Elemente. Berlin 1886, Friedländer & Sohn. 16 pp.

C. Laar. Ueber die Hypothese der wechselnden Bindung. Chem. Ber. XIX, 730-741; [Bull. soc. chim. XLVI, 310; [J. chem. Soc. L, 504; [Rundsch. I, 191. *Cn.*

le Chatelier. Molekulare Aenderung von Platin-Iridium. Bull. soc. Chim. XLV, 482; [Beibl. X, 481.

Platiniridium erleidet bei Rothglut eine molekulare Modifikation. Nähere Angaben fehlen. *Bde.*

D. Gernez. Recherches sur le phénomème de la surfusion cristalline du soufre et sur la vitesse de transformation du soufre prismatique en octaédrique. Ann. chim. Phys. (6) VII, 233-259; sh. diese Ber. XLI, (1) 210 und 211.

G. Stillingfleet Johnson. Allotropic Nitrogen. Letter. Chem. News LIV, 22; sh. diese Ber. XLI, (1) 129. *Cn.*

Colson relie entre elles les propriétés physiques des isomères de position et rectifie la densité du bibromure métaxylénique etc. Bull. soc. chim. XLV, 289.

Nähere Angaben sind nicht gemacht.

Joannis. Sur deux états différents de l'oxyde noir de cuivre. C. R. CII, 1161-1164; [Chem. Ber. XIX, (2) 525; [Beibl. X, 680.

Victor Meyer. Ueber die Bildung sogenannter geschlossener Molecüle. Naturw. Rundsch. I, 2-3.

A. Damsky. Untersuchungen über die Isomerie der Tiophensäuren. Chem. Ber. XIX, 3282-3287. *Bde.*

E. Erlenmeyer. Zur Isomerie in der Zimmtsäurereihe. Chem. Ber. XIX, 1936-1938; [Naturf. XIX, 465-467.

A. Wunderlich. Configuration organischer Moleküle. Würzburg 1886; [Chem. Ber. XIX, [2] 592. *Cn.*

A. Bartoli u. G. Papasogli. Ueber die Oxidation der verschiedenen Kohlearten vermittelst der unterchlorigsauren Alkalien und über die so erhaltenen Oxidationsprodukte. Neuer Beitrag zur Geschichte des Kohlenstoffs. Gazz. chim. XV, 446-459; [Chem. Ber. XIX, [2] 249†; sh. diese Ber. XL, 145. *Nst.*

G. D. Liveing. Chemical Equilibrium. the Result of the Dissipation of Energy. Cambridge: Deighton Bell and Sons 1886; [Chem. News LIII, 94; [Beibl. X, 212.

S. Canevazzi. Sull' equilibrio moleculare. Bologna 1878.

van't Hoff. Lois de l'équilibre chimique dans l'état dilué, gazeux ou dissous. Öfversigt af K. Vetensk. Ak. Forhandl. XLII, No. 8, 1; sh. diese Ber. XLI, (1) 146. 1885.

Rubenson. Referat über van't Hoff Lois de l'équilibre chimique dans l'état dilué gazeux ou dissous. Öfversigt af K. Vetensk. Ak. Forhandl. XLII, Nr. 8, 1. 1885.

H. W. B. Roozeboom. Sur les conditions d'équilibre de deux corps dans les trois états, solide, liquide et gazeux, d'après M. v. d. Waals. Rec. trav. chim. V, 335 350; [J. chem. Soc. LII, 629.

H. W. B. Roozeboom. Sur l'hydrate $HBr2H_2O$. Rec. trav. chim. V, 351-362; [J. chem. Soc. LII, 630.

H. W. B. Roozeboom. Sur un nouvel hydrate de l'acide bromhydrique $HBrH_2O$. Rec. trav. chim. V, 363-379; [J. chem. Soc. LII, 631; [Bull. soc. chim. XLVIII, 253.

H. W. B. Roozeboom. Sur les combinaisons du bromüre d'ammonium avec l'ammoniaque. Rec. trav. chim. V, 387 bis 392; [J. chem. Soc. LII, 631.

H. W. B. Roozeboom. Application de la formule de M. v. d. Waals aux hydrates de SO_2, Cl_2, Br_2 et à la glace. Rec. trav. chim. V, 380-386.

H. W. B. Roozeboom. Etude thermique des dissolutions de l'acide bromhydrique et de l'hydrate $HBr2H_2O$.

Rec. trav. chim. V, 323-334; [Chem. CBl. (3) XVIII, 293-295. 1887; [J. chem. Soc. LII, 628. 1887; [Chem. Ber. XX, 132-133. 1887.

H. W. B. ROOZEBOOM. Sur les points quadruples dans l'équilibre d'un système formé de deux corps. Rec trav. chim. V, 393-413.

Ueber die Arbeiten von B. ROOZEBOOM soll später im Zusammenhang berichtet werden. Vgl. diese Ber. XLI, (1) 175.

A. C. OUDEMANS. Sur la décomposition du chlorochromate potassique sous l'influence de la chaleur. Rec. trav. chim. V, 111-117; [Bull. soc. chim. XLVIII, 265-266. 1887.

Von wesentlich chemischem Interesse. *Bde.*

W. MÜLLER-ERZBACH. Die Dissociation des Kupfervitriols, Berichtigung einer Mittheilung von Hrn. H. LESCOEUR. Chem. Ber. XIX, 2877-2879; [Beibl. XI, 384; [Bull. soc. chim. XLVII, 179; [J. chem. Soc. LII, 208; [Chem. CBl. (3) XVIII, 53. *Cn.*

P. VAN ROMBURGH. L'action de la chaleur sur les azotates des amines de la serie grasse. Rec. trav. chim. V, 246-251; [Bull. soc. chim. XLVIII, 330. 1887; [Chem. Ber. XX, [2] 470. 1887; [J. chem. Soc. LII, 230. 1887.

G. J. W. BREMER. Dédoublement de l'acide malique, dérivé de l'acide fumarique. Rec. trav. chim. IV, 180; [Bull. soc. chim. XLVIII, 271. 1887.

G. H. BAILEY. Apparat zur Bestimmung der Zersetzungstemperatur von Salzen. Chem. News LIII, 268; [Chem. CBl. (3) XVII, 658.

C. HEUSGEN. Sulfates d'antimoine et de bismuth, et action de l'eau et de l'acide chlorhydrique sur ces sels. Rec. trav. chim. IV, 401; [Bull. soc. chim. XLVIII, 257-258. 1887. *Bde.*

BERTHELOT u. ANDRÉ. Recherches sur la tension du bicarbonate d'ammoniaque sec. C. R. CIII, 665-671†; [J. Chem. Soc. LII, 10. 1887; [Chem. Ber. XIX, (2) 809.

— — Recherches sur la décomposition du bicarbonate d'ammoniaque par l'eau et sur la diffusion de ses composants à travers l'atmosphère. C. R. CIII, 716-718†; [J. chem. Soc. LII, 11. 1887; [Chem. Ber. XIX, (2) 810.

BERTHELOT u. ANDRÉ. Contribution à l'histoire de la décomposition des amides par l'eau et les acides étendus. C. R. CIII, 1051-1057; [Chem. Ber. XX, [2] 14. 1887: [Chem. News LIV, 309.

BOGOMOLETZ expose les resultats obtenus par Mlle. ROUDINSKAIA relativement à la dissociation du parabanate d'ammonium et sa transformation en oxaluramide. Bull. soc. chim. XLV, 250†; aus Soc. chim. russe.

Nst.

F. BÉVADE. Sur la précipitation des carbonates des métaux alcalino-terreux par les carbonates alcalins. Bull. soc. Chim. XLV, 177; aus Soc. chim. russe.

A. WÜLLNER und O. LEHMANN. Ueber die Entzündung explosibler Grubengasgemische durch elektrische Funken und glühende Drähte. Anlagen zum Hauptber. der preuss. Schlagwetterkommission III, 193-221, Ernst & Korn 1886; [Beibl. X, 563.

GAY-LUSSAC. Mémoire sur la combinaison des substances gazeuses les unes avec les autres. Ann. éc. norm. (3) III, 89-106; [Beibl. X, 454.

Wiederabdruck der Abhandlung von GAY-LUSSAC von 1838.

The explosion of homogeneous gaseous mixtures. Engineering XLI, 332, XLII, 64†.

Uebersicht über frühere Arbeiten auf diesem Gebiete.

CH. E. MUNROT. Index to the litterature of explosives I. Baltimore: J. Friedenwald, 42 pp.

S. U. PICKERING. The decomposition of Sodium Carbonate on Fusion. Chem. News LIV, 293†.

Natriumcarbonat giebt geschmolzen eine um 600 Cal. kleinere Lösungswärme als die normale, was sich durch eine theilweise Zersetzung erklärt. *Cn.*

E. MALLARD u. H. LE CHATELIER. Ueber die Umwandlungstemperatur des Jodsilbers. C. R. XCIX, 157. 1884; [ZS. f. Kryst. XI, 658.

E. MULDER. Rate of decomposition of ozone. Rec. trav. Chim. IV, 139-146; [J. chem. Soc. L, 9; sh. diese Ber. XLI, (1) 168.
Bde.

D. MENDELEJEFF. Ueber den Einfluss der Berührung auf den Verlauf chemischer Verwandlungen. J. d. russ. phys.-chem. Ges. XVIII, chem. Theil p. 18-25†.
Referirt Ber. d. D. Chem. Ges. 1886, p. 456. *O. Chw.*

H. J. H. FENTON. O a new method of detecting bromides, a case of so called „catalytic action". Chem. News LIII, 193-194; [Chem. Ber. XIX, 367. *Nst.*

F. HOPPE-SEYLER. Action of nascent hydrogen in increasing the activity of oxygen. ZS. physiol. Chem. X, 36 bis 39; [J. Chem. Soc. L, 120.

S. C. FÖHRE. Ueber den Zusammenhang der allotropischen und katalytischen Erscheinungen mit dem elektrischen Strome. Aus „Die Natur" 1886 Nr. 3-6, Halle 1886, 32 pp.

In dem mit grosser Belesenheit abgefassten Schriftchen sind eine Anzahl der verschiedensten Erscheinungen mit einander in Beziehung gesetzt, so dass ein kurzer Auszug nicht thunlich ist. *Nst.*

R. ENGEL. Sur la combinaison du carbonate de magnésie avec le bicarbonate de potasse. Ann. chim. phys. (6) VII, 260-288; sh. diese Ber. XLI, (1) 166.

A. STRENG. Ueber einige mikroskopisch-chemische Reactionen. Jahrb. f. Min. 1886 I, 49-61.

E.-J. MAUMENÉ. Sur l'eau de combinaison des aluns. C. R. CIII, 1140-1141†; [J. chem. Soc. LII, 218; [Chem. News LIV, 323-325. *Cn.*

J. THOMSEN. Molecular Weight of Liquid Water. Chem. News LIII, 238.

THOMSEN macht darauf aufmerksam, dass er schon in seinen thermochemischen Untersuchungen den Satz ausgesprochen hat, das Molekulargewicht des flüssigen Wassers sei doppelt so gross wie das des gasförmigen. *Bde.*

3a. Krystallographie.

Th. Liebisch. Ueber eine Goniometervorrichtung zur Messung zersetzbarer Krystalle. N. Jahrb. f. Min. 1885, I, 76-77†; [ZS. f. Kryst. XII, 314.

Es wird eine von Fuess konstruirte Vorrichtung beschrieben, welche zersetzbare Krystalle, die mittelst eines Reflexionsgoniometers mit horizontalem Theilkreis gemessen werden sollen, vor dem Zutritt der äusseren Luft schützt. In die Centrir- und Justirvorrichtung des Goniometers ist ein unten durchbrochener, oben durch eine sphärische Fläche abgeschlossener Hohlcylinder eingesetzt. Die obere Fläche besitzt in der Mitte eine runde Oeffnung, in die eine kleine Kugel eingelassen ist, welche mittelst eines in den Hohlcylinder hinabragenden Stieles gedreht werden kann; auf dieser Kugel ist das den Krystall tragende Tischchen befestigt. Eine Glasflasche mit kreisförmig durchbrochenem Boden ist auf die sphärische obere Fläche des Hohlcylinders aufgesetzt; durch Benetzung der letzteren mit Oel wird luftdichter Verschluss erzielt. Diese Glasflasche ist mit dem Kollimatorrohr fest verbunden und mit zwei planparallelen Glasplatten zum Durchgang des ein- und austretenden Lichtes versehen; der innere rinnenförmige Bodenrand dient zur Aufnahme von Schwefelsäure, Chlorcalcium etc.

F. P.

H. Laspeyres. Bemerkungen über die Aufstellung des Reflexionsgoniometers. ZS. f. Kryst. XII, 176-178†; [Beibl. XI, 144. 1887.

Der Verfasser macht Vorschläge in Betreff einer zweckmässigen festen Aufstellung des Instrumentes, der zum Befestigen der Krystalle zu verwendenden Wachssorte und der Beleuchtung des Theilkreises.

F. P.

A. SCHRAUF. Neue Zonenformel für orthogonale Systeme. ZS. f. Kryst. XII, f. 175-176†.

Der Verfasser giebt die Formeln, um aus der Neigung zweier Flächen, deren Indices bekannt sind und deren Zone eine Pinakoidfläche enthält, die Neigung der Flächen zum Pinakoid zu finden.

E. B.

B. HECHT. Ueber die Berechnung der Hauptaxen bei endlichen homogenen Deformationen krystallinischer Körper. ZS. f. Kryst. XI, 531-549†; [Beibl. X, 608; [N. Jahrb. f. Min. 1888 II, 369.

Das Problem, welches sich der Verfasser stellt, war bisher nur für den Fall gelöst, dass die Deformation klein genug ist, um in den Formeln die kleinen Grössen zweiter Ordnung zu vernachlässigen. Der Verfasser führt die Rechnungen unabhängig von dieser Annahme durch und wendet seine Formeln auf die thermische Ausdehnung des Anorthites (nach den Messungen von BECKENKAMP) an. Der Vergleich der so erhaltenen mit den nach der Formel von C. NEUMANN berechneten Werthen ergiebt, dass letztere eine gute Annäherung darstellt. *E. B.*

J. CURIE. Sur la formation des cristaux et sur les constantes capillaires de leurs différentes faces. Bull. Soc. Min. VIII, 149-150. 1885†; [Beibl. X, 151.

Wie für die Grenzfläche zweier Flüssigkeiten, so muss es auch für die Grenzfläche zwischen einem festen Körper und einer Flüssigkeit eine Kapillaritätskonstante geben, die sich definiren lässt als die Energie, welche aufzuwenden ist, um jene Grenzfläche um die Flächeneinheit zu vergrössern, falls die hierbei stattfindende Deformation des Körpers selbst keine Arbeitsleistung erfordert. Eine solche Gestaltsänderung kann durch Lösung von Theilen der Oberfläche und Wiederausscheidung an einer anderen Stelle bewirkt werden, wenn sich der Körper in einer gesättigten Lösung befindet. Aus dieser Anschauung zieht der Verfasser einige Schlüsse über die Ausbildung von Krystallen, die sich aus einer Lösung abscheiden; er sieht dabei die Krystallform als gegeben an, macht also keinen Versuch, den Vorgang der Krystallisation selbst zu erklären.

Ist ein Krystall von verschiedenartigen Flächen, denen also auch verschiedene Kapillaritätskonstanten A_1, A_2, A_3 ... zukommen, begrenzt, so nehmen die einzelnen Flächen solche Ausdehnung S_1, S_2, S_3 ... an, dass die „Oberflächenenergie“ $A_1 S_1 + A_2 S_2 + A_3 S_3 + \cdots$ ein Minimum wird. Beispielsweise wird bei einem quadratischen Prisma mit Basis das Verhältniss der Höhe zur Seite der Basis gleich dem Verhältniss der Kapillaritätskonstante der Basis zu jener der Prismenflächen werden. Die regulären Formen (111) und (100) werden, wenn B und A ihre resp. Kapillaritätskonstanten sind, nur dann in Kombination auftreten, wenn A/B zwischen $1/\sqrt{3}$ und $\sqrt{3}$ liegt; ist $A/B > \sqrt{3}$, so tritt (111) allein auf, ist $A/B < \sqrt{3}$, so entwickeln sich nur die Würfelflächen.

Endlich folgt aus der Theorie des Verfassers noch, dass bei gleichzeitiger Anwesenheit mehrerer verschieden grosser, sonst gleicher Krystalle in derselben gesättigten Lösung die grösseren auf Kosten der kleineren wachsen, was durch die Erfahrung bestätigt wird.

Schliesslich hebt der Verfasser hervor, dass man nicht wissen könne, ob die aus der Forderung der kleinsten Oberflächenenergie erschlossene Gestaltsänderung eines in seiner Mutterlauge befindlichen Krystalls wirklich spontan eintreten kann, oder ob noch eine äussere Einwirkung zu ihrer Einleitung erforderlich ist.

F. P.

Ch. Er. Guignet. Méthodes générales de cristallisation par diffusion. Reproduction d'espèces minérales.

C. R. CIII, 873-876†; [Beibl. XI, 571. 1887; [J. chem. Soc. LII, 101. 1887; [Chem. Ber. XX, 1887; [Chem. News LIV, 273; [Chem. CBl. (3) LVII, 904; [Rundsch. II, 31. 1887.

Der Verfasser führt die Versuche des älteren Becquerel weiter über die Erscheinungen, welche dieser als elektro-kapillare bezeichnete. Es handelt sich um Verfahren der langsamen Verdrängung von Körpern aus Lösung oder langsamer chemischer Umsetzung. Ersteres geschieht indem man die Lösung durch Auflösung fester Körper oder durch Zusatz anderer geeigneter Flüssigkeiten derart verändert, dass sie nicht mehr soviel des ursprünglich gelösten Körpers enthalten kann. So erhält man aus der Lösung in Schwefelkohlenstoff gute Krystalle von Schwefel, wenn man diesen durch Paraffin, oder solche von Paraffin, wenn man es durch Schwefel verdrängt. Ebenso erhält man schöne Krystalle von Schwefel aus Schwefelkohlenstoff, wenn man Oel, absoluten Alkohol, Essigsäure Benzin, oder Petroleum hineindiffundiren lässt. Bleichlorür setzt sich aus Lösung in Salzsäure in Krystallen ab, wenn Wasser in die Lösung diffundirt.

Die chemischen Umsetzungen, welche der Verfasser anwandte waren Folgende. Natriumhyposulfit in Krystallen gab in ammoniakalischer Kupfersulfatlösung Krystalle von Kupfer-Ammoniumhyposulfit; Natriumsulfatkrystalle und gesättigte Chlorbarium Lösung lieferten Baryumsulfatkrystalle, während dagegen aus Krystallen von Chlorbaryum in Natriumsulfatlösung amorphes Baryumsulfat entsteht; Natriumphosphatkrystalle in Magnesiumsulfatlösung geben krystallisirtes Magnesiumphosphat u. s. w. Auch durch Zersetzung zwischen zwei Flüssigkeiten entstehen, wenn dieselbe nicht zu schnell vor sich geht, gute Krystalle. So erhält man aus koncentrirten Lösungen von Natriumsulfat und Chlorcalcium, wenn sie langsam ineinander diffundiren, Calciumsulfatkrystalle, aus Natriumsulfat und Chlorbaryum solche von Baryumsulfat, welche der Form nach mit den in der Natur vorkommenden identisch sind. Aus Ferrocyankaliumlösung und Bleiacetatlösung bilden sich Nadeln von Ferrocyanblei, die damit überhaupt zum ersten Male dargestellt wurden. *E. B.*

R. BRAUNS. Ein Beitrag zur Kenntniss der Structurflächen des Sylvin. N. Jahrb. f. Min. 1886 I, 224-233†; [Beibl. X, 608.

Auf den Flächen von Sylvinwürfeln, welche längere Zeit feuchter Luft ausgesetzt waren, beobachtete der Verfasser Aetzfiguren von der Form vierseitiger Pyramiden, die unsymmetrisch gegen die Würfelkanten lagen, d. h. so, dass eine Drehung um 16°—18° nach links erforderlich gewesen wäre, um die Kombinationskanten der Pyramidenflächen und Würfelflächen den Würfelkanten parallel zu machen. Die Aetzflächen gehörten demnach einem rechten Gyroëder an, dessen Zeichen der Verfasser durch Winkelmessungen zu γ(931) bestimmte. Der Sylvin ist also als gyroëdrisch-hemiëdrisch wie der Salmiak, anzusehen. — Die gyroëdrischen Aetzfiguren entstehen nur, wenn die Flächen sehr langsam angegriffen werden; bei schnellerer Lösung erhält man Pyramidenwürfelflächen.

Auch an Bromkalium und Jodkalium hat der Verfasser gyroëdrische Aetzfiguren beobachtet.

Die Schlagfiguren sind beim Sylvin ebenfalls verschieden von denen des Steinsalzes, die nach den Diagonalen der Würfelflächen verlaufen und dem Dodekaëder angehören. Beim Sylvin bilden dieselben zwar ebenfalls einen vierstrahligen Stern, aber die Strahlen schliessen unter einander verschiedene Winkel ein und werden von Flächen gebildet, die gegen die Würfelfläche geneigt sind. Der Verfasser meint, dass die letzteren einem Hexakisoktaëder angehören, und hat auch nachgewiesen, dass sie wahre Gleitflächen sind.

Veranlasst durch die in der Nähe der Schlagfiguren wahrnehmbare Doppelbrechung, hat der Verfasser eine Sylvinplatte, die senkrecht zu einer Würfelfläche gepresst wurde, im polarisirten Lichte untersucht und dabei gefunden, dass, umgekehrt wie beim Steinsalz, die Doppelbrechung positiv war. Unabhängig von dem ausgeübten Drucke waren zwei Systeme nach den Diagonalen der Würfelfläche verlaufender, doppelbrechender Streifen sichtbar, die nach Einschaltung eines Gypsblättchens vom Roth erster Ordnung theils blau, theils gelb erschienen. *F. P.*

C. Hintze. Ueber Coelestin von Lüneburg und das Studium von Vicinalflächen. ZS. f. Kryst. XI, 220-236†; [Beibl. X, 560; [N. Jahrb. f. Min. 1888 I, 404.

Der Verfasser hat Coelestinkrystalle gemessen, welche sich durch zahlreiche Vicinalflächen auszeichneten. Nach seinen Messungen scheint es ihm zweifelhaft, ob sich eine Gesetzmässigkeit der Vicinalflächen überhaupt in den Indices erkennen lasse, und ob letztere wirklich noch rational seien; wenn nicht, so müsse man die Vicinalflächen als eine Wachsthumserscheinung, die eine Analogie zu den ebenfalls nicht durch rationale Indices bestimmbaren Aetzflächen darbietet, ansehen. *F. P.*

M. SCHUSTER. Studien über die Flächenbeschaffenheit und die Bauweise der Danburitkrystalle vom Scopi in Graubündten. TSCHERMAK's min. Mitth. N. F. V, 397-457 und VI, 301-514; [ZS. f. Kryst. XI, 277-285†; [N. Jahrb. f. Min. 1886 I, 199.

Ausser einer sehr eingehenden krystallographischen Beschreibung des Schweizer Danburit enthält diese Abhandlung Betrachtungen über das Wesen der sog. Vicinalflächen im Allgemeinen im Anschluss an die Messungen solcher Flächen am Danburit. Der Verfasser unterscheidet Vicinalflächen und „Uebergangsflächen“; letztere stehen in genetischem Zusammenhang mit einer typischen Fläche, über welcher sie liegen, erstere dagegen besitzen zwar hohe Indices, lassen sich aber nicht in solcher Weise auf an demselben Krystall vorkommende typische Flächen beziehen. — Die Vicinalflächen jeder Fläche besitzen ihren eigenthümlichen Charakter, welcher aber vollkommen dem Symmetriegrade derjenigen Hauptfläche entspricht, welcher sie angehören. Die am ganzen Krystall vorhandenen Vicinalflächen sind grösstentheils ganz unsymmetrisch vertheilt; ihr Auftreten steht mit der Grössenentwicklung ihrer Grundflächen in offenbarem Zusammenhange. Der Verfasser hält die Vicinalflächen, gestützt auf die optische Untersuchung, nicht für eine Störung, sondern für eine gesetzmässige Erscheinung des Krystallwachsthums. *F. P.*

O. MÜGGE. Zur Kenntniss der durch secundäre Zwillingsbildung bewirkten Flächenverschiebungen. N. Jahrb. f. Min. 1885, II, 44-58†; [ZS. f. Kryst. XII, 305.

O. Mügge. Zur Kenntniss der Flächenveränderungen durch secundäre Zwillingsbildung. N. Jahrb. f. Min. 1886 I, 136 bis 154†; [Beibl. X, 609.

— — Ueber künstliche Zwillingsbildung durch Druck am Antimon, Wismuth und Diopsid. N. Jahrb. f. Min. 1886 I, 183-191†; [Beibl. X, 610.

1. Diese Abhandlung enthält eine theoretische Untersuchung der Veränderungen, welche die krystallographische Bedeutung der Begrenzungsflächen eines Krystalls bei der secundären Zwillingsbildung durch Schiebung nach einer Gleitfläche erleidet. Der Verfasser geht von der Annahme aus, dass bei der Verschiebung die Zonen erhalten, d. h. parallele Gerade parallel bleiben, (welche Annahme darauf hinaus kommt, dass eine homogene Deformation stattfindet). — Wählt man die Zwillingsfläche und zwei andere Krystallflächen, welche bei der Verschiebung in symmetrische Lage bezüglich der ersteren übergehen, zu Axenebenen, so ändert sich für eine beliebige andere Fläche bei der Verschiebung nur der auf die zur Zwillingsfläche geneigte Axe bezogene Index, indem er sein Vorzeichen umkehrt; alle Flächen aus der Zone der letzteren Axe ändern ihre Indices also gar nicht. Einen Flächencomplex, welcher seine Indices bei der Verschiebung nicht ändert, und welchem die Zwillingsfläche angehört, nennt der Verfasser eine Grundform. Sind drei solche Flächen, die im Allgemeinen nicht gerade Axenebenen des Krystalles sein werden, durch Beobachtung gefunden, so kann man die Veränderungen, welche die übrigen Flächen erleiden, nach Obigem dadurch ermitteln, dass man ihre Indices auf jene drei Flächen als Axenebenen umrechnet.

Im Folgenden führt dies der Verfasser für die einzelnen Krystallsysteme in solchen Fällen durch, wo die Grundform besonders einfach bezw. an bestimmten Mineralien wirklich beobachtet ist. Solche Grundformen sind: im monoklinen System 010, 100, 001 bei den meisten hier in Betracht kommenden Mineralien, im rhombischen System 011, $01\bar{1}$, 001 beim Anhydrit, im tetragonalen System 101, 010, $30\bar{1}$ beim Rutil, im rhomboëdrischen System $\bar{1}012$, $\bar{1}210$, $10\bar{1}1$ beim Kalkspath.

2. Während in 1. die Grundform als bekannt angenommen war, zeigt der Verfasser jetzt, wie aus der Kenntniss der Zwillingsfläche und der Veränderungen irgend zweier Flächen die Grundzone, d. h. diejenige Zone, deren Flächen ihre Indices nicht ändern, bestimmt werden kann. (Es kommt nur auf die Grundzone an, zwei Flächen der Grundform sind dann noch willkürlich wählbar.) Am Schluss der allgemeinen Betrachtungen zeigt der Verfasser, dass das Volumen des Krystalls weder nach der Verschiebung, noch während derselben geändert wird.

Es folgen dann Mittheilungen über Beobachtungen am Korund und Rutil. Die Messungen am Korund bestätigten, dass eine Fläche des Grundrhomboëders als Zwillingsfläche mit den beiden anderen Flächen des Grundrhomboëders eine Grundform bestimmt. (Die Axe der Grundzone ist also eine Kante von [$10\bar{1}1$]).

Am Rutil kann man 011, 100 und $0\bar{3}1$ als Flächen der Grundform wählen, wobei entweder 011 oder $0\bar{3}1$ Gleitfläche ist. Die Grösse der Schiebung ist, da 101 und $30\bar{1}$ ca. 85° mit einander bilden, auch hier, wie beim Korund, nur gering. — Bei dieser Gelegenheit erörtert der Verfasser, wie man die Natur der Zwillingslamellen in solchen Fällen, wo man ihre Begrenzungsflächen nur zum Theil beobachten kann, mit Hülfe der Nebenreflexe dieser letzteren nachweisen kann.

3. Die Vermuthung, dass die Zwillingslamellen des Antimon und Wismuth nach ($01\bar{1}2$) und die des Diopsid nach (001) secundärer Entstehung seien, hat der Verfasser durch das Experiment bestätigt gefunden. Bei den ersteren können durch Druck auf die Basis leicht feine Lamellen hervorgebracht werden, deren Begrenzung einer Fläche von ($02\bar{2}1$) parallel ist. — Um im Diopsid künstliche Zwillingslamellen hervorzubringen, wurden die Krystalle in Blei eingegossen und dann in einem Schraubstock kräftig gepresst, und zwar so, dass sowohl 001 als 100 gegen die Druckrichtung geneigt waren. Um den Krystall nach dem Pressen zu isoliren, wurde das Blei wieder zum Schmelzen gebracht. Zugleich mit der Zwillingsverschiebung nach 001 trat häufig Absonderung nach dieser Fläche ein. Die Messungen der Winkel zwischen den um-

gelagerten Krystallflächen und 001 zeigten, dass in der That die Säulenzone (100:010) die Grundzone ist. Uebrigens konnten auch durch Druck mit einem Messerrücken Zwillingslamellen erzeugt werden. *F. P.*

G. Linck. Künstliche vielfache Zwillingsstreifung am Calcit. N. Jahrb. f. Min. 1883 I, 203†; [Beibl. IX, 91.

Der Verfasser hat festgestellt, dass ähnliche Systeme von Zwillingsstreifen, wie man sie in den Dünnschliffen körniger Kalke beobachtet, auch durch das Schleifen selbst in Dünnschliffen (nach $10\bar{1}1$ oder $01\bar{1}2$), die aus ganz homogenem Kalkspath hergestellt werden, entstehen. Daher meint der Verfasser, dass man die in Gesteinsdünnschliffen beobachtete Zwillingsstreifung von Calcit nicht immer auf Druck zurückführen darf, dem das Gestein an seiner Lagerstätte ausgesetzt gewesen wäre. — Bei der Herstellung von Dünnschliffen aus Magnesit und Dolomit findet keine Bildung von Zwillingslamellen statt. *F. P.*

J. Lehmann. Kontraktionsrisse an Krystallen. ZS. f. Kryst. XI, 608-613†; [Rundsch. II, 87. 1887; [Beibl. X, 608; [N. Jahrb. f. Min. 1887 II, 267.

Beobachtungen von Rissen, welche bei gewissen Mineralien nicht den Spaltflächen parallel liefen, veranlassten den Verfasser zu untersuchen, wie sich die Mineralien beim „Schrecken“ d. h. bei sehr schneller Abkühlung stark erhitzter Proben verhalten. Die auf diese Weise erzeugten Risse waren bei einer Reihe von Mineralien parallel den Spaltungsflächen, bei anderen nicht.

E. B.

F. Becke. Aetzversuche an Bleiglanz. Tschermak's Miner. und petr. Mitth. N. F. B. VI, 237-276†; [ZS. f. Kryst. XI, 273-276†; [N. Jahrb. f. Min. 1887 I, 234.

— — Aetzversuche an Mineralien der Magnetitgruppe. Tschermak Mitth. N. F. VII, 200-249. 1885†; [ZS. f. Kryst. XII, 287-294. 1886†; [Beibl. XI, 416. 1887; [N. Jahrb. f. Min. 1887 II, 25.

Der Verfasser setzt in diesen Arbeiten seine früheren Untersuchungen fort (vergl. diese Ber. XLI, 187). Den Standpunkt, den er bei Beginn der Versuche an der Magnetitgruppe einnahm, charakterisirt er folgendermassen:

„1. Auf allen Krystallflächen werden die Aetzfiguren, welche theils erhabene Aetzhügel, theils vertiefte Aetzgrübchen sind, wesentlich von denselben Aetzflächen, den Hauptätzflächen gebildet.

2. Diese Hauptätzflächen liegen in einer bestimmten sehr einfachen Zone, der Hauptätzzone.

3. Diese Aetzflächen sind dadurch charakterisirt, dass sie der Auflösung den grössten Widerstand entgegensetzen.

4. Aetzgrübchen treten auf solchen Flächen auf, welche der Aetzzone angehören, Aetzhügel dagegen auf solchen, die weit ausserhalb der Aetzzone liegen.

5. Die Aetzflächen stehen mit den Spaltflächen in einem gewissen Gegensatz, so dass Spaltflächen nicht zugleich Aetzflächen sein können."

Soweit diese Sätze sich auf die Aetzfiguren beziehen und nicht wie der fünfte Satz sowohl durch die weiteren Untersuchungen des Verfassers, wie auch schon durch frühere Beobachtungen widerlegt werden, stimmen sie zu der Anschauung, welche sich KLOCKE seiner Zeit über die Aetzfiguren gebildet hatte. In der letzten Arbeit aber acceptirt der Verfasser die Auffassung, welche Hr. VON EBNER und der Referent (diese Ber. XLI, 181-185) vertreten. Er giebt jedoch die Aetzzone nicht auf, sondern fügt dieselbe als eine Erweiterung den Resultaten VON EBNER's und des Referenten hinzu. Der Referent seinerseits befürchtet, dass die Erweiterung auf Kosten der Einfachheit geschieht und keinen wesentlichen Nutzen darbietet. Der Verfasser ist in seiner Auffassung begreiflicherweise durch die Anschauung beeinflusst, die er sich vor den Arbeiten VON EBNER's und des Referenten gebildet hatte, die Meinungen vertragen sich aber nach Ansicht des Referenten weniger gut als der Verfasser glaubt. *E. B.*

F. Herrmann. Ueber Mischkrystalle. Chem. Ber. XIX, 2235 2239†; [Bull. soc. chim. XLVII, 109. 1887; [J. Chem. Soc. L, 972.

Versuche über die Krystallisation gemischter Lösungen der beiden Körper Succinylobernsteinsäureester (S) und Chinondihydroparadicarbonsäureester (C), von denen der erste für sich allein triklin, der zweite allein rhombisch krystallisirt, ergaben folgende Resultate. Gemischte Lösungen liefern stets Krystalle, welche S und C zugleich enthalten. Liegt das Mengenverhältniss S : C in der Lösung zwischen 8 und $\frac{1}{2}$, so entstehen nebeneinander trikline Krystalle von der Zusammensetzung 8S+C und rhombische von der Zusammensetzung S + 2C. Erstere sind das Grenzglied einer isomorphen Reihe, für welche S : C zwischen ∞ und 8 liegt, letztere das Grenzglied einer solchen, für welche $\frac{1}{2} > S : C > 0$ ist; ihre Krystallformen weichen von denen von S bezw. C selbst nur unmerklich ab. — Nach Lehmann kommt C ausser in der rhombischen auch in 2 triklinen (labilen) Modifikationen vor; dagegen ist die zu erwartende rhombische Modifikation von S noch nicht beobachtet.

F. P.

S. Rideal. Bemerkungen über Isodimorphismus. Chem. Ber. XIX, 589-591†; [J. Chem. Soc. L, 503; [N. Jahrb. f. Min. 1887 II, 37.

Der Verfasser erörtert am Beispiel der isodimorphen Gruppen As_2O_3, Sb_2O_3 und SnO_2, TiO_2, dass für isodimorphe Substanzen die specifischen Volumina (Molekularvolumina) nicht identisch, sondern nur analog sind. — Ferner hebt er hervor, dass die spec. Volumina der quadratischen Modifikationen von TiO_2, ZrO_2, SnO_2, ThO_2 mit steigendem Molekulargewichte wachsen. *F. P.*

G. Brügelmann. Ueber Krystallisation und über physikalische Bindung. Entgegnung auf die Artikel der HHrn. C. Marignac und O. Lehmann. IV. Mitth. Leipzig: Metzger & Wittig 16 pp. 1886†; [Beibl. XI, 316. 1887.

Die Abhandlung ist wesentlich polemischen Inhalts. Der Verfasser vertheidigt darin den von ihm 1882 (Chem. CBl. XIII, 523 und

Ber. chem. Ges. XV, 1833) ausgesprochenen Satz: „Das gemischte Krystallisiren findet für die verschiedensten Verbindungen und in durch die Abscheidungs- und Erstarrungsverhältnisse geregelten wechselnden Mengen, also ausnahmslos, nach Maassgabe gleichzeitiger Krystallisation der Komponenten statt".

Am Schluss bemerkt der Verfasser hinsichtlich des Vorkommens von Mischkrystallen in der Natur u. A., dass alle physikalisch einheitlichen Krystalle, für die sich keine rationelle Formel aufstellen lässt, als Mischkrystalle zu betrachten seien. Ferner erinnert er an die Bildung krystallinischer Mischungen (Legirungen) bei den Versuchen mit dem SPRING'schen Kompressionsapparat und meint, ebenso könnten in der Natur Mischkrystalle unter hohem Druck auf trockenem Wege gebildet werden.

F. P.

G. WYROUBOFF. Sur le dimorphisme du sulfate acide de potasse et sur la forme crystalline de la Misénite. Bull. soc. min. VII, 5-8. 1884†; [ZS. f. Kryst. XI, 200; [N. Jahrb. f. Min. 1886 I, 391.

Der Verfasser hat, veranlasst durch die Vermuthung, dass das von SCACCHI unter dem Namen Misenit beschriebene faserige Mineral eine dimorphe Modifikation des sauren Kaliumsulfats sei, versucht, dieses letztere in künstlichen Krystallen zu erhalten, was auch durch langsame Krystallisation gelang. Die Krystalle erwiesen sich als monoklin mit den Elementen

$$a:b:c = 3{,}2196:1:2{,}1842,\quad \beta = 77^\circ\,55';$$

beobachtete Formen: (001), (010), (110), (430), ($\bar{1}$01), (403). Die Dichtigkeit war etwas kleiner als die des rhombischen SO_4KH. Ebene der optischen Axen normal zu 010, erste positive Mittellinie 17° gegen die Normale zu 001 geneigt, Axenwinkel in Oel 39° 5′ für Roth, 37° 50′ für Grün. — Bei Krystallisation aus stark saueren Lösungen durch Abkühlung erhält man eine dem Misenit ganz ähnliche faserige Masse, welche sich in Folge von Störungen von selbst in Krystalle der rhombischen Modifikation umwandelt.

F. P.

C. Rammelsberg. Ueber einen neuen Fall von Isomorphie zwischen Uran und Thorium. Berl. Sitzungsber. 603 bis 606†.

Nach den Messungen mehrerer Beobachter krystallisirt das Thoriumsulfat $ThS_2O_8 + 9H_2O$ monoklin mit den Axenelementen $a:b:c = 0{,}598:1:0{,}658$, $o = \angle(a, c) = 81^\circ 50'$; die gewöhnlichen Formen sind: (110), (011), (101), ($\bar{1}$01), (100), (010), (001). Eine Untersuchung von Fock hat nun die Vermuthung des Verfassers bestätigt, dass auch die bis dahin für rhombisch gehaltenen Krystalle des Uransulfats $US_2O_8 + 9H_2O$ monoklin und isomorph mit jenen des Thoriumsulfats sind; in der That ergab sich

$$a:b:c = 0{,}597:1:0{,}6555,\quad o = 82^\circ 11'.$$

Die Krystalle sind stets Zwillinge nach (100), daher scheinbar rhombisch. Die optische Axenebene liegt senkrecht zur Symmetrieebene und die 1. Mittellinie im spitzen Winkel (a, c), mit c ca. 17° bildend. *F. P.*

E. Mallard. Sur l'isomorphisme des chlorates et des azotates. Bull. soc. min. VII, 349. 1884; [Bull. chim. XLIII, 130. 1885†; [ZS. f. Kryst. XI, 654; [N. Jahrb. f. Min. 1886 II, 213.

Der Verfasser hat gefunden, dass man durch Verdunstung einer Lösung von $NaClO_3$ dieses Salz in Rhomboëdern erhalten kann, die allerdings sehr unbeständig sind und bei Berührung mit einem regulären Krystall desselben Salzes in ein Aggregat regulärer Krystalle übergehen. Diese Rhomboëder haben einen Winkel von 105° 9′ und können in isomorpher Mischung mit dem Natronsalpeter krystallisiren. Dieselben Thatsachen wurden für $NaBrO_3$ festgestellt.

Ferner hat der Verfasser das Kaliumchlorat untersucht und bemerkt, dass dasselbe, obwohl monoklin, doch eine Spaltungsform darbietet, welche dem Rhomboëder des $NaNO_3$ nahe kommt. Er hält das $KClO_3$ für isomorph mit dem rhomboëdrischen $NaClO_3$ und dem KNO_3, da diese Salze in variabeln Verhältnissen zusammen krystallisiren können. *F. P.*

F. GONNARD. Sur les pléromorphoses du quartz de Saint-Clément (Puy-de-Dôme). R. C. CIII, 1036†.

In gewissen, aus radialfaserigen Sphaeroiden zusammengesetzten Quarzblöcken von St.-Clément beobachtete der Verfasser octaëdrische Höhlungen, deren Flächen senkrecht stehen zu den Fasern des umgebenden Quarzes. Innerhalb dieser Hohlräume finden sich bisweilen kleinere hohle Octaëder aus dünnen Quarzlamellen, welche den Wänden des Hohlraums parallel sind und in dieser Stellung durch Quarzlamellen, die normal zu den Octaëderflächen verlaufen, gehalten werden. Von dem ursprünglichen octaëdrisch krystallisirten Mineral sind keine Spuren mehr vorhanden. *F. P.*

H. BAUMHAUER. Ueber den Kryolith. ZS. f. Kryst. XI, 133 bis 139†; [N. Jahrb. f. Min. 1887 I, 239.

Durch Untersuchung der Aetzfiguren hat der Verfasser nachgewiesen, dass die wie Zwillinge aussehenden Kryolithkrystalle in Wirklichkeit nur regelmässige Verwachsungen nach zwei verschiedenen Gesetzen sind, sowie ferner, dass Spaltungsstücke von derbem Kryolith eine sehr complicirte, vermuthlich auf solche Verwachsungen zurückzuführende Struktur besitzen, was übrigens auch die optische Untersuchung erkennen lässt. *F. P.*

G. FLINK. Studien über schwedische Pyroxenmineralien. ZS. f. Kryst. XI, 449-506†; [J. Chem. Soc. L, 777-778; [N. Jahrb. f. Min. 1888 I, 26.

1. Die genaue chemische, krystallographische und optische Untersuchung von 5 Diopsidvarietäten von Nordmarken, deren Eisengehalt in weiten Grenzen differirte, ergab folgende Resultate. Sowohl die Axe a, als c nimmt mit abnehmendem Eisengehalt ein wenig zu, doch hat dies auf die Prismenwinkel noch keinen merklichen Einfluss. Dagegen ändern sich die Winkel aus der Zone der Orthoaxe erheblich in Folge davon, dass β mit dem Eisengehalt wächst (um 22′ von der eisenärmsten bis zur eisenreichsten Varietät). Was die optischen Eigenschaften betrifft, so

nimmt mit wachsendem Eisengehalt die Auslöschungsschiefe und der Winkel der optischen Axen zu, wie schon TSCHERMAK gefunden, ferner nimmt dabei die Dispersion der optischen Axen und die geneigte Dispersion der Mittellinien ab.

2. Ueber Schefferit von Längban und Pajsberg. Schefferite sind monokline Pyroxene mit relativ hohem Mangangehalt, deren Krystalle im Habitus von denen des gewöhnlichen Pyroxen verschieden sind und in den Winkeln den eisenarmen Diopsidvarietäten nahe stehen. Die Winkel der optischen Axen sind viel grösser als beim gewöhnlichen Pyroxen, die Auslöschungsschiefe auf 010 ist beim echten Schefferit ungefähr ebenso gross, beim Eisenschefferit erheblich grösser, wie beim eisenreichen Diopsid.

3. Am Rhodonit hat der Verfasser die kystallographischen und optischen Konstanten genauer bestimmt, als es bis dahin geschehen war. Er fand, dass man den Rhodonit auf ein Axensystem beziehen kann, welches jenem des monoklinen Pyroxen nahe steht. Die Vergleichung mit dem Schefferit und Diopsid scheint zu zeigen, dass die Zunahme des Mangangehaltes eine Abnahme des Winkels β zur Folge hat. Die optische Orientirung des Rhodonits ist mit jener der monoklinen Pyroxene nicht vergleichbar; der optische Axenwinkel beträgt 76° 12′ für mittlere Farben, die Doppelbrechung ist negativ im Gegensatz zum monoklinen Pyroxen. Die Dispersion zeigt asymmetrisches Verhalten. *F. P.*

E. S. DANA. On the crystallisation of native copper.

SILL. J. XXXII, 413-429†; [J. Chem. Soc. LII, 341. 1887.

Eine ausführliche, von zahlreichen Zeichnungen begleitete Untersuchung über die Krystallformen des gediegenen Kupfers vom Oberen See, welche der Verfasser an einer reichhaltigen Sammlung studirt hat. Er hat die Formen (100), (110), (111), (410), (520), (210), (320), (311), (211), (18 10 5), (11 6 1), (12 3 2) beobachtet, von denen die beiden letzten und (211) neu waren. *F. P.*

A. JOLY und H. DUFET. Monosodium Arsenate and Monosodium Phosphate. C. R. CII, 1391-1394; [J. Chem. Soc. L, 769-770†.

Die Salze $NaH_2PO_4+2H_2O$ und $NaH_2AsO_4+2H_2O$ besitzen isomorphe Krystallformen (rhombische Prismen von 95° 6′ bezw. 94° 55′) und auch ähnliche optische Eigenschaften, doch ist die erste Mittellinie des ersteren die zweite des letzteren und umgekehrt, und der wahre Axenwinkel beträgt 82° 35′ bezw. 88° 57′.

F. P.

C. BÄRWALD. Untersuchung einiger Coelestine. ZS. f. Kryst. XII, 228-234. 1887†; [N. Jahrb. f. Min. 1888 I, 403.

Durch die krystallographische und chemische Untersuchung von Coelestinkrystallen von vier verschiedenen Fundorten ergab sich, dass kein Zusammenhang zwischen den Winkelschwankungen und dem Calciumgehalt zu erkennen ist, dass aber eine Zunahme der Axe *a* stets mit einer Abnahme der Axe *c* verbunden zu sein scheint.

F. P.

E. S. DANA. On the cystallisation of gold. SILL. J. (3) XXXII, 132-138; ZS. f. Kryst. XII, 275-281. 1887†; [J. Chem. Soc. L, 988.

Der Verfasser beschreibt zunächst ein zierliches baumartiges Goldvorkommen von Oregon. Die Aestchen dieser Goldgebilde bestehen aus parallel aneinandergereihten Kryställchen, die wie spitze Rhomboëder, kombinirt mit einer hexagonalen Pyramide 2. Ordnung und einem stumpfen Rhomboëder, erscheinen, in Wahrheit aber nach einer trigonalen Axe (Normale von 111) verlängerte Ikositetraëder (311) sind. Die Verästelungen entstehen durch Aneinanderreihung nach anderen Oktaëdernormalen; immer hat man es mit einfacher Parallelverwachsung zu thun.

An Goldkrystallen aus Californien hat der Verfasser ausser (111) und (311) die Form (18 10 1) nachgewiesen; er macht es wahrscheinlich, dass das von ROSE an uralischen Krystallen aufgefundene, als (19 11 1) bestimmte Hexakisoktaëder, für welches später (nach NAUMANN) das Zeichen (15 9 1) angenommen wurde, mit obiger Form identisch ist. *F. P.*

F. FOUQUÉ. Asymmetrischer Feldspath von Terceira.
Bull. soc. min. VI, 197; [ZS. f. Kryst. X, 636-637. 1885†.

Dieser Feldspath unterscheidet sich nach der Untersuchung des Verfassers vom Albit, dem er in der chemischen Zusammensetzung sehr nahe steht, beträchtlich in der Krystallform — welche beinahe monoklin ist — und den optischen Eigenschaften. Diese Abweichungen können jedoch, wie GROTH hervorgehoben hat, auch durch die Zusammensetzung der untersuchten Krystalle aus zahlreichen feinen Zwillingslamellen bedingt sein. *F. P.*

C. SCHMIDT. Beiträge zur Kenntniss des Skolezit.
ZS. f. Kryst. XI, 597†; [N. Jahrb. f. Min. 1888 I, 198.

— — Albit aus dem Sericitgestein von Eppenheim im Taunus. ZS. f. Kryst. XI, 597†; [N. Jahrb. f. Min. 1888 I, 202.

1. Um das Krystallsystem des Skolezit festzustellen, hat der Verfasser verschiedene Vorkommen dieses Minerals einer optischen Untersuchung unterzogen. Auf Grund derselben deutet er die Krystalle als Durchkreuzungszwillinge nach (100) von monoklinen Individuen, ähnlich den Desmin- und Phillipsitkrystallen. Der Winkel der optischen Axen $2V_a$ wurde für Na-Licht zu 36° 26′ bezw. 36° 14′ bestimmt und der mittlere Brechungsindex zu 1,4952 (am Sk. von Island). — Die Prüfung auf Pyroelektricität ergab Resultate, die mit den von HANKEL angegebenen übereinstimmten. Beim Erkalten wurde immer das freie Ende der Krystalle, an dem die Pyramidenflächen entwickelt sind, stark +, das entgegengesetzte — elektrisch, ferner die Prismen und das Klinopinakoid —, das angeschliffene Orthopinakoid + elektrisch.

2. Die untersuchten Albitkrystalle waren Zwillinge nach (010) und zeigten die Formen (010), (110), ($\bar{1}$10), (001), ($\bar{1}$11), ($\bar{1}\bar{1}$1); die Auslöschungsschiefe wurde auf (001) gleich 2° 23′ bis 3° 3′, auf (010) gleich 20° 12′ (für Na) gefunden. *F. P.*

F. Sansoni. Ueber Kalkspath von Blaton (Belgien). Bull. de l'Acad. roy. Belgique (3) IX, No. 4. 1885; [ZS. f. Kryst. XI, 352-354†; [N. Jahrb. f. Min. 1887 II, 443. Schon referirt.

F. Sansoni. Ueber Baryt von Vernasca. Mem. de R. Accad. d. Sc. d. Istit. di Bologna (4) VI, 1885; [ZS. f. Kryst. XI, 355-362†; [N. Jahrb. f. Min. 1887 II, 546.

Der Verfasser hat an einer sehr grossen Anzahl von Krystallen desselben Fundortes die Winkelschwankungen studirt und gefunden, dass dieselben je nach den Zonen verschieden sind. Abweichungen vom Flächenparallelismus treten namentlich in dem Sinne auf, dass diejenigen Flächen, welche der Axe, nach welcher der Krystall vorwiegend entwickelt ist, parallel laufen, eine Tendenz zeigen, gegen das freie Ende des Krystalls zu konvergiren.

F. P.

L. Brugnatelli. Ueber einige ausgezeichnete Pyritkrystalle. Atti d. R. Accad. d. Sc. di Torino II, 26. 1885; ZS. f. Kryst. XI, 362-365†; [N. Jahrb. f. Min. 1887 II, 7.

Die vom Verfasser untersuchten Pyritkrystalle fielen durch die vorherrschende Entwickelung der Triakisoktaëder (221) und (331) auf; sie boten auch zwei für den Pyrit neue Formen: (661) und π(19 14 1) dar. *F. P.*

V. v. Zepharovich. Krystallformen einiger Derivate der Chelidonsäure und des Oxypyridins. ZS. f. Kryst. XI, 374 bis 388†.

Die krystallographisch und zum Theil auch optisch untersuchten Körper sind:

1. Chelidonsäurediaethyläther (triklin); 2. hydrochelidonsaures Zink (monoklin); 3. Oxypyridin (desgl.); 4. Pyridinchloroplatinat (triklin); 5. Chlorpyridinchloroplatinat (monoklin); 6. $(C_5H_4ClN.HCl)_2PtCl_4+2H_2O$ und 7. $(C_5H_4BrN.HCl)_2PtCl_4+2H_2O$, beide monoklin, isomorph; 8. Oxypyridinchloroplatinat (monoklin); 9. Methyloxypyridinchloroplatinat (trikline flächenreiche Krystalle mit Elementen, die denen von 8 genähert sind); 10. Methoxylpyridin-

chloroplatinat (rhombisch); 11. Methyloxypyridin-Methyliumchlorid-Chloroplatinat (monoklin). *F. P.*

Ch. Soret. Krystallographische Notizen. Arch. Sc. Phys. (3) XVI, 460-470; Arch. d. Sc. phys. et nat. Genève (3) XI, 51. 1884; [ZS. f. Kryst. XI, 431-436†; [J. Chem. Soc. L, 619.

I. Beschreibung der Krystallformen folgender organischer Verbindungen:

1. Metaxylolphtaloylsaures Ammonium (triklin); 2. Pseudocumolphtaloylsäure (monoklin); 3. pseudocumolphtaloylsaures Ammonium (triklin); 4. Diacetylweinsäure-Methyläther (monoklin, hemimorph); 5. Diacetylweinsäure-Aethyläther (desgl.); 6. basisches Derivat des Furfurobutylen (monoklin); 7. Diphtalilbromür (desgl.); 8. Tetrachlorphtalsäure-Methyläther (rhombisch); 9. Tetrachlorphtalsäuretetrachlorür (triklin).

II. Ueber einen monoklinen Natrium-Alaun. Diese Krystalle, deren Axenelemente zu $a:b:c = 2,5060:1:0,9125$, $\beta = 70^{0}59'$ bestimmt wurden, hatten sich nur einmal aus einer mit Alkohol überschichteten konzentrirten Natriumalaunlösung am Kontakt der beiden Flüssigkeiten gebildet, während sich am Boden Oktaëder abschieden. Chemisch unterschieden sie sich vom regulären Natriumalaun wahrscheinlich durch ein wenig geringeren Wassergehalt.

F. P.

J. Götz. Krystallographische Untersuchungen am Diopsid. ZS. f. Kryst. XI, 236-246†; [N. Jahrb. f. Min. 1888 II, 387.

Der Verfasser hat am Diopsid von Ala die neuen Flächen (902), (522), (922), (511), (21 8 2), am Diopsid von Reichenstein (032) bestimmt, wobei das neuerdings von Tschermak vorgeschlagene Axensystem zu Grunde gelegt ist. Er giebt auch eine Tabelle aller bisher am Diopsid beobachteten Flächen nach alter und neuer Bezeichnung. *F. P.*

Th. Liweh. Krystallographische Untersuchungen.

ZS. f. Kryst. XI, 246-251†; [J. Chem. Soc. L, 543.

Die untersuchten Substanzen sind: 1. Paradichlordibromchinon, 2. Paradichlordibromhydrochinon, 3. Terebilensäure, 4. Chlorterebinsäure, 5. β-Naphtol. 1., 2. und 5. krystallisiren monoklin, 3. und 4. rhombisch. *F. P.*

Th. Hiortdahl. Die Ferrocyanide von Methylamin und Piperidin.

ZS. f. Kryst. XI, 251-254†.

Das ferrocyanwasserstoffsaure Methylamin krystallisirt tetragonal [$a:c = 1:0,7889$, Kombination (111), (100)] und ist negativ optisch einaxig; ferrocyanwasserstoffsaures Piperidin bildet schöne trikline Krystalle, die bisweilen fast tetragonalen Habitus haben und in den Winkeln den Krystallen des Ferrocyankalium nahe stehen. *F. P.*

P. Spica. Ueber Darstellung von prismatischem Schwefel bei niederer Temperatur.

Atti R. Istituto di scienze, Venezia 1884, II, 1149; [ZS. f. Kryst. XI, 409†.

Der Verfasser erhielt aus einem weissen Niederschlage, der durch Einwirkung von HCl auf Calciumpolysulfid dargestellt wurde, durch Behandlung mit Aether flache Prismen, welche an der Luft trübe wurden und aus vielen kleinen Pyramiden zusammengesetzt erschienen. Dieselben schmolzen bei 119° und waren löslich in CS_2; der Verfasser hält sie demnach für Schwefel. *F. P.*

F. J. Wiik. Mineralogische und petrographische Mittheilungen.

(Min. och. petr. meddelanden IX, Nr. 36-42); Finska Vet. Soc. Förhandlingar 1884, XXVI; [ZS. f. Kryst. XI, 311-315†.

No. 36 betrifft Untersuchungen anomaler Barytkrystalle aus Cumberland, Ungarn und Siebenbürgen, an welchen der Verfasser die Vicinalflächen studirt hat. Daran schliessen sich Betrachtungen über den vom Verfasser angenommenen Zusammenhang zwischen Krystallform und chemischer Struktur der Moleküle.

Von den übrigen Mittheilungen ist nur No. 40, welche von

dem Zusammenhang zwischen optischer Orientirung und chemischer Zusammensetzung beim Pyroxen und Amphibol handelt, von allgemeinerem Interesse.

Für den gewöhnlichen Pyroxen der älteren plutonischen Gesteine hat der Verfasser die Abhängigkeit der Auslöschungsschiefe y (in Graden) auf dem Klinopinakoid von dem Procentgehalt x an FeO durch die Formel dargestellt:

$$y = 35,5 + 0,8719\, x - 0,0167\, x^2,$$

welche er auch für den Diopsid von Pargas und den Pitkaerandit bestätigt findet. — Beim Amphibol hat der Verfasser die Beziehung zwischen Auslöschungsschiefe und Procentgehalt an Al_2O_3 in analoger Weise dargestellt, jedoch mussten besondere Curven konstruirt werden für die MgO(FeO), Al_2O_3—Amphibole, die Fe_2O_3, Al_2O_3—Amphibole und die fast eisenfreien Amphibole.

F. P.

C. Seligmann. Mineralogische Notizen. III. ZS. f. Kryst. XI, 337-351†; [N. Jahrb. f. Min. 1888 I, 203.

In No. 10 beschreibt der Verfasser sehr flächenreiche Anataskrystalle aus dem Binnenthal, an welchem er die neuen Formen (1 1 40), (1 1 28), (2 1 10), (3 1 13), (5 1 3) konstatirt hat. An einem Krystall waren 16 verschiedene Formen entwickelt. No. 11 enthält die Resultate von Messungen an Magnetkieskrystallen von den cyklopischen Inseln. Die Messungen bestätigten das hexagonale Krystallsystem, ergaben aber das von dem bis dahin angegebenen abweichende Axenverhältniss $a : c = 1 : 1,65022$. Ferner wird (in No. 12) ein Wolframitkrystall beschrieben, an dem der Verfasser die neuen Flächen (211) und (321) beobachtet hat.

F. P.

C. Hintze. Krytallographische Beziehungen der Terpentetrabromide. ZS. f. Kryst. X, 252-260. 1885†; [Chem. CBl. (3) XVI, 487; [Beibl. X, 85.

Es wurde die Krystallform von 3 isomeren Terpentetrabromiden $C_{10}H_{16}Br_4$ folgendermaassen bestimmt:

1. Limonentetrabromid. Rhombisch, sphenoidisch-hemiëdrisch: $a:b:c = 0{,}5084:1:0{,}4282$. $\varkappa(111)$ und $\varkappa(1\bar{1}1)$ treten stets zusammen auf, dagegen das rechte Sphenoid $\varkappa(122)$ stets allein.

2. Dipententetrabromid. Rhombisch, holoëdrisch:

$$a:b:c = 0{,}5238:1:0{,}4495.$$

3. Drittes Terpentetrabromid. Monoklin:

$$a:b:c = 0{,}7968:1:0{,}9852,\ \beta = 65^\circ\,23'.$$

F. P.

R. SCHARIZER. Ueber den Zwillingsbau des Lepidolithes und die regelmässige Verwachsung verschiedener Glimmerarten von Schüttenhofen. ZS. f. Kryst. XII, 1-18†; [N. Jahrb. f. Min. 1888 II, 198.

Die Resultate des Verfassers sind im Wesentlichen folgende:

1. Die Winkel der Lepidolithkrystalle von Schüttenhofen nähern sich jenen des Muscovites.

2. Das Zwillingsgesetz, nach welchem die Lepidolithblättchen polysynthetisch zusammengesetzt sind, ist dasselbe wie bei den übrigen Glimmern.

3. Es kommen nicht nur Verwachsungen von 1- und 2-axigen, sondern auch solche von makro- und brachydiagonalen Glimmern vor; letztere Verwachsungen sind keine parallelen, sondern werden von dem erwähnten Zwillingsgesetze beherrscht. *F. P.*

H. BAUMHAUER. Ueber die Structur und die mikroskopische Beschaffenheit von Speiskobalt und Chloantit. ZS. f. Kryst. XII, 18-33†; [N. Jahrb. f. Min. 1888 II, 28.

Mikroskopische Beobachtungen an Schliffflächen ergaben, dass die weitaus meisten Krystalle der genannten Mineralien aus verschiedenen Substanzen von noch unbekannter chemischer Natur aufgebaut sind, die theils unregelmässig, theils in concentrischen Zonen oder auch in parallelen Bändern mit einander abwechseln; diese Zusammensetzung tritt meist erst beim Aetzen oder Erhitzen der polirten Schliffflächen hervor. Hiervon zu unterscheiden sind beim Speiskobalt gewisse Erscheinungen (Feldertheilung, Sektorenbildung), welche durch eigenartige Strukturverhältnisse bedingt werden und an optische Anomalieen durchsichtiger Krystalle erinnern. *F. P.*

A. Gehmacher. Die Krystallform des Pfitscher Zirkons. ZS. f. Kryst. XII, 50-55†; [N. Jahrb. f. Min. 1887 II, 20.

Der Verfasser hat ausser den gewöhnlichen Formen (100), (110), (111), (331), (311), (511) eine Anzahl vicinaler Flächen beobachtet und bestimmt. *F. P.*

E. Palla. Krystallographische Untersuchungen einiger neuer organischer Verbindungen. ZS. f. Kryst. XII, 59 bis 63†.

Untersucht wurden drei Pyridinderivate, Nitrosodipropylanilin, das Cyanhydrin des letzteren und die Verbindung $C_{10}H_7NO_2CH_3J + H_2O$. Ausser der letzteren (monoklinen) krystallisiren alle triklin, jedoch meist in schlecht messbaren Krystallen. Die grünen Krystalle des Nitrosodipropylanilin zeichnen sich durch die stahlblaue Fluorescenz ihrer Spaltflächen aus. *F. P.*

F. Obermayer. Krystallform des Essigsäurecholesterinesters. ZS. f. Kryst. XII, 64-66†.

Obiger Körper bildet grosse trikline Krystalle, die der Verfasser auf die Axenelemente $a:b:c = 1{,}8503:1:1{,}7460$, $\xi = 90^\circ 20'$, $\eta = 106^\circ 17'$, $\zeta = 90^\circ 6'$ bezieht; beobachtete Flächen: (100), (010), (001), $(10\bar{1})$, (011), $(01\bar{1})$, (110), $(1\bar{1}0)$. Optische Untersuchung unvollständig. *F. P.*

L. Bourgeois. Nouveaux procédés de préparation des carbonates cristallisés. C. R. CIII, 1088-1091†; [J. Chem. Soc. LII, 221. 1887; [N. Jahrb. f. Min. 1888 II, 219.

Durch zwei Methoden, welche beide auf der Ausfällung aus einer überhitzten Salzlösung durch Ammoniumcarbonat beruhen, ist es gelungen, die krystallinischen Carbonate von Calcium, Strontium, Baryum, Blei und Cadmium auf nassem Wege darzustellen. Das Calciumcarbonat wurde als Kalkspath in Grundrhomboëdern von ½ mm Kantenlänge, nach der zweiten Methode daneben z. Th. als Aragonit erhalten; Strontianit, Witherit und Cerussit wiesen ebenfalls bekannte Krystallformen auf. Neben Cerussit bildete sich ein wasserhaltiges Carbonat (wahrscheinlich Hydrocerussit) in hexagonalen Blättchen von negativem Charakter der Doppelbrechung. Das Cadmiumcarbonat krystallisirte in kleinen Rhomboëdern, die jenen des Kalkspaths ganz ähnlich waren. *F. P.*

H. Dufet. Sur la forme cristalline des pyrophosphates et hypophosphates de soude. C. R. CII, 1327-1329†; [Chem. Ber. XIX, 481; [J. Chem. Soc. L, 768; [Beibl. XI, 315. 1887.

Die Vergleichung der vom Verfasser z. T. neu bestimmten (monoklinen) Krystallformen der vier Salze: $Na_4P_2O_7 + 10H_2O$, $Na_2H_2P_2O_7 + 6H_2O$, $Na_2PO_3 + 5H_2O$, $NaHPO_3 + 3H_2O$ ergiebt, dass das erste und dritte einerseits, das zweite und vierte andererseits sehr ähnlich kystallisiren; der Verfasser betrachtet dies als Beispiel für die Regel, dass bei geringer Aenderung der Zusammensetzung auch die Krystallform fast dieselbe bleibt. *F. P.*

A. Bernthsen und A. Osann. Notiz über die Krystallform einiger Acridinabkömmlinge. Chem. Ber. XIX, 425 bis 427†; [J. Chem. Soc. L, 471.

1. Methylphenylacridiniumjodid krystallisirt monoklin mit den Elementen $a:b:c = 1,1872:1:0,79235$, $\beta = 76^\circ 31' 20''$; vollkommen spaltbar nach (110). Beobachtet (110), (011), (101), (210). Optische Axenebene senkrecht zur Symmetrieebene.

2. Methylphenylacridiniumhydroxyd: triklin, nicht vollständig bestimmbar.

3. Methylacridin: tetragonal, $a:c = 1:0,23977$, gewöhnliche Combination (100), (110), (111). Doppelbrechung stark, negativ.

F. P.

P. KLASON. Ueber normale Melamine. J. prakt. Chem. XXXIII, 290-300†.

Von den beschriebenen Körpern wurden nur folgende zwei (von Dr. WEIBULL) krystallographisch untersucht:

Melamin. Monoklin, $a:b:c = 1,4091:1:0,9783$, $\beta = 68^0 13'$. (110), (001), (011). Ebene der optischen Axen die Symmetrieebene, 1. Mittellinie ungefähr parallel a, Doppelbrechung negativ, Dispersion $\varrho < v$.

Amidodithiocyanursaures Aethyl. Rhombisch, (110) (101).

$$a:b:c = 0,6692:1:0,3912.$$

Ebene der optischen Axen parallel (100), 1. Mittellinie die c-Axe, Axenwinkel ca. 58°.

F. P.

J. KREJČI. Krystallographische Bemerkungen zum Leucit, Staurolith, Phillipsit, Chalkanthit und Axinit. Prag. Ber. 1886, 456-466†.

Der Verfasser sucht nachzuweisen, dass man die Krystalle der genannten Mineralien als meroëdrische Entwickelungen regulärer Formen deuten könne, da man, wenn man ihre Flächen auf die Kanten eines regulären Hexaëders bezieht, rationale Axenabschnitte erhält. Die Verhältnisse der letzteren sind indessen, wenngleich einfachen Werthen sehr nahe kommend, doch so komplicirt, dass man mit demselben Rechte jede Krystallform als aus dem regulären Hexaëder rational ableitbar ansehen könnte. In der That gelangt auch der Verfasser am Schlusse zu dieser unnatürlichen und keinerlei Vortheil gewährenden Auffassung, bei welcher überdies die Symmetrieeigenschaften der Krystalle gänzlich ignorirt werden.

F. P.

E. SCACCHI. Studio cristallografico del fluossimolibdato ammonico: $MoO_2Fl_2, 2NH_4Fl$. Atti R. Acc. dei Linc. Rend. (4) II, (1) 331-333†; [Chem. Ber. XIX, [2] 537.

Der Resultate des Verfassers sind folgende:

Krystallsystem rhombisch. $a:b:c = 0,84134:1:1,01642$; isomorph mit WO_2Fl_2, $2NH_4Fl$, sowie mit $MoOFl_3$, $2NH_4Fl$ und $NbOFl_3$, $2NH_4Fl$.

Ebene der optischen Axen (100), negative 1. Mittellinie normal zu (010). Wahrer Winkel der optischen Axen: 78° 26′ für rothes, 76° 56′ für grünes Licht. *F. P.*

N. v. Kokscharow. Die etwas näheren Bestimmungen der Waluewit-Krystalle von der Grube Nikolaje-Maximilianowsk. Mém. de Pét. (7) XXXIV, (No. 10) 1-17†.

Durch zahlreiche Messungen an besseren Krystallen des Waluewit hat der Verfasser seine früheren Beobachtungen vervollständigt und folgende definitiven Werthe für die Axenverhältnisse der (rhombischen) Grundform gefunden: $a:b:c = 0{,}702406:1{,}732050:1$, (wobei a als Vertikalaxe gewählt ist). Die Ausbildung der Krystalle, an denen ausser der vorherrschenden Basis 5 Brachydomen, 2 Makrodomen, 2 Prismen und 6 Pyramiden beobachtet wurden, zeigt bisweilen monoklinen Habitus. *F. P.*

Friedel und E. Sarasin. Cristallisation de la calcite en présence d'une solution de chlorure de calcium. Bull. Soc. Min. VIII, 304-305. 1885†; [Beibl. X, 331; [N. Jahrb. f. Min. 1887 II, 265.

Indem die Verfasser das durch Natriumcarbonat aus $CaCl_2$-Lösung gefällte Calciumcarbonat in einer Chlorcalciumlösung während 10 Stunden (in geschlossenem Gefäss) auf 500° erhitzten, erhielten sie messbare Kalkspathkrystalle und zwar Grundrhomboëder combinirt mit der Basis. Oft waren zahlreiche Rhomboëder in der Richtung der Axe aneinandergereiht. Aragonit wurde nicht gebildet. — Die die Krystallisation befördernde Wirkung des Calciumchlorürs erklären die Verfasser durch eine partielle und vorübergehende Dissociation desselben in CaO_2H_2 und HCl. *F. P.*

W. G. Brown. Crystallographic Notes. Sill. J. (3) XXXII, 377-380†; [J. Chem. Soc. LII, 342. 1887.

Es werden zunächst Kupferkrystalle beschrieben, welche sich zufällig auf elektrolytischem Wege (sehr langsam) gebildet hatten;

sie zeigten die Formen (111) und (100) und waren meistens complicirte Zwillinge, z. B. Fünflinge und Sechslinge der von von Lasaulx (ZS. f. Kryst. VIII, 302) beschriebenen Art. Mit ihnen zusammen hatten sich Krystalle der Kombination (111), (100) von Cuprit gebildet. — Ferner erwähnt der Verfasser Cuprit- und Cerussit-Krystalle, welche auf Metallgegenständen, die seit 1863 in der Erde gelegen hatten, gefunden wurden. *F. P.*

A. Hand. Zur Kenntniss einiger Benzolderivate.
Liebig's Ann. CCXXXIV, 129-159†.

Die Arbeit enthält eine Mittheilung von Lüdecke über die Krystallform des Paramonobromphenols, wonach dieselbe der pyramidal-hemiëdrischen Gruppe des tetragonalen Systems angehört. Bei Zugrundelegung des Axenverhältnisses $a : c = 1 : 0{,}4644$ sind die beobachteten Formen: (111), $\pi(10\,3\,3)$ und $\pi(10\,\bar{3}\,3)$. Nach Grünling ist die Doppelbrechung positiv; die von Lüdecke untersuchten Krystalle waren optisch zweiaxig. *F. P.*

E. S. Dana. A crystallographic study of the Thinolite of Lake Lahontan. U. S. Geol. Survey 1884, No. 12, 425 bis 454†; [N. Jahrb. f. Min. 1887 I, 413.

Unter „Thinolit“ wird ein im Becken des ehemaligen sog. Lahontan-Sees (NW-Nevada) in grossen Mengen abgelagerter Kalktuff verstanden, welcher durchweg aus pseudomorphen Krystallen zusammengesetzt ist. Die letzteren erscheinen äusserlich als rechteckige, an einem oder beiden Ecken pyramidal zugespitzte Prismen von beträchtlicher Grösse. Die nähere Untersuchung ihrer inneren Struktur zeigte, dass sie aus Blättern krystallinischen Calciumcarbonats aufgebaut sind, die das Skelett quadratischer Pyramiden von einem Seitenkantenwinkel von ca. 145° bilden, und dass die äussere prismatische Form nur durch später abgelagertes amorphes Calciumcarbonat zu Stande gekommen ist. Nach diesem Ergebniss liegen also im Thinolit nicht, wie Clarence King meinte, Pseudomorphosen nach Gaylussit, sondern solche nach einem gegenwärtig unbekannten tetragonalen Mineral vor. Der Verfasser vermuthet, dass letzteres ein mit dem Phosgenit isomorphes Doppelsalz von der Zusammensetzung $CaCO_3 + CaCl_2$ oder vielleicht $CaCO_3 + 2NaCl$ gewesen sei, welches bisher allerdings auch künstlich noch nicht hergestellt worden ist. — Er ist der Ansicht, dass auch die sogenannten Gaylussit-Pseudomorphosen von Sangerhausen und einigen anderen Orten denselben Ursprung haben, wie der Thinolit.

F. P.

J. BECKENKAMP. Krystallographische Untersuchung des Chinolin-p-Sulfobenzylbetains und einiger Papaverinverbindungen. ZS. f. Kryst. XII, 159-164†.

Der erstgenannte Körper krystallisirt monoklin mit $a:b:c = 0,8411:1:0,1778$, $\beta = 123^\circ\,39'$. Optische Axenebene die Symmetrieebene; Auslöschungsschiefe auf letzterer 51° gegen die Kante mit (001); eine optische Axe nahe normal zu (001).

Ferner wurden untersucht:

Papaverinmethyljodid. Monoklin, $a:b:c = 2,8839:1:3,1276$, $\beta = 91^\circ\,15'$. Axe b erste Mittelllinie, Auslöschungsschiefe auf (010) 22°—27° gegen c im spitzen Axenwinkel.

Papaverinaethyljodid. Monoklin, $a:b:c = 1,2145:1:1,1918$, $\beta = 93^\circ\,56'$.

Papaverinaethylbromid. Desgl., $a:b:c = 0,7102:1:1,3968$, $\beta = 92^\circ\,27'$.

Papaverinpropylbromid. Triklin, $a:b:c = 1,0905:1:1,5685$, $\alpha = 89^\circ\,9'$, $\beta = 105^\circ\,53'$, $\gamma = 94^\circ\,5'$.

Papaverinbenzylchlorid. Die zuerst untersuchten Krystalle glichen äusserlich regulären Oktaëdern kombinirt mit (11 10 10); die Flächen zeigten Zwillingsstreifung, ähnlich wie beim Leucit. Durch Umkrystallisiren wurden jedoch ganz andere, trikline Krystalle erhalten, für die $a:b:c = 0,9263:1:1,4464$, $\alpha = 83^\circ\,40'$, $\beta = 125^\circ\,18'$, $\gamma = 106^\circ\,50'$ bestimmt wurde. *F. P.*

J. BECKENKAMP. Ueber den Einfluss des Wasser- und Alkoholgehaltes auf die geometrischen Formen des

Chinidins und der Cholsäure. ZS. f. Kryst. XII, 165-174†; [Beibl. XI, 316. 1887.

Chinidin und Cholsäure haben die Fähigkeit, mit 1 Molekül verschiedener Alkohole (die Cholsäure auch mit 1 Mol. H_2O) zusammen zu krystallisiren. Der Verfasser hat untersucht, welchen Einfluss die Natur jenes „Krystallalkohols" auf die Krystallform ausübt. Vom Chinidin lagen Krystalle mit $C_2H_5.OH$ und $C_3H_5.OH$ vor, welche alle dem rhombischen System angehörten und weder im Habitus, noch in den Axenverhältnissen erhebliche Unterschiede zeigten.

Freie Cholsäure krystallisirt rhombisch mit dem Axenverhältniss

$$a : b : c = 0{,}6068\ 1 : 0{,}7518$$

und zwar nach Angabe des Verfassers sphenoidisch hemiëdrisch und zugleich hemimorph; letzteres ist jedoch im rhombischen System nicht möglich, so dass die Krystalle entweder monoklin, oder nicht hemimorph gewesen sein müssen. — Weiter wurden untersucht: Cholsäure (Ch.) mit H_2O, Ch. + $CH_3.OH$, Ch. + $C_2H_5.OH$, Ch. + $C_3H_7.OH$, Ch. + $C_3H_5.OH$, Ch. + $C_2H_4 \cdot {OH \atop OH}$. Alle Krystalle sind rhombisch, diejenigen mit Methyl- und Aethylalkohol entschieden sphenoidisch. Der Habitus ändert sich hier mit der Natur des Alkohols, ebenso das Axenverhältniss, wie aus nachstehender Tabelle ersichtlich ist:

	freie Ch.	Ch. + H_2O	Ch. + $CH_3.OH$	Ch. + $C_2H_5.OH$
a	0,6068	0,6092	0,7460	0,7725
b	1	1	1	1
c	0,7518	0,7505	0,9502	0,9763

	Ch. + $C_3H_7.OH$	Ch. + $C_3H_5.OH$	Ch. + $C_2H_4 \cdot {OH \atop OH}$
a	0,7946	0,7649	0,7614
b	1	1	1
c	0,9819	0,9628	0,9576

F. P.

G. Wyrouboff. Ueber die Pseudosymmetrie der wasserhaltigen Hyposulfate mit Circularpolarisation. Bull. Soc. Min. VIII, 78-85. 1885†; [ZS. f. Kryst. XII, 313-314†; [Beibl. X, 609.

Gegenüber den Ansichten von BRAUNS, der die Hyposulfate des Bleis, Calciums und Strontiums für hexagonal mit Cirkularpolarisation hält und ihre optischen Anomalieen auf die Wirkung isomorpher Mischung zurückführt, hält der Verfasser seine frühere Behauptung aufrecht, dass das unterschwefelsaure Blei nur pseudohexagonal und in Wirklichkeit monoklin, wie das analoge Baryumsalz, krystallisire. Als Bestätigung dieser Ansicht führt er an, dass er Mischkrystalle von Blei- und Baryumsalz mit 6—15 pCt. Bleisalz in der Form des reinen Baryumsalzes erhalten habe. — Die bisweilen an den scheinbar hexagonalen Lamellen beobachtete Einaxigkeit erklärt der Verfasser durch Ueberlagerung von zweiaxigen Lamellen mit rechtwinklig gekreuzten Axenebenen; eine solche kann bei dem Baryumsalz in Folge von Zwillingsverwachsung nach (100) stattfinden. Das nicht immer und oft nur in Theilen eines Krystalls auftretende Drehungsvermögen schreibt der Verfasser einer zweiten Art lamellarer Verwachsung zu, bei welcher die Axenebenen der übereinander liegenden Lamellen Winkel von 60° mit einander einschliessen würden. *F. P.*

C. HINTZE. Ueber die Beziehungen zwischen Krystallform und chemischer Constitution. Verh. d. naturw. Ver. Bonn 261, 1884; [ZS. f. Kryst. XI, 158†.

Der Verfasser erkennt der Morphotropie eine weit grössere Bedeutung zu, als der Isomorphie, die er nur als speciellen Fall der ersteren betrachtet. Morphotropische Beziehungen zwischen zwei Substanzen können nach seiner Ansicht auch dann noch vorhanden sein, wenn das Krystallsystem verschieden und die Krystallformen nur annähernd ähnlich sind. So supponirt der Verfasser Morphotropie statt der gewöhnlich angenommenen Dimorphie beim Kalk- und Kupferuranit und statt der Trimorphie in der Pyroxengruppe; in letzterer würde danach die Ersetzung des Mg durch Ca bezw. Mn das rhombische System in das monokline bezw. trikline verwandeln, und die mehrere Metalle enthaltenden Pyroxene würden beweisen, dass auch Körper, die ähnlich, aber in verschiedenen Systemen krystallisiren, isomorphe Mischungen bilden können. *F. P.*

WILLIAM BARLOW. A theory of the Connection between the crystal and the atom composition of chemical compounds. Chem. News LXII, 3-6, 16-19. 1886.

Die Theorie des Verfassers besagt: „dass die Atome, aus welchen ein Körper besteht, beim Uebergang desselben aus dem flüssigen in den festen Zustand, gerade ehe die Krystallisation stattfindet, räumlich symmetrisch in Bezug auf einander angeordnet sind, und dass diese symmetrische Stellung der Atome eine direkte Folge der fortwährenden Pressung und Lockerung verschiedener Gruppen von Atomen durch vorübereilende Wellen (Schallwellen beispielsweise) ist, und dass diese Stellung diejenige ist, welche unter den herrschenden Umständen die grösste Stabilität bewirkt". Das Unterscheidende dieser Theorie von den übrigen ist namentlich, dass das Molekül hier nicht nur keine Rolle spielt, sondern sogar eigentlich nicht mehr existirt; denn man kann die einzelnen Atome mit derselben Berechtigung in verschiedenartige Gruppen zusammenfassen. Einen Körper, der aus gleichviel Atomen zweier Elemente besteht, kann man sich so vorstellen, wenn man sich denselben als einen Haufen aus zweierlei miteinander abwechselnden Kugelarten denkt. Solche Strukturen sind je nach der relativen Anzahl und Vertheilung der Kugeln von verschiedener Symmetrie und der Verfasser findet eine Stütze seiner Theorie darin, dass die Gruppirungen der Atome von gegebenem Mischungsverhältniss häufig auf die Symmetrie führen, welche den Körpern von der betreffenden Zusammensetzung in der That zukommen. So krystallisiren Körper, welche aus einer gleichen Anzahl von Atomen zweier Elemente bestehen, vorwiegend im regulären System, solche, die zweimal so viele Atome von einer Art wie von der anderen enthalten, im hexagonalen System u. s. w. Gehört die Anordnung den weniger symmetrischen Systemen an, so können die Atome Ellipsoide sein. Der Zusammenhang der Krystallflächen ergiebt sich, wie bei den anderen Theorien der Krystallstruktur, wenn man annimmt, dass die Krystallflächen solche sind, welche durch die

Mittelpunkte unendlich vieler Kugeln gehen. Bei denjenigen Elementen, welche in anderen Systemen, als dem regulären, krystallisiren, nimmt der Verfasser an, dass zur Zeit der Krystallisation Atome von verschiedenartigem Verhalten vorhanden sind. Der Verfasser bespricht unter Anderem auch die Erscheinungen der Dimorphie und Isomorphie, die sich vermittelst seiner Theorie leicht deuten lassen.

Der vorliegende Versuch verdient Beachtung, nicht allein weil er sich mit der schwierigen Frage nach dem Zusammenhang der Krystallform mit der chemischen Zusammensetzung befasst, sondern auch weil er auf eine andere Strukturtheorie anregend gewirkt hat (vergl. SOHNCKE, ZS. f. Kryst. XIV, 426. 1888).

E. B.

N. v. NORDENSKIÖLD. Vorläufige Mittheilungen über erneuerte Untersuchungen der Flüssigkeitseinschlüsse im brasilianischen Topas. N. Jahrb. f. Min. 1886 (1), 242 bis 244; [J. chem. Soc. L, 674.

Der Verfasser führt verschiedene Gründe dafür an, dass die Flüssigkeitseinschlüsse im brasilianischen Topas nicht, wie man bisher annahm, aus flüssiger Kohlensäure, sondern aus einem Kohlenwasserstoff bestehen. *F. P.*

Litteratur.

Repertorium der mineralogischen und krystallographischen Litteratur vom Ende des Jahres 1876 bis Anfang 1885 und Generalregister der Zeitschrift für Krystallographie und Mineralogie, Band I-X. Leipzig: W. Engelmann, 146 p. 1886.

P. GROTH. Physikalische Krystallographie und Einleitung in die krystallographische Kenntniss der wichtigeren Substanzen. Leipzig: W. Engelmann, 710 pp. 1885; [Naturf. XIX, 364; [Nat. XXXIII, 316.

F. HENRICH. Lehrbuch der Krystallberechnung. Stuttgart: F. Enke, 300 pp.; [ZS. f. Naturw. Halle, LIX, 519-521. *Bde.*

A. Brezina. Das neue Goniometer der K. K. geologischen Reichsanstalt. Jahrb. d. geol. Reichsanst., Wien 1884, 321; [ZS. f. Kryst. X, 522-523. 1885. *F. P.*

V. Goldschmidt. Index der Krystallformen der Mineralien. II. Berlin: Springer; [ZS. f. Naturw. Halle LIX, 252.

Frank Rutley. Notes on Alteration induced by Heat in certain vitreous Rocks; based on the Experiments of Douglas Herman and G. F. Rodwell. Proc. R. Soc. XL, 430-441.

L. van Werveke. Eigenthümliche Zwillingsbildung von Feldspath und Diallag. N. Jahrb. f. Min. Geol. 1883 II, 97; [ZS. f. Kryst. X, 108. 1885. *F. P.*

O. Mügge. Ueber secundäre Zwillingsbildung am Eisenglanz. N. Jahrb. f. Min. 1886 II, 35-46; [Beibl. XI, 134. 1887.

A. Schrauf. Ueber Morphotropie und Atometer. N. Jahrb. f. Min. I, 234-238; [Beibl. X, 607.

R. D. Irving und C. R. van Hise. Ueber secundäre Wachsthumserscheinungen an Mineralfragmenten in gewissen Gesteinen. Bull. of the United States Geol. Survey VIII, 1884; [ZS. f. Kryst. XI, 294; [N. Jahrb. f. Min. 1887 I, 68.

J. H. Gladstone. On the Growth of Filiform Silver. Chem. News LIII, 153†; [Chem. CBl. (3) XVII, 344; [Beibl. X, 677.

Ramsay. Om turmalinens hänförande till den rhomboëdriske tetartroëdriska kristallformen. Öfvers. Svensk. Vet. Ak. Förh. XLIII, 42. 1886; Bihang XII, Abth. 2, Nr. 1, 11 pp.

La Valle. Studio cristallografico di alcuni nuovi derivati dell'acido iso-succinico. Mem. Acc. Linc. (4) III, 590 bis 596.

Giebt Formbeschreibung, Zeichnung und Projectionen für: das Amid der α-Amido-Iso-Bernsteinsäure, das Chlorhydrat, Sulfat und Nitrat jenes Amides, die α-Amido-Iso-Bernsteinsäure, ihr Natriumsalz, ihr saures Kupfersalz, und für die α-Amido-iso-succinamsäure.

Alexejeff. Sur la forme cristalline de quelques azocombinaisons. Assoc. Franc. Nancy XV, [1] 110, [2] 274.

FOULLON. Crystallised tin. Jahrb. f. Min. II, 266-228. 1885; [J. chem. Soc. L, 124.

K. VRBA. Studie über den böhmischen Stephanit. Prag. Ber. 1886, 119-194.

LA VALLE. Sul Diopside di Val d'Ala. Mem. dell'Acc. Linc. (4) III, 226-263.

Genaue Beschreibung der in der Ueberschrift genannten Krystalle, mit 4 Tafeln, deren eine die stereographische Projection aller bis dahin bekannten Formen enthält.

A. KUNDT. Ueber Erkennung von Verwachsungen im Quarze. WIED. Ann. XX, 688. 1883; [ZS. f. Kryst. XI, 448; sh. diese Ber. XXXIX, (1) 154.

O. W. HUNTINGTON. Contribution to Mineralogy (with Crystallographic Notes by DES CLOIZEAUX). SILL. J. (3) XXXII, 204-211.

A. SCACCHI. Crystalline forms of potassium and ammonium hydrogen tartrates. ZS. f. Kryst. XI, 405-407; [J. chem. Soc. L, 612.

EUG. BAMBERGER. Ueber die Jodalkylate des Sparteïns. LIEB. Ann. CCXXXV, 368-376.

GEO T. KUNZ. Artificial rubies. Science VIII, 318-320.

Bde.

4. Mechanik.

J. FINGER. Elemente der reinen Mechanik als Vorstudium für die analytische und angewandte Mechanik und für die mathematische Physik an Universitäten und technischen Hochschulen, sowie zum Selbstunterricht. Wien: Alfred Hölder, XVI u. 792 pp. 8⁰. 1886.

Die „Elemente der reinen Mechanik“ sind für Studirende bestimmt, welche eben in die Hochschule eintreten. Daher schliesst der Verfasser die schwierigeren Partien aus, welche eine grössere Vertrautheit mit der höheren Mathematik voraussetzen; nur eine erste Bekanntschaft mit den Lehren der Infinitesimalrechnung wird gefordert, bloss die einfachsten Differentialquotienten und Integrale kommen zur Anwendung, dagegen werden partielle Differentiationen und vielfache Integrale vermieden. Aus diesem Grunde ist die Lehre von der Attraktion fortgelassen und vom Potential wenig mehr als der Begriff selber eingeführt. Alle mathematischen Rechnungen werden in grosser Ausführlichkeit mitgetheilt und bis in die kleinsten Einzelheiten begründet und beleuchtet. Damit endlich der Leser die angewandten mathematischen Hülfsmittel übersehen kann, sind dieselben in einem Anhange (S. 752-792) kurz zusammengestellt unter den Titeln: I. Grösse. Zahl. Algebraische Rechnungsoperationen. II. Proportionalität. III. Einiges aus den Elementen der Analysis. IV. Aus der analytischen Geometrie der Ebene und des Raumes. V. Einige Anwendungen der Analysis auf die Geometrie. VI. Grundbegriffe der Integralrechnung.

Der abgehandelte Stoff ist in neun Kapitel eingetheilt: Einleitung über die Grundbegriffe der Mechanik, die Statik und die Dynamik des materiellen Punktes, die Statik der linearen materiellen Punktsysteme, die allgemeinen Principien der Mechanik räumlicher Punktsysteme, die Kinematik, Statik und Dynamik des starren Körpers und die Principien der Hydromechanik. Da das Buch als Einleitungswerk in die analytische Mechanik gedacht ist, so geht der Verfasser bei der Ableitung der Grundbegriffe von den physikalischen Grundlagen aus, welche durch die Erfahrung gewonnen werden. Als Fundament des Lehrsystems gelten ihm die drei Newton'schen Bewegungsgesetze, aus denen er auf deduktivem Wege die Gesetze der Mechanik ableitet, ohne ein anderes Princip zu Hülfe zu nehmen. Das Bestreben geht überhaupt dahin, dem Leser einen Einblick in die Begriffe zu verschaffen und den Ansprüchen an Strenge der Beweisführung, Korrektheit der Definitionen, logische Eintheilung des Stoffes gerecht zu werden. Die Darstellung schliesst sich daher den durch ihre Durchsichtigkeit ausgezeichneten französischen Lehrbüchern an. Der Vortrag ist wortreich, wohl damit das Werk auch ohne Lehrer zum Selbststudium benutzt werden kann. Dadurch erklärt sich auch der grosse Umfang des Buches. Die Statik des einzelnen materiellen Punktes umfasst 55 Seiten, die darauf folgende Dynamik des materiellen Punktes 160. Die Kinematik (Kap. VI) ist nur kurz auf 22 Seiten behandelt, dagegen nimmt die Statik des starren Körpers 153 Seiten ein. Aus Rücksicht auf die Bedürfnisse technischer Hochschulen sind die Elemente der graphischen Statik hier mit hineingearbeitet, nachdem schon vorher im Kapitel IV die Lehre von den Ketten- (Seil-) Polygonen unter Berücksichtigung dieser späteren Anwendung vorgetragen worden war. Die Lehre vom Schwerpunkte und von den Trägheitsmomenten ist wegen ihrer praktischen Bedeutung sehr ausführlich gehalten, obschon das Gebotene nur die einfachsten Fälle erledigt. Ebenso ist in der Dynamik des starren Punktsystemes die Theorie des Stosses gebührend beleuchtet. Die Hydromechanik muss sich natürlich auf die elementaren Grundlehren beschränken, nimmt aber auf die technisch wirksamen Aufgaben völlige Rücksicht. Bei der Auswerthung mechanischer Quantitäten ist das absolute Maasssystem zur Anwendung gebracht. Endlich sind den einzelnen Abschnitten kurze historische Anmerkungen beigegeben.

Referent will nicht entscheiden, ob es zweckentsprechend sei, dem Anfänger ein so umfangreiches Werk in die Hand zu geben, das ihm ja manche Mühe abnimmt, aber ihn auch vielleicht durch die Grösse abschreckt und wegen der Durcharbeitung ins Einzelne vom selbstständigen Arbeiten abhält. Noch weniger kann auf Einzelheiten des sehr sorgfältig gearbeiteten Werkes eingegangen werden. Die Ausstattung ist eine sehr gute. *Lp.*

L. Burmester. Lehrbuch der Kinematik. I_1, I_2. Leipzig: A. Felix.

Die Forschungen auf dem Gebiete der Kinematik, der sich das Interesse der Geometer in den letzten Jahrzehnten in erhöhtem Maasse zugewendet hat, haben so reiche Ergebnisse geliefert, dass es einem Bedürfniss entspricht, die wissenschaftliche Entwickelung der Bewegungslehre mit der Praxis der Maschinentechnik in engere Verbindung zu bringen und so ihre praktische Verwendung in helleres Licht zu setzen. Aus diesem Bedürfniss ist das vorliegende Lehrbuch erwachsen, von dem der erste Band in zwei Lieferungen, 560 Seiten umfassend, vorliegt.

Der erste Abschnitt behandelt die grundlegenden Beziehungen der Bewegung eines ebenen starren Systems. Es werden darin die elementaren Begriffe, welche die Bewegung eines Punktes und einer starren Geraden darbieten, erörtert, und die Entwickelung der Kinematik eines ebenen Systems zunächst soweit geführt, dass erkennbar wird, wie jede Bewegung desselben sich auf ein Rollen der Polkurve auf der Polbahn zurückführen lässt. Specielle Bewegungsformen schliessen sich an, und ihre Behandlung zeigt die Fruchtbarkeit der allgemeinen Theorie für die Erkenntniss der besonderen Bewegungen starrer Systeme. Beigefügte Anmerkungen enthalten die Angabe der Schriften, in denen die betreffenden Probleme zuerst eine Behandlung erfahren haben, so wie derer, denen wir ein tieferes Eindringen in dieselben und lichtvolle Konstruktionen einzelner Elemente verdanken. Diese Litteraturnachweisungen, welche sich durch das ganze Werk fortsetzen, sind eine werthvolle Beigabe. Des weiteren werden die gegenseitigen Bewegungen dreier ebenen Systeme behandelt, Geschwindigkeiten von Systempunkten, Tangenten und Normalen an den Bahnkurven konstruirt und ein reiches Material für die Erzeugung von Kurven und Konstruktionen wichtiger Elemente derselben vermittelst Geschwindigkeiten gegeben. Mit der Untersuchung der Beziehungen der Krümmungsmittelpunkte der Kurven im bewegten ebenen System und der erzeugten Kurven im festen System schliesst der erste Abschnitt ab. Die ganze Behandlungsart ist rein geometrisch gehalten, und es ist für dieselbe charakteristisch, dass viele Ergebnisse der neueren Forschung sich systematisch in den Entwickelungsgang einfügen.

Der zweite Abschnitt ist der eingehenden Untersuchung der cyklischen Kurven gewidmet, und an ihn schliesst sich die Behandlung der verschiedenen Formen der Verzahnung der Stirnräder, sowie die der Kapselräderwerke und der damit in Verbindung stehenden Motoren, welche in der Praxis mannigfache Verwendung finden. Es folgt die Lehre von der Stützung und zwangläufigen Bewegung der Gebilde in der Ebene, die Betrachtung der Bewegungsvorgänge und Geschwindigkeitsverhältnisse der einfachen ebenen Maschinen und endlich die eingehende Behandlung der zusammengesetzten ebenen Mechanismen. Auf den reichen Stoff dieser letzten Abschnitte, die wesentlich der Technik angehören, näher einzugehen, liegt ausserhalb der Aufgabe dieser Zeitschrift; es mag genügen, darauf hinzuweisen, dass über alle die Bewegungsvorgänge, welche die verschiedenen Formen der Mechanismen darbieten, sowie über alle die Konstruktionen, welche durch praktische Anforderungen bedingt sind, die in dem Werke entwickelte Wissenschaft der Kinematik klares Licht verbreitet.

Schn.

G. M. MINCHIN. A treatise on statics with applications to physics. Vol. II. Third edition, corrected and enlarged. Oxford: Clarendon Press. VII u. 512 pp.

Die „Statik" des Hrn. MINCHIN hat sich eine so hervorragende Stelle in der Achtung der Mathematiker errungen, dass man, um auf diese dritte Auflage aufmerksam zu machen, weiter nichts zu sagen braucht, als dass sie zu einem solchen Umfange ausgedehnt worden ist, um ihre Ausgabe in zwei Bänden nöthig zu machen. Unter den wichtigsten Zusätzen befinden sich eine Darstellung der BALL'schen Theorie der Schrauben in ihrer Beziehung zur Statik, ein Kapitel über astatisches Gleichgewicht, bei dessen Behandlung die Methoden der Quaternionen gebraucht werden, und ein neues Kapitel über das Gleichgewicht von Saiten und Federn. Die Kapitel über den Zwang und über Deformationen (strains and stresses) sind bedeutend vergrössert worden, und es ist beachtenswerth, dass in dem ersteren Kapitel das *CGS*-System der Einheiten ausdrücklich eingeführt ist, sodass z. B. POISSON's Gleichung immer in der Form erscheint: $\nabla^2 V = -4\pi\gamma\varrho$, wo γ die *CGS*-Konstante der Gravitation ist. Wir neigen für uns der Meinung zu, diese Neuerung im Vergleich zu hergebrachten Methoden für vortheilhaft zu erachten, wenigstens für Anfänger. In dem Kapitel über Anziehung befindet sich ein kurzer Abriss der Kugelfunktionen, und es mag bemerkt werden, dass Hr. Minchin den Ausdruck „Laplacian“ gebraucht, um einen Laplace'schen Koefficienten zu bezeichnen, obschon er als wohlbegründet die „Kugelfunktion“ (spherical harmonic) beibehält. Dem Drucke ist grosse Sorgfalt gewidmet, und das allgemeine Aussehen des Bandes entspricht allen Wünschen. Druckfehler scheinen äusserst selten vorzukommen. *Gibson.* (*Lp.*)

M. Lévy. La statique graphique et ses applications aux constructions. 2me éd. Partie 1: Principes et applications de statique graphique pure. Paris: XXVII u. 549 pp.

Anzeige in Darboux Bull. X, 146-148. Die neue Auflage des 1874 zuerst erschienenen Werkes umfasst vier Bände. Der erste Band ist in vier Abschnitte getheilt: I. Vorbegriffe hinsichtlich des graphischen Rechnens, der Statik und der Elasticität der Körper. II. Principien der graphischen Statik. III. Anwendung der graphischen Statik auf die Kunst der Konstruktionen. IV. Zusammensetzung der Kräfte im Raume und daraus fliessende reciproke Figuren. — Hieran schliessen sich vier Noten. *Lp.*

Pescheck. Der Kraftbegriff und andere in der Mechanik übliche Ausdrücke. CBl. d. Bauverw. VI, 495-496.

Für Hrn. Pescheck wird der Kraftbegriff hinreichend dadurch erklärt, dass eine Kraft sich durch Gewichte messen lasse. Habe man das einmal erkannt, so sei jede weitere philosophische Erörterung über das Wesen der Kraft überflüssig; denn was sich nicht durch Gewichte messen lasse, das sei eben keine Kraft, wie z. B. eine Pferdekraft oder die Energie eines Hammerschlages. Warum sich aber diese Dinge nicht durch Gewichte messen lassen, das erfahren wir nicht. Vielleicht hätte Hr. Pescheck das Unzureichende seiner Erklärung vom Wesen der Kraft beim Uebergang zu den Bewegungsgleichungen erkannt, wenn ihm nicht das „Grundgesetz der Dynamik" zu Gebote stände „Kraft gleich Masse mal Beschleunigung". Eine Nothwendigkeit, dieses Gesetz zu erläutern, scheint für Hrn. Pescheck nicht vorzuliegen.

Die Behauptung, Lagrange habe durch seine Auseinandersetzungen über das Wesen der Kräfte die Verbreitung der Anschauung aufgehalten, dass die Kräfte durch Gewichte messbar seien, richtet sich selber.

An diese Ausführungen über die Kraft schliessen sich ähnliche Auseinandersetzungen über die Masse, lebendige Kraft und das Trägheitsmoment. *F. K.*

F. Rudio. Ueber einige Grundbegriffe der Mechanik. Wolf ZS. XXXI, 59-76.

Der Verfasser steht in Bezug auf die Grundbegriffe der Mechanik ganz auf dem durch Kirchhoff geschaffenen Boden; in der Erkenntniss, dass eine einfache und einführende Darstellung der in Frage kommenden Begriffe Geschwindigkeit, Beschleunigung, Kraft, Masse und Gewicht noch fehlen, unternimmt Hr. Rudio von dem angegebenen Standpunkt aus dieselben zu präcisiren; und man muss gestehen, dass ihm dies Unternehmen gelungen ist. Die Begriffe von Raum und Zeit werden als gegeben vorausgesetzt; und dann zunächst die gleichförmige Bewegung auf gerader Linie betrachtet, bei welcher der in einer Sekunde zurückgelegte Weg als Geschwindigkeit bezeichnet wird. Es wird dann gezeigt, dass dieser Ausdruck identisch ist mit $(s_1-s)/(t_1-t)$, welchen Werth die beiden Zeiten t_1 und t auch haben mögen. Bei allgemeinerer Bewegung wird s eine Funktion $f(t)$ von t sein, und in diesem Falle ist der Quotient $(s_1-s)/(t_1-t)$ von den Zeiten nicht mehr unabhängig. Da aber ein Körper, der sich gleichförmig mit der Geschwindigkeit $(s_1-s)/(t_1-t)$ bewegt, in dem Zeitintervall t_1-t dieselbe Strecke zurücklegt, so kann man diesen Ausdruck mit einigem Recht als „die mittlere Geschwindigkeit" in dem Zeitintervall t bis t_1 bezeichnen. Indem t_1 sich mehr und mehr der Grenze t nähert, wird die mittlere Geschwindigkeit sich ebenfalls einer von t allein abhängigen Grösse nähern, nämlich der Grenze $f'(t)$, und diese Grenze wird als „Geschwindigkeit" definirt, wie der Verfasser im Gegensatz zu denjenigen bemerkt, welche da glauben, die Richtigkeit der Formel $v = f'(t)$ beweisen zu müssen oder zu können. Ausgehend von der sogenannten gleichförmig beschleunigten Bewegung, konstruirt der Verfasser in ähnlicher Weise den Begriff der Beschleunigung.

Unter einem Körper versteht der Verfasser alles das, was wir durch unsere Sinne wahrnehmen. Jeder Körper nimmt einen gewissen Raum ein; dasjenige, womit dieser Raum ausgefüllt wird und was eben auf unsere Sinne einwirkt, nennen wir die Masse des Körpers. Durch den Ausdruck Gewicht geben wir der subjektiven Empfindung Ausdruck, dass ein Körper auf seine Unterlage einen gewissen Druck ausübt; so dass wir auch ohne genauen Maassstab für das Gewicht nach dem im allgemeinen übereinstimmenden Grad der Empfindung von grösseren und kleineren Gewichten reden können. Eine Masse wird wesentlich nach ihrem Gewichte beurtheilt, so dass gleiche Massen auch gleiche Gewichte haben. Als ein wesentliches Merkmal der Masse wird hervorgehoben, dass sie unabhängig vom Raum und von der Zeit ist, dass also zwei Massen, die an einem Orte und zu einer Zeit übereinstimmen, dies zu allen Zeiten thun; sind zwei Massen einer dritten gleich, so sind sie untereinander gleich. Es ergiebt sich als Definition der Gleichheit zweier Massen und ihrer Gewichte, dass sie, auf eine Waage gebracht, einander das Gleichgewicht halten müssen. Die Masse ist eine von der Raum- und Zeiteinheit unabhängige Zahl; sie giebt an, wieviel von einer gewählten Masseneinheit auf einer Waage ebensoviel wiegen, wie der Körper, dessen Masse zu bestimmen ist; dabei ist die Thatsache zu beachten, dass Gleichheit des Gewichtes unabhängig von der Art der Waage (Hebel- und Federwaage) ist. Mit der Federwaage erkennt man dann, dass die Gewichte derselben Masse an verschiedenen Orten der Erde sich verhalten wie die Beschleunigungen an diesen Stellen, so dass das Gewicht durch das Produkt mg dargestellt wird. Zum Schluss wird auseinandergesetzt, dass durch die Einführung des Kraftbegriffs keine Erklärung der Bewegungserscheinungen, sondern unter Umständen eine Vereinfachung in der Beschreibung erzielt werde. *F. K.*

E. Novarese. Di una analogia fra la teorica delle velocità e la teorica delle forze. Torino Atti XXI, 900-911.

Der Aufsatz ist durch eine Stelle in dem Cours de Mécanique et Machines von Bresse (Fortschr. d. Math. XVII, 812. 1885) veranlasst, woselbst auf die vollständige Analogie zwischen den Sätzen über die Zusammensetzung der Kräfte und Kräftepaare einerseits und denen über die Zusammensetzung der Bewegungen eines starren Körpers in der Kinematik andererseits hingewiesen ist. Die Stelle schliesst mit den Worten: „Uebrigens kann man dem Anscheine nach diese Analogie nicht direkt durch irgend welche philosophische Ueberlegung erweisen, durch welche die Aufstellung der einen der beiden Theorien überflüssig würde, nachdem man die andere ergründet hat.“ Hr. Novarese zeigt, dass die gemeinsame Quelle beider Theorien in der Geometrie der Streckensysteme zu finden ist, specieller in der Aequivalenz der Streckensysteme, wie das in Deutschland u. a. in dem Lehrbuche von Schell dargelegt ist, aus welchem das Motto der Arbeit entlehnt ist. Während die beiden ersten Paragraphen nur dem bezeichneten Zwecke dienen, enthält der dritte und letzte eine mit dem Vorangehenden eng zusammenhängende kinematische Untersuchung. *Lp.*

A. Seydler. Ueber die Geschwindigkeit und die Beschleunigungen verschiedener Ordnung bei der Bewegung nach dem Gravitationsgesetze und bei ähnlichen Bewegungen. Sitzber. d. k. böhm. Ges. d. W. 1886, 541-555. (Böhmisch.)

In der ersten Abtheilung beweist der Verfasser den Satz: „Wenn bei einer ebenen Bewegung die Beschleunigung einer gegebenen Ordnung sowohl der Grösse als auch der Richtung nach bloss von der Entfernung des bewegten Punktes vom Bewegungscentrum abhängt, so wird die Beschleunigung jeder beliebigen Ordnung ebenfalls als eine Funktion jener Entfernung entweder direkt oder durch Aufstellung der diese Funktion definirenden Differentialgleichung ausgedrückt.“ Im zweiten Abschnitte werden die Modifikationen der bezüglichen Betrachtungen für Bewegungen im Raume ausgeführt. Im dritten Abschnitte widerlegt der Verfasser eine von TAIT in dessen Werke: „Properties of matter“ aufgestellte Behauptung. TAIT bezeichnet als die einzigen Dinge in der Natur den Stoff und die Energie und glaubt, dass die Kenntniss der statischen Energie $-mm'/r$ zweier Massen und das Princip der Erhaltung der Energie zur Erkenntniss der Bewegung eines Systems gravitirender Massen genügen. Der Verfasser weist nun nach, dass es unendlich viele Bewegungen verschieden von der Gravitationsbewegung nach den KEPLER'schen Gesetzen giebt, für welche die statische Energie $-mm'/r$ und das Princip der Erhaltung der Energie ebenfalls giltig ist, und dass die letzteren als Skalare unsere Kenntniss über einen Gegenstand, in welchem Vektoren untersucht werden, nicht erschöpfen können.

Gs.

G. LESPIAULT. Démonstration élémentaire des lois de NEWTON en partant des lois de KEPLER. Flammarion Rev. d'Astr. V, 412-515.

Ableitung ohne Hülfe der Differentialrechnung unter blosser Benutzung der einfachsten geometrischen Sätze über die Ellipse.

Lp.

A. MUKHOPÂDHYÂY, T. GALLIERS, G. G. STORR. Solution of question 7916. Ed. Times XLV, 36-37.

Ein Komet bewege sich in einer Hyperbel, deren Halbaxe a, Excentricität e sei; dann ist sein Ort t Sekunden nach dem Durchgange durch das Perihel aus den Gleichungen bestimmt:

$$t = \frac{P}{2\pi} a^{\frac{3}{2}} [e \operatorname{tg}\theta - \log \operatorname{tg}(\tfrac{1}{4}\pi + \tfrac{1}{2}\theta)], \quad \operatorname{tg}\tfrac{1}{2} V = \left(\frac{e+1}{e-1}\right)^{\frac{1}{2}} \operatorname{tg}\tfrac{1}{2}\theta,$$

wo V die vom Perihel gerechnete wahre Anomalie, P gleich der Periode einer Erdumwälzung ist, während ihr mittlerer Abstand zur Einheit genommen ist.

Lp.

D. J. KORTEWEG. Sur la stabilité des trajectoires planes périodiques. Néerl. Arch. XXI, 201-250.

Fortsetzung der Untersuchungen des Verfassers über die centrale Bewegung eines Punktes (siehe diese Berichte XL, (1) 255). Jetzt wird mehr im einzelnen über die Stabilität der periodischen Bahnen gehandelt. Der Zusammenhang zwischen dieser Stabilität in kreisförmigen Bahnen und der Eigenschaft spiralförmiger, einen asymptotischen Kreis zu besitzen, wird nachgewiesen. Jede nicht stabile periodische Bahn hat eine unendliche Anzahl solcher Spiralformen, welche „parasitische Trajektorien“ genannt werden. Hauptpunkt der Untersuchung ist der Satz, dass das Verhältniss $\frac{u_{n+2}+u_n}{u_{n+1}} = k$ (worin u_n, u_{n+1}, u_{n+2} die Abweichung der n^{ten}, $(n+1)^{\text{ten}}$, $(n+2)^{\text{ten}}$ Periode in übereinstimmenden Punkten für jede gestörte Bahn bedeuten) für jede Bahn einen bestimmten konstanten Werth besitzt.

Je nachdem diese Zahl k sich innerhalb oder ausserhalb der Grenzen $+2$ und -2 befindet, ist die Bahn stabil oder instabil. Wenn k gerade auf eine der beiden Grenzen fällt, entstehen drei andere Bahntypen von verschiedenem Grade von Allgemeinheit. Nachdem die allgemeine Differentialgleichung der gestörten Bewegung aufgestellt worden ist, werden die Eigenschaften der Bahnen mit konservativen Störungen untersucht. Darauf wird die Bestimmung einer periodischen Bahn gegeben, und die Anzahl der Brennpunkte der gestörten Bahn festgelegt. Die Gleichung mit endlichen Differenzen wird aufgestellt und integrirt und der Typus der geometrisch instabilen Bahnen, der oben erwähnten „parasitischen Trajektorien“ untersucht. Darauf folgt die Besprechung des Typus stabiler Bahnen und des Einflusses störender periodischer Kräfte auf ihre Stabilität; der Typus der arithmetischen instabilen Bahnen und derer, welche stabil sind hinsichtlich konservativer Störungen, aber instabil hinsichtlich nicht konservativer Störungen; der centralen Trajektorien, darunter der kreisförmigen. Schliesslich wird nachgewiesen, wann die Bahn selbst stabil ist, der Ort des Punktes in der Bahn aber nicht stabil. *van Geer. (Lp.)*

D. J. Korteweg. Ueber Stabilität ebener Bahnen.
Wien. Ber. XCIII, 995-1040.

Es wird angenommen, dass die Kräfte, unter deren Einwirkung der bewegliche Massenpunkt seine Bahn beschreibt, ein Potential besitzen. Periodische Bahnen werden vom Verfasser stabil genannt, wenn das Verhältniss u_n/u_1, wo u_1 die sehr kleine maximale Abweichung während der ersten, u_n diese Abweichung während der n^{ten} Periode bezeichnet, nicht unbestimmt mit n wächst, sondern zwischen Grenzen eingeschlossen bleibt. Den Schlüssel zu den erhaltenen Resultaten bildet das merkwürdige Theorem, dass der Quotient $\frac{u_{n+2}+u_n}{u_{n+1}} = \varkappa$ (u_n, u_{n+1}, u_{n+2} die Abweichungen einer willkürlich gewählten konservativ gestörten Bahn in übereinstimmenden Stellen der betreffenden Perioden) für jede Bahn einen bestimmten konstanten Werth besitzt. Je nachdem diese Zahl $\varkappa$ innerhalb oder ausserhalb der Grenzen $+2$ und -2 liegt, ist die Bahn stabil oder instabil. Gerade wie der Verfasser in einer früheren Arbeit über Bahnen bei centralen Kräften (diese Berichte XL, (1) 255. 1884) Kreisspiralbahnen gefunden hatte, die nach innen und aussen jede instabile Kreisbahn begleiten, aber erst nach unendlicher Zeit mit ihr zusammenfallen, so zeigt es sich hier, dass jede instabile periodische Bahn eine unendliche Anzahl sich ihr asymptotisch anschmiegender Bahnen besitzt, denen der Name „parasitische Bahnen“ beigelegt wird, und die sich zu zwei Bündeln vereinigen lassen. Im Ausnahmefalle, wo keine parasitischen Bahnen bestehen und doch Instabilität vorhanden ist, zeigt diese einen eigenthümlichen abweichenden Charakter, und dann giebt es ein einziges Bahnbündel, das in gewissem Sinne an die Stelle der beiden parasitischen Bahnbündel tritt.

Je nach der Grösse von $\varkappa$ unterscheidet der Verfasser verschiedene Typen der Bahnen, welche dann einzeln untersucht werden, nämlich:

1. Der geometrisch instabile Haupttypus (A), wenn $\varkappa > 2$ oder $\varkappa < -2$, besitzt zwei parasitische Bahnbündel.

2. Der stabile Haupttypus (B), wenn $2 > \varkappa > -2$, ist auch für nichtkonservative Störungen stabil.

3. Der arithmetisch instabile Bahntypus (*C*), einer der drei Uebergangstypen für $\varkappa = 2$ oder $\varkappa = -2$. Die Reihe der Abweichungen im Typus (*A*) ist eine geometrische, hier ist sie eine arithmetische. Die zu diesem Typus gehörigen Bahnen sind für konservative Störungen einer einzigen bestimmten Art stabil, 'für alle übrigen arithmetisch instabil. Zum Bahntypus (*C*) gehören im Allgemeinen die centralen Bahnen.

4. Der für konservative Störungen stabile, für nichtkonservative instabile Bahntypus (*D*).

5. Der für Störungen beider Arten stabile Uebergangstypus (*E*).

Nach Erörterung der Eigenschaften dieser fünf Typen werden die centralen Bahnen einer besonderen Prüfung unterzogen. Während diese Bahnen im Allgemeinen zum Typus (*C*) gehören, können dieselben, falls gewisse Bedingungen erfüllt sind, zum Typus (*E*) übertreten. Diese Bedingungen sind aber gerade für die beiden wichtigsten Gesetze erfüllt, nämlich für die Kraftgesetze $f.r^{-2}$ und $f.r$, an denen daher die gefundenen Bedingungen geprüft werden. Ganz zuletzt werden noch die centralen Kreisbahnen untersucht, deren parasitische Bahnen vom Verfasser früher Kreisspiralbahnen genannt worden sind. (Vergl. den voranstehenden Bericht.) *Lp.*

G. SCHOUTEN. No. 5 der prysvragen. Nieuw Archief XIII, 11-57, 117-183.

Die Preisfrage, welche gelöst wird, lautet folgendermaassen: Auf einen Massenpunkt *M*, welcher sich mit einer Anfangsgeschwindigkeit senkrecht zu der Geraden bewegt, die diesen Punkt mit einem festen Centrum *O* verbindet, wirken von *O* zwei Kräfte von der Form ar^{-m} und $br^{\pm n}$. Es wird eine vollständige Untersuchung der Bewegung verlangt, wenn *m* und *n* ganze positive Zahlen sind.

Die sehr ausführliche Auflösung ist in verschiedene Abschnitte getheilt, deren Inhalt wir hier in gedrängter Uebersicht folgen lassen.

Abschnitt I. Aufsuchung der verschiedenen Fälle, in denen die Lösung möglich ist. 17 Fälle werden nachgewiesen, in denen die vollständige Auflösung mittelst elliptischer Funktionen ausgeführt werden kann.

Abschnitt II. Die Kraft wird durch die Funktion $a+br^{-3}$ dargestellt. Das Ergebniss der Untersuchung lehrt, dass, wenn a positiv ist, der bewegende Punkt sich fortwährend vom Mittelpunkt mit stets zunehmender Geschwindigkeit in einer Bahn mit einer Asymptote entfernt, welche durch das Centrum geht, so lange im Anfang der Bewegung die Centripetalkraft grösser ist als die ganze bewegende Kraft; dass die Bewegung einfach kreisförmig wird, wenn beide Kräfte einander gleich sind. Ist aber die zweite grösser als die erste, dann wird der Punkt in einer spiralförmigen Bahn mit unendlich vielen Windungen nach dem Centrum gehen und dort nach endlicher Zeit mit unendlicher Geschwindigkeit ankommen.

Ist a negativ, so wird das letzte stattfinden, so lange die Centripetalkraft im Anfange der Bewegung nicht grösser ist als der veränderliche Theil der Kraft; im entgegengesetzten Falle wird die Bahn eine regelmässige Wellenkurve sein, welche in einen Kreis übergehen kann. Ist die Kraft konstant, so wird der Punkt sich in einer Bahn mit Asymptote vom Centrum entfernen, wenn sie abstossend wirkt; in einer regelmässigen Wellenkurve aber, wenn sie anziehend ist.

Abschnitt III. Die Kraftfunktion ist $a+br^{-2}$. Hier entstehen acht verschiedene Fälle, welche entwickelt werden. In keinem derselben kann der Punkt zum Centrum gelangen, und die Bahn kann in eine Spirale mit asymptotischem Aussenkreis übergehen.

Abschnitt IV. Die Kraftfunktion ist $a+br$. Hier giebt es neun verschiedene Fälle. Die Bewegung richtet sich nach dem veränderlichen Theile der Funktion. Neue Bahnformen treten nicht auf.

Abschnitt V. Die Kraftfunktion ist $ar^{-2}+br^{-5}$. Hier entstehen 17 besondere Fälle. Das Ergebniss der Rechnung kann folgendermaassen zusammengefasst werden: Für $b<0$ wird die Bahn entweder eine Spirale, welche mit einer endlichen Zahl von Windungen nach dem Centrum geht und in einem Fall einen asymptotischen inneren Kreis hat mit unendlich vielen Windungen, oder eine regelmässig wellenförmige Bahn mit dem Kreis als besonderem Falle, oder eine Bahn, die sich bis ins Unendliche erstreckt und von hyperbolischem Charakter ist, weil sie eine Asymptote besitzt, welche nicht durch das Centrum geht, aber auch parabolischen Charakter zeigen kann, da sie nicht immer eine Asymptote hat. Ist aber $b > 0$, so ist die Bahn entweder eine regelmässige Wellenkurve mit einem Kreis als besonderem Fall, oder sie ist von hyperbolischem Charakter, im besonderen Falle von parabolischer Art. Der Punkt wird niemals in das Centrum gelangen.

Abschnitt VI. Die Kraftfunktion ist $ar^{-2}+br^{-4}$. Hier entstehen 11 Fälle. Die Bewegung stimmt hinsichtlich der Form der Bahnen mit der durch die Wirkung der Kraft $ar^{-2}+br^{-5}$ erhaltenen überein. Die dort erhaltenen Ergebnisse finden auch hier ihre Anwendung.

Abschnitt VII. Die Kraftfunktion ist $ar^{-2}+br^{-3}$; sie giebt 12 Fälle. Die Bahn ist entweder eine logarithmisch-spiralförmige Kurve, oder sie erstreckt sich bis ins Unendliche mit oder ohne Asymptote; in einigen Fällen kann sie betrachtet werden als eine gestörte Bewegung derjenigen, welche unter der Wirkung von ar^{-2} allein zu Stande kommt.

Abschnitt VIII. Die Kraftfunktion ist $ar^{-2}+br$; sie giebt neun Fälle. Die Bahnen stimmen mit denen überein, welche in den vorigen Abschnitten behandelt wurden.

Die Abhandlung wird in einem folgenden Jahrgang der Zeitschrift fortgesetzt. *van Geer.* (*Lp.*)

G. Fouret. Sur certains problèmes dans lesquels on considère. sur une courbe plane, des arcs de même origine parcourus dans le même temps que les cordes correspondantes. C. R. CIII, 1114-1116.

G. Fouret. Sur certains problème d'isochronisme. C. R. CIII, 1174-1176.

G. Fouret. Mémoire sur certains mouvements dans lesquels des arcs d'une même courbe plane comptés à partir d'une origine fixe sont parcourus dans le même temps que les cordes correspondantes. J. de l'Éc. Pol. Cah. LVI, 171-211.

Die beiden vom Verfasser behandelten Aufgaben lauten:

I. „Ein Massenpunkt, welcher in einer Ebene unter der Einwirkung einer Kraft steht, die von einem bestimmten Potential herrührt, bewegt sich mit gegebener Geschwindigkeit von einem festen Anfangspunkte O aus. Ein System ähnlicher und ähnlich liegender, durch O gehender Kurven (C) zu finden, so dass der bewegliche Punkt vom Punkte O aus einen beliebigen Punkt der Ebene in derselben Zeit erreicht, wenn er eine der Kurven oder wenn er die entsprechende Sehne durchläuft".

II. „Wenn in einer Ebene ein System von ähnlichen und ähnlich liegenden Kurven (C) gegeben ist, die durch einen und denselben Punkt O, den gemeinschaftlichen Aehnlichkeitspunkt, gehen, eine von einem Potential herrührende Kraft zu finden, unter deren Einwirkung ein mit gegebener Geschwindigkeit vom Punkte O ausgehender Punkt einen beliebigen Bogen einer bebeliebigen von den Kurven (C) von O aus in derselben Zeit durchläuft, die er zur Beschreibung der entsprechenden Sehne brauchen würde".

Die erste Aufgabe besitzt nur dann eine Lösung, wenn die Anfangsgeschwindigkeit Null ist und der Ausdruck für das Potential die Form hat:

$$(1) \qquad \psi\left[\frac{\varphi(\theta)}{r}\right]\varphi^2(\theta),$$

wo r und θ Polarcoordinaten für O als Pol bezeichnen. Die Gleichung der gesuchten Kurve (C) ist dann:

$$(2) \qquad r^2 = k^2\varphi(\theta)e^{-\int\frac{\varphi(\theta)}{\varphi'(\theta)}d\theta},$$

worin k einen willkürlichen Parameter bedeutet. Die zweite Aufgabe ist ebenfalls nur lösbar, wenn die Anfangsgeschwindigkeit Null ist. Ist unter dieser Annahme die Gleichung der Kurve (C)

$$(3) \qquad r = k\tilde{\omega}(\theta),$$

so erhält man das gesuchte Potential, indem man im Ausdruck (1)

$$\varphi(\theta) = \tilde{\omega}(\theta) e^{\chi(\theta)}, \ \chi(\theta) = -\int d\theta \sqrt{\left[\frac{\tilde{\omega}'(\theta)}{\tilde{\omega}(\theta)}\right]^2 + 1}$$

setzt, während $\psi(\theta)$ willkürlich bleibt.

Ist die Gleichung der Kurve (C) von der Form

$$r^{2m^2p} = 2k^{2m^2p} \sin m\theta \cos^{m^2p^2} m\theta,$$

worin m und p positive ganze Zahlen bedeuten, so findet man als Lösung der zweiten Aufgabe den Ausdruck

$$\psi\left(\frac{r}{\cos^p m\theta}\right) \cos^{2p} m\theta.$$

Dieser Fall begreift insbesondere die Kurven $r^n = k^n \sin n\theta$ in sich, deren Eigenschaften von vielen Geometern untersucht sind, so z. B. für $n = 2$ die Lemniskate, deren hierher gehörige Eigenschaften 1804 durch SALADINI für eine Kraft von konstanter Grösse und Richtung, 1844 durch O. BONNET für eine der Entfernung proportionale Centralkraft entdeckt sind. Merkwürdiger Weise ist mit Ausnahme dieser beiden Fälle, welche die bezüglichen Untersuchungen veranlasst haben, die Lösung der Aufgabe I. unmöglich für zwei Kategorien von Kräften, nämlich für die Centralkräfte und für diejenigen, welche bei konstanter Richtung Funktionen der Entfernung ihres Angriffspunktes von einer festen Geraden sind.

In der ausführlichen Abhandlung des Journ. de l'Éc. Pol. werden die eben mitgetheilten Resultate begründet, nachdem dieselben in der ersten Note der C. R. schon veröffentlicht waren; in der zweiten Note der C. R. dagegen kündigt der Verfasser die Ergebnisse allgemeinerer Untersuchungen über folgende Aufgaben an: Es sei ein System (A) von Kurven $r = \tilde{\omega}(\theta, \alpha)$ gegeben, die durch den Pol O gehen und von einem variablen Parameter α abhängen. I. „Ein neues System (B) von Kurven, welche alle durch O gehen, so zu bestimmen, dass ein Massenpunkt, der von O mit der Geschwindigkeit v_0 ausgeht, in derselben Zeit unter der Einwirkung des betrachteten Potentials in einem beliebigen Punkte M der Ebene eintrifft, möge er ununterschiedlich die Kurve aus dem Systeme (A) oder die aus dem Systeme (B) beschreiben, welche beide durch M gehen". II. „Das Potential aufzusuchen, unter dessen Einwirkung die bezw. zu den beiden Systemen (A) und

(B) gehörigen Kurven in Bezug auf einander die oben definirte Eigenschaft des Isochronismus besitzen".

Sind beide Systeme (A) und (B) ähnlich und ähnlich liegend, so ist es auch das System (S) der synchronen Kurven, d. h. derjenigen Kurven $r = \lambda\varphi(\theta)$, welche den Ort des Punktes auf den verschiedenen Kurven (A) oder (B) nach Verlauf der Zeit t angeben. In diesem Falle wird der Ausdruck des Potentials nach der ohne Beweis abgedruckten Angabe des Verfassers:

$$\psi\left[\frac{r}{\varphi(\theta)}\right]\frac{\varphi^4(\theta)[\varpi^2(\theta)+\varpi'^2(\theta)]}{[\varphi(\theta)\varpi'(\theta)-\varphi'(\theta)\varpi(\theta)]^2},$$

mit der Bedingung, dass die Anfangsgeschwindigkeit Null ist. Die Kurven (A) und (B) berühren sich in O. *Lp.*

U. Dainelli. Sul movimento d'un punto pesante sopra rette inclinate nel vuoto e senza attrito. Bologna Rend. 50-57. 1885-1886.

Angabe der Anfangsgeschwindigkeit, unter welcher die tautochrone Bewegung eines schweren Punktes längs der Vectorradien einer Pascal'schen Schneckenlinie (limaçon) mit vertikaler Axe stattfindet. Es sei:

$$\varrho = d\cos\theta + a$$

die Gleichung der Schneckenlinie, k eine beliebige Konstante. Geht ein schwerer Punkt von dem Pole mit der Anfangsgeschwindigkeit:

$$V_0 = k\varrho + \frac{a(g+k^2d-k\sqrt{k^2d^2+2dg})}{\sqrt{k^2d^2+2dg}-kd}$$

aus, und bewegt er sich längs eines abwärts gerichteten, nach dem Kurvenpunkte (ϱ, θ) gehenden Strahles, so gelangt er zu diesem Punkte nach der Zeit:

$$T = \frac{-kd+\sqrt{k^2d^2+2dg}}{g},$$

deren Ausdruck, wie ersichtlich, von den Koordinaten ϱ, θ unabhängig ist. Analoge Formeln gelten für aufwärts gerichtete Strahlen.

Als ein besonderer Fall der vorstehenden Untersuchung kann der bekannte Tautochronismus längs der vom höchsten Punkte ausgehenden Sehnen eines vertikalen Kreises angesehen werden.

Sind zwei vertikale Kreise vorhanden, deren einer den anderen in dessen höchstem Punkte von aussen berührt, so wird jede durch den Berührungspunkt gehende Sekante von einem schweren Punkte in der konstanten Zeit:

$$T = \frac{-KD + \sqrt{K^2D^2 + 2gD}}{g}$$

durchlaufen, wenn die Anfangsgeschwindigkeit $V_0 = KR$ ist. Hier bedeutend R die Länge der Sekante, D die Summe der Durchmesser der beiden Kreise, K eine beliebige konstante Grösse. Die vom Verfasser für diesen Fall angegebenen Ausdrücke haben wir etwas modificirt, um ihnen eine in Bezug auf die beiden Kreise symmetrische Form zu geben. *Vivanti.* (*Lp.*)

U. Dainelli. Due casi di movimento tautocrono d'un punto nel vuoto sopra una curva levigata qualunque. Batt. G. XXIV, 364-370.

Damit ein im Punkte O endigender reibungsloser Bogen von beliebiger Länge a in einer konstanten Zeit T von einem beweglichen Punkte durchlaufen werde, setze man den am Ende der Zeit t zurückgelegten Bogen s:

$$(1) \qquad s = f(a, t) . \varphi(t).$$

Hierin sind f und φ beliebige Funktionen von t, welche (für jeden reellen, endlichen und positiven Werth von a) mit ihren ersten und zweiten Ableitungen innerhalb des Intervalles $0 \dots T$ von t reell, endlich und kontinuirlich bleiben; T ist unabhängig von a und die kleinste positive Wurzel von $\varphi(t) = 0$, a ist identisch gleich $f(a, 0) . \varphi(0)$, und endlich dürfen f und φ in dem genannten Intervalle nicht verschwinden. Die Geschwindigkeit V und die tangentiale beschleunigende Kraft p ergeben sich aus (1): $V = ds/dt$, $p = d^2s/dt^2$. Die beiden näher untersuchten Fälle sind diejenigen, bei denen gesetzt ist:

$$(I) \qquad f(a, t) = \frac{a}{T} + \frac{(a - V_0 T)t}{T^2}, \quad \varphi(t) = T - t;$$

$$(II) \qquad f(a, t) = a - Gt, \quad \varphi(t) = \cos kt.$$

Lp.

A. de Saint-Germain. Sur la détermination géométrique des brachistochrones. Nouv. Ann. (3) V, 177-185.

Wenn die Geschwindigkeit des beweglichen Punktes durch den Satz von der Erhaltung der Kraft bestimmt werden kann (also passive Widerstände nicht vorhanden sind), so lässt sich die Brachistochrone bestimmen, ohne dass man die Variationsrechnung zu Hülfe zu nehmen braucht. Hierzu benutzt der Verfasser, wie schon andere vor ihm, die Lösung der bekannten Aufgabe: Wenn zwei Punkte A und B in zwei Gegenden des Raumes gegeben sind, welche durch eine Fläche S getrennt werden, auf dieser Fläche einen Punkt M zu finden, sodass ein beweglicher Punkt, welcher sich mit der Geschwindigkeit a in der A enthaltenden Gegend, mit der Geschwindigkeit b in der B enthaltenden Gegend bewegt, die gebrochene Linie AMB beschreiben muss, um von A nach B in der kürzesten Zeit zu gelangen. Indem nun die Anzahl solcher Flächen S zwischen A und B unendlich gross genommen, jede derselben durch eine Niveaufläche ersetzt wird, gelangt der Verfasser zu solchen geometrischen Eigenschaften der Brachistochrone, welche letztere völlig definiren. Im Falle von parallelen Ebenen als Niveauflächen hat man eine Differentialgleichung erster Ordnung zu integriren; für den Fall allgemeiner Niveauflächen werden die erhaltenen Bedingungen geometrisch und mechanisch gedeutet. Besonders wird die Brachistochrone in der Umgebung des Anfangspunktes genauer untersucht. Endlich wird eine nicht ebene Brachistochrone unter der Annahme bestimmt, dass der bewegliche Punkt m von der Masse 1 nach einer festen Geraden Oz durch eine Kraft F angezogen wird, die nach dem von m auf Oz gefällten Lothe mP gerichtet ist und die Grösse $F = \varphi'(r)$ hat, wenn $r = mP$ ist. *Lp.*

Werner. Beiträge zur Theorie der Bewegung eines materiellen Punktes. Pr. Gymn. Ratibor (No. 189). 40 pp. u. 1 Tafel. 4°.

Die Aufgabe der Integration der Differentialgleichungen für die reibungslose Bewegung eines materiellen Punktes auf einer

Rotationsfläche, wenn von einem Punkte der Rotationsaxe eine als Funktion der Entfernung wirkende Centralkraft ausgeht, wird in den ersten beiden Paragraphen nach zwei verschiedenen Methoden auf Quadraturen zurückgeführt. Im dritten Paragraphen werden diese Betrachtungen auf die besondere Aufgabe angewandt, bei welcher die Fläche ein Rotationsparaboloid ist, der anziehende Punkt im Scheitel desselben sitzt, die Kraft direkt proportional der Entfernung wirkt, die Anfangsgeschwindigkeit in einer zur Rotationsaxe senkrechten Ebene liegt. Sowohl die Zeit t als auch der Winkel ψ, welchen die durch die Rotationsaxe und den Fahrstrahl nach dem Punkte gelegte Ebene mit einer festen Ebene durch die Axe bildet, werden in diesem Falle elliptische Integrale dritter Gattung. Die genaue Discussion derselben bildet den Hauptgegenstand der Arbeit (§§ 4-12, S. 10-40.)

Die umfassenden allgemeinen Untersuchungen aus der Dissertation des Hrn. STÄCKEL „Ueber die Bewegung eines Punktes auf einer Fläche" (diese Berichte XLI, (1) 222. 1885) scheinen dem Verfasser nicht bekannt geworden zu sein. Manche der von ihm gefundenen Eigenschaften der Bewegung gelten eben unter allgemeineren Voraussetzungen, so der Satz, dass die Bewegung des Punktes in einer Zone vor sich geht, welche von zwei durch den Punkt abwechselnd erreichten Parallelkreisen begrenzt wird. Ebenso wenig ist auch auf die Abhandlung des Hrn. ZÜGE Bezug genommen: „Bewegung eines schweren Punktes auf einem Rotationsparaboloid" (HOPPE Arch. (1) LXX, 58-74, diese Berichte XXXIX, (1) 200. 1883), wo mannichfaltige Analogien zu der hier behandelten Bewegung vorkommen.

Nachdem in § 5 die Reaktion der Fläche berechnet ist, werden in § 6 nach SCHELLBACH (Lehre von den elliptischen Integralen und den Thetafunktionen) die elliptischen Funktionen in der JACOBI'schen Normalform eingeführt, die Integrale für t und ψ als einfache elliptische Integrale dritter Gattung dargestellt. Hieraus wird (§ 7) die Periodicität der Bewegung erschlossen; die Form der Bahncurve besteht (§ 8) aus lauter sich wiederholenden kongruenten Zweigen, von denen jeder wieder aus zwei kongruenten Halbzweigen gebildet ist, die jedoch eine entgegengesetzte Lage zu einander haben. Dass der höchste Punkt der Bahn auf seinem Parallelkreise im Sinne der Bewegung vorwärts schreitet, wird in § 9 mit Hülfe der zur Irrationalität der Integrale zugehörigen RIEMANN'schen Fläche gezeigt. Aus den allgemeinen Formeln ergeben sich die Resultate für die besonderen Fälle, dass (§ 10) die Anfangsgeschwindigkeit Null ist, und dass (§ 11) die Bewegung in einem Parallelkreise vor sich geht. Der letzte kurze Paragraph bespricht die durch eine Aenderung in der Annahme der Konstanten bedingte Modifikation der Formeln und den Fall der Abstossung statt der Anziehung. Die ganze Arbeit zeigt an einem hübschen Beispiele die von Hrn. STÄCKEL unter allgemeineren Voraussetzungen aufgefundenen Eigenschaften der Bewegung auf einer Fläche.

Lp.

K. WEIHRAUCH. Ueber Pendelbewegung bei ablenkenden Kräften. EXNER Rep. XXII, 480-491.

K. WEIHRAUCH. Einfluss des Widerstandes auf die Pendelbewegung. EXNER Rep. XXII, 648-675; [Rundsch. II, 233.

Beschränkt man sich bei der Behandlung des mathematischen Pendels auf Schwingungen von unendlich kleinem Ausschlage, so kann man, wie bekannt, die Beschleunigung des Massenpunktes des Pendels nach der Ruhelage hin direkt proportional der Entfernung desselben von der Ruhelage setzen, und die auf rechtwinklige Axen bezogenen Differentialgleichungen für die Centralbewegung innerhalb der Tangentialebene der Kugel sind die bekannten der harmonischen Bewegung:

$$(1.)\qquad \frac{d^2x}{dt^2} = -f'^2x, \quad \frac{d^2y}{dt^2} = -f'^2y \qquad \left(f'^2 = \frac{g}{l}\right).$$

Statt der CORIOLIS'schen zusammengesetzten Centrifugalbeschleunigung nimmt der Verfasser allgemein eine Kraft hinzu, deren Grösse der Geschwindigkeit v proportional und deren Richtung normal zur beschriebenen Trajektorie ist. Setzt man endlich noch den Sinn der Kraft als nach einer bestimmten Rotationsrichtung wirkend fest, so lauten die nunmehrigen Differentialgleichungen des somit charakterisirten abstrakten mechanischen Problems der Ebene:

$$(2.)\qquad \frac{d^2x}{dt^2} = -f^2x + 2h\frac{dy}{dt},\quad \frac{d^2y}{dt^2} = -f^2y - 2h\frac{dx}{dt},$$

wo h eine Konstante bezeichnet. Aus beiden Gleichungen erhält man durch zweimalige Differentiation, resp. Elimination:

$$(3.)\qquad \frac{d^4x}{dt^4} + 2(f^2+2h^2)\frac{d^2x}{dt^2} + f^2x = 0,$$

eine lineare Differentialgleichung mit konstanten Koefficienten. Durch die Integration derselben folgt x und sofort auch y als Funktionen der Zeit t. Die Diskussion der erhaltenen Formeln lehrt danach die näheren Eigenschaften der Bewegung kennen, so die Gestalt der Bahnkurve und die Schwingungsdauer, deren Werth

$$T = \pi\sqrt{\frac{l}{g+lh^2}}$$

gefunden wird, also kleiner als unter dem alleinigen Einflusse der Schwere.

Die Anwendung auf das FOUCAULT'sche Pendel, wobei $h = \omega\sin\varphi$ zu setzen ist (ω = Winkelgeschwindigkeit der Erdrotation, φ = geographische Breite), folgt, ohne dass die Gesetzmässigkeit dieser Anwendung begründet wird. Der Verfasser sagt hierüber (S. 479-490): „Wäre, was ich hier nicht weiter untersuchen kann, die Möglichkeit ausgeschlossen, dass eine Zunahme der Anomalien für die Maximalelongationen von genau derselben Grösse und in demselben Zeitintervalle, wie oben, durch eine andere, als die von mir bezüglich N" (der Normalkraft) „gemachte Annahme ebenfalls geliefert werden könnte, dann müsste in der obigen Deduktion ein neuer Beweis für die Art und Grösse der Ablenkung horizontaler Bewegungen infolge der Erdrotation gegeben sein." Trotzdem meint der Verfasser die fragliche Anwendung machen zu dürfen und spricht als Ergebniss den Satz aus: Die Formel $\mathrm{T} = T : \sin\varphi$ gilt mit demselben Grade von Genauigkeit, mit dem man die Schwingungsdauer des mathematischen Pendels gleich $\pi\sqrt{\frac{l}{g}}$ rechnet. Für die Figur der Bahnkurve des beweglichen Punktes, also die Horizontalprojektion der Trajektorie eines FOUCAULT'schen Pendels nach Auffassung des Verfassers, folgt ein Sternpolygon, dessen

Seiten Kurvenbogen von schwacher Krümmung, mit der konvexen Seite nach der Ruhelage sind.

In der zweiten Abhandlung wird das mechanische Problem des ersten Artikels dahin erweitert, dass ein der Geschwindigkeit proportionaler Widerstand hinzugenommen wird. Dadurch verwandeln sich die Differentialgleichungen (2.) in

$$(4.)\quad \begin{cases} \dfrac{d^2x}{dt^2} = -f^2x+2h\dfrac{dy}{dt}-2q\dfrac{dx}{dt}, \\ \dfrac{d^2y}{dt^2} = -f^2y-2h\dfrac{dx}{dt}-2q\dfrac{dy}{dt}. \end{cases}$$

Durch ein ähnliches Verfahren wie in der ersten Arbeit folgt die lineare Differentialgleichung:

$$(5.)\quad \frac{d^4x}{dt^4}+4q\frac{d^3x}{dt^3}+2(f^2+2h^2+2q^2)\frac{d^2x}{dt^2}+4qf^2\frac{dx}{dt}+f^4=0.$$

Damit ist die Lösung der neuen mechanischen Aufgabe auf die bekannte Integration dieser Gleichung reducirt. Nach Aufstellung der Integralformeln für x und y im ersten Abschnitte werden im zweiten die erhaltenen Formeln diskutirt. Von den Resultaten heben wir einige heraus; alle diese Ergebnisse gelten für denjenigen Anfangszustand, welcher der Art entspricht, wie das Experiment mit dem Foucault'schen Pendel angestellt zu werden pflegt: nach einer anfänglichen Ablenkung aus der Ruhelage beginnt der Punkt seine Bahn mit der Anfangsgeschwindigkeit Null.

Von einer Schwingungsdauer als dem Unterschied je zweier Zeiten, in denen das Pendel die Geschwindigkeit Null besitzt, kann nicht die Rede sein, weil die Geschwindigkeit nur für $t = 0$ und $t = \infty$ Null ist; man kann dagegen die Schwingungsdauer als den Unterschied je zweier Zeiten definiren, in welchen das Pendel zwei aufeinanderfolgende Maxima oder Minima der Geschwindigkeit besitzt. Ein Isochronismus der unendlich kleinen Schwingungen ist dann nicht vorhanden. Das Pendel passirt (wie in dem Falle ohne widerstehendes Mittel) nie die ursprüngliche Ruhelage. Von einer gewissen Zeit an geht die Bahn des beweglichen Punktes in eine Spiralbewegung um den Ursprung über, indem Geschwindigkeit und Fahrstrahl fortwährend abnehmen.

Specialfälle und numerische Beispiele bilden den Gegenstand

des dritten Abschnittes der Arbeit. Zunächst werden die bekannten Lösungen der beiden Fälle, in denen 1) keine Normalkraft, 2) kein Widerstand vorhanden ist, aus den erhaltenen Formeln hergeleitet. Das Zahlenbeispiel, welches hiernach folgt, behandelt einen Fall, der zwar zur Erläuterung der Bewegung sehr geeignet ist, in Wirklichkeit jedoch nicht vorkommen kann, da die Erde sich (wenn die ganze Theorie überhaupt auf sie anwendbar ist) in 12,6 Sekunden mittlerer Zeit einmal um ihre Axe drehen müsste. Eigenthümlich ist die in diesem Beispiel sich ergebende Folgerung über die Schwingungsdauer: Bezieht man diesen Begriff auf die Minima der Geschwindigkeit, so nimmt die Schwingungsdauer mit wachsender Zeit zu; bezieht man ihn jedoch auf die Maxima, so nimmt die Schwingungsdauer fortwährend ab.

Der vierte Abschnitt enthält die Anwendung der gegebenen Entwickelungen auf das FOUCAULT'sche Pendel und kommt nach eingehender Berücksichtigung der praktisch möglichen Fälle zu dem schon von RESAL abgeleiteten Schlusse: „Der Widerstand ändert an der Geschwindigkeit, mit welcher die „Drehung der Schwingungsebene“ beim FOUCAULT'schen Pendel vor sich geht, gar nichts. Bei dem Versuche braucht daher auf den Widerstand keine Rücksicht genommen zu werden.“ *Lp.*

NOUVEL. Ueber die Bewegung eines Fadenpendels.

Pr. Gymn. Köthen. 20 pp. 4°.

Giebt man einem an einem Faden von der Länge l hängenden materiellen Punkt einen Stoss, so dass er zunächst eine horizontale Geschwindigkeit v erhält, so wird er sich, anfangs bekannten Gesetzen folgend, auf der Peripherie eines vertikalen Kreises bewegen. Das weitere Verhalten wird wesentlich von der Geschwindigkeitshöhe, d. h. von der Grösse $a = v^2/2g$ abhängen. Ist $a > \frac{5}{2}l$, so steigt das Gewicht auf der Peripherie des Kreises bis zum höchsten Punkte desselben und schwingt auf der anderen Seite desselben abwärts, ohne dass jemals die Spannung des Fadens gleich Null oder gar negativ wird. Ist $a < l$, so pendelt der Körper auf der unteren Hälfte des vertikalen Kreises; auch hier wird die

Spannung niemals Null. Liegt aber a in den Grenzen l und $\frac{5}{2}l$, so steigt der Körper auf der Peripherie des Kreises so lange empor, bis er um die Strecke $h = \frac{2}{3}(a-l)$ oberhalb des Aufhängungspunktes liegt. An dieser Stelle ist die Spannung gleich Null, und hier verlässt der Körper die Peripherie, um sich auf der durch die erlangte Geschwindigkeit bedingten Parabel in's Innere des Kreises zu bewegen. In dem einzigen weiteren Schnittpunkt, welche diese Parabel mit dem Kreise nur noch hat, da der erste gemeinschaftliche Punkt dreifach zu zählen ist, wird plötzlich die zur Peripherie des Kreises senkrechte Komponente der Geschwindigkeit vernichtet, und der Körper bewegt sich nun zunächst wieder auf der Peripherie des Kreises. Ist die Richtung, in welcher er dies thut, derjenigen entgegengesetzt, in welcher er sich vor dem Verlassen der Bahn bewegte, so bezeichnet der Verfasser den Vorgang dadurch, dass er sagt, der Körper kippt um. Ist jedoch die Bewegungsrichtung nach dem Aufprallen dieselbe, wie vor dem Verlassen der Bahn, so soll gesagt werden, der Körper sei herumgeschleudert. Um nun das weitere Verhalten des Körpers zu erkennen, hat man zu untersuchen, welche Geschwindigkeitshöhe a_1 ihm im untersten Punkte der Bahn zukommen würde, und daraus den entsprechenden Werth $h_1 = \frac{2}{3}(a_1-l)$ zu berechnen. Da bei dem Aufprallen lebendige Kraft verloren gegangen ist, so ist h_1 offenbar kleiner als h und damit kleiner als $\frac{2}{3}(\frac{5}{2}l-l) = l$. Es pendelt also entweder der Körper auf der unteren Kreishälfte, wenn h_1 negativ, oder es wiederholt sich das vorige Spiel mit dem Verlassen der Kreisbahn und Wiederaufprallen. Eine genauere Einsicht in das Wesen der Bewegung erlangt der Verfasser nun dadurch, dass er das Gebiet der Grösse h von 0 bis l in abwechselnd auf einander folgende Zonen und Nebenzonen theilt. Sind h'_n und h_n die untere und die obere Grenze der n^{ten} Zone, so ist h'_{n+1} bestimmt durch die Gleichung

$$h'_n = h'_{n+1} - \frac{64h'^3_{n+1}}{3l^8}(l^2 - h'^2_{n+1})^3;$$

dieselbe Beziehung besteht zwischen h_n und h_{n+1}. h'_1 ist gleich 0, h_1 die kleinere und h'_2 die grössere der beiden reellen Wurzeln der Gleichung

$$h - \frac{64h^3}{3l^8}(l^2 - h^2)^3 = 0.$$

Die Grössen h_n und h'_n konvergiren mit wachsendem n mehr und mehr gegen einander und gegen die Grenze l, ohne jedoch diese Grenze für endliche Werthe zu erreichen. Die unteren und oberen Grenzen der ersten Zonen sind

0	und	0,23593,
0,75064	und	0,79077,
0,88895	und	0,89930,
0,93048	und	0,93459,
0,94869	und	0,95080,
0,95867	und	0,95992.

Das Intervall 0,23593 bis 0,75064 wird nicht als erste sondern als zweite Nebenzone bezeichnet, weil das Intervall —1 bis 0 aus praktischen Gründen als erste Nebenzone mit aufgeführt wird. Nunmehr kann der Verfasser folgende Lösung seiner Aufgabe bringen: „Wenn der Punkt geschleudert ist, haben wir zunächst sein h zu bestimmen. Es sind vier Fälle möglich:

1. $h \gtreqless l$. Dann schwingt der Punkt fortwährend ganz herum und durcheilt irgend eine bestimmte Stelle mit jedesmal derselben Geschwindigkeit.

2. h liegt in der $\varkappa^{\text{ten}}$ Zone. Dann gelangt der Punkt durch $(\varkappa-1)$maliges Herumschleudern durch die $(\varkappa-1)Z$, $(\varkappa-2)Z$ etc. in die erste Zone, in welcher er bleibt und unendlich oft umkippt.

3. h liegt in der $\varkappa^{\text{ten}}$ Nebenzone. Dann gelangt der Punkt durch $(\varkappa-2)$maliges Herumschleudern und dann durch ein nochmaliges Herumschleudern oder durch ein Umkippen in die erste Nebenzone $(0 > h > -l)$, in welcher er bleibt und hin- und herschwingt ohne ferneres Herumschleudern und Umkippen.

4. h ist der Grenzwerth zwischen der $\varkappa^{\text{ten}}$ Zone und der $\varkappa^{\text{ten}}$ resp. $(\varkappa+1)^{\text{ten}}$ Nebenzone. Dann durchläuft der Punkt durch $(\varkappa-1)$- resp. $\varkappa$maliges Herumschleudern der Reihe nach sämmtliche niedrigeren Grenzwerthe und kommt schliesslich an die durch den Aufhängungspunkt gelegte Horizontale, welche er bei jedem folgenden Hin- und Herschwingen berührt.
F. K.

F. Roth. Ueber die Bahn eines freien Theilchens auf einer sich gleichmässig drehenden Scheibe. Exner Rep. XXII, 354-366†.

Die behandelte Aufgabe lautet: „Eine Ebene drehe sich mit gleichmässiger Geschwindigkeit um eine zu ihr senkrechte, ruhende Axe, während ein freies Theilchen, durch einen einmaligen Anstoss fortgetrieben, ohne Widerstand nur seiner Trägheit folgend über sie hingleitet. Welche Bahn beschreibt es in Beziehung zu der Ebene?“ Der Verfasser hat dieses Problem schon mehrfach behandelt (diese Ber. XXXIX, (1) 200. 1883). In dem vorliegenden Aufsatz beschreibt er hauptsächlich einen Mechanismus, mit dessen Hülfe die Kurve bequem gezeichnet werden kann, und bespricht die verschiedenen Gestalten der Trajektorien, einer Art verallgemeinerter Kreisevolventen, wie dieselben durch die Konstanten der Aufgabe bedingt sind. *Lp.*

K. Prytz. Mekanisk Bevis for, at Normalen halverer Vinkelen mellem Braendstraalerne i Ellipse og Parabel[1]. Tidsskrift for Mathematik 1886. p. 30, Kopenhagen.

Das eine Ende einer Schnur ist fest, das andere trägt ein Gewicht; die Schnur geht über eine Rolle. Man bewegt die Rolle in der vertikalen Ebene der Schnur so, dass das Gewicht sich in unveränderlicher Höhe hält. Die Rolle beschreibt eine Parabel, und da man keine Arbeit bei der Bewegung leistet, folgt der bekannte Satz, dass die Normale den Winkel zwischen den Fokalstrahlen halbirt. Ein ähnlicher Beweis kann für die Ellipse geführt werden.

K. P.

P. Harzer. Untersuchungen über einen speciellen Fall des Problems der drei Körper. Mém. de St. Pétersb. (7) XXXIV, Nr. 12; IV u. 156 pp. 4° nebst 1 Tafel†.

Bei dem Berichte über diese umfangreiche Arbeit schliessen wir uns der Einleitung an, in welcher der Verfasser die leitenden Gedanken seiner Rechnungen darlegt.

---

[1]) Mechanischer Beweis für den Satz, dass die Normale bei der Ellipse und Parabel den Winkel zwischen den Fokalstrahlen halbirt.

Das Problem betrifft die Bewegung eines Planeten (Hekuba, 108), welcher ausser der Anziehung durch die Sonne noch der durch einen anderen Planeten, den störenden (Jupiter), unterliegt, dessen mittlere Bewegung näherungsweise halb so gross ist wie die des gestörten Planeten. Dieser Fall verdient vor allen anderen Fällen, in welchen die mittleren Bewegungen sich näherungsweise wie zwei ganze Zahlen verhalten (oder angenähert commensurabel sind), deswegen besondere Beachtung, weil die durch den störenden Planeten verursachten Abweichungen von der sonst elliptischen Bewegung des gestörten Planeten ganz besonders gross werden.

Die Annahme, dass die Bewegung der Planeten in unveränderlichen Ellipsen nach KEPLER's Regeln erfolge, entspricht bei keinem Planeten so nahe der Wirklichkeit, dass man dieselbe einer brauchbaren ersten Annäherung zu Grunde legen könnte, wenn man nicht von vorneherein die Gültigkeit derselben beschränken will. Während sich aber die Unbrauchbarkeit dieser Annahme bei den Bewegungen eines irgend welcher Commensurabilität der mittleren Bewegungen ferne liegenden Planeten erst nach einer sehr bedeutenden Anzahl von Umläufen offenbart, vermag diese Hypothese, wenn nur die aufgestellte Bedingung der approximativen Commensurabilität genügend nahe erfüllt ist, selbst während weniger Umläufe ebensowenig analytisch eine brauchbare Annäherung zu liefern, wie beispielsweise die Annahme einer gleichförmigen Bewegung in einem Kreise. Man muss eben schon bei der ersten Annäherung nicht nur die Theile der Bewegung berücksichtigen, welche aus der Anziehung der Sonne resultiren, sondern den genannten Theilen sofort auch durchaus gleichgeordnete Theile hinzufügen, welche von der Anziehung durch den störenden Planeten herrühren.

In der Bearbeitung der Aufgabe schliesst sich der Verfasser der Methode an, mit deren Hülfe Hr. GYLDÉN die säkularen Störungen in seiner Theorie der Planetenbewegungen behandelt hat, und die auch vor ihm schon in einigen Specialfällen zu Hülfe gezogen ist; hauptsächlich wird bei ihr das Auftreten der säkularen Störungen ausserhalb der Glieder mit Winkelgrössen vermieden.

Man bezeichne mit σ einen Bruch von der Ordnung $m' : m$, der Masse des störenden Planeten zur Summe der Massen der Sonne und des gestörten Planeten, mit v die wahre Länge des gestörten Planeten, mit A und B konstante Winkel, mit a und b konstante Koefficienten, so besitzen die erwähnten Glieder die Form

$$\mathfrak{A})\quad a \begin{matrix}\cos\\ \sin\end{matrix}(\sigma v + A), \qquad \mathfrak{B})\quad b \begin{matrix}\cos\\ \sin\end{matrix}([1-\sigma]v - B).$$

Die niedrigste Ordnung in Bezug auf die Excentricitäten der Bahnen des gestörten und störenden Planeten ist bei den Gliedern von der Form $\mathfrak{A}$) die zweite, bei den Gliedern von der Form $\mathfrak{B}$) die erste.

Den erwähnten, in jedem Falle auftretenden Gliedern (von Hrn. Gyldén als elementare bezeichnet) treten im speciellen Falle approximativer Kommensurabilität der mittleren Bewegungen andere Glieder zur Seite. Es sei μ, das Verhältniss der mittleren Bewegungen des störenden und des gestörten Planeten, angenähert gleich $p : q$, wo p und q ganze Zahlen sind. Man setze $p - q\mu = \delta$ und bezeichne mit d eine konstante Grösse von der Ordnung von δ, so haben die erwähnten Glieder die beiden Formen

$$\mathfrak{C})\quad x \begin{matrix}\cos\\ \sin\end{matrix}(dv + \Xi), \qquad \mathfrak{D})\quad y \begin{matrix}\cos\\ \sin\end{matrix}([1+d]v + H).$$

Die niedrigste Ordnung in Bezug auf die Excentricitäten hängt bei den Gliedern von den Formen $\mathfrak{C}$) und $\mathfrak{D}$) von den Werthen der ganzen Zahlen p und q ab; die Grössenordnungen sind die absoluten Werthe von $q - p$, resp. $(q - p) - 1$. Da der Fall $q = p$ ausgeschlossen ist, so liefert die Annahme $p = 1$, $q = 2$ die grössten Glieder in den Bewegungsgleichungen.

In diesem speciellen Falle, der am nächsten bei Hekuba erfüllt zu sein scheint in Bezug auf Jupiter, können die Glieder von den Formen $\mathfrak{C}$) und $\mathfrak{D}$) dadurch von derselben Grössenordnung werden wie die Glieder von den Formen $\mathfrak{A}$) und $\mathfrak{B}$), dass sie in Bezug auf die Excentricitäten bezüglich von der ersten und nullten Ordnung sind, also Grössenordnungen angehören, welche um eine Einheit geringer sind als die der Glieder von den Formen $\mathfrak{A}$) und $\mathfrak{B}$). Daher kommt es, dass gewisse Theile der Bewegungsgleichungen, welche man gemäss der gewöhnlichen Ausdrucksweise als Störungen zweiter Ordnung zu bezeichnen hat, von gleicher Grössenordnung sind, und im numerischen Beispiele theilweise sogar bedeutend grösser, als die entsprechend gleichgeformten Theile der Störungen erster Ordnung.

Der Zweck der Untersuchungen ist, eine Grundlage für die dem speciellen Fall entsprechenden Rechnungen zu schaffen und diese Rechnungen in Bezug auf die Glieder mit Argumenten von den vier Formen 𝔄), 𝔅), ℭ), 𝔇) und, soweit die niedrigste Ordnung der Excentricitäten in Frage kommt, in extenso durchzuführen und so eine erste Näherung für die Bewegungen des gestörten Planeten herzustellen. Im ersten Kapitel werden die Differentialgleichungen der Bewegung behandelt und die Störungsfunktionen entwickelt; im zweiten wird eine erste Annäherung für die Bewegung in dem vom Verfasser behandelten Specialfall gegeben; im dritten wird die erste Näherung für die Bewegung von Hekuba unter dem Einflusse der Anziehung durch die Sonne und den Jupiter berechnet. Die Tafel stellt sechs oskulirende Ellipsen von Hekuba dar.

Ueber Lösungen des vorliegenden Problems hat der Verfasser bereits an zwei Stellen berichtet, nämlich 1) in der Vierteljahrsschrift der astronomischen Gesellschaft XX: „Ueber einen Versuch, eine beschränkt gültige Form der Bewegungen eines kleinen Planeten zu finden für den Fall, dass dessen mittlere Bewegung näherungsweise doppelt so gross ist als die des Jupiter“. (Ein Versuch, der mit den jetzigen Untersuchungen nur in losem Zusammenhange steht.) 2) Ein Résumé der Arbeit, betitelt: „Quelques remarques sur un cas spécial des trois corps“, steht in Astronomiska iakttagelser och undersökningar anstälda pa Stockholms Observatorium, Bd. III, Heft 4. *Lp.*

E. FOSSATI e C. SOMIGLIANA. Pendolo per dimostrazione di corso. Cim. (3) XX, 80-84†; [J. de phys. (2) VI, 585. 1887; [Beibl. XI, 490. 1887.

Vierzehn Messingkugeln, jede vom Durchmesser 20 mm, hängen vertikal dicht über einander an je zwei gleich langen, gegen die

Vertikale gleich geneigten Seidenfäden; letztere sind an kleinen Häkchen befestigt, deren Einbohrungsstellen an der Kugelfläche etwa 90° von einander abstehen, und gehen oben durch ebenso viele Löcher eines horizontalen Trägers. Alle Kugeln sind von oben nach unten cylindrisch durchbohrt, so dass sie mittelst eines durch alle gesteckten Drahtes zu einem einzigen physischen Pendel vereinigt werden können. Die einzelnen Kugeln sollen die Molekeln eines zusammengesetzten Pendels versinnlichen, dessen Schwingungsmittelpunkt nahezu mit dem der zehnten Kugel zusammenfällt. Derselbe Apparat kann zu verschiedenen anderen Vorlesungsversuchen dienen, z. B. über Mitschwingen, Stösse in der Akustik, etc. *Lp.*

J. C. McConnel. On Lagrange's equations of motion.

Proc. Roy. Soc. Cambridge VI, 25-27†; [Beibl. XII, 146. 1888.

Eine Abänderung desjenigen Beweises dieser Gleichungen, welchen Lord Rayleigh in seiner Theory of Sound gegeben hat. Die Vereinfachung wird durch die Annahme bewirkt, dass die willkürlichen Verrückungen des Systems sich nicht mit der Zeit ändern. Der Verfasser meint, dadurch trete die Rolle klarer hervor, welche das letzte Glied der Endgleichungen der Bewegung spiele. Am Schluss der Note wird der von Clerk Maxwell in Electricity and magnetism gegebene Beweis der Lagrange'schen Gleichungen kritisirt. *Lp.*

C. Neumann. Ueber eine einfache Methode zur Begründung des Princips der virtuellen Verrückungen.

Leipzig. Ber. 70-74; Math. Ann. XXVI, 502-505; [Beibl. X, 745.

Sollen n der Bedingung

$$f(x_1, y_1, z_1, \quad x_2, y_2, z_2, \quad \ldots, x_n, y_n, z_n) = 0$$

unterworfene materielle Punkte (x_h, y_h, z_h) unter dem Einfluss irgend welcher Kräfte (X_h, Y_h, Z_h) im Gleichgewicht sein, so werden bekanntlich die Formeln stattfinden:

$$X_h = \lambda_h \frac{\partial f}{\partial x_h}, \quad Y_h = \lambda_h \frac{\partial f}{\partial y_h}, \quad Z_h = \lambda_h \frac{\partial f}{\partial z_h}.$$

Der Verfasser giebt nun ein überaus einfaches Verfahren an,

mittelst dessen man zu zeigen im Stande ist, dass die hier auftretenden Faktoren λ_1, λ_2, ..., λ_n sämmtlich einander gleich sind.

C. Neumann. (*Lp.*)

R. Lehmann-Filhés. Bemerkung über Jacobi's Vorlesungen über Dynamik. Astr. Nachr. CXIV, 13-14†.

Berichtigung eines Zeichenfehlers auf S. 188 der Lottner'schen Ausgabe. Aus $\cos\eta = \cos(90^0-\zeta)$, folgt ebensowohl $\eta = 90^0-\zeta$, wie auch $\eta = \zeta-90^0$; dies letztere ist richtig. *Lp.*

A. Schönflies. Beweis eines Satzes über Bewegungsgruppen. Gött. Nachr. 1886, 497-503†.

Eine Gruppe von Bewegungen heisst eine endliche oder unendliche Reihe von Ortsveränderungen eines starren Körpers, welche folgenden Bedingungen genügen:

1) zu jeder derselben soll auch die entgegengesetzte in der Reihe vorhanden sein;

2) jede Bewegung, welche durch Zusammensetzung zweier von ihnen entsteht, soll ebenfalls der Reihe angehören.

Unter den Bewegungsgruppen richtet sich das Interesse auf diejenigen, bei welchen aus den Bewegungen, welche die Gruppe erzeugen, nicht beliebig kleine Ortsveränderungen abgeleitet werden können. Von ihnen gilt der Satz: Von einem speciellen Fall abgesehen, können solche Gruppen nur dann existiren, wenn bei jeder zur Gruppe gehörenden Bewegung der bezügliche Drehungswinkel in einem rationalen Verhältniss zu 2π steht. Von diesem Satz wird eine elementare Herleitung aus dem Begriff der Bewegungsgruppe gegeben. *Schn.*

G. Koenigs. Sur les intégrales algébriques des problèmes de la dynamique. C. R. CIII, 460-463†.

Existirt das Integral $f(q_1, q_2, \dots, q_n; p_1, p_2, \dots, p_n)$ der lebendigen Kraft, so drückt die Gleichung $(f, \Phi) = 0$ die nothwendige und hinreichende Bedingung dafür aus, dass $\Phi(q, p)$ ein

Integral ist. Existirt das Integral der lebendigen Kraft nicht, so giebt es eine Funktion $f(t, q, p)$, welche die Zeit t enthält, so dass $\partial\Phi/\partial t+(f, \Phi) = 0$ die nothwendige und hinreichende Bedingung dafür darstellt, dass $\Phi(t, q, p)$ ein Integral ist. Nun nehme man an, dass die Funktion f in dem einen oder anderen Falle rational von einer der Grössen $q_1, \ldots, q_n, p_1, \ldots, p_n$ abhänge; dieselbe sei ω. Dann besteht der Satz: „Wenn ein in Bezug auf ω algebraisches und irrationales Integral Φ existirt, so kann man Φ immer mit Hülfe einer endlichen Anzahl nicht nur algebraischer, sondern auch rationaler Integrale in Bezug auf ω ausdrücken.“

Lp.

G. Sabinine. Sur le minimum d'une intégrale. Annali di Mat. (2) XIV, 13-20†.

Die Arbeit schliesst sich an zwei andere desselben Verfassers an: „Développements analytiques, pour servir à compléter la discussion de la variation seconde des intégrales définies multiples“ (Darboux Bull. (2) II, 100-123, Fortschr. d. Math. X, 270. 1878), und: „Sur le principe de la moindre action“ (Annali di Mat. (2) XII, 237-261, diese Berichte XL, (1) 249. 1884).

Es sei Π die Kräftefunktion für ein System materieller Punkte, oder (wofür die Untersuchung bloss durchgeführt ist) für den Fall eines freien Körpers von der Masse Eins. Die Kräftefunktion enthält als solche nur die Koordinaten des Körpers (Punktes) x, y, z, nicht aber die Zeit t explicit. Das betrachtete Integral ist

$$V = \int_{t_0}^{t_1} \Pi\, dt,$$

worin t_0 und t_1 die Werthe von t sind, welche zwei gegebenen Lagen des Körpers entsprechen. Ist nun T die halbe lebendige Kraft, also:

$$T = \tfrac{1}{2}\left\{\left(\frac{dx}{dt}\right)^2+\left(\frac{dy}{dt}\right)^2+\left(\frac{dz}{dt}\right)^2\right\},$$

so ist $\Pi - T = h$ (h konstant) die Gleichung der lebendigen Kraft, welche als Bedingungsgleichung angesehen werden kann. Somit lautet das behandelte Problem: Unter allen Funktionen x, y, z von t, welche der Bedingungsgleichung $\Pi - T = h$ genügen, worin die Konstante h denselben Werth behält, diejenigen zu finden, welche für alle Werthe von t, welche zwischen t_0 und t_1 liegen, das Integral V zu einem Minimum machen." Die Untersuchung der unbekannten Funktionen x, y, z, welche den Bedingungen der gestellten Aufgabe genügen, führt zu den Bewegungsgleichungen. Die Ableitung der Bewegungsgleichungen mit Hülfe der Lösung der Aufgabe bildet den Gegenstand des ersten Paragraphen.

Im zweiten Paragraphen wird der folgende Satz bewiesen: „Unter der Einwirkung der gegebenen Kräfte, deren mit Π bezeichnete Kräftefunktion von x, y, z die Zeit t nicht explicit enthält, bewege sich ein Körper von dem Zeitpunkte t_0, wo er vom gegebenen Punkte A aufbricht, bis zum Zeitpunkte t_1, wo er an einem anderen Punkte B anlangt, derart dass die Gleichungen dieser Bewegung sind:

$$\frac{d\Pi}{dx}=\frac{d^2x}{dt^2},\quad \frac{d\Pi}{dy}=\frac{d^2y}{dt^2},\quad \frac{d\Pi}{dz}=\frac{d^2z}{dt^2};$$

dann geschehen innerhalb desselben Zeitintervalles die anderen neuen Bewegungen, deren jede eintritt, wenn man durch Einführung neuer Verbindungen die erste Bewegung unmöglich macht und den Körper unter Einwirkung derselben Kräfte einer Bahnkurve zu folgen nöthigt, deren Koordinaten $x+\Delta x$, $y+\Delta y$, $z+\Delta z$ sind, wo Δ das Zeichen der Variationen im allgemeinen ist, um von A nach B überzugehen; dabei lässt man die Gleichung der lebendigen Kraft bestehen und hält den Werth der Konstanten fest, welche die Differenz $\Pi - T$ ausdrückt, wo T die halbe lebendige Kraft des Körpers ist." Mit Hülfe dieses Satzes werden die folgenden beiden Theoreme bewiesen: 1) „Die Bedingungen, welche das Princip der kleinsten Wirkung bestimmen, sind derartig, dass daraus die Gleicheit der auf seine Grenzen bezüglichen Variationen der Zeit folgt." 2) „Bei der Bewegung eines Körpers, der von Kräften beeinflusst ist, deren mit Π bezeichnete Kräftefunktion von x, y, z die Zeit t nicht explicit enthält, hat das Integral $\int_{t_0}^{t_1} \Pi dt$ ein Minimum, vorausgesetzt dass man die beiden Lagen des Körpers, denen die Grenzen t_0 und t_1 der Zeit entsprechen, als gegeben betrachtet, und dass die Gleichung $\Delta\Pi = \Delta T$ stattfindet, wo T die halbe lebendige Kraft des Körpers und Δ das Zeichen der Variationen im Allgemeinen ist."

Im dritten Paragraphen zeigt der Verfasser, dass die zweite Variation des Integrals, welches ein Minimum haben soll, immer positiv ist, wenigstens so lange das Zeitintervall, auf welches sich das Integral bezieht, unterhalb einer gewissen Grenze bleibt.

Die Beweismethode ist im wesentlichen diejenige, welche der Verfasser in den beiden eingangs citirten Aufsätzen entwickelt hat; doch meint er einen Beweis (S. 119 der ersten, S. 247-249 der zweiten Arbeit) jetzt auf einfachere und direktere Weise geführt zu haben. Wie Lagrange in der Mécanique analytique für das Princip der kleinsten Wirkung den Namen „Princip der kleinsten lebendigen Kraft" vorschlägt, so möchte der Verfasser das zweite oben angeführte Theorem das „Princip der kleinsten Intensität der Kräfte" nennen. *Lp.*

G. Fouret. Sur une généralisation du théorème de Koenig, concernant la force vive d'un système matériel. S. M. F. Bull. XIV, 142-146†.

Durch die Sätze angeregt, welche Herr Gilbert C. R. CI. (diese Ber. XLI, (1) 266) veröffentlicht hatte, theilt Hr. Fouret im Anschluss an eine frühere Note in S. M. F. Bull. XI, 53 (diese Berichte XXXIX, (1) 180. 1883) folgenden allgemeinen Satz nebst dem zugehörigen Beweise mit: „Wenn ein aus beliebig vielen Punkten von beliebigen zugehörigen Massen bestehendes System eine Verrückung erfährt, indem es dabei eine beliebige Deformation erleidet oder auch nicht, so ist die Summe der Produkte aus der Masse jedes Punktes in das Quadrat seiner Verrückung gleich dem Produkte der gesammten Masse des Systems in das Quadrat der Projektion der Verrückung des Schwerpunktes auf eine beliebig gewählte Richtung plus der Summe der Produkte der Massen der verschiedenen Punkte in die Quadrate der Verrückungen, denen man sie unterwerfen muss, um sie in ihre Endlage zu bringen, nachdem man an ihnen in der schon gewählten Richtung eine gemeinsame Translation vollzogen hat, welche gleich der Projektion der Verrückung des Schwerpunktes auf diese Richtung ist".

Lp.

A. Voss. Ueber ein Theorem der analytischen Mechanik. Math. Ann. XXVII, 569-574†.

Das betreffende Theorem lautet: Die sechs EULER'schen Differentialgleichungen der Bewegung eines starren Körpers bleiben in unveränderter Form auch für ein beliebiges System materieller Punkte bestehen. Ohne in dieser bestimmten Form ausgesprochen und ohne daher beachtet zu sein, findet sich der Satz in den LAGRANGE'schen Fragmenten zur BERTRAND'schen Ausgabe der Mécanique, in einer Arbeit von LIOUVILLE (LIOUVILLE J. (2) III, 1858) und in einer Abhandlung von FRAHM in den Math. Ann. VIII: „Ueber gewisse Differentialgleichungen", (1875). Wegen des analytischen Interesses, das sich an ihn knüpft, legt der Verfasser ihn in der Form dar, dass die Gleichungen, welche KIRCHHOFF in seinen Vorlesungen über Mathematische Physik (S. 57-62) mit Hülfe des HAMILTON'schen Principes entwickelt, als allgemein gültige vermöge einer ganz direkten Transformation der LAGRANGE'schen Gleichungen in ihrer ersten Form nachgewiesen werden. Dabei wird ein Punktsystem vorausgesetzt, das sich in einer ebenen Mannigfaltigkeit von n Dimensionen befindet, welche auf ein System rechtwinkliger Koordinatenaxen X_1, X_2, X_3, ..., X_n bezogen ist, um die allgemeine Form der Differentialgleichungen der Mechanik unabhängig von der Anzahl der Dimensionen zu kennen.

Lp.

O. STAUDE. Ueber periodische und bedingt periodische Bewegungen. Dorpat. Naturforscher-Ges. Ber. 155-157†.

Einige Bemerkungen, deren weitere Ausführung in einer folgenden Publikation in Aussicht gestellt wird, über die Gruppirung der Bewegungen, welche der Eintheilung der Funktionen in periodische und nicht periodische entspricht. *Lp.*

H. v. Helmholtz. Ueber die physikalische Bedeutung des Princips der kleinsten Wirkung. Journ. f. Math. C, 137 bis 166, 213-222; [Verh. phys. Ges. Berlin V, 82-83.

Sir W. Thomson spricht im § 318 seiner „Theoretischen Physik“ die Ueberzeugung aus, dass man dem Princip der kleinsten Wirkung noch „eine viel tiefere Bedeutung beilegen wird, nicht nur in der abstrakten Dynamik, sondern auch in der Theorie mehrerer Zweige der Physik, die jetzt anfangen, dynamische Erklärungen zu erhalten.“ Diese tiefere Bedeutung erhält das Princip in der vorliegenden Abhandlung.

Der Herr Verfasser benutzt dasselbe in einer von Hamilton's Formen, welche zulässt, dass auf das betreffende mechanische System, dessen innere Kräfte nur konservative sind, noch äussere von der Zeit abhängige Kräfte einwirken, deren Arbeit besonders berechnet wird. Er nennt die Funktion $H=F-L$, wo F die potentielle Energie, L die lebendige Kraft ist, das kinetische Potential, weil es die Funktion ist, durch deren Differentialquotienten Lagrange die nach aussen gewendeten Kräfte des bewegten Systems ausgedrückt hat, und spricht dann das Princip in folgender Fassung aus: Der für gleiche Zeitelemente berechnete Mittelwerth des kinetischen Potentials ist auf dem wirklichen Wege des Systems ein Minimum (bezw. für längere Strecken ein Grenzwerth) im Vergleich mit allen anderen benachbarten Wegen, die in gleicher Zeit aus der Anfangslage in die Endlage führen. Für das Gleichgewicht muss dann einfach die potentielle Energie ein Minimum sein. Wird zu H noch $\sum_{\mathfrak{a}}(P_{\mathfrak{a}}p_{\mathfrak{a}})$ hinzugefügt, wo $p_{\mathfrak{a}}$ die Koordinaten, $P_{\mathfrak{a}}$ die in der Richtung von $p_{\mathfrak{a}}$ wirkenden Kräfte bedeuten, und diese $P_{\mathfrak{a}}$ gegebene Funktionen der Zeit sind, so erhält man aus jenem Satze durch Variation Lagrange's Gleichungen für die Kräfte $P_{\mathfrak{a}}$. Alle speciellen Untersuchungen also, welche sich auf diese Bewegungsgleichungen gründen, gehören auch in den Bereich des — etwas modificirten — Princips der kleinsten Wirkung oder des „Minimalsatzes des kinetischen Potentials“. Und danach erscheint es als höchst wahrscheinlich, dass dieser das allgemeine Gesetz aller umkehrbaren Naturprocesse ist.

Indem H als beliebige Funktion der Koordinaten p_a und der Geschwindigkeiten q_a, welche nur in allen Lagen endliche erste und zweite Differentialquotienten nach p_a und q_a haben soll, vorausgesetzt, nicht aber darauf beschränkt wird, dass nur homogene Funktionen zweiten Grades der q_a in dem Ausdrucke für die lebendige Kraft vorkommen, wird der Minimalsatz entwickelt und werden die Bewegungsgleichungen von Lagrange daraus hergeleitet. Besondere Erwähnung finden die „Fälle mit verborgener Bewegung", d. h. physikalische Vorgänge, bei denen auch die Geschwindigkeit linear enthaltende Glieder in der Funktion H vorkommen, und es werden ferner Eliminationen angegeben, infolge deren auch für Systeme wägbarer Massen höhere Potenzen der Geschwindigkeiten in den Gliedern von H vorkommen können.

Aus dem Minimalsatze wird das Princip von der Konstanz der Energie abgeleitet, und der Werth der letzteren wird aus demjenigen des kinetischen Potentials berechnet:

$$E = H - \sum_a \left(q_a \frac{\partial H}{\partial q_a} \right).$$

Nicht immer gilt das Princip der kleinsten Wirkung, wenn dem Gesetz von der Konstanz der Energie genügt wird; ersteres drückt noch einen besonderen Charakter der vorhandenen konservativen Naturkräfte aus. Zur Erläuterung dienen Beispiele aus der Mechanik, Elektrodynamik und Thermodynamik.

Durch Integration der Gleichung

$$E = H - \Sigma \left(q_a \frac{\partial H}{\partial q_a} \right)$$

wird dann umgekehrt H durch E bestimmt; die auftretende Integrationskonstante ist eine homogene Funktion ersten Grades der q_a und entspricht den verborgenen Bewegungen.

Aus den Gleichungen von Lagrange ergeben sich für die Kräfte bewegter Systeme, welche dem Minimalsatz der kinetischen Energie unterworfen sind, Wechselbeziehungen zwischen den Kräften einerseits und den Beschleunigungen, Geschwindigkeiten und Koordinaten andererseits; und diese Betrachtungen werden angewandt auf die Verknüpfung der elektrodynamischen und elektromagnetischen Gesetze mit dem Induktionsgesetz, auf thermodynamische, thermoelektrische und elektrochemische Vorgänge. Es wird noch bemerkt, dass die Gültigkeit des Princips der kleinsten Wirkung auch aus dem Bestehen jener Wechselbeziehungen der Kräfte abgeleitet werden kann; der Beweis wird auf eine spätere Mittheilung verschoben.

Es folgt die Herleitung von Hamilton's Differentialgleichung unter den erweiterten Voraussetzungen, welche in dieser Abhandlung gemacht sind, und im Anschluss daran die Entwickelung der Reciprocitätsgesetze für die durch kleine Anstösse nach Ablauf einer bestimmten Zeit erfolgenden Aenderungen der rechtläufigen und rückläufigen Bewegung. Das Gesetz der Reciprocität, welches der Verfasser in früheren akustischen Untersuchungen nachgewiesen hat, gehört als specieller Fall hierher.

Endlich werden noch die Bewegungsmomente statt der Geschwindigkeiten als unabhängige Veränderliche eingeführt, woraus sich eine andere Form des Variationsproblems und ein anderes Reciprocitätsgesetz ergiebt. *Sbt.*

George F. Becker. A theorem of maximum dissipativity. Sill. J. (3) XXXI, 115-120†; [Beibl. XI, 320. 1887.

Der Verfasser sucht den Nachweis für den Satz zu führen, „dass in allen Bewegungssystemen ein stetes Streben nach Bewegungen von kürzerer Periode vorhanden ist, und dass, wenn zwischen den verglichenen Perioden ein genügender Unterschied besteht, dieses Streben ein Maximum ist; alle natürlichen Vorgänge treten daher derartig auf, dass sie die grösstmögliche Menge der Energie von wahrnehmbarer Bewegung in Wärme, oder die grösstmögliche Menge Wärme in Licht u. s. w. innerhalb einer gegebenen Zeit verwandeln, vorausgesetzt dass der betrachtete Zeitraum über einen gewissen Bruchtheil der Periode der am schnellsten sich bewegenden Theilchen des Systems hinausgeht.“ Der sogenannte Beweis scheint dem Referenten nur eine Erläuterung des Satzes zu sein.

Lp.

A. HARNACK. Existenzbeweise zur Theorie des Potentiales in der Ebene und im Raume. Leipz. Ber. 1886, 144-169†.

Der Beweis der GREEN'schen Formel für das Potential und damit der Beweis für das sogenannte DIRICHLET'sche Princip wird hier zuerst für die Ebene durchgeführt, dann auf den Raum übertragen. Da der Gang der Entwickelung für beide Fälle derselbe ist, so beschränken wir uns hier darauf, die Hauptpunkte des Beweises für den Raum wiederzugeben. Vorangeschickt wird Folgendes: 1) Eine Funktion u, die im Innern eines Raumes T nebst ihren Ableitungen eindeutig und stetig ist, dort der Gleichung $\Delta u = 0$ genügt und an der Begrenzung vorgeschriebene Werthe U annimmt, wird als harmonische Funktion bezeichnet. Die Existenz einer harmonischen Funktion kann nach den Arbeiten von C. NEUMANN und H. A. SCHWARZ für das Innere jedes von Ebenen begrenzten Polyeders als bewiesen vorausgesetzt werden. Dasselbe gilt demnach auch für die zu einem beliebigen Punkte O im Innern des Polyeders gehörige GREEN'sche Funktion. 2) Eine im Innern eines Raumes T harmonische Funktion kann in eine nach Kugelfunktionen fortschreitende Reihe entwickelt werden; und zwar gilt die Entwickelung für das Innere einer um einen beliebigen Punkt von T beschriebenen Kugel, falls nur die Kugel ganz in T liegt. Aus der genannten Entwickelung ergiebt sich für u die Integraldarstellung

$$u = \frac{R^2-\varrho^2}{4\pi R}\int\frac{U_k d\sigma}{l^3},$$

für die man auch schreiben kann

$$u = \frac{1}{2\pi}\int U_k (d\sigma)_x - \frac{1}{4\pi}\int U_k \frac{d\sigma}{R.l}.$$

Hier stellt U_k die Werthe von u auf der Kugel mit dem Radius R dar, $d\sigma$ das Flächenelement der Kugel, $(d\sigma)_x$ den Raumwinkel, unter welchem das Flächenelement $d\sigma$ von dem betrachteten, im Innern der Kugel liegenden Punkte x, y, z erscheint; endlich ist ϱ die Entfernung dieses Punktes vom Kugelmittelpunkt, l seine Entfernung von $d\sigma$. Für den Werth von u im Mittelpunkte der Kugel folgt daraus

$$u_0 = \frac{1}{4\pi}\int U_k \frac{d\sigma}{R^2}.$$

3) Mit Hülfe dieser Integraldarstellung wird der folgende Satz abgeleitet. Besitzt eine harmonische Funktion u an der Begrenzung eines beliebigen Raumes T nur positive (oder nur negative) Werthe U, und ist der Werth von u in irgend einem inneren Punkte gleich dem Produkt einer bestimmten endlichen Grösse δ mit einer endlichen Grösse E, so ist auch für jeden andern Punkt im Innern von T der Werth von u darstellbar durch das Produkt von δ mit einer endlichen Grösse E'. Diese hängt ausser von E im wesentlichen nur von der Lage des betreffenden Punktes ab. Der Beweis wird so geführt, dass der Punkt, in dem $u = E\delta$ ist, zum Mittelpunkt einer Kugel gemacht wird. Die Integraldarstellung von u und u_0 ergiebt dann leicht die Richtigkeit für beliebige andere Punkte im Innern der Kugel, die dann ihrerseits zu Mittelpunkten neuer Kugeln genommen werden etc. Der obige einfache Satz ist deshalb von Bedeutung, weil er lehrt, dass die Funktion u, falls sie überall dasselbe Zeichen hat, gleichmässig für alle Punkte im Innern der Fläche nach Null konvergirt, sobald sie in einem einzigen Punkte mit δ beliebig klein wird. Dasselbe gilt auch für die Ableitungen der Funktion u.

4) Weiter ergiebt sich: Ist für einen beliebigen endlichen Raum T eine unbegrenzte Reihe von harmonischen Funktionen $u_1, u_2, \ldots, u_n, \cdots$ gegeben, die alle innerhalb T einerlei Zeichen haben, und konvergirt die Reihe

$$u_1 + u_2 + \cdots + u_n + \cdots$$

an irgend einer Stelle im Innern von T, so konvergirt sie auch für alle inneren Punkte von T und ist in T eine harmonische Funktion.

Nach diesen Vorbereitungen und nachdem noch die Haupteigenschaften der Green'schen Funktion abgeleitet sind, wird der Existenznachweis einer harmonischen Funktion mit beliebigen stetigen Randwerthen folgendermaassen geführt. a) Ist ein einfach zusammenhängender, von einer beliebigen Fläche F umschlossener, endlicher Raum T gegeben, und konstruirt man im Innern dieses Raumes eine unbegrenzt fortsetzbare Reihe von Polyedern, von denen jedes ausserhalb des vorhergehenden sich befindet, und die sich der Fläche F beliebig nähern, so konvergirt die Reihe der auf diese Polyeder bezüglichen GREEN'schen Funktionen g_1, g_2, $g_3, \ldots, g_n, \ldots$, welche zu einem Punkte O im Innern des Raumes T gehören, nach einer bestimmten harmonischen Funktion g. Diese Funktion ist die zum Punkte O gehörige GREEN'sche Funktion in Bezug auf den von der Fläche F eingeschlossenen Raum.

b) Das Integral

$$u_1 = \frac{1}{4\pi}\int U(d\sigma)_x,$$

gebildet über alle Elemente der Fläche F, die jetzt als Fläche mit integrirbaren Elementen ohne Kanten und Ecken angenommen wird (oder mit einzelnen Kanten und Ecken), stellt eine im Innern von T harmonische Funktion dar, die an der Begrenzungsfläche gleichmässig (bis auf die Kanten und Eckpunkte) in den Werth

$$\tfrac{1}{2}U + \frac{1}{4\pi}\int U(d\sigma)_s$$

übergeht; $(d\sigma)_s$ hat dieselbe Bedeutung wie oben $(d\sigma)_x$, nur dass sich letzteres auf einen innern Punkt, $(d\sigma)_s$ auf einen Randpunkt bezieht. Weiter konstruire man, da über die Ableitung von g nach der inneren Normale nichts bekannt ist, im Innern von T eine Parallelfläche F' zu F, deren Elemente mit $d\sigma'$ bezeichnet werden mögen. Wird nun die zu jedem innern Punkt gehörige GREEN'sche Funktion g des Raumes T in den Punkten dieser Parallelfläche nach der inneren Normale n' differentiirt, so stellt das Integral

$$u_2' = \frac{1}{4\pi}\int U\frac{\partial g}{\partial n'}\,d\sigma'$$

eine harmonische Funktion dar. Dieselbe konvergirt, wenn F' mit F zusammenrückt, nach einer harmonischen Funktion u_2, deren Werthe bei Annäherung an die Fläche F gleichmässig in den Werth

$$-\tfrac{1}{2}U + \frac{1}{4\pi}\int U(d\sigma)_s$$

übergehen. Sonach ergiebt sich der GREEN'sche Satz in der Form:

$$\frac{1}{4\pi}\int U(d\sigma)_x - \lim_{\sigma'=\sigma}\frac{1}{4\pi}\int U\frac{\partial g}{\partial n'}d\sigma'$$

ist die harmonische Funktion für den Raum T, welche an der Begrenzung F die vorgeschriebenen Werthe U besitzt.

Dass die Potentialfunktion hiernach nicht direkt durch ein bestimmtes Integral, sondern als Grenzwerth eines solchen definirt ist, hat nichts Unbefriedigendes, da die Fundamentalsätze der Potentialtheorie fast insgesammt einen ähnlichen Charakter tragen, wenn nicht über die Dichtigkeit besondere Voraussetzungen gemacht werden.

Von den auf die Ebene bezüglichen Betrachtungen, bei denen natürlich FOURIER'sche Reihen an Stelle der nach Kugelfunktionen fortschreitenden treten, sei noch erwähnt die Ableitung der Eigenschaften der GREEN'schen Funktion. Der Verfasser folgt dabei wesentlich dem Vorgange von RIEMANN (in seinen Vorlesungen über Schwere, Elektricität und Magnetismus), nur mit der Modification, dass die Randkurve durch eine andere innere Kurve mit integrirbarem Bogenelement ersetzt wird, und zwar durch eine Niveaukurve. *Wn.*

J. FRISCHAUF. Beitrag zur Theorie der Potentialfunction. SCHLÖMILCH ZS. XXXI, 252-253.

Es wird eine Modifikation des DIRICHLET'schen Beweises für die Aenderung von $\partial V/\partial n$ beim Durchgang durch eine mit Masse belegte Fläche mitgetheilt. Diese Modifikation besteht darin, dass man (cf. DIRICHLET's Vorlesungen, herausgegeben von GRUBE, § 14) für die Ausführung der Integration $a = l.\varrho^2$ setzt, falls $1/2l$ der Krümmungsradius des betreffenden Normalschnitts ist. Durch diese Einführung wird die DIRICHLET'sche Voraussetzung über das Grössenverhältniss von x und a überflüssig. *Wn.*

BOCK. Ueber Potentialwerthe verschiedener Kräfte und Folgerungen daraus. Hamb. Mitth. 119-123.

Ein Vortrag, der die Bedeutung des Potentials für die Mechanik und für verschiedene Zweige der mathematischen Physik bespricht, dabei jedoch lediglich Bekanntes reproducirt. *Wn.*

O. CALLANDREAU. Sur le développement en série du potentiel d'un corps homogène de révolution.. C. R. CIII, 33-35, 195-198..

Eine Masse von konstanter Dichtigkeit sei durch eine Rotationsfläche begrenzt, deren Meridiankurve in Polarkoordinaten

$$r = a[1+\alpha f(\vartheta)]$$

ist. Dann kann man, wie schon LEGENDRE und LAPLACE gezeigt haben, das Potential für äussere sehr entfernte und für innere dem Anfangspunkt sehr nahe Punkte in ähnlicher Weise entwickeln, wie für eine Kugel mit beliebiger Dichtigkeit. Um zu ermitteln, unter welchen Bedingungen diese Entwickelung nicht nur für die oben erwähnten, sondern für alle Lagen des angezogenen Punktes gilt, untersucht der Verfasser, ob die betreffende Reihe die DIRICHLET'schen charakteristischen Eigenschaften besitzt. Eine besondere Betrachtung erfordern dabei nur die Eigenschaften der ersten Gruppe, Kontinuität des Potentials und seiner Differentialquotienten. Die Frage nach deren Erfüllung wird nun auf die der absoluten Konvergenz der Reihen für das Potential äusserer und innerer Punkte zurückgeführt. Es bleibt also, wenn man die einzelnen Glieder jener Reihen noch nach Potenzen von α entwickelt, zu untersuchen, für welche Werthe von α die Doppelreihen absolut konvergent sind. Für das Rotationsellipsoid

$$r = a\left(\frac{1+k}{1+k\cos^2\vartheta}\right)^{\frac{1}{2}}$$

ergiebt sich

$$k < 0,414.$$

Wn.

E. LAGUERRE. Sur le potentiel de deux ellipsoïdes. C. R. CII, 17-22.

Für das Potential zweier Ellipsoide auf einander wird ohne Beweis der folgende Ausdruck mitgetheilt:

$$P = \frac{9VV_0}{32\pi}\int_{-1}^{+1}\int_{-1}^{+1}\int_0^{2\pi}\frac{F(t)F_0(t_0)\,dt\,dt_0\,d\varphi}{i\xi\cos\varphi+i\eta\sin\varphi+\zeta-t\sqrt{\varDelta}-t_0\sqrt{\varDelta_0}}.$$

Darin sind V und V_0 die Volumina beider Ellipsoide, ξ, η, ζ sind die Koordinaten des Mittelpunktes des zweiten Ellipsoids, bezogen auf ein Axensystem, dessen Anfangspunkt im Mittelpunkte des ersten liegt, während die Axen nicht mit den Hauptaxen desselben zusammenfallen; $\varDelta$ und $\varDelta_0$ sind Funktionen zweiten Grades von $\sin\varphi$ und $\cos\varphi$, deren Koefficienten von den Konstanten in den Gleichungen beider Ellipsoide abhängen. Die Funktionen $F(t)$ und $F_0(t_0)$ hängen von der Dichtigkeitsvertheilung ab, von der nur vorausgesetzt wird, dass für alle Punkte eines zur äusseren Fläche ähnlichen und ähnlich liegenden Ellipsoids die Dichtigkeit dieselbe ist. Für den obigen Ausdruck, der nur für $\zeta > 0$ gilt, wird eine Reihenentwickelung kurz angegeben. Ferner wird aus der obigen Formel der Ausdruck von P für den Fall hergeleitet, dass beide Ellipsoide sich auf unendlich dünne, von ähnlichen Ellipsoiden begrenzte Schalen reduciren. In diesem Falle sind die zweiten Ableitungen von P nach ξ, η, ζ algebraische Funktionen dieser Variabeln und der Koefficienten der Ellipsoidgleichungen, die ersten Ableitungen von P also Integrale algebraischer Funktionen.

Wn.

G. H. Halphen. Sur le problème de Gauss, concernant l'attraction d'un anneau elliptique. C. R. CIII, 363-366.

Zur Berechnung der säkulären Störungen, welche ein Planet durch einen anderen erfährt, kann man bekanntlich die Anziehung, welche dieser zweite ausübt, ersetzen durch die Anziehung, welche seine Masse ausüben würde, wenn sie auf der Bahn mit einer Dichtigkeit ausgebreitet wäre, die für jedes Bogenelement der zum Durchlaufen desselben nöthigen Zeit proportional ist. Die Anziehung eines solchen unendlich dünnen elliptischen Ringes hat nun Hr. Halphen nach einer neuen Methode bestimmt, die nicht, wie die Gauss'schen Formeln, die Auflösung einer Gleichung dritten Grades erfordert. Die Hauptresultate, die hier ohne Beweis mitgetheilt werden, sind folgende: In einem beliebigen (schiefwinkligen oder rechtwinkligen) Koordinatensystem sei M das Quadrat des Abstandes eines Punktes x, y, z vom Anfangspunkte, $\mathfrak{L}$ eine quadratische Form, die, gleich Null gesetzt, einen vom Anfangspunkte ausgehenden Kegel darstellt, der gleich und homothetisch ist zu dem Kegel, der den angezogenen Punkt mit der anziehenden Ellipse verbindet; $\varLambda$ endlich sei eine dritte quadratische Form, die den zum vorigen reciproken Kegel darstellt. Der Quotient der Discriminanten von $\mathfrak{L}$ und $\mathfrak{L}' = S.\mathfrak{L} - M$, wo S ein variabler Parameter, ist ein Polynom dritten Grades in S, dessen Koefficienten K Invarianten des Formensystems sind. Von diesen Koefficienten hängen in einfacher Weise auch die Invarianten g_2, g_3 der vorkommenden elliptischen Funktionen ab. Die gesuchte Anziehung lässt sich darstellen mittelst einer quadratischen Form Φ, die aus M, $\mathfrak{L}$, $\varLambda$ zusammengesetzt ist, und zwar derart, dass die Ableitungen $\partial\Phi/\partial x$, $\partial\Phi/\partial y$, $\partial\Phi/\partial z$, wenn man darin x, y, z durch die Differenzen der Koordinaten des angezogenen Punktes und des Brennpunktes der Ellipse ersetzt, die Anziehungscomponenten repräsentiren. Die Koefficienten von Φ ergeben sich in einfacher Weise aus den oben erwähnten Grössen K, g_2, g_3 bis auf einen Faktor, der eine transcendente Funktion von $\xi = \dfrac{27 g_3^2}{g_2^3}$ ist. Letztere Funktion aber lässt sich durch hypergeometrische Reihen ausdrücken. *Wn.*

U. BIGLER. Potential einer elliptischen Walze. HOPPE Arch. (2) III, 337-440.

In dem vorliegenden Theile der Arbeit wird lediglich das Potential des Umfangs einer Ellipse mit den Axen $\sqrt{A}$, $\sqrt{B}$ bestimmt für den Fall, dass die Dichtigkeit in jedem Punkte gleich dem Abstand des Mittelpunktes von der Tangente des Punktes ist. Es ist dies der Grenzfall des Potentials einer von zwei ähnlichen Ellipsen begrenzten, mit Masse von konstanter Dichtigkeit belegten Scheibe. Als Resultat ergiebt sich

$$(1) \qquad T = 2\sqrt{AB}\int_t^\infty \frac{du}{\sqrt{(u-t)(u-t')(u-t'')}}.$$

Dabei sind t, t', t'' die elliptischen Koordinaten des angezogenen Punktes, bezogen auf ein System konfokaler Flächen zweiten Grades, unter denen die gegebene Ellipse als Grenzfall, resp. als Fokalkurve enthalten ist. Zur Ableitung des Resultats geht der Verfasser von der sich leicht ergebenden Gleichung

$$(2) \qquad T = \sqrt{AB}\int_0^{2\pi}\frac{d\varphi}{r}$$

aus, wo

$$r^2 = (x-\sqrt{A}\cos\varphi)^2+(y-\sqrt{B}\sin\varphi)^2+z^2$$

ist, während x, y, z die rechtwinkligen Koordinaten des angezogenen Punktes sind. Durch eine lange, wenig durchsichtige Rechnung, in der vielfach bekannte Dinge, wie die Auflösung der Gleichungen vierten Grades, in breitester Weise reproducirt werden, wird dann das Integral (2) in die Form (1) transformirt. Auf die Einzelheiten dieser Transformation gehen wir hier um so weniger ein, als sich mittelst einer von Grube (Borchardt J. LXIX, cf. Fortschr. d. Math. I, 1868. 313) auf wenigen Seiten entwickelten Formel das Resultat mit einem Schlage ableiten lässt. Eine zweite Ableitung, die der Verfasser für Formel (1) mittheilt, geht von der Gleichung

$$(3) \qquad T = \int\frac{pds}{r}$$

aus und transformirt dies Integral durch Einführung neuer rechtwinkliger Axen, die zusammenfallen mit den Normalen der durch den angezogenen Punkt zu der Ellipse gelegten konfokalen Flächen. Den Schluss der Arbeit bildet eine ausführliche Diskussion des Ausdrucks (1) und der daraus folgenden Anziehungskomponenten.

Wn.

J. B. Pomey. Sur un problème de potentiel. Nouv. Ann. (3) V, 483-488.

Um den Punkt P seien zwei koncentrische Kreise beschrieben und in denselben zwei parallele und gleiche Sehnen gezogen, deren Mitten C und C' seien. Denkt man diese Sehnen mit Massen von der Dichtigkeit 1 belegt, so gilt für die Werthe, welche die Potentiale U, U' dieser Massen im Punkte P annehmen, die leicht abzuleitende Gleichung

$$\left(e^{\frac{U}{2}}-e^{-\frac{U}{2}}\right):\left(e^{\frac{U'}{2}}-e^{-\frac{U'}{2}}\right)=\frac{1}{PC}:\frac{1}{PC'}.$$

Transformirt man die Figur mittelst reciproker Radien von P aus, so gehen die gegebenen koncentrischen Kreise in zwei andere koncentrische Kreise, die parallelen Sehnen in Bogen zweier sich in P berührender Kreise über, und zwar in die Bogen, die ausserhalb der letztgenannten koncentrischen Kreise liegen. Denkt man nun die so erhaltenen Kreisbogen ebenfalls mit Masse von der Dichtigkeit 1 belegt, so haben die Potentiale dieser Bogen in P dieselben Werthe U, U' wie die Potentiale der obigen Geraden; wie überhaupt entsprechende Bogen von Kurven, die durch Transformation mittelst reciproker Radien aus einander entstehen, im Pol gleiche Werthe des Potentials ergeben. Zugleich verhalten sich die Radien der mit Masse belegten Bogen wie $1/PC:1/PC'$.

Damit ist die Aufgabe, zwei sich in P berührende und ausserdem durch je einen Punkt O resp. O' gehende Kreise zu beschreiben, deren ausserhalb zweier gegebener, um P geschlagener koncentrischer Kreise liegende Bogen in P Potentialwerthe U, U' ergeben, die der obigen Bedingung genügen, auf die elementare Aufgabe zurückgeführt: durch zwei Punkte O, O' parallele Linien zu ziehen, die in zwei gegebenen koncentrischen Kreisen gleiche Sehnen abschneiden. Die Konstruktion dieser Aufgabe und die Bedingungen für die Möglichkeit derselben werden abgeleitet.

Wn.

R. HOPPE. Anziehung eines der Kugel analogen Gebildes von n Dimensionen auf einen Punkt. HOPPE Arch. (2) IV, 185-196.

Die bekannten Sätze über die Anziehung einer homogenen Kugel auf einen äusseren oder inneren Punkt gelten, falls die Anziehung dem Quadrate der Entfernung umgekehrt proportional ist, für keine andere Dimensionenzahl als 3. Spricht man aber das NEWTON'sche Gesetz so aus: Ein Punkt zieht alle auf dem Radius normalen und sich perspektivisch deckenden Flächenelemente gleich stark an, und erweitert dasselbe in dieser Form von 3 auf n Dimensionen, so gelten die oben erwähnten Sätze über die Anziehung einer Kugel für jede Dimensionenzahl. Dies wird hier dadurch bewiesen, dass die Anziehungskomponenten in Form von Doppelintegralen dargestellt werden. Die Auswerthung der Integrale erfordert eine längere Rechnung, die zu besonderen Bemerkungen keinen Anlass giebt. *Wn.*

E. Beltrami. Sull' uso delle coordinate curvilinee nelle teorie del potenziale et dell' elasticà. Bologna Mem. (4) VI, 401-448.

Maxwell hat gezeigt, dass man die Fernwirkung von Kräften, die nach dem Newton'schen Gesetze wirken, ersetzen kann durch ein System von Druck- und Zugkräften, die den elastischen Kräften analog sind. Um nun die Allgemeingültigkeit der Maxwell'schen Formeln zu prüfen und zu untersuchen, in wiefern dieselben etwa von der Natur unseres Raumes abhängen, leitet Hr. Beltrami jene Formeln aufs neue her für einen Raum von beliebigem Krümmungsmaass. In diesem Raume werde das Bogenelement ds durch die Gleichung

$$(1.) \qquad ds^2 = \sum_{h,k} Q_{hk} dq_h dq_k, \quad (Q_{hk} = Q_{kh};\ h,\ k = 1, 2, 3)$$

definirt, der Winkel zwischen zwei Richtungen ds und δs durch die Gleichung

$$ds\, \delta s \cos(ds,\ \delta s) = \sum_{k,h} Q_{hk}\, dq_h \delta q_k.$$

Dabei sind die Grössen Q_{hk} beliebige Funktionen der q, jedoch so beschaffen, dass ds^2 für reelle dq stets positiv ist. Ferner sei Q^2 die Determinante der Koefficienten Q_{hk}; P_{hk} seien die Koefficienten der zu ds^2 reciproken quadratischen Form, endlich sei

$$\varDelta_1 U = \sum_{hk} P_{hk} \frac{\partial U}{\partial q_h} \frac{\partial U}{\partial q_k}, \quad \varDelta_1 (UV) = \sum_{hk} P_{hk} \frac{\partial U}{\partial q_h} \frac{\partial V}{\partial q_k},$$

$$U_k = \sum_k P_{hk} \frac{\partial U}{\partial q_k} = \tfrac{1}{2} \frac{\partial \varDelta_1 U}{\partial \frac{\partial U}{\partial q_k}},$$

$$\varDelta_2 U = \frac{1}{Q} \sum_k \frac{\partial (Q U_k)}{\partial q_k}.$$

Neben dem eben besprochenen allgemeinen System der Variabeln q_1, q_2, q_3 wird noch ein specielles betrachtet, in welchem

$$(2.)\qquad ds^2 = Edp^2 + 2Fdpdq + Gdq^2 + dr^2$$

ist. Dabei ist r der geodätische Abstand eines beliebigen Punktes des Raumes von einem festen Punkte, und daher bleiben die Grössen

$$E/r^2,\quad F/r^2,\quad G/r^2,\quad H/r^2 \qquad [H^2 = EG - F^2]$$

auch für $r = 0$ endlich.

Für den durch die Festsetzungen (1.) definirten Raum wird zunächst eine Anzahl von Integralsätzen hergeleitet. Ist

$$dS = Q dq_1\, dq_2\, dq_3$$

ein Volumenelement eines Raumes S, $d\sigma$ ein Oberflächenelement dieses Raumes, φ eine in S überall monodrome, continuirliche und endliche Funktion von q_1, q_2, q_3, so gilt unter einer sogleich zu erwähnenden Beschränkung der Satz

$$(3.)\qquad \int \frac{\partial \varphi}{\partial q_i} \cdot \frac{dS}{Q} = -\int \frac{\varphi \sqrt{Q_{ii}} \cos(n, i)}{Q}\, d\sigma;$$

und dieser Satz bleibt, wie durch Einführung des Systems (2.) sich ergiebt, auch richtig, wenn φ in diskreten Punkten von S oder seiner Oberfläche unendlich wird wie $1/r$ für $r = 0$, falls φ nur im übrigen monodrom und endlich ist. Die Beschränkung, an welche die Gültigkeit von (3.) gebunden ist, ist die, dass sich S durch Hülfsflächen in Einzelräume zerlegen lässt, die kartesischen Charakter besitzen. Hierunter ist Folgendes zu verstehen. Ordnet man jedem Punkte P von S denjenigen Punkt P' des gewöhnlichen Raumes zu, dessen kartesische Koordinaten gleich den den Punkt P bestimmenden Variabeln q_1, q_2, q_3 sind, und entspricht bei dieser Zuordnung dem Raume S der kartesische Raum S', so hat S dann kartesischen Charakter, wenn jedem Punkte von S nur ein Punkt von S' entspricht und umgekehrt, und wenn S' durch Parallele zu jeder Koordinatenaxe nur in zwei Punkten getroffen wird.

Für das System (2.), das nicht mehr kartesischen Charakter besitzt, wenn der Punkt $r = 0$ innerhalb S liegt, tritt an Stelle der Gleichung (3.) die folgende, welche eine Verallgemeinerung eines bekannten Satzes von GAUSS bildet:

$$(4.)\quad \int \frac{\partial}{\partial r}\left(\frac{H\varphi}{r^2}\right)\frac{dS}{H} = \int \varphi \frac{\partial \frac{1}{r}}{\partial n} d\sigma - (\sigma)_0 \varphi_0.$$

Hierin ist $(\sigma)_0 = 4\pi$, wenn der Pol $r = 0$ innerhalb S, $(\sigma)_0 = 2\pi$, wenn der Pol auf der Oberfläche von S, endlich $(\sigma)_0 = 0$, wenn der Pol ausserhalb S liegt. Die Formel (4.) gilt ebenfalls, wenn φ in diskreten Punkten von S unendlich wird wie $1/r$ für $r = 0$; nur müssen jene Punkte in endlicher Entfernung vom Pole $r = 0$ liegen. Aus (3.) und (4.) folgt

$$(5.)\quad \int [\varDelta_1(UW) + W\varDelta_2 U] dS + \int W \frac{\partial U}{\partial n} d\sigma = (\sigma)_0 W_0$$

und weiter

$$(5^a.)\quad \int (U\varDelta_2 W - W\varDelta_2 U) dS + \int \left(U \frac{\partial W}{\partial n} - W \frac{\partial U}{\partial n}\right) d\sigma + (\sigma)_0 W_0 = 0,$$

und dies ist der Green'sche Satz. Hier ist W eine überall in S monodrome, continuirliche und endliche Funktion, U wird für $r = 0$ unendlich wie $1/r$, hat aber im übrigen dieselben Eigenschaften wie W. Ferner ist W_0 der Werth von W für $r = 0$; $(\sigma)_0$ hat dieselbe Bedeutung wie in (4.), so dass $(\sigma)_0 = 0$ wird, wenn U innerhalb S nirgends unendlich wird.

An diese Sätze knüpft der Verfasser die Definition des Potentials, und zwar gelten die Betrachtungen für alle Punkte eines bestimmten invariabeln Raumes Σ. Er geht aus von einer Funktion U, die überall monodrom, kontinuirlich und endlich ist mit Ausnahme eines Punktes (ihres Poles), wo sie unendlich wird wie $1/r$ für $r = 0$, und die der Gleichung $\varDelta_2 U = 0$ genügt. Durch diese Bedingungen ist die Funktion U, auch wenn ihr Pol gegeben ist, nicht völlig bestimmt; der Verfasser denkt daher noch eine weitere Bedingung irgend welcher Art hinzugenommen, so jedoch, dass zu jedem Pole nur eine Funktion U gehört. Aus einer derartigen Funktion U wird eine neue Funktion V gebildet

$$V = \Sigma U_p m_p \quad \text{oder} \quad V = \int U_p dm_p,$$

die dem Potential des euklidischen Raumes ganz analog ist. Die

Anwendung der Gleichung (5.), darin $W = 1$ gesetzt, auf die Funktion U_p ergiebt für das Potential V die Gleichung

$$\int \frac{\partial V}{\partial n} d\sigma = 4\pi M_\sigma.$$

Hierbei ist die Integration über eine geschlossene Fläche σ auszudehnen, und $M_\sigma = \Sigma m_p$ oder $= \int dm_p$ ist die innerhalb σ liegende Masse. Doch ist, falls die Masse auf Flächen, Linien oder in diskreten Punkten vertheilt ist, der Fall auszuschliessen, dass auf der Fläche σ selbst Theile der Masse ausgebreitet sind. Die Anwendung der Gleichung (5^a.), darin $U = 1$, $W = V$ gesetzt, ergiebt sodann

$$\int \Delta_2 V dS + 4\pi M_\sigma = \int (\Delta_2 V + 4\pi k) dS = 0,$$

unter k die Dichtigkeit der räumlichen Masse in S verstanden. Da der Raum S ein beliebiger Theil des Raumes Σ sein kann, für den V definirt ist, so ist überall

$$\Delta_2 V + 4\pi k = 0.$$

Auf analoge Weise ergiebt sich für das Potential einer mit Masse belegten Fläche die Gleichung

$$\lim \left(\frac{\partial V}{\partial n} + \frac{\partial V}{\partial n'} \right) + 4\pi h = 0,$$

wenn h die Flächendichtigkeit ist. Man muss, um zu diesem Resultate zu gelangen, nur die mit Masse belegte Fläche durch eine andere geschlossene Fläche umhüllen, die jener unendlich nahe kommt. Sonach besitzt die oben definirte Funktion V alle charakteristischen Eigenschaften des gewöhnlichen Potentials [auch bei Massenvertheilung auf Linien oder in diskreten Punkten] mit Ausnahme der Eigenschaften, die sich auf die unendlich fernen Punkte beziehen. Für den Fall des gewöhnlichen Raumes, wie auch für den des pseudosphärischen Raumes [für welchen

$$U_p = R\{\coth. (r/R) - 1\}$$

ist] lässt sich die zunächst nur für einen endlichen Raumtheil Σ gültige Definition leicht auf den unendlichen Raum ausdehnen.

Aus V ergiebt sich weiter das Potential des in dem Raume S

enthaltenen Massensystems, dessen Dichtigkeit im Innern von S gleich k, auf der Oberfläche von S gleich h ist, auf sich selbst

$$P = \tfrac{1}{2}\int Vh d\sigma + \tfrac{1}{2}\int Vk dS;$$

und es lässt sich nun der Zuwachs δP berechnen, den P erhält, wenn die Koordinaten aller Punkte der Massenvertheilung (h, k) die Variationen δq erfahren. Der Ausdruck für δP wird durch eine längere Rechnung umgeformt, und insbesondere wird das in δP enthaltene Flächenintegral durch ein Raumintegral ausgedrückt.

Soll es nun möglich sein, die Fernwirkung der in Rede stehenden Massenvertheilung durch ein System von Druck- und Zugkräften, die den elastischen Kräften analog sind, zu ersetzen, so muss der Ausdruck von δP identisch werden mit der Arbeit der elastischen Kräfte. Um die letztere zu ermitteln, sind die Fundamentalformeln für unendlich kleine Deformationen eines kontinuirlichen Mediums aufzustellen, die für den Raum Σ gelten. Die Grundzüge bei Ableitung dieser Formeln sind die folgenden. Das zu betrachtende Medium fülle den Raum S aus; auf jedes Volumenelement mögen äussere Kräfte wirken, deren Komponenten nach den Richtungen 1, 2, 3 [d. h. nach den Bogenelementen, für die $dq_2 = 0$ und $dq_3 = 0$, resp. $dq_3 = 0$ und $dq_1 = 0$, resp. endlich $dq_1 = 0$ und $dq_2 = 0$ sind] $F_1 dS$, $F_2 dS$, $F_3 dS$, seien. Die virtuelle Arbeit dieser Kräfte für den Fall, dass die Koordinaten des Angriffspunktes die Variationen δq erfahren, ist

$$(\mathrm{F}_1 \delta q_1 + \mathrm{F}_2 \delta q_2 + \mathrm{F}_3 \delta q_3) dS,$$

wo

$$\mathrm{F}_h = \frac{Q_{h1} F_1}{\sqrt{Q_{11}}} + \frac{Q_{h2} F_2}{\sqrt{Q_{22}}} + \frac{Q_{h3} F_3}{\sqrt{Q_{33}}}$$

ist. Ausserdem mögen auf das Oberflächenelement $d\sigma$ von S Druckkräfte wirken, deren Komponenten $\varphi_1 d\sigma$, $\varphi_2 d\sigma$, $\varphi_3 d\sigma$ seien; ihre Arbeit ist

$$(\Phi_1 \delta q_1 + \Phi_2 \delta q_2 + \Phi_3 \delta q_3) d\sigma,$$

falls die Φ mit den φ durch dieselbe Gleichung verbunden sind, wie die F mit den F. Durch die erwähnten Verrückungen werden nun innere Kräfte hervorgerufen, von denen angenommen wird, dass ihre Arbeit, auf das Volumenelement bezogen, von der Form ist

$$dS\sum_{hk} L_{hk} M_{hk} \qquad (h,\ k = 1,\ 2,\ 3;\ M_{kh} = M_{hk}).$$

Darin sind die Grössen M_{hk} noch unbekannte kontinuirliche Funktionen der Koordinaten, die von dem Spannungszustand des Mediums abhängen, während die Koefficienten L_{hk} sich aus der Variation der Länge des Bogenelements ds ergeben; diese Variation lässt sich nämlich auf die Form bringen

$$\frac{\delta ds}{ds} = \sum_{hk} L_{hk} \frac{\partial q_h}{\partial s} \frac{\partial q_k}{\partial s}.$$

Die Gleichgewichtsbedingung für das Medium wird dann

$$\int (F_1 \delta q_1 + F_2 \delta q_2 + F_3 \delta q_3) dS + \int (\Phi_1 \delta q_1 + \Phi_2 \delta q_2 + \Phi_3 \delta q_3) d\sigma$$
$$+ \int dS \sum L_{hk} M_{hk} = 0.$$

Das letzte Integral lässt sich zerlegen in ein Oberflächenintegral von der Form

$$-\int (\mu_1 \delta q_1 + \mu_2 \delta q_2 + \mu_3 \delta q_3) d\sigma$$

und ein anderes Raumintegral. Die Erfüllung der Gleichgewichtsbedingung erfordert zunächst, dass die Oberflächenintegrale für sich verschwinden, dass also

$$\mu_1 = \Phi_1, \quad \mu_2 = \Phi_2, \quad \mu_3 = \Phi_3$$

ist, Gleichungen, die nach der Bedeutung der Grössen Φ und μ darauf hinauskommen, dass

$$\varphi_i = \sqrt{Q_{ii}} \sum_k M_{ik} \sqrt{Q_{kk}} \cos(n, k) \qquad (i = 1,\ 2,\ 3)$$

ist. Die letzte Gleichung enthält die für das Gleichgewicht zu erfüllende Grenzbedingung; zugleich ergiebt dieselbe die Bedeutung der vorher unbekannten Grössen M_{hk}. Führt man statt der M_{hk} andere Bezeichnungen ein, indem man

$$\varphi_{hk} = M_{hk} \sqrt{Q_{hh} Q_{kk}} \qquad (\varphi_{hk} = \varphi_{kh})$$

setzt, so erhält man drei Grenzbedingungen, deren erste

$$\varphi_1 = \varphi_{11} \cos(n,\ 1) + \varphi_{12} \cos(n,\ 2) + \varphi_{13} \cos(n,\ 3)$$

lautet; und die φ_{hk} sind damit direkt als Druck- resp. Zugkräfte definirt. Der nach Ausscheidung des Oberflächenintegrals übrig bleibende Ausdruck für die Arbeit der inneren Kräfte wird nach Einführung der φ_{hk} an Stelle der M_{hk}:

$$\int dS\, \Sigma \frac{L_{hk}\varphi_{hk}}{\sqrt{Q_{hh}Q_{kk}}}.$$

Soll derselbe gleich der Variation δP des Potentials der früher betrachteten Massenvertheilung auf sich selbst sein, so muss zwischen dem Potential V jener Massenvertheilung und den Druckkräften φ_{hk} die Gleichung bestehen:

$$\varphi_{hk} = -\frac{\sqrt{Q_{hh}Q_{kk}}}{4\pi} V_h V_k + \frac{P_{hk}\sqrt{Q_{hh}Q_{kk}}}{8\pi} \Delta_1 V \quad (h, k = 1, 2, 3).$$

Die Bedeutung der hier vorkommenden Grössen ist oben dargelegt. Die letzte Gleichung giebt, auf den gewöhnlichen Raum angewandt, die bekannten MAXWELL'schen Formeln für das System von Druckkräften, das die Fernewirkung der Massenvertheilung ersetzen kann. Die Formeln vereinfachen sich wesentlich, wenn man als Flächen q_1 = Konst. die Flächen gleichen Potentials nimmt, während die Kurven q_2 = Konst., q_3 = Konst. die auf jenen Flächen senkrechten Kraftlinien sind.

Von den Gleichgewichtsbedingungen des betrachteten Mediums sind vorher nur die erörtert, die sich aus dem Verschwinden der Flächenintegrale ergaben. Aus dem Verschwinden der Raumintegrale folgen die allgemeinen Elasticitätsgleichungen isotroper Körper für den Fall des Gleichgewichts in folgender Gestalt:

$$\frac{F_m}{\sqrt{Q_{mm}}} = \frac{1}{Q}\sum_j \frac{\partial}{\partial q_j}\left(\frac{Q\varphi_{mj}}{\sqrt{Q_{mm}Q_{jj}}}\right)$$
$$+\frac{1}{2}\sum_{hki}\frac{P_{mi}\varphi_{hk}}{\sqrt{Q_{hh}Q_{kk}}}\left(\frac{\partial Q_{hi}}{\partial q_k} + \frac{\partial Q_{ki}}{\partial q_h} - \frac{\partial Q_{hk}}{\partial q_i}\right) \quad (m = 1, 2, 3).$$

[In der Arbeit des Hrn. BELTRAMI findet sich in dieser Formel ein Druckfehler; in der ersten Summe steht dort fälschlich bei φ_{mj} und Q_{jj} der Index i statt j]. Setzt man

$$\varphi_{hk} = K_k\sqrt{P_{kk}Q_{kk}},$$

so ergiebt sich noch die Relation

$$H_k\sqrt{P_{hh}Q_{hh}} = K_h\sqrt{P_{kk}Q_{kk}},$$

eine Verallgemeinerung der für den gewöhnlichen Raum geltenden Gleichung $H_k = K_h$.

Zum Schluss giebt der Verfasser noch eine geometrische Interpretation der Formeln für unendlich kleine Deformationen; es führt dies zu Betrachtungen, die analog sind denen über das Verschiebungs- und das Elasticitätsellipsoid. *Wn.*

L. DE LA RIVE. Étude mathématique sur un cas particulier de la gravitation. Arch. sc. phys. (3) XVI, 593-595†.

Die Notiz giebt nur den Gedankengang und den Verlauf der Rechnung einer grösseren Arbeit im Auszuge an. Als Ergebniss wird angeführt: Wenn eine Masse m um eine andere M kreist, so giebt es einen Punkt P, dessen Lage mit dem Fahrstrahle fortschreitet, von solcher Beschaffenheit, dass ein Massenpunkt μ, der sich in seiner Nähe befindet, dort bleiben kann, indem er eine geschlossene Bahn um diesen Punkt beschreibt (unter der vereinigten Einwirkung der Attraktion und der Centrifugalbeschleunigung). Theoretisch ist es also zulässig, dass ein Theil eines Sternschnuppenschwarms während einer gewissen Zeit kreisen kann, indem er einem Planeten in seiner einem Kreise angenäherten Bahn folgt. *Lp.*

A. MORGHEN. Sull'influenza che produce la densità non uniforme dei corpi sulle misure relative alla componente orizzontale de magnetismo terrestre e alla gravità. Atti R. Acc. dei Lincei Rend. (4) II_2, 87-92†.

Der Verfasser macht darauf aufmerksam, dass wegen der mangelhaften Homogeneität der schwingenden Körper das Trägheitsmoment nicht nur von der geometrischen Form, sondern auch von der Vertheilung der Masse abhängig ist. Er zählt fünf Methoden auf, nach denen die Länge des mit einem physischen Pendel isochron schwingenden mathematischen Pendels bestimmt wird, und giebt einige theoretische Entwickelungen über die reducirte Pendellänge eines Kreiscylinders, welcher einen Durchmesser der einen Basis zur Schwingungsaxe hat. Bezeichnet λ diese Länge für den homogen gedachten Cylinder, λ_1 für den Cylinder von veränderlicher Dichte, so wurden durch Versuche mit einem Cylinder aus Messing und mit einem aus Kupfer, welche einmal um einen Durchmesser der einen Endfläche, das andere Mal um einen der anderen schwangen, für $1-\lambda_1/\lambda$ die Werthe gefunden:

Messing: 0,00009795 und —0,00010151,
Kupfer: 0,00006723 und —0,00006891.

Danach wäre der Einfluss der ungleichen Dichte auf die Pendellänge grösser als die sonst hierfür geforderte Genauigkeit 0,00001. *Lp.*

K. Weihrauch. Ueber die Zunahme der Schwere beim Eindringen in das Erdinnere. Exner Rep. d. Phys. XXII, 396-401†; [Beibl. X, 663.

Hr. Helmert hat in seinen „Mathematischen und physikalischen Theorien der höheren Geodäsie" II, 493 unter Voraussetzung eines bestimmten mathematischen Gesetzes über die Aenderung der Dichte des Erdkörpers mit der Tiefe den Satz abgeleitet: „Die Schwerkraft nimmt zunächst zu, wenn man sich von der Erdoberfläche nach der Tiefe bewegt. Die Zunahme dauert an bis zur Tiefe gleich 0,18 des Erdradius, wo die Schwerkraft ein Maximum (gleich 1,05-mal der Schwere an der Oberfläche) erreicht, um von da an stetig abzunehmen bis zum Mittelpunkt". Um eine einfache und von wenigen Voraussetzungen ausgehende Ableitung dieses Satzes oder eines entsprechenden zu erhalten, behält Hr. Weihrauch die Helmert'sche Annahme bei, dass die Erde aus koncentrischen, homogenen, kugelförmigen Schichten besteht, verzichtet aber auf die Voraussetzung eines mathematischen Gesetzes über stetige Dichtigkeitsänderung mit der Tiefe. Es zeigt sich sofort, dass der Satz gilt: „Geht man innerhalb einer aus koncentrischen, homogenen Kugelschalen gebildeten Kugel aus dem Centrumsabstand $a+da$ in den Abstand a, so nimmt die Schwere zu oder ab, je nachdem die Dichte der durchbrochenen Schicht kleiner oder grösser ist, als zwei Drittel der mittleren Dichte der Kugel, zu welcher man gelangt". Einen fast gleichlautenden Satz hat Roche in einem Aufsatze „La constitution intérieure de notre planète" seinem Landsmann Saigey zugeeignet (in Flammarion, Revue mensuelle d'Astronomie II, 202. 1883). Dort steht: „Unterhalb der Erdoberfläche muss die Schwere zunächst bis zu einer gewissen Tiefe zunehmen; jenseits derselben nimmt sie ab, um im Mittelpunkte Null zu werden. Hierzu genügt es, dass die Dichtigkeit der Oberflächenschicht geringer ist als zwei Drittel der mittleren Dichte, eine Bedingung, die augenscheinlich erfüllt ist".

Indem sodann Hr. WEIHRAUCH willkürliche Gesetze für die Vertheilung der Dichte im Erdinnern annimmt, berechnet er die Tiefe für das Maximum der Schwere und die Dichte im Mittelpunkte der Erde. Wird das Wachsthum der Dichte proportional der Tiefe angenommen, so stimmen die berechneten Werthe ziemlich genau mit denen von Hrn. HELMERT überein. Nimmt man dagegen die Dichtigkeitsänderung proportional dem Quadrate der Tiefe an, so folgt ein Maximum der Schwere, gleich 1,038 der Schwere an der Oberfläche, in der Tiefe 0,13 des Erdhalbmessers.

Lp.

Sir W. THOMSON. Description of a differential gravity meter founded on the flexure of a spring. Rep. Brit. Assoc. Birmingham 534-535†.

— — On a new form of portable spring balance for the measurement of terrestrial gravity. Edinb. Proc. Roy. Soc. XIII, 683-686; [Beibl. XI, 807. 1887.

Der empfindliche Theil des Instruments ist eine Neusilberfeder von 75 cm Länge und 2 cm Breite, die an einem Ende eingeklemmt, am andern mit einer fest angelötheten Kugel von 20 gr Gewicht belastet ist. Das Neusilber wird bezeichnet als „federnd, von der Art, die unter dem Namen Doktor bekannt ist und in Kattundruckereien zum Abkratzen der Farbe von den Kupferwalzen dient". Die Feder ist mit ihrem nicht beschwerten Ende starr in einem Messingrohr von 8 cm Durchmesser befestigt; im unbelasteten Zustande würde sie aufwärts gekrümmt sein, wird aber durch die Belastung nahezu gerade. Ihr belastetes Ende spielt am anderen Ende des Messingrohrs vor einer kleinen Skala von 20 halben Millimetern, die auf dem Glasverschluss dieses Endes angebracht ist. Das Rohr und mit ihm die Feder liegt nicht horizontal, sondern liegt so auf einem Stativ, dass die Feder mit dem Horizont einen Winkel von etwas über 11° bildet. Diese Schrägstellung ist so bemessen, dass die Feder sich nahe an derjenigen Stellung befindet, wo sie labil wird und nach oben schlägt, dass sie aber bei den gewöhnlichen Temperaturen immer noch ein wenig unter diesem Labilitätspunkt bleibt. Das Stativ trägt eine Libelle und hat an demjenigen Ende, wo die Feder belastet ist, eine Mikrometerschraube, mittelst deren die Schrägstellung variirt werden kann. Die Messung besteht darin, dass man die Anzahl der Schraubendrehungen bestimmt, welche erforderlich ist, um das Instrument aus derjenigen Lage, wo die Libelle einspielt, in diejenige Lage zu bringen, wo das beschwerte Ende der Feder vor einer bestimmten Linie der oben erwähnten Skala steht. Die Empfindlichkeit wird auf $^1/_{200000}$ der Schwerkraft angegeben. Selbstverständlich ist der Apparat gegen Temperaturänderungen ausserordentlich empfindlich. Um Messungen bis auf $^1/_{100000}$ genau zu machen, muss die Temperatur der Feder auf $^1/_{20}$ ° C. regulirt sein, was der Verfasser durch Umhüllung mit Wasser zu erreichen gedenkt.

Bde.

Ludwig Gruber. Untersuchungen mit einem $\frac{3}{4}$-Sec. Reversionspendel und Bestimmung der Schwere in Budapest. Ungar. Ber. IV, 161-196†.

Die Versuche sind mit einem Reversionspendel von der Firma A. Repsold & Söhne in Hamburg ausgeführt. Der Verfasser beschreibt den Apparat, die Einrichtung der Beobachtungen, die Messung der Schneidendistanzen, die Bestimmung der Lage des Schwerpunktes der Pendelstange, die Beobachtung der Schwingungsdauer und die Ableitung der Länge des einfachen Sekundenpendels, unter genauer Mittheilung der Versuchsprotokolle und der an sie geknüpften Rechnungen. Auf Seite 192 zieht er das Ergebniss:

Länge L des auf den Meeresspiegel reducirten Sekundenpendels für Budapest (geogr. Br. 47° 30,2′) $L = 993{,}7961$ mm, also $g = 9{,}80837$ m.

Nach der allgemeinen Gravitationsformel wäre $L = 993{,}79$ mm und $g = 9{,}8083$ m. Nach der neuesten Unferdinger'schen Formel wäre

$$L = 440{,}5388_2 \text{ Pariser Linien}$$
$$= 993{,}7800_3 \text{ mm.}$$

Demgemäss wäre der gefundene Werth um 0,0161 mm grösser. Berücksichtigt man die in einem Zusatze mitgetheilten Resultate, so ist der gefundene Werth wegen der Bewegung des Stativs noch um 0,0443 mm zu vergrössern, also

$$L = 993{,}8404 \text{ mm.}$$

Unbekannt ist hierbei noch der konstante Fehler des Maassstabes, der am Anfange des Jahres 1886 zur Vergleichung nach Breteuil geschickt wurde. *Lp.*

B. Vaschy. Sur la nécessité de la loi d'attraction de la matière. J. de Phys. (2) V, 165-172†; [Beibl. X, 591.

Ein Beitrag zur Aetherstosstheorie. Die gewöhnliche Beweisführung zur Ableitung des Gesetzes, dass die Beschleunigung dem Quadrate der Entfernung umgekehrt proportional ist, wird als ungenau bemängelt: „Wenn eine gewisse Anzahl von Aetheratomen, welche sonst M treffen würden, daran durch die Begegnung mit M' gehindert wird, so werden dafür andere, welche sonst nicht nach M gelangt wären, durch Abprallen von M' dorthin gesandt, und nichts beweist, dass zwischen diesen beiden Wirkungen, von denen die eine M nach M' hin, die andere M von M' abdrängt, kein Ausgleich stattfinden kann". Der Verfasser unternimmt einen Beweis auf Grund folgender Annahmen: 1. „Es ist kein Grund vorhanden, für ein Atom einen Zustand der Wärme oder irgend einer potentiellen Energie zu betrachten; seine einzige Energie wird durch seine halbe lebendige Kraft der Translation dargestellt; hieraus folgt, dass der Stoss der beiden Atome die Summe ihrer lebendigen Kräfte nicht ändern darf. 2. Die Massen m (der Aethermolekeln) sind gleich und tauschen daher nur ihre gegenseitigen Geschwindigkeiten bei einer Bewegung aus; alles geschieht bei dieser Annahme so, als ob sie sich nie träfen". Mit Hülfe dieser Voraussetzungen gelingt der gewünschte Nachweis. Das Gesetz vom Produkte der Massen dagegen scheint dem Verfasser schwer beweisbar ohne die Einführung einer Hypothese über den Begriff der Masse. Dieser Theil des Newton'schen Gesetzes ist ja eben derjenige, welcher allen Erklärungsversuchen den zähesten Widerstand entgegenstellt, und zu dessen Erläuterung jeder Erklärer zu neuen verwickelten Annahmen zu greifen pflegt. *Lp.*

H. Fritsch. Beiträge zur Theorie der Gravitation. Progr. Realgymn. Königsberg i. Pr.†.

Der Verfasser hat schon 1874 und 1876 in zwei Programmabhandlungen derselben Schule seine Ansichten über das Modethema einer mechanischen Ableitung des Newton'schen Gravitationsgesetzes entwickelt. Er sucht die Quelle desselben in den Longitudinalwellen des Aethers und beruft sich, um seine Ansichten zu stützen, auf die akustischen Versuche von Guthrie (1871), bei denen Bewegungen leichter Körperchen in der Luft nach tönenden Körpern hin beobachtet sind. Als älter hätte Hr. Fritsch die auch von Guthrie angeführte Arbeit von Guyot (1835) erwähnen können, da in ihr schon derselbe Analogieschluss auf den Aether zur Erklärung der Gravitation gemacht ist. Wenn nun schon der Vorgang bei diesen Versuchen durchaus nicht so durchsichtig ist, dass dadurch klare Anschauungen über die Gravitation erzeugt werden können, so wird auch überhaupt nicht gesagt, wie die von Schellbach entdeckten Abstossungen bei ähnlichen Versuchen für diese Erklärungsart unschädlich zu machen sind. Bekanntlich hat Sir William Thomson solche Abstossungen durch Rechnungen bestätigt.

Nachdem im ersten Theile in kurzer Uebersicht die vorangehenden Forscher kritisirt und des Verfassers Ansichten entwickelt sind, sucht der zweite Theil zu zeigen, dass innerhalb undurchdringlicher Massen jede Bewegung erhalten bleibt, dass sämmtliche Theilchen sowohl des Aethers als der schweren Masse sich beim Anprall wie elastische Körper verhalten müssen. Im dritten Theile wird daraus gefolgert, dass jedes grosse Massentheilchen jedes andere mit einer Kraft anzieht, welche der Newton'schen entspricht, vorausgesetzt, dass die Intensität der von dem Verfasser erdachten „Wellen zweiter Ordnung“ proportional ist der Masse, welche dieselben erregt. Ohne auf eine Kritik der Ansichten des Verfassers einzugehen, möchte der Berichterstatter doch bemerken, dass die Zahl der ausgesprochenen und unausgesprochenen, bei den Ableitungen angewandten Hypothesen sehr gross ist, und dass ihre Beschaffenheit oft bedenklicher erscheint als die unvermittelte Annahme des zu erklärenden Gesetzes. *Lp.*

J. W. Haeussler. Die Schwere, analytisch dargestellt, als ein mechanisches Princip rotirender Körper. Exner Rep. XXII, 501-510.

M. Koenen. Ueber den Ausdruck „Trägheitsmoment". CBl. d. Bauverw. VI, 517†.

Im Gegensatz zu Hrn. Pescheck wird auseinandergesetzt, dass der Name Trägheitsmoment wohl geeignet sei, eine richtige Vorstellung von dem Wesen der Sache zu erwecken, welche damit bezeichnet werden soll, denn man könne den Namen ansehen als die Abkürzung der Begriffserklärung „das widerstehende Moment der Trägheitskräfte gegen Umdrehungskräfte". *F. K.*

E. Cesaro. Les lignes barycentriques. Nouv. Ann. (3) V, 511-520†.

Berechnet man die Bogen s einer Kurve (M) von einem bestimmten Anfangspunkt aus, so bildet der Ort der Schwerpunkte dieser Kurvenbogen die barycentrische Linie (G). Ist (M) eine ebene Kurve, und bedeuten x und y die Koordinaten des Schwerpunkts G, bezogen auf Tangente und Normale eines Punktes M von (M), so sind x und y in ihrer Beziehung zum Bogen s und dem davon abhängigen Krümmungsradius ϱ durch die Gleichungen dargestellt

$$\frac{d(sx)}{ds} = \frac{sy}{\varrho} - s; \quad \frac{d(sy)}{ds} = -\frac{sx}{\varrho}.$$

Eine zweifache Unendlichkeit von Punkten (x, y) genügt diesen Relationen; sie setzen das barycentrische System zusammen, für welches (M) die Grundkurve ist. Der Natur dieses Systems ist ein Theil der Betrachtungen zugewendet.

Für den Ort der Schwerpunkte sind die Gleichungen unter der Bedingung zu integriren, dass $x=0$, $y=0$ für $s=0$ ist. Die Frage führt auf die Integration der Gleichung

$$\varrho \frac{d(sz)}{ds}+isz+\varrho . s=0,$$

wo $z=x+iy$ und $i^2+1=0$ zu setzen ist. Mit ihrer Hülfe wird folgende Darstellung der Grössen x und y als Funktionen von s gegeben. Bestimmt man die Hülfsgrössen Θ, ξ, η durch die Gleichungen:

$$\Theta=\int_0^s \frac{ds}{\varrho}; \quad -s\xi=\int_0^s s\cos\Theta ds; \quad -s\eta=\int_0^s s\sin\Theta ds,$$

so ist

$$x=\xi\cos\Theta+\eta\sin\Theta; \quad y=-\xi\sin\Theta+\eta\cos\Theta.$$

Denkt man aus diesen beiden Gleichungen s eliminirt, so erhält man die Gleichung der barycentrischen Linie in Bezug auf das beweglich zu denkende Axensystem. Sind s_0 und ϱ_0 Bogen und Krümmungsradius der absoluten Trajektorie des Schwerpunkts, so stellen sich diese beiden Grössen als Funktion von s in der Form dar

$$s_0=\int_0^s (x^2+y^2)^{\frac{1}{2}} \frac{ds}{s}; \quad \varrho_0=\frac{(x^2+y^2)^{\frac{3}{2}}}{sy}.$$

An der Klothoide $\varrho . s=a^2$ findet die allgemeine Theorie ihre besondere Erläuterung. Kurven doppelter Krümmung werden zum Schluss in denselben Kreis der Betrachtungen gezogen.

Schn.

W. S. McCay, T. C. Simmons, A. H. Curtis. Solution of questions 8131 and 7865. Ed. Times XLIV, 46-47†.

Konstruirt man über allen Seiten eines geschlossenen geradlinigen Vielecks Polygone, die unter sich ähnlich sind und in gleicher Weise angeordnet liegen, so fällt der Schwerpunkt ihrer Ecken mit dem Schwerpunkte der Ecken des gegebenen Vielecks zusammen.

Lp.

E. Pascal. Relazioni fra le ellissi centrali d'inerzia delle aree, ed i baricentri dei volumi generati da queste. Nap. Rend. XXV, 239-242†.

E. Pascal. Teoremi baricentrici. Nap. Rend. XXV, 259-263†.

Beide Noten schliessen sich an Arbeiten von Hrn. Jung an, nämlich: „Alcuni teoremi baricentrici", „Osservazioni ed aggiunte alla nota Alcuni t. b." (Lomb. Ist. Rend. (2) XV, 499-506, 646-653, Fortschr. d. Math. XIV, 737. 1882) endlich „Nuovi teoremi a complemento della regola di Guldin e proprietà della spirale $r\theta = a \operatorname{sen} \theta$" (Rom. Acc. L. (3) VII. 97-100, Fortschr. d. Math. XV, 228. 1883). Die Sätze des Hrn. Jung betrafen eine Beziehung zwischen dem Schwerpunkte eines schief abgeschnittenen Cylinders und den Centren zweiten Grades seiner Schnitte, sowie eine Beziehung zwischen den Schwerpunkten der Umdrehungskörper und den Centren zweiten Grades der erzeugenden Flächen in Bezug auf die Rotationsaxe. Hr. Pascal gelangt auf einem anderen Wege dazu, jene Relationen auf beliebige Körper in Bezug auf gewisse ihrer ebenen Schnitte auszudehnen, und zieht aus einem Theoreme, welches derartige Beziehungen ausdrückt, verschiedene Folgerungen. Dieses Theorem lautet: „Wenn ein Körper durch Ebenen geschnitten wird, welche einen Cylinder umhüllen, so ist der Schwerpunkt des Körpers der Schwerpunkt der Kurve, welche vom Centrum zweiten Grades der Fläche des Schnittes in Bezug auf die Erzeugenden des Cylinders beschrieben wird, wenn dieser Kurve eine Dichtigkeit gegeben wird, die dem Produkte aus der Fläche des Schnittes in die Entfernung seines Schwerpunktes von den Erzeugenden des Cylinders proportional ist." Danach stellt der Verfasser die Formeln auf, welche die von dem Centrum zweiten Grades des erwähnten Schnittes des Körpers beschriebene Kurve auffinden lassen (in welche Formeln die Elemente der Centralellipse der Trägheit eingehen), und zieht aus ihnen verschiedene Schlüsse betreffs des Schwerpunktes des Körpers. Zuletzt betrachtet der Verfasser in der ersten Note einige specielle Körper, unter denen die Umdrehungskörper einen besonderen Fall bilden.

In der zweiten Note werden einige Gedanken weiter entwickelt, welche in der ersten nur angedeutet werden konnten. Insbesondere wird der Schwerpunkt eines von einer gewissen Fläche erzeugten Körpers gesucht unter der Voraussetzung, dass man den Schwerpunkt eines Körpers mit einer anderen erzeugenden Fläche oder mit einer erzeugenden Fläche kennt, welche sich in einer von derjenigen der ersten Fläche verschiedenen Art deformirt. Die Anwendung der in dieser Note entwickelten Principien führt zur Lösung einer neuen Aufgabe, zur Verallgemeinerung einiger Formeln und insbesondere zu einem Theoreme des Hrn. JUNG über die Anwendung der schon vielfach benutzten Spirale $r\theta = a\sin\theta$ bei der Bestimmung von Schwerpunkten.

Lp.

A. LODGE. New geometrical representation of moments and products of inertia in a plane section; and also of the relations between stresses and strains in two dimensions. Phil. Mag. (5) XXII, 453-458†; [Cim. (3) XXIII, 171. 1888.

A. LODGE. Diagrammatic representation of moments of inertia in a plane area. Brit. Ass. Rep. 543-544†.

Zwei Methoden zur Darstellung des Zusammenhanges zwischen den Trägheitsmomenten und Produkten um Paare von rechtwinkligen Axen durch einen Punkt vermittelst eines Kreises werden angegeben ohne die Nothwendigkeit, die Trägheitsellipse zu zeichnen. Die Konstruktionen werden auf die graphische Darstellung von Deformationen (stresses and strains) ausgedehnt.

Gibson. (Lp.)

R. HOPPE. Analytisch specifische Grössen des Vierecks. HOPPE Arch. (2) IV, 224†.

Für den Schwerpunkt der gleich belasteten Ecken als Anfangspunkt der Koordinaten wird die Bedingung dafür gegeben, dass alle Trägheitsmomente für Axen, die durch den Schwerpunkt gehen, gleich sind. *Lp.*

J. TANNERY. Deux leçons de Cinématique. Ann. de l'Éc. Norm. (3) III, 43-80†, auch sep. Paris: Gauthier-Villars.

In der ersten Vorlesung wird die Theorie der Strecken und ihrer Momente in Bezug auf einen Punkt und auf eine Gerade streng systematisch entwickelt und im Anschluss daran der Begriff der geometrischen Derivirten einer Strecke festgestellt. Nach Einführung dieses Begriffs ist die Geschwindigkeit eines beweglichen Punktes die nach der Zeit genommene geometrische Derivirte der Strecke, welche von irgend einem festen Punkt zu dem beweglichen führt; die Beschleunigung aber ist die geometrische Derivirte der Geschwindigkeit. Im zweiten Theile wird die Darstellung der Beschleunigung eines Punktes eines starren Systems gegeben, welches entweder mit einer seiner Ebenen auf einer festen Ebene gleitet oder um einen festen Punkt drehbar ist, und diese analytisch wie rein geometrisch entwickelten Ausdrucksformen für die Beschleunigung eines Systempunktes, welche für beide Arten der Bewegung manche Analogien darbieten, werden benutzt, um die Krümmung der Trajektorien der Systempunkte zu beurtheilen und die darauf sich beziehenden geometrischen Elemente konstruktiv zu bestimmen. *Schn.*

PH. GILBERT. Sur l'accélération angulaire. C. R. CIII, 1246-1250†.

Ein starrer Körper sei um einen festen Punkt O beweglich, ω sei seine Winkelgeschwindigkeit, $OJ = \omega$ die augenblickliche Drehungsaxe und p, q, r seien die Komponenten derselben gegen ein rechtwinkliges Axensystem Ox, Oy, Oz. Dieses Axensystem wird gleichfalls um den Punkt O beweglich gedacht, und seine augenblickliche Drehungsaxe $OS = 0$ hat zu Komponenten α, β, γ. Sind nun λ_x, λ_y, λ_z die Komponenten der Winkelbeschleunigung λ des starren Körpers, so lässt sich λ als die Geschwindigkeit des Pols J auffassen, und dadurch gewinnt man unmittelbar die Gleichungen:

$$\lambda_x = \frac{dp}{dt} + \beta r - \gamma q,$$

$$\lambda_y = \frac{dq}{dt} + \gamma p - \alpha r,$$

$$\lambda_z = \frac{dr}{dt} + \alpha q - \beta p.$$

Ist das Axensystem $Oxyz$ in Ruhe, so ist $\alpha = \beta = \gamma = 0$, und ist es starr mit dem Körper verknüpft, so ist $\alpha = p$, $\beta = q$, $\gamma = r$. In beiden Fällen erhält man die bekannten Formen

$$\lambda_x = \frac{dp}{dt}, \quad \lambda_y = \frac{dq}{dt}, \quad \lambda_z = \frac{dr}{dt}.$$

Nach demselben Princip werden die Darstellungen für die Winkelbeschleunigungen höherer Ordnung gegeben. *Schn.*

WALKER. On a theorem in Kinematics. Lond. M. Soc. Proc. XVII, 123-226†.

Wenn ein Körper zwei auf einander folgende Drehungen 2Φ und $2\Phi'$ um die Axen OA und OB, welche von einem Punkt auslaufen, erleidet, so können diese ersetzt werden durch eine Drehung 2φ um eine Axe OC. Werden A, B, C als Punkte einer Kugel aufgefasst, so bilden diese drei Punkte ein sphärisches Dreieck, in welchem die Winkel BAC und ABC bezüglich Φ und Φ' sind, φ aber das Supplement des dritten Winkels ACB vorstellt. Dieser von HAMILTON mit Hülfe der Quaternionen bewiesene Satz wird hier auf rein geometrischem Wege gewonnen, und zwar schliesst sich der Beweis an folgendes Theorem an: Wenn ein Körper zwei auf einander folgende Drehungen um zwei Axen erleidet, welche sich in einem Punkte schneiden, so beschreibt jede durch den Punkt gehende Gerade Theile von zwei Kegelflächen. Diese Kegelflächen schneiden sich zum zweiten Mal in einer Geraden, und diese Gerade gehört auch der Kegelfläche an, die durch die einfache gleichwerthige Drehung erzeugt wird. *Schn.*

ED. DEWULF. Mémoire sur une transformation géométrique générale, dont un cas particulier est applicable à la cinématique. Ann. de l'Éc. Norm. (3) III, 405-431†.

Zwei Ebenen P und P' mögen auf einander liegend gedacht werden, und O sei ein beiden Ebenen gemeinsamer Punkt. Ein Punkt M der Ebene P entspricht einem Punkt M' der Ebene P', wenn beide auf einer Geraden, welche durch O führt, gelegen und auf dieser entsprechende Elemente zweier projektivischen Punktreihen sind, für welche die beiden Doppelpunkte in O zusammenfallen. Die Korrespondenz der Punkte ist vollkommen bestimmt, sobald auf jeder Geraden durch O noch ein Paar entsprechender Punkte angegeben wird. Um dieses Paar zu fixiren, denkt der Verfasser sich eine Kurve φ' vom n^{ten} Grade in der Ebene P', welche in O einen $(n-1)$-fachen Punkt hat, und lässt jedem Punkt π', in welchem eine Gerade durch O diese Kurve noch schneidet, den Punkt in P entsprechen, welcher auf der Geraden im Unendlichen gelegen ist. Es entsprechen also den Punkten von φ'_n in P' die Punkte auf der unendlich entfernten Geraden in P. Die in dieser Weise gekennzeichnete Verwandtschaft von P und P' wird nunmehr analysirt. Es ergiebt sich: Jeder Geraden l der Ebene P entspricht in der Ebene P' eine Kurve F'_n vom Grade n, welche in O einen $(n-1)$-fachen Punkt hat, und zwar oskulirt jeder Zweig von F'_n in O einen Zweig von φ'_n. Von der Kurve F'_n sind unabhängig von der besonderen Lage der Geraden l 1) der $(n-1)$-fache Punkt O^{n-1} und 2) $2(n-1)$ einfache Punkte, welche zu je zwei auf den $(n-1)$ Zweigen von φ'_n unendlich nahe an O liegen; es hat also F'_n $\frac{n(n+3)}{2}-2$ feste Grundpunkte. Bestimmt man demnach zu zwei Punkten von l die entsprechenden in der Ebene P', so ist F'_n vollkommen bestimmt. Der unendlich entfernten Geraden in P' entspricht in der Ebene P eine Kurve φ_n, welche mit φ'_n in Bezug auf O symmetrisch gelegen ist. Zieht man von O aus Parallelen zu den n Asymptoten von φ'_n, so bilden diese n Geraden den Ort der sich selbst entsprechenden Punkte. Denkt man die Ebene P und P' horizontal und nimmt auf der Vertikalen durch O einen Punkt Σ an, so giebt folgendes Theorem die Konstruktion entsprechender Punkte: Der geometrische Ort der Punkte M', welche den Punkten M der Kurve F_m entsprechen, ist die horizontale Projektion des Schnitts zweier Kegel; der eine der Kegel hat Σ zur Spitze und φ'_n zur Leitkurve, der andere hat O zur Spitze und zur Leitkurve die Projektion der Kurve F_m auf eine horizontale Ebene, welche durch Σ gelegt ist.

Ist $n = 2$ und φ'_2 ein Kreis, so entsteht eine besondere Form der Verwandtschaft, welche für Fragen der Kinematik besondere Bedeutung gewinnt. Bewegt sich nämlich eine Ebene P in sich selbst, so beschreibt jeder Punkt M derselben eine Trajektorie; ihr Krümmungsmittelpunkt M' steht mit M in der oben gekennzeichneten Verwandtschaft. Denn je zwei entsprechende Punkte liegen mit dem augenblicklichen Drehungscentrum O in einer Geraden und bestimmen auf dieser projektivische Punktreihen, für welche die beiden Doppelpunkte in O zusammenfallen; den Punkten der unendlich entfernten Geraden entspricht aber ein Kreis φ'_2. Der symmetrisch in Bezug auf O liegende Kreis ist alsdann der Wendekreis φ_2, und den Ort der sich selbst entsprechenden Punkte bilden die beiden imaginären Geraden, welche vom augenblickblicklichen Drehpunkt nach den beiden Kreispunkten im Unendlichen laufen. Vergleicht man die Krümmungsradien der Trajektorien, welche die Punkte einer durch O führenden Geraden beschreiben, so findet man zwei Maxima und zwei Minima; die Maxima entsprechen dem Punkte M im Unendlichen und dem Punkte auf dem Wendekreise φ_2, die Minima entsprechen dem Drehungscentrum O und dem Punkte M auf einem Kreise, welcher den Durchmesser des Wendekreises zum Radius und den dem Punkte O diametral gegenüberliegenden Punkt desselben zum Mittelpunkt hat. Dieser Kreis ist unter dem Namen Rollkreis (cercle de roulement) bekannt. Die Punkte einer beliebigen Geraden der Ebene P beschreiben Trajektorien, für welche die Krümmungsmittelpunkte auf einem Kegelschnitt gelegen sind. Dieser oskulirt den Kreis φ'_2 im Drehungscentrum O. Diesen Kegelschnitt nennt der Verfasser den Kegelschnitt von Rival, der 1853 seine Beziehung zu einer Geraden der beweglichen Ebene zuerst erkannt hat. Der Verfasser giebt entsprechend den allgemeinen Betrachtungen für ihn die Konstruktion. Die Beziehungen der Geraden der Ebene P zu ihren Kegelschnitten von Rival bilden den Gegenstand der weiteren Untersuchung. Einem System paralleler Geraden entspricht ein System von derartigen Kegelschnitten, ihre Mittelpunkte liegen auf einer gleichseitigen Hyperbel, und ihre Axen sind alle den Asymptoten dieser Hyperbel parallel. Mit der Richtung der Geraden ändert sich die Lage der gleichseitigen Hyperbel, Gesetze dafür werden aufgestellt, und Beziehungen zwischen den Geraden der Ebene und ihren Polen in Bezug auf die zugehörigen RIVAL'schen Kegelschnitte entwickelt. *Schn.*

R. GODEFROY. Construction des tangentes aux courbes planes et détermination du point où une droite mobile touche son enveloppe. C. R. CII, 604-606†.

Ein veränderliches Segment einer Geraden bewege sich in der Ebene so, dass seine Endpunkte *A* und *B* zwei feste Kurven beschreiben. Zieht man von einem Punkt aus Richtstrahlen, welche in Grösse und Richtung mit dem veränderlichen Segment übereinstimmen, so bestimmen die Endpunkte eine Kurve *R*, und diese kann zur Kennzeichnung der Bewegung benutzt werden. Jeder Lage der Geraden entspricht ein Richtstrahl und eine Tangente von *R* in seinem Endpunkte. Parallel derselben führt durch den Punkt *O*, in welchem sich die Tangenten in *A* und *B* schneiden, eine Gerade; diese schneidet die bewegliche Gerade in einem Punkt, der dieselbe Entfernung von dem Mittelpunkt des Segments hat, wie der Punkt, in welchem die Gerade ihre Enveloppe berührt. Diese Beziehung erweist sich nach manchen Richtungen fruchtbar für die Konstruktion von Tangenten an ebene Kurven und für die Bestimmung des Punktes, in welchem eine bewegliche Gerade ihre Umhüllungskurve berührt. So wird unter anderem auf die Lösung des folgenden Problems hingewiesen: Es ist der Punkt der Enveloppe einer beweglichen Geraden zu finden, welche durch drei Kurven in proportionale Abschnitte getheilt wird. Folgendes Theorem giebt die Lösung: Jeder Abschnitt der beweglichen Geraden, welcher zwischen zwei Kurven enthalten ist, wird durch den Berührungspunkt der Enveloppe nach demselben Verhältniss getheilt, in welchem das Segment der Tangente an der dritten Kurve durch ihren eigenen Berührungspunkt getheilt wird. *Schn.*

J. B. Pomey. Enveloppes des côtés d'un carré invariable dont deux sommets décrivent deux droites rectangulaires. Nouv. Ann. (3) V, 520-530†.

Das Quadrat $ABCD$ gleite mit dem Punkte A in der x-Axe, mit dem Punkte B in der darauf senkrechten y-Axe. Errichtet man in A und B Lothe zu den Axen, so ist ihr Schnittpunkt E der augenblickliche Drehpunkt für das Quadrat; die Fusspunkte der Lothe von E aus auf die Seiten des Quadrats sind also die Punkte, in denen die Quadratseiten ihre Enveloppen berühren. Von diesen Gesichtspunkten ausgehend entwickelt der Verfasser die Gleichungen der Enveloppen der Quadratseiten und studirt ihre Formen, auch eine Bestimmung der von den Enveloppen begrenzten Flächen wird hinzufügt. *Schn.*

J. Tesar. Die Contourevolute axialer Schraubenflächen. Wien. Ber. XCIV, 181-196†.

Durch die Axe einer windschiefen Schraubenfläche wird eine Ebene gelegt, und auf diese die Schraubenfläche orthogonal projicirt. Die konstruktive Bestimmung der Evolute der Kontourkurve der Schraubenfläche bildet den Gegenstand vorliegender Arbeit. Die Lösung der gestellten Aufgabe wird durch kinematische Betrachtungen gewonnen. Im Zusammenhange damit wird die Krümmung der betreffenden Kurve beurtheilt und ihre analytische Darstellung gegeben. *Schn.*

F. Siacci. Sulla rotazione di un corpo intorno a un punto. Torino Atti XXI, 261-265†.

D. Padelletti. Sulle superficie che rotolano una sull'altra nel moto di rotazione di un corpo intorno a un punto. Nap. Rend. XXV, 242-244†.

Die Bewegung eines Körpers, von welchem ein Punkt fest ist, kann dadurch beschrieben werden, dass man eine erste mit dem Körper fest verbundene Oberfläche und eine zweite im Raume feste Oberfläche angiebt, welche beide Flächen während der Drehung des Körpers sich stets in einem Punkte berühren, so dass also die erste Fläche sich auf der zweiten wälzt. Ausser den beiden Kegelflächen, welche die momentane Rotationsaxe im Körper und im Raume beschreibt, hat POINSOT entdeckt, dass das Trägheitsellipsoid auf einer festen, zur invariablen Ebene parallelen Ebene rollt. Hr. SIACCI hat 1881 in dem Bande „Collectanea Mathematica in memoriam D. CHELINI“ die Abhandlung veröffentlicht: L'iperboloide centrale nella rotazione dei corpi, in welcher er zeigte, dass ein Hyperboloid sich auf einem Umdrehungscylinder wälzt. Später hat Hr. GEBBIA in Rom. Acc. L. Mem. (4) I, 324 in der Arbeit „Su due proprietà della rotazione dei corpi“ bewiesen, dass jede zum Trägheitsellipsoide homocyklische Fläche zweiter Ordnung sich auf einer festen Umdrehungsfläche zweiter Ordnung wälzt, welche ihren Mittelpunkt im festen Punkte hat und zur Axe die des resultirenden Kräftepaares der Bewegungsgrösse besitzt.

In der ersten der hier zu besprechenden Arbeiten giebt Hr. SIACCI zwei Sätze, durch welche man zwei neue zu einander gehörige Flächen aus zwei schon bekannten finden kann. Ein starrer Körper drehe sich also irgendwie um einen festen Punkt, und eine mit ihm fest verbundene Oberfläche werde mit einer anderen fest gegebenen in Berührung gehalten. 1) Transformirt man die beiden Oberflächen, indem man jeden Radiusvektor durch eine Funktion desselben ersetzt (welche jedoch nicht gleiche Längen für ungleiche Werthe der Variabeln gebe, auch nicht ungleiche Längen für gleiche Werthe der Variabeln), so bleibt die neue bewegliche Fläche beständig mit der neuen festen Fläche in Berührung, und wenn zwischen den ersten Flächen kein Gleiten stattfand, so tritt es auch nicht zwischen den letzten ein. 2) Transformirt man die beiden Oberflächen, indem man jedes vom festen Punkte auf eine beliebige Berührungsebene gefällte Loth durch einen Radiusvektor ersetzt, dessen Länge dem Lothe umgekehrt proportional ist, so bleibt die neue bewegliche Fläche beständig mit der neuen festen in Berührung, und wenn zwischen den ersten Flächen kein Rollen oder Gleiten stattfand, so besteht zwischen den letzteren kein Gleiten oder Rollen. Nach kurzer Erläuterung des zweiten Satzes macht der Verfasser von beiden Anwendung auf die Transformation des POINSOT'schen Centralellipsoids und der zugehörigen festen Ebene; dadurch gelangt er unter anderem zu den Sätzen, welche von Clebsch (Journ. f. Math. LVII, 75) und von Hrn. Gebbia l. c. aufgestellt sind.

Hr. Padelletti entwickelt durch sehr einfache geometrische Ueberlegungen folgende Sätze: „Wenn eine mit dem bewegten Systeme starr verbundene Fläche *F* gegeben ist, so giebt es unendlich viele feste Oberflächen, auf denen *F* rollt. Alle diese Oberflächen gehen durch eine und dieselbe Kurve und sind längs dieser Kurve derselben abwickelbaren Fläche einbeschrieben." Es giebt also immer eine feste abwickelbare Fläche, auf welcher *F* rollt. Ist *F* selbst abwickelbar, so schliesst man: „Bei der Bewegung eines starren Systems um einen Punkt giebt es unendlich viele Paare abwickelbarer Oberflächen, sodass die eine auf der anderen rollt." Einige Anwendungen schliessen die Note.

Lp.

W. Hess. Ueber die Herpolodie. Math. Ann. XXVII, 465 bis 470†.

W. Hess. Nachtrag zu der Note über die Herpolodie. Math. Ann. XXVII, 568†.

W. Hess. Sur l'herpolodie. C. R. CII, 1304-1307, 1366-1369†.

Seitdem Hr. de Sparre 1884 in den C. R. den Satz veröffentlicht hat, dass die beim Rollen des Centralellipsoides auf der zugehörigen festen Ebene entstehende Herpolodie keine Wendepunkte besitzt, haben ausser diesem Geometer die Hrrn. Mannheim, de St. Germain, Franke, Darboux, Resal sich mit dieser Aufgabe und mit den ihr verwandten beschäftigt und den betreffenden Satz als Satz von de Sparre bezeichnet.

Hr. Hess hatte aber schon 1880 alle diese Untersuchungen vorweg erledigt in seiner Schrift: „Das Rollen einer Fläche zweiten Grades auf einer invariablen Ebene" (Fortschr. d. Math. XII, 1880. 649), wie das vom Referenten sofort in dem Bericht über die Arbeit des Hrn. de Sparre (Fortschr. d. Math. 1884. 768), sowie in den Berichten über die folgenden Arbeiten vom Jahre 1885 hervorgehoben ist; die bezüglichen Sätze sind in den Fortschr. d.

Math. daher „HESS'sche Sätze" genannt worden. In den obigen Noten, von denen die französischen im wesentlichen Uebersetzungen der deutschen sind, wahrt Hr. HESS seine Priorität unter wörtlicher Anführung der Stellen aus seiner Dissertation vom Jahre 1880.

Lp.

K. WEIHRAUCH. Ueber die dynamischen Centra des Rotationsellipsoids mit Anwendung auf die Erde. Bull. de l. Soc. Imp. d. Nat. de Moscou 1886†.

Jedem Punkte P der Oberfläche eines um seine Axe rotirenden Rotationsellipsoids wird eine bestimmte Grösse und Richtung der Schwere, d. h. der Resultante der Anziehung des Ellipsoids und der Centrifugalkraft zukommen. Derjenige Punkt P_1, in welchem man sich die gesammte Masse des Ellipsoids vereinigt zu denken hat, damit ihre anziehende Wirkung nach Grösse und Richtung mit der in P stattfindenden Schwerkraft übereinstimmt, heisst das dynamische Centrum des Punktes P in Bezug auf das anziehende Ellipsoid. Der Ort der dynamischen Centra ist, wie man sofort erkennt, eine Rotationsfläche, deren Meridianschnitte algebraische Kurven sind. Unter Voraussetzung hinreichend kleiner Abplattung und Rotationsgeschwindigkeit reducirt sich der Grad derselben auf sechs, und die Koordinaten des Punktes P_1 lassen sich durch die geocentrische Breite ψ des Punktes P in der Form darstellen:

$$\xi = \cos\psi[h(2-\cos^2\psi)+m(2-3\cos^2\psi)],$$
$$\eta = -\sin\psi[h(2+\cos^2\psi)+3m\cos^2\psi],$$

wo ξ den Abstand von der Axe und ζ denjenigen von der Aequatorebene bezeichnet; und zwar ist in diesen Formeln, wenn b die kleine Axe, $a=b(1+\delta^2)$ die grosse Axe, ω die Rotationsgeschwindigkeit des Ellipsoids bedeutet, und k^2 die Kraft darstellt, welche zwei Masseneinheiten in der Entfernung 1 ausüben:

$$h = \frac{3b\delta^2}{20} \quad \text{und} \quad m = \frac{b\lambda^2}{2} = \frac{b}{2}\cdot\frac{\omega^2 b^3}{Mk^2}.$$

Die Formel wird für vier specielle Fälle diskutirt; nämlich 1) für den Fall eines flüssigen Rotationsellipsoids; dort ist $\lambda^2 = \frac{4}{5}\delta^2$ und folglich $m = \frac{4}{3}h$. 2) Für ein homogenes, nicht rotirendes Ellipsoid;

in diesem Falle sind λ und m gleich 0. 3) Bei der Erde sind die Formeln etwas zu modificiren; es ergiebt sich

$$\xi = b\cos\psi(0{,}005090-0{,}006014\cos^2\psi),$$
$$\zeta = -b\sin\psi(0{,}001628+0{,}006014\cos^2\psi).$$

4) Würde die Erde plötzlich ihre Rotationsgeschwindigkeit verlieren, so ergäbe sich als Ort des dynamischen Centrums

$$\xi = b\cos\psi(0{,}001624-0{,}000814\cos^2\psi),$$
$$\eta = -b\sin\psi(0{,}001628+0{,}000814\cos^2\psi).$$

Dieser Ort heisst der Ort der Attraktionscentra der Erde für Punkte ihrer Oberfläche.

Aus einer beigefügten Zeichnung erkennt man besonders gut die auch aus den Zahlenwerthen leicht abzuleitende Uebereinstimmung der Kurven 1 und 3 resp. 2 und 4. *F. K.*

J. Tesar. Zur graphischen Zusammensetzung der Kräfte und Drehungen im Raume. Prag. Ber. 259-272†.

Der Aufsatz schliesst sich an die Abhandlung von Hrn. Mohr im Civiling. von 1876 an: „Ueber die Zusammensetzung der Kräfte im Raume“; in derselben wurde die Culmann'sche Bestimmung der Richtung und Grösse der die Paare oder Momente darstellenden Axenstrecken verworfen, und die Konstruktion wurde mit Hülfe von drei zu einander senkrechten Projektionsebenen durch ein Verfahren geleistet, welches von dem Culmann'schen im Princip und in der Durchführung verschieden ist. Indem Hr. Tesar auf einen Theil der Kontrolle verzichtet, lässt er eine Projektionsebene wegfallen, behält aber die drei Koordinatenaxen bei, in denen sich jene Ebenen schneiden, und trägt den Einwendungen Mohr's gegen das Culmann'sche Verfahren Rechnung. Von den beiden Aufgaben in Bezug auf die Kräfte und die Drehungen genügt es, die Zusammensetzung der Kräfte im Raume eingehend zu behandeln, also die Aufgabe: Ein System von beliebigen Kräften soll reducirt werden auf eine Einzelkraft, welche mit einer Geraden, der Centralaxe des Systems, zusammenfällt, und ein Moment, dessen Ebene zur Centralaxe senkrecht steht. (Der Inbegriff dieser Einzelkraft und dieses Moments führt nach R. St. Ball den Namen „Winder“.)

BERG werden vier verschiedene Methoden für diese Aufgabe gelehrt). Aus der gewählten Darstellung des Kräftesystems werden dann mit Leichtigkeit die Haupteigenschaften der Centralaxe, der Brennpunkte und Charakteristiken für die verschiedenen Ebenen des Raumes, endlich auch die der konjugirten Geraden erschlossen.

Lp.

H. RAINY. Bifilar suspension treated by the method of contour lines. Edinb. M. S. Proc. IV, 47-51†.

Eine neue Methode zur Theorie der bifilaren Aufhängung auf Grund der Eigenschaften von Kontour-Linien. Die Lösung des vorliegenden Problems ist einfacher als bei WIEDEMANN, Galvanismus Bd. II, Theil I, S. 289.

Gibson. (*Lp.*)

E. PADOVA. Sul moto di rotazione di un corpo rigido. Torino Atti XXI, 38-47†.

Die Anzahl der Beispiele, in welchen die Integration der Differentialgleichungen für die Drehung eines starren Körpers um einen festen Punkt ausführbar ist, wird durch den Verfasser in der Arbeit um zwei vermehrt. 1) Der Körper erleidet einen Widerstand, welcher, nach dem festen Punkte als Reduktionspunkte verlegt, ein Kräftepaar erzeugt, welches dem jeweiligen Paare der Bewegungsgrösse proportional und ihm gerade entgegengesetzt gerichtet ist. Zu den drei EULER'schen Bewegungsgleichungen in der bekannten Form der Bezeichnungen (wenn keine äusseren Kräfte einwirken) treten daher die Terme bezw. hinzu: $-\lambda Ap$, $-\lambda Bq$, $-\lambda Cr$, worin λ eine Konstante bezeichnet. 2) Ein homogener schwerer Umdrehungskörper dreht sich um einen Punkt seiner Umdrehungsaxe; während der Bewegung erleidet er einen Widerstand, welcher dem im ersten Falle betrachteten analog ist, und der Aufhängepunkt wandert auf der Symmetrieaxe derart, dass sein Abstand s vom Schwerpunkte der Bedingung genügt:

$$se^{2\lambda t} = s_1 = \text{const.}$$

Für beide Fälle werden die Rechnungen mit Hülfe der elliptischen Funktionen und der Thetareihen durchgeführt und einige Eigenschaften der bezüglichen Bewegungen, insbesondere Analogien mit dem bekannten Falle der Drehung eines schweren Körpers um seinen Schwerpunkt als festen Punkt, aus den Formeln erschlossen.

Lp.

E. Padova. Proprietà del moto di un corpo di rivoluzione soggetto a forze che hanno la funzione potenziale $H\cos^2\vartheta$. Rom. Acc. L. Rend. (2) II, 135-140, 168-174†.

Die Bestimmung der Bewegung eines homogenen Umdrehungskörpers, der sich um einen festen Punkt seiner Symmetrieaxe dreht, kann auf Quadraturen gebracht werden, sobald die an ihm angebrachten Kräfte eine Potentialfunktion zulassen, welche nur von dem Winkel ϑ abhängt, den die Symmetrieaxe des Körpers mit einer festen Richtung einschliesst. Nun hat Hr. Tisserand (C. R. Cl. 193-199, Fortschr. d. Math. XVII, 1132. 1885) darauf aufmerksam gemacht, dass die Rotationsgleichungen der Erde sich unter Benutzung der elliptischen Funktionen strenge integriren lassen, wenn man die Störungsfunktion auf das Glied reducirt, welches vom Sinusquadrat der Neigung des Aequators gegen die Fundamentalebene abhängt. Daher nimmt Hr. Padova die Behandlung der Aufgabe auf, die Drehung eines Umdrehungskörpers um einen festen Punkt O zu untersuchen, wenn die Kräftefunktion von der Form $H\cos^2\vartheta$ ist, wo H eine Konstante, ϑ den Winkel der im Raume festen Axe $O\zeta$ mit der Körperaxe O_z bedeutet. (Beiläufig erwähnt der Verfasser, dass, wenn die Kräftefunktion dem Quadrate von $\tang\vartheta$ umgekehrt proportional ist, die Lösung der Aufgabe sich schon durch die elementaren Transcendenten bewerkstelligen lässt, dass dieser Fall also als Vorlesungsbeispiel dienen könne.) Der Verfasser vollzieht die Reduktion der Formeln auf elliptische Funktionen in der Jacobi'schen Form, sowie auf Thetareihen, wodurch die Lösung Tisserand's ergänzt wird, und kommt dadurch u. a. zu dem folgenden Satze, den wir wegen seiner vielfachen Behandlung in neuerer Zeit hersetzen: „Wenn die Gleichung $F(z) = 0$“ ($F(z)$ ist das Polynom vierten Grades unter der Quadratwurzel) „lauter reelle Wurzeln hat, so kann das Problem der Drehung eines Umdrehungskörpers um einen festen

Punkt seiner Axe, wenn derselbe Kräften unterworfen ist, die eine dem Quadrate des Cosinus desjenigen Winkels proportionale Kräftefunktion haben, welchen die Symmetrieaxe mit einer festen Richtung bildet, als äquivalent mit der Aufgabe der Bewegung zweier, äusseren Kräften nicht unterworfener Körper angesehen werden, abgesehen von gewissen gleichförmigen Rotationsbewegungen um die Symmetrieaxe und um die Gerade, welche durch den festen Punkt geht und die erwähnte feste Richtung hat". Die Betrachtung desjenigen Falles, in welchem $F(z)=0$ zwei reelle und zwei komplexe Wurzeln besitzt, bildet den letzten Paragraphen der Arbeit, in welchem ähnliche Resultate wie im ersten Theile erlangt werden. *Lp.*

F. E. NIPHER. The isodynamic surfaces of the compound pendulum. Trans. of St. Louis Acad. of n. IV, No. 4. 644-648; SILL. J. (3) XXXI, 22-26†; [J. de phys. (2) VI, 439. 1887; [Beibl. X, 467.

Es seien r und α die Polar-Koordinaten eines Punktes des zusammengesetzten Pendels in Bezug auf einen Punkt der Aufhängaxe als Pol und in Bezug auf die Ebene durch Schwerpunkt und Aufhängaxe. Bildet die letztere Ebene den Winkel θ mit der Vertikalen, und ist dF die Kraft, welche auf ein Massenelement dm einwirken muss, um mit Hinzufügung seiner tangentialen Gewichtskomponente dem Elemente seine wirkliche Beschleunigung zu ertheilen, so hat man

$$\frac{rdF}{gdm} = r\sin(\theta+\alpha)-\frac{r^2}{l}\sin\theta.$$

Setzt man diesen Ausdruck gleich einer Konstanten a, so repräsentirt er für ein variables α und ein konstantes θ eine Reihe koncentrischer Kreise (Cylinder), welche die vom Verfasser „isodynamisch" genannten Oberflächen sind. *Lp.*

G. LORENTZEN. Theorie des GAUSS'schen Pendels. Diss. Leipzig. 24 S. 4°, Astr. Nachr. CXIV, 241-284; Leipz. Universitätsschrift (zu FRANCK's Gedächtnissfeier) 29 pp.

Ein starres Pendel, bestehend aus einer Stange und einer Linse, deren Rotationsaxe mit der Stangenaxe zusammenfällt, schwingt in einer CARDANI'schen Aufhängung. Die Theorie dieses Pendels wird gegeben. Referat in WIEDEM. Beibl. X, 466 und in Forthr. d. Math. XVIII, 1107. *Lp.*

E. DE JONQUIÈRES. Au sujet de certaines circonstances qui se présentent dans le mouvement de la toupie. C. R. CII, 1519-1522†.

E. DE JONQUIÈRES. Sur le mouvement d'un solide homogène, pesant, fixé par un point de son axe de figure. C. R. CIII, 17-21†.

E. DE JONQUIÈRES. Note sur un principe de Mécanique rationnelle et une démonstration dont DANIEL BERNOULLI s'est servi en 1757. C. R. CIII, 617-620†.

Die beiden ersten Noten sind Auszüge aus einer grösseren Arbeit des Verfassers: „Explication élémentaire du mouvement de la toupie, d'après les méthodes de POINSOT" oder „Étude sur le mouvement de la toupie", einer Schrift, die zwar angekündigt wird, aber nicht erschienen ist. „Will man blos von der Art der Einwirkung der ins Spiel kommenden Kräfte eine genaue Rechenschaft ablegen, ohne die Wirkungen zu messen, so kann man, den Spuren POINSOT's nachgehend, sich eine klare und deutliche Vorstellung von der Erscheinung verschaffen. Hierzu braucht man nur, wie er es selber sagt und das Beispiel dazu giebt, die Dinge an sich zu betrachten, ohne sie im Verlaufe der Schlussfolgerung aus den Augen zu verlieren." Nach diesem Gesichtspunkte sollen die Ausführungen des Verfassers die Frage nach der Grösse der betrachteten Variablen nicht berühren; die mitgetheilten Auszüge können die Beweisführung nur andeuten, geben daher nichts weiter als eine ungefähre Vorstellung von der Wirkungsweise der Kräfte und vom Verlauf der Bewegung. In der ersten Note wird der Einfluss besprochen, den eine Bewegung der Stützfläche eines Kreisels auf die Bewegung desselben ausübt, besonders wenn jene Fläche periodische Oscillationen macht, deren Dauer im Verhältniss zur Präcessionsperiode der Axe klein ist. Dieses Problem ist schon von Poisson deshalb näher untersucht worden, weil man versucht hatte, auf einem Schiffe einen künstlichen Horizont durch einen Spiegel herzustellen, der auf einem Kreisel befestigt war. Dieser Gedanke soll jetzt durch den Schiffskapitän Fleuriais verwirklicht sein, allerdings in anderer Weise, als man es zu Poisson's Zeit an einem Kreisel mit nahezu vertikaler Axe vergeblich versucht hatte; der Fleuriais'sche Kreisel muss im Gegentheil eine Drehaxe besitzen, welche gegen die Vertikale um einen Winkel von endlicher Grösse geneigt ist. Die zweite Note erörtert die gegenseitige Stellung der Umdrehungsaxe des um einen festen Punkt derselben beweglichen Körpers, der Axe des resultirenden Paares und der augenblicklichen Drehaxe des Körpers, welche alle drei stets in einer und derselben Ebene liegen. Der Verfasser geht von derjenigen Stellung aus, bei welcher die drei genannten Axen zusammenfallen, beschreibt die darauf folgende Periode, während welcher jene Axen fächerförmig auseinander gehen und sich zuletzt wieder vereinigen; hierauf beginnt eine zweite gleiche Phase der Bewegung. Die aus der Wiederholung solcher Phasen bestehende Drehung des Körpers kann, wie schon Poinsot bemerkt hat, als das Rollen eines beweglichen mit dem Körper fest verbundenen Kegels auf einem transcendenten festen Kegel des Raumes beschrieben werden; über beide Kegel werden einige weitere Angaben gemacht. In der dritten Note zeigt der Verfasser durch mehrere Stellen aus Daniel Bernoulli's Schrift: „Principes hydrostatiques et méchaniques ou Mémoire sur la meilleure manière de diminuer le roulis et le tangage“ etc., dass dieser Mathematiker zur Beurtheilung des durch periodische Schwankungen beeinflussten Ganges einer Pendeluhr auf einem Schiffe ähnliche Schlüsse angewandt habe, wie er selber in seiner Note über den Kreisel.

Lp.

A. Lampel. Ueber Drehschwingungen einer Kugel mit Luftwiderstand. Wien. Ber. XCIII, 291-313.

Die Arbeit ist experimenteller Natur und soll hier deshalb genauer besprochen werden, weil sie eine Stelle in G. Kirchhoff's „Vorlesungen über mathematische Physik“ betrifft. Die dort für das logarithmische Dekrement der Schwingungen (Vorlesung 26, § 5) gegebene Formel ist durch gewisse Vernachlässigungen gewonnen, die durch das Experiment als nicht mehr unbedingt zulässig nachgewiesen werden. Ebenso erweist sich eine von Hrn. C. J. H. LAMPE 1866 gegebene Formel als unzureichend. Dagegen stimmen die Versuche ziemlich gut mit einer von Hrn. BOLTZMANN herrührenden, durch Hrn. KLEMENCIC 1881 in den Wien. Ber. LXXXIV mitgetheilten Formel, in welcher die Vernachlässigungen nach einem anderen Principe als bei KIRCHHOFF gemacht sind. Am Ende des Aufsatzes wird auch die dämpfende Kraft des Fadens der Rechnung unterworfen. Da nun in der BOLTZMANN'schen Formel diejenige Schwingungsdauer vorkommt, welche das System haben würde, wenn keine Dämpfung vorhanden wäre, die in jener Formel vernachlässigten Glieder aber von derselben Ordnung sind wie die bei Berücksichtigung der Dämpfung in Frage kommenden, so hat Hr. BOLTZMANN, auf dessen Veranlassung die Arbeit überhaupt unternommen ist, seine frühere Formel umgerechnet, und diese Rechnung wird zuletzt mit abgedruckt. Es ergiebt sich, dass die Grösse des Korrektionsgliedes innerhalb der Grenzen der Beobachtungsfehler liegt, gerade wie dies für die Fadendämpfung selbst der Fall ist. *Lp.*

T. R. TERRY, D. EDWARDES, N. ŚARKAR. Solution of question 7910. Ed. Times XLIV, 57-58†.

Zwei gleiche Stäbe OA und OB von der Länge $2a$ und der Masse m sind in O starr verbunden; OA ist horizontal, OB vertikal abwärts gerichtet. Die Enden eines dritten Stabes PQ von der Länge $2a$ und der Masse M können frei längs OA und OB bezw. gleiten, und das ganze System rotirt um OB als feste vertikale Axe. Wenn PQ kleine Schwingungen um eine Gleichgewichtslage macht, bei der es den Winkel $\frac{1}{4}\pi$ mit der Vertikalen bildet, so ist die Länge des mathematischen, synchron schwingenden Pendels $\frac{4}{3}a\frac{4m+3M}{4m+7M}$. *Lp.*

J. BERTRAND. Le mouvement de la Terre. LÉON FOUCAULT et le gyroscope. Flammarion Rev. d'Astr. V, 441-445†.

A. LÉVY. Explication sur le gyroscope. Flammarion Rev. d'Astr. V, 445-446†.

Die erste Note giebt eine historische Uebersicht über die Entstehung der bezüglichen Gedanken und Apparate, die zweite eine Erläuterung des FOUCAULT'schen Gyroskops. *Lp.*

D. EDWARDES. Solution of question 7529. Ed. Times XLIV, 93-94†.

Eine dünne homogene elliptische Platte wird auf eine rauhe horizontale Ebene geworfen; die Reibung eines Elementes ist seiner Oberfläche und dem Kubus seiner Geschwindigkeit proportional. Sind u, v die Komponenten der Geschwindigkeit des Mittelpunktes zur Zeit t parallel zu den Axen, w die Winkelgeschwindigkeit, so finden (wenn a eine Konstante bezeichnet) die Gleichungen statt:

$$\frac{du}{dt}+a[u(u^2+v^2)+\tfrac{1}{4}w^2(a^2+3b^2)u] = 0,$$

$$\frac{dv}{dt}+a[v(u^2+v^2)+\tfrac{1}{4}w^2(3a^2+b^2)v] = 0.$$

Ist die Scheibe kreisförmig, so ist der Weg des Mittelpunktes eine Gerade. *Lp.*

F. AUGUST. Ueber Körperketten. SCHLÖMILCH ZS. XXXI, 348-361†.

Eine „Körperkette" besteht aus einer beliebigen Anzahl schwerer starrer Körper, von denen jeder folgende um einen Punkt des vorhergehenden drehbar ist. Diese Verallgemeinerung der Ketten- und Seil-Polygone führt zu interessanten Ergebnissen. Zunächst werden die Bedingungen des Gleichgewichtes für einen einzigen Körper untersucht, der in zwei Punkten A_1 und B_1 seiner Oberfläche an gewichtslosen Fäden aufgehängt wird. Danach bietet es keine Schwierigkeit, das Gleichgewicht eines Systems von n

schweren starren Körpern mit den Gewichten P_1, P_2, . . ., P_n zu untersuchen, welche dadurch zusammenhängen, dass von einem Punkte B_k der Oberfläche des k^{ten} Körpers nach einem Punkte A_{k+1} des $(k+1)^{\text{ten}}$ Körpers ein gewichtsloser Faden führt. Specieller wird dann eine Körperkette betrachtet, welche aus n in mechanischem Sinne kongruenten Gliedern besteht, d. h. Gliedern, welche gleiche Massen und gleiche relative Lage des Schwerpunktes und der Aufhängepunkte zu einander haben. Für $n = \infty$ erhält man hier die gewöhnliche Kettenlinie, und der Hr. Verfasser giebt einfache Modelle an, welche dieses Ergebniss auf hübsche Weise veranschaulichen. Theoretisch interessant ist dieser Fall deshalb, weil sich zeigt, dass das allgemeine Problem der Körperketten wesentlich mit dem speciellen Kettenproblem übereinstimmt. Ein weiterer Abschnitt ist der Konstruktion eines, einem beliebigen System von Körpern entsprechenden Kettenpolygons gewidmet, einer Aufgabe, die eine übersichtliche graphische Darstellung der Lösung zulässt. Für eine aus vier Gliedern bestehende Kette und für den Fall einer körperlichen Kette aus acht im mechanischen Sinne kongruenten Gliedern sind die Konstruktionen durchgeführt. Im letzten Abschnitte wird die stabile Gleichgewichtslage einer Körperkette noch dadurch bestimmt, dass untersucht wird, für welche Anordnung der in einem oder in beiden Endpunkten festen Kette der Schwerpunkt die tiefste Lage hat. *Lp.*

L. Henneberg. Statik der starren Systeme. Darmstadt: A. Bergmann. X+374 S. gr. 8°. Mit 131 Fig. u. 12 Taf.†

Das vorliegende Buch bildet den ersten Theil eines auf vier Bände berechneten Werks: „Lehrbuch der technischen Mechanik" von L. Henneberg und O. Smreker.

Die folgenden Theile sollen enthalten: 2) Grundzüge der Dynamik, 3) Theorie der Elasticität und Festigkeit, 4) Hydraulik. Die drei ersten Theile sind aus den Vorlesungen hervorgegangen, welche Hr. Henneberg an der Technischen Hochschule zu Darmstadt über technische Mechanik, graphische Statik und analytische

Mechanik gehalten hat; den vierten Theil hat Hr. Smreker übernommen, der auch für den dritten Beiträge zugesichert hat.

Wesentlich für technische Hochschulen bestimmt, soll das Lehrbuch die Mechanik in dem für dieselben empfehlenswerthen Umfange vortragen, weitergehende theoretische Betrachtungen vermeiden, technische Beispiele nur zur Erläuterung der Theorie bringen. Die Methoden der graphischen Statik sind aufgenommen worden.

Der erste Abschnitt der Statik handelt von der Zusammensetzung von Kräften, zunächst mit demselben Angriffspunkt, sodann mit verschiedenen Angriffspunkten an einem starren Systeme, wenn die Kräfte a) in derselben Ebene, b) im Raume liegen. Die Lehre vom Schwerpunkte und vom Gleichgewichte der Kräfte an einem nicht freien Körper, endlich das Princip der virtuellen Verrückungen bilden den Schluss des ersten Abschnittes.

Im zweiten wird die Zerlegung der Kräfte und das einfache Fachwerk abgehandelt; die graphische Zerlegung des ebenen und räumlichen Kräftesystemes, das ebene und räumliche Fachwerk kommen der Reihe nach zur Erledigung. Sowohl die analytische Methode als auch die synthetische mit graphischer Darstellung werden gelehrt, und es ist dem Vortrage anzumerken, dass der Herr Verfasser auf dem Gebiete der hierher gehörigen Aufgaben produktiv thätig gewesen ist.

Der letzte Abschnitt endlich bringt die Theorie der Reibung in zwei Theilen, von denen der erste die theoretischen Grundlagen entwickelt, der zweite die Reibungswiderstände an speciellen Getrieben untersucht. Der bedeutende Umfang dieses Abschnittes (101 Seiten) zeigt schon, dass der Gegenstand gründlicher behandelt ist, als es gewöhnlich in den Lehrbüchern der Mechanik zu geschehen pflegt.

Die Vortragsweise ist durch wohlthuende Klarheit der Sprache und vortreffliche Gliederung des Inhaltes ausgezeichnet; daher erscheint dem Referenten die „Statik der starren Systeme“ als ein empfehlenswerthes Buch für den Kreis von Lesern, für welchen es verfasst ist. Die Ausstattung ist eine sehr gute; besonders die Figuren, sowohl die im Texte als auch die auf den Tafeln, erfreuen das Auge durch Sauberkeit und Genauigkeit. *Lp.*

Kr. Birkeland. Antallet af fri Bevogelser i et leidet Stangsystem. Zeuthen Tidsskr. (5) IV, 174-176†.

Bezeichnet man für ein Stangensystem die Anzahl der Winkelpunkte durch h, die Anzahl der geschlossenen Polygone durch p, und wird eine der Stangen festgehalten, so kann das System $h-p-2$ von einander unabhängige freie Bewegungen gestatten. Es ist dies die Verallgemeinerung einer von Sylvester gefundenen Formel. *Gram.* (*Lp.*)

A. Mannheim. Théorie géométrique de l'hyperboloïde articulé. C. R. CII, 253-256†.

A. Mannheim. Sur le théorème d'Ivory et sur quelques théorèmes relatifs aux surfaces homofocales du second ordre. C. R. CII, 310-313†.

A. Mannheim. Sur la polhodie et l'herpolodie. C. R. CII, 353-356†.

Ein gerades Prisma mit rechteckiger Basis habe zu Diagonalen in den Seitenflächen die Längen P, Q, R, S, welche ein windschiefes Vierseit bilden. Ein einschaliges Hyperboloid, welches zum Mittelpunkt den Mittelpunkt des Prismas, zu Scheiteln die Mittelpunkte der vier Seitenflächen und zur dritten Axe die Höhe des Prismas hat, enthält jenes windschiefe aus P, Q, R, S gebildete Vierseit, und umgekehrt bestimmt dieses jenes. Das gerade Prisma lässt sich in andere gerade Prismen mit rechteckiger Basis umgestalten, so dass die Diagonalen P, Q, R, S ihre Längen bewahren, und bei dieser Umgestaltung wandelt das dem Prisma zugeordnete Hyperboloid (H) seine Form. Denkt man die Strecken P, Q, R, S in ihren Endpunkten durch bewegliche Glieder verknüpft, so lässt sich in obigem Sinne die Umformung mechanisch ausführen. Die Erzeugenden G des Hyperboloids (H) gehen in Erzeugende der Hyperboloide über, welche aus der Umformung hervorgehen, und alle diese Hyperboloide sind homofocal. Die Punkte von H beschreiben dabei Trajektorien, welche normal gegen jene Hyperboloide verlaufen. Diese Ergebnisse, welche Hr. Greenhill (1878) über das Hyperboloid (H) veröffentlicht hat, werden hier durch einfache kinematische Betrachtungen gewonnen, und im Anschluss an diese gelangt Hr. MANNHEIM noch zu dem Resultat, welches bemerkt werden mag: Wenn man eine Gerade G so verschiebt, dass drei ihrer Punkte α, β, γ auf drei in o senkrecht auf einander stehenden Ebenen bleiben und die Ebene, welche durch o senkrecht zu G läuft und mit dieser fest verknüpft gedacht wird, bei der Verschiebung stets durch o geht, so vollzieht sich die Verrückung von G gerade so wie bei dem durch bewegliche Glieder gebildeten Hyperboloid (H).

Geht ein Punkt n bei der Deformation von (H) in den Punkt n_1 von (H_1) über, so sind n und n_1 correspondirende Punkte der beiden homofocalen Hyperboloide. Sind l und l_1 ein anderes Paar korrespondirender Punkte, so folgert Hr. MANNHEIM, dass das Segment ln_1 gleich dem Segment l_1n ist, und gewinnt damit das Theorem von IVORY. Zugleich erfolgt der Nachweis, dass, wenn auf den beiden homofocalen Hyperboloiden (H) und (H_1) zwei Punkte angenommen werden, die Summe der Quadrate ihrer Abstände vom Mittelpunkt o mit der Summe der Quadrate der Abstände der korrespondirenden Punkte übereinstimmt. Es werden also hier diese Relationen, unabhängig von analytischen Formeln, auf rein geometrischem Wege gewonnen.

Es sei m ein Punkt des Hyperboloids (H), und die durch ihn bestimmten Erzeugenden seien G und L. Jede dieser Geraden bewegt sich bei der Deformation von (H) so, dass drei ihrer Punkte in den Hauptebenen verbleiben. Wenn aber eine Gerade derart geleitet wird, so bleibt m auf einem Ellipsoid, welches koncentrisch und koaxial mit (H) ist. Es muss also die Trajektorie (m) zwei koncentrischen koaxialen Ellipsoiden angehören, von denen das eine durch G, das andere durch L bedingt ist. Durch die Trajektorie (m) geht also eine Schaar von solchen Ellipsoiden. Wählt man unter diesen das Ellipsoid (E) aus, welches die in m senkrecht zu G gerichtete Ebene (π) berührt, und denkt sich diese Ebene (π) starr mit G verbunden an der Bewegung theilnehmend, die G bei der Deformation von (H) erleidet, so bleibt diese Ebene Tangentialebene von (E). Aus der obigen Charakterisirung der Bewegung von G aber folgt, dass jene Ebene (π) stets eine mit o

koncentrische Kugel umhüllt, also ist die Trajektorie (m) als eine Polodie aufzufassen. Wird (π) fest gedacht und lässt man auf dieser Ebene das Ellipsoid (E) sich rollend bewegen, während sein Centrum fest bleibt, so beschreibt der Berührungspunkt von (E) und (π) die Herpolodie (σ); ihre Erzeugung aus anderen Gesichtspunkten bildet den Schluss der Betrachtung. *Schn.*

H. Resal. Note sur la balance de Roberval. Nouv. Ann. (3) V, 161-163†.

Kurze Theorie der Waage von Roberval mit Hülfe des Princips von der virtuellen Arbeit. (Auszug aus dem Cours de Mécanique de l'École Polytechnique.) *Lp.*

Forchheimer. Zur Beurtheilung einer Construction nach ihrer Einsenkung. CBl. d. Bauverw. VI, 362-363†.

H. Zimmermann. Beurtheilung einer Construction nach ihrer Einsenkung. CBl. d. Bauverw. VI, 373†.

Forchheimer. Zur Beurtheilung einer Construction nach ihrer Einsenkung. CBl. d. Bauverw. VI, 446†.

Hr. Forchheimer beweist für Fachwerke folgende elegante Sätze.

Die Einsenkung eines Fachwerkes unter einer gegebenen Belastung ist dann am geringsten, wenn die Materialvertheilung so geschieht, dass die Beanspruchung aller Stäbe dieselbe ist, vorausgesetzt dass eine solche Vertheilung möglich. Ferner ergiebt sich, dass bei jeder anderen Vertheilung der Materialmenge die Beanspruchung mindestens eines Theiles der Konstruktion grösser ist, so dass also bei gleichmässiger Beanspruchung aller Theile die Meistbeanspruchung in dem Fachwerk ein Minimum ist.

Hat man endlich zwei verschiedene Fachwerke gleicher Materialmenge, bei welchen das Material so vertheilt ist, dass alle Theile dieselbe Beanspruchung erfahren, so verhalten sich bei gleicher Last die Quadrate der Beanspruchungen wie die Einsenkungen.

Die Folgerungen, welche sich aus jenen Sätzen für die Beurtheilung einer Konstruktion ziehen lassen, liegen zu sehr auf der Hand, als dass hier näher auf dieselben eingegangen werden müsste. Hr. ZIMMERMANN äussert jedoch Bedenken gegen die praktische Brauchbarkeit jener Sätze, indem er darauf hinweist, dass für die Dehnung eines Stabes der volle Querschnitt, für die Spannung nur der Nutzquerschnitt in Betracht kommt. Die Bedenken gegen den Satz selbst erscheinen uns ungerechtfertigt. *F. K.*

FORCHHEIMER. Die Gegenseitigkeit der Verschiebungen. ZS. Oesterr. Ing. u. Arch. XXXVII, 109†.

Eine in einem Knotenpunkt A eines Fachwerks angreifende Kraft P_a bewirkt eine Verschiebung sämmtlicher Knotenpunkte, welche abhängig von Grösse und Richtung der Kraft P_a ist. Bei festgehaltener Kraftrichtung ist auch die Verschiebungsrichtung konstant, und die Grösse der Verschiebung ist proportional mit P_a. Bei festgehaltener Kraftrichtung und variabler Kraftgrösse beschreibt der Endpunkt der durch die Kraft hervorgerufenen Verschiebung also eine gerade Linie. Da das von jeder Kraftrichtung gilt, so erkennt man unmittelbar, dass bei festgehaltener Grösse und veränderlicher Richtung der Kraft P_a der Endpunkt der Verschiebung eines Knotenpunktes B eine Ellipse beschreibt, welche hier die Verschiebungsellipse des Knotenpunktes B für Kräfte in A genannt wird. Es sei nun B_a die Projektion der durch P_a bewirkten Verschiebung von B auf irgend eine in B angreifende Kraft P_b, und A_b habe dieselbe Bedeutung für P_a bezüglich der Kraft P_b, so ist nach einem bekannten, hier noch einmal bewiesenen Satze

$$P_a A_b = P_b B_a.$$

Aus dieser Gleichung, welche auch noch für zwei verschiedene in demselben Knotenpunkt angreifende Kräfte gilt, werden mehrere interessante Beziehungen für die Verschiebungsellipsen abgeleitet.

Zum Schluss werden die zunächst für ebene Fachwerke abgeleiteten Beziehungen auf den Fall nicht ebener Fachwerke übertragen. An die Stelle der Verschiebungsellipsen treten hier natürlich Ellipsoide. *F. K.*

A. SCHNIRCH. Bestimmung der Verschiebungsmaxima und -Minima im Fachwerk und starren Träger. ZS. Oesterr. Ing. u. Arch. XXXVII, 161-165†.

Die Abhandlung schliesst sich unmittelbar an die soeben besprochene Abhandlung des Hrn. FORCHHEIMER an. Für die dort untersuchten Verschiebungsellipsen werden auf dem Wege der Rechnung die Hauptaxen der Richtung und Grösse nach bestimmt.

F. K.

TH. LANDSBERG. Beitrag zur Theorie des Fachwerks. Hannöv. ZS. XXXII, 195-202†.

In einem früheren Aufsatze (Hannöv. ZS. XXXI, 361, Fortschr. d. Math. XVII, 973. 1885) hatte der Herr Verfasser eine graphische Bestimmung der in den Stabenden durch feste Knotenpunktsverbindungen hervorgerufenen Biegungsmomente durchgeführt. Dieselbe ist jedoch, wie jetzt ausgeführt wird, mit zwei Mängeln behaftet. Einmal war angenommen, dass die Auflager-Knotenpunkte mittelst reibungsloser Gelenke gebildet seien, und zweitens wurde nur der Einfluss der vertikalen Verschiebung der Knotenpunkte berücksichtigt, dagegen der in der That geringere Einfluss der horizontalen Verschiebung vernachlässigt. In der vorliegenden Abhandlung wird gezeigt, wie das in der citirten Schrift angegebene Verfahren zu modificiren ist, wenn am Auflager sich feste Knotenpunktsverbindungen finden, und wenn der Horizontalverschiebung der Knotenpunkte Rechnung getragen wird.

F. K.

FLECK. Die Beanspruchung von Fachwerksträgern durch wagerechte Kräfte in der Trägerebene. CBl. d. Bauverw. VI, 502-504†.

Die Aufgabe ist durch den Titel hinreichend gekennzeichnet. Bei der Lösung derselben kommen die gebräuchlichen Methoden zur Anwendung; wesentliche neue Resultate in Bezug auf die Theorie des Fachwerks werden nicht gewonnen. *F. K.*

H. Tomlinson. On certain sources of error in connection with experiments on torsional vibrations. Proc. Phys. Soc. VIII, 90-95; Phil. Mag. (5) XXII, 414-419†; [Chem. News LIV, 20; [Cim (3) XXIII, 171. 1888; [J. de phys. (2) VI, 250. 1887; [Eng. XLII, 37; [Beibl. XI, 213. 1887.

Verfasser bespricht zunächst die bekannten Interferenzerscheinungen, welche entstehen, wenn an dem Balken einer Drehwaage Gewichte so mittelst Fäden aufgehängt sind, dass ihre Schwingungszeit nahe synchron mit der des Balkens ist. Nach seinen Erfahrungen können aber auch Interferenzstörungen eintreten, wenn 1) die Pendelschwingungen oder 2) die Transversalschwingungen des Suspensionsdrahtes nahe die gleiche Dauer haben wir die torsionellen Schwingungen des Balkens. Ferner liegt eine Fehlerquelle in folgendem: Ein frisch aufgehängter Draht hat einen kleineren Elasticitätsmodul, als derselbe Draht, nachdem er eine Anzahl von Schwingungen vollführt hat. Kupferdrähte erreichen das Maximum der Elasticität nach wenigen Stunden, Stahldrähte brauchen mehrere Tage. Ist aber das Maximum erreicht, so kann die Elasticität durch einen Stoss oder eine sehr geringe Temperaturerhöhung wieder vermindert werden. Eine vorübergehende Erwärmung um 2—3° C. genügt dazu; hat sie stattgefunden, so muss der Draht erst einige hundert Schwingungen machen, ehe sich der frühere Elasticitätsmodul wieder herstellt. Verfasser verweist darauf, dass diese Umstände Fehler bei elektrometrischen Messungen, bei Messungen von Trägheitsmomenten und magnetischen Momenten und namentlich bei Dämpfungsbeobachtungen einführen.

Bde.

W. Lewis. The transmission of power by gearing. Experiments on the transmission of power by gearing, made by Messrs. Wm. Sellers and Co. Engineering XLI, 285-286, 363-364, 581-582†.

Vortrag aus der Versammlung der amerikanischen Gesellschaft der Maschinen-Ingenieure, im Auszuge auf S. 605 Bd. XL des Engineering bereits publicirt; von rein technischem Interesse. Ueber die Reibung befindet sich am Schlusse die bemerkenswerthe

Stelle: „Das ganze Thema der Reibung hängt von einer solchen Mannigfaltigkeit wechselnder Bedingungen ab, dass es fast unmöglich ist, die Wirkung jeder unabhängigen Variable abzusondern und für sich, von den anderen begleitenden abgesehen, zu bestimmen. Die vier Variablen — Geschwindigkeit, Druck, Temperatur und Oberflächenbeschaffenheit — sind unendlich vieler Kombinationen fähig, und selbst wenn es möglich wäre, die Wirkung jeder einzelnen unabhängig zu messen, so ist es sehr wahrscheinlich, dass die Wirkung irgend einer gegebenen Kombination nicht aus derjenigen für jeden einen Bestandtheil bildenden Faktor folgen würde". Die Versuche fanden statt vom 8. August 1883 bis zum 14. Januar 1884. *Lp.*

G. HERRMANN. Die graphische Untersuchung der Centrifugalregulatoren. ZS. dtsch. Ing. XXX, 253-259, 301-307†.

Der vorliegende Artikel giebt gemäss dem Titel an, wie man auf graphischem Wege ein Urtheil über die Eigenschaften eines Regulators gewinnen kann; namentlich über die Gleichmässigkeit des Ganges, den Grad der Empfindlichkeit, sowie über die sogenannte Energie. Der Kräfteplan wird für eine grosse Zahl verschiedener Formen des Regulators entworfen. Für jeden Regulator giebt es zu jeder einzelnen Stellung eine einzige wohlbestimmte Gleichgewichtsgeschwindigkeit, oder anders ausgedrückt, eine bestimmte theoretische Zahl n von Umdrehungen. Durch die Reibung und andere störende Widerstände wird bewirkt, dass die Tourenzahl bis zu einer Zahl $n' > n$ wachsen und bis zu einer Zahl $n'' < n$ sinken kann, ohne dass eine Lagenänderung des Regulators eintritt. Die beiden Zahlen $(n'-n)/n$ und $(n-n'')/n$ werden nahezu unter einander gleich sein, und für alle Lagen des Regulators fast denselben Werth haben. Ein mittlerer Werth derselben heisst der Koefficient der Unempfindlichkeit des Regulators. Als Energie eines Regulators wird diejenige Zugkraft der Hülse aufgefasst, welche unter Annahme einer Geschwindigkeitsänderung um ein Procent auf jedes Kilogramm der Regulatormasse entfällt.

Neben dem durch den Titel gekennzeichneten Zwecke hat

den Verfasser bei Veröffentlichung der Abhandlung auch die Absicht geleitet, an einem guten Beispiele die Vortheile graphischer Methoden in der Maschinentechnik zu zeigen. *F. K.*

J. Taubeles. Ueber die Beschleunigung des Kreuzkopfes eines Kurbelmechanismus. Civiling. (2) XXXII, 635-640†.

Ein Kurbelmechanismus besteht aus drei in einer Ebene liegenden Bestandtheilen, einer in ihrer Richtung beweglichen Geraden, einer um einen Punkt O drehbaren Scheibe, und einer zweiten Stange, welche den Endpunkt B der ersteren mit einem Punkt A der Scheibe verbindet. Der Punkt A heisst Kurbelkopf, der Punkt B Kreuzkopf. Indem die Stange B sich in ihrer Richtung verschiebt, dreht sich die Scheibe um den Punkt O. Soll die Winkelgeschwindigkeit der letzteren gleich 1 sein, so wird B sich mit variabler Geschwindigkeit bewegen. In der vorliegenden Abhandlung wird gezeigt, wie man auf graphischem Wege die Beschleunigung des Punktes B bei gegebener Lage des Apparates bestimmen kann. *F. K.*

H. Léauté. Calcul des régulateurs. Marche rationnelle à suivre, en pratique, pour l'établissement d'un appareil de régulation à action indirecte. C. R. CII, 497-500†.

Die Note schliesst sich an die Arbeit desselben Verfassers an: „Mémoire sur les oscillations à longues périodes dans les machines actionnées par des moteurs hydrauliques" etc. (J. de l'Éc. Pol. cah. LV, 1-126, Fortschr. d. Math. XVII, 929. 1885). Auf Wunsch des Akademikers Hrn. Phillips, welcher Berichterstatter über jene Abhandlung gewesen war, stellt Hr. Léauté jetzt die praktischen Folgerungen zusammen, welche sich aus seinen Untersuchungen ziehen lassen, um ihre Anwendung für diejenigen zu erleichtern, welche hydraulische Motoren zu bauen haben. *Lp.*

H. Resal. Sur la vrille et le pieu à vis. C. R. CII, 233 bis 237†.

H. LÉAUTÉ. Sur le pieu à vis. C. R. CII, 746-749†.

H. RESAL. Remarque. Ibid.†

Der zum Eindringen in loses Erdreich, wie Sand und Thon, dienende Bohrer besitzt eine konische Spitze; die Form der Leisten auf der letzteren ist die eines geraden Konoids, dessen gerade Leitlinie die Axe des Stieles ist und dessen krumme Leitlinie auf einem Umdrehungskegel um dieselbe Axe liegt. Um die Theorie des Gleichgewichts des Bohrers zu entwickeln, macht Hr. RESAL im Hinblick auf die Schraubenlinie, welche sowohl eine geodätische Linie als auch eine Loxodromie vorstelle, die Annahmen: 1) Die konische Leitlinie ist eine geodätische Linie. 2) Die Linie ist eine Loxodromie. Für die erste Hypothese werden nach des Verfassers Angabe die Rechnungen sehr komplicirt, ausserdem weicht die Form von der in der Praxis üblichen bedeutend ab. Die der zweiten Hypothese entsprechenden Bedingungen für das Gleichgewicht werden dagegen nach Entwickelung der allgemeinen Formeln mitgetheilt und auf die Gestalt des (1865 für Hindostan konstruirten) Bohrers von GOUIN angewandt.

Hr. LÉAUTÉ findet, dass die beiden von Hrn. RESAL angenommenen Formen praktisch einen Nachtheil mit sich bringen. Da die Abstände der Punkte, in denen die betreffenden Kurven dieselbe Erzeugende des Kegels schneiden, nicht konstant sind, so hat die Schraube eine veränderliche Ganghöhe; beim Eindringen in den Boden kann nicht jede Windung in die vorangehende eingreifen, das Einführen wird also eine Zerbröckelung des Bodens hervorgerufen. Daher schlägt Hr. LÉAUTÉ als dritte Form ein gerades Konoid von konstanter Ganghöhe vor, d. h. eine Schraubenfläche, und giebt in genauem Anschluss an die Arbeit des Hrn. RESAL die bezüglichen Rechnungen. *Lp.*

L. BRENNECKE. Versuche über den Widerstand von Schraubenpfählen gegen Herausreissen. ZS. f. Bauwesen XXXVI, 449-452†.

Es werden die Ergebnisse von Versuchen mitgetheilt, welche der Herr Verfasser in Bezug auf die Kraft anstellte, welche erforderlich ist, um einen in einer Sandmasse befindlichen kreisförmigen Teller aus der ersteren herauszureissen. Der Herr Verfasser glaubt seine Versuchsresultate durch die Formel

$$W = \gamma\pi h \left(r^2 + rh \operatorname{tg} \frac{\varphi}{2} + \tfrac{1}{3}h^2 \operatorname{tg}^2 \frac{\varphi}{2}\right)$$

darstellen zu können, in welcher W die gesuchte Kraft, r den Radius des Tellers, h die Höhe der belastenden Sandschicht, γ deren spec. Gewicht und φ den Reibungswinkel bezeichnet.

F. K.

---

von Pustau. Bestimmung von Futtermauerstärken. Dt. Bauztg. 445-448, 461-462†.

Auf Grund bekannter Forderungen und gewisser Annahmen über Grösse und Richtung des Erddrucks wird die erforderliche Breite für verschiedene Formen des Futtermauerprofiles bestimmt. Die Arbeit ist also im wesentlichen eine Anwendung allgemeiner Regeln auf konkrete Fälle. Die Werthe, welche sich aus den gewonnenen Resultaten für bestimmte Zahlen ergeben, sind in Tabellen zusammengestellt. *F. K.*

L. Ueber Querschnittsbestimmung bei Futtermauern. Wochenbl. f. Bauk. VIII, 331-332†.

Es wird eine einfache geometrische Konstruktion angegeben, vermittelst deren man Profile von Futtermauern erhält, welche nur wenig von den durch die HHrn. Schwedler und Müller-Breslau abgeleiteten Profilen abweichen. *F. K.*

O. Reynolds. Dilatancy. Nature XXXIII, 429-430; Naturf. XIX, 181.

Auszug aus einem Vortrag vor der Royal Institution, der im wesentlichen dasselbe enthält, wie die in diesen Ber. XLI, (1), 240 besprochene Mittheilung. Der vorliegende Auszug enthält etwas nähere Angaben über folgende Versuche: Ein Kautschukball wird mit trockenen Sand-, Schrot-, Getreide-, oder Glaskörnern gefüllt, und zwar möglichst dicht unter Schütteln, so dass die Interstitien zwischen den Körnern kleinste Werthe haben. Der Sack hält durch seine Reibung die ihm unmittelbar anliegenden Körner fest, das übrige Verhalten des Inhaltes wird durch die Thatsache bestimmt, dass keine Bewegung ohne Vergrösserung der Interstitien möglich ist. Füllt man also die Interstitien mit Wasser und setzt dies Wasser mit einem Manometer in Verbindung so sinkt das Manometer, wenn der Sack mit einem schweren Gewicht belastet wird. Bei stets wachsender Belastung hört das Sinken auf und geht in Steigen über, dann folgt wieder Sinken u. s. w., die Körner gehen also durch abwechselnde Zustände kleinster und grösster „Dilation". Schliesst man aber den Hahn, der zum Manometer führt und macht dadurch die Volumenzunahme unmöglich, so verhält sich der Körnerhaufen, wie ein starrer Körper. Ein in der angegebenen Weise mit Sand gefüllter Spielzeugballon von Kautschuk, so dünn, dass man den Sand durchschimmern sah, trug, wenn er geschlossen war, 200 Pfund, ohne seine Gestalt zu ändern. Die Festigkeit des feuchten Seesandes beruht auf ähnlichen Verhältnissen: Der Sand kann dem Fusstritt nicht nachgeben, weil er seine Lage nicht ändern kann, ohne recht merkliche Wassermengen anzuziehen. *Bde.*

R. F. Gwyther. On the different arrangement in a state of maximum density of equal spherical granules. Manch. Proc. XXV, 35-38.

Reynolds. On the different arrangement of equal spherical granules so that the mean density may be a maximum. Ibid. XXV, 95-100.

In der ersten Abhandlung stellt Gwyther unrichtige Sätze über die Vertheilung sich berührender Kugeln im Raume auf. In der zweiten werden dieselben von Reynolds theils berichtigt theils zurückgewiesen. *Bde.*

R. Bosse. Das Ausfliessen von Sand. ZS. dtsch. Ing. XXX, 547†.

Es wird die Beobachtung mitgetheilt, dass selbst unter der stärksten Belastung Sand aus seitlichen Oeffnungen nicht ausfliesst, wenn dieselben nicht eine gewisse von der Dicke des Gefässes abhängende Grösse überschreiten. Für spaltförmige Oeffnungen in ebener Wand ist diese untere Grenze dadurch bestimmt, dass die durch den äusseren Rand der unteren Spaltengrenze und die innere Grenzlinie der oberen gelegte Ebene unter dem Böschungswinkel ansteigen muss. *F. K.*

Mohr. Eine Aufgabe der graphischen Statik. Civiling. (2) XXXII, 535-538†.

Die Aufgabe, um welche es sich handelt, lautet folgendermaassen:

„Für eine bestimmte Reihenfolge von Kräften P_1, P_2, P_3, ... ist ein Seilpolygon T_1, T_2, T_3, ... so zu konstruiren, dass bestimmte Seiten desselben durch drei gegebene Punkte A, B, C gehen". *F. K.*

O. Staude. Ueber Verallgemeinerungen des Graves-schen Theorems in der analytischen Mechanik. Leipz. Ber. 199-206†.

Das Graves'sche Theorem bezüglich des um eine erste innere Ellipse geschlungenen Fadens ohne Ende kann man mechanisch so deuten, dass der im Punkte P der äusseren konfokalen Ellipse gespannte Faden eine Gleichgewichtsfigur desselben für den Fall darstellt, dass er homogen ist und sonst von keinerlei Kräften beeinflusst wird. Indem der Verfasser nun die von Möbius zuerst ausgeführten Analogien zwischen der Gleichgewichtsfigur eines Fadens und der Bahn eines bewegten Punktes benutzt, bezieht er das in Rede stehende Theorem auf die Bewegung eines materiellen Punktes und erhält den Satz, dass die Umlaufszeit für einen gleichförmig bewegten Punkt auf dem durch den Faden angezeigten Weg konstant ist. Bekanntlich beschreibt aber ein beweglicher Punkt unter Einwirkung einer Centralkraft $-g^2r$ eine Ellipse mit dem anziehenden Punkt als Centrum. Dadurch dass der Verfasser zwei konfokale Ellipsen mit zwei Bahnellipsen, welche in dem Ringe zwischen beiden verlaufen, zur Berührung bringt, erhält er einen ähnlichen Satz über Konstanz der Umlaufszeit für eine aus Ellipsenbogen zusammengesetzte geschlossene Bahn. Dieser Satz wird auf die Gleichgewichtsfigur eines die vorige Bahn umspannenden Fadens umgedeutet, welcher in jedem Punkte eine passende Dichte hat und von demselben Centrum nach dem nämlichen Gesetze angezogen wird. Die vom Verfasser gelehrte Fadenkonstruktion des Ellipsoides (Math. Ann. XX, 147-195, Fortschr. d. Math. XIV, 686. 1882) gestattet endlich eine Ausdehnung dieser Sätze auf den Raum. Uebrigens theilt Hr. STAUDE nur die Sätze, nicht aber ihre Beweise mit, über deren Gang einige Andeutungen gemacht werden; die ausführlichere Darstellung der Resultate wird ausdrücklich für eine andere Gelegenheit aufgespart.

Lp.

G. A. MAGGI. Sull' integrazione delle equazioni differenziali, del movimento oscillatorio di un filo flessibile ed inestendibile, intorno ad una configurazione d'equilibrio. Lomb. Rend. (2) XIX, 682-689†.

In der Abhandlung: „Sul moto di un filo flessibile e inestendibile che si sposta pochissimo dalla sua posizione d'equilibrio" (Batt. G. XIX, diese Ber. XXXVII, 227. 1881) hat der Verfasser besonders denjenigen Fall betrachtet, bei welchem die Kraft, welcher die Gleichgewichtsfigur des Fadens unterworfen ist, in Grösse und Richtung konstant ist. Ist die Lage und Anfangsgeschwindigkeit jedes Punktes des Fadens gegeben, so kann, wie damals gezeigt wurde. die oscillatorische Bewegung in Bezug auf die Gleichgewichtslage in den beiden Fällen bestimmt werden, 1) dass eins der Enden fest, das andere frei ist, und 2) dass die Komponente dieser Bewegung senkrecht zur Ebene der Gleichgewichtskurve ist, wenn beide Enden fest sind. Beide Probleme hängen von der Integration einer und derselben Differentialgleichung ab.

Zweck der neuen Note ist hauptsächlich der Nachweiss, dass bei denselben Annahmen die Komponente der Bewegung der Kurve parallel zur Ebene der Gleichgewichtslage erhalten werden kann.

Es möge bezeichnen t die Zeit, s die Länge des Bogens, k die Dichte, ϱ den Krümmungsradius, T die Spannung, λ und μ die Verrückungen des Punktes bezw. parallel zur Tangente und zur Normale, endlich $\mathfrak{T}$ die entsprechende Zunahme von T, dann finden folgende Differentialgleichungen statt:

$$k^2\frac{\partial^2\lambda}{\partial t^2}=\frac{\partial\mathfrak{T}}{\partial s}-\frac{T}{\varrho}\left(\frac{\lambda}{\varrho}+\frac{\partial\mu}{\partial s}\right),$$

$$k^2\frac{\partial^2\mu}{\partial t^2}=\frac{\mathfrak{T}}{\varrho}+\frac{\partial}{\partial s}T\left(\frac{\lambda}{\varrho}+\frac{\partial\mu}{\partial s}\right),\quad \frac{\mu}{\varrho}=\frac{\partial\lambda}{\partial s},$$

wie Hr. Maggi früher gezeigt und neuerdings Hr. Padova auf direkterem Wege bewiesen hat.

Führt man noch die Variable u mittels der Gleichung ein

$$\varrho=\frac{ds}{du},$$

setzt ferner

$$k\varrho=\sigma,\quad T/\varrho=\tau,$$

so lässt sich aus jenen Gleichungen die folgende lineare Differentialgleichung vierter Ordnung für λ herleiten:

$$\frac{\partial^2}{\partial t^2}\left(\frac{\partial}{\partial u}\sigma\frac{\partial\lambda}{\partial u}-\sigma\lambda\right)=\tau\left(\lambda+\frac{\partial^2\lambda}{\partial u^2}\right)+\frac{\partial^2}{\partial u^2}\tau\left(\lambda+\frac{\partial^2\lambda}{\partial u^2}\right)$$

mit den Nebenbedingungen:

$$u=\begin{cases}u_1\\u_2\end{cases}:\ \lambda=0,\quad \mu=\frac{\partial\lambda}{\partial u}=0,$$

$$t=0:\begin{cases}\lambda=f(u),\quad \mu=\dfrac{\partial\lambda}{\partial u}=g(u),\\[2ex] \dfrac{\partial\lambda}{\partial t}=F(u),\quad \dfrac{\partial\mu}{\partial t}=\dfrac{\partial}{\partial t}\dfrac{\partial\lambda}{\partial u}=G(u).\end{cases}$$

Die Integration dieser Gleichung bildet den Gegenstand der Note. In einer ausführlicheren Arbeit will der Verfasser auf verschiedene Einzelheiten zurückkommen, welche jetzt der Kürze wegen haben unterdrückt werden müssen. *Lp.*

P. Appell. Sur le mouvement d'un fil dans un plan fixe. C. R. CIII, 991-993†.

Die Bewegungsgleichungen für einen biegsamen und unausdehnbaren Faden, der in einer Ebene sich bewegt, können in die Form gebracht werden

$$\frac{d}{ds}\left(T\frac{dx}{ds}\right)+X=\frac{d^2x}{dt^2};\quad \frac{d}{ds}\left(T\frac{dy}{ds}\right)+Y=\frac{d^2y}{dt^2}.$$

Hierin bedeuten X und Y die Komponenten der äusseren Kraft für die Einheit der Masse, und die Spannung wird durch εT gemessen, wenn ε die Masse der Längeneinheit bedeutet. Die Integration dieser Bewegungsgleichungen wird auf die Integration einer partiellen Differentialgleichung mit Derivirten vierter Ordnung zurückgeführt.

Wenn α den Winkel bedeutet, den die Tangente des Fadens in einem Punkt zur Zeit t mit der Abscissenaxe bildet, so kann die Gleichung dieser Tangente in der Form dargestellt werden $x\sin\alpha-y\cos\alpha=p'$, wo p' als erste Derivirte einer Funktion p von α und t aufgefasst werden kann. Die Koordinaten des Berührungspunktes gewinnen die Form $x=p'\sin\alpha+p''\cos\alpha$; $y=-p'\cos\alpha+p''\sin\alpha$, und aus diesen lässt sich herleiten, dass $s=p+p'$ ist, wenn s die Bogenlänge, von einem Endpunkt des Fadens aus gerechnet, bedeutet.

In den obigen Bewegungsgleichungen sind x, y, T als Funktionen der unabhängigen Grössen s und t hergestellt. In Folge der Relation $s=p+p'$ kann man x, y, T als Funktionen von α und t ausdrücken, und man gewinnt für die Bewegungsgleichungen die Form

$$\frac{\partial T}{\partial\alpha}=-(p'+p''')\left(\Phi+\frac{\partial^2 p}{dt^2}\right);$$

$$T=\left(\frac{\partial p}{dt}+\frac{\partial p''}{dt}\right)^2-(p'+p''')\left(\Psi+\frac{\partial^2 p'}{dt^2}\right).$$

Hierin bedeuten Φ und Ψ die Komponenten der äusseren Kraft in Richtung der Tangente und Normale, nämlich $\Phi=X\cos\alpha+Y\sin\alpha$; $\Psi=-X\sin\alpha+Y\cos\alpha$. Die Grössen X, Y sind gegebene Funktionen von x, y, α, dx/dt, dy/dt, s und t, und können ausgedrückt werden durch α und t und die partiellen Derivirten von p in Bezug auf α und t. Die letzten Formen der beiden Bewegungsgleichungen definiren also T und p als Funktionen von α und t. Nach Elimination von T wird alsdann die Gleichung gewonnen

$$2\left(\frac{\partial p}{\partial t}+\frac{\partial p''}{\partial t}\right)\left(\frac{\partial p'}{dt}+\frac{\partial p'''}{\partial t}\right)-(p''+p^{\mathrm{IV}})\left(\Psi+\frac{\partial^2 p'}{\partial t^2}\right)$$
$$+(p'+p''')\left(\frac{\partial^2 p}{\partial t^2}-\frac{\partial^2 p''}{\partial t^2}+\Phi-\frac{\partial \Psi}{\partial \alpha}\right)=0,$$

und diese Gleichung definirt p als Funktion von α und t. Jedes partikuläre Integral dieser Gleichung entspricht einer möglichen Bewegung des Fadens unter der Bedingung, dass T positiv ist.

Schn.

E. A. BRAUER. Berechnung verjüngter Förderseile und deren Spiralkörbe. ZS. dtsch. Ing. XXX, 1102-1107†.

Wenn eine Last aus einer grossen Tiefe durch ein Seil emporgewunden wird, was z. B. im Bergbau häufig der Fall ist, so gewinnt namentlich in den oberen Schichten das Eigengewicht des Seiles an Einfluss. Man bedient sich daher zu dem bezeichneten Zwecke mit Vortheil solcher Seile, deren Querschnitt sich stufenweise ändert, und zwar derart, dass das Gewicht pro Längeneinheit und damit die Tragfähigkeit von oben nach unten abnimmt. Die Aenderung muss derart geschehen, dass an den Aenderungsstellen die Beanspruchung denselben zulässigen Werth hat. Hieraus leitet der Verfasser eine Formel für die Länge der einzelnen Stufen ab. Es folgt dann die Berechnung der Spiralkörbe, d. h. desjenigen Rotationskörpers, auf welchen das Seil bei der Aufwärtsbeförderung der Lasten gewunden wird, während ein anderes Seil sich von demselben abwickelt. Derselbe besteht aus leicht einzusehenden Gründen aus zwei Theilen, die in Bezug auf eine zur Axe senkrechte Ebene symmetrisch sind. Die Bestimmung des kleinsten Radius erfolgt auf Grund der Forderung, dass die durch die Biegung über die Welle entstandene Spannung der einzelnen Drähte, aus welchen das Seil zusammengewunden ist, einen zulässigen Werth nicht überschreitet. Für die weitere Berechnung wird von der Forderung ausgegangen, dass die Summe der Drehungsmomente der Belastung für jede Stellung der beiden Seile konstant sei. Ein Zahlenbeispiel macht den Schluss. *F. K.*

A. SEYDLER. Ueber die Hauptarten der Bewegung. Sitzber. d. k. böhm. Ges. d. Wiss. 1885, p. 139-164. (Böhmisch.)

A. SEYDLER. Ueber die Aequivalenzen der Hauptarten der Bewegung. Ibid. p. 524-554.

A. SEYDLER. Ueber die Zerlegung der homogenen Bewegung. Ibid. p. 600-620.

A. SEYDLER. Ueber die Hauptarten der Bewegung. Casopis XVI, 49-68. 1886.

Der Verfasser studirt in diesen inhaltreichen Aufsätzen die Lagenänderungen eines Gebildes nach räumlichen und zeitlichen Beziehungen. Für jeden Punkt des Gebildes ($t=0$, x, y, z) sollen die Verschiebungskomponenten u, v, w als Funktionen von t und x, y, z bestimmt werden. Solange t konstant ist, ist die Bestimmung der Lage ($x+u$, $y+v$, $z+w$) des Gebildes als Funktion einer anderen Lage (x, y, z) eine Aufgabe der Statik; wenn dagegen x, y, z konstant sind, ist die Untersuchung der zeitlichen Lagen des Punktes x, y, z eine Aufgabe der Kinetik. Ertheilt man den Funktionen u, v, w besondere einfache Formen, dann erhält man besondere einfache kinetische Arten oder statische Veränderungen des Gebildes. 1) Sind u, v, w Konstanten, dann hat jeder Punkt für alle Zeiten konstante Koordinaten. Dieser Fall ist ohne Bedeutung. Weder die statische noch die kinetische Energie des Gebildes ändert sich. 2) Sind u, v, w nur Funktionen von x, y, z, dann ist das System deformirt (im weitesten Sinne des Wortes) und hat nur statische Energie. 3) Sind u, v, w nur Funktionen von t, dann hat das System als Ganzes betrachtet nur eine Translation und hat nur kinetische Energie. 4) Seien u, v, w Funktionen von x, y, z und lineare Funktionen von $t: u=b_1+c_1 t$; $v=b_2+c_2 t$; $w=b_3+c_3 t$. Die Grössen b_m und c_m bestimmen für $x=0$, $y=0$, $z=0$ die Bewegung des Anfangspunktes der Koordinaten und werden Null, wenn man diesen Punkt als Anfangspunkt der Koordinaten wählt. Die Grössen b_m bestimmen die Abweichung des Gebildes am Anfange der Bewegung vom idealen Zustande. 5) Sind u, v, w Funktionen der Zeit und lineare Funktionen der Koordinaten x, y, z:

$$u = a_{10}+a_{11}x+a_{12}y+a_{13}z \text{ etc.}$$

dann bestimmen die Grössen a_{mn} für $t=0$ die Abweichung des Gebildes vom idealen Zustande am Anfange der Bewegung und werden Null, wenn am Anfange der Bewegung das Gebilde aus dem idealen Zustande tritt; nach einer unendlich kleinen Zeit τ sind diese Grössen τ proportional und unendlich klein. Die Grössen a_{m0} bestimmen die Bewegung des Koordinatenanfanges. Die Fälle 1, 2 und 3 sind als specielle Arten in 4 und 5 enthalten. Die Analyse der Fälle 4 und 5 belehrt uns demnach über die Hauptarten der Bewegung. Unter Zugrundelegung des Kontinuitätsprincipes ergiebt sich, dass in Bezug auf die Zeit die gleichförmige Translation, in Bezug auf den Raum die homogene Bewegung (5) als Elementarbewegung aufzufassen ist. Die letztere Bewegung zerfällt in Komponenten. Die Bewegung zerlegen wir behufs Erzielung der Kommutativität in unendlich kleine Bewegungen. Eine homogene Bewegung in der Ebene:

$$u = a_{10}+a_{11}x+a_{12}y,$$
$$v = a_{20}+a_{21}x+a_{22}y$$

ersetzen wir durch folgende Form:

$$u = m_1+px-ry+n_1x-n_2y,$$
$$v = m_2+py+rx+n_1y+n_2x;$$

dann bedeuten m_1, m_2 eine Lagenänderung — Translation T; r eine Richtungsänderung — Rotation R; p eine Grössenänderung — Expansion P, und n_1, n_2 eine Formänderung — symmetrische Dilatation S. Die Bewegungen T, R, P und S sind dann Elemente einer jeden ebenen Bewegung. Jede von ihnen bedeutet eine charakteristische, von den andern wesentlich verschiedene Bewegung. Jede ebene Bewegung kann aus ihnen zusammengesetzt werden. Eine beliebige Anzahl gleichnamiger Bewegungen giebt stets nur eine gleichnamige resultirende Bewegung. Diese Eigenschaft macht die angeführten einfachen Bewegungen zu wahren kinetischen Elementen. Eine Ausnahme in gewissem Sinne bildet jedoch die Translation, indem diese als specieller Fall der Rotation, Expansion oder Dilatation um ein unendlich weites Centrum oder als Resultirende zweier Rotationen, Expansionen oder Dilatationen von entgegengesetztem Zeichen um bestimmte Centra aufgefasst werden kann. — Für eine homogene Bewegung im Raume, wenn die Gleichung auf die Form gebracht wird:

$$u = t_1 + px - r_3y + r_2z + v_1x + s_3y + s_2z,$$
$$v = t_2 + py - r_1z + r_3x + v_2y + s_1z + s_3x,$$
$$w = t_3 + pz - r_2x + r_1y + v_3z + s_2x + s_1y,$$
$$v_1 + v_2 + v_3 = 0$$

ergiebt die Untersuchung, dass diese Bewegung aus folgenden elementaren Bewegungen zusammengesetzt ist: Translation, deren Komponenten t_1, t_2, t_3 sind; Rotation, deren Komponenten r_1, r_2, r_3 sind; Expansion repräsentirt durch den Koefficienten p; reine Deformation als Formänderung bestimmt durch die Koefficienten s_1, s_2, s_3, v_1, v_2, v_3, welche keine Dilatation sondern eine komplicirtere Bewegungsform ist. Durch Zusammensetzung gleichnamiger Bewegungen entstehen jedoch hier: die Schraubenbewegung als Resultante beliebiger Dilatationen; derart kann man das Schema elementarer Bewegungen folgend fortsetzen: I. Einfache Hauptarten der Bewegung sind: die Expansion, Rotation und symmetrische Dilatation (Translation ist nur ein specieller Fall der letzteren). II. Durch Zusammensetzung gleichnamiger Bewegungen ergeben sich weitere zwei Hauptarten der Bewegung: die Schraubenbewegung und die reine Deformation. —

Ein tieferes Studium der homogenen Bewegung würde das Bestimmen der Aequivalenzen bei Kombination von beliebigen einfachen Bewegungen erfordern; alle diese Aequivalenzsätze kulminiren in dem allgemeinen Satze:

„Die allgemeinste Bewegung ist auf eine einzige Art einer reinen Deformation und Expansion mit gemeinsamem Centrum und einer Rotation um eine durch das Centrum gehende Axe äquivalent".

Das ist der wesentliche Inhalt der ersten und vierten Abhandlung. In der zweiten und dritten Abhandlung werden verschiedene Aequivalenzsätze, welche sich bei Betrachtung der Kombinationen elementarer Bewegungsarten ergeben, aufgestellt.

Bezüglich des reichhaltigen Inhaltes muss auf das Original verwiesen werden. *Gs.*

A. Seydler. Ueber die Analogien zwischen Deformationen und Spannungen. Sitzber. der k. böhm. Ges. d. W. p. 618-633. 1887. (Böhmisch.)

In der Elasticitätslehre kommen zwei Flächen 2. Grades vor: die Direktrix und das Elasticitätselipsoid; in der Lehre der Deformationen (Komplexe von Expansion und reiner Deformation) kann man zwei analoge Flächen konstruiren. Der Verfasser studirt die Eigenschaften dieser Flächen und stellt Analogien auf zwischen den Deformationen und Spannungen. In der zweiten Abtheilung erweitert der Verfasser die Geometrie der Kräfte. In der Mechanik der idealen Gebilde kann man jede Kraft in jedem Punkte ihrer Richtung ohne Aenderung der Wirkung versetzen; nicht so für materielle Gebilde, denn durch Versetzen der Kraft wird in dem materiellen Gebilde Elasticität (Zug oder Druck) geweckt, deren Wirkung nicht vernachlässigt werden kann. Der Verfasser macht auf Expansions-, Deformations- und Elongationskräfte und -kräftepaare aufmerksam und untersucht die entsprechenden Aequivalenzsätze. Eine Kraft ist äquivalent derselben Kraft in einem andern Punkte ihrer Richtung, wenn ihr ein Elongationspaar hinzugefügt wird. Ein um einen bestimmten Winkel gedrehtes Rotationspaar ist dem ursprünglichen Rotationspaare äquivalent, wenn ihm ein Dilatationspaar hinzugefügt wird. Das Moment dieser Paare wird wie bei einem Rotationskräftepaare durch das Produkt aus der Kraft und dem Abstande der Angriffspunkte beider Kräfte gemessen.

Eine systematische Bearbeitung ähnlicher Sätze würde die Geometrie der Kräfte bilden und die gewöhnliche Geometrie der Kräfte, welche sich auf dynamische Faktoren unveränderlicher Gebilde beschränkt, wesentlich ergänzen. *Gs.*

C. Formenti. Dinamica dei systemi che si muovono conservandosi affini a sè stessi. Lomb. Rend. (2) XIX, 435 bis 445.

In der Determinante $|t_i x_i y_i z_i|$ ($i = 1, 2, 3, 4$) bezeichne man den Koefficienten von t_i mit T_i, so bestehen bekanntlich die Identiäten:

$$(1.)\quad \begin{cases} T_1 x_1 + T_2 x_2 + T_3 x_3 + T_4 x_4 = 0, \\ T_1 y_1 + T_2 y_2 + T_3 y_3 + T_4 y_4 = 0, \\ T_1 z_1 + T_2 z_2 + T_3 z_3 + T_4 z_4 = 0. \end{cases}$$

Sind x_i, y_i, z_i die rechtwinkligen Koordinaten eines Punktes (i), so ist T_i das sechsfache Volumen desjenigen Tetraeders, dessen Ecken der Koordinaten-Anfang und die drei Punkte aus (1), (2), (3), (4) sind, unter denen (i) nicht vorkommt. Da nun bei affiner Veränderung eines Systems entsprechende Tetraeder proportionale Volumina behalten, so sagen jene drei Gleichungen aus, dass die vier Punkte (1), (2), (3), (4) mit dem festen Koordinatenanfange ein affin-veränderliches System bilden, ferner dass die Bewegung dreier Punkte, welche mit dem festen Punkte nicht in derselben Ebene liegen, die Bewegungen aller anderen bestimmen.

Aus den Gleichungen (1.) und den Anfangs-Koordinaten x_0, y_0, z_0 eines Systempunktes folgert der Verfasser sofort die Koordinaten x, y, z desselben Systempunktes zur Zeit t in der Form:

$$(2.)\quad \begin{cases} x = \alpha_{11} x_0 + \alpha_{12} y_0 + \alpha_{13} z_0, \\ y = \alpha_{21} x_0 + \alpha_{22} y_0 + \alpha_{23} z_0, \\ z = \alpha_{31} x_0 + \alpha_{32} y_0 + \alpha_{33} z_0, \end{cases}$$

worin die α_{rs} Funktionen der Zeit sind, und zwar die nämlichen für alle Systempunkte.

Mit Hülfe der Gleichungen (2.) ergeben sich sodann die Bedingungen für das Gleichgewicht des Systems, wenn man mit X_i, Y_i, Z_i die zu den Axen parallelen Komponenten der den Punkt (i) angreifenden Kraft bezeichnet:

$$(4.)\quad \begin{cases} \Sigma X x_0 = 0, & \Sigma X y_0 = 0, & \Sigma X z_0 = 0, \\ \Sigma Y x_0 = 0, & \Sigma Y y_0 = 0, & \Sigma Y z_0 = 0, \\ \Sigma Z x_0 = 0, & \Sigma Z y_0 = 0, & \Sigma Z z_0 = 0, \end{cases}$$

und hieraus nach dem d'ALEMBERT'schen Principe die Bewegungsgleichungen, indem man in (4.) X durch $md^2x/dt^2 - X$ etc. ersetzt. Das System (4.) wird dann noch in ein anderes auf die Hauptträgheitsaxen bezogenes umgewandelt.

Im zweiten Theile der Arbeit wird dasjenige System einer genaueren Betrachtung unterzogen, in welchem ein durch vier Systempunkte als Ecken eines Tetraeders bestimmtes Tetraeder während der Bewegung ein konstantes Volumen behält. Für ein solches sind die Funktionen a_{rs} in (2.) an die Bedingung gebunden: $|a_{rs}| = 1$.

Als einzige Vorarbeit ähnlicher Tendenz citirt der Verfasser: DURRANDE. „Sur les applications des théories générales de la dynamique au mouvement d'un corps de forme variable". (C. R. LXXX, 877, Fortschr. d. Math. VII, 578; 1875). *Lp.*

H. G. ZEUTHEN. Om den mathematiske Behandling af Gnidningsmodstanden[1]). Tidsskrift for Mathematik 1886, 168 bis 174. Kopenhagen.

Der Verfasser macht darauf aufmerksam, dass man in statischen Aufgaben, wo die Reibung eingeht, nicht den Reibungskoefficienten μ als eine konstante Grösse ansehen kann. Nur in den Punkten, die auf dem Sprunge stehen sich in Bewegung zu setzen, hat μ seinen normalen (maximalen) Werth. Der Verfasser behandelt eine specielle Aufgabe und leitet das folgende Princip ab: Ein Körpersystem, in welchem unter anderen Kräften auch Reibungen wirken, wird nur dann auf dem Sprunge stehen eine gegebene Bewegung auszuführen, wenn die faktisch bestehenden Reibungskoefficienten in allen den Punkten, wo bei der gegebenen Bewegung ein Gleiten stattfinden wird, ihre resp. maximalen Beträge erhalten haben. *K. P.*

Litteratur.

M. RÜHLMANN. Vorträge über Geschichte der technischen Mechanik und theoretischen Maschinenlehre. I. Theil: Technische Mechanik. Leipzig: Baumgärtner 1885; [Beibl. X, 213.

SCHNEIDER. Zur Geschichte der Physik im 17. Jahrhundert. I. Abth. Progr. Gymn. Ellwangen 1886. 31 pp.

---

[1]) Ueber die mathematische Behandlung der Reibung.

B. BONCOMPAGNI. Sur l'„Histoire des sciences mathématiques et physiques“ de M. MAXIMILIEN MARIE. Bibl. Math. II, 43-45, 87-90; [Fortschr. d. Math. XVIII, 1.

CH. HENRY. Lettres inédites de LAPLACE publiées avec une première rédaction de sa méthode pour déterminer les orbites des comètes et une notice sur les manuscrits de PINGRÉ. BONCOMPAGNI Bull. XIX, 149-178; [Fortschr. d. Math. XVIII, 14.

CH. HENRY. Sur quelques billets inédits de LAGRANGE. BONCOMPAGNI Bull. XIX, 129-136; [Fortschr. d. Math. XVIII, 14 bis 15.

A. FAVARO. Intorno ad alcuni nuovi studi sulla vita e sulle opere di GALILEO GALILEI. Ven. Ist. Atti (6) IV, 355 bis 362; [Fortschr. d. Math. XVIII, 8.

A. FAVARO. Intorno ad alcuni documenti Galileani recentemente scoperti nella biblioteca nazionale di Firenze. BONCOMPAGNI Bull. XIX, 1-55; Fortschr. d. Math. XVIII, 8.

A. FAVARO. La libreria di GALILEO GALILEI descritta ed illustrata. BONCOMPAGNI Bull XIX, 219-290; [Fortschr. d. Math. XVIII, 9.

A. FAVARO. Ricerche ulteriori intorno alla vita ed alle opere di BARTOLOMEO SOVERO, matematico svizzero del secolo XVII. BONCOMPAGNI Bull. XIX, 99-114; [Fortschr. d. Math. XVIII, 9-10.

ZEBRAWSKI. Ergänzungen zu der (im Jahre 1873 herausgegebenen) „Polnischen Bibliographie im Gebiete der Mathematik und Physik.“ Krakau: Verl. d. Kurnik'schen Bibliothek. (Polnisch.)

A. STARKOFF u. W. HABBE. Die russische Bibliographie der Mathematik, Mechanik, Astronomie, Physik und Meteorologie für das Jahr 1885. Odessa Ges. VII, (Russisch.) *Lp.*

C. G. J. JACOBI. Gesammelte Werke. Herausgegeben auf Veranlassung der Königlich Preussischen Akademie der Wissenschaften. Bd. III, IV, Suppl. I. Herausgegeben von K. Weierstrass. Berlin: G. Reimer; [Fortschritte d. Math. XVIII, 16-18.

A. F. Möbius. Gesammelte Werke. Herausgegeben auf Veranlassung der königlich sächsischen Gesellschaft der Wissenschaften. Bd. II. und III. Herausgegeben von F. Klein. Leipzig: S. Hirzel. [Fortschr. d. Math. XVIII, 18-19.

H. Diesener. Praktische Unterrichtsbücher für Bautechniker. Bd. I.: Darstellende Geometrie. Bd. II.: Die technische Naturlehre und Mechanik. Bd. III: Die Festigkeitslehre und Statik. Halle a./S.: L. Hoffstetter, 1887. *Lp.*

H. T. Brown. 507 Bewegungsmechanismen. Deutsch von O. v. Belser-Berensberg. Stuttgart: Cotta 1886. 183 pp.

A. Schönflies. Geometrie der Bewegung in synthetischer Darstellung. Leipzig: Teubner, VI+336 pp. [Fortschr. d. Math. XIX, 880.

F. Melde. Aus der Experimentalphysik. ZS. phys. Unterr. III, 49-55, 193-202.

Praktische Bemerkungen über Schulversuche, welche sich auf Hebel, Pendel, Arbeitsgrösse bei Maschinen, Darstellung von Spiralen mit der Centrifugalmaschine, lebendige Kraft, Auftrieb, Capillarität, communicirende Röhren beziehen. Statt der Plateau'schen Oelkugeln werden Petroleumkugeln empfohlen. *Bde.*

P. van der Vliet. Lehrbuch der Mechanik. I. 333 pp., II. 331 pp. St. Petersburg 1886.

Vorzügliches Lehrbuch (russ.) für Studirende der Naturwissenschaften, Medicin und Anfänger auf dem Gebiete der Mathematik, Physik, Technik u. s. w. Höhere Mathematik ist ausgeschlossen. *O. Chw.*

B. Schnittler. Laerebog i Mathematik og Mechanik for Technikere. Heft 1. Christiania, 272 pp.

J. Greaves. A treatise on elementary statics. London: Macmillan & Co. VIII+272 pp.; [Fortschr. d. Math. XVIII, 804. *Lp.*

T. M. Goodeve. A Manual of Mechanics. London: Longmans, 1886. 298 pp ; [Nat. XXXIV, 358-359; [Fortschr. d. Math. XVIII, 805.

H. G. MADAN. Elementary Dynamics. Edinburgh: W. and R. Chambers, 1886. 180 pp.; [Nat. XXXV, 51.

J. H. SMITH. Elementary statics. London: Rivingtons, 1886. 138 pp.

D. H. MARSHALL. Introduction to the science of dynamics. London: VII + 120 pp.

W. J. BROWN. Key to mechanics for junior students. London: Heywood, 1886. 96 pp.

J. P. CHURCH. Statics and dynamics. New-York.

J. O' TOOLE. Ansa dynamica: concerning force, impulsion and energy. London: Simpkin, 1886. 74 pp.

J. BLAIKIE. Elementary dynamics (mechanics). 11. edit. enlarged. Edinburgh.

W. K. CLIFFORD. Lectures and essays. (Applied mathematics and mechanics.) Edit. by L. Stephen and F. Pollock. 2 ed. London.

E. COLLIGNON. Traité de mécanique. V. Questions diverses; compléments; table générale. Paris: Hachette, 1886. 516 pp. *Bde.*

M. LÉVY. La Statique graphique et ses applications aux constructions. I. Principes et applications de statique graphique pure. Paris: Gauthier-Villars, 1886. XXXVII + 449 pp.

J. A. BOCQUET. Cours élémentaire de mécanique. 2 parties. Principes et applications. Travail des machines et résistance des matériaux. Paris 1886. *Lp.*

G. FUMAGALLI. Principî di dinamica. Torino: Loescher, 1886. *Bde.*

L. LANGE. Die geschichtliche Entwickelung des Bewegungsbegriffes und ihr voraussichtliches Ergebniss. Ein Beitrag zur historischen Kritik der mechanischen Principien. Leipzig: W Engelmann, X + 141 pp.

L. LANGE. Der Bewegungsbegriff während der Reformation der Himmelskunde von KOPERNIKUS bis zu NEWTON. Diss. Leipzig. WUNDT's Philos. Stud. III, 352-419.

A. KÖNIG. Neuere Versuche zu einer einwurfsfreien Grundlegung der Mechanik. Verh. Physik. Ges. Berlin. V, 73 bis 74.

Auszug aus LUDW. LANGE.

F. A. MÜLLER. Das Problem der Continuität in Mathematik und Mechanik. Marburg: N. G. Elwert, IV+123 pp.

TH. BECK. Ueber einige Grundbegriffe der Mechanik. Civiling. XXXII, 191-215; [Fortschr. d. Math. XVIII, 808-810.

A. TURNER. Die Kraft und Materie im Raume. Grundlage einer neuen Schöpfungstheorie. Leipzig: Theodor Thomas. *Lp.*

E. DREHER. Ueber den Begriff der Kraft mit Berücksichtigung des Gesetzes von der Erhaltung der Kraft. Berlin: Dümmler's Verlagsbuchh., 47 pp. [Naturf. XIX, 216.

LISSER und BENECKE. Apparat zum Anschaulichmachen der Lehre vom Gleichgewicht der Kräfte. D. R. P. Nr. 34562. [ZS. f. Instrk. VI, 218.

C. BAUR. Experimenteller Nachweis des Gesetzes der Action und Reaction. ZS. f. phys. Unterr. III, 99.

O. CHANUTE. Progress of mechanical science. Science VIII, 183-184.

Referat über technische Fortschritte. *Bde.*

GEORGE M. MINCHIN. Scientific Nomenclature. Nat. XXXIV, 76.

Der Verfasser empfiehlt den Ausdruck „statische“ Energie für „potentielle“ Energie als logischer. *Lp.*

G. GRIFFITH. Scientific Nomenclature. Nature XXXIV, 122.

NEWTON and the apple. Athenaeum 1886, [1] 491.

P. BERTHOT. Des forces mutuelles et de leurs applications aux phénomènes mécaniques, physiques et chimiques. Paris: Chaix 1886, 47 pp. *Bde.*

G. A. Hirn. La notion de force. Rev. Scient. (3) VI, (1) 252-253.

Berichtigung eines Satzes aus des Verfassers Werk: „Notion de la force dans la science moderne". (1885). „Ein starker Ton muss sich schneller fortpflanzen als ein schwacher Ton von gleicher Höhe"; das ist der Wortlaut des berichtigten Satzes. *Lp.*

C. Neumann. Ausdehnung der Keppler'schen Gesetze auf den Fall, dass die Bewegung auf einer Kugelfläche stattfindet. Leipz. Ber. 1886, 1-2; [Beibl. X, 59; [Fortschr. d. Math. XVIII, 858.

G. Kobb. Om integrationen af differentialeqvationerna för en tung partikels rörelse på en rotationsyta med vertikal axel. Stockh. Öfv. 367-373; [Fortschr. d. Math. XVIII, 871.

F. Tisserand. Sur un cas remarquable du problème des perturbations. C. R. CIII, 446-452; [Fortschr. d. Math. XVIII, 1105.

H. Thurein. Elementare Darstellung der Planetenbahnen durch Construction und Rechnung. Berlin: B. Gärtner, 34 pp. [Fortschr. d. Math. XVIII, 851.

S. Günther. Die Lehre von der Wurfcurve vor Galilei. Naturw. Rundsch. I, 289-291.

Berichtigt die Ansichten über die Verdienste des Tartaglia um die Angabe der Gestalt der Wurflinie durch Mittheilung des Inhaltes seiner Schriften und erläutert die bezüglichen Stellen aus einer Schrift von Schwenter, Nürnberg 1636. *Lp.*

Le plus grand pendule du monde. La Nat. XIV, (2) 78.

P. Czermak u. R. Hiecke. Eine Vorrichtung für Pendelbeobachtungen auf graphischem Wege. Centrztg. f. Optik u. Mech. VI, 217-219 u. 229-233. 1885; [Beibl. X, 262; sh. diese Ber. XLI, (1) 226. *Bde.*

Cornelius Plch. Die Abweichung des Foucault'schen Pendels. Casopis XIV, 10-15. 1885, XV, 197-211. (Böhmisch).

Elementare Ableitung, für Studirende bestimmt. *Gs.*

Collignon. Rectification. Assoc. Franc. Nancy XV, (1) 80, (2) 27.

Bezieht sich auf eine Untersuchung über Tautochronismus. *Bde.*

O. Liman. Die Bewegung zweier materiellen Punkte unter Zugrundelegung des Riemann'schen elektrodynamischen Gesetzes. Diss. Halle 42 pp.

A. Seydler. Ausdehnung der Lagrange'schen Behandlung des Dreikörper-Problems auf das Vierkörper-Problem. Prag. Abh. (7) I. Sep. Prag. Calve. *Lp.*

A. Seydler. Geschichtliche Entwickelung des Dreikörperproblems. Casopis XV, 7-16, 65-70, 102-114. (Böhmisch.) *Gs.*

L. Boltzmann. Neuer Beweis eines von Helmholtz aufgestellten Theorems betreffend die Eigenschaften monocyklischer Systeme. Gött. Nach. 1886, 209-213; [Fortschritte d. Math. XVIII, 1063.

F. Folie et E. Catalan. Rapports sur le mémoire de M. Ch. Lagrange intitulé: Théorèmes de mécanique céleste indépendants de la loi de l'attraction. Belg. Bull. (3) XII, 231-238.

J. de Tilly et F. Folie. Rapport sur une réponse de M. Lagrange aux critiques d'un rapport de M. Catalan. Belg. Bull. (3) XII, 489-493.

Ch. Lagrange. Réponse aux critiques du rapport de M. Catalan. Belg. Bull. (3) XII, 527-539.

E. Catalan. Extrait d'une lettre à M. Tilly. Belg. Bull. (3) XIII, 4; die vier letzten in Fortschr. d. Math. XVIII, 854.

O. Backlund. Dr. Harzer's Untersuchungen über einen speciellen Fall des Problems der drei Körper. St. Petersburg. 20 pp.

F. Guthrie. Virtual Velocities. Nat. XXXV, 149-150.

Vorschlag zu einer einwandsfreien Begründung des Princips der virtuellen Geschwindigkeiten. *Lp.*

COLLIGNON. Examen de certains cas-limites de la loi de l'attraction newtonienne. Assoc. Franç. Nancy XV, (1) 80, (2) 29.

B. O. PEIRCE. Newtonian potential function. Boston. 143 pp.

CHR. IBRÜGGER. Ueber die Anziehung eines homogenen schiefen Kreiscylinders. Diss. Jena. 31 pp.

E. BELTRAMI. Sull'uso delle coordinate curvilinee nelle teorie del potenziale e dell' elasticità. Nuov. Cim. (3) XIX, 90-95, 97-121; Bol. Mem. (4) VI, 401-448; [Fortschr. d. Math. XVIII, Abschn. 11, Cap. 1 A. Siehe Referat Seite 264.

R. HOPPE. Anziehung eines der Kugel analogen Gebildes von n Dimensionen auf einen Punkt. Arch. d. Math. (2) IV, 185-196; [Fortschr. d. Math. XVIII, 928.

F. RICHARZ. Bemerkung zu seinem Vortrage vom 4. December 1885. Verh. d. physikal. Ges. V, 3. Prioritätsfrage.
Bde.

PAUL VOLKMANN. Ueber Fern- und Druckwirkungen. (Vortrag in d. physik.-ökonom. Ges.) Schr. d. Königsb. Ges. XXVII, 95-103†.

Eine gedrängte Uebersicht über die historische Entwickelung der bezüglichen wissenschaftlichen Anschauungen von NEWTON bis FARADAY und MAXWELL. *Lp.*

F. ZÖLLNER. Erklärung der universellen Gravitation aus den statischen Wirkungen der Elektricität. II. Ausg. Leipzig, F. Fock. [Fortschr. d. Math. XVIII, 40-41.

R. DE BONAVENTURA MARTINS PEREIRA. La rotation et le mouvement curviligne. Nouvelle théorie de l'attraction et de la répulsion des corps, appliquée à la gravitation, à la gravité, à la cohésion et à l'affinité. Paris 1886, 8° mit 4 Taf. *Lp.*

J. T. WALKER. ... Report of the committee for inviting designs for a good differential gravity meter in supersession of the pendulum, ... Rep. Brit. Ass. 1886, 141-145. *Bde.*

A. Thévenet. Étude analytique du déplacement infiniment petit d'un corps solide. Paris, IX+155 pp.

E. Lampe. Ueber ein Analogon im Raume zu einer speciellen Hypocykloiden-Bewegung. Crelle J. C, 359-363.

F. Wittenbauer. Sätze über die Bewegung eines ebenen Systems. Wien. Anz. XXIII, 145-146.
Ausführlich mitgetheilt in Schlömilch ZS. XXXIII, 314. 1887.

F. Siacci. Sulla rotazione di un corpo intorno ad un punto. Torino 1886. [Fortschr. d. Math. XVIII, 825.

J. N. Franke. Ueber die Drehung eines starren Körpers um einen festen Punkt. Krak. Denkschr. XII. (Polnisch.) [Fortschr. d. Math. XVIII, 827.

A. Schmidt. Die elementare Behandlung des Kreiselproblems. Böcklen Mitt. I, (3) 65-79, Sep.-Ab. Tübingen, Fues; [Fortschr. d. Math. XVIII, 888

G. Hauck. Elementare Behandlung des Kreiselproblems durch Dualisirung mit der Centralbewegung. Hoffmann ZS. XVII, 81-90, 423-424; [Fortschr. d. Math. XVIII, 887.

Franke. Zum Kreiselproblem. Hoffmann ZS. XVII, 422; [Fortschr. d. Math. XVIII, 887.

B. Biel. Ueber Rollbewegungen unter der Voraussetzung, dass der erzeugende Punkt noch einer besonderen Eigenbewegung unterliegt. Diss. Marburg. 28 pp.

L. Lecornu. Sur le problème de l'anamorphose. C. R. CII, 813-816; Fortschr. d. Math. XVIII, 829.

H. G. Zeuthen. Om Momentsätningen: Statiken. Zeuthen-Tidsskr. (5) IV, 145-154; [Fortschr. d. Math. XVIII, 831.

W. Harvey. Kinematical theorems. Edinb. M. S. Proc. IV, 38-45.

H. Samter. Theorie des Gauss'schen Pendels mit Rücksicht auf die Rotation der Erde. Diss. Leipzig-Berlin: Mayer & Müller. 99 pp. Arch. d. Math. (2) IV, 1-99; [Beibl. XI, 386; [Fortschr. d. Math. XVIII, 1107. *Lp.*

M. H. Maw. Pendulum Oscillation. Nat. XXXIV, 76.

R. WEBER. Sur le pendule compensé. Bull. d. Neuch. XV, 169-173. 1884/86.

THOMAS BUCKNEY. On the Superiority of Zinc and Steel Pendulums. Monthl. Not. XLVI, 462-469. *Bde.*

MARCEL DEPREZ. Mesure de la pesanteur par le pendule. Soc. Helv. 1886, 12-14.; Arch. Sc. Phys. (3) XVI, 188-190†.

Vorschläge zur Construction zweier Pendel. Bei dem ersten soll durch die Wärmestrahlen einer Petroleumlampe, die durch einen Schlitz der Linse gehen, ein Strom einer Thermosäule erzeugt werden, der zur reibungslosen Zählung der Schwingungen dient. Beim zweiten soll die Reibung der Spitze an der Kuppe eines Quecksilberbades durch die grosse Masse der schweren Linse unschädlich gemacht werden.

J.-A. BERBY. Jouets scientifiques: l'oeuf de CHRISTOPH COLOMB. La Nat. XIV, (1) 288.

J. NEUBERG. Systèmes de tiges articulées. Tracé mécanique des lignes. Paris. *Lp.*

H. CUNYNGHAME. On a new Hyperbolograph. Proc. Phys. Soc. VIII, 67-69; Engin. XLI, 626. *Bde.*

F. GRASHOF. Theorie der Kraftmaschinen. 2. Lieferung. 161-320 pp. Leipzig: L. Voss. [Fortschr. d. Math. XVIII, 892.

N. TH. MICHAELIS. De invloed van trekstangen op het opzetten van draaibruggen. Amst. Versl. en Med. II, (3) 217 bis 228; [Fortschr. d. Math. XVIII, 833. *Lp.*

GEO. FRAS. FITZGERALD. On the Limits to the Velocity of Motion of the Working Parts of Engines. Proc. Dubl. Soc. V, 160-164; [Beibl. XII, 158. 1888.

H. and E. SHAW. The sphere and roller mechanism for transmitting power. Rep. Brit. Ass. 1886, 484-496.

A. BÉRARD et H. LÉAUTÉ. Sur les moyens de réduire les accroissements momentanés de vitesse, dans les machines munies de régulateurs à action indirecte. C. R. CIII, 1167-1170.

J. Valet. Zur Theorie der Centrifugalregulatoren. Dingl. J. CCLXII, 332.

Railway waggon hand brakes. Engineering XLI, 299.

N. Hesehus. Dynamomètre de démonstration. J. soc. phys. chem. russ. XVII, 52; [J. de phys. (2) V, 90. *Bde.*

Rieter's Dynamometer. Polyt. Notizbl. XLI, 290-291.

Kurze Beschreibung (nach der Oesterr.-ungar. Müllerzeitung) eines Apparates zur Ermittelung des Verbrauchs an Arbeit, die zum Betriebe einer beliebigen Maschine erforderlich ist.

Balance Dynamometer. Engineering XLI, 605.

Kurze Beschreibung eines von dem Lawrence Machine Shop U. S. A. construirten Dynamometers unter Bezugnahme auf eine beigegebene Abbildung. *Lp.*

Belt Dynamometer. Engineering XLII, 260-262.

C. Resio. Indicateur de la torsion de l'axe moteur dans les machines en mouvement. Lum. El. XX, 433-440.

Von technischem Interesse.

Ashton's Power meter. Engineering XLI, 8.

Von technischem Interesse.

W. Worby Beaumont. On a new system of mechanism for imparting and recording variable velocity. Rep. Brit. Ass. 1886, 818-819.

Emil Oekinghaus. Transformationen der elliptischen Integrale und Functionen in Verbindung mit der Theorie der Kettenlinie. Arch. d. Math. (2) IV, 225-278.

Emil Oekinghaus. Elliptische Integralfunctionen und ihre geometrische, analytische und dynamische Bedeutung. Arch. d. Math. (2) IV, 279-307; [Fortschr. d. Math. XVIII, 406.

J. Larmor. Ueber die unmittelbare Anwendung des Princips der kleinsten Wirkung auf die Bewegung eines materiellen Punktes, auf das Problem der Kettenlinien und andere verwandte Probleme. Proc. Lond. Math. Soc. XV, 158-170. 1884; [Beibl. X, 379; sh. diese Ber. XL, (1) 211.

J. WEINGARTEN. Ueber die Deformationen einer biegsamen unausdehnbaren Fläche. CRELLE Journ. C, 296-310; Berl. Sitzber. 1886, 83-93; [Beibl. X, 552; sh. Fortschr. d. Math. XVIII, 721. Rein geometrisch aufgefasst.

J. P. G. SMITH, G. HALLIDAY, R. S. HELE SHAW. Friction at different velocities. Engineering XLI, 358, 385, 458.

Discussion, die ihren Grund in einem Missverständniss Hrn. SMITH's hat.

N. KENNEDY. Letter on Coefficient of Friction on Wire-Rope. Engineering XLI, 133. *Bde.*

---

5. Hydromechanik.

D. BOBYLEFF. Hydrostatik und Theorie der Elasticität. St. Petersb. 1886, 182 pp. gr. 8°†. (russ.)

Kap. I. Differentialgleichungen der Bewegung biegsamer und deformationsfähiger Körper.

Kap. II. Hydrostatik.

Kap. III. Gleichungen der Hydrodynamik.

Kap. IV. Homogene Deformationen von Körpern.

Kap. V. Das Ellipsoid der Intensitäten (Spannungen) und die Oberfläche „der Richtungen“.

Kap. VI. Spannungen und Deformationen.

Kap. VII. Statik elastischer Körper.

Kap. VIII. Beispiele für das Gleichgewicht isotrop-elastischer Körper.

Kap. IX. Gleichgewicht dünner elastischer Drähte.

Referent glaubt, dass in der nichtrussischen Litteratur ein gleich vorzügliches Werk über die angegebenen Themata nicht existirt. *O. Chw.*

L. MATTHIESSEN. Sur l'équilibre d'une masse fluide en rotation. C. R. CII, 857-858; [Beibl. X, 469.

H. POINCARÉ. Sur l'équilibre d'une masse fluide en rotation. C. R. CII, 970-972; [Beibl. X, 551.

Hr. MATTHIESSEN nimmt durch Hinweis auf frühere Schriften über Gleichgewichtsfiguren rotirender Flüssigkeiten in Bezug auf die Entdeckung ringförmiger Gleichgewichtsfiguren, welche Hr. POINCARÉ den Engländern THOMSON und TAIT zugeschrieben, die Priorität für sich in Anspruch. Gleichzeitig weist Hr. MATTHIESSEN darauf hin, dass er auch die von Hrn. POINCARÉ angegebenen Deformationen ringförmiger und ellipsoidischer Figuren in seinen Schriften behandelt habe. Hr. POINCARÉ giebt den ersten Punkt zu, bemerkt jedoch zu dem zweiten, dass die von Hrn. MATTHIESSEN angewendeten Methoden nur eine beschränkte Näherung erlaubten und nicht in allen Punkten zu richtigen Resultaten führten. Uebrigens seien Hrn. MATTHIESSEN nicht alle Gleichgewichtsfiguren bekannt, welche Hr. POINCARÉ in seiner Abhandlung in den Acta Math. VII, (Fortschr. d. Math. XVII, 864-871. 1885) entwickelt habe; eben so fehlten Stabilitätsuntersuchungen, auf welche in der eben genannten Abhandlung ein besonderes Gewicht gelegt sei.

F. K.

G. H. DARWIN. On JACOBI's figure of equilibrium for a rotating mass of fluid. Lond. R. S. Proc. XLI, 319-336.

Zweck ist die Erzielung von Zahlenwerthen für die Axen einer Reihe von Gleichgewichts-Ellipsoiden. Setzt man $b = a\cos\beta$, $c = a\cos\gamma$, $a^3 = abc$, so ist der kleinste Werth von γ, für den ein Gleichgewichts-Ellipsoid besteht, $\gamma = 54^\circ 21' 27''$, und die Resultate werden in einer Tabelle gegeben: „Lösungen von JACOBI's Problemen" S. 332, d. i. dieselbe giebt für den vorgenannten Minimal-Werth, sodann für die Werthe $\gamma = 55^\circ$, 57°, 60° und darauf in

Intervallen von 5° bis $\gamma = 90°$ die Werthe von α, β, a/a, b/a, c/a, die Excentricitäten der Hauptschnitte, die Winkelgeschwindigkeit, das Momenten-Moment, endlich die kinetische, innere und gesammte Energie. Figuren zeigen die drei Hauptschnitte für die Werthe $\gamma = 60°$ und $\gamma = 75°$. *Cayley. (Lp.)*

L. Gutode. Le mouvement perpétuel et le principe d'Archimède. La Nat. XIV, (2) 79-80†; [Beibl. X, 495†.

Der Verfasser bemängelt die häufig angewendete Form für das Archimedische Princip: „Ein in Wasser getauchter Körper verliert einen Theil seines Gewichtes, welcher gleich ist dem Gewicht der verdrängten Flüssigkeit“ und erzählt einen Fall, in welchem dieselbe jemanden zu dem Versuch verleitet habe, ein Perpetuum mobile zu konstruiren. *F. K.*

A. B. Basset. On the motion of a liquid ellipsoid under the influence of its own attraction. Lond. M. S. Proc. XVII, 255-262.

Riemann hat (cf. Riemann's Werke p. 168) die Differentialgleichungen aufgestellt, von denen die Bewegung einer homogenen Flüssigkeitsmasse abhängt, deren Theilchen sich nach dem Gravitationsgesetz anziehen, und die so rotirt, dass ihre Grenzfläche stets ein Ellipsoid mit variabler Grösse der Hauptaxen bildet. Dieselben Gleichungen werden hier auf anderem Wege, unter Zugrundelegung der hydrodynamischen Gleichungen in der Euler'schen Form, abgeleitet. Der Bedingung an der Oberfläche des Ellipsoids wird genügt, wenn man für die absoluten Geschwindigkeiten der einzelnen Flüssigkeitstheilchen lineare Funktionen der Koordinaten setzt, die im Mittelpunkte verschwinden. Die Koefficienten dieser Funktionen lassen sich durch die veränderlichen Axen und ihre Ableitungen nach der Zeit, sowie durch die Rotationsgeschwindigkeiten um diese Axen ausdrücken.

Die Rotationen um die Axen werden ferner je in zwei Theile zerlegt, so dass der erste Theil eine Rotation darstellt, die so erfolgt, als wäre das Ellipsoid in jedem Moment fest. Die Komponenten der genannten Theilrotationen werden dann durch sechs

samkeit der Mathematiker wieder auf diese längst vergriffene und in neuerer Zeit fast gar nicht citirte Schrift zu lenken. Die allgemeinen Betrachtungen, welche der Behandlung des speciellen Problems — die Wellenbewegung auf der Oberfläche cylindrischer Gefässe mit vertikaler Axe — vorangehen, sowie die auf dieses selbst bezüglichen Entwickelungen sind im Lauf der seit dem Erscheinen der oben genannten Schrift verflossenen Jahrzehnte in den Allgemeinbesitz der Mathematiker übergegangen und scheinen daher eines speciellen Berichtes nicht zu bedürfen. *F. K.*

W. Voigt. Zur Theorie der Flüssigkeitsstrahlen. Klein Ann. XXVIII, 14-33.

Die Abhandlung stimmt im Wesentlichen mit der im vorhergehenden Jahrgang besprochenen Abhandlung desselben Verfassers überein (diese Ber. XLI, (1) 316. 1885). *F. K.*

Joh. Thime. Ueber die saugende Wirkung conisch-divergenter Ansatzröhren. Auszug aus „Gornago Journala“ (Berg. Journal) 1884 No. 1. Civiling. (2) XXXII, 463-472.

Der Inhalt der Abhandlung geht aus dem Titel hervor; die vorher gehenden theoretischen Betrachtungen werden nach der in der technischen Hydraulik üblichen Art angestellt. *F. K.*

Ueber die Theorie der Abflussmenge über Ueberfallwehre. Wochenbl. für Bauk. VIII, 189-190.

Im Jahrgang 1885 der Ann. des Ponts et Chaussées hat Herr Kleitz ein Verfahren zur Ableitung der bekannten Formel für die Abflussmenge bei Ueberfallwehren

$$Q = \tfrac{2}{3} mlH\sqrt{2gH}$$

angegeben. Dasselbe wird hier reproducirt. *F. K.*

TH. VAUTIER. Sur la vitesse d'écoulement des liquides.
C. R. CII, 165-166, CIII, 372-375; [Cim. (3) XX, 44 u. XXI, 62; [Beibl. X, 383, XI, 612; [La Nat. XIV, (2) 62; [Phil. Mag. (5) XXI, p. 285.

Die Ausflussgeschwindigkeit aus einer kleinen Oeffnung in dem dünnen horizontalen Boden eines Gefässes wird auf folgendem Wege experimentell bestimmt. In der vertikalen Axe des Ausflussgefässes senkrecht über dem Mittelpunkt der Oeffnung befindet sich eine mit einem Gemisch von Nitrobenzol und Terpentinöl gefüllte Röhre. Die Tropfen dieser Emulsion, welche dasselbe specifische Gewicht wie Wasser hat, bewegen sich in der Axe des Strahles und zwar mit derselben Geschwindigkeit wie die Wassertheilchen. Ein Spiegel, welcher sich um eine vertikale Axe dreht, entwirft nun auf einem Schirm ein Bild der Tropfen, das sich in schiefer Richtung bewegt. Ist V die horizontale Komponente der Geschwindigkeit dieser Bewegung, welche aus der Rotationsgeschwindigkeit des Spiegels zu bestimmen ist, und ist α der Winkel, welchen die Bewegungsrichtung mit der Horizontalen bildet, so erhält man die vertikale Komponente und damit die gesuchte Ausflussgeschwindigkeit durch die Gleichung

$$v = Vtg\alpha.$$

In Bezug auf die Details der Versuche verweisen wir auf die Abhandlung selbst. *F. K.*

C. RAZZABONI. Sopra alcuni casi di efflussi laterali.
Bologna Mem. (4) VI, 341-362.

In der weitverbreiteten unrichtigen Art wird aus der bei unendlich kleinen Oeffnungen geltenden Formel für die Ausflussmenge diejenige für eine Oeffnung endlicher Grösse durch eine doppelte Quadratur abgeleitet, gerade als ob jedes Element einer solchen Oeffnung eine unendlich kleine selbständige Oeffnung wäre. Nachdem die erforderlichen, leichten Quadraturen für eine bestimmte Klasse von Oeffnungen ausgeführt sind, wird die Zeit bestimmt, in welcher das Niveau im Gefässe um eine bestimmte Höhe sinkt; das erfordert wiederum nur die Ausführung einer einfachen Quadratur. Besonders behandelt wird der Fall, dass der obere Rand der Oeffnung höher liegt als das Niveau der Flüssigkeit im Gefässe.

F. K.

C. Razzaboni. Risultato di esperienze idrometriche sopra tubi addizionali conici divergenti. Bologna Mem. (4) VII, 85-93.

Der Verfasser hat mit 11 divergirenden konischen Ansatzröhren experimentirt, deren lichter Durchmesser 12-15 mm, deren Länge 25,6 bis 135 mm, und deren Divergenzwinkel übereinstimmend 5° 5',21 betrug. Fünf von den Röhren (25,6 bis 70 mm Länge) schnitten einfach in die Wand des Ausflussgefässes ein, so dass sie sich der Gestalt der vena contracta nicht anschlossen, die 6 anderen (33 bis 130 mm Länge) waren so angesetzt, dass ihr Eingang sich der Form der vena contracta anschmiegte. Für die 5 ersten wird angenommen, dass die Flüssigkeit sich am Eingang des Rohres durch Kontraktion von der Wand ablöste, und demgemäss werden für die beiden Arten von Röhren zwei verschiedene theoretische Ausflussformeln mitgetheilt. Diese lauten für die 6 Röhren mit Anschmiegung an die Kontraktion

$$v = \sqrt{2ga}, \quad Q = \omega_1 \sqrt{2ga},$$

für die 5 ohne Anschmiegung

$$v = \frac{\sqrt{2ga}}{\sqrt{1 + \frac{4}{g}\frac{\omega_1^2}{\omega_2^2}}}, \quad Q = \frac{\omega_1 \sqrt{2g\omega}}{\sqrt{1 + \frac{4}{g}\frac{\omega_1^2}{\omega^2}}}.$$

Hierin ist v die Ausflussgeschwindigkeit, Q die Ausflussmenge, a der Druck, ω und ω_1 die Querschnitte des Eingangs und Ausgangs der Röhre. Die Formeln sind ursprünglich für Stromfäden berechnet; da ihre Anwendbarkeit auf die verwickelteren Verhältnisse der vorliegenden Ausflussrohre zweifelhaft schien, werden sie zunächst mit den Versuchen verglichen. Der Vergleich geschieht in Tabellen, die Art des Experimentirens ist nur durch die Angabe beschrieben, dass der Druck immer auf 3,195 m gehalten wurde. Der Vergleich zeigt,

1) dass die erfahrungsmässigen Ausflussmengen immer kleiner sind, als die theoretischen;

2) dass die v ab- und die Q zunehmen, wenn das Rohr verlängert wird, während sie bei gleicher Länge mit dem Durchmesser wachsen;

3) dass die „tubi continui", d. h. diejenigen, welche sich der Form der vena contracta anschliessen, eine nahe um die Hälfte grössere Ausflussmenge ergeben, als die anderen;

4) dass die Annäherung an die theoretischen Formeln um so besser ist, je kürzer das Rohr;

5) dass die Ausflussmengen bei beiden Arten von Ansatzröhren sich direkt wie die Quadrate ihres Anfangsquerschnittes und wie die 7ten Wurzeln aus der Länge verhalten.

Der Vergleich zwischen den beobachteten Ausflussmengen und denjenigen, die auftreten würden, wenn das Ansatzrohr fortbliebe, zeigt,

6) dass das Ansatzrohr die Ausflussmenge vergrössert;

7) dass die Vergrösserung mit der Kürze des Rohrs zunimmt und mit wachsendem Querschnitt abnimmt;

8) dass die Vergrösserung für die „kontinuirlichen" Röhren zwischen $1^1/_2$ und 2, für die nicht kontinnirlichen zwischen $1^1/_3$ und $1^1/_2$ variirt.

Endlich wurden an verschiedenen Stellen der Ansatzröhren Quecksilbermanometer eingesetzt und der Druck bestimmt. Es stellte sich, wie bei divergentem Ansatzrohr zu erwarten, heraus, dass dieser Druck stets negativ (kleiner als 1 Atmosphäre) war, dass er vom Eingang des Ansatzrohres nach dem Ende hin zunahm, und

9) dass der Druck im Eingangsquerschnitt mit der Länge des Rohrs wächst, während er bei wachsendem Durchmesser abnimmt. Dasselbe gilt für die Geschwindigkeit im Eingangsquerschnitt.

Die oben gegebenen Formeln erweisen sich nach alledem als ungenügend für die Darstellung der Beobachtung, doch glaubt der Verfasser, dass man sie durch Zufügung passender Koefficienten brauchbar machen könnte. *Bde.*

N. SHUKOFFSKY. Ueber die Reaction des ein- und ausfliessenden Wassers. Matemat. Sbornik (Repert. f. Math. russ.) XII, 787-796†.

Enthält eine Erklärung der von SCHOENEMANN (Monatsber. d. kgl. Ak. d. W. zu Berlin, April 1858) entdeckten Erscheinung, dass eine durch innere Kräfte aus einem Gefäss hinausgetriebene Flüssigkeit auf das Erstere eine Reaktion ausübt, wenn das Gefäss in eine grosse Masse derselben Flüssigkeit eingetaucht ist; dass aber eine solche Reaktion nicht eintritt, wenn die Flüssigkeit in das Gefäss eingesogen wird. Die Erklärung fusst darauf, dass die Trennungsfläche sich im ersten Falle ausserhalb des Gefässes, im letzteren innerhalb desselben befindet. *O. Chw.*

E. BAZZI. Sulla fotografia della vena liquida.

Cim. (3) XIX, 277-278†; [Beibl. XI, 21. 1887†.

Der Verfasser lässt einen Wasserstrahl vor einem Spalt in einer dunkeln Wand herabfallen. Hinter der Oeffnung ist eine empfindliche photographische Platte. Beleuchtet wird der Strahl durch rasch auf einander folgende Entladungen von fünf Leydener Flaschen: so erhält man fünf Bilder des Strahles. *F. K.*

J. ISAACKSEN. Ueber die Ablenkung von Wasserstrahlen.

Civiling. (2) XXXII, 336-351.

Es wird zunächst eine Bewegung des Wassers bestimmt, bei welcher alle Flüssigkeitstheilchen sich in parallelen Kreisbahnen bewegen, deren Mittelpunkte auf einer Geraden liegen. Der Verfasser wird auf jene bekannte Flüssigkeitsbewegung dieser Art geführt, welche ein Potential besitzt; bei derselben ist bekanntlich die Geschwindigkeit umgekehrt proportional dem Abstande von der Axe, der Druck bis auf eine additive Konstante umgekehrt proportional dem Quadrate dieser Grösse. Dann wird der Uebergang der geradlinigen Flüssigkeitsbewegung in die soeben besprochene Bewegung behandelt. Die Ergebnisse werden auf die Theorie der Turbinen und auf die Gestalt des Wasserspiegels in Flusskrümmungen angewandt. *F. K.*

PN. Wassergeschwindigkeit in nicht voll laufenden kreisförmigen Kanälen. Deutsche Bauztg. XX.

Bezeichnet r den Radius der Röhre, φ das Gefälle, Q die sekundliche Wassermenge und k EYTELWEIN's Koefficienten 50,9, so ergiebt sich für den Centriwinkel, welcher zu dem benetzten Röhrenumfang gehört, der Werth

$$\theta = \sqrt[8]{\frac{12^3}{k^3} \frac{Q^2}{r^5 \varphi}}$$

und für die Geschwindigkeit

$$v = \sqrt[8]{\frac{k^3}{12} \frac{Q^2 \varphi^3}{r}}.$$

F. K.

A. G. GREENHILL. Wave motion in Hydrodynamics. Newcomb. Am. Journ. IX, 62-112.

Der Verfasser giebt in der vorliegenden Abhandlung eine, wie dem Referenten scheint, ziemlich vollständige Zusammenstellung dessen, was durch die Untersuchungen über die Theorie der Wellen bis jetzt zu Tage gefördert ist; neue Methoden werden in der vorliegenden Abhandlung nicht abgeleitet, wohl aber werden mit Hülfe der bisher entwickelten Methoden einzelne neue Fragen behandelt. Besonders interessant erschien dem Referenten die an KIRCHHOFF's Untersuchungen sich anlehnende Behandlung der Wellenbewegung in einem Kanale mit dreieckigem Querschnitte, dessen Wände mit dem Horizont Winkel von je dreissig Grad einschliessen. Wie bei dem von KIRCHHOFF selbst behandelten Falle eines Kanales, dessen Wände gegen die Horizontalebene um 45° geneigt sind, lassen sich die hier vorgeführten Schwingungen durch Exponential- und trigonometrische Funktionen darstellen. Während aber in dem früheren Falle alle Schwingungen, sowohl diejenigen, bei welchen die Mitte ein Schwingungsbauch, als auch diejenigen, bei welchen die Mitte ein Schwingungsknoten ist, auf diesem Wege behandelt werden konnten, lassen sich bei einer Wandneigung von 30° nur die Schwingungen der erstgenannten Art in dieser Weise behandeln und werden auch in der vorliegenden Abhandlung allein untersucht.

Die §§ 1 bis 15 der schönen und reichhaltigen Arbeit behandeln die Wellenbewegung in Gewässern konstanter Tiefe mit Rücksicht auf die verschiedenartigsten beeinflussenden Momente; z. B. die Oberflächenspannung, das Vorhandensein des Windes, einer bedeckenden Eisschicht, von Schallwellen, welche die Oberfläche des Wassers treffen, und andere Umstände. In den §§ 16 bis 23 werden im Anschluss an Kirchhoff die stehenden Wellen in Gewässern mit geneigtem Ufer und im Anschluss an Kelland die fortschreitenden Wellen in Kanälen mit dreieckigem Querschnitt behandelt. Der § 24 behandelt eine mögliche Wellenbewegung für ein kegelförmiges Gefäss und § 28 die allgemeine Aufgabe für einen Cylinder. *F. K.*

Sir W. Thomson. On stationary waves in flowing water. Nature XXXIV, 507-508.

Der Gegenstand der Untersuchung ist die Wellenbewegung, welche ein gleichmässig vorwärts rückendes Schiff in vorher ruhigem Wasser erzeugt. Der vom Verfasser für die Nature gelieferte Auszug seiner der British Association gemachten Mittheilung beschränkt sich auf die zweidimensionale Bewegung. *Lp.*

M. Möller. Ueber Gestalt und Bewegung von Wasserwellen in stehenden und fliessenden Gewässern mit Berücksichtigung der Einwirkung des Windes. Exner Rep. XXII, 249-260†.

Der Verfasser setzt voraus dass ein Flüssigkeitstheilchen elliptische Schwingungen um seine Gleichgewichtslage ausführt. Die beiden Axen der Ellipse werden horizontal und vertikal angenommen; von der Phase scheint der Verfasser anzunehmen, dass sie eine lineare Funktion der horizontalen Koordinate ist, während die Axen sich nur mit der Tiefe ändern. Von der horizontalen Axe wird ausdrücklich ausgesprochen, dass sie eine von oben nach unten abnehmende lineare Funktion der Tiefe sei, dagegen wird für die vertikalen Axen nachzuweisen gesucht, dass sie sich verhalten wie die Quadrate der horizontalen Axen. Dass eine derartige Bewegung sich mit den Grundgleichungen der Hydrodynamik in Einklang bringen lässt, wie der Verfasser anzunehmen scheint, ist unrichtig. Der Verfasser entwickelt zwischen den vorkommenden Konstanten zwei Gleichungen. Die erste folgt aus gewissen Kontinuitätsbetrachtungen, während die andere aus dynamischen Betrachtungen abgeleitet wird. Im weiteren Verlauf der Abhandlung werden allgemeine Betrachtungen angestellt, deren Resultate folgendermaassen ausgesprochen werden. Treten Wellen aus offener See in eine Flussmündung, in welcher Ebbeströmung herrscht, so tritt eine Verkürzung der Fortpflanzungsgeschwindigkeit und damit eine Verkürzung der Wellenlänge ein. Die vertikale Schwingung wird verstärkt, während die horizontale ihren Werth beibehalten hat. Dagegen werden diejenigen Wellen, welche bei Fluthströmung eindringen, ein gestreckteres Aussehen erhalten. Trifft Wind Wellen, welche in Richtung des Windes fortschreiten, so werden dadurch die Wellen stärker u. s. w. *F. K.*

A. DE CALIGNY. Expériences sur les ondes et notamment sur la diminution des pressions latérales moyennes de l'eau en ondulation dans un canal. C. R. CIII, 107 bis 109†; [Beibl. XI, 192†.

In einem Kanale von rechteckigem Querschnitt (Breite 1,20 m, Tiefe 0,40 m, Länge 50 m) werden an dem einen Ende Wellen erzeugt. Es wird konstatirt, dass durch dieselben leichte Körper, z. B. Grashalme, von einem Ende an das andere befördert werden. Ferner tritt in einem senkrecht zu dem Hauptkanal angelegten Seitenkanale während der Wellenbewegung eine Niveauerniedrigung ein. *F. K.*

K. NOACK. Ueber den Einfluss von Temperatur und Concentration auf die Fluidität von Flüssigkeitsgemischen. Festschrift der 38. Versammlung deutscher Philologen und Schulmänner. Giessen: 1886. WIED. Ann. XXVII, 289-300†; [Cim. (3) XXVII, 289-300; [J. d. phys. (2) VI, 518-520.

Schon Poiseuille hatte gefunden, dass die Fluidität eines Gemisches von Alkohol und Wasser bei einer Temperatur von 15° C. ein Minimum für die Koncentration von 44 Gewichtsprocenten Alkohol aufwies. Eine ähnliche Beobachtung machte später Graham, welcher bei 20° C. ein Minimum für einen Gehalt von 46,00 Gewichtsprocenten Alkohol erhielt. Beide vermuthen einen Zusammenhang zwischen dem von ihnen gefundenen Fluiditätsminimum und dem entsprechend der Zusammensetzung nach der Formel $C_2H_5.OH + 5H_2O$ auftretenden Maximum der Kontraktion bei einem Gehalt von 47,29 Gewichtsprocenten.

Die Abweichung beider Versuchsergebnisse von einander, sowie die Abweichung von dem Maximum der Kontraktion geben dem Verfasser Veranlassung, noch einmal den Aethylalkohol bezüglich der Abhängigkeit der Fluidität von der Koncentration zu untersuchen. Zur Bestimmung wurde die Poiseuille'sche Methode in der von Wiedemann vorgeschlagenen Verbesserung angewendet. Im Wesentlichen bestand der Apparat aus zwei in einem Wasserbade befindlichen Kugelröhren, welche durch eine Kapillare verbunden waren. Eine dieser Kugelröhren war durch einen Schlauch mit einem Hahn *H'* in Verbindung gesetzt, der das Ende einer Röhre bildete, welche zu einem seitlichen Halse einer Woulf'schen Flasche führte. Von dem anderen seitlichen Halse führte ein Schlauch zu einem Manometer, während durch den mittelsten Hals eine unten zu einer Spitze ausgezogene Röhre fast bis auf den Boden der Flasche hinabging. Von dem oberen Ende dieser Röhre aus führte ein Schlauch zu einem Hahne *H* und von da aus ein zweiter zu einer Vorlage *V*, welche mit Chlorzinklösung gefüllt war. Die Vorlage sollte als Mariotte'sche Flasche, die Woulf'sche Flasche als Windkessel dienen.

Die Versuchsergebnisse werden in zwei Zeichnungen graphisch dargestellt; das eine Mal werden für konstante Koncentration die Temperaturen als Abscissen, die Fluiditäten als Ordinaten aufgetragen; dann werden für konstante Temperaturen die Fluiditäten wieder als Ordinaten, aber die Koncentrationsgrade als Abscissen benutzt. Die Kurven, welche in der ersten Zeichnung einem gewissen Alkoholgehalt entsprechen, zeigen einen ziemlich geradlinigen Verlauf, wenn auch die Abweichung zu gross ist, als dass die Fluidität eine lineare Funktion der Temperatur sein könnte. Die zu höherer Koncentration gehörenden Kurven steigen bei niederen Temperaturen langsamer an, um erst bei höheren Temperaturen einen mit den vorerwähnten Kurven mehr übereinstimmenden Verlauf zu zeigen. Auch zeigt schon die erste Zeichnung, dass bei verschiedenen Temperaturen das Minimum der Fluidität nicht zu denselben Koncentrationsgraden gehört; es schneiden sich z. B. die zu 34,6 pCt. und 53,4 pCt. gehörenden Kurven bei einer Temperatur von 27°, für niedrigere Temperatnren liegen die Punkte der ersteren Kurve tiefer, bei höheren dagegen die der letzteren. Es wird vielmehr, wie die zweite Zeichnung erkennen lässt, die zu einem Fluiditätsminimum gehörige Koncentration mit wachsender Temperatur grösser und grösser. Trotzdem glaubt der Verfasser einen Zusammenhang zwischen dem Fluiditätsminimum und dem von der Temperatur unabhängigen Koncentrationsgrad von 46 pCt. für das Maximum der Kontraktion annehmen zu sollen. Wenn bei einer gewissen Temperatur destillirtem Wasser allmählich mehr und mehr Alkohol zugesetzt wird, so entsteht das Hydrat $C_2H_5O.HO + 3H_2O$, welches sich in dem Wasser löst und dessen Fluidität mehr und mehr vermindert. Hat man 46 pCt. Alkohol zugesetzt, so beobachtet man die Fluidität des Hydrates selbst, die geringer ist als die des Wassers und des Alkohols. Setzt man weiter Alkohol zu, so erhält man eine Lösung des Hydrates in Alkohol, dessen Fluidität mit weiterer Verdünnung bis zu der des reinen Alkohols steigt. Bei einer höheren Temperatur ist nun ein Theil des Hydrates in Dissociation mit beständiger Neubildung, sodass eine Mischung von genau 46 pCt. Alkohol aufgefasst werden könnte als eine Lösung des Hydrates in Wasser und Alkohol zugleich und demgemäss eine grössere Fluidität hätte, als dieselbe Mischung bei niederer Temperatur. Da die alkoholischen Lösungen des Hydrates durchweg geringere Fluidität besitzen als die wässerigen, so müsste demnach das Minimum nach der Seite des Alkohols rücken. *F. K.*

L. Noack. Ueber die Fluidität der absoluten und verdünnten Essigsäure. Wied. Ann. XXVIII, 666-684†; [Cim. (3) XXII, 182; [J. chem. Soc. L, 971; [J. de phys. (2) VI, 520. 1887.

Der Verfasser hat die Abhängigkeit der Fluidität der Essigsäure von Koncentration und Temperatur hauptsächlich deshalb untersucht, weil dieselbe nach Oudemans ein deutlich ausgesprochenes Kontraktionsmaximum hat, das mit der Temperatur zu wandern scheint.

Im Gegensatz zum Aethylalkohol zeigt die Fluidität als Funktion der Koncentration betrachtet ein Minimum, das unabhängig von der Temperatur bei einer Koncentration von 77 pCt. eintritt, welche der Formel $C_2H_4O_2+H_2O$ entspricht. *F. K.*

J. C. Stahl. Apparat zur Prüfung des Flüssigkeitsgrades von Flüssigkeiten. Polyt. Notizbl. XLI, 212†.

Der Flüssigkeitsgrad von Oelen wird vermittelst dieses Apparates bestimmt, indem die Zeit gemessen wird, welche eine Luftblase gebraucht, um in einer mit der Versuchsflüssigkeit gefüllten Röhre emporzusteigen. Je zähflüssiger die Flüssigkeit ist, um so grösser wird die in Frage stehende Zeitdauer sein. *F. K.*

A. Blennard. Deux expériences de physique amusante. La Nat. XIV, (1) 502†; [Beibl. X, 469†.

1. Eine Literflasche wird zu drei Vierteln mit Glucose gefüllt, alsdann die Flasche verstopft und umgekehrt. Die zähflüssige Masse höhlt sich zunächst in der Mitte aus und sinkt dann in einer ziemlich dicken Schicht an den Wänden des Gefässes hinab; während dessen hat sich an dem Boden der Flasche ein stumpfer Kegel gebildet, der sich allmählich verlängert und eine Gestalt annimmt, welche an die Tromben in den tropischen Meeren erinnert. Nachdem die Spitze des Fadens die unten befindliche Flüssigkeit erreicht hat, beginnt der Faden eine langsame Schraubenbewegung, zuletzt bricht der Faden in kürzeren Intervallen und giebt dann Veranlassung zur Bildung kleinerer Tromben.

2. Ein Gefäss von 2 Litern Inhalt mit glattem Boden wird bis zu einer Höhe von 5 cm mit Quecksilber gefüllt, und dann unter einen Wasserhahn gestellt. Zunächst füllt sich das Gefäss. Alsdann sieht man, wenn die Stärke des Strahles passend geregelt ist, Quecksilberkugeln sich langsam im Wasser bewegen. Dieselben sind mit Luft gefüllt, welche durch den eindringenden Strahl der Quecksilberoberfläche zugeführt wird. *F. K.*

TROUVÉ. Nouveau mode de construction d'helice.

C. R. CIII, 127-130††; [La Nature XIV, (2) 29-30.

Auf einem Cylinder werden vermittelst einer Drechselbank Fugen von Schraubenlinienform eingegraben. Alsdann werden Metallstäbe von einem Durchmesser gleich der Breite der Fugen in die letzteren senkrecht zur Axe des Cylinders eingebohrt, indem jede einzelne fest an ihre Nachbarn gedrückt wird. Um diesem System einen festen Halt zu geben, wird an die auseinanderstehenden Enden ein Metallblättchen gelöthet. Endlich werden die Zwischenräume der Stangen durch ein leicht schmelzbares Metall ausgefüllt. *F. K.*

E. GERLACH. Zur Theorie der Schiffsschraube. Civiling. (2) XXXII, 43; [Beibl. XI, 617. 1886.

Der Verfasser entwickelt in der vorliegenden Abhandlung den Druck, den eine Schiffsschraube in Richtung der fortschreitenden Bewegung des Schiffes erfährt, indem er für jedes Element der Schraubenfläche den Druck so bestimmt, wie er sich für ebene Platten nach dem KIRCHHOFF-RAYLEIGH'schen Widerstandsgesetz ergeben würde; es wird also angenommen, dass der Druck, den ein einzelnes Flächenelement erfährt, im wesentlichen proportional ist dem Produkte aus seiner Geschwindigkeit und deren Normalkomponente. Ein Flügel der Schraube wird als begrenzt gedacht durch die Axe, einen Kreiscylinder mit dem Radius r und zwei erzeugende Gerade der Schraubenfläche, welche den Winkel ψ mit einander bilden. Da die Schiffsschraube nicht eine geometrische Fläche, sondern ein Körper ist, so hat die einschneidende Kante derselben auf die Wirkungsart der Schraube einen Einfluss, der nicht zu vernachlässigen ist. Der Verfasser setzt voraus, dass die einschneidende Kante von einer durch die Axe gehenden Ebene gebildet wird. Dann hat die einschneidende Kante zwar keinen Einfluss auf den Druck, welchen die Schraube in Richtung ihrer Axe erfährt, wohl aber auf die Arbeit, welche erforderlich ist, um dem Schiff eine bestimmte Geschwindigkeit zu ertheilen. Wenn die Schraube sich mit einer Winkelgeschwindigkeit ω um ihre Axe dreht, müsste das Schiff mit einer gewissen Geschwindigkeit c fortschreiten, damit die Schraube sich in sich selbst bewegt. Ist h die Ganghöhe der Schraube, so wäre $c = \omega \frac{h}{2\pi}$. Thatsächlich bewegt sich aber das Schiff mit einer geringeren Geschwindigkeit u; für das Verhältniss $\lambda = u/c$, gewöhnlich Vorrückungskoefficient genannt, wendet der Verfasser, in Anlehnung an den französischen Ausdruck recul für $1-\lambda$, den Namen „Mitlauf" an. Das Verhältniss $2r\pi/h$, d. h. die trigonometrische Kotangente des Randsteigungswinkels, nennt der Verfasser x; die Projektion der Schraubenfläche auf eine zu ihrer Axe senkrechte Ebene wird F_1 genannt, ein gewisser Widerstandskoefficient k_1; dann ist der Druck P, welchen die Schraube in Richtung ihrer Axe erfährt, vorausgesetzt, dass die Schraube sich in ruhendem Wasser bewegt:

$$P = \tfrac{2}{3}\left(1+\frac{\pi}{4}\right) k_1 F_1 u^2 \frac{1-\lambda}{\lambda^2} xL,$$

wo

$$\tfrac{1}{3}x^3 L = \int_0^x \frac{y^2\sqrt{\dfrac{y^2+\lambda^2}{y^2+1}}}{1+\dfrac{\pi}{4}\dfrac{(1-\lambda)y}{\sqrt{(y^2+1)(y^2+\lambda^2)}}}\,dy$$

ist, L selbst also der Werth des rechtsstehenden Integrals gemessen durch seinen Werth für $\lambda = 1$. Bei gleichmässiger Bewegung des Schiffes ist P gleich dem Widerstande des Schiffes, d. h.

$$W = kFu^2.$$

Setzt man die Konstante $\tfrac{2}{3}\left(1+\frac{\pi}{4}\right)\frac{k_1 F_1}{kF} = \mu$, so erhält man den „Mitlauf", d. h. λ aus der Gleichung:

$$\mu x \frac{1-\lambda}{\lambda^2} L = 1.$$

Für die Arbeit, welche in der Zeiteinheit erforderlich ist, um die Widerstände, welche die Schraube erfährt, zu überwinden, ergiebt sich der Ausdruck:

$$A = Pc + \tfrac{1}{4} k_2 F_2 u^3 B,$$

in welchem F_2 die Grösse der einschneidenden Fläche, B eine von der Form derselben abhängende Funktion des Winkels β ist, welche durch die Gleichung $\operatorname{tg}\beta = \frac{\lambda}{x} = \lambda \operatorname{tg}\alpha$ bestimmt ist; z. B. ist für Rechtecke:

$$B = \frac{1}{\sin^3\beta}\left(1 - \tfrac{1}{2}\sin^2\beta - \tfrac{1}{2}\operatorname{tg}\beta \sin^3\beta \, l \operatorname{ctg}\frac{\beta}{2}\right).$$

Denkt man sich die einschneidende Fläche als schmales rechtwinkliges Dreieck, dessen Spitze am Rande der Schraube, dessen Grundlinie in der Axe der Schraube liegt, so ist

$$B = \frac{2}{5\sin^3\beta}\left(1 + \tfrac{1}{6}\sin^2\beta + \tfrac{8}{3}(1-\sin\beta)\sin^4\beta - \tfrac{5}{2}\operatorname{tg}\beta \sin^3\beta \, l \operatorname{ctg}\frac{\beta}{2}\right).$$

Von dieser Arbeit wird nun nutzbringend verwendet diejenige, welche zur Ueberwindung des Schiffswiderstandes gebraucht wird, d. h. $Wu = Pu = Pc\lambda$, und also ist der Nutzeffekt:

$$\eta = \frac{Wu}{A}.$$

Setzen wir mit dem Verfasser

$$\nu = \tfrac{1}{4}\frac{k_2 F_2}{kF},$$

so ist

$$\eta = \frac{\lambda}{1+\lambda \nu B},$$

d. h. stets kleiner als der Rücklauf. Diese Funktion von λ und x (insofern $\operatorname{tg}\beta = \frac{\lambda}{x}$ ist) ist nun bei der günstigsten Form der Schraube ein Maximum. Zwischen λ und x besteht die Gleichung $\mu x \frac{1-\lambda}{\lambda^2} L = 1$. Nach bekannten Regeln wird endlich die noch fehlende Bedingungsgleichung für das Maximum von η oder, was dasselbe besagt, das Minimum von $\frac{1}{\eta} = \frac{1}{\lambda} + \nu B$ aufgestellt und gezeigt, wie man in einem konkreten Falle das resultirende Gleichungssystem aufzulösen habe.

In einem Schlussparagraphen rechtfertigt der Verfasser noch die seiner Betrachtung zu Grunde liegende Voraussetzung, dass die Schraube in ruhigem Wasser arbeitet, oder, anders gesprochen, die Vernachlässigung des sogenannten Nachstromes. *F. K.*

H. J. Sharpe. Motion of compound bodies thro' liquds. Edinb. Proc. XIV, 29-35.

Die betrachtete Aufgabe ist eine von nur zwei Dimensionen; nämlich statt eines unendlichen Cylinders haben wir den zur Axe senkrechten Schnitt. Dieser Schnitt ist eine diskontinuirliche Linie, symmetrisch bezüglich der x-Axe, und aus einem Halbkreise $r = a$ ($\theta = 0$ bis $\pm\frac{1}{2}\pi$) und zwei unendlichen Zweigen

$$\theta - \frac{\pi}{a}\cdot\frac{r}{a}\sin\theta + \frac{2}{1.2.3}\frac{a^2}{r^2}\sin 2\theta - \cdots (\theta = \pm\tfrac{1}{2}\pi \text{ bis } \pm\pi)$$

zusammengesetzt. Der Einfachheit wegen ist der Körper in Ruhe angenommen, die Flüssigkeit hinter ihm in Bewegung mit einer Geschwindigkeit gleich $-c$. Danach kann die entstehende rotationslose Bewegung der Flüssigkeit vollständig bestimmt werden.

Cayley. (*Lp.*)

J. Meschtschersky. Druck eines unendlich breiten zweidimensionalen Stromes auf einen Keil. J. d. russ. phys.-chem. Ges. XVIII, phys. Theil, p. 327-364 (Tafel)†.

Nach einer kritisch-historischen Uebersicht der bisherigen Arbeiten über Widerstand von Flüssigkeiten löst der Verfasser die Aufgabe über den Druck eines Stromes auf einen Keil bei beliebigen Winkel w zwischen den Seiten des Keiles und bei beliebiger Richtung des Stromes, vorausgesetzt, dass eine durch die Kante des Keiles gehende, dem Strom parallele Gerade innerhalb des Winkels w fällt oder in eine der Seiten des Keiles zu liegen kommt.

Durch Anwendung der HELMHOLTZ-KIRCHHOFF'schen Methode werden Formeln entwickelt sowohl für die Länge der Keilseiten als auch für den Druck auf dieselben. Es zeigt sich, dass das Verhältniss zwischen den Längen der Seiten eine Funktion des Winkels w und der Stromrichtung ist. Die in jenen Formeln vorkommenden Integrale werden sämmtlich ausgerechnet, wobei unter Anderen die Formeln von KIRCHHOFF und Lord RAYLEIGH erhalten werden. Speciell wird der Fall untersucht, dass der Strom parallel einer der Seiten des Keiles ist.

Ausführliche Tabellen enthalten den mittleren Druck in der Stromrichtung, wenn $w = 45^0, 90^0, 135^0$ und 180^0 ist und zwar für verschiedene Richtungen des Stromes sowohl von der konkaven als auch von der konvexen Seite des Keiles. Eine der Tabellen bezieht sich auf den Fall, dass der Strom parallel einer der Seiten des Keiles verläuft. In Betreff der Abhängigkeit des Druckes in der Stromrichtung vom Winkel w und der Richtung des Stromes werden folgende Sätze gefunden:

1. Ist w nicht grösser als 90^0, so wächst der Druck beständig mit wachsendem Winkel α zwischen Stromrichtung und Keilseite; ist der Keil stumpfwinklig, so wächst dieser Druck bis zu einem Maximum, um nachher wieder abzunehmen.

2. Bei unverändertem α wächst der Druck zugleich mit dem Winkel w, wenn der Strom den Keil von Aussen trifft; er sinkt mit wachsendem w, wenn der Strom den Keil von Innen trifft.

Zuletzt wird die Druckänderung eines Stromes auf eine Wand untersucht, welche entsteht, wenn an dieser Wand seitwärts, unter einem Winkel, eine zweite angebracht wird. Es zeigt sich, dass die grösste Druckabnahme stattfindet, wenn die zweite Wand parallel der Stromrichtung ist. *(J. Meschtschersky.) O. Chw.*

M. BOUSSINESQ offre à l'Académie, de la part de la famille de M. DE SAINT-VENANT, un important mémoire manuscrit, intitulé: Résistance des fluides. Considérations historiques, physiques et pratiques, relatives au problème de l'action dynamique mutuelle d'un fluide et d'un solide, spécialement dans l'état de permanence supposé acquis par leurs mouvements. Par M. de Saint-Venant. C. R. CIII, 179-184.

Hr. Boussinesq begleitet die Uebergabe des schon im Jahre 1847 ausgearbeiteten Manuskriptes durch eine ausführliche Inhaltsangabe und Würdigung desselben. Danach enthält der erste Theil eine historische Betrachtung über die in den beiden letzten Jahrhunderten angestellten Versuche die Gesetze des Flüssigkeitswiderstandes aufzuhellen. Das scheinbare Paradoxon, das eine ideale Flüssigkeit nach Erreichung des permanenten Zustandes auf einen in ihr sich bewegenden Körper keinen Widerstand ausübt, veranlasste Saint-Venant, die bis dahin zu Grunde gelegte Voraussetzung vollständiger Fluidität der Flüssigkeit aufzugeben. Der zweite Theil zeigt dann, dass in der That der Widerstand auf die Flüssigkeitsreibung und zwar besonders die innere zurückzuführen ist. Der dritte Theil berechnet nun den Widerstand, indem die zulässige Voraussetzung gemacht wird, dass die Flüssigkeit und der Körper sich in einer Röhre befinden, deren Querschnitt vier- bis fünfmal so gross ist als der grösste dem Strome dargebotene Querschnitt des Körpers. Damit nimmt Saint-Venant eine schon von Poncelet verfolgte Idee wieder auf, vervollständigt dieselbe jedoch durch Berücksichtigung der Druckverschiedenheiten an den engeren Theilen des Querschnitts.

Im Anschluss an diese Arbeit bespricht Hr. Boussinesq noch zwei andere Manuskripte desselben Autors. „Ueber den Verlust an lebendiger Kraft, welcher an Stellen plötzlicher oder sehr rascher Querschnittsverengerung eintritt" und „Ueber die Berücksichtigung der Centrifugalkräfte bei der Berechnung der Bewegung in Wasserläufen und über die Unterscheidung der Giessbäche und Flüsse". Beide sollen ebenso wie die Hauptarbeit in den Mémoiren der Akademie erscheinen. *F. K.*

H. S. Hele Schaw. Letter on friction and velocities. Engineering XLI, 458, 556-557†.

Hr. Schaw theilt ein Diagramm mit, welches die von Hrn. Tower erzielten Versuchsergebnisse über die Reibung bei einer mit Rüböl bestrichenen Welle veranschaulicht. Es geht aus demselben hervor, dass bei niederen Drucken der Reibungskoefficient zunächst mit wachsender Geschwindigkeit abnimmt, von einem gewissen Werthe der letzteren aber, der für alle Drucke ziemlich derselbe ist, mit wachsender Geschwindigkeit zunimmt. Als Funktion des Druckes betrachtet nimmt der Reibungskoefficient bei gleichbleibender Geschwindigkeit mit wachsendem Drucke ab. Man kann also nicht sagen, dass der Reibungskoefficient mit Druck und Geschwindigkeit wachse. *F. K.*

O. Reynolds. On the theory of Lubrication and its application to Mr. Beauchamp Tower's Experiments, including an experimental Determination of the viscosity of Olive Oil. Phil: Trans. Lond. CLXXVII, 157-234†; [Proc. R. Soc. XL, 191-203.

Der Verfasser untersucht die Reibung zwischen zwei bewegten festen Oberflächen, die durch eine Schicht zähflüssiger Substanz, im vorliegenden Falle Olivenöl, getrennt sind, auf theoretischem Wege.

In einem einleitenden Kapitel weist der Verfasser zunächst auf die grosse Unregelmässigkeit in den Ergebnissen praktischer Versuche über den in Frage stehenden Gegenstand hin, und sucht die Gründe für dieselben auf. Einen derselben, Unregelmässigkeit in der Zufuhr des Schmiermittels, habe Hr. Tower vermieden, indem er die sich drehende Welle auf allen Seiten mit der Flüssigkeit umgab, welche zur Verminderung der Reibung dienen sollte.

Zwei Umstände seien von allen Vorgängern nicht hinreichend berücksichtigt worden. Einmal sei der Unterschied der Radien der Welle und ihres Lagers unbeachtet geblieben. Man habe zwar früher schon die Wichtigkeit des Lagerungsverhältnisses erkannt, aber mehr auf die Glätte als auf das Verhältniss der Radien geachtet. Ferner habe man unzutreffende Vorstellungen über die Stelle der grössten Annäherung zwischen Welle und Lager gehabt.

Das zweite Kapitel giebt allgemeine Betrachtungen über die Viskosität der Flüssigkeiten. Besonders wird ein Apparat zur Bestimmung des Reibungskoefficienten für Flüssigkeiten beschrieben der auf Poiseuille's Ausflussapparat beruht; im Anschluss daran wird eine vergleichende Zusammenstellung der Reibungskoefficienten von Wasser, Luft und Olivenöl als Funktion der Temperatur unter Zugrundelegung verschiedener Einheiten gegeben.

Das dritte Kapitel giebt eine allgemeine Uebersicht über die Reibung bei zwei nahezu parallelen Oberflächen, welche durch eine zähe Flüssigkeit getrennt sind. Die Fälle welche in den folgenden Kapiteln mathemathisch durchgeführt sind, werden hier zunächst im allgemeinen beschrieben.

Im vierten Kapitel werden zunächst die hydrodynamischen Gleichungen aufgestellt, welche hier in Betracht kommen: Die Schicht wird so dünn angenommen, dass die Krümmung der Flächen ausser Acht gelassen werden kann. Ein rechtwinkliges Koordinatensystem wird benutzt, dessen y-Axe mit dem Abstande der Flächen, dessen x-Axe mit der Richtung der relativen Bewegung der Flächen zusammenfällt und dessen z-Axe senkrecht auf den beiden anderen Richtungen steht. Die Geschwindigkeitskomponenten nach diesen Axen mögen v, u, w sein, dann ist v klein gegen die beiden andern Komponenten, und die Ableitungen von u und w nach x und z klein gegen die nach y genommen. In Folge dessen vereinfachen sich die hydrodynamischen Differentialgleichungen für zähe Flüssigkeiten hier zu folgenden

$$\frac{\partial p}{\partial x} = \mu \frac{\partial^2 u}{\partial y^2}, \quad \frac{\partial p}{\partial y} = 0, \quad \frac{\partial p}{\partial z} = \mu \frac{\partial^2 w}{\partial y^2},$$

$$\frac{\partial v}{\partial y} = -\left(\frac{\partial u}{\partial x} + \frac{\partial w}{\partial z}\right),$$

mit den Randbedingungen

für $y = 0, \quad u = U_0, \quad w = 0, \quad v = 0$

für $y = h, \quad u = U_1, \quad w = 0, \quad v = U_1 \frac{\partial h}{\partial x} + V_1$ $\quad \left\{ \begin{array}{l} \text{für } (x, y) = 0 \\ p = p_0. \end{array} \right.$

Es folgt zunächst, dass p von y unabhängig ist, und dass man also schreiben kann

$$u = \frac{1}{2\mu} \frac{\partial p}{\partial x} y(y-h) + U_0 \frac{h-y}{h} + U_1 \frac{y}{h}$$

$$w = \frac{1}{2\mu} \frac{\partial p}{\partial z} y(y-h).$$

Hieraus ergiebt sich dann

$$\frac{\partial v}{\partial y} = -\frac{1}{2\mu}\frac{\partial}{\partial x}\left(y(y-h)\frac{\partial p}{\partial x}\right) - \frac{1}{2\mu}\frac{\partial}{\partial z}\left(y(y-h)\frac{\partial p}{\partial z}\right)$$
$$- \frac{\partial}{\partial x}\left(U_0\frac{h-y}{h} + U_1\frac{y}{h}\right)$$

was mit Rücksicht auf die angegebenen Werthe von für $y = 0$ und $y = h$ folgende Differentialgleichung liefert

$$\frac{1}{12\mu}\left\{\frac{\partial}{\partial x}\left(h^3\frac{\partial p}{\partial x}\right) + \frac{\partial}{\partial z}\left(h^3\frac{\partial p}{\partial z}\right)\right\} = \tfrac{1}{2}\left\{(U_0+U_1)\frac{\partial h}{\partial x} + 2V_1\right\}$$

Nachdem p aus dieser Gleichung und der Randbedingung für $f(x, z) = 0$ gefunden ist, erhält man die Tangentialkomponenten der Druckkräfte für ein Flächenelement senkrecht zur y-Axe durch die Gleichungen:

$$p_{yx} = \tfrac{1}{2}\frac{\partial p}{\partial x}(2y-h) + \frac{\mu}{h}(u_1 - u_0)$$
$$p_{yz} = \tfrac{1}{2}\frac{\partial p}{\partial z}(2y-h).$$

Also für die Komponenten der Reibung an den Flächen $y = h$ und $y = 0$

$$f_x = \frac{\mu}{h}({}_1U - U_0) \pm \frac{h}{2}\frac{\partial p}{\partial x} \qquad f_z = \pm\frac{h}{2}\frac{\partial p}{\partial z}.$$

Diese Ausdrücke werden zunächst auf einige specielle Fälle angewendet. Und zwar erstens auf die Annäherung einer elliptischen Scheibe durch einen Druck W an eine ihr parallele unendliche Ebene. Hier ist $U_0 = U_1 = 0$, $V_1 = dh/dt$, h von x und y unabhängig, also

$$\frac{\partial^2 p}{\partial x^2} + \frac{\partial p}{\partial z^2} = \frac{12\mu}{h^3}\frac{dh}{dt},$$

mit der Bedingung, dass für

$$\frac{x^2}{a^2} + \frac{z^2}{c^2} - 1 = 0$$

$p = \pi$ wird. Die Lösung ist

$$p = \Pi + \frac{6\mu a^2 c^2}{a^2+c^2}\left(\frac{x^2}{a^2} + \frac{z^2}{c^2} - 1\right)\frac{\frac{dh}{dt}}{h^3}.$$

Es folgt hieraus weiter

$$W = \int (p-\pi)dx dz = -\frac{1}{h^3}\frac{3\mu a^3 c^3 \pi}{a^2+c^2}\frac{dh}{dt}$$

und also für die Fallzeit von h_1 bis h_2

$$t = \frac{1}{W}\frac{3\mu a^3 c^3 \pi}{a^2+c^2}\left(\frac{1}{h_2^2}-\frac{1}{h_1^2}\right).$$

Zweitens wird die Parallelverschiebung einer Ebene unter einem bandförmigen Streifen, welcher schief zur Ebene gehalten wird, behandelt. Hier wird alles auch von z unabhängig, die Grenzbedingungen werden

$$\left.\begin{matrix} x=0 \\ x=a \end{matrix}\right\} \; p = \Pi, \quad \begin{matrix} y=0 & U_0 = -U & \\ y=h & U_1 = 0 & V_1 = 0 \end{matrix} \quad h = h_0\left(1+m\frac{x}{a}\right).$$

Für den Druck ergiebt sich in diesem Falle der Ausdruck

$$p = \pi + \frac{6\mu U a}{h_0^2 m}\left(\frac{1}{1+m\frac{x}{a}} - \frac{1+m}{2+m}\frac{1}{\left(1+m\frac{x}{a}\right)^2} - \frac{1}{2+m}\right)$$

und für den Gesammtdruck pro Längeneinheit

$$W = \int_0^a (p-\pi)dx = \frac{6\mu U a^2}{h_0^2 m^2}\left\{ln(1+m) - \frac{2m}{2+m}\right\}$$

Die nach den allgemeinen Entwickelungen nicht schwer zu bestimmende Reibung wird besonders berechnet für den Werth $m = 1,2$, für welehen W ein Maximum wird.

Im 6ten Kapitel wird endlich die Aufgabe für den Fall zweier Cylinderflächen behandelt, deren Axen parallel sind. Es werden Cylinderkoordinaten eingeführt, deren Axe mit derjenigen des inneren Cylinders zusammenfällt. Die Winkel θ werden von der Linie der Belastung ab gerechnet; R und $R+a$ seien die beiden Radien, ca der Abstand der beiden Axen oder, da wir hier in einem Querschnitt bleiben, der beiden Mittelpunkte, deren Verbindungslinie den Polarwinkel $(\varphi_0 - \pi/2)$ haben möge; dem grössten Drucke möge der Winkel φ_1 entsprechen. Ferner ist $u_1 = 0$, $V_1 = 0$, u_0 konstant; für $\theta = \theta_0$ und $\theta = \theta_2$ ist $p = p_0$. In erster Näherung kann dann gesetzt werden:

$$h = a(1 + c\sin(\theta - \varphi_0)).$$

Es ergiebt sich weiter

$$\frac{dp}{d\theta} = \frac{6R\mu U_0 c(\sin(\theta-\varphi_0)-\sin(\varphi_1-\varphi_0))}{a^2(1+c\sin(\theta-\varphi_0))^3}$$

$$f = -\frac{3\mu U_0 c(\sin(\theta-\varphi_0)-\sin(\varphi_1-\varphi_0))}{a(1+c\sin(\theta-\varphi_0))^2} - \frac{\mu U_0}{1+c\sin(\theta-\varphi_0)}.$$

Es kommt ferner hinzu die Gleichung, welche ausdrückt, dass die Kraftlinie zur Linie $\theta = 0$ gewählt wurde, nämlich

$$\int_{\theta_0}^{\theta_1} \{p\sin\theta - f\cos\theta\}d\theta = 0.$$

Die Belastung und das Moment sind gegeben durch die Gleichungen

$$R^2\int_{\theta_0}^{\theta_1} f d\theta = M \quad \text{und} \quad R\int_{\theta_0}^{\theta_1}\{p\cos\theta + f\sin\theta\}d\theta = L.$$

Sind nun R, U, M, L, μ und θ_1 gegeben ($\theta_0 = -\theta_1$), so kann man vermittelst dieser drei Beziehungen und der Bedingung, dass für $\theta = \pm\theta$, $p = p_0$ sein soll, die vier Grössen a, c, φ_1, φ_0 bestimmen. Man erkennt leicht, dass die Integrationen sich sämmtlich in geschlossener Form ausführen lassen; der Verfasser zieht jedoch den Weg der Reihenentwickelung vor, der uns etwas langwierig erscheint. Im siebenten Abschnitt wird der Fall behandelt, dass nicht nur a/R sondern c auch klein im Vergleich zur Einheit ist; dann werden die vier Gleichungen folgende:

$$\sin\theta_1\sin\varphi_0 - \theta_1\sin(\varphi_1-\varphi_0) = 0$$

$$(2K_1 c\sin(\varphi_1-\varphi_0)-2K_2)\sin\theta_1 - 2K_1 c\sin(\varphi_1-\varphi_0)\theta_1\cos\theta_1$$
$$-K_1 c\frac{\sin 2\theta_1}{2}\sin\varphi_0 + K_1 c\theta_1\sin\varphi_0 = 0,$$

$$\frac{L}{R} = K_1 c\left(\frac{\sin 2\theta_1}{2} - \theta_1\right)\cos\varphi_0,$$

$$\frac{M}{R^2} = -2K_2\theta_1,$$

wo

$$K_1 = \frac{6R\mu U}{a^2} \quad \text{und} \quad K_2 = \frac{\mu U}{a}$$

gesetzt ist.

Diese Gleichungen werden nun zunächst diskutirt. Dann wird der Einfluss verschiedener Umstände, Erhitzung und Elasticität,

Belastung und Geschwindigkeit auf die Lösung des in Frage stehenden Problems behandelt.

Den Schluss der Abhandlung bildet die Anwendung der vorgetragenen Theorie auf die Versuche von Tower. *F. K.*

N. Shukoffsky. Hydrodynamische Theorie der Reibung gut geschmierter fester Körper. J. d. russ. phys.-chem. Ges. XVIII, phys. Theil p. 209-215†.

Polemik gegen einige Theile der von Hrn. Petroff entwickelten hydrodynamischen Theorie der Reibung. In der letzteren bleibt die Ursache unbekannt, durch welche der dem Gewicht der Axe entgegenwirkende Druck entsteht. Der Verfasser macht einen Versuch, die Entstehung dieses Gegendruckes zu erklären.

O. Chw.

M. Ch. Cellérier. Principe des forces vives en hydrodynamique et ses applications aux moteurs hydrauliques. Arch. Phys. (3) XV, 245-269†; [Beibl. X, 600†.

Der Verfasser giebt zunächst auf 12 Seiten einen wenig übersichtlichen Beweis des auf andere Weise mit wenigen Zeilen zu beweisenden Satzes, dass der Zuwachs der lebendigen Kraft einer flüssigen Masse gleich ist der von den äusseren Kräften und den auf die Oberfläche wirkenden Druckkräften geleisteten Arbeit. Die Anwendung des Gesetzes auf hydraulische Motoren bildet den Schluss der Abhandlung. Es werden aus dem obigen Gesetze allgemeine Gleichungen für derartige Maschinen abgeleitet und an dieselben einige Betrachtungen geknüpft. *F. K.*

Pompe sans piston. La Nature XIV, (2) 175-176†.

Das Princip einer von Caligny in grossem Maasstabe konstruirten Pumpe ohne Kolben wird durch nachstehend geschilderte Erscheinung anschaulich gemacht. Wenn man einen Trichter mit der weiten Oeffnung nach unten in Wasser taucht, so springt das

Wasser in einem Strahle aus der oberen Oeffnung, wenn der Trichter heftig auf und ab bewegt wird. *F. K.*

J. BENETTI. Teoria generale delle pompe centrifughe. Bologna Mem. (4) VII, 655-699.

Sehr eingehende Monographie der Centrifugalpumpen mit horizontaler Axe und doppeltem Zuflussrohr, mit Berücksichtigung der Litteratur und der neueren, von Konstrukteuren gemachten Erfahrungen. Nicht ausziehbar. *Bde.*

L. DE BUSSY. Détermination du mouvement angulaire que prend un navire sur une houle de vitesse et de grandeur données. C. R. CII, 35-38

A. LEDIEU. Considérations sur le roulis à propos d'une communication récente de M. DE BUSSY. C. R. CII, 581-585.

L. DE BUSSY. Observations sur une note de M. LEDIEU, relative à des considérations sur le roulis. C. R. CII, 1446-1449.

A. LEDIEU. Dernières objections aux formules de M. DE BUSSY sur le roulis. C. R. CIII, 23-27.

Ein Schiff befindet sich in ruhigem oder bewegtem Wasser im Gleichgewicht, wenn die durch die Masten gelegte Ebene senkrecht zur Wasseroberfläche steht. Im Falle, dass das Schiff sich nicht in diesem Gleichgewichtszustande befindet, wird die Mastenebene das Bestreben zeigen, in die vorbezeichnete Lage zu gelangen, und in Folge dessen Schwingungen um dieselben ausführen. Im Anschluss an die HHrn. DE BENAZÉ und RISBEC stellt Herr DE BUSSY den Winkel θ, welchen die Mastenebene zur Zeit t mit der Normallage bildet, durch die Gleichung:

$$(3)\qquad \theta = \eta(\cos kt + \frac{\varepsilon}{k}\sin kt)$$

dar, in welcher $\varepsilon = -\eta'/\eta$ und k eine Konstante ist; η ist als Funktion von t durch die empirische Formel

$$(1) \quad (1+\eta) = (1+\eta_0)a^{-\frac{\alpha t}{T}}$$

bestimmt, in welcher η_0, a, α und T Konstante sind, von denen die letztere π/k ist. Wenn man aus Formel (1) den Werth $\varepsilon' = T\varepsilon/\alpha \log a$ ableitet, so ergiebt sich zwischen ε und η die Gleichung

$$(6) \quad \varepsilon' = \frac{(1+\eta)\log(1+\eta)}{\eta}.$$

Bildet man andererseits aus Gleichung (3) den Werth $\Omega = d\theta/dt$, für welchen der Herr Verfasser in der Voraussetzung, dass ε wie eine Konstante zu behandeln sei, den Ausdruck

$$(4) \quad \Omega = -\eta \frac{k^2+\varepsilon^2}{k} \sin kt$$

erhält, so kann man aus (3) und (4) t eliminiren und erhält dann die Gleichung

$$(5) \quad \eta^2 = \frac{k^2\theta^2+(k'\varepsilon'\theta+\Omega)^2}{k^2+k'^2\varepsilon'^2}. \qquad \left(k' = \frac{\alpha \log a}{T}\right).$$

Ist nun θ_1 und Ω_1 ein zusammengehörendes Werthepaar θ und Ω, so kann man aus Gleichung (5) und (6) die zugehörigen Werthe ε_1 und η_1 bestimmen. Aus Gleichung (4) erhält man einen Werth t_1 von t, d. h. die Zeit, welche seit dem letzten grössten Ausschlage verflossen ist; indem man noch η_1 und t_1 für η und t in (1) einsetzt, erhält man eine Gleichung zur Bestimmung von η_0, d. h. der einzigen von Fall zu Fall für dasselbe Schiff variirenden Konstanten. Damit ist dann, da die übrigen Konstanten, d. h. $k = \pi/T$ und $k' = \alpha \log a/T$, als nur von der Natur des Schiffes abhängend gegeben sind, die Bewegung des Schiffes vollständig bestimmt. Sollen nun für eine Zeit t_2, welche verflossen ist, nachdem θ und Ω die Werthe θ_1 und Ω_1 hatten, die Werthe von θ und Ω bestimmt werden, so hat man zunächst in Gleichung (1) für t den Werth t_1+t_2 zu setzen und erhält dann $1+\eta_2 = (1+\eta_0)^{e^{-k'(t_1+t_2)}}$; ferner erhält man aus Gleichung (6) $\varepsilon'_2 = \frac{(1+\eta_2)\log(1+\eta_2)}{\eta_2}$ und mit diesen Werthen dann aus (3)

$$\theta_2 = \eta_2\left(\cos k(t_1+t_2)+\frac{k'\varepsilon'_2}{k} \sin kt(_1+t_2)\right)$$

und (4)

$$\Omega_2 = -\eta_2 \frac{k^2 + \varepsilon_2'^2 k'^2}{k} \sin k(t_1 + t_2).$$

Hr. LEDIEU erhebt hiergegen den Einwand, dass bei der Bildung des Ausdrucks Ω der Werth $d\varepsilon/dt$ vernachlässigt sei, was bei der Form des Zusammenhangs zwischen η und t nicht zulässig sei.

Aus Formel (6) erhält man nämlich:

$$\frac{d\varepsilon'}{d\eta} = \frac{1}{\eta} - \frac{1}{\eta^2}\log(1+\eta) = \frac{1}{\eta} - \frac{\varepsilon'}{\eta(1+\eta)}.$$

Multiplicirt man dieses mit $k'\eta'$, so ergiebt sich

$$\frac{d\varepsilon}{dt} = \frac{\eta'}{\eta}\left(k' - \frac{\varepsilon}{1+\eta}\right) = -\varepsilon\left(k' - \frac{\varepsilon}{1+\eta}\right).$$

Aus dem korrekt gebildeten Werth

$$\Omega = \frac{d\theta}{dt} = -\eta \frac{k^2 + \varepsilon^2 - \frac{d\varepsilon}{dt}}{k} \sin kt$$

ergiebt sich dann der Werth

$$(4^b) \qquad \Omega = -\frac{\eta}{k}\left(k^2 + \varepsilon^2 \frac{\eta}{1+\eta} + k'\varepsilon\right)\sin kt.$$

Mit Rücksicht auf diese Korrektur ist dann die Gleichung (5) zu modificiren. Hr. DE BUSSY hebt dem gegenüber hervor, dass in der Praxis thatsächlich $d\varepsilon/dt$ gegen $k^2 + \varepsilon^2$ sehr klein und damit die begangene Vernachlässigung gerechtfertigt sei. Die übrigen Theile der Diskussion beziehen sich auf Fragen mehr praktischer Natur und müssen daher hier unberücksichtigt bleiben.

F. K.

FORCHHEIMER. Ueber die Ergiebigkeit von Brunnen-Anlagen und Sickerschlitzen. Hann. ZS. XXXII, 39 pp.

Wenn in einer für Wasser durchlässigen Erdschicht, welche auf einer als eben vorausgesetzten undurchlässigen Schicht ruht, sich Brunnenanlagen befinden, denen in der Zeiteinheit eine gewisse Wassermenge entzogen wird, so werden dadurch Bewegungen im Grundwasser hervorgerufen. Ist der Zustand stationär geworden, so wird der ursprünglich ebene Grundwasserspiegel an jeder Stelle eine von der Zeit unabhängige Senkung erlitten haben, welche in der Nähe der Brunnenanlage am stärksten ist, und sich im Unendlichen asymptotisch der Grenze Null nähert. Einer rationellen Bestimmung des Grundwasserspiegels müsste natürlich eine theoretische Untersuchung über die Bewegung des Wassers durch Sandschichten vorhergehen. Eine solche wird in der vorliegenden Abhandlung nicht gegeben, vielmehr beruht die Diskussion der Grundwasserbewegung auf zwei dem Referenten nicht unanfechtbar erscheinenden und durch die mitgetheilten Beobachtungen wohl nicht hinreichend gerechtfertigten Hypothesen. Der Verfasser konstruirt zunächst eine Schaar Cylinder mit vertikaler Axe, welche den Grundwasserspiegel in Linien konstanter Senkung schneiden, welche als Niveaulinien bezeichnet werden. Die Strömungslinien sollen dann in einer zweiten auf der ersten senkrecht stehenden Schaar vertikaler Cylinder liegen; ferner soll der mittlere Werth der horizontalen Geschwindigkeitskomponente für jede vertikale Linie proportional dem Gefälle des Grundwasserspiegels sein. Aus diesen Bedingungen folgt dann, dass das Quadrat der Höhe H des letzteren über der undurchlässigen Schicht der bekannten Differentialgleichung des logarithmischen Potentials genügt. Besteht die Brunnenanlage aus einem vertikalen Kreiscylinder, so sind die Höhenkurven natürlich horizontale Kreise, deren Mittelpunkte auf der Axe des Brunnens liegen, wodurch dann H^2 bis auf zwei linear auftretende Konstanten bestimmt ist, von denen die eine sich aus der dem Brunnen entzogenen Wassermenge ergiebt, während das konstante additive Glied sich bestimmen lässt, wenn die Höhe des Grundwasserspiegels im Brunnen bestimmt ist. Sind mehrere Brunnen verschiedener Anlagen vorhanden, so hat man die für die einzelnen Brunnen geltenden Ausdrücke mit vorläufig unbestimmt gelassener Konstante zu addiren und dann die additive Konstante, zu welcher sich die einzelnen vereinigen, derart zu bestimmen, dass im Unendlichen der Ausdruck sich unendlich wenig von demjenigen unterscheidet, der sich ergeben würde, wenn die ganze Wassermenge vermittelst eines einzelnen Brunnens entzogen wäre. Ist der Querschnitt der Anlage ein Spalt, handelt es sich also um Sickerschlitze, so sind die Projektionen der Niveaulinien konfokale Ellipsen, diejenigen der Strömungslinien Hyperbeln mit denselben Brennpunkten. *F. K.*

CH. LAGASSE. Note sur les jaugeages des cours d'eau par pertuis et par voie directe. Brux. S. sc. X, A. 48-52, 52-53.

Nothwendigkeit der Kontrolle beider Methoden durch einander. (*Mansion.*) *Lp.*

Litteratur.

HATON DE LA GOUPILLIÈRE. Cours de machines; 1er fascicule: Hydraulique et moteurs hydrauliques. Paris: 1886. Vw. Ch. Dunod. [C. R. CII, 845.

LAMB-REIFF. Einleitung in die Hydrodynamik. Freiburg-Tübingen: J. C. B Mohr. 1884. [ZS. f. Math. und Phys XXXI, [2] 136.

WRONSKY. Zur Demonstration der Druckfortpflanzung in Flüssigkeiten. ZS. phys. Unterr. III, 81-83.

H. C. MÜLLER. Ueber eine Erweiterung des Archimedischen Princips. ZS. phys. Unterr. III, 233-236; [Beibl. XII, 11. 1888.

Sir W. THOMSON. Wave motion. Brit. Assoc. [Engineer. XVII, 283.

GUTODE. Pression des liquides sur une paroi plane. La Nat. XIV, (2) 290.

A. H. LEAKY. On the movement of solids through ether. Proc. Soc. Cambridge V, 374.

Sir WILLIAM THOMSON. On Stationary Waves in Flowing Water. Part I, II, III. Phil. Mag. (5) XXII, 353-357, 445 bis 452, 517-530; [Cim. (3) XXIII, 166. 1888; [Beibl. XI, 200-203, 388. 1887.

Die Fortsetzung der Untersuchungen reicht bis 1887, und sie sollen im nächsten Jahrgang dieser Ber. besprochen werden.

K. PEARSON. Ueber die Bewegung kugelförmiger und

ellipsoidischer Körper in Flüssigkeiten. Quart. J. Math. XX, 60-80. 184-211. 1883; [Beibl. X, 550.

M. J. M. HILL. Ueber einige allgemeine Gleichungen, welche die Gleichungen der Hydrodynamik in sich schliessen. Cambr. Trans. XIV, 1-29. 1884; [Beibl. X, 380.

E. BENDER. Ueber stehende Schwingungen einer Flüssigkeit, welche auf einer festen Kugel ausgebreitet ist. Diss. Kiel 1886, 27 pp. *Bde.*

N. JOUKOWSKI. Mathematical inquiry into the laws of motion of a solid body having hollows filled up with a homogeneous liquid. Nature XXXIV, 349†; sh. diese Ber. XLI, (1) 343.

K. REIFF. Zur Kinematik der Potentialbewegung. Tübingen: Fues. 8°. Aus Mathem.-naturw. Mitth. herausg. von OTTO BÖKLEN. 1886, 3. Heft. *F. K.*

P. J. FLYNN. Flow of waters in open channels, pipes, sewers etc. Newyork: 1886, 118.

C. DECHARME. Nouvelles analogies entre les phénomènes électriques et les effets hydrodynamiques. Lum. El. XIX, 150-159.

BJERKNES. Om nye apparater til de hydrodynamiske Forsög. Förhandl. Vidensk. Selsk. Christiania 1886, 10. Titel.

PH. LENARD. Ueber die Schwingungen fallender Tropfen. Diss. Heidelberg. 37 pp.

J. STAHL's Apparat zur Bestimmung des Flüssigkeitsgrades von Mineralölen. DINGL. J. CCLIX, 270.

Misst durch die Zeitdauer des Aufsteigens einer Luftblase.

S. PAGLIANI und A. BATELLI. Ueber die innere Reibung in Flüssigkeiten. 2. Abth. Atti Torino XX und Ann. del R. Ist. tecnico di Torino XIII; [Beibl. X, 81 und 221†.

Die in diesen Abhandlungen mitgetheilten Ergebnisse sind nach dem Referat der Beiblätter dieselben, welche in diesen Ber. XLI, (1) 358 besprochen wurden.

Zur Untersuchung von Oelen: C. ELLIS' Abänderung von

MAUMENÉ's Oelprobe. — Zur Bestimmung der Zähflüssigkeit oder Viscosität von Oelen; von E. MILLS, C. RUMBLE, E. SAYBOLT u. a. DINGL. J. CCLX, 281-284.

Bde.

E. GERLACH. Ueber den Widerstand, den eine ebene Platte und ein Keil von einer gleichförmig strömenden Flüssigkeit erfährt. Civiling. XXXI, 1-28. 1886; [Beibl. XI, 616. 1887.

F. K.

A. FRANK. Die Berechnung der Kanäle und Rohrleitungen nach einem neuen einheitlichen System mittels logarithmo-graphischer Tabellen. München und Leipzig: R. Oldenbourg.

C. FOSSA-MANCINI. Su qualche applicazione del movimento oscillatorio dell'acqua. Castelplanio 1886.

P. HAUSSMANN. Präcisions-Pulsometer. Polyt. Notizbl. XLI, 54-55.

Élévateur hydraulique ou pompe à un seul clapet de MM. DU MARAIS et DE LA GRÈCE. La Nat. XIV, (2) 261-263.

J. LESTER WOODBRIDGE. Turbines. Phil. Mag. (5) XXII, 313-324†; [Cim. (3) XXIII, 166. 1888; [Beibl. XI, 564.

Die Abhandlung hat ein sowohl dem Gegenstande als der Behandlungsweise nach ganz ausschliesslich technisches Interesse.

F. K.

MAUS. Rapport sur diverses notes de MARTIN concernant une machine à vapeur régénérée, la canalisation, la progression des bateaux contre les courants etc. Bull. Brux. (3) XI, 78-85.

DE CALIGNY. Expériences sur un nouveau paradoxe apparent d'Hydraulique. C. R. CIII, 21-23; [Beibl. XI, 492. 1887. Technisch. *F. K.*

E. BAZZI. Freno a liquido per gli apparechi a deviazione impulsiva. Cim. (3) XIX, 270-277; [J. de phys. (2) VI, 585. 1887; [Beibl. XI, 133. 1887.

The stability of ships. Eng. XLI, 394-396.

L'AMIRAL PARIS. Essai d'un instrument pour étudier le roulis des navires. C. R. CII, 796-797.

F. ELGAR. Notes on the straining of ships caused by rolling. London R. S. Proc. XL, 23-38.

ZEDÉ. Sur les navires sousmarins. C. R. CII, 808-811.

L'AMIRAL PARIS. Remarque relative à la communication précédente de M. ZÉDE. C. R. CII, 810-811. *Bde.*

---

6. Aeromechanik.

H. HARTL. Ueber die Einwirkung der Wärme auf NAUDET'sche Aneroide. Mitth. d. k. k. Militair. Geogr. Instituts zu Wien 1885, V.; [ZS. f. Instrk. VI, 68-69†.

Der Verfasser hat den Einfluss der Temperatur auf die Elasticität der Spannfeder getrennt von deren Wirkung auf die Dose bei Aneroiden untersucht, indem er die Dose entfernte und durch Gewichte ersetzte. Die Untersuchung erstreckte sich auf vier Aneroide innerhalb der Temperaturgrenzen 1° und 30° C.; die zur Anwendung gekommenen Belastungen schwankten zwischen 19 und 22 kg. Die Versuche ergaben, dass der Temperaturkoefficient eines Aneroids ohne Dose 1,4 bis 4 mal so gros ist, als der des vollständig montirten Instruments, und dass die Ursache der durch Temperaturschwankungen hervorgerufenen Aenderungen im Stande des Aneroids grösstentheils in der Verschiedenheit der Elasticität der Spannfeder bei verschiedenen Temperaturen zu suchen ist. Der Verfasser beabsichtigt seine Versuche dahin zu erweitern, dass er Aneroide mit der Dose, aber ausser Thätigkeit gesetzter Spannfeder beobachtet, und hat vom Mechaniker E. HIRT für diesen Zweck bereits einen Apparat anfertigen lassen.

L. Grnm.

Exhibition of barometers. Nature XXXIII, 515-516†.

Die von der Königl. meteorologischen Gesellschaft zu London veranstaltete siebente jährliche Ausstellung von Instrumenten enthielt ausschliesslich Barometer, welche in den verschiedensten älteren und neueren Formen vertreten waren. Die Ausstellung bestand aus besonderen Gruppen für Quecksilberbarometer, für Aneroidbarometer, für Barographen etc., über welche in dem vorliegenden Aufsatze kurz berichtet wird. *L. Grnm.*

P. SCHREIBER. Ueber das ARAGO'sche Verfahren zur Bestimmung der Constanten etwaiger im geschlossenen Schenkel eines Barometers befindlichen Luft. EXNER's Rep. XXII, 162-182†; [ZS. f. Instrk. VI, 392-335†.

Der Verfasser hat anlässlich der Vergleichungen von 12 Barometern der königl. sächsischen meteorologischen Stationen im Mai und Juni 1885 das bekannte ARAGO'sche Verfahren zur Bestimmung der Luft im Vakuum angewendet.

Es wurden zunächst 5 Paare von Vergleichungen gemacht, wobei das untere Visir des Reisebarometers auf 0 gestellt war, dann wurde das untere Visir so hoch wie möglich gehoben, genau auf einen halben oder ganzen Cm. eingestellt und wieder 10 Vergleichungen gemacht. Hierauf wurden bei einer mittleren Stellung des Visirs und schliesslich wieder in der Nullstellung desselben je 10 Vergleichungen ausgeführt.

Aus den Differenzen der Vergleichsresultate in der Nullstellung und den beiden anderen Visirstellungen berechnet der Verfasser die Konstante für den Luftbetrag im Vakuum, jedoch ohne der Ungleichheit der Gewichte der Vergleichsresultate (je nach dem Grade der Verkleinerung des sog. Vakuums) Rechnung getragen.

Bezeichnet H die einem Volum V_1 des Vakuums entsprechende Korrektion, ΔH die beobachtete Korrektionsänderung der Barometer, wenn das Volum V_1 des Vakuum auf V_2 reducirt wird, und ΔV die Differenz $(V_1 - V_2)$ der Volumina, so ist:

$$C = H V_1 = V_1 V_2 \cdot \frac{\Delta H}{\Delta V}.$$

Unter der Annahme, dass der Querschnitt des geschlossenen Rohres gleichförmig sei, wurden die Volumina V_1 und V_2 durch die Lesungen 840—N_1 und 840—N_2 ersetzt, weil die Endfläche des Rohres bei 840 lag.

Durch die Combination von je 2 Reihen von Beobachtungen wurde die Constante C berechnet und im Mittel aus 25 Reihen gefunden, woraus:

$$C = 15{,}7 \pm 1{,}3$$

$$H = \frac{+15{,}7}{840-N}$$

folgen würde.

Es ergab sich jedoch, dass der Werth von C bei starker Verringerung des Volumens wesentlich kleiner ausfiel als bei geringerer Kompression, wie aus folgender Zusammenstellung hervorgeht.

Zahl der Beobachtungen	Mittel von $\frac{V_1}{V_2}$	Mittel von C
12	1,7	23,2 ± 1,9
7	3,3	10,1 ± 0,4
6	3,9	7,2 ± 0,5

Die systematischen Abweichungen überstiegen bedeutend die Beobachtungsfehler, und wurden zunächst gewissen von der Grösse der Compression abhängenden Fehlern in der Bestimmung von ΔH zugeschrieben, die durch Aenderungen der Kuppenform oder Neigung der Visirebenen entstehen könnten. Der Verfasser verglich die ΔH mit den aus den V unter Ausnahme bestimmter Werthe von C berechneten ΔH, und hielt den Werth von $C = 12$ für den wahrscheinlichsten, wenn aus irgend einem Umstande in der mittleren Stellung des unteren Visirs die ΔH um 0,05 mm zu hoch und bei der oberen Stellung des Visirs um ebensoviel zu klein beobachtet worden seien. Diese Annahme hält er jedoch nicht für hinreichend begründet und vermuthete, dass die Menge des im Vacuum eingeschlossenen Gases nicht constant bleibe, weil bei einer gewissen Spannung die Luft und namentlich der Wasserdampf vom Glase absorbirt werden könnte, um bei geringerer Spannung wieder frei zu werden[1]). *Pt.*

[1]) In dem Bericht über die Thätigkeit im kgl. meteorologischen Institut im Jahre 1885 p. VII theilt Hr. P. Schreiber nachträglich mit, dass nach der

Baromètre absolu. La Nature XIV, (2) 396†.

Im Jahre 1879 haben die beiden Artillerie-Offiziere HANS und HERMARY ein „absolutes Aerometer" konstruirt, dessen Princip auf der gleichzeitigen Beobachtung eines gewöhnlichen Thermometers und eines Luftthermometers beruhte. Vergl. La Nature 1879, No. 318, S. 71. Dieses Instrument ist nunmehr von dem Mechaniker LESPÉRAT zweckmässig verbessert und in eine praktische Form gebracht worden. *L. Grnm.*

G. GOVI. Sulla invenzione del barometro a sifone. Rend. di Napoli XXV, 286-90. 1886†; [Beibl. XI, 211. 1887.

Nach den Forschungen des Verfassers gebührt das Verdienst, dem Barometer zuerst die Form des Heberbarometers gegeben zu haben, TORICELLI und PASCAL. Es geht dies für ersteren aus einem Brief desselben an MICHELANGELO RICCI vom 28. Juni 1644 hervor, in welchem er eine Beschreibung und Zeichnung des Heberbarometers gibt, während die Dokumente über seine Untersuchungen verloren gegangen sind. Ferner findet man in PASCAL's Traité de la pesanteur de la masse de l'air (1653 geschrieben) eine Beschreibung und Zeichnung des von ihm benutzten Heberbarometers. Hierdurch wird das Bestreben, die Erfindung desselben für HOOKE, BOYLE oder BORELLI in Anspruch zu nehmen, hinfällig.

W. J.

ANTOINE. De la densité et de la compressibilité des gaz et des vapeurs. C. R. CII, 863-864; [Beibl. X, 478. Auch sep. als autographirtes Manuscript in Lorient erschienen.

Rechnet man die absoluten Temperaturen für jedes Gas von einem besonderen Nullpunkte, und bezeichnet nun mit ϑ die Sättigungstemperatur, mit $1/\beta$ den Ausdehnungskoefficienten unter konstantem Druck, so setzt der Verfasser

---

strengen Ausgleichung seiner Beobachtungen durch Hrn. Dr. PERNET ein constanter Fehler von 0,11 mm in der untersten Indexstellung aufgetreten zu sein scheine, dass alsdann die Abweichungen vom BOYLE-MARIOTTE'schen Gesetze wegfallen, die Beobachtungen recht gut übereinstimmen, und der Werth der Constante C auf $^1/_3$ reducirt werde. *Pt.*

$$\beta = k\sqrt[3]{\vartheta} - \vartheta + B; \quad PV = D(\beta + t);$$

diese Form trägt allen Ausnahmen vom MARIOTTE'schen Gesetze Rechnung. k, B, D sind Konstante; doch wird D veränderlich, wenn der Druck sehr gross wird. — Die Relationen werden am Stickstoff erläutert. *Schl.*

J. PERNET. Ueber die bei Messungen von absoluten Drucken und Temperaturen durch Capillarkräfte bewirkten Correctionen, und über die ARAGO'sche Methode zur Bestimmung der Luftspannung im Vacuum der Barometer. ZS. f. Instrk. VI, 377-83. 1886; Verh. d. phys. Ges. Berlin V. 108-110.

Der Verfasser erinnert daran, dass schon F. E. NEUMANN in Königsberg in seinen Vorlesungen auf die Nothwendigkeit hinzuweisen pflegte, bei den barometrischen Messungen ausser den übrigen Korrektionen auch noch diejenigen für die Kapillardepression anzubringen, und dass derselbe auch bereits ein einfaches Verfahren angab, durch Messung der Niveaudifferenz der Quecksilberkuppen und Bestimmung der Krümmungsradien die Depression zu berechnen.

Aus den Untersuchungen von QUINCKE über den Randwinkel des Quecksilbers am Glase im luftleeren und lufterfüllten Raume geht ferner direkt hervor, dass die gewöhnliche Annahme, welche sogar noch die neuesten Auflagen mancher Lehrbücher vertreten, „bei gleich weiten Schenkeln der Heberbarometer hebe sich der Einfluss der Depression gegenseitig auf", eine irrthümliche ist. Die bei Vernachlässigung dieser Korrektion in die Beobachtung eingehenden Fehler werden um so bedeutender, je stärker das Quecksilber im offenen Schenkel und die Wandungen des letzteren selbst verunreinigt sind, und zwar bewirken diese Verunreinigungen stes, dass Heberbarometer nach und nach einen zu hohen Stand anzeigen, — Aenderungen, die auf meteorologischen Centralstationen beobachtet worden sind.

Der Einfluss der Variation der Kapillardepression tritt namentlich bei dem von ARAGO angegebenen Verfahren zur Bestimmung der Luft im Vacuum auf, bei welchem das Quecksilber aus dem stärker verschmutzten unteren Theile in den oberen, reineren Theil gehoben wird. Die in Folge davon eintretende, scheinbare relative Verminderung des äusseren Druckes wird irrthümlicher Weise auf Rechnung der im Vacuum befindlichen Luft geschoben und die für die letztere daraus ermittelte Korrektion viel zu gross angenommen. So erklärt sich auch die von Hrn. P. SCHREIBER bei seinen Barometer-Vergleichungen gefundene scheinbare Abweichung der Gase vom BOYLE-MARIOTTE'schen Gesetze in ungezwungener Weise als Folge eines konstanten, durch die in Rede stehenden Kapillarkräfte bedingten Druckunterschiedes von 0,1 mm, so dass die einzelnen Beobachtungen auf ±0,03 mm dargestellt werden konnten. Die richtigen Korrektionen differirten aber um mehrere Zehntelmillimeter von den von Hrn. SCHREIBER angenommen.

In demselben Sinne wirkt bei Heberbarometern mit einem engen Verbindungswege ausserdem noch eine zweite Fehlerquelle, welche davon herrührt, dass in Folge des beim Heben der Quecksilbersäule erfolgenden Eintretens des am tiefsten liegenden und deshalb am wenigsten erwärmten Quecksilbers aus dem Verbindungsrohre in das Hauptrohr die mittlere Temperatur der gesammten Quecksilbersäule etwas sinkt, während das am Barometergehäuse befindliche Thermometer noch die frühere Temperatur zeigt, so dass bei der Reduktion des Barometerstandes auf 0° eine relativ zu grosse Korrektion angebracht wird. Beim Rückgange wird umgekehrt die Mitteltemperatur erhöht und dadurch scheinbar die unrichtige Messung noch bestätigt.

Auch bei Quecksilberthermometern macht sich die Kapillardepression bisweilen sehr stark geltend, indem sie eine Vermehrung des inneren Druckes zur Folge hat, die in Thermometern mit ganz engen Kapillaren bis zu 180 mm Quecksilber ansteigen kann, was im Maximum einem Fehler von 0,07° entsprechen würde. Es empfiehlt sich deshalb, für Normalthermometer die Kapillarröhre nicht zu eng zu wählen. *Glch.*

C. Bohr. Ueber die Abweichung des Sauerstoffs vom Boyle-Mariotte'schen Gesetze. Wied. Ann. XXVII, 459 bis 479; [Chem. CBl. (3) XXI, 165; [J. Chem. Soc. L, 591; [Phil. Mag. (5) XXI, 368; [Rundsch. I, 159; [J. de phys. (2) VI, 529. 1887.

Der Verfasser gibt zuerst eine historische Uebersicht der Versuche, welche bisher über die Gültigkeit des Boyle-Mariotte'schen Gesetzes bei atmosphärischer Luft und verschiedenen reinen Gasen unter sehr niedrigen Drucken von bekannten Physikern angestellt worden sind, deren Mehrzahl (Siljeström, Mendelejeff, Krajewitsch etc.) zu dem Resultat kommt: „Bei sehr niedrigen Drucken treten Abweichungen vom Mariotte'schen Gesetze auf in der Richtung, dass die Dichtigkeit bei abnehmendem Drucke grösser ist, als sie nach dem genannten Gesetze sein sollte" — während Amagat fand, dass die Abweichungen der atmosphärischen Luft bei niedrigen Drucken zu klein und unregelmässig seien, als dass man sie mit Sicherheit als festgestellt betrachten könne.

Der Verfasser untersuchte nun den Sauerstoff bei Drucken zwischen 0,1 m und 15,0 mm Spannung, und fand die Abweichungen vom Mariotte'schen Gesetze nach derselben Richtung, wie die Mehrzahl der oben angeführten Forscher.

Die Versuche, in dem für die Temperatur sehr konstanten Kellergeschosse des Universitäts-Laboratoriums zu Kopenhagen angestellt, wurden mit einem Apparate von etwa folgender Form durchgeführt:

Eine U-Röhre stand an ihrem gebogenen Ende durch einen Kautschukschlanch mit einem Quecksilberballon in Verbindung und konnte durch Heben des letzteren beliebig weit mit Quecksilber gefüllt werden. In die Schenkel des U-Rohres tauchten zwei unter der Luftpumpe ausgekochte Barometerröhren, welche sich in ihrem oberen, zum Ablesen bestimmten Theile auf einen Durchmesser von 18 oder auch 32 mm erweitern. Die eine der Röhren trug eingeätzte Marken, bis zu welchen das Volumen vorher durch Auswägen mit Quecksilber genau bekannt war. Gegen das Eindringen von Feuchtigkeit waren sowohl U-Rohr als auch Quecksilberballon genügend geschützt.

In das getheilte Rohr wurden nun ganz kleine Blasen von

vollständig reinem Sauerstoff eingeleitet, und zwar in den verschiedenen Versuchsreihen ganz verschiedene Mengen, und sodann dadurch, dass man aus dem Ballon bald mehr, bald weniger Quecksilber in die U-Röhre treten liess, der Quecksilberstand in den Barometerröhren beliebig variirt. Vermittelst eines Kathetometers wurde sowohl die Höhendifferenz p der Quecksilbermenisken in den beiden Röhren direct abgelesen, als auch die Entfernung des einen Meniskus vom benachbarten Theilstriche und somit das Volumen v des gaserfüllten Rohrtheiles bestimmt.

Die Ergebnisse des Untersuchung, graphisch interpretirt, sind folgende: Trägt man die Drucke p als Abscissen, die Producte aus Druck und Volumen pv als Ordinaten auf, so erhält man nicht, wie nach dem BOYLE-MARIOTTE'schen Gesetze zu erwarten steht, eine zur Abscissenaxe parallele Gerade, sondern eine Kurve, welche zwischen 0 und 0,70 mm sehr stark in die Höhe steigt, bei 0,70 mm eine Diskontinuität zeigt und von dort aus nach abermaligem kurzen Steigen in die horizontale Gerade übergeht.

Nach einer eingehenden, rechnerischen Behandlung fasst Hr. BOHR die Resultate der Messungen folgendermaassen zusammen:

1. Bei einer Temperatur zwischen 11° und 14° weicht der Sauerstoff innerhalb der beobachteten Druckgrenzen von dem BOYLE-MARIOTTE'schen Gesetze ab. Die Abhängigkeit zwischen Volumen und Druck, für einen Werth des letztgenannten, grösser als 0,70, kann man annähernd durch die Formel

$$(p+0{,}109)v = k$$

ausdrücken, während die Formel für Werthe der Drucke, welche kleiner als 0,70 mm sind, $(p+0{,}070)v = k$ ist.

2. Sinkt der Druck unterhalb 0,70 mm, so erleidet der Sauerstoff eine Zustandsänderung. Er kann wieder durch eine Erhöhung des Druckes bis über 0,70 mm in die ursprüngliche Zustandsform übergeführt werden. *Glch.*

SCHWALBE. Einige Schulversuche. ZS. f. Unterr. 1886, 2-5.

Das Eindringen des Wassers in den kartesianischen Taucher kann sichtbar gemacht werden, wenn man im Taucher selbst eine schwache Lösung von Blutlaugensalz, ausserhalb desselben eine solche von Eisenchlorid hat. Mehrere Taucher, die in irgendwie (durch Flüssigkeit oder durch Gase) kommunicirenden Gefässen angebracht sind, können dazu dienen, die allseitige Druckfortpflanzung zu demonstriren. Es folgen Bemerkungen über pädagogische Benutzung des Hebers. *Bde.*

HUGONIOT. Sur un théorème général rélatif à la propagation du mouvement. C. R. CII, 858-860; [Beibl. X, 463.

Anknüpfend an die in diesen Berichten XLI, (1) 371 besprochenen Untersuchungen über Fortpflanzung von Bewegungen durch Flüssigkeiten, verallgemeinert der Herr Verfasser dieselben in der vorliegenden Note. Es wird vorausgesetzt, dass in dem ganzen Gebiet die zweiten Ableitungen der Verrückungen nach der Zeit t lineare Funktionen der nach den Koordinaten gebildeten zweiten Ableitungen sind, deren Koefficienten als gegebene Funktionen der Koordinaten, der Verrückungen und der ersten Ableitungen der letzteren betrachtet werden. Eine Fläche S soll das Gebiet in zwei Theile zerlegen, in denen die Bewegung durch je ein partikuläres Integral dieser Differentialgleichungen bestimmt ist. Dann müssen an der Fläche S die Verrückungen und ihre ersten Ableitungen stetig sein, während die zweiten Ableitungen unstetig sein werden; die Unterschiede der letzteren an der Fläche S werden jedoch an der Fläche drei aus den Differentialgleichungen für die Verrückungen unmittelbar hervorgehenden linearen Gleichungen genügen. In dem Zeitelemente dt möge nun die Trennungsfläche S in eine benachbarte S' übergehen; und zwar soll dn das Stück der Normale in einem Punkte von S sein, welches zwischen beiden Flächen liegt; dann heisst dn/dt die Fortpflanzungsgeschwindigkeit der Bewegung. In Folge des Umstandes, dass die Verrückungen und ihre ersten Ableitungen zur Zeit t an der Fläche S und zur Zeit $t+dt$ an der Fläche S' stetig sind, erhält man für die Unterschiede der zweiten Ableitungen weitere Beziehungen, durch welche sich sämmtliche auf eine Komponente bezüglichen Unterschiede als homogene, lineare Funktionen einer derselben darstellen lassen; z. B. der Grösse $\frac{\partial^2 u_1}{\partial t^2}-\frac{\partial^2 u_2}{\partial t^2}$, resp. $\frac{\partial^2 v_1}{\partial t^2}-\frac{\partial^2 v_2}{\partial t^2}$, resp. $\frac{\partial^2 w_1}{\partial t^2}-\frac{\partial^2 w_2}{\partial t^2}$. Die Koefficienten sind umgekehrt proportional zu $(dn/dt)^2$ und hängen ausserdem von den Richtungscosinus der Normale ab. Benutzt man nun jene ersterwähnten Gleichungen, so erhält man drei homogene lineare Gleichungen für die drei Unterschiede $\frac{\partial^2 u_1}{\partial t^2}-\frac{\partial^2 u_2}{\partial t^2}$, $\frac{\partial^2 v_1}{\partial t^2}-\frac{\partial^2 v_2}{\partial t^2}$, $\frac{\partial^2 w_1}{\partial t^2}-\frac{\partial^2 w_2}{\partial t^2}$; es muss also die Determinante verschwinden. Diese Bedingung stellt eine Gleichung dritten Grades für $(dn/dt)^2$ dar. Es existiren demnach sechs Werthe der Fortpflanzungsgeschwindigkeit, von denen je zwei dem absoluten Betrage nach gleich, dem Zeichen nach entgegengesetzt sind. Jedem Werthe derselben entspricht ein Werth der relativen Beschleunigung. *F. K.*

H. Wilde. On the velocity with which air rushes into a vacuum, and on some phenomena attending the discharge of atmospheres of higher into atmospheres of lower density. Manch. Proceed. XXV, 17-34†.

H. Wilde. Note on the velocity with which air rushes into a vacuum, and some phenomena attending the discharge of atmospheres of higher into atmospheres of lower density. Manch. Proceed. XXV, 38-90†.

H. Wilde. On the efflux of air as modified by the form of the discharching orifice. Manch. Proceed. XXV, 207-214; Phil. Mag. (5) XXI, 494-499†; [Cim. (3) XXIII, 91. 1888; [Beibl. X, 749-754.

Nach Ansicht des Verfassers sind die Gesetze der Ausströmung elastischer Flüssigkeiten noch nicht genügend untersucht, man hat vielmehr meistens diejenigen der unelastischen Flüssigkeiten ohne Modifikation auf jene angewandt. Um die Ausströmungsgeschwindigkeit von Luft experimentell zu bestimmen, wird dieselbe in einem gusseisernen Behälter (von 573 Cubikzoll) komprimirt, welcher durch eine enge Oeffnung entweder mit der Atmosphäre oder mit einem grossen evakuirbaren Gefäss (von 8459 Cubikzoll) in

Verbindung steht. Aus der Zeit, welche bis zu einer bestimmten Druckabnahme verstreicht und der Grösse der Oeffnung ergiebt sich die Ausströmungsgeschwindigkeit. Die Versuche sind so eingerichtet, dass man für die Zeit der Ausdehnung eine konstante Temperatur annehmen kann.

Die enge Oeffnung bestand bei diesen Versuchen aus einer 0,02 Zoll weiten Bohrung in einer Eisenplatte von 0,01 Zoll Dicke und $^3/_4$ Zoll Durchmesser.

In Tabelle I und II sind die Geschwindigkeiten der Ausströmung in das Vakuum zusammengestellt von 135 Ctr. (9 Atm.) bis 10 Ctr. für je 5 Ctr. Druckabnahme, andererseits von 15 Ctr. (1 Atm.) bis 2 Ctr. für je 1 Ctr. Druckabnahme. Während die theoretische Geschwindigkeit 1332 Fuss pro Sekunde für alle Drucke beträgt, ergiebt sich aus den Versuchen eine Abhängigkeit der Geschwindigkeit vom Druck, so zwar, dass die theoretische Geschwindigkeit erst bei etwa 40 Atm. erreicht würde, während bei einem weniger als eine Atmosphäre betragenden Druck die Luft sich langsamer als der Schall fortbewegt. Dass diese Differenz nicht durch Reibung der Luft bedingt ist, wird durch Anwendung einer halb so grossen Oeffnung bewiesen.

Bei den Versuchen über die Ausströmung in die Atmosphäre stellt sich die merkwürdige Thatsache heraus, dass die leltztere sich wie ein Vakuum verhält, so lange der relative Druck der Luft nicht weniger als 2 Atmosphären beträgt. Diese Erscheinung findet durch das bekannte Saugphänomen, wie es bei jedem starken Luftstrahl stattfindet, seine Erklärung. Verfasser zeigt, dass dasselbe auch auftritt, wenn der äussere Druck mehr oder weniger als eine Atmosphäre beträgt.

Weiterhin untersucht dann Verfasser noch die Abhängigkeit der Ausströmungsgeschwindigkeit von der Form der Oeffnung und findet, dass dieselbe nur von geringem Einfluss ist. Bei Anwendung der besten Form der Oeffnung berechnet sich die Geschwindigkeit bei dem Druck einer Atmosphäre

für Luft	zu 677	Fuss in der Sekunde, und hieraus
- Sauerstoff	643	- - - -
- Stickstoff	687	- - - -

für Wasserstoff 2572 Fuss in der Sekunde
Ges. Wasserdampf 978 - - - -

W. J.

O. REYNOLDS. On the Flow of Gases. Phil. Mag. (5) XXI, 185-199; Manch. Proc. XXV, 55-71; Manchester Mem. (3) X, 164 bis 181; [Cim. (3) XXII, 92; [Rundschau I, 226-228; [Beibl. XII, 25. 1888.

Der Verfasser beschäftigt sich mit den Widersprüchen zwischen Erfahrung und Theorie, welche namentlich in WILDE's Versuchen über die Ausströmung eines Gases aus einem Gefäss von höherem Druck in ein solches von niederem Drucke hervortreten. Hat das Gas im ersten Gefäss den konstanten Druck p_1 und strömt es durch eine Oeffnung in das zweite Gefäss, wo der Druck p_2 ist, so ist die Ausströmungsgeschwindigkeit von dem Druck im zweiten unabhängig, bis p_2 etwa gleich 0,5 bis 0,53 p_1 geworden ist. Um dies merkwürdige Ergebniss zu erklären, macht REYNOLDS sich frei von der in der älteren Theorie eingeführten Annahme, dass der Druck in der Ausflussöffnung gleich dem Druck sei, der im komprimirten Gefäss in einiger Entfernung von der Oeffnung herrscht. An die Stelle dieses Satzes setzt er folgende Betrachtung: Fliesst ein Gas stationär in der Richtung der x durch ein Rohr, ist A der Querschnitt des Rohrs, W/g die stationäre Gasmenge, welche in der Sekunde durch jeden Querschnitt geht, u die Geschwindigkeit und ϱ die Dichtigkeit, so ist $Ag\varrho u = W$. Für eine inkompressible Flüssigkeit ergiebt sich daraus sehr einfach der bekannte Satz, dass jeder Flüssigkeitsfaden beim Fortschreiten immer kleineren Querschnitt erhält; für ein Gas aber tritt, wenn der Vorgang adiabatisch erfolgt, die adiabatische Beziehung zwischen Druck p, absoluter Temperatur τ und ϱ in Kraft

$$(1.)\qquad \frac{\tau}{\tau_0} = \left(\frac{p}{p_0}\right)^{\frac{\gamma-1}{\gamma}} = \left(\frac{\varrho}{\varrho_0}\right)^{\gamma-1},$$

wo γ der Quotient der specifischen Wärmen ist. Dabei ist die Gleichung der Bewegung

$$(2.)\qquad \varrho u \frac{\partial u}{\partial x} = -\frac{\partial p}{\partial x} \quad \text{oder} \quad \frac{u^2}{2} = C - \int_0^p \frac{dp}{\varrho}.$$

Mit Benutzung von (1.) wird

$$\int_0^p \frac{dp}{\varrho} = \frac{\gamma}{\gamma-1}\,\frac{p_0}{\varrho_0}\,\frac{\tau}{\tau_0}$$

$$(3.)\qquad u = \sqrt{\frac{2g\gamma}{\gamma-1}\,\frac{p_0}{\varrho_0}\,\frac{\tau_1}{\tau_0}\left\{1-\left(\frac{p}{p_1}\right)^{\frac{\gamma-1}{\gamma}}\right\}},$$

$$(4.)\qquad \varrho = \frac{\varrho_0\tau_0 p_1}{p_0\tau_1}\left(\frac{p}{p_1}\right)^{\tau_0},$$

$$(5.)\qquad \frac{W}{g} = Ap_1\sqrt{\frac{2\gamma g\varrho_0\tau_0}{(\gamma-1)p_0\tau_1}}\cdot\sqrt{\left\{1-\left(\frac{p}{p_1}\right)^{\frac{\gamma-1}{\gamma}}\right\}}\left(\frac{p}{p_1}\right)^{\frac{1}{\gamma}}.$$

Da nun W/g eine Konstante ist, stellt die letzte Gleichung A als Funktion von p dar; durch Differentiation nach p ergiebt sich, dass A ein Minimum hat für

$$(6.)\qquad \frac{p}{p_1} = \left(\frac{2}{\gamma+1}\right)^{\frac{\gamma}{\gamma-1}}.$$

D. i., da γ für Luft 1,408 ist, für

$$p = 0{,}527 p_1.$$

Jeder Strömungsfaden hat also ein Minimum des Querschnittes an der Stelle, wo $p = 0{,}527$ mal dem Drucke im ersten Gefäss ist. Ferner ist dort

$$u = \sqrt{\frac{2\gamma g p_0\tau_1}{(\gamma+1)\varrho_0\tau_0}} = \sqrt{\frac{2\gamma g p_0}{(\gamma+1)\varrho}}\cdot\left(\frac{p}{p_0}\cdot\frac{p_1}{p}\right)^{\frac{\gamma-1}{2\gamma}}$$

$$= \sqrt{\frac{\gamma g p_0 \tau}{\gamma_0\tau_0}} \quad \text{nach Gl. (6.)}$$

Dies ist aber die Geschwindigkeit, mit welcher der Schall sich im Gas bei der Temperatur τ bewegt. Also hat der Strömungsfaden an der Stelle des minimalen Querschnittes die Geschwindigkeit, mit welcher Wellen in dem Gas fortschreiten; so lange also der Druck im zweiten Gefäss den Grenzdruck $0{,}527 p_1$ nicht überschreitet, kann sich keine Druckdifferenz rückwärts durch diese Stelle in das erste Gefäss fortpflanzen, die Geschwindigkeit an der kritischen Stelle und hinter ihr wird demnach unabhängig von dem Druck im zweiten Gefäss, und damit ist Wilde's Erfahrungsresultat erklärt. Die Ausströmungsöffnung kann nahezu als diejenige Stelle angesehen werden, wo alle Stromfäden ihren „Hals" haben; die genauere Lage der Hälse lässt sich freilich in drei Dimensionen noch nicht angeben, so lange die Gleichungen nicht vollständig integrirt werden können; sie liegen in Folge der Kontraktion wahrscheinlich etwas ausserhalb der Oeffnung. Der Verfasser zeichnet unter dieser Annahme die Strömungslinien und erklärt, man könne sie leicht mit Tabaksdampf nachweisen.

Ist $p_2 > 0{,}527 p_1$, so wird der Druck in der Oeffnung gleich p_2 zu setzen sein; die Stromfäden dehnen sich dann vor der Oeffnung nicht mehr aus, sondern dringen als gerade Strahlen in das umgebende Gas ein, bis sie durch Wirbelbildung aufgelöst werden.

Zum Schluss folgt der nähere Vergleich der Theorie mit WILDE's Beobachtungen; derselbe ergiebt eine mit Rücksicht auf die Nebenumstände genügende Uebereinstimmung. *Bde.*

G. A. HIRN. Recherches expérimentales sur la limite de la vitesse que prend un gaz, quand il passe d'une pression à une autre plus faible. Ann. de chim. et de phys. (6) VII, 289-349; SILL. J. (3) XXXI, 468; [Rundsch. I, 226-228; [J. de phys. (2) VI, 251; [Beibl. XI, 393-402; [Naturf. XIX, 288-289.

In dieser Abhandlung veröffentlicht der Verfasser seine experimentellen Untersuchungen, die angestellt wurden, um die Theorie des Ausflusses der Gase zu verificiren; insbesondere um klarzustellen, ob sich bei Abnahme des äusseren Druckes die Ausflussgeschwindigkeit der Gase einer Grenze nähert, wie sie durch die WEISBACH'sche Gleichung angezeigt wird.

Nach einer kurzen Zusammenfassung der Theorie geht der Verfasser über zur Beschreibung seiner Versuche. Das zu benutzende Gas, im vorliegenden Falle nur Luft, tritt aus dem Gasometer nach einander in vier mit ungelöschtem Kalk gefüllte Cylinder von 1 m Höhe und 0,2 m Durchmesser, um getrocknet zu werden, und strömt dann durch eine der später zu erwähnenden Oeffnungen in ein Reservoir aus, welches mittelst einer Wasserluftpumpe beliebig weit ausgepumpt werden und dessen Druck mittelst eines Manometers gemessen werden kann. — Von der Glocke des

Gasometers geht ein Draht aus, zunächst vertikal nach oben, dann über zwei Rollen, endlich vertikal nach unten und trägt hier an seinem Ende ein mit präparirtem Papier überzogenes Lineal, das sich in einer Führnng vor einem auf dem Anker eines Elektromagneten aufsitzenden Stifte bewegt. So oft der Strom in gleichen Zeitintervallen (1,355 sec.) durch ein Pendel geschlossen wird, wird der Stift gegen das Papier gedrückt, und registrirt hierdurch die Senkung der Glocke, und damit die durch die Oeffnung ausgeströmte Luftmenge; ein Verfahren der Messung, das nach Angabe des Verfassers einer grossen Genauigkeit fähig ist. Um die Glocke ohne Reibung sich bewegen zu lassen, hängt dieselbe frei in einem Holzrahmen, der den Gasometer, ohne denselben jedoch zu berühren, umspannt und unterhalb desselben die nöthige Belastung trägt, so dass der Schwerpunkt der Glocke unterhalb des Gasometers liegt. Die Glocke ist hierdurch ohne eine seitliche Führung gezwungen, sich stets vertikal zu bewegen.

Für die Versuche wurden fünf Ausflussöffnungen verschiedener Gestalt benutzt. Um zunächst die effektive Grösse derselben zu bestimmen, liess der Verfasser die Luft aus dem Gasometer unter geringem Ueberdruck durch die verschiedenen Oeffnungen ausströmen und leitete dabei nach zwei verschiedenen Formeln (*B.*) und (*D.*) aus den beobachteten Daten die Ausflusskoefficienten her, deren Grösse aus der folgenden Tabelle ersichtlich ist.

Art der Oeffnung.	Ueberdruck mm Hg.	Ausflusskoeff. Formel B.	Formel D.
Oeffnung in dünner Wand 4,0 mm Durchmesser	9,3	0,633	0,634
	30,1	0,630	0,634
Oeffnung in dünner Wand 5,7 mm Durchmesser	9,3	0,632	0,633
	30,4	0,632	0,636
Konisch-cylindrische Oeffnung von 9° Oeffnung u. 4,75 mm Durchmesser	9,3	0,880	0,877
	30,4	0,919	0,925
Konisch-konvergente Oeffnung von 13° Oeffnung und 4,875 mm Durchmesser	9,3	0,982	0,982
	30,4	0,986	0,991
Konisch-konvergente Oeffnung von 9° Oeffnung und 7,95 mm Durchmesser	9,2	0,966	0,967
	29,9	0,980	0,985

Mit diesen Oeffnungen wurden nach einander die Versuche in der Art angestellt, dass zunächst das Reservoir abgesperrt und evakuirt wurde; dann liess man Luft aus dem Gasometer einströmen.

Der zunehmende Druck im Reservoir wurde vom Barometer selbstthätig registrirt und gleichzeitig in Intervallen von 1,355 sec. die in's Reservoir geströmte Luftmenge aufgezeichnet.

Aus den in grosser Zahl angestellten Versuchen, die übrigens in extenso veröffentlicht sind, zieht der Verfasser dén Schluss, dass bei einem Druck von über 400 mm H_2O im Reservoir das Volumen, welches in gleichen Zeiten aus der Oeffnnng ausströmt, mit zunehmendem Drucke im Reservoir merklich abnimmt, während es annähernd konstant bleibt, solange dieser Druck von 400 mm noch nicht erreicht ist. Das Volumen wird auch hier mit steigendem Drucke abnehmen, doch sind die Aenderungen so klein, dass sie sich der Messung entziehen.

Im weiteren Verlaufe seiner Abhandlung führt nun der Verfasser seine experimentell gefundenen Zahlen in die WEISBACH'schen Formeln ein, und findet dabei, dass die beobachteten und berechneten Zahlen für die Volumina und die Geschwindigkeit des ausströmenden Gases durchaus nicht mit einander in Einklang gebracht werden können. Der Verfasser diskutirt dann die Gründe dieser ungenügenden Uebereinstimmung und gelangt endlich zu den Folgerungen:

1. Das WEISBACH'sche Gesetz, soweit es sich auf das Volumen des ausgeströmten Gases bezieht, gilt nur dann angenähert, wenn der äussere Druck sich vom Drucke im Gasometer wenig unterscheidet. Ist der äussere Druck von demjenigen im Gasometer wesentlich verschieden, so gilt das Gesetz nicht einmal angenähert.

2. Das WEISBACH'sche Gesetz, soweit es sich auf die Geschwindigkeit bezieht, ist völlig falsch. Die Grenze der Ausflussgeschwindigkeit, welche durch diese Formel definirt ist, existirt nicht.

Die weiteren Schlüsse auf die Hinfälligkeit der kinetischen Gastheorie werden in Kap. 19 kurz erwähnt. *Schl.*

HATON DE LA GOUPILLIÈRE. Écoulement varié des gaz. C. R. CIII, 661-665, 709-712, 785-788†; [Beibl. XI, 403-405, 406, 1887.

Die erste Abhandlung behandelt die Einströmung der Luft in einen Recipienten, wenn ausserhalb dieses Recipienten der Druck auf p_1 gehalten wird. Ist V das Volumen des Recipienten, in welchem zu Anfang der Druck p_0 herrscht, so ist das Gewicht seines Inhalts $V\varpi$, wenn ϖ das veränderliche spec. Gewicht der Luft bedeutet. In der Zeit dt wächst dasselbe um $Vd\varpi$. Ist andererseits Ω der Querschnitt der Einströmungsöffnung, m der Contractionscoefficient und u die Geschwindigkeit, so ist $\varpi m\Omega u dt$ ein zweiter Ausdruck für die eingeströmte Menge, daher

$$Vd\varpi = \varpi m\Omega u dt,$$

$$\frac{m\Omega}{V} dt = \frac{1}{u}\frac{d\varpi}{\varpi} = \frac{1}{u}\frac{dv}{v},$$

wenn v das Volumen der Gewichtseinheit ist. Für u wird die ZEUNER'sche Gleichung genommen, welche das Princip der lebendigen Kraft ausdrückt

$$\frac{u^2}{2g} = \int_p^{p_1} v dp.$$

Dann folgt

$$t = \frac{V}{m\Omega\sqrt{2g}} \int_v^{v_0} \frac{dv}{v\sqrt{\int_v^{v_1} v \frac{dp}{dv} dv}}.$$

Je nach der Natur des Vorgangs ist dp/dv zu bestimmen. Findet die Einströmung isothermisch statt, so ist, wenn ϑ die absolute Temperatur und R die Konstante des MARIOTTE-GAY LUSSAC-schen Gesetzes bedeutet,

$$t = \frac{V}{m\Omega}\sqrt{\frac{2}{gR\vartheta}}\left(\sqrt{\log\frac{p_1}{p_0}} - \sqrt{\log\frac{p_1}{p}}\right).$$

Ist die Einströmung adiabatisch, so bestimmt sich dp/dv nach der LAPLACE'schen Gleichung $dp/dv = -kp_1 v_1^k v^{-k-1}$, und man findet

$$t = \frac{V}{m\Omega}\sqrt{\frac{2}{gk(k-1)R\vartheta}} \log\left\{\left(\frac{p}{p_0}\right)^{\frac{k-1}{2k}} \cdot \frac{1+\sqrt{1-\left(\frac{p_0}{p_1}\right)^{\frac{k-1}{k}}}}{1+\sqrt{1-\left(\frac{p}{p_1}\right)^{\frac{k-1}{k}}}}\right\}.$$

Die Auflösung der Gleichung nach p wird mitgetheilt. Wie man sieht, geht die Behandlung von den Voraussetzungen aus, der Druck in der Einströmungsöffnung sei gleich dem im Gefäss und der Kontraktionskoefficient sei konstant; das Gefäss aber fülle sich so gleichmässig, dass der Druck in seinem Innern überall derselbe ist, und dass die Einströmung innerhalb jedes Zeitelements so behandelt werden könne, als ob sie stationär wäre.

In der zweiten Abhandlung wird dasselbe Verfahren auf die Entleerung eines Gefässes angewendet, welches durch eine Oeffnung mit einem Raum von konstantem, niedrigem Druck p_0 in Verbindung steht; hier wird angenommen, die Dichtigkeit in der Oeffnung sei gleich der im Aussenraum. Mit Rücksicht hierauf und darauf, dass jetzt $-Vd\varpi$ das Gewicht der in dt ausströmenden Gasmenge, wird nunmehr

$$-Vd\varpi = \varpi_0 m\Omega u dt,$$

woraus

$$t = -\frac{V}{\varpi_0 m\Omega\sqrt{2g}}\int_{v_1}^{v}\frac{dv}{v^2\sqrt{\int_{v_0}^{v} v\frac{dp}{dv}dv}}.$$

Die Integration lässt sich hier nur dann völlig ausführen, wenn man den LAPLACE'schen Koeffizienten $k = 1{,}40$ setzt (die französischen Autoren halten sich mit Vorliebe an den CAZIN'schen Werth des Verhältnisses der specifischen Wärmen, 1,41 und scheinen die neueren Bestimmungen von RÖNTGEN u. A. nicht zu kennen), und unter dieser Voraussetzung werden die Integrationsergebnisse mitgetheilt.

In der dritten Abhandlung limitirt H. DE LA GOUPILLIÈRE seine Resultate mit Rücksicht auf die inzwischen bekannt gewordenen Untersuchungen von HUGONIOT; er unterscheidet nunmehr die HUGONIOT'schen zwei Perioden der Ein- und Ausströmung (siehe das folgende Referat), und bringt dadurch die Theorie mit den Versuchen von SAINT-VENANT, WANTZEL und HIRN in Uebereinstimmung. *Bde.*

HUGONIOT. Sur l'écoulement des gaz dans le cas du regime permanent. Ann. chim. phys. (3) IX, 375-405†; C. R. CII, 1545-1547†, CIII, 241-243†; [Cim (3) XX, 64.

— — Sur l'écoulement d'un gaz qui penètre dans un reservoir de capacité limitée. C. R. CIII, 922-925†; [Beibl. XI, 406. 1887.

HATON DE LA GOUPILLIÈRE. Bemerkung dazu. C. R. CIII, 925-926†.

HUGONIOT. Sur le mouvement varié d'un gaz comprimé dans un reservoir qui se vide librement dans l'atmosphère. C. R. CIII, 1002-1005†; [Beibl. XI, 407 1887.

— — Sur un théorème relatif au mouvement permanent et à l'écoulement des fluides. C. R. CIII, 1178-1181; [Beibl. XI, 408. 1887.

— — Sur l'écoulement des fluides élastiques. C. R. CIII, 1253-1255†; [Beibl. XI, 409. 1887.

Die erste der hier aufgezählten Abhandlungen knüpft an die falschen Schlüsse an, welche HIRN aus seiner oben S. 381 behandelten Versuchsreihe gezogen hat. So weit sich die Polemik zwischen HIRN und anderen auf die kinetische Gastheorie bezieht, wird sie in Kap. 19 behandelt; HIRN hatte aber auch das WEISBACH-ZEUNER'sche Ausströmungsgesetz in Frage gezogen, und für seine Gase Ausströmungsgeschwindigkeiten bis zu 5555 $\frac{\text{m}}{\text{sec}}$ berechnet. Er liess ein Gas vom Druck p_0 durch eine Oeffnung in einen grossen evakuirten Recipienten einströmen, in welchem der Druck p_1 herrschte, und berechnet seine hohen Zahlen, indem er voraussetzt 1) in der Oeffnung herrsche der Druck p_1, 2) der Querschnitt der Stromfäden sei unabhängig von dem Verhältniss p_1/p_0. HUGONIOT zeigt nun, dass diese beiden Voraussetzungen unrichtig sind.

Zu dem Ende betrachtet er zunächst eine stationäre Strömung, wobei der Druck im ersten Gefäss auf p_0, der im zweiten auf p_1 gehalten wird. Man hat in irgend einem Punkt eines Stromfadens die Gleichungen

$$\frac{1}{\varrho}\frac{\partial p}{\partial x}+\frac{du}{dt}=0,\quad \frac{1}{\varrho}\frac{\partial p}{\partial y}+\frac{dv}{dt}=0,\quad \frac{1}{\varrho}\frac{\partial p}{\partial z}+\frac{dw}{dt}=0.$$

Dieselben liefern, mit dx, dy, dz multiplicirt

$$\frac{du}{dt}dx + \frac{dv}{dt}dy + \frac{dw}{dt}dz + \frac{1}{\varrho}dp = 0.$$

Da nun x, y, z ganz unabhängige Variable sind, kann man $dx = udt$, $dy = vdt$, $dz = wdt$ setzen, und bekommt dann, wenn V die resultirende Geschwindigkeit ist,

$$d\left(\tfrac{1}{2}V^2\right) + \frac{1}{\varrho}dp = 0.$$

Dies giebt integrirt, da die Anfangsgeschwindigkeit zu vernachlässigen ist, wenn man von einem hinreichend weit zurückgelegenen Punkt des Stromfadens ausgeht,

$$V^2 = 2\int_p^{p_0}\frac{dp}{\varrho}.$$

Führt man die adiabatische Beziehung $\varrho = \varrho_0\left(\frac{p}{p_0}\right)^{\frac{1}{m}}$ ein, so ergiebt sich die ZEUNER'sche Gleichung

$$V^2 = \frac{2}{m-1}\,\frac{mp_0}{\varrho_0}\left[1-\left(\frac{p}{p_0}\right)^{\frac{m-1}{m}}\right].$$

Führt man aber die isothermische Beziehung $\varrho p_0 = \varrho_0 p$ ein, so findet sich

$$V^2 = \frac{2}{m}\,\frac{mp_0}{\varrho_0}\log\frac{p_0}{p}.$$

In beiden Gleichungen ist mp_0/ϱ_0 das Quadrat der Schallgeschwindigkeit, welches kurz mit a^2 bezeichnet werden kann. Die zweite liefert $V = \infty$ für $p = 0$, die erste aber giebt unter der gleichen Bedingung den endlichen Grenzwerth $V = a\sqrt{\frac{2}{m-1}}$.

Auf nahe demselben Wege wie REYNOLDS (siehe oben S. 380) untersucht nun der Verfasser den Verlauf des Drucks und des Querschnitts in einem Flüssigkeitsfaden und findet für adiabatischen Ausfluss, wenn ω der Querschnitt, H eine Konstante ist,

$$\omega^2 = \frac{H^2}{\frac{2a^2\varrho_0^2}{m-1}\left(\frac{p}{p_0}\right)^{\frac{2}{m}}\left[1-\left(\frac{p}{p_0}\right)^{\frac{m-1}{m}}\right]},$$

für isothermischen Ausfluss aber

$$\omega^2 = \frac{H^2}{\frac{2}{m} a^2 \varrho_0{}^2 \left(\frac{p}{p_0}\right)^2 \log \frac{p_0}{p}}.$$

Im ersten Fall hat der Querschnitt ein Minimum für

$$p = \left(\frac{2}{m+1}\right)^{\frac{m-1}{m}} \cdot p_0,$$

was, wenn $m = 1{,}41$ gesestzt wird, $0{,}522\, p_0$ ist. So lange also $p_1 < 0{,}522\, p_0$ ist, herrscht in der Ausströmungsöffnung nicht der Druck p_1, sondern $0{,}522\, p_0$. Im zweiten Fall tritt das Minimum von ω ein, wenn $p = 0{,}607\, p_0$ ist, (0,607 ist die Quadratwurzel aus dem Ausdehnungskoefficienten) und so lange $p_1 < 0{,}607\, p_0$ ist, herrscht wieder in der Oeffnung der Druck $0{,}607\, p_0$. Ueberschreitet aber p_1 diese Grenzwerthe, für welche die Bezeichnung p' gelten möge, so ist der Druck in der Oeffnung gleich p_1. Die erste Annahme Hirns ist also berechtigt, wenn p_1 grösser ist, als der Grenzwerth p', nicht aber, wenn p_1 kleiner wird. Mit diesen Richtigstellungen diskutirt nun der Verfasser die eigenen Versuche Hirns und findet, dass sie die Theorie vollständig bestätigten. Der Kontraktionskoefficient wird dabei aus den Beobachtungsresultaten berechnet, und es ergiebt sich: derselbe bleibt merklich konstant, so lange $p_1/p_0 < 0{,}3$ ist (bei konischen Ansätzen bis $p_1/p_0 = \frac{1}{2}$). Geschieht der Ausfluss durch einen konvergirenden konischen Ansatz, so schwankt der Kontraktionskoefficient nur zwischen 1 und 0,97; bei einer Oeffnung in dünner Wand aber variirt er zwischen 0,634 und 0,845. Für diese Variationen sind Tabellen gegeben. Nachdem somit die Einwände Hirns abgewiesen sind, berichtigt und ergänzt der Verfasser in den vier folgenden Abhandlungen die Arbeiten von Haton de la Goupillière (siehe das vorangehende Referat).

Zunächst unterscheidet er (C. R. CIII, 922) für das Problem der Einströmung in einen Recipienten zwei Perioden. Ist p_0 der Druck im Innern, p_1 diejenige ausserhalb desselben, so zerfällt der Vorgang in zwei Perioden, welche durch den Moment, wo $p_0 = p'$ wird, getrennt sind. Die Dauer beider Perioden wird für adiabatische wie für isothermische Einströmung berechnet und die adiabatische mit den Versuchen HIRNS verglichen: der Versuch gab in einem konkreten Fall 26,7 sec., die Theorie liefert 27,3 sec.

Dann behandelt er (C. R. CIII, 1002) in derselben Weise die Ausströmung aus einem Gefäss, dessen komprimirter Inhalt sich durch eine Oeffnung in die Atmosphäre ergiesst. Hier ergiebt sich, dass die Entleerung des Gefässes wesentlich längere Zeit in Anspruch nimmt, als die Füllung, und dass ihre Dauer bei adiabatischer Ausströmung unendlich sein könnte, wenn $p_1/p_0 = \infty$ ist. Der Vorgang beim Versuch nähert sich also dem isothermischen.

In der vierten Abhandlung wird der Satz aufgestellt, dass die Geschwindigkeit einer elastischen Flüssigkeit an der Stelle, wo das Maximum der Kontraktion stattfindet, gleich der Schallgeschwindigkeit in dem Gase bei der an der betrachteten Stelle herrschenden Temperatur ist.

In der letzten Abhandlung endlich verallgemeinert HUGONIOT seine Bemerkungen über Ausströmung. Ist die Dichtigkeit ϱ eine Funktion $F(p)$ des Drucks, und die Geschwindigkeit eine zweite $V = \varphi(p)$, so ist der Querschnitt ω eines Stromfadens an die Bedingung

$$\omega = \frac{H}{F(p)\varphi(p)}$$

gebunden. Bei hinreichender Druckvariation geht ω durch ein Minimum, welches bestimmt ist durch

$$F'(p)\varphi(p) + F(p)\varphi'(p) = 0.$$

Es giebt demnach im Allgemeinen einen „kontrahirten Querschnitt" für ein bestimmtes p, welches das obige p' ist. Ist W die ausgeflossene Menge, ω_1 der kontrahirte Querschnitt, so ist

$$W = \omega_1 F(p_1)\varphi(p_1) \text{ oder } W = \omega_1 F(p')\varphi(p'),$$

je nachdem p_1 grösser oder kleiner als p' ist. Die Berechnung von W beruht auf der Kenntniss des Kontraktionskoefficienten ω_1/Ω, wo Ω der Querschnitt der Oeffnung ist. Im Allgemeinen muss derselbe aus Versuchen festgestellt werden; bei passendem Ansatzrohr kann man ihn gleich 1 nehmen. Ist $p_1 < p'$, so herrscht im kontrahirten Querschnitt die Schallgeschwindigkeit, die Dichtigkeit und deren Variationen ausserhalb des Gefässes können sich also nicht rückwärts durch die Oeffnung fortpflanzen, sie haben keinen Einfluss auf W. Bei passendem Ansatzrohr bleibt also W konstant, so lange $p_1 < p'$ ist. Die Versuche bestätigen, wie oben angegeben, diesen Schluss. Die Bemerkung von Haton de la Goupillière ist wesentlich persönlichen Inhalts und enthält keine wissenschaftlichen Ergebnisse. *Bde.*

Hugoniot. Sur la pression, qui existe dans la section contractée d'une veine gazeuse. C. R. CIII, 241-243; [Beibl. XI, 206.

In einer früheren Notiz (C. R. CII, 1545) hatte der Verfasser die Uebereinstimmung der Hirn'schen Versuche über den Ausfluss der Gase mit den Gesetzen der Hydrodynamik und den Formeln von Weisbach oder Zeuner nachgewiesen. Er behandelt diesen Gegenstand in der vorliegenden Mittheilung etwas ausführlicher, da sich herausstellte, dass seine Ausführungen von Hirn missverstanden waren. Er untersucht, wie sich der Querschnitt ω eines Fadens ändert, wenn man sich längs desselben nach der Gleichung der Kontinuität $\omega = H/\varrho V$ fortbewegt, wobei er aber auch, da es sich ja nur um adiabatische Vorgänge handelt, die Gleichung von Hirn

$$V_x = V_0 \frac{W_x}{W_0} = V_0 \left(\frac{P_0}{P_x}\right)^{\frac{1}{m}},$$

wo m das Verhältniss der specifischen Wärmen bedeutet, als richtig anerkennt. Die Schlussfolgerungen Hirn's und diejenigen des Verfassers gehen nur deshalb auseinander, weil beide den Druck p_x im kontrahirten Strahle verschieden berechnen. Bezeichnet man nämlich den Druck im Gasometer mit p_0; mit p_1 denjenigen im Recipienten, so nimmt Hirn $p_x = p_1$ an, welches auch der Werth von p_1/p_0 ist. Dies gilt aber, wie der Verfasser zeigt, nicht mehr, sobald $p_1/p_0 < 0{,}522$ ist, vielmehr wird dann stets $p_x = 0{,}522 . p_0$. Diese Relation gilt strenge nur für einen Strahl von unendlich kleinem Querschnitt, angenähert aber auch für einen solchen von grösserem Querschnitt. — Der Beweis ergiebt sich einfach, sobald man in die obige Gleichung $\omega = H/\varrho V$ die für adiabatische Vorgänge geltende Relation $\varrho = \varrho_0 \left(\frac{p}{p_0}\right)^{\frac{1}{m}}$ einführt. Es zeigt sich dann leicht, dass ω ein Minimum wird, wenn $p = \left(\frac{2}{m+1}\right)^{\frac{m}{m-1}} p_0$, d. h. $p = 0{,}522\, p_0$ ist. Ist also $p_1/p_0 > 0{,}522$, so nimmt der Querschnitt des Strahles dauernd ab; ist aber $p_1/p_0 < 0{,}522$, so vermindert sich der Querschnitt zunächst, wächst dann aber wieder, und im maximal konstruirten Querschnitt ist, wie gross auch p_1 sei, der Druck stets $= 0{,}522 p_0$, kann also nie kleiner werden als die Hälfte des Druckes im Gasometer.

Der Verfasser hebt noch hervor, dass seine Schlüsse in vollkommener Uebereinstimmung sind mit denjenigen, welche Saint-Venant und Wantzel aus ihren im Jahre 1839 im Journal de l'École Polytechnique veröffentlichten Experimenten zogen. Er weist besonders auf diese Abhandlung hin, da sie schon einen vollgültigen Beweis des Gesetzes von Weisbach oder Zeuner enthält. *Schl.*

R. Clausius. Examen des critiques de Hirn sur la théorie cinétique des gaz. Bull. Brux. (3) XI, 173-193; [Beibl. XI, 218. 1887.

Die Betrachtungen, mit welchen Clausius den irrigen Schlüssen Hirn's entgegentritt, beziehen sich zum grössten Theil direkt auf die kinetische Gastheorie, und werden, insofern sie das thun, in Kap. 19 kurze Erwähnung finden. Bezüglich der Aus- und Einströmung von Gasen verweist Clausius kurz darauf, dass Hirn nicht die Auströmungsgeschwindigkeiten, sondern die ausgeströmten Mengen beobachtet hat, und dass Hirn's Art, die Geschwindigkeiten aus den Ausflussmengen zu berechnen, nicht zulässig ist.

Bde.

Parenty. Sur les expériences de M. G. A. Hirn concernant le débit des gaz à travers les orifices. C. R. CIII, 125-127; [Cim. (3) XX, 280; [Beibl XI, 402. 1887.

Der Verfasser hat bei Gelegenheit seiner Untersuchungen über einen Dampfstrommesser für den Ausfluss aus Oeffnungen eine Annäherungsformel

$$W = m_0 m_1 S \sqrt{2g \frac{p_0 - p_1}{\varDelta_0}}$$

aufgestellt, für deren Begründung er auf C. R. CII, 811 verweist. Dort steht sie aber nicht, und die Bedeutung der Buchstaben muss errathen werden. Er vergleicht diese und die Weisbach'sche Formel mit den Hirn'schen Ergebnissen, und die erstere scheint besser mit der Erfahrung zu stimmen als die letztere. Dann verbreitet er sich über die Thatsache, dass es für Gase eine bestimmte Grenze der Ausströmungsgeschwindigkeit gebe; er nimmt an, dass in der vena contracta ein „Gegendruck" existire, der die Geschwindigkeit auf dieser Grenze hält. *Bde.*

R. Lipschitz. Beitrag zu der Theorie der Bewegung einer elastischen Flüssigkeit. Crelle J. C, 81-120†; [Beibl. XI, 208. 1887.

Die von Riemann (in seiner Abhandlung über die Fortpflanzung ebener Luftwellen von endlicher Schwingungsweite) untersuchte Bewegungsform einer elastischen Flüssigkeit hat der Verfasser auf eine allgemeinere Form der Bewegung ausgedehnt. Riemann hatte nachgewiesen, wie das System von nicht linearen partiellen Differentialgleichungen für den Fall, dass die anfängliche Bewegung überall in gleicher Weise stattfindet und in jeder auf dieser Richtung senkrechten Ebene Geschwindigkeit und Druck konstant sind, auf ein System von linearen partiellen Differentialgleichungen zurückgeführt und vollständig integirt werden kann. Der Verfasser denkt sich den von der Flüssigkeit erfüllten Raum durch eine Schaar von Flächen eingetheilt, und es soll im Anfange der Bewegung die Geschwindigkeit überall senkrecht gegen diese Flächen gerichtet sein; Geschwindigkeit und Druck sollen beim Uebergang von einer Fläche zur anderen variiren und diese Anforderung auch während der ganzen Dauer der Bewegung bestehen bleiben.

Von den allgemeinen Euler'schen Gleichungen für die Bewegung einer Flüssigkeit ausgehend, gelangt man zu Differentialgleichungen, aus denen hervorgeht, dass die vorausgesetzten Flächenschaaren gleichzeitig Parallel- und Niveauflächen sein müssen. Dafür ist hinreichend und nothwendig, wie der Verfasser zeigt, dass die beiden Hauptkrümmungsradien an jedem Punkt der Flächen konstant sind. Man hat hierbei zwischen abwickelbaren und nicht abwickelbaren Flächen zu unterscheiden; BERTRAND hat bewiesen, dass von den letzteren nur die Kugelfläche konstante Krümmung besitzt, für die abwickelbaren ist ferner der eine Radius unendlich, so dass nur bei der Ebene und dem Kreiscylinder beide Radien konstant sind.

Es existiren somit nur drei Schaaren von Flächen, welche die genannten Bedingungen erfüllen, nämlich die auch von RIEMANN vorausgesetzte Schaar von Ebenen, eine Schaar von Kreiscylindern mit derselben Axe und eine Schaar von koncentrischen Kugelflächen.

Die Systeme von je zwei Differentialgleichungen, die sich für diese drei Fälle ergeben, lassen sich in einer Gestalt zusammenfassen, bei der eine unbestimmte Zahl resp. die Werthe Eins, Zwei, Drei erhält.

Der Verfasser vergleicht später mit diesen Ergebnissen die aus den LAGRANGE'schen Grundgleichungen abgeleiteten Beziehungen und zeigt deren Uebereinstimmung mit den ersteren.

Die hier betrachteten Bewegungen besitzen ein Geschwindigkeitspotential und ausserdem eine andere ähnliche Funktion, deren mechanische Bedeutung mit der Frage nach dem Weg zusammenhängt, welchen ein Element in der Flüssigkeit innerhalb einer gewissen Zeit durchläuft.

Die Fälle, bei denen die Reduktion auf ein System von linearen partiellen Differentialgleichungen möglich ist, findet man durch Ermittelung der Voraussetzungen, für welche die Dichte während der ganzen Bewegung an jeder Stelle ungeändert bleiben kann.

Für eine Schaar paralleler Ebenen ist dies der Fall, wenn, wie RIEMANN vorausgesetzt hat, keine beschleunigende Kraft vorhanden ist oder eine konstante auf den parallelen Ebenen senkrechte Kraft, z. B. die Schwerkraft bei horizontalen Flächen.

(Guldberg und Mohn, Études sur les mouvements de l'atmosphère, Programme de l'université de Christiania 1876). Für ein System von Cylinder- und Kugelflächen lässt sich dieselbe Reduktion unter Annahme des Mariotte'schen Gesetzes bei einer gewissen Beschaffenheit der beschleunigenden Kraft vornehmen. (Vergl. auch die Mittheilung des Hrn. Hugoniot über denselben Gegenstand in den C. R. vom 20. Oct. 85). *W. J.*

N. Marin. Sur le mouvement d'un fluide indéfini, parfaitement élastique. (Auszug des Verfassers). C R. CIII, 989†; [Beibl. XI, 492. 1887

Der Verfasser giebt einen Auszug aus seiner Arbeit, in der er das Mariotte'sche Gesetz für vollkommen elastische unbegrenzte Flüssigkeiten durch die Gesetze der Elasticität und Erhaltung der Energie zu ergänzen sucht.

Diese Gesetze sind:

1. Dass in einer vollkommen elastischen, durch eine äussere Kraft bewegten Flüssigkeit überall und jederzeit die kinetische Energie gleich der Differenz der potentiellen ist.

2. Dass die Summe der beiden Energieen konstant ist, wenn sich die Flüssigkeit ohne äussere Kräfte ausdehnt oder zusammenzieht.

3. Dass in einer vollkommen freien, elastischen Flüssigkeit jede Ausdehnung oder Zusammenziehung in einer Richtung gleichzeitig in jeder anderen Richtung stattfindet.

Sodann wird hingewiesen auf die Anwendung der erhaltenen Resultate auf die Gesetze der Licht- und Schallschwingungen.

W. J.

S. W. Holman. On the Effect of Temperature on the viscosity of Air and Carbon Dioxide. Phil. Mag. (5) XXI, 199-222; [Cim. (3) XXII, 94; [Beibl. X, 556.

Transpirationsversuche. Das zu untersuchende Gas geht successive durch zwei Kapillarröhren *AB* und *CD*, von denen *AB* in Eis liegt, während *CD* durch ein Oelbad auf konstante höhere

Temperatur gebracht wird, dabei wird der Druck gemessen, den das Gas 1) am Eingang von AB, 2) am Ausgang von AB und am Eingang von CD, 3) am Ausgang von CD ausübt. Die Einrichtungen für konstante Aspiration sind im Original näher beschrieben; ein besonderer Theil der Abhandlung beschäftigt sich mit der Kritik der Fehlerquellen; sorgfältige Trocknung etc. des Apparats und der Gase sind selbstverständlich. Aus den erzielten Messungen wird das Verhältniss η_t/η^0 der inneren Reibungskoefficienten bei t^0 und bei 0^0 berechnet nach einem Verfahren, welches der Verfasser 1877 (diese Ber. XXXIII, 1568) angegeben hat. Die in diesen Ber. 1877 abgedruckte Formel enthält einen Druckfehler; sie soll lauten

$$\frac{\eta_t}{\eta_0} = \frac{R_2^4 \lambda_1}{R_1^4 \lambda_2} \cdot \frac{p_2^2 - p_3^2}{p_1^2 - p_2^2} \cdot \frac{1+3At}{1+\alpha t},$$

wo A der Ausdehnungskoefficient des Glases, α der des Gases ist. R_2 und R_1 sind die Radien, λ_2 und λ_1 die Längen der beiden Röhren, p_1, p_2 und p_3 die Drucke in den Punkten A, B oder C, D. (An der citirten Stelle fehlt der Faktor 3 im Zähler des letzten Bruches). Es ergiebt sich für Luft aus 5 Versuchsreihen

$$\eta_t/\eta_0 = 1 + 0{,}002751\,t - 0{,}0_6 34\,t^2;$$

für Kohlensäure

$$\eta_t/\eta_0 = 1 + 0{,}003725\,t - 0{,}0_5 264\,t^2 + 0{,}0_8 417\,t^3.$$

Diese Ergebnisse stimmen offenbar durchaus nicht mit den Folgerungen der Theorie; die Viskosität der Luft ist nicht mit der absoluten Temperatur (noch auch mit ihrer Quadratwurzel) proportional. Zum Schluss werden die Ergebnisse des Verfassers mit denen von v. OBERMAYER, PULUJ, E. WIEDEMANN und anderen verglichen. „Da man nicht in der Lage ist, den Beobachtungen der verschiedenen Autoren ein bestimmtes Gewicht mit genügender Wahrscheinlickeit zuzusprechen, wird man am besten thun, die Resultate vorläufig neben einander stehen zu lassen und kein Mittel aus ihnen zu ziehen.“ Zum Vergleich sind dieselben übersichtlich in Kurvenform zusammengestellt. *Bde.*

H. Tomlinson. The coefficient of Viscocity of air. Phil. Trans. CLXXVII, 767-785†; Abstr. Proc. Roy. Soc. XL, 40-42 und XLI, 315-316; [Sill. J (3) XXXIII, 308; [Beibl. XI, 749.

G. G. Stokes. Note dazu. Phil. Trans. CLXXVII, 786-789.

— — Zweite Note dazu. Ibid. 789-795.

H. Tomlinson. Appendix. Ibid. 795-799.

Der Verfasser der Hauptabhandlung giebt zunächst einen (unvollständigen) Ueberblick über die stark von einander abweichenden Werthe, welche frühere Beobachter dem Reibungskoefficienten der Luft zuschrieben; dieselben schwanken zwischen 0,000104 (Stokes) und 0,000384 (Meyer aus Girault's Versuchen). Hierauf geht er zur Beschreibung seiner eigenen Versuche über, zu denen Stokes theils in seiner früheren Arbeit: On the effect of the internal Friction of fluids on the motion of pendelums, theils in besonderen Zuschriften an Tomlinson die mathematische Theorie geliefert hat. An einem $4^1/_2$ engl. Fuss langen Draht hängt nach Art der Drehwaage ein hohler Messingbalken von 30,7 cm Länge. An diesem Balken werden mittels steifer Verbindung Hohlcylinder von Papier oder Metall, bezw. hölzerne Kugeln aufgehängt. Statt der Hohlcylinder können auch Messingcylinder angehängt werden, deren Masse der der Hohlcylinder gleich ist, und die so mit dem Balken verbunden werden, dass sie sehr nahe die gleiche Schwingungsart ergeben, wie die Hohlcylinder. Je nachdem nun die angehängten Körper verschieden grosse Oberfläche und verschiedene Form haben, ist der Betrag der Luftreibung verschieden, und indem in allen Fällen das logarithmische Dekrement der Torsionsschwingungen des Balkens bestimmt wird, hat man die Mittel, den Viskositätskoefficienten der Luft zu berechnen. Besondere Vorsichtsmassregeln wurden dem Suspensionsdraht zugewendet; derselbe steckte in einer doppelten Kupferhülse, zwischen deren Wänden Wasser enthalten war, und die noch durch schlecht leitende Umhüllungen gegen Wärmewechsel geschützt wurde. Auch wurde der Draht durch wiederholte Schwingungen und Erwärmungen vor dem Gebrauch „trainirt“, d. h. auf ein konstantes Direktionsmoment gebracht.

Die angegebenen Drahttemperaturen schwanken während der Versuche nur zwischen 12,31° und 12,34°. Das logarithmische Dekrement betrug nun im Mittel aus 8 Versuchsreihen von je 200 Schwingungen

mit Papiercylinder 0,0036476,
ohne - 0,0009103,

und hieraus berechnet der Verfasser mit Einschluss der Korrektionen für Variation des Luftdrucks, der Temperatur etc. für den Viscositätskoefficienten der Luft bei 12,02°

$$\eta = 0{,}00018294.$$

Werden statt der Papiercylinder hohle Messingcylinder angesetzt, so ergeben die Versuche

$$\eta = 0{,}00017718.$$

Noch weiter abgeänderte Versuchsreihen mit Substitution eines anderen Suspensionsdrahtes, mit kürzeren Papiercylindern und mit Kugeln geben der Reihe nach für η die Werthe

0,00018143; 0,00017955; 0,00019334.

Die von STOKES entwickelten Formeln für die Versuche sind in einem ersten Anhang mitgetheilt; aus ihnen ergeben sich weitere Korrektionen, welche durch die Rotation der Versuchskörper begründet werden, und nachdem diese angebracht sind, werden die definitiven Werthe von η, welche an die Stelle der obigen treten

0,00017900; 0,00017680; 0,00017767; 0,00017581;
0,00017626:

im Mittel

$$\eta = 0{,}000177$$

bei etwa 12° mit Abweichungen von weniger als 1 pCt.

Der Einfluss der Luftfeuchtigkeit wird besonders betrachtet und belanglos gefunden. Dann wird die oben angeführte unvollständige Aufzählung der Ergebnisse von anderen Beobachtern ergänzt, und die neuen Resultate von O. E. MEYER (0,0001875 und 0,0001727), PULUJ (0,0001798), SCHNEEBELI (0,0001707), v. OBERMAYER (0,0001705) werden zum Vergleich herangesogen. Da diese sämmtlich auf 0° bezogen sind, reducirt nunmehr TOMLINSON seine Ergebnisse nach einer Formel von S. W. HOLMANN auf 0° C., und findet bei dieser Temperatur $\eta = 0{,}00017155$; die definitive Darstellung der Resultate ist schliesslich in der Formel

$$\eta = 0{,}00017155\ (1+0{,}002751\,t - 0{,}0_6 34\,t^2)$$

enthalten, in der die Form der Temperaturfunktion von HOLMAN entlehnt ist. Den möglichen Fehler der Zahl 0,00017155 schätzt der Verfasser auf höchstens $^1/_2$ pCt.

In der ersten Zusatznote beschäftigt sich STOKES mit der Frage, welche Ursachen daran Schuld sein können, dass MAXWELL's Versuche, obgleich unter sich gut übereinstimmend, von den neueren Mitteln so erheblich abweichen. Er weist nach, dass eine kleine Schrägstellung der beweglichen Scheibe bei MAXWELL's Versuchen einen erheblichen Fehler erzeugen musste, weil der Abstand der Scheiben klein gegen ihren Durchmesser war; ein Horizontalitätsmangel von 1° 8′ würde genügen, um die MAXWELL'schen Abweichungen zu erklären, und ein solcher kann leicht vorgekommen sein.

In der zweiten Note betrachtet STOKES den Antheil, welchen die rotatorische Bewegung der Cylinder und Kugeln bei der Torsionsschwingung auf das logarithmische Dekrement übt, und entwickelt die Korrektionsformeln, welche TOMLINSON benutzt hat.

In dem Appendix geht TOMLINSON auf diese Formeln zurück und stellt neue Versuche an, bei denen Cylinder und Kugeln nicht an einen Balken hängen, sondern direkt am Suspensionsdraht axial aufgehängt sind, so dass sie die Luft nicht vor sich herschieben, sondern sie bloss durch Oberflächenreibung mitschleppen, also Versuche nach dem Princip der schwingenden Scheibe. Er findet 0,0017580 bei 12° 22, und 0,17741 bei 12° 66 aus zwei Versuchsreihen. Dann folgt noch ein Appendix zum Appendix, der 0,00017708, 0,00017783 als Werthe von η bei 12,225° und 13,075° als Resultate aus zwei neuesten Versuchsreihen giebt. Auf die früheren Versuchstemperaturen reducirt, stimmen diese Werthe sehr gut mit den oben angegebenen. *Bde.*

ANTON LAMPEL. Ueber Drehschwingungen einer Kugel mit Luftwiderstand. Wien. Ber. XCIII, [2] 291-304†; [Beibl. XI, 12. 1887; [Wien. Anz. XXIII, 38.

Bedeutet R den Radius einer Kugel, K ihr Trägheitsmoment, k die Reibungskonstante, μ die Dichte der Luft, T_0 die Schwingungsdauer der ungedämpften Kugel, so ist nach KIRCHHOFF in einer reibenden Flüssigkeit das Dekrement

$$\delta = \frac{2\pi R^4}{3K}\sqrt{2k\mu\pi T_0}.$$

Die KIRCHHOFF'sche Entwickelung kann andere Formeln ergeben, sowohl, wenn man weniger Glieder vernachlässigt, als auch, wenn man nach Potenzen einer anderen Grösse entwickelt, als es KIRCHHOFF gethan hat. Nach der ersten Art leitete LAMPEL ab

$$\delta = \frac{5}{4R\varrho}\sqrt{2\pi\mu k T_0} + \frac{5kT_0}{R^2\varrho} - \frac{25k\mu T_0}{8R^2\varrho^2};$$

nach der zweiten Art BOLTZMANN:

$$\delta = \frac{5}{4R\varrho}\sqrt{2\pi\mu k T_0}\,(p+q),$$

$$\text{wo } p = \frac{1+2m+2m^3+12m^5}{1+4m^4}; \quad q = \frac{2m+2m^2-2m^3+12m^5}{1+4m^4};$$

$$m = \frac{1}{2R}\sqrt{\frac{k}{\mu}}\sqrt{\frac{2T_0}{\pi}}.$$

Der Verfasser unternimmt es, diese Formeln experimentell zu prüfen. — Bei seinen definitiven Versuchen bediente er sich einer Korkkugel von etwa 5 cm Durchmesser, welche um einen ihrer Durchmesser in Schwingungen versetzt wurde. Dieselbe war an einem Kokonfaden in einem Glasballon von etwa 29 cm Durchmesser aufgehängt, in welchem ein beliebiger genau messbarer Druck hergestellt werden konnte. Eine magnetisirte Nähnadel war mit der Kugel fest verbunden, sodass man durch Magnete ausserhalb des Ballons die Kugel in Schwingungen versetzen und ihre Schwingungsdauer passend wählen konnte. Das Trägheitsmoment der Kugel wurde direkt bestimmt, auch versicherte sich der Verfasser durch Vorversuche mit Bleikugeln, dass der von der inneren Reibung des Aufhängefadens herrührende Beitrag zum Dekrement gegenüber dem vom Luftwiderstand herrührenden zu vernachlässigen sei. — Der Verfasser stellt dann eine Reihe von Beobachtungen bei verschiedenen Drucken und verschiedenen Schwingungsdauern an, aus welchen hervorzugehen scheint, dass die BOLTZMANN'sche Formel unter der Voraussetzung von $k = 0{,}00018$ den Thatsachen am meisten entspricht. — Nunmehr die Gültigkeit des BOLTZMANN-schen Gesetzes annehmend, stellte Hr. LAMPEL Versuche mit einer Bleikugel an, um die innere Reibung des Fadens numerisch zu ermitteln; es zeigt sich, dass in der That der hiervon herrührende Beitrag zum Dekrement innerhalb der Grenzen der Beobachtungsfehler gelegen ist. *Schl.*

GEORGE HALLIDAY. Letter on friction at different velocities. Engineering XLI, 506-507.

Der Verfasser weist hin auf die durch Hrn. Prof. THURSTON aufgestellte Annäherungsformel für den Reibungskoefficienten $= a\sqrt[5]{V}$, welche derselbe als Resultat vieler Versuche mit der Drehung von Axen bei einer Geschwindigkeit von 100—1200 Fuss pr. Minute und unter Drucken von 4—200 Pfund pr. Quadratzoll aufgestellt hatte. Bei einem Drucke von 200 Pfund soll die Grösse a einen Werth $= 0{,}0015$ haben, im Uebrigen ist sie eine Funktion des Druckes, für welche man wohl einen allgemeingültigen, alle Fälle umfassenden Ausdruck finden könnte, derselbe würde aber für den praktischen Gebrauch zu komplicirt werden. Für diesen genügt die Annahme, dass der gesammte Widerstand in Folge der Reibung sich darstellen lässt durch: konst. $\sqrt{P}\sqrt[5]{V}$, wobei P und V = Druck und Geschwindigkeit. *Glch.*

EDM. GERLACH. Ableitung gewisser Bewegungsformen geworfener Scheiben aus dem Luftwiderstandsgesetze. ZS. des deutschen Vereins zur Förderung der Luftschiffahrt V, (3).

Ausgehend von mehreren durch Lord RAYLEIGH etc. aufgestellten Sätzen über die Flüssigkeitsbewegungen betrachtet der Verfasser die Bewegung von Scheiben, deren Dicke vernachlässigt werden kann, zunächst bei senkrechtem Herabsinken, wobei der Begriff der „Fallschirmgeschwindigkeit" aufgestellt wird, d. h. der nicht überschreitbaren Grenzgeschwindigkeit, bei welcher der Widerstand der Luft genau gleich dem Gewichte des fallenden Körpers wird. Er bespricht sodann die Veränderungen, welche eintreten, wenn die Ebene der Scheibe gegen den auftretenden Luftstrom eine beliebige Neigung erhält, und die ihren Grund haben einmal in der Verschiebung des Angriffspunktes des Luftwiderstandes (Wirkung des aufkippenden und rückneigenden Kräftepaares, Gleiten, Normalverschiebung, Seitenausweichung der Axe etc.) und dann in der Abhängigkeit der Grösse des Luftwiderstandes von der Grösse des Neigungswinkels der Scheibenebene gegen die Richtung des Luftstromes. Endlich behandelt er den Einfluss der Existenz einer fortschreitenden Bewegung bei einer sinkenden Scheibe (Verzögerung des Sinkens) und der Verbindung einer fortschreitenden mit einer rotirenden Bewegung (Ausweichung der Axe). Als praktische Beispiele werden die Rechtsausweichung der Geschosse, das Schweben beim Vogelfluge sowie die Bumerang-Bewegung besprochen.

Glch.

J. BASHFORTH. On the law of the resistance of the air to the motion of projectiles. Nat. XXXIII, 604-607.

Der Verfasser giebt eine Uebersicht über seine früher ausgeführten Untersuchungen des Luftwiderstandes bei Geschossen, nach welchen derselbe der dritten Potenz der Geschwindigkeit proportional zu setzen ist. Neuerdings schlägt er vor, bei Geschwindigkeiten von 900—1100 Fuss den Luftwiderstand der sechsten Potenz, bei solchen von 1100—1350 Fuss der dritten Potenz, bei noch höheren dem Quadrate der Geschwindigkeit proportional zu setzen, und ausserdem Korrektionsfaktoren für die Dichte der Luft, die Gleichmässigkeit der Bahn und die Beschaffenheit der Geschossspitze einzuführen.

Zahlreiche Beispiele werden beigegeben, auch verschiedene durch KRUPP etc. zur Aufklärung dieser Fragen unternommene Schiessversuche besprochen. *Glch.*

E. Mach. Ueber die Abbildung der von Projectilen mitgeführten Luftmasse durch Momentphotographie. Wien. Anz. XXIII, 136. 1886†. Vorläufige Mittheilung des Verfassers.

Auf Hrn. Mach's Veranlassung wurden von den HHrn. Salcher und Riegler in Fiume die von Mach und Wentzel früher mit negativem Erfolge ausgeführten Versuche mit grösseren Projektilen und grösserer Geschwindigkeit (Infanteriegewehr, 11 mm-Geschoss, 440 m Geschwindigkeit) wiederholt und das erwartete Resultat erhalten, dass die Luftmasse ein das Geschoss einhüllendes Rotationshyperboloïd darstellt, dessen Axe in der Flugbahn liegt. *W. J.*

A. Indra. Synthetische Entwickelung eines allgemein giltigen Luftwiderstands-Gesetzes. Mitth. üb. Art. u. Genie. XVII, 1-34, 55-80†.

Der Verfasser geht von der Gleichung der Wurfparabel im luftleeren Raume aus:

$$y = x \operatorname{tg}\varphi - \frac{gx^2}{2v_i^2 \cos^2\varphi},$$

in welcher φ den Abgangswinkel, v_i die Anfangsgeschwindigkeit, g die Beschleunigung der Schwere bedeuten. Um auszudrücken, dass die ballistische Kurve im endlichen Abstande x_a eine vertikale Asymptote hat, fügt er dem in x quadratischen Gliede den Faktor $x_a/(x_a-x)$ hinzu, ebenso der aus der Gleichung $x = v_i t \cos\varphi$ berechneten Zeit, so dass also

$$t = \frac{x}{v_i \cos\varphi} \cdot \frac{x_a}{x_a - x}$$

wird. Ferner wird erwogen, dass die Voraussetzung des gleichmässigen Widerstandes nach allen Richtungen der Bewegung für rotirende Langgeschosse nicht zulässig sei, und dadurch die Nothwendigkeit eines neuen Faktors von x^2 begründet, der in der einfachsten Form $1+ax$ gewählt wird. Damit erhält also die Gleichung der ballistischen Kurve die Gestalt:

$$(1.) \qquad y = x \operatorname{tg}\varphi - \frac{gx^2}{2v_i^2 \cos^2\varphi} \cdot \frac{(1+ax)x_a}{x_a - x}.$$

Endlich wird zwischen der letzten Geschwindigkeit v_a (für $x = x_a$) und der Schussweite X noch die Relation angenommen:

$$v_a = C.10^{qX},$$

wo q und C zu bestimmende Constanten bedeuten. Aus den Schusstafeln werden für einzelne Geschosse die Werthe der Constanten a, q, $k = 2C/g$ berechnet. Die „synthetische Entwickelung" besteht demnach in der glücklichen Wahl einer Interpolationsformel, welche in der That die Ergebnisse der Schiessversuche gut darstellt und über welche die Redaktion der Mittheilungen bemerkt: „Durch eine ganz eigenartige Auffassung der Parameter ist es dem Verfasser gelungen, für dieselben innerhalb weiter Geschwindigkeitsgebiete ziemlich konstante Grundwerthe (auf Basis vieler Schiessresultate) zu finden, wodurch die Arbeit für Näherungsrechnungen einen praktischen Werth hat."

Aus Gl. (1.) und den allgemeinen Formeln der Bewegung wird nun die Horizontal-Komponente ϱ_1 des Luftwiderstandes in der Gestalt hergeleitet:

$$(2.)\qquad -m\frac{d^2x}{dt^2} = \varrho_1 = \frac{2}{gx_a}\sqrt{v_1 u^3},$$

worin m die Masse des Geschosses, v_1 und u die Horizontal-Komponenten bezw. der Anfangs- und der Endgeschwindigkeit (d. h. die letztere für $x = X$) bedeuten. Als wesentlich betont der Verfasser, dass ϱ_1, also überhaupt der Widerstand, von dem Anfangszustande der Bewegung abhängig gedacht ist. Auch die experimentell gefundene, bekannte Discontinuität des Widerstandsgesetzes bei einer Geschwindigkeit, welche gleich der Schallgeschwindigkeit ist, ist in der Formel (2.) berücksichtigt; der Faktor $1/x_a$ ist nämlich vom Verfasser in eine Gestalt gebracht, aus der diese Diskontinuität erhellt.

Als ein allgemeines Widerstandsgesetz, welches „mit grösserer Annäherung in allgemeiner Weise gelten könnte", wird zuletzt noch das folgende plausibel gemacht:

$$\varrho = \frac{2v^2}{g}\left\{m_0 + pv^2\left(1 - \frac{v}{3w}\right)\right\}.$$

Lp.

G. Recknagel. Ueber Luftwiderstand. ZS. dtsch. Ing. XXX, 489-493, 514-519†.

Die vorliegende Abhandlung schliesst sich an eine in Wied. Ann. (2) X, 677. 1880 erschienene Arbeit an, in welcher eine Methode der manometrischen Bestimmung des Luftwiderstandes für einzelne Punkte der bewegten Platte auseinandergesetzt ist. Die neue Arbeit bezieht sich auf kreisförmige Platten, deren Mittelpunkte sich selbst wieder in Kreisen bewegen, so dass also die Platten ringförmige Räume durchlaufen. Bezeichnet s das specifische Gewicht der Luft in Bezug auf Wasser, v die Geschwindigkeit des Mittelpunktes der Platte, D den Durchmesser der Platte und L den Abstand des Plattenmittelpunktes von der Drehungsaxe, wird ferner zur Abkürzung $F = \frac{1}{4}D^2\pi$, $H = sv^2/2g$ gesetzt, so lassen sich die vom Verfasser experimentell ermittelten Luftwiderstände W ($0{,}01 \leqq D \leqq 0{,}5m$, $1 \leqq L \leqq 5m$) durch die Formel

$$W = FH\left\{1{,}12 + 3{,}21\,\frac{D}{L} - 0{,}632\,\frac{D^2}{L}\right\}$$

in befriedigender Weise darstellen. Auch mit den Versuchen von Borda und Hutton befindet sich die gegebene Formel in verhältnissmässig guter Uebereinstimmung. Um völlige Uebereinstimmung mit den Versuchsergebnissen von Hagen zu erzielen, hat man in dem Koefficienten von FH an Stelle von 1,12 nur 1,06 zu setzen. Ferner werden Versuchsergebnisse über die Druckvertheilung mitgetheilt, und zwar des Ueberdrucks auf der Vorderseite und des Minderdrucks auf der hinteren Seite der Platte, sowie Beobachtungen über die längs der Platte stattfindende Luftbewegung. F. K.

C. Cranz. Theoretische Studien zur Ballistik der gezogenen Gewehre. Eine Methode zur Bestimmung der vortheilhaftesten Combination von Kaliber, Drallwinkel, Geschosslänge, Geschossgewicht etc. Hannover: Helwingscher Verlag. (Th. Mierzwinsky.) 1887. VIII+55 pp gr. 8°, nebst einer Tafel†.

Nach einer populär gehaltenen Besprechung des Einflusses der in Betracht zu ziehenden Grössen wird (S. 13) die zu lösende

Aufgabe dahin formulirt: „Es ist diejenige Verbindung von Kaliber, Geschosshöhe, Drallwinkel, Geschossgewicht, Lauflänge, Pulverladung etc. in jedem einzelnen Fall, also allgemein durch eine mathematische Formel zu bestimmen, welche bei möglichst leichtem Geschoss und Gewehr die Durchschlagskraft des Geschosses beim Aufschlagen am Ziel in der durchschnittlich am häufigsten verwendeten Schussweite zu einem Maximum macht.“ Zur Lösung dieser Aufgabe stellt der Verfasser drei Differentialgleichungen zweiter Ordnung auf; die Integration derselben gelingt unter Hinzunahme von Relationen, die zum Theil innerhalb gewisser Grenzen angenähert gelten, zum Theil aus derartigen angenäherten Annahmen und praktischen Versuchen folgen. So wird unter Verweis auf POISSON die „Pulverkraft“ als umgekehrt proportional der Entfernung des Geschosses vom Pulverraum angenommen, ferner proportional der $(1,8)^{\text{ten}}$ Wurzel aus dem Pulvergewicht. Die Aufschlagsgeschwindigkeit des Geschosses wird nach einer Näherungsformel von PREHN (Die Ballistik der gezogenen Geschütze. Berlin, 1864) berechnet. Die Berücksichtigung der dem Geschosse entgegenströmenden Luft geschieht nach den Formeln, welche G. GREEN für die Gestalt eines Ellipsoids angegeben hat (abgedruckt in Quart. J. XVI). Nach diesen Vorbereitungen wird die Formel aufgestellt, welche das Problem löst, und werden die Resultate übersichtlich zusammengestellt. Eine Reihe von durchgerechneten Beispielen dient zur Erläuterung des Verfahrens. Zum Schlusse sind in einem Anhange einige bezügliche Werke und Abhandlungen über Ballistik angeführt.

Es ist einleuchtend, dass die vorliegende Studie den Anforderungen an eine strenge Theorie nicht genügt; andererseits kann eine solche Theorie bei der Unzulänglichkeit der physikalischen und mathematischen Hülfsmittel jetzt eben auch nicht geliefert werden. Da manche von den berechneten Beispielen einer Kontrolle durch Versuche sehr wohl unterzogen werden können, so wäre es interessant zu erfahren, innerhalb welcher Grenzen die theoretisch gefundenen Resultate zutreffen. *Lp.*

C. Cranz. Theoretische Untersuchungen über die regelmässigen Abweichungen der Geschosse und die vortheilhafteste Gestalt der Züge. Tübingen Diss. 70 S. Stuttgart 1883. Arch. f. Art. XC, 478-543†.

Der erste Abschnitt der vorliegenden Abhandlung ist in erster Linie der theoretischen Bestimmung der Rechtsabweichung der Geschosse gewidmet, welche dieselben in Folge der durch den Drall der Geschütze hervorgerufenen Rotation um ihre Axe zeigen. Der Verfasser stellt zuerst die Differentialgleichungen für die fortschreitende Bewegung des Geschossschwerpunktes und für die Rotation des Geschosses um diesen Punkt auf, indem er das Geschoss als Cylinder mit aufgesetzter Halbkugel betrachtet und für die Komponenten und Drehungsmomente des Luftwiderstandes diejenigen Ausdrücke setzt, welche sich aus den bekannten Kummer'schen Untersuchungen ergeben. Eine erste Näherung für die fortschreitende Bewegung wird dann zunächst dadurch gewonnen, dass in den drei betreffenden Gleichungen diejenigen Glieder unterdrückt werden, welche von der als klein vorausgesetzten Abweichung der Geschossaxe von der Bahntangente herrühren. Dadurch werden die betreffenden Gleichungen mit denjenigen identisch, welche für die Bewegung eines materiellen Punktes im widerstehenden Mittel gelten. Die angenäherten Werthe für die Geschwindigkeitskomponenten des Schwerpunktes werden alsdann in die Rotationsgleichungen eingesetzt und aus den letzteren Ausdrücke für die in Betracht kommenden Winkelgrössen abgeleitet. Setzt man diese Grössen in die Translationsgleichungen ein, so erhält man den Ausgangspunkt für eine zweite Annäherung für die fortschreitende Bewegung. Die letztere Rechnung wird nur in Bezug auf die Abweichung von der durch die Geschossaxe gelegten Vertikalebene durchgeführt. Die Uebereinstimmung des für nicht zu grosse Flugzeiten gültigen Resultates mit der Erfahrung wird an einigen Beispielen dargethan.

Um seine Axe dreht sich das Geschoss mit konstanter Geschwindigkeit, während die erstere selbst konische Pendelungen mit dem Schwerpunkt als Scheitel vollführt, indem sie in periodischen Intervallen ihre ursprüngliche Richtung wiedererlangt.

Der zu einem solchen Intervall gehörige Theil der Leitlinie ist eine Rosette mit drei Blättern, welche mit der Zeit stetig wachsen.

Der zweite Abschnitt beschäftigt sich mit der Bestimmung der günstigsten Gestalt der Züge in einem Geschütze, gemäss verschiedenen Bedingungen. Zunächst wird derjenige gleichförmige Drall bestimmt, für welchen die Abweichung der Geschossaxe von der Bahntangente am Ziele möglichst gering ist. Die Lösung der Frage nach demjenigen Drall, bei welchem die Anfangsgeschwindigkeit ein Maximum ist, wird angedeutet, aber nicht durchgeführt.

Unter Voraussetzung der POISSON'schen Hypothese, dass die Pulverkraft umgekehrt proportional dem im Geschützrohre durchlaufenen Wege ist, wird dann derjenige ungleichförmige Drall bestimmt, bei welchem die auf Ueberwindung der Reibung verwendete Arbeit ein Minimum ist. Für eine andere Hypothese in Bezug auf die Pulverkraft wird dann der Drall so bestimmt, dass die Züge konstanten Druck erleiden.

Ein Anhang behandelt die Bewegung der Geschosse, welche aus Geschützen mit axenparallelen Zügen geworfen werden, die demgemäss zu Anfang keine Rotation um ihre Axe besitzen.

F. K.

VON PFISTER. Ein ballistischer Irrthum. Arch. f. Art. XCIII, 73-77†.

„Gemäss einer vielfach verbreiteten Ansicht soll die Einbusse oder der Gewinn an Schussweite auf verschiedenen Entfernungen, als Folge höheren oder niederen Luftgewichtes, letzterem proportional sein". Der Verfasser weist mit Hülfe der in einer früheren Arbeit („Beurtheilung unserer ballistischen Rechenformeln", Arch. f. Art. LXXXVIII) benutzten Flugbahngleichung

$$y = x\operatorname{tg}\alpha - \frac{gx^2}{2c^2\cos^2\alpha} - \frac{gx^3}{6kc\cos^2\alpha} - \frac{gx^4}{48k^2\cos^2\alpha}$$

nach, dass der Einfluss des Luftgewichtes (in der Konstante k) auf weitere Entfernungen in stärkerem Maasse hervortritt, als es nach dem angezogenen Gesetze der Fall sein dürfte.

Lp.

A. G. GREENHILL and F. L. NATHAN. Reduction of BASHFORTH's experiments by interpolation. Woolwich. Royal Art. Inst. 18 pp. 8°†.

Die von F. BASHFORTH in den Jahren 1867-68 und 1878-80 geleiteten Schiessversuche liegen den im Gebrauche befindlichen Schusstafeln zu Grunde. Bei ihnen wurden mittels des BASCHFORTH'schen elektrischen Chronographen die Momente aufgezeichnet, in denen ein Geschoss eine Reihe von Schirmen gleichen Abstandes traf. Aus ihnen berechnete BASHFORTH die Geschwindigkeit und Verzögerung des Geschosses, danach den Luftwiderstand, indem er die verschiedenen Differenzenreihen der beobachteten Zeitmomente bildete.

Statt der von BASHFORTH gewählten Differenzenreihen benutzen die Verfasser die LAGRANGE'sche Interpolationsformel, um sie differentiiren zu können. Es seien t_1, t_2, ..., t_n die beobachteten Zeitmomente; s_1, s_2, ..., s_n die Entfernungen, in welchen die n Schirme vor der Mündung des Geschosses stehen; dann liefert die erwähnte Formel die Zeit t als Funktion $(n-1)^{\text{ten}}$ Grades der variabeln Entfernung s und der Konstanten t_i und s_i. Hieraus ergiebt sich die Geschwindigkeit v und die Verzögerung f nach den Formeln:

$$\frac{1}{v} = \frac{dt}{ds}, \quad f = \frac{d^2t}{ds^2} \cdot v^3.$$

An einer Reihe von Zahlenbeispielen werden die erforderlichen Rechnungen erläutert und die Unterschiede von den BASHFORTH'schen Zahlen gezeigt. Referent hätte gewünscht, dass s als Funktion $(n-1)^{\text{ten}}$ Grades von t nach der LAGRANGE'schen Interpolationsformel auch noch ausgedrückt wäre. Es wäre sofort $v = ds/dt$ $f = -d^2s/dt^2$ (in horizontaler Richtung) geworden; vermuthlich hätten die hieraus berechneten Werthe mit denen von BASHFORTH übereingestimmt. *Lp.*

DENECKE. Ueber Tageseinflüsse. Arch. f. Art. XCIII, 1-39†.

Die Temperatur, die Spannung, der Wassergehalt und die Bewegung der Luft können derart von Einfluss auf das Schiessen sein, dass man an verschiedenen Tagen und selbst Tageszeiten unter sonst gleichen Verhältnissen verschiedene Schussweiten erreicht. Hr. PREHN, der die „Berechnung von Schusstafeln" etc. für die KRUPP'schen Versuche verfasst hat, fasst seine Ergebnisse in drei Sätze zusammen, von denen der erste lautet: „Die Wege gleicher Verluste an horizontaler Geschwindigkeit von v_0 bis v_x sind der Belastung des Querschnitts direkt, der Luftdichtigkeit indirekt proportional." Der Verfasser erläutert die PREHN'schen Sätze, macht dann aber darauf aufmerksam, dass noch andere „Tagesfaktoren" auf die Leistung eines Geschützes Einfluss haben, die Beschaffenheit des Geschützes als Individuum, die Art der Bedienung und die Beschaffenheit der Munition. Zur Erörterung dieser Umstände auf Grund praktischer Erfahrungen dient eine Reihe von Schiessversuchen aus dem Jahre 1883; aus ihnen geht hervor, dass der Einfluss des Luftgewichtes in vielen Fällen durch denjenigen jener „Tagesfaktoren" überwogen wird, und dass in diesen letzteren eine Gesetzmässigkeit nicht zu entdecken war. *Lp.*

VON SCHEVE. Tafeln für das indirecte und Wurffeuer bis zu 41° Abgangswinkel und für Anfangsgeschwindigkeiten von 240 m an abwärts. Arch. f. Art. XCIII, 97-142†.

VON SCHEVE. Berichtigungen hierzu. Ibid. 271-272†.

Ergänzung des Aufsatzes im Oktoberheft des Arch. f. Art. 1885: „Zur Aufstellung der Schusstafeln für Wurffeuer". Bei der Berechnung der Tafeln wurde von OTTO's Methode zur Berechnung seiner Tafeln für den Bombenwurf ausgegangen, im einzelnen jedoch theilweise ein anderer Weg eingeschlagen, weshalb die bezüglichen Entwickelungen der Formeln auf S. 97-115 gegeben werden.

Lp.

M. PERRIN. Note complémentaire sur le tir au-dessus de l'horizon. Rev. d'Art. XXVII, 118-124†.

Ueber die „neutrale Kurve" von Hrn. PERCIN. Dieselbe ist der geometrische Ort der Punkte, für welche der zu benutzende Aufsatz auf das Geschütz derselbe ist, wie wenn das Ziel in der Höhe der Mündung (bei gleicher Entfernung) sich befände.

Ihre Gleichung in Polarkoordinaten ist für den Schuss im luftleeren Raume:

$$\varrho = \frac{v_0^2}{g} \sin 2\alpha \frac{1 - \operatorname{tg}\alpha \operatorname{tg}\varepsilon}{\cos\varepsilon}.$$

(α = Schusswinkel für die gegebene Entfernung, ε = variabler Elevationswinkel des Zielpunktes.) *Lp.*

SIGAUT et MAURICE. Étude sur le tir à la mer dans les batteries basses. Rev. d'Art. XXVII, 27-45, 139-145†.

Der Aufsatz enthält neben den rein technischen Dingen auch einige theoretische Erörterungen mit mathematischer Begründung, so über das Abmessen von Entfernungen, über die Kurven gleichen Schiesswinkels mit Berücksichtigung des Einflusses des Windes.

Lp.

P. ALEXANDER. Formulae for the motion of projectiles. Glasgow Phil. Soc. Proc. XVIII, 237-241†.

Formeln für den Gebrauch, wenn Tafeln nicht zur Hand sind; auf der Voraussetzung beruhend, dass der Widerstand dem Quadrate der Geschwindigkeit proportional ist. *Gibson.* (*Lp.*)

F. SIACCI. Un procédé d'intégration des formules balistiques. Rev. d'Art. XXVII, 315-322†.

Der Verfasser bringt erhebliche Abkürzungen an derjenigen Methode an, welche er in der Rev. d'Art. XVII, 45 (1880) veröffentlicht hatte. Die ältere Arbeit ging von der DIDION'schen Substitution aus, bedurfte aber eines unbewiesenen Lemmas. Dieses letztere kann nur bewiesen werden, wenn, wie dies jetzt geschehen ist, die DIDION'sche Methode aufgegeben wird. Die Integration wird übrigens auch nach der neuen Art nur dadurch ermöglicht, dass für eine variable Grösse ein konstanter Mittelwerth eingeführt wird. *Lp.*

F. RITTER VON RŽIHA. Die mechanische Arbeit der Sprengstoffe. ZS. Österr. Ing. u. Arch. XXXVIII, 19-22†.

Der Verfasser giebt zunächst eine Zusammenstellung der experimentellen Untersuchungen von BUNSEN und SCHISCHKOFF, STADLER, BERTHELOT, endlich von ROUX und SARRAU über die mechanische Arbeit, welche die gebräuchlichsten Sprengstoffe zu entwickeln im Stande sind. Indem der Verfasser diesen wissenschaftlichen Ergebnissen die bei praktischen Sprengungsarbeiten beobachteten Verhältnisse des mechanischen Arbeitsvermögens verschiedener Sprengstoffe gegenüberstellt, erzielt er eine verhältnissmässig gute Uebereinstimmung von Theorie und Praxis, so dass die nützliche Arbeit beim Sprengen für die vier Substanzen Schiesspulver, Dynamit, Gelatine, Nitroglycerin ziemlich derselbe Bruchtheil der überhaupt geleisteten Arbeit ist. Der Schluss der Abhandlung weist auf die bekannte Aufgabe des Ingenieurs hin, bei Sprengarbeiten durch geeignete Ladegrössen, Bohrlochs-Dimensionen und Stellungen der Bohrschüsse eine möglichste Ausnutzung des Sprengstoffs zu erzielen; der Verfasser zeigt an einem Beispiel, dass es vor allem darauf ankomme, die Wurfarbeit, d. h. jene Arbeit, welche auf das Fortschleudern des Gesteins verwendet wird, möglichst zu verringern.

F. K.

SARRAU et VIEILLE. Sur l'emploi des manomètres à écrasement pour la mesure des pressions développées par les substances explosives. C. R. CII, 1054-1056; [Beibl. X, 615.

Mittelst des schon früher (C. R. XCV, 26, 130, 180) beschriebenen Zerquetschungs-Manometers (crusher) wird die Druckentwickelung beim Verbrennen des Schiesspulvers C_1 bestimmt. Der den Gasentwickelungsraum abschliessende Stempel zeichnet seine Bewegung auf einen rotirenden Cylinder auf in einer Kurve, deren Abscissen die Zeiten (2mm = 0,000317 sec), deren Ordinaten die zurückgelegten Wege u bedeuten. Aus dieser Kurve lässt sich die Beschleunigung d^2u/dt^2 ablesen. Ebenso lässt sich der Widerstand des Zerquetschungs-Manometers als Funktion von u bestimmen. Es ergiebt sich dann aus den Versuchen, dass der Gasdruck bis auf Grössen zweiter Ordnung nicht nur am Ende der Bewegung, sondern auch während der Dauer der Druckentwickelung dem Widerstand gleich ist. Da der Widerstand eine lineare Funktion der Quetschung ist, so kann man auch die Ordinaten der aufgezeichneten Kurve direkt als Maass für den Gasdruck in jedem Augenblick ansehen; die Kurve stellt somit auch die Entwickelung des Gasdrucks dar. *Schl.*

R. Threlfall. On the theory of explosions. Phil. Mag. (5) XXI, 165-179†; [Cim. (3) XXI, 275; [J. chem. Soc. L, 761; [Beibl. X, 762.

Der Verfasser hat theils mit dem Auge (durch Beobachtung der Trümmer) theils mit Stosspendeln beobachtet, dass bei Explosionen von Knallquecksilber unter Wasser die Richtung, nach welcher die Explosion hauptsächlich wirkt, stark beeinflusst wird durch verhältnissmässig kleine Asymmetrien der Hindernisse, welche der Ausbreitung der Gase im Anfang entgegenstehen. Durch Anwendung unsymmetrischer Fläschchen etc. konnte er 90 pCt. seiner Explosionen nach vorgeschriebener Richtung hin wirken lassen. Die Explosionsgase schiessen zuweilen strahlartig nach einer Gegend hin, unter Umständen sollen auch Wirbel gebildet werden, welche die explosive Wirkung weit hin fortpflanzen. Er bekämpft die Abel'sche Hypothese der synchronen Schwingungen und vertheidigt die Ansicht Berthelot's, wonach Detonationen wesentlich dadurch wirken, dass die von ihnen ausgehende Stosswelle da, wo sie auf einen zweiten explosiven Körper aufschlägt, dessen Temperatur an einzelnen Punkten bis zur Explosionshöhe steigert. *Bde.*

L. Gutode. Siphon annulaire automatique. La Nat. XIV, (2) 107.

Zunächst wird hingewiesen auf eine Erscheinung an Wasserluftpumpen. Besteht eine solche aus zwei absteigenden und einem aufsteigenden Rohre, welches letztere birnenförmig erweitert ist, und trägt man Sorge, dass im zweiten absteigenden Rohre das

Wasser gezwungen ist, durch die Mitte der Röhre abzufliessen, ohne die Wände zu berühren, so wird sich der Apparat stossweise unter Ansaugung von Luft entleeren, während im konstanten Strome gleichviel Wasser zu- und abfliessen wird, wenn der Abfluss längst der Wandungen der zweiten absteigenden Röhre geschieht. — Die erstere Thatsache ist von FIELD zur Konstruktion eines Hebers benutzt. Durch den Boden eines Gefässes reicht eine beiderseits offene Röhre, oben mit einem schräg geschliffenen Rande versehen, welcher dem hineingeschütteten Wasser nur gestattet, durch die Mitte abzufliessen. Darüber ist eine Kappe gedeckt, welche fast bis auf den Boden des Gefässes reicht, ohne jedoch diesen und die Röhre zu berühren. Sobald das Wasser im Gefässe bis zu der Höhe der oberen Oeffnung des Rohres gestiegen ist, beginnt es durch dieselbe abzufliessen, und setzt so nach Art der oben erwähnten Erscheinung an Wasserluftpumpen den Heber in Thätigkeit. Es wird dadurch ein stossweises Entleeren des Gefässes herbeigeführt. *Schl.*

G. MARECHAL. Le siphon pompe. La Nat. XIV, (1) 309.

Die hier beschriebene Pumpe besteht im Wesentlichen nur aus einem Kautschukschlauche, dessen eines Ende in die Flüssigkeit eingesenkt wird, während sein mittlerer Theil in der Form eines Halbkreises auf einem eisernen Gestelle fest aufliegt. Durch den Mittelpunkt dieses Halbkreises geht eine Axe, an welcher in der Entfernung der Radien im Winkel von 180° zwei Bälle angebracht sind. Denkt man sich dieses System der Bälle um ihre Axe mittelst einer Kurbel in Bewegung gesetzt, und zwar in der Richtung, dass der Ball, welcher am Kautschukschlauch anliegt, sich von dem Ende des Schlauches, das in die Flüssigkeit taucht, fortbewegt, so wird hier der Schlauch successive durch die ganze Kreisperipherie hin zusammengepresst und dadurch die Flüssigkeit angesaugt. Hat der eine Ball die ganze Länge des Halbkreises durchlaufen, so tritt der andere Ball in dieselbe Thätigkeit ein. Wenige Umdrehungen genügen um das Wasser bis zum Halbkreise anzusaugen, von wo es dann, solange die Kurbel umgedreht wird, im ununterbrochenen Strahle vom freien Ende des Schlauches abgegeben wird. Mit dieser Pumpe ist es möglich, die Flüssigkeit auf 6 m Höhe anzusaugen und auf 20 m zu heben. Die Leistung beträgt 3000 bis 7000 l pro Stunde. — Es sind Vorrichtungen getroffen, nach Ingangsetzung der Pumpe die Bälle auszuschalten, so dass die Pumpe dann als Heber benutzt werden kann.

Schl.

M. de Sanderval. Recherches sur le vol plané.
C. R. CIII, 648-650.

Hr. de Sanderval berichtet über mehrere Flugversuche, die er selbst in verschiedener Weise ausführte: Ein Apparat, bestehend aus zwei Leinwandflügeln von je 6 m Länge und 4 m Breite mit einer Oberfläche aus jalousie-artigen Klappen, die sich beim Abwärtsbewegen schlossen, beim Aufwärtsbewegen öffneten und die Luft durchströmen liessen, wurde durch den in der Mitte der Vorrichtung stehenden Experimentator in eine möglichst starke Bewegung versetzt; es gelang jedoch nicht, eine genügende Kraft zu entwickeln, um den Apparat bei ruhiger Luft vom Boden zu erheben.

Weiter liess der Verfasser den nunmehr mit einer festen Leinwand ohne Klappen überzogenen und überdies mit einem Gewichte von 80 kg beschwerten Flügel längs eines 400 m langen Seiles gleiten, das zwischen 2 Hügeln ausgespannt war. Es ergab sich dabei, dass das gespannte Seil entweder gar keine oder eine 8 m grosse Durchbiegung erfuhr, je nachdem der Apparat die Mitte des Seils mit voller Geschwindigkeit passirte oder dort angehalten wurde. Liess man ihn aus letzterer Stellung zur Erde sinken, so trat schon nach der ersten Sekunde unter starker Hemmung der Fallbewegung eine bedeutende, horizontale Geschwindigkeit auf, doch kippte gewöhnlich der Apparat dabei um und zerbrach beim Sturze. Sodann wurde die Vorrichtung in der Mitte des horizontalen Seiles an einer vertikalen Schnur aufgehängt, und nun gelang es dem Verfasser, der selbst die Stelle des bisherigen Gewichtes einnahm, durch Regulirung des Gleichgewichtes nicht nur bei ruhiger Luft die Fallgeschwindigkeit bedeutend zu mässigen, sondern auch bei einer Windstärke von 10 m mit dem Apparate 3 Menschen in die Höhe zu erheben und oben zu erhalten.

Um das Schweben der Vögel ohne gleichzeitigen Flügelschlag nachzuahmen, liess Hr. DE SANDERVAL einen ähnlichen, aber rund gebauten Apparat an einem 200 m langen, vertikalen Seile befestigen und denselben einen horizontalen Grundkreis eines Kegels beschreiben, dessen Spitze der obere Befestigungspunkt des Seiles bildete. Er glaubte dabei eine beträchtliche Gewichtsverminderung zu bemerken, ist aber der Ansicht, dass zum vollständigen Gelingen des Versuches die Anwendung eines weit längeren Seiles gehöre, das der schwebenden Platte eine grössere horizontale Geschwindigkeit und eine ungezwungenere Bewegung gestatte. Um dies Ziel auf anderem Wege zu erreichen, befestigte Hr. DE SANDERVAL, einem handschriftlichen Vorschlage von BIOT folgend, zwei grosse Flügel an einem leichten Wagen, der auf einer langen, abschüssigen, asphaltirten Bahn eine bedeutende Geschwindigkeit erlangte und sich in der That recht befriedigend in die Höhe erhob, doch war es nicht möglich, die Versuche in einer Ausdehnung fortzusetzen, welche es ermöglicht hätten, die Frage vollständig zu entscheiden. *Glch.*

MAREY. Untersuchungen über die Bewegungen der Luft, welche vom Flügel eines Vogel veranlasst werden; Experimente des Herrn MÜLLER. C. R. CII, 1137-1139; [Rundsch. I, 292.

Um die Thatsache zu erklären, dass manche Vögel ohne vorhergegangene Bewegung direkt von der Erde sich zu erheben vermögen, während ihre Körper und damit auch die Flügel eine nahezu senkrechte Lage einnehmen, muss man voraussetzen, dass die bei dieser Stellung ziemlich horizontale Bewegung der Flügel doch einen senkrecht nach unten gerichteten Luftstrom zu erzeugen im Stande ist, dessen Rückstoss den Körper hebt.

Dies lässt sich darauf zurückführen, dass beim Flügelschlage an der Unterseite eine Schicht verdichteter Luft sich bildet, welche parallel der unteren, dünneren Seite der Flügel entweicht, während sie an der entgegengesetzten Seite durch den vorspringenden Knochenrand am Entweichen verhindert wird.

Es gelang Hrn. Müller, das Entstehen eines solchen Luftstroms experimentell nachzuweisen, dadurch dass er in raucherfüllter Luft eine kleine, fächerartige Vorrichtung, vor welcher eine senkrecht aufsteigende dichte Rauchsäule entwickelt wurde, in rasche, kleine, vertikale Bewegungen versetzte. Alsbald zeigte sich die Rauchsäule durch eine horizontale, also in Richtung des Fächers verlaufende Luftschicht unterbrochen, oberhalb und unterhalb deren deutliche Luftwirbel zum Vorschein kamen Die Dicke der seitlich ausströmenden Schicht nahm zu mit der Schnelligkeit der Fächerbewegung. Ein zu der Fläche des Fächers senkrecht aufgeklebter Rand verhinderte in der That das Zustandekommen dieser Erscheinungen. *Glch.*

Ernst Freiherr von Wechmar. Fundamentalsätze der Flugtechnik. Leitfaden zur Orientirung auf diesem Gebiete; besonders für den gebildeten Laien. Wien: Spielhagen und Schurigh 1886. IV+68 pp. Streffleurs Oesterr.-Militär-ZS.

In 50 Fundamentalsätzen, die er im 2. Theile der Abhandlung ausführlicher begründet und im 3. Theile nochmals rekapitulirt, sucht der Verfasser darzuthun, dass die Lösbarkeit des Flugproblems in Bezug auf die Aeronautik wesentlich auf einer Umgestaltung der bis jetzt gebräuchlichen Formen der lenkbaren Luftschiffe nach einer bestimmten, näher erörterten Richtung hin beruhe, und dass auch die Möglichkeit eines persönlichen Fliegens des Menschen mittels einer geeigneten Flugmaschine (die der Verfasser schon gefunden zu haben glaubt und in einer Anmerkung den Interessenten zu einem mässigen Preise anbietet!) keine haltbaren Gründe gegen sich habe. *Glch.*

F. M. Weymouth. Letter on flying machines. Engineering XLI, 71-72.

Der Verfasser glaubt, dass das Schweben mancher gutfliegenden Vögel, wie der Möven etc. bei welchem auch der aufmerksamste Beobachter keine gleichzeitige Bewegung beider Flügel entdecken könne, ähnlich zu erklären sei, wie eine besondere Art des Schlittschuhlaufens (Dutch roll); denn auch bei letzterem kann der einmal in Bewegung befindliche Läufer ohne äusserlich auffällige Anstrengung und ohne namentlich die Füsse vom Eise heben zu müssen, durch blosses, unmerkliches Neigen des Oberkörpers abwechselnd nach beiden Seiten die unbegrenzte Fortführung der Bewegung bewerkstelligen. *Glch.*

THOMAS MOY. Letter on flying machines. Engineering XLI, 94.

Bemerkungen gegen Mr. PHILIPPS und Zustimmung zu Mr. WEYMOUTH's oben angedeuteter Theorie. *Glch.*

EDW. W. SERREL. Letter on flying machines. Engineering XLI, 116-117.

Der Verfasser beschreibt sehr ausführlich die Flugbewegungen einer Anzahl seinem Schiffe folgender Möven, und kommt zu dem Schlusse, dass diese Bewegungen wesentlich beeinflusst werden durch die Richtungen der Luftströmungen seitlich vom Schiffe, welche die Vögel ebenso wie die geschützten Stellen hinter dem Schiffe zur Unterstützung ihres Fluges sehr geschickt zu benutzen wissen. *Glch.*

F. M. WEYMOUTH. Letter on flying machines. Engineering XLI, 166.

Antwort auf Mr. SERREL's Bemerkungen, die zum Zwecke hat, die aus den beiderseitigen Beobachtungen des Mövenfluges sich ergebenden scheinbaren Abweichungen aus der Veränderung der relativen Lage von Beobachter und Objekt zu erklären. *Glch.*

Wegen weiterer Zuschriften von LANKASTER, POLE, H. PHILIPPS, und „AVITOR“, die sich Eng. XLI, 208, 211 235 und 272 finden, muss auf die Originale verwiesen werden. *Bde.*

Les cerfs volants. La Nature XIV, (1) 58-59.

Beschreibung zweier Formen von Drachen, die in Russland und in Tonkin vielfach gebraucht werden. *Glch.*

Le cerf volant: Théorie du cerf volant, un cerf gigantesque. La Nature XIV, (2) 269-270.

Es wird ein kurzer Abriss der von M. J. Pillet entwickelten Theorie des Drachen gegeben, nach welcher der Befestigungspunkt der zum Halten bestimmten Schnur auf der Geraden zwischen dem Schwerpunkte des Drachen und dem Angriffspunkte des Windes, — welch letzterer ungefähr mit dem geometrischen Mittelpunkte der Drachenoberfläche zusammenfällt — liegen muss, und zwar so, dass die Entfernung Schnur-Schwerpunkt zur Entfernung Schnur-Mittelpunkt sich verhält wie 3 : 1. In diesem Falle hat die Leine auch bei starkem Winde nur eine geringe Spannung auszuhalten.

Hrn. Maillot ist es gelungen, mittels eines grossen, 113 kg schweren Drachen von 72 qm Oberfläche ein Gewicht von 68 kg, also etwa dasjenige eines ausgewachsenen Mannes, in die Höhe zu heben und trotzdem den Drachen bei günstigem Winde beliebig lange an einem bestimmten Orte in der Luft zu halten.

Glch.

Litteratur.

L. Grunmach. Bericht über die in den Metronomischen Beiträgen No. 4 veröffentlichten barometrischen Untersuchungen der Kaiserl. Normal-Aichungs-Kommission. Verh. Phys. Ges. zu Berlin 1886. No. 2. 13-17†; sh. diese Ber. XLI, (1) 366. *L. Grnm.*

E. Schulze. Demonstrationsbarometer. ZS. f. Instrk. VI, 105. *Rz.*

A. Benecke. Einfacher Versuch zum Nachweis des Luftdruckes. ZS. phys. Unterr. III, 83-84.

Tait. On Amagat's Manomètre à Pistons libres. Edinb. Proc. Roy. Soc. XIII, 947. Titel.

E. AMAGAT's Apparat zur Messung der Zusammendrückbarkeit verdünnter Gase. DINGL. J. CCLXII, 115-117.

A. BENECKE. Eine weitere Anwendung des kartesianischen Tauchers. ZS. phys. Unterr. III, 205-208.

Derselbe wird als Druckmesser bei den TORICELLI'schen Grundversuchen benutzt.

R. HEYDEN. Ein Demonstrationstaucher. ZS. phys. Unterr. III, 5-12.

F. GUIDI. Apparecchio semplicissimo per comprimere l'aria. Atti nuovi Linc. XXXIX, 258-261†

Der für technische Zwecke empfohlene Apparat ist die Archimedische Schraube.

E. R. MÜLLER. Die Luftpumpe und ihre Nebenapparate. ZS. phys. Unterr. III, 145-148.

A. OSENBRÜCK's Schiebereinrichtung zur Steuerung von Luftpumpen. DINGL. J. CCLXI, 284-286.

KREBS. Mittheilungen. ZS. phys. Unterr. III, 202-203.

W. HOLTZ. Eine WHEATSTONE'sche Brücke für Luft und Wasserfluss. WIED. Ann. XXIX, 675-676; [Cim. (3) XXIII, 88. 1888; [ZS. f. Instrk. VII, 148. 1887.

Eine Röhrenverzweigung, welche der WHEATSTONE'schen Drahtverzweigung ganz analog gebildet ist und auch analog wirkt; der Strom in der Brückenröhre wird durch ein Papierblättchen angezeigt und fällt fort, wenn die Widerstände zu beiden Seiten derselben dem bekannten Proportionalitätsgesetz folgen. Zu genaueren Messungen erwies sich das Instrument bis jetzt nicht empfindlich genug.

Bde.

W. HOLTZ. Spiralförmige Wirbel in Flammen. Götting. Nachr. 1886, 566.

H. W. PARKER. Ein sich auflösender Rauchring. Science VIII, 36; [Beibl. X, 551.

Ein aus einer Locomotive aufsteigender Rauchring hielt sich bis zur Höhe von etwa 150 Fuss; dann zerging er, wobei jede der halbkreisförmigen Hälften sich zu einem Rauchknäuel zusammenballte.

V. NEYRENEUF. Ausfluss des Gases durch conjugirte Oeffnungen. Mém. Acad. de Caen 1-18. 1883; [Beibl. X, 148.

A. H. Leahy. Ueber die Pulsationen von Kugeln in einem elastischen Mittel. Cambridge Phil. Trans. XIV, 1-18; [Beibl. X, 548.

G. A. Hirn fait hommage à l'académie des ses „Recherches expérimentales sur la limite de la vitesse que prend un gaz, quand il passe d'une pression à une autre plus faible". C. R. CII, 799.

Recknagel. Ueber die Grösse der Konstanten in den Formeln für den Winddruck. Naturforscher-Versammlung Berlin. Deutsch. Bauztg. XX, 612.

C. Hoppe. Ueber den Sewig'schen Apparat zur Messung des Luftwiderstandes gegen rotirende Flügel. Verh. d. V. f. Gewerbefl. LXV, 308-321.

G. A. Hirn. Causes de la détonation des bolides et des aérolithes. Paris 1886, Gauthier-Villars.

N. Wuich. Lehrbuch der äusseren Ballistik. Wien.

Cours des écoles de tir. T. II. Armement et feux de l'infanterie. Paris; Bauduin et Cie. 359 pp. [Rev. d'Art. XXVII, 96-98.

Exterior Ballistics in the Plane of Fire. By James M. Ingalls. New-York: D. van Nostrand, 1886. [Nat. XXXIV, 493 bis 494.

Braccialini. Sulla pratica soluzione dei problemi di tiro curvo. Riv. di Artigl. e Genio 1885; Auszug in Rev. d'Art. XXVII, 237-247.

N. Mayevski. Ueber die Lösung der Probleme des directen und indirecten Schiessens. Berlin: Mittler & Sohn. [Arch. f. Art. XCIII, 481-492.

Melsens. Communication relative à la balistique experimentale. Bull. Brux. (3) XI, 149-156.

L. de Place et Bassée-Crosse. Sur l'exploseur vérificateur de quantité et de tension. Acad. de sc. Paris 6. Dec. 1886; [Rev. int. de l'électr. IV, 24. 1887.

E. Mach und J. Wentzel. Ein Beitrag zur Mechanik der Explosionen. Exner, Rep. XXII, 86-96.

G. Lindner. Der Heber mit Manometer am Knie. ZS. phys. Unterr. III, 99-101.

E. Schulze. Heberapparat. ZS. f. Instrk. VI, 105.

A. Storck. Une pompe à incendie au dix-septième siècle. La Nat. XIV, (1) 208.

The soaring of birds. Am. Ass.; Eng. XLII, 399.

Geschichte eines verunglückten Vortrags über den Gegenstand vor der Amer. Association.

de Langlede. Ueber die Bestimmung der Querschnittsdimensionen von Luft- und Gasröhren bei verschiedenen Temperaturen. Berg- u. Hüttenm. Ztg. 1886.

Aerial navigation. Eng. XLI, 272-273.

J. A. Fontaine. Exposé d'un nouveau système d'aérostats dirigeables à propulsion atmosphérique. Paris: J. Michelet, 1886.

Létonné. Sur un projet de machine aérostatique, rédigé par le général Meusnier. C. R. CIII, 237-240.

Perrier. Bemerkung dazu. Ibid. 240.

P. Jeserich. Erfahrungen aus der Praxis in der Luftschiffahrt. Verh. Polyt. Ges. Berlin LVII, 203-225. 1885/86.

The Navigable Balloon. Nat. XXXIII, 421-423.

William Pole. Sur la résistance de l'air au point de vue de la navigation aérienne. La Nat. XIV, (1) 162-163.

Grilleau's Aérostats dirigeables. Paris: Denter, 1884. Nat. XXXIII, 46.

G. Tissandier. Curiosités aérostatiques; un groupe inédit de Clodion. La Nat. XIV, (1) 184-186.

G. Tissandier. L'aérostat dirigeable de Chalais-Meudon. Rapport de M. le capitaine Renard. La Nat. XIV, (1) 86.

G. Tissandier. La Navigation aérienne. Paris: Hachette, 1886. [Rev. Scient. (3) VI, (1) 52.

---

7. Cohäsion und Adhäsion.

7a) Cohäsionsverhältnisse fester Körper, Elasticität.

Sir W. Thomson. On mutual attraction at minute distances. Engin. XLI, 232.

Auszug aus einer Notiz, welche der Roy. Soc. von Edinburgh vorgetragen wurde. Es ist nur zu entnehmen, dass nach Ansicht des Verfassers die Anziehung der Moleküle in Entfernungen von weniger als 0,01 mm enorm viel grösser wird, als sie nach dem Newton-schem Gesetz sein sollte, und dass dies durch gegenseitige Anziehung zweier Glasplatten demonstrirt wurde. *Bde.*

F. Neumann. Vorlesungen über die Theorie der Elasticität der festen Körper und des Lichtäthers; herausgegeben von O. E. Meyer. Leipzig: Teubner, VIII+374. 1885.

Der Ausgabe liegen zum Grunde Vorlesungshefte aus den Jahren 1857-58, 1859-60, 1869-70 und 1873-74.

Die Grundgleichungen der Elasticität werden zunächst aus allgemeinen mechanischen Grundsätzen ohne Annahmen über die Konstitution der Körper abgeleitet, sodann im Anschluss an die Untersuchungen von Navier, Poisson und C. Neumann aus der Annahme von Molekularattraktionen, welche nur Funktionen der Entfernung sind (§ 1—51).

Hieran schliesst sich die Entwickelung der Zusatzglieder, welche in den elastischen Gleichungen bei Temperaturdifferenzen in Folge der thermischen Abstossung auftreten und welche in der Fourier-schen Gleichung für die Wärmeströmung die Berückichtigung der Volumveränderungen fordert (§ 52—59).

Es folgt die Ableitung von Kirchhoff's allgemeinen Lehrsätzen über die Eindeutigkeit der Lösungen der elastischen Gleichungen (§ 60—63).

Anwendungen der allgemeinen Gleichungen sind gemacht auf

das Gleichgewicht isotroper (§ 64—77) und krystallinischer (§ 78 bis 93) Körper, und sind hierbei besonders Beobachtungsmethoden theoretisch beleuchtet, welche die Bestimmung von Elasticitätskonstanten und die Prüfung gewisser allgemeiner theoretischer Resultate gestatten.

Für die Behandlung der Schwingungen in einem unendlichen elastischen Medium werden zunächst die POISSON'schen Gleichungen für doppeltsymmetrische Krystalle zu Grunde gelegt und wird darauf durch Einführung von drei Bedingungen zwischen den sechs Elasticitätskonstanten dieser Körper der Uebergang zu den FRESNEL-schen Gesetzen gemacht (§ 94—112).

Darauf werden dieselben Gesetze unter Hinwegfall der longitudinalen Welle durch Anwendung der von C. NEUMANN eingeführten Annahme der Inkompressibilität des Lichtäthers gewonnen (§ 113—119).

Drittens werden die FRESNEL'schen Gesetze für beliebige Krystallsysteme nach dem LAMÉ'schen Verfahren gewonnen unter Zugrundelegung der allgemeinsten Annahme über die krystallinische Symmetrie des Mediums und bei Voraussetzung genau transversaler Schwingungen (§ 120—126).

Für die Erklärung der Dispersion wird erst CAUCHY's auf Berücksichtigung der höheren Glieder der Differentialgleichungen, sodann NEUMANN's eigene, auf Einführung direkter Einwirkungen der ponderabeln Massen beruhende Methode mitgetheilt (§ 127-137).

Die letzten Abschnitte beziehen sich auf das Gleichgewicht und die Bewegung elastischer Körper, welche in ein oder zwei Dimensionen sehr geringe Ausdehnung besitzen, und zwar der Saite (§ 138—146), der Membran (§ 147—150), des isotropen Stabes (§ 151—166). Bezüglich des letzteren findet sich die NEUMANN'sche Theorie des Stosses (151—158), die Behandlung der Biegung eines rechteckigen Prismas und eines Kreiscylinders durch Entwickelung der Druckkräfte nach Potenzen der Querkoordinaten (§ 159—164), endlich die Theorie der transversalen Schwingungen eines Stabes (§ 165—166).

Der Herausgeber hat sichtlich mit grosser Sorgfalt und Hingabe gearbeitet. *W. V.*

A. Castigliano. Theorie des Gleichgewichtes elastischer Systeme und deren Anwendung. Aus dem Französischen von Emil Hauff. Mit 50 Holzschnitten und einem Atlas von 10 Tafeln. Wien: Carl Gerold's Sohn. VIII+479 S. 8°.

Das wissenschaftliche Hauptwerk des im jugendlichen Alter von 37 Jahren 1884 verstorbenen Verfassers (s. Fortschr. d. Math. XVII, 19. 1885) „Théorie de l'équilibre des systèmes élastiques et ses applications" erschien in den Jahren 1879-80, nachdem der Verfasser die von ihm zur Grundlage angenommenen Sätze schon 1873 und 1875 aufgestellt und bewiesen hatte. Die neue Methode zur Begründung der Theorie des Gleichgewichtes elastischer Systeme beruht nämlich auf folgenden drei Lehrsätzen, von denen der dritte mit dem „Principe der Elasticität" von Menabrea identisch ist.

1. Lehrsatz von den Differentialquotienten der Deformationsarbeit. Erster Theil. Wenn man die Deformationsarbeit eines gegliederten Systems in Funktionen der relativen Verrückungen der an den Eckpunkten wirkenden Kräfte ausdrückt, so erhält man eine Formel, deren Differentialquotienten mit Bezug auf diese Verrückungen den Werth der korrespondirenden Kräfte geben.

2. Zweiter Theil. Wenn man andererseits die Deformationsarbeit eines gegliederten Systems in Funktionen der äusseren Kräfte ausdrückt, so erhält man eine Formel, deren Differentialquotienten mit Bezug auf diese Kräfte die relativen Verrückungen ihrer Angriffspunkte geben.

3. Lehrsatz von der kleinsten Arbeit. Sucht man das Minimum der Funktion

$$\frac{1}{2}\Sigma\frac{T_{pq}^2}{\varepsilon_{pq}},$$

welche die Deformationsarbeit eines gegliederten Systems ausdrückt, indem man die $3n-6$ Gleichungen zwischen den Spannungen aller Stäbe des Systems in Rechnung zieht, so erhält man für diese Spannungen jene Werthe, welche in dem System nach der Deformation herrschen.

Die Fassung der mitgetheilten Sätze bezieht sich auf die gegliederten Systeme, für welche die Beweise zuerst geführt werden;

danach wird der Beweis geliefert, dass die Sätze auch für die gefügten Systeme in Geltung bleiben, d. h. für Systeme, welche aus in einander gefügten festen elastischen Körpern zusammengesetzt sind. So lautet z. B. der Satz von der kleinsten Arbeit: Die elastischen Kräfte, welche nach der Deformation des Körpers oder Systems zwischen den Molekülpaaren auftreten, sind jene, welche die Deformationsarbeit zu einem Minimum machen, insofern man jene Bedingungsgleichungen berücksichtigt, welche ausdrücken, dass zwischen diesen Kräften um jedes Molekül Gleichgewicht herrscht.

Nach den beiden ersten Kapiteln, die sich mit den angeführten Sätzen beschäftigen, folgen in dem umfangreichen dritten Kapitel die allgemeinen Gleichungen des elastischen Gleichgewichtes fester Körper, danach in den folgenden Kapiteln der Reihe nach angenäherte Anwendungen, die Theorie der Gitterträger, Formeln für die Deformationsarbeit fester Körper, die Theorie belasteter Träger mit geradliniger Axe, die Theorie der auf Zerknicken beanspruchten Träger mit geradliniger Axe, die Theorie der krummen Balken mit einfacher Krümmung, die Theorie zusammengesetzter Systeme und endlich die unvollkommen elastischen Systeme, wie gemauerte Gewölbe. Damit ist der erste Theil erschöpft, welcher der Theorie gewidmet ist. Der zweite Theil enthält die Anwendungen. Die drei ersten betreffen einen durch zwei resp. drei Zugstangen aus Schmiedeeisen und eine resp. zwei Druckstreben aus Gusseisen armirten Balken. Die folgenden sechs behandeln eine Halle aus schmiedeeisernen Bundgespärren mit je 0, 1 oder mehreren Zugstangen. Zwei weitere enthalten eine eiserne Bogenbrücke mit ebenen und cylindrischen Auflageflächen. Die beiden letzten endlich besprechen eine Brücke aus Ziegelmauerwerk über den Oglio und eine Brücke aus Hausteinen über die Dora bei Turin. Die 10 Tafeln des Atlas gehören zu den Anwendungen des zweiten Theils, nämlich die erste Tafel zu den drei ersten Kapiteln, die anderen neun einzeln zu je einem.

Ueber die Treue der Uebersetzung vermag der Referent nicht zu urtheilen, da er das Original nicht vergleichen konnte. Im Stile sind manche Wendungen und Konstruktionen auffällig, von denen nicht entschieden werden mag, ob sie bloss als specifisch österreichisch einem norddeutschen Ohre ungewohnt klingen. Man vergleiche z. B. S. 202: „In dem speciellen Falle, als der Träger an seinem Ende *B* durch das Gewicht *P* und seiner ganzen Länge nach durch ein gleichmässig vertheiltes Gewicht von *p* Kilogramm per Längeneinheit belastet wird, hat man bei Beachtung, dass sowohl die Normalkräfte als auch die Tangentialkräfte, welche auf die Grundfläche *B* wirken, gleich Null sind, $M_1 = 0$..." S. 122: „Nachdem man bis jetzt... noch nicht die genügende Anzahl von Erfahrungen hat und noch lange nicht haben wird, hat man versucht...". Der französische Name Doire für den Fluss Dora dürfte in einer deutschen Uebersetzung nicht stehen. *Lp.*

H. F. B. Müller-Breslau. Die neueren Methoden der Festigkeitslehre und der Statik der Baukonstruktionen ausgehend von dem Gesetze der virtuellen Verrückungen und den Lehrsätzen über die Formänderungsarbeit. Leipzig: Baumgärtner. 8°.

Das vorliegende Werkchen ist eine Darstellung der Festigkeitslehre, wie sie sich Dank den Untersuchungen von Castigliano, Mohr, Fränkel und vom Verfasser selbst in neuerer und in neuester Zeit gestaltet hat. Entsprechend den Hauptproblemen dieser Disciplin zerfällt das Buch in drei Abschnitte, von denen der erste die Theorie des Fachwerks, der zweite die Biegungstheorie gerader und gekrümmter Stäbe, der dritte endlich die Drehungs- und Schubfestigkeit behandelt. In der Theorie des Fachwerks geht der Verfasser von der Thatsache aus, dass im allgemeinen die rein statischen Beziehungen nicht ausreichen zur Bestimmung der Spannungen und Auflagerdrucke, indem die Anzahl der ersteren (m) meistens kleiner ist als die Anzahl der letzteren (n). Wohl aber lassen sich mit Hülfe der gewöhnlichen Gleichgewichtsbedingungen m der gesuchten Grössen als lineare Funktionen der $n—m$ anderen darstellen, so dass den statischen Bedingungen ein $(n—m)$-fach unendliches System von Grössen genügt. Für jedes derselben gilt als Folge der statischen Beziehungen auch das Princip der virtuellen Verrückungen, so dass die Gleichung, welche dasselbe

meinen Entwickelung für einen mathematisch geschulten Leser zu häufig unterbrochen; so wirken z. B. die vollständig durchgeführten Zahlenbeispiele im ersten Abschnitt entschieden ermüdend. Diese Eigenschaft hat das vorliegende Werk mit vielen Werken gemein, die technische Fragen anf mathematischem Wege behandeln; es erklärt sich dieselbe dadurch, dass den Kreisen, für welche das Buch bestimmt ist, im allgemeinen weniger an einer theoretischen Erörterung als an der praktischen Brauchbarkeit der entwickelten Methoden liegt. Trotzdem glaubt der Referent das Werk allen Mathematikern empfehlen zu können, die sich die Kenntniss des heutigen Standes der technischen Festigkeitslehre zu erwerben wünschen. Auf einen Misstand, der leicht zu Irrungen Anlass geben kann, soll als einen bei späteren Auflagen vielleicht zu vermeidenden hingewiesen werden; die virtuellen und thatsächlichen Aenderungen sind durch denselben Buchstaben bezeichnet, was insofern unbequem ist, als bald die einen, bald die anderen in Anwendung kommen. *F. K.*

C. Chree. Solid sphere or spherical shell of varying elasticity under purely normal surface forces.

Quart. J. XXI, 193-208†; [Beibl. XI, 496. 1887.

Der Verfasser untersucht die Deformation einer inhomogenen isotropen elastischen Voll- oder Hohlkugel, in welcher die Elasticitätskonstanten nur Funktionen des Radius r sind, und auf deren Oberflächen konstante normale Drucke wirken. Dann findet überall nur eine Verrückung u parallel dem Radius statt, welche eine Funktion von r allein ist. Um diese letztere zu finden, verfährt der Verfasser nach demselben Princip, wie in mehreren ähnlichen Arbeiten, d. h. er geht von derjenigen Lösung

$$u = \frac{rY}{3} + \frac{Z}{r^2}$$

aus, welche bei den gleichen Oberflächenbedingungen für eine homogene Hohlkugel gilt, und setzt darin bei dem allgemeinen Problem statt der Konstanten Y, Z Funktionen von r, für welche er mittelst des Grenzüberganges von einer endlichen Anzahl koncentrischer Schichten zu einer unendlich grossen zwei simultane lineare Differentialgleichungen erster Ordnung aufstellt:

$$\frac{dZ}{dr} = -\frac{r^3}{3}\frac{dY}{dr}, \quad \frac{d(Zn)}{dr} = \frac{r^3}{4}\frac{d}{dr}(Y(m-\tfrac{1}{3}n)).$$

Darin bezeichnen m, n die als Funktionen von r gegebenen Elasticitätskonstanten. — Die Integrationskonstanten der Integrale dieser Differentialgleichungen bestimmen sich, wie im Falle einer homogenen Hohlkugel Y und Z selbst, durch die für die äussere und innere Grenzfläche gegebenen normalen Drucke π, π'; im Falle einer Vollkugel tritt an Stelle der Grenzbedingung für die innere Oberfläche die Bedingung, dass u für $r=0$ verschwinden muss, was bei konstantem m und n erfordert, dass Z überhaupt $=0$ ist, bei variabelem, dass Z für $r=0$ unendlich klein wie r^3 wird. — Besonders einfache Fälle sind die, dass n oder $m-\frac{1}{3}n$ konstant ist; im letzteren wird für eine Vollkugel u direkt proportional mit r, wie für eine homogene Kugel.

Der Verfasser zeigt, wie man die Differentialgleichungen für Y und Z nach der Methode der unbestimmten Koefficienten integriren kann, wenn m und n durch Potenzreihen gegeben sind.

Dann wendet er sich zu solchen Beispielen für das allgemeine Problem, welche sich in der Natur darbieten; dabei geht er näher ein auf die Fälle, wo die Elasticität nur in Folge ungleichförmiger Temperaturvertheilung variirt, unter der Annahme, dass ihre Aenderungen mit der Temperatur sehr klein sind. Gerade für solche Fälle ist die Methode des Verfassers recht geeignet, da sie dann eine bequeme näherungsweise Lösung des Problems ermöglicht. — Das erste vollständig behandelte Beispiel ist das einer homogenen Hohlkugel, welche innen und aussen von Flüssigkeiten oder Gasen von verschiedenen, aber konstanten Temperaturen und Drucken umgeben ist, und in welcher die Wärmeströmung bereits stationär geworden, also die Temperatur eine Funktion von der Form $c/r+c'$ ist. Das Resultat lehrt unter Anderem, dass auch bei gleichem Druck aussen und innen die elastischen Hauptdruckkräfte parallel und senkrecht zum Radius verschieden sind, und somit (nach der Hypothese DARWIN'S) eine Zerreissungstendenz vorhanden ist.

Zweitens betrachtet der Verfasser eine Vollkugel, welche ursprünglich gleichförmig erwärmt war und in der Erkaltung begriffen ist, während die Temperatur des umgebenden Mittels konstant bleibt. Hat die Erkaltung schon hinreichend lange angedauert, so ist die Temperatur durch ein einziges Glied von der Form $A_i \frac{\sin ir}{r} e^{-ki^2t}$ gegeben, wo i die kleinste Wurzel einer gewissen transcendenten Gleichung ist. Um das Gleichgewicht der Kugel unter konstantem äusseren Druck zu einem bestimmten Zeitpunkt zu untersuchen, setzt daher der Verfasser für m und n die Funktionen

$$m_0 + \alpha \frac{\sin ir}{r}, \qquad n_0 + \beta \frac{\sin ir}{r}$$

und integrirt dann durch Annäherung die Differentialgleichungen für Y und Z. Für die Verrückung u ergiebt sich so ein Ausdruck von der Form $Ar + B\sin ir$, worin A und B Konstanten sind.

Schliesslich untersucht der Verfasser die Zerreissungstendenz, welche er als durch den Unterschied der grössten und kleinsten Hauptdruckkraft an der betrachteten Stelle gegeben annimmt. Dieser Unterschied ist, falls nur radiale Verrückungen vorhanden sind, $= \pm 2nr \frac{d}{dr}\left(\frac{u}{r}\right)$, folglich im Falle, dass Z konstant ist, $= \mp \frac{6nZ}{r^3}$; es ist aber nicht richtig, letzteren Ausdruck auch dann für den obigen zu setzen, wenn Z eine Funktion von r ist. Der Verfasser thut dies jedoch und gelangt daher zu dem schon aus Gründen der Symmetrie unmöglichen Resultate, dass auch im Mittelpunkte der Kugel eine Zerreissungstendenz vorhanden sei, und zwar sogar die grösste.

Endlich bemerkt der Verfasser, dass sein Lösungsverfahren auch dann noch anwendbar sei, wenn in dem zuletzt betrachteten Beispiel die Temperatur der Kugel durch eine unendliche Reihe von Gliedern $A_i e^{-ki^2t} . \frac{\sin ir}{r}$ gegeben ist. *F. P.*

C. Chree. Bars and Wires of varying Elasticity.

Phil. Mag. (5) XXI, 81-100† und XXII, 259-70†; [Cim. (3) XXI, 183 und XXIII, 165. 1887; [Beibl. X, 470 und XI, 214. 1887.

worin v die tangentiale Verrückung, G das Drehungsmoment der auf die Grundflächen wirkenden Kräfte, a den Cylinderradius und $n(z)$ den mit z variabelen Torsionswiderstand bezeichnet.

Der Verfasser wendet sich dann zu den Longitudinal- und Torsionsschwingungen eines Cylinders von der beschriebenen Beschaffenheit.

Für die ersteren nimmt er die Differentialgleichung an:

$$\frac{\partial^2 w}{\partial z^2} = \frac{\varrho}{M} \frac{\partial^2 w}{\partial t^2},$$

worin ϱ die Dichtigkeit bezeichnet; von den radialen Schwingungen wird also abgesehen, und die Form des Querschnitts kann beliebig sein. — Für einen homogenen Stab ist eine Lösung:

$$w = \cos(kt) \cdot \left\{ A \cos \frac{k^2 \varrho}{M} z + B \sin \frac{k^2 \varrho}{M} z \right\}.$$

Solche Lösungen, natürlich mit demselben k, benutzt der Verfasser nun auch für die einzelnen Theile eines zusammengesetzten Stabes; zwischen den Konstanten A, B ergeben sich je zwei Relationen aus den Bedingungen an jeder Grenzfläche, während die letzte nöthige Relation und eine transcendente Gleichung für k aus den Bedingungen für die Endflächen folgt. Im Falle, dass der Cylinder nur aus zwei verschiedenen Theilen besteht, ergiebt sich z. B. das bemerkenswerthe Resultat, dass im Gegensatz zu einem homogenen Stabe die Eigentöne verschieden sind, je nachdem beide Enden frei oder beide Enden fest sind.

Variirt die Elasticität und Dichte stetig mit z, so erhält man für $A(z)$ und $B(z)$ Differentialgleichungen zweiter Ordnung. Der Verfasser giebt ein Verfahren zur angenäherten Integration derselben an und benutzt dasselbe zur Ableitung der Lösung für den Fall, dass Dichte und Elasticitätskoefficienten lineare Funktionen von z sind. Von den Resultaten sei hervorgehoben, dass die Obertöne in zweiter Näherung noch harmonisch sind, wenn beide Enden frei oder fest sind, aber nicht mehr, wenn eins frei und das andere fest ist; in letzterem Falle ändert sich natürlich auch die Tonhöhe bei Vertauschung der Enden. Der Verfasser meint, diese Eigenthümlichkeiten seien ein gutes Erkennungsmittel für Inhomogeneïtäten von Stäben.

Die Torsionschwingungen werden genau ebenso behandelt; für dieselben gilt die Differentialgleichung $\frac{\partial^2 v}{\partial z^2} = \frac{\varrho}{n} \frac{\partial^2 w}{\partial t^2}$ in Strenge.

Schliesslich erörtert der Verfasser, wie man seine Formeln verwerthen kann, um z. B. durch Beobachtung der Längsdehnung von Drähten deren Elasticität an verschiedenen Stellen, und durch Schwingungsbeobachtungen an einseitig erwärmten Stäben die Aenderung der Elasticitätskonstanten mit der Temperatur zu bestimmen.

Die zweite oben citirte Abhandlung des Verfassers bezieht sich auf die gleichförmige Dehnung und Torsion von Hohlcylindern, welche aus koaxialen Schichten verschiedenen Materials bestehen.

Dieser Untersuchung schickt der Verfasser eine Betrachtung über die Zulässigkeit der Grenzbedingungen voran, welche man für die Trennungsfläche verschiedener elastischer Medien zu benutzen pflegt. Er bemerkt, dass es streng genommen nicht richtig ist, in dieselben die den betreffenden Körpern zukommenden Elasticitätskonstanten einzuführen, dass aber für die Anwendungen wegen der ausserordentlichen Dünne der Uebergangsschicht hierdurch kein Fehler entsteht.

Zunächst behandelt der Verfasser dann die gleichförmige Dehnung eines aus zwei koaxialen Schalen zusammengesetzen Hohlcylinders, wobei die beiden Schalen als fest mit einander verbunden, folglich die auf ihre Querschnitte wirkenden Zugkräfte als den Dehnungswiderständen proportional angenommen werden. Bei einem dünnen und langen Hohlcylinder gelten dieselben Lösungen ($u = A_i r + A_i'/r$, $w = B_i z$) aber auch sehr annähernd, wenn die Zugkraft auf den ganzen Endflächen konstant ist. — Sind die Verhältnisse σ für beide Schalen gleich, wie es nach POISSON der Fall sein müsste, so ist die Deformation dieselbe, wie für einen homogenen Hohlcylinder.

Durch den Fall einer beliebigen endlichen Anzahl von Schalen hindurchgehend gelangt der Verfasser wieder zu dem allgemeinen, dass sich die Elasticitätskoefficienten m, n stetig mit r ändern. Es gelten dann für A, A' als Funktionen von r zwei simultane lineare Differentialgleichungen 1. Ordnung; die Konstante B bestimmt sich durch die gesammte Zugkraft. Der Verfasser integrirt die Differentialgleichungen für den Fall, dass m und n lineare Funktionen von r sind.

Die Torsion eines inhomogenen Cylinders dieser Art erfordert keine andere Behandlung, als die eines homogenen; nur ist eigentlich eine entsprechend andere Vertheilung der Kräftepaare auf den Endflächen anzunehmen.

Zum Schluss zieht der Verfasser aus seinen Resultaten Folgerungen über die Festigkeit eines Drahtes, welcher aus koaxialen Schichten von verschiedener Beschaffenheit besteht. Das Zerreissen durch Zug wird beginnen, wenn die (auf dem ganzen Querschnitt gleiche) Dilatation die zulässige Grenze für die am wenigsten feste Schicht überschreitet; es ist aber theoretisch nicht nothwendig, dass sich das Zerreissen sogleich auf die übrigen Schichten fortpflanzt. Aehnlich liegen die Verhältnisse bei der Torsionsfestigkeit. *F. P.*

C. Chree. A new solution of the equations of an isotropic elastic solid, and its application to the theory of beams. Quart. J. XXII, 89-118†; [Beibl. XI, 493. 1887.

In dieser Abhandlung giebt der Verfasser eine allgemeine Lösung der Hauptgleichungen für das Gleichgewicht eines isotropen elastischen Körpers, und zeigt insbesondere, wie sich diese Lösung auf die Deformation einer homogenen Hohlkugel und gewisse Fälle des St. Venant'schen Problems anwenden lässt.

Zur Herstellung der allgemeinen Lösung bedient er sich der Kugelfunktionen und schickt daher eine Reihe für dieselben geltender Formeln voraus. Er bezeichnet die Polarkoordinaten mit r, θ, φ, die Kugelfunktionen eines Argumentes $\mu = \cos\theta$ (die „Legendre'schen Polynome") wie üblich mit $P_i(\mu)$ und schreibt $f(\mu, k, i)$ für

$$(1-\mu^2)^{\frac{1}{2}k} \frac{d^k}{d\mu^k} P_i(\mu);$$

dann sind die $\sin k\varphi$ enthaltenden Glieder der „räumlichen Kugelfunktion" (solid spherical harmonic) vom Grade i:

$$r^i f(\mu, k, i) \sin k\varphi \quad \text{und} \quad r^{-i-1} f(\mu, k, i) \sin k\varphi.$$

Der Verfasser stellt die Ausdrücke für die Differentialquotienten

$$\alpha = -\frac{m}{2n}\sum_1^\infty{}_i\sum_0^i{}_k\left[\frac{r^2}{2i-1}\frac{d}{dx}\{(A_{ik}\cos k\varphi+B_{ik}\sin k\varphi)r^{i-1}.f(\mu,\,k,\,i-1)\}\right.$$
$$\left.+(C_{ik}\cos k\varphi+D_{ik}\sin k\varphi)r^i f(\mu,\,k,\,i)\right],$$

$$\beta = -\frac{m}{2n}\sum_1^\infty{}_i\sum_0^i{}_k\left[\frac{r^2}{2i-1}\frac{d}{dy}\{\cdots\}+(C'_{ik}\sin k\varphi-D'_{ik}\cos k\varphi)r^i f(\mu,k,i)\right],$$

$$\gamma = -\frac{m}{2n}\sum_1^\infty{}_i\sum_0^i{}_k\left[\frac{r^2}{2i-1}\frac{d}{dz}\{\cdots\}+(C''_{ik}\cos k\varphi+D''_{ik}\sin k\varphi)r^i f(\mu,k,i)\right].$$

Die nach x, y, z zu differentiirenden Ausdrücke in α, β, γ sind übereinstimmend. — Wegen der Identität $\delta = \partial\alpha/\partial x+\partial\beta/\partial y+\partial\gamma/\partial z$ sind die Konstanten A, B, C, D nicht alle willkürlich, sondern es besteht eine Relation zwischen $A_{i,k}$, $C''_{i,k}$, $C_{i,k+1}$, $C'_{i,k+1}$, $C'_{i,k-1}$, $C_{i,k-1}$ und eine gleiche zwischen $B_{i,k}$ und den entsprechenden Konstanten D. — Um die allgemeinste Lösung für α, β, γ zu erhalten, wären den obigen Ausdrücken noch analog gebildete mit negativen Potenzen von r hinzuzufügen, welche aus den Kugelfunktionen

$$r^{-i-1}f(\mu,\,k,\,i)\begin{matrix}\sin k\varphi\\ \cos k\varphi\end{matrix}$$

abzuleiten sind.

Der Verfasser zeigt, dass die von ihm mitgetheilte Lösung die allgemeinste Deformation einer Hohlkugel unter der Wirkung von längs der inneren und äusseren Oberfläche gegebenen, durch Reihen nach Kugelflächenfunktionen darstellbaren Verrückungen oder Druckkräften umfasst, da die Anzahl der willkürlichen Konstanten genau ausreicht, um die Oberflächenbedingungen zu befriedigen.

Nach Aufstellung der Lösung für den Fall, dass δ von φ unabhängig ist, wobei sich Uebereinstimmung mit dem schon von Pearson gefundenen Resultate ergiebt, wendet sich der Verfasser zum St. Venant'sche Problem, d. h. zur Untersuchung der Deformation eines cylindrischen bezw. prismatischen Stabes, auf welchen nur an den ebenen Endflächen Oberflächendrucke wirken.

Der Verfasser benutzt hierbei nur diejenigen Glieder seiner allgemeinen Lösung, welche r^0, r^1, r^2 und r^3 enthalten; dies motivirt er (nicht ganz zutreffend) zunächst damit, dass man für hinreichend dünne Stäbe die höheren Potenzen vernachlässigen könne. Es zeigt sich nun, dass man dann durch Verfügung über die will-

BESSEL'schen Funktionen erster Art von der 0ten bezw. 1ten Ordnung, und es ist, wenn ϱ die Dichte bezeichnet, $\alpha^2 = k^2\varrho/(m+n)$, $\beta^2 = k^2\varrho/n$; die Konstante B ist mit A durch die Relation $A\sqrt{\beta^2-p^2}+Bp = 0$ verbunden. Die Oberflächenbedingungen für den freien Cylindermantel liefern das Verhältniss $A:C$ und eine komplicirte transcendente Gleichung zwischen p und k^2. Man hat also nur noch die eine Konstante p verfügbar, um die Grenzbedingungen für die Endflächen $z=0$ und $z=l$ zu befriedigen. Der Verfasser zeigt, dass letzteres nur dann in Strenge möglich ist, wenn beide Enden fest sind. Dabei ist es einerlei, ob man die Befestigungsbedingungen $w=0$ oder $u=0$ annimmt, von denen je nach der Art der Befestigung die eine oder die andere mehr der Wirklichkeit entsprechen kann. In beiden Fällen ist p durch $\sin pl = 0$ und demnach auch die Schwingungszahl $k/2\pi$ durch dieselbe transcendente Gleichung gegeben; nur hat man bei der Grenzbedingung $u=0$ in den obigen Lösungen für u und w $\sin pz$ und $\cos pz$ zu vertauschen.

Von nun an führt der Verfasser die Beschränkung ein, dass der Radius a des Cylinders gegen die Länge l sehr klein sei, und zeigt, dass man dann auch, wenn ein Ende frei ist oder beide frei sind, alle Grenzbedingungen bei Vernachlässigung kleiner Grössen von der Ordnung $(a/l)^2$ erfüllen kann. Es ist zu setzen:

$p = i\pi/l$, falls beide Enden befestigt oder beide frei sind,

$p = (2i+1)\pi/2l$, falls ein Ende befestigt und das andere frei ist.

Die transcendente Gleichung für k ergiebt in zweiter Annäherung

$$k = p\sqrt{\frac{M}{\varrho}}\left(1-\left(\frac{pa\sigma}{2}\right)^2\right),$$

wo $M = n(3m-n)/m$ (der Elasticitätsmodulus nach YOUNG oder Dehnungswiderstand) und $\sigma = (m-n)/2m$ (Verhältniss der Querkontraktion zur Längsdilatation) ist. Gewöhnlich nimmt man die Schwingungszahl als durch den ersten Näherungswerth

$$\frac{k}{2\pi} = \frac{p}{2\pi}\sqrt{\frac{M}{\varrho}}.$$

gegeben an, welcher sich bei gänzlicher Vernachlässigung der radialen Schwingungen ergiebt.

Der Verfasser zeigt, dass sich diejenigen Lösungen u, w, welche man aus den früher mitgetheilten durch die Annahme $C=0$ (d. h. bei verschwindender kubischer Dilatation) und $\beta^2=2p^2$ erhält, nämlich

$$\text{I.}\quad u=A\cos kt\cos pz J_1(pr),\quad w=-A\cos kt\sin pz J_0(pr)$$

oder

$$\text{II.}\quad u=A\cos kt\sin pz J_1(pr),\quad w=A\cos kt\cos pz J_0(pr),$$

auf die freien Schwingungen von speciellen Kreiscylindern anwenden lassen. Die Lösung I. gilt, wenn der Mittelpunkt der Grundfläche $z=0$ festgehalten wird, und wenn das Verhältniss a/l eine Wurzel der transcendenten Gleichung $J_1'(\pi x)=0$, ferner $pl=i\pi$ und $k=p\sqrt{\frac{2n}{\varrho}}$ ist; dann sind nämlich alle Oberflächenbedingungen erfüllt. Der kleinste zulässige Werth von a/l ist $1{,}85\ldots:\pi$, so dass es sich hier um Cylinder von keineswegs relativ kleinem Radius handelt, welche schon den Uebergang zu kreisförmigen dünnen Platten bilden. Auf letztere wendet der Verfasser die Lösung II. an, welche für die ebenen Grenzflächen Oberflächendrucke erfordert, die proportional mit $\sin pl$ sind und daher nach Ansicht des Verfassers bei hinreichend kleinem Verhältniss l/a vernachlässigt werden können; die Grenzbedingung $u=0$ oder $w=0$ für den befestigten Rand bestimmt p als Wurzel der Gleichung $J_1(pa)=0$ oder $J_0(pa)=0$. In diesem Falle ist die Schwingungszahl der Platte $=\frac{p}{2\pi}\sqrt{\frac{2n}{\varrho}}$, hängt also von der Elasticität und Dichte des Materials in derselben Weise ab, wie bei den Torsionsschwingungen. *F. P.*

V. CERRUTI. Sulla deformazione d'una sfera omogenea isotropa. Linc. Rend. (4) II, 461-470, 586-592; [Beibl. X, 671.

Der Verfasser giebt hier die in Aussicht gestellte (s. diese Berichte XLI, (1) 409) Behandlung des Problems für den Fall, dass die auf die Oberfläche wirkenden Kräfte gegeben sind. Seine Methode ist die BETTI'sche, vereinfacht durch Verringerung der Anzahl von Hülfsfunktionen, und die Vereinfachung ist von Werth, weil gerade diese Hülfsfunktionen oft schwer zu bestimmen sind. *Bde.*

J. LOSCHMIDT. Schwingungszahlen einer elastischen Hohlkugel. Wien. Ber. XCIII, (2) 434-446; [Beibl. XI, 145. 1887.

Der Verfasser behandelt das Problem in der Hoffnung, dabei auf Gesetze der Schwingungszahlen zu kommen, welche eine Analogie bieten zu dem BALMER'schen Gesetz der Schwingungszahlen für die Linien des Wasserstoffspektrums. Die Darstellung schliesst sich an die Abhandlung von JÄRISCH über denselben Gegenstand an und gestattet daher um so weniger ein kurzes Referat.

Wesentlich ist, dass der Verfasser die beiden Integrale der partiellen Differentialgleichung zweiter Ordnung, auf welche das Problem führt, nicht durch Reihen, sondern durch geschlossene Ausdrücke darstellt.

Für die Schwingungszahlen ergeben sich in den drei speciellen Fällen, in die sich der allgemeinste Schwingungszustand zerlegen lässt, transscendente, zum Theil sehr komplicirte Gleichungen. Folgerungen betreffs der im Eingang erwähnten Analogie sind nicht gezogen. *W. V.*

G. J. MICHAELIS. Sur l'équilibre d'un cylindre élastique dont l'axe est perpendiculaire à un plan principal d'élasticité. Arch. Néerl. XXI, 387-406.

Verfasser wendet die von CLEBSCH modificirte Methode von DE SAINT VENANT zur Bestimmung des Gleichgewichts eines Cylinders unter der Wirkung von Kräften und Momenten, welche auf seine Grundflächen ausgeübt werden, an auf den Fall eines krystallinischen Cylinders, dessen Axe normal zu einer krystallographischen Symmetrieebene steht. Längsdehnung und Biegung werden für jeden Querschnitt, Drillung nur für einen elliptischen Querschnitt ermittelt. Die Resultate sind, ausgenommen die für die ungleichförmige Biegung erhaltenen, specielle Werthe der von VOIGT 1882 für beliebige Orientirung des krystallinischen Cylinders auf anderem Wege gefundenen. (Das bez. Referat (s. diese Berichte XXXVIII, (1) 286) enthält übrigens eine Reihe von Unrichtigkeiten.)

Am Schluss der Abhandlung untersucht der Verfasser den von KIRCHHOFF gegebenen Zusammenhang zwischen der Deformation eines unendlich dünnen isotropen Stabes und der Rotation eines äussern Kräften nicht unterworfenen Körpers um einen festen Punkt unter Berücksichtigung der allgemeineren Form, welche die krystallinische Natur des Stabes den bez. Gleichungen giebt.

W. V.

SOMIGLIANA. Sopra l'equilibrio di un corpo elastico isotropo. Cim. (3) XVII, 140-148, 272-276, XVIII, 91-96, 161-183, XIX, 84-90 u. 278-282, XX, 181-185; [Beibl. X, 383-387.

Es werden zunächst allgemeine Formeln hergeleitet, welche die Verschiebungskomponenten u_1, u_2, u_3 eines elastischen isotropen Körpers bestimmen, mit Hülfe deren das Problem des Gleichgewichts sich direkt auf die Erfindung eines speciellen Verschiebungsystems für jede der drei Funktionen u_1, u_2, u_3 reduciren lässt. Aus jenen Formeln ersieht man in der That, dass die Bestimmung der u_1, u_2, u_3 sich durchführen lässt durch Elimination der Werthe der u_1, u_2, u_3 auf der Oberfläche, wenn auf dieser die Kräfte gegeben sind oder umgekehrt; und diese Elimination geschieht durch ein Theorem von BETTI, wenn man die Verschiebungen für gewisse Specialfälle kennt. Ist für den betreffenden Raum die GREEN'sche Funktion bekannt, so kann man auch einen anderen Weg einschlagen, der besonders einfach zum Ziele führt im Falle einer Kugelschale.

Die Methode wird für den Halbraum durchgeführt, wenn auf der Oberfläche die Verschiebungen resp. die Kräfte gegeben sind. Ferner wird der Fall eines durch zwei parallele Ebenen begrenzten Raumes mit Hülfe der Spiegelmethode behandelt, und zwar wenn auf der Oberfläche die Kräfte gegeben sind. Die Abhandlung bietet wohl mehr mathematisches als physikalisches Interesse dar.

A. S.

KRETZ. Réflexion, sans frottement, sur un plan, des déplacements élastiques dans un corps de forme et de contexture quelconques. C. R. CI, 366; [Beibl. X, 8.

Kurzer Auszug aus einer Untersuchung, in welcher der Autor Gleichgewichts- und Bewegungsprobleme für einen elastischen Körper, an dem eine Begrenzungsebene durch angebrachte Kräfte eben erhalten wird, behandelt, indem er den bezüglichen Körper durch sein nach der festen Ebene genommenes Spiegelbild ergänzt und an diesem symmetrisch zu den gegebenen gelegene Einwirkungen (Verrückungen oder Kräfte) anbringt. *W. V.*

J. Boussinesq. Observations relatives à une note récente de M. Resal sur la flexion des prismes. C. R. CII, 797 bis 799†.

Resal. Réponse aux observations de M. Boussinesq. C. R. CII, 799†.

Resal hatte behauptet (C. R. CII, 720), die Lösung de Saint-Venant's für die Biegung eines elliptischen Cylinders durch ein angehängtes Gewicht P sei unverträglich mit der Bedingung

$$\int p_{xy} d\omega + P = 0,$$

welche für die belastete Endfläche erfüllt sein muss. (p_{xy} ist die nach Kirchhoff mit X_y zu bezeichnende schiebende Druckkraft, die Y-Axe ist vertikal, die X-Axe die horizontale Cylinderaxe.) — Boussinesq zeigt nun, dass diese Behauptung nur auf einem Rechenfehler Resals beruhte, und dass de Saint-Venant obige Bedingung nur deshalb nicht ausdrücklich hingeschrieben und verificirt hat, weil sie in Folge der von ihm gemachten Annahmen schon von selbst erfüllt ist, und zwar für jede beliebige Querschnittsform.

Resal dankt in der Antwort p. 799 für diese Berichtigung.

F. P.

J. Thomae. Weitere Untersuchungen über den elastischen Kreiscylinder. Ber. d. sächs. Ges. d. Wiss. XXXVIII, 186 bis 198; [Beibl. X, 601.

Die Abhandlung bildet eine Fortsetzung der im vorigen Bande dieser Berichte p. 406 besprochenen. Ein vertikaler Kreiscylinder aus isotroper Substanz ruht auf einer ebenen Unterlage und unterliegt ausschliesslich der Wirkung seiner Schwere. Die obere Grundfläche kann frei sein oder normale Druckkräfte erleiden, welche nur Funktionen des Abstandes von der Cylinderaxe sind.

Am Schluss der Arbeit wird die partikuläre Lösung besprochen, welche dem Falle entspricht, dass die obere Grundfläche frei ist und die untere nicht streng eben bleibt, sondern sich frei krümmen kann. Es ist dies ein sehr specieller Fall des Problemes, welches DE SAINT-VENANT für einen Cylinder von beliebigem Querschnitt aus einem beliebigen Krystalle für den Fall gelöst hat, dass die Cylinderaxe normal zu einer Symmetrieebene steht, und welches von VOIGT auf beliebige Orientirung erweitert ist (sh. auf p. 445 dieses Bandes). *W. V.*

B. ÉLIE. Des constantes d'élasticité dans les cristaux.

J. de Phys. (2) V, 204-208, auch separat Bordeaux, 1886; [Beibl. X, 603.

Verfasser transformirt das Potential der elastischen Kräfte auf ein schiefwinkliges Koordinatensystem und versucht die Anzahl der in ihm auftretenden Konstanten durch die Voraussetzung zu reduciren, dass bei gewissen Krystallsystemen diese schiefwinkligen Koordinatenebenen die analytische Eigenschaft von Symmetrieebenen haben. Durch diese Annahme gelangt er z. B. bei den Formen der rhomboëdrischen Hemiedrie, indem er die Flächen eines — vermuthlich des Grund- — Rhomboëders zu Koordinatenebenen wählt, zu derselben Form des Potentiales, welche für reguläre Krystalle gilt, und demgemäss zu drei Beziehungen zwischen den im Allgemeinen anzunehmenden sechs Konstanten des Systems.

Ob freilich die gemachte Annahme der Wirklichkeit entspricht, kann nur die für jeden einzelnen Krystall gesondert anzustellende Bestimmung der Konstanten der gewöhnlichen Theorie entscheiden und darum hat die ganze Betrachtung keinen praktischen Nutzen. Bedenklich erscheint die Sache schon allein deshalb, weil die Wahl des Grundrhomboëders bis zu einem gewissen Grade willkürlich ist.

Für Kalkspath hat Referent die theoretischen Beziehungen des Autors mit den seitdem von VOIGT bestimmten Werthen der Elasticitätskonstanten verglichen und auch nicht die entfernteste

Uebereinstimmung gefunden. Das Einsetzen der empirischen Zahlen führt auf folgende Widersprüche

$$0{,}025 = -5{,}70,\ 22{,}4 = -5{,}3,\ 33{,}6 = 5{,}94.$$

W. V.

W. Voigt. Ueber die Elasticitätsverhältnisse cylindrisch aufgebauter Körper. Gött. Nachr. 1886 Nr. 16, 505-514†; [Beibl. XI, 56. 1877.

Verfasser untersucht die Deformationen solcher Körper, welche wie gezogene Röhren, Stäbe, Drähte, auf koaxialen Kreiscylindern gleiches elastisches Verhalten zeigen und deshalb von ihm mit dem oben stehenden Namen belegt sind. Ein Volumenelement eines solchen muss, wenn die Aenderung der elastischen Eigenschaften stetig mit dem Orte variirt, die Symmetrie eines rhombischen Krystalles besitzen, dessen Axen parallel der Cylinderaxe, parallel dem Cylinderradius und normal zu den beiden genannten Richtungen liegen. Diese Ueberlegung gestattet die Aufstellung der elastischen Gleichgewichtsgleichungen in Cylinderkoordinaten; die in ihnen auftretenden neun Elasticitätskonstanten sind im allgemeinen Falle unbekannte Funktionen des Abstandes von der Cylinderaxe und müssen in dieser selbst gewisse Bedingungen erfüllen.

Speciell entwickelt wird die Lösung dreier Probleme, welche in nahem Zusammenhang mit gewissen Beobachtungen stehen.

1. Ein Hohlcylinder unter der Wirkung von konstanten Druckkräften auf seine Mantelflächen und von einem Zug auf seine Basis.

2. Ein Hohlcylinder unter der Wirkung von auf die Grundflächen ausgeübten Drehungsmomenten um seine Längsaxe.

3. Ein Hohlcylinder gebogen durch Drehungsmomente, welche auf seine Grundflächen um Axen wirken, die normal zur Längsaxe stehen.

Wenn die Elasticitätskonstanten unabhängig sind vom Abstand von der Cylinderaxe, so nehmen die Lösungen ziemlich einfache Formen an, welche zeigen, dass cylindrisch aufgebaute Körper sich in vielfacher Hinsicht anders verhalten, als homogene isotrope, und

Beobachtungen am Bergkrystall geprüft worden und haben übereinstimmende Resultate ergeben. *W. V.*

E. Beltrami. Sull' interpretazione meccanica delle formole di Maxwell. Bologna Mem. (4) VII, 1-38; Cim. (3) XX, 5-25, 97-111; [Beibl. X, 785.

Den Gegenstand dieser Abhandlung bildet die Frage: Wie muss ein elastisches Medium beschaffen sein, damit bei passender Deformation die Druckkomponenten mit den Maxwell'schen Ausdrücken übereinstimmen, d. h. die Form haben:

$$(1.)\quad \begin{cases} X_x = -\dfrac{1}{4\pi}\left(\dfrac{\partial V}{\partial x}\right)^2 + \dfrac{1}{8\pi}\Delta_1(V), \\ Y_z = Z_y = -\dfrac{1}{4\pi}\dfrac{\partial V}{\partial y}\dfrac{\partial V}{\partial z} \text{ etc.,} \end{cases}$$

wo V ein Newton'sches Potential und

$$\Delta_1(V) = \left(\frac{\partial V}{\partial x}\right)^2 + \left(\frac{\partial V}{\partial y}\right)^2 + \left(\frac{\partial V}{\partial z}\right)^2.$$

Der Herr Verfasser setzt das Potential der elastischen Kräfte in der Green'schen Form an und schreibt

$$(2_a.)\quad \Phi = \tfrac{1}{2}\{A\vartheta^2 + B(\lambda^2+\mu^2+\nu^2-4\beta\gamma-4\gamma\alpha-4\alpha\beta)\},$$

indem er unter α, β, γ, ... die Ausdrücke

$$(2.)\quad \begin{cases} \alpha = \dfrac{\partial u}{\partial x},\ \beta = \dfrac{\partial v}{\partial y},\ \gamma = \dfrac{\partial w}{\partial z},\ \vartheta = \alpha+\beta+\gamma, \\ \lambda = \dfrac{\partial v}{\partial z}+\dfrac{\partial w}{\partial y},\ \mu = \dfrac{\partial w}{\partial x}+\dfrac{\partial u}{\partial z},\ \nu = \dfrac{\partial u}{\partial y}+\dfrac{\partial v}{\partial x} \end{cases}$$

versteht. Dann sind die Komponenten der elastischen Kräfte die Ableitungen von Φ nach α, β, γ, λ, μ, ν. Indem man dieselben mit den unter (1.) angegebenen Formeln vergleicht, erhält man zur Bestimmung der sechs Grössen α, β, γ, ... sechs lineare Gleichungen, als deren Auflösung sich ergiebt:

$$(3.)\quad \begin{cases} \alpha = \dfrac{1}{8\pi B}\left\{\left(\dfrac{\partial V}{\partial x}\right)^2 - \dfrac{A-B}{3A-4B}\Delta_1 V\right\}, \\ \lambda = \dfrac{1}{4AB}\dfrac{\partial V}{\partial y}\dfrac{\partial V}{\partial z}. \end{cases}$$

Nun bestehen aber zwischen den zweiten Ableitungen von α, β,

γ, λ, μ, ν sechs lineare Relationen, und in Folge dessen eben so viel Bedingungsgleichungen, denen die dritten und zweiten Ableitungen von V zu genügen haben. Durch eine geeignete Behandlung derselben gelangt der Herr Verfasser zu folgender Relation zwischen den zweiten Ableitungen von V

$$(6_d)\quad (3A-4B)\theta^2+A(e^2+f^2+g^2+2e'^2+2f'^2+g'^2) = 0,$$

wo

$$(5.)\quad \begin{cases} e = \frac{\partial^2 V}{\partial x^2},\ f = \frac{\partial^2 V}{\partial y^2},\ g = \frac{\partial^2 V}{\partial z^2};\ e+f+g = \theta = \Delta_2(V), \\ e' = \frac{\partial^2 V}{\partial y \partial z},\ f' = \frac{\partial^2 V}{\partial z \partial x},\ g' = \frac{\partial^2 V}{\partial x \partial y} \end{cases}$$

gesetzt ist. Man erkennt nun sofort, dass die Gleichung (6_d), wenn nicht sämmtliche Grössen e, f, g, e', f', g' überall verschwinden, mit den Bedingungen

$$(2_b)\qquad B > 0,\ 3A-4B > 0$$

nicht vereinbar ist, d. h. mit denjenigen Bedingungen, welche ausdrücken, dass der durch $u = 0$, $v = 0$, $w = 0$ dargestellte Zustand des Mediums ein Zustand stabilen Gleichgewichts ist. Genügt V der Gleichung $\Delta_2(V) = 0$, so ist, abgesehen von dem schon angegebenen speciellen Falle, eine Erfüllung der Gleichung nur dadurch möglich, dass $\Delta = 0$ ist. Diesen Fall nun unterzieht der Verfasser einer eingehenden Besprechung. Es ergiebt sich zunächst, dass, wenn Φ auch nicht mehr für ein beliebiges System von Verschiebungen positiv ist, dieses wenigstens für solche der Fall ist, welche hier in Betracht kommen, indem sich hier für Φ ergiebt

$$(6_f)\qquad \Phi = \frac{5}{8B}\left\{\frac{\Delta_1 V}{8\pi}\right\}^2.$$

Die HESSE'sche Determinante Δ von V und die durch Θ bezeichnete Grösse

$$fg+ge+ef-(e'^2+f'^2+g'^2)$$

lassen sich rational durch dieselbe Grösse h darstellen, indem

$$\Theta = -3h^2 \quad \Delta = 2h^3$$

ist. Durch diese Grösse h und drei andere Grössen ξ, η, ζ, deren Ableitungen nach Richtung der Kraftlinien verschwinden und deren

Quadratsumme gleich 1 ist, lassen sich dann die zweiten Ableitungen von V in folgender Weise darstellen:

$$(10_b)\quad \begin{cases} e = h(3\xi^2-1), & f = h(3\eta^2-1), \quad g = h(3\zeta^2-1), \\ e' = 3h\zeta\eta, & f' = 3h\xi\zeta, \quad g' = 3h\eta\xi. \end{cases}$$

Bezeichnet man mit $\partial h/\partial n$ die Ableitung von h in Richtung der Kraftlinie, so genügt h der Differentialgleichung

$$(10_c)\qquad H\frac{\partial h}{\partial n} = 3h^2,$$

in welcher $H = \partial V/\partial n$ ist.

Nun ist aber gemäss den Definitionen von $e, f, g, \ldots$

$$edx+g'dy+f'dz = d\left(\frac{\partial V}{\partial x}\right), \text{ etc.};$$

daraus folgt in einfacher Weise, dass $\xi dx+\eta dy+\zeta dz$ ein vollständiges Differential dr sein müsse; h ist nun eine Function eben dieser einen Variabeln r und genügt der Bedingung:

$$d\log h/dr = -\tfrac{3}{2}\Delta_2(r).$$

Im weiteren Verlauf der Abhandlung wird dann für r^2 der Ausdruck $(x-x_0)^2+(y-y_0)^2+(z-z_0)^2$ abgeleitet, welcher durch passende Wahl des Koordinatenanfangspunktes natürlich auf die einfachere Form $x^2+y^2+z^2$ gebracht werden könnte. Hiermit sind dann die Ausdrücke ξ, η, ζ, h und damit die Grössen e, f, g, e', f', h' bestimmt.

Es ist nämlich

$$\xi = \frac{x-x_0}{r}, \quad \eta = \frac{y-y_0}{r}, \quad \zeta = \frac{z-z_0}{r}, \quad h = \frac{M}{r^3},$$

und die Differentiale der ersten Ableitungen von V sind dann

$$d\left(\frac{\partial V}{\partial x}\right) = -Md\left(\frac{x-x_0}{r^3}\right), \quad d\left(\frac{\partial V}{\partial y}\right) = -Md\left(\frac{y-y_0}{r^3}\right),$$

$$d\left(\frac{\partial V}{\partial z}\right) = -Md\left(\frac{z-z_0}{r^3}\right).$$

Da nun die Grössen $\partial\xi/\partial n$, $\partial\eta/\partial n$, $\partial\zeta/\partial n$, wie oben angegeben, verschwinden, so ist

$$\frac{\partial x}{\partial n} = \xi\frac{\partial r}{\partial n}, \quad \frac{\partial y}{\partial n} = \eta\frac{\partial r}{\partial n}, \quad \frac{\partial z}{\partial n} = \zeta\frac{\partial r}{\partial n};$$

und es verhalten sich die ersten Ableitungen von V wie ξ, η, ζ. demnach ist $V = M/r+\text{const}$. Die Druckkomponenten sind dann die sechs zweiten Ableitungen nach den Koordinaten der Funktion $\psi = M^2 \log r / 8\pi$; die Grössen α, β, γ, λ, μ, ν lassen sich ebenfalls als zweite Ableitungen einer Funktion von r darstellen, nämlich der Funktion $\varphi = M^2/64\pi B r^2$. Dadurch sind dann die Verrückungen bis auf lineare Glieder bestimmt; sollen dieselben im Unendlichen nicht selbst unendlich werden, so muss

$$u = \frac{\partial \varphi}{\partial x}, \quad v = \frac{\partial \varphi}{\partial y}, \quad w = \frac{\partial \varphi}{\partial z}$$

sein.

In einem weiteren Abschnitt wird dann zunächst die Frage behandelt, welche Verrückungen, die nur in Richtung der Entfernung von einem festen Punkte geschehen und deren Grösse lediglich eine Funktion dieser Entfernung ist, durch blosse Einwirkung von Druckkräften zu stande kommen. In einem Schlussparagraphen wird die zuerst behandelte Frage unter der veränderten Voraussetzung behandelt, dass A von Null verschieden, dass $\varDelta_2(V)$ zwar nicht mehr gleich Null ist, aber ebenso wie V selbst nur von $r = (x^2+y^2+z^2)^{\frac{1}{2}}$ abhängt. Setzt man

$$u = \frac{\partial \varphi}{\partial x}, \quad v = \frac{\partial \varphi}{\partial y}, \quad w = \frac{\partial \varphi}{\partial z},$$

so ergiebt sich allgemein

$$V = \frac{M}{r^{\eta}}; \quad \varphi = \frac{\eta}{16\pi E} V^2,$$

wo M eine willkürliche Konstante, E der Elasticitätsmodul und η das Verhältniss der Längendilatation zur Querkontraktion ist. In einer angehängten Note werden die linearen Beziehungen unter den zweiten Ableitungen der Grössen α, β, γ, λ, μ, ν besprochen.

F. K.

MOHR. Ueber die Elasticität der Deformationsarbeit. Civiling. (2) XXXII, 395-400.

H. F. B. MÜLLER-BRESLAU. Zu dem Artikel: Ueber die Elasticität der Deformationsarbeit. Civiling. (2) XXXII, 553-560.

Am Schlusse seines Werkes „Die neueren Methoden der Festigkeitslehre“ giebt Hr. Müller-Breslau einen historischen Ueberblick über die Entwickelung dieser Methoden und bespricht dabei auch ein abfälliges Urtheil, welches Hr. Mohr bei früherer Gelegenheit über die Sätze von Castigliano gefällt habe.

Hierauf Bezug nehmend, wiederholt Hr. Mohr die früher erhobenen Einwände, dass nämlich

1) der Satz von Castigliano in der Form „Die Deformationsarbeit eines elastischen Körpers ist ein Minimum“ nicht verständlich sei, und dass

2) derselbe in berichtigter Form für die Lösung mancher Aufgaben nicht hinreiche.

Diesen Einwänden wird in der vorliegenden Note der weitere Vorwurf hinzugefügt, dass die Anhänger des besagten Theorems ihrem Satz zu Liebe dem Begriffe der Deformationsarbeit eine unzulässige Dehnbarkeit ertheilt hätten.

Was den ersten Einwand betrifft, so ist derselbe unumwunden zuzugeben, da ja in dem angegebenen Wortlaut eine Angabe über das Grössensystem vollständig fehlt, innerhalb dessen die Deformationsarbeit ein Minimum ist. Der Einwand wird jedoch hinfällig, wenn man das betreffende Theorem in präciser, etwa folgender Form ausspricht:

„Bezeichnen die Grössen t die in den einzelnen Stäben eines Fachwerkes auftretenden Temperaturänderungen, so geht die Funktion

$$\mathfrak{A}_t = \Sigma \frac{S^2 s}{2EF} + \Sigma \varepsilon t S s + \Sigma \frac{\varepsilon^2 t^2 EF s}{2}$$

der Grössen S für das System der wirklichen Spannungen in die Deformationsarbeit über und nimmt zugleich einen kleineren Werth an als für irgend ein anderes System von Grössen S, welches die rein statischen Beziehungen der Spannungen befriedigt“. Dass der Satz, in dieser Form ausgesprochen, in jedem Falle ein und nur ein System von Spannungen liefert, davon wird man sich leicht überzeugen können, und damit erledigt sich dann auch der zweite der erhobenen Einwände. Anders liegt die Sache mit dem Namen der Deformationsarbeit; diesen will Hr. Mohr ganz allein zur Bezeichnung des Ausdrucks $\Sigma\frac{S^2 s}{2EF}$ gebraucht wissen. Es wäre leicht, die Berechtigung des Ausdrucks $\mathfrak{A}_t$ zu dem gewählten Namen nachzuweisen. Aber darum handelt es sich hier nicht. Für den Satz von CASTIGLIANO kommen nur die beiden ersten Glieder in Betracht; diese zieht Hr. MÜLLER in einen Ausdruck $\mathfrak{A}_s$ zusammen und nennt ihn „ideelle Deformationsarbeit". Der Name mag nicht glücklich gewählt sein; aber es kann doch durch denselben, wenn er einmal definirt ist, keine Verwirrung hervorgerufen werden.

Es ist klar, dass es auf die Gestaltung der übrigen Theile eines Fachwerks und die in ihnen herrschenden Spannungen ohne Einfluss ist, wenn man einen Theil der Stäbe fortlässt, dafür aber je zwei gleiche und entgegengesetzte äussere Kräfte einführt, welche den betreffenden Spannungen gleich sind, und dass man sich umgekehrt die äusseren Kräfte als Spannungen passend gewählter Stäbe vorstellen kann. Indem man eins von beiden oder beides gleichzeitig thut, erhält man ein neues Fachwerk, auf das sich natürlich auch der Satz von der Deformationsarbeit anwenden lässt. Referent kann sich nicht der Meinung anschliessen, dass Hr. MÜLLER-BRESLAU dem Begriffe der Deformationsarbeit, indem er derartige Betrachtungen anstellt, eine unzulässige Ausdehnung gegeben habe.

Mag dem nun aber sein, wie ihm wolle, soviel kann als feststehend betrachtet werden: Wenn der fragliche Satz in der oben angegebenen Weise ausgesprochen wird (und der Sache nach geschieht das in dem Buche des Hrn. MÜLLER-BRESLAU), so kann über den Sinn derselben keinerlei Zweifel mehr entstehen. Trotzdem wiederholt Hr. MOHR folgende schon früher angeführte Argumentation: Bei gegebener Belastung sind die Temperaturen t die einzigen unabhängigen Veränderlichen, von welchen die Deformationsarbeit abhängt. Um also das Minimum der Deformationsarbeit festzustellen, müssten die Abgeleiteten der letzteren nach den Grössen t gleich Null gesetzt werden. Verzichtet man dann auf den Beweis, dass diese Bedingungen mit den von Hrn. MÜLLER-BRESLAU aufgestellten gleichbedeutend sind, so verlässt man das

Gebiet der Wirklichkeit; man hat es dann nicht mit einem wirklichen, sondern mit einem eingebildeten Minimum zu thun.

Dem ersten Theil dieser Ausführung gegenüber bleibt uns nichts anderes als die Berufung auf die oben angeführte präcise Fassung des Theorems übrig. Warum aber das Minimum, wie es Hr. Müller-Breslau und mit ihm viele andere, so auch wir, auffassen, ein eingebildetes sein soll, vermag Referent nicht einzusehen. Ist denn die Eigenschaft eines Quadrates, das in einen Kreis eingezeichnet ist, kleiner zu sein als jedes anders geartete Rechteck, das sich demselben Kreise einzeichnen lässt, darum eine eingebildete, weil etwa von den andern Rechtecken keines gezeichnet vorliegt?

Zum Schluss empfiehlt Hr. Mohr noch folgende Fassung des Satzes „Die ideelle Deformationsarbeit ist ein ideales Minimum“ „Der Satz ist zwar ein wenig dunkel“, dafür aber auch „kurz, allgemeingültig und unanfechtbar“.

Die beiden ersten Prädikate geben wir zu. Ob aber auch die beiden anderen Eigenschaften dem Satze zukommen, wagen wir nicht zu entscheiden, da uns dieser Satz bisher ebenso unverständlich geblieben, wie die von Hrn. Mohr selbst bemängelte Form des Theorems von Castigliano.

In der zweiten der oben erwähnten Noten weist Hr. Müller-Breslau die hauptsächlich, wenn auch nicht ausschliesslich gegen ihn gerichteten Angriffe des Hrn. Mohr zurück. Wenn auch in dieser Widerlegung ein grösserer Formelapparat herangezogen wird, stimmen doch die gegen Hrn. Mohr gerichteten Ausführungen dem Inhalte nach mit unseren Auseinandersetzungen überein. Der schon erwähnte breite Apparat von Formeln hindert uns auf die Einzelheiten der Entgegnung einzugehen.

In einer angefügten Notiz beharrt Hr. Mohr bei seinen Behauptungen; er fordert noch einmal, dass in dem Satze von Castigliano die Natur des Minimums zum Ausdruck komme; es müsse ausgedrückt werden, dass es sich nicht um ein thatsächliches, sondern um ein ideales Minimum handle. *F. K.*

P. Laurent. Théorie de l'équilibre élastique des surfaces coniques. Rev. d'Art. XXVI, 147-163, 359-382, 562-583. (1885).

P. Laurent. De la déformation de l'âme des canons dans le voisinage de l'obturateur et du déculassement. Rev. d'Art. XXVII, 530-550, XXVIII, 31-47. Die Untersuchungen sind auch separat als Brochüre von 64 S. in Nancy erschienen.

Der erste Aufsatz über die Theorie des elastischen Gleichgewichtes kegelförmiger Oberflächen bezweckt die Erforschung des Widerstandes der Geschützrohre.

Während die Theorie des Widerstandes einfacher oder mit Ringen versehener Cylinder schon länger gegeben war, hat man denjenigen kegelförmiger Oberflächen in ungenauer Weise auf die Untersuchung von Cylindern mit unendlich kleiner Höhe zurückgeführt. Der Verfasser sucht dagegen in den allgemeinen Gleichungen der Elasticitätstheorie die Grundlagen seiner Theorie. Von den drei Theilen der Arbeit dient der erste zu einer übersichtlichen Zusammensetzung der Lamé'schen Formel für das elastische Gleichgewicht; der zweite behandelt das elastische Gleichgewicht des Kegels (Kegelstumpf, cylindrisch-kegelförmige Enveloppe, Relationen zwischen den elastischen Kräften im Geschützrohre); der dritte ist der Untersuchung des zusammengesetzten Kegels gewidmet, d. h. der über einander geschobenen Kegelflächen.

Der zweite Aufsatz handelt von der Deformation des Geschützrohres in der Nähe der Verschlussstücke, eine Frage, welche in neuerer Zeit unter den Artilleristen oft aufgeworfen ist. Die durch die Methoden der Analysis bisher erzielten Resultate sind geringfügig gewesen, weil die Anwendung der Lamé'schen Formeln, besonders die Integration der von ihm gegebenen Differentialgleichungen, erhebliche Schwierigkeiten verursacht. In der ersten, eben besprochenen Abhandlung sind zwei partikuläre Integrale für den Fall eines Umdrehungskörpers gegeben. Die Ergebnisse der weiteren Forschungen des Verfassers sind in der neuen Arbeit vereinigt. Bei einer genaueren Prüfung der erwähnten partikulären Integrale erkennt man, dass gewisse Seitenkräfte, wie z. B. die des Gleitens in der Längsrichtung, blosse Funktionen des Radius sind. Das rührt davon her, dass die Integrale der Verrückungen willkürliche Konstanten enthalten. Es ist daher möglich, allgemeinere Integrale zu finden, welche besser die Bedingungen erfüllen, unter welchen sich der betrachtete Körper befindet. Diese haben dem Verfasser die Behandlung der von ihm aufgeworfenen Fragen ermöglicht. Die Abhandlung zerfällt in drei Theile. Der erste Theil ist der Aufstellung der neuen Formeln gewidmet; der zweite behandelt die Aufgabe der Deformation der Seele in der Nähe der Verschlussplatte; der dritte den Widerstand an der Schwanzschraube.

Lp.

U. Masoni. Delle sollecitazioni dinamiche nei sistemi elastici articolati. Atti del R. Ist. d'incoraggiamento alle scienze naturali etc. 13 pp. 4°.

Die genaue Ermittelung der Wirkungen dynamischer Angriffskräfte auf elastische Körper erheischt die Erforschung der schwingenden Bewegungen und damit die Ausführung von Rechnungen, welche für die praktischen Fälle zu verwickelt und mühsam sind. Aus diesem Grunde hat schon Hr. Ceradini in seiner Meccanica applicata alle costruzioni nur einige besondere Fälle betrachtet und die Rechnungen auf die erste Annäherung beschränkt, welche für die praktischen Aufgaben ausreicht. Unter demselben Gesichtspunkte behandelt Hr. Masoni in der vorliegenden Arbeit solche elastischen Systeme, welche aus Stäben bestehen, die an ihren Enden durch Gelenke verbunden sind, also die sogenannten gegliederten Systeme. Ein solches System wird in einem gegebenen Augenblicke unter dem Einflusse von Druckkräften im Gleichgewicht vorausgesetzt; ferner wird angenommen, dass nun in diesem Augenblicke neue Kräfte hinzutreten, welche gleichzeitig in den Knotenpunkten mit gegebenen Geschwindigkeiten angreifen (also Stosskräfte). Es wird das allgemeine Verfahren angegeben, das man anzuwenden hat, um in den von der Praxis gestatteten Grenzen der Annäherung die grössten Verlängerungen und die entsprechenden Spannungen in den das System bildenden verschiedenen Elementen zu berechnen. Dadurch gewinnt man ein Mittel, in jedem Falle die Grenze der dynamischen Einwirkung festzustellen, durch welche die Sicherheit des Systems nicht gestört wird. Als prak-

vorliegende erste Theil, dem noch zwei weitere folgen sollen, behandelt im ersten Abschnitte die HOOKE'schen Gesetze der Elasticitätslehre, die Tragkraft der Körper, die specifische Arbeitsfestigkeit und die WÖHLER'schen Gesetze, Querschnitte von gleicher Zug- und Druckfestigkeit nebst Anwendungsbeispielen. Der zweite Abschnitt bespricht nach Erörterung der Schub- oder Scheerfestigkeit die Vernietungen und die Schraubenverbindungen. Im dritten Abschnitte wird nach Definition der Begriffe Biegungsfestigkeit, Trägheitsmoment und Widerstandsmoment für Biegung und Torsion die Theorie der Träger, Zapfen und Axen entwickelt. Der vierte Abschnitt endlich handelt von der Torsionsfestigkeit und der Anwendung auf Wellen, sowohl wenn sie auf Torsion, als wenn sie auf Biegung beansprucht werden. Die Kuppelungen bilden den Beschluss. *Lp.*

R. LAND. Durchbiegung eines vollen Trägers mit veränderlichem Querschnitt. CBl. d. Bauverw. VI, 249.

Die graphische Bestimmung der Durchbiegung für einen Träger mit veränderlichem Querschnitt, welche in der vorliegenden Notiz mitgetheilt wird, beruht auf der von MOHR hervorgehobenen Analogie der elastischen Linie mit einem Seilpolygon. *F. K.*

R. BREDT. Zerknickungsfestigkeit und excentrischer Druck. ZS. D. Ing. XXX, 621-625.

Wenn die auf einer Säule ruhende Last nicht genau in der Schwerpunktslinie (neutralen Axe) wirkt, so liegt die Gefahr der Verbiegung vor und bei zu grosser Last diejenige, dass der Träger zerknickt. Das Problem, die Grenze dieser Belastung zu finden, bei welcher ein Zerknicken eintritt, ist seit EULER's Zeiten vielfach behandelt, ohne dass man sagen könnte, die Frage sei zu einem allgemein anerkannten Abschluss gekommen. Die in vorliegender Arbeit entwickelte Lösung scheint dem Referenten in mancher Hinsicht mangelhaft. Der Verfasser nimmt an, dass das

Biegungsmoment für die einzelnen Querschnitte der Stütze konstant ist. Das ist erlaubt, wenn gleichzeitig angenommen werden darf, dass die Verschiebungen so klein sind, dass sie als unendlich klein betrachtet werden dürfen gegen den Abstand der Wirkungslinie der Belastung von der neutralen Axe. Der Verfasser verlässt auch diese Annahme wieder, nachdem er aus derselben gefolgert, dass die neutrale Axe nach der Verbiegung einen Kreisbogen bildet; und er bestimmt das Biegungsmoment für das untere Ende der Säule so, als ob der Abstand des Angriffspunktes der Kraft von der Axe unendlich klein gegen die eingetretene Abweichung des oberen Stabendes von seiner ursprünglichen Lage wäre. Durch dieses ungenaue Verfahren gewinnt der Verfasser einen Ausdruck für P als Funktion des Centriwinkels w, welcher zu der verbogenen Mittellinie gehört. Schon die Thatsache, dass für Werthe, welche unterhalb $P = 2JE/l^2$ liegen, sich kein reelles w ergiebt, hätte den Verfasser dahin führen müssen, dass seine Theorie nicht einwurfsfrei ist, da es wohl als ausgemachte Sache betrachtet werden darf, dass die Verbiegung bei excentrischer Belastung nicht erst bei einem bestimmten Werth P plötzlich beginnt, sondern bei gleicher Excentricität von Anfang an mit wachsendem P stetig wächst. Im Folgenden wird dann untersucht, welchen Einfluss Momente, wie sie durch unvermeidliche Fehler jeder Konstruktion hervorgerufen werden, auf die Spannung am Fusse des Trägers ausüben. *F. K.*

C. Zaleski. Berechnung der Durchbiegung von Trägern mit wechselnden Querschnitten. ZS. Oesterr. Arch. u. Ing. XXXVIII, 165-175.

Die Träger, um welche es sich handelt, sind gerade Balkenträger, deren Querschnitt an gewissen Stellen sprungweise Aenderungen erleidet. Die Belastung ist eine derartige, dass das Biegungsmoment eine ganze quadratische Funktion des Abstandes x von einer festen Stelle ist. Damit ist die Differentialgleichung für die neutrale Faser des Balkens unmittelbar gegeben. Für die Integration ist zu bemerken, dass y, d. h. die Senkung des Balkens an der Stelle x, ebenso wie dy/dx stetige Funktionen von x sind, und dass an den Endpunkten eines Trägerfeldes $y = 0$ ist. Schwierigkeiten irgend welcher Art sind, wie man sofort übersieht, bei der Lösung der Aufgabe nicht zu überwinden. Der Lösung der allgemeinen Aufgabe folgt in der vorliegenden Abhandlung die vollständige Durchführung zweier Zahlenbeispiele. Das erste Mal wird die Theorie auf einen Träger angewandt, der aus einem unbelasteten Mittelfeld und zwei gleichmässig belasteten Seitenfeldern besteht, das zweite Mal ruht die Belastung auf dem Mittelfelde, und die beiden Seitenfelder sind unbelastet. Der theoretische Theil füllt $2^1/_2$ Seiten, die Zahlenbeispiele 7 Seiten. *F. K.*

H. Zimmermann. Ueber den Sicherheitsgrad der Bauconstructionen, insbesondere der auf Knicken beanspruchten Körper. CBl. d. Bauverw. VI, 217-219, 225-227, 243-245.

Was sich nicht direkt auf die Knickfestigkeit bezieht, ist die an vielen Beispielen durchgeführte Erläuterung der Thatsache, dass eine kleine Variation der Belastung, für welche eine Konstruktion im Gleichgewicht ist, unter Umständen eine dauernde und weitgehende Störung des Gleichgewichts bewirken kann.

Für die Grenze der Belastung, damit kein Zerknicken des Stabes eintrete, wird nach Grashof der Euler'sche Werth

$$P = \frac{EJ}{l^2}\left(\frac{\pi}{2}\right)^2$$

abgeleitet. (Hier wie in den folgenden Referaten über Knickfestigkeit bedeutet J das Trägheitsmoment des Trägerquerschnittes, l die Länge des Trägers, E den Elasticitätsmodul). Es ist bekannt, dass, wenn die durch den angegebenen Ausdruck bestimmte Last gerade im Mittelpunkt angreift, die Ausweichung des oberen Endes sich nicht bestimmen lässt, insofern bei jedem Werth der letzteren Gleichgewicht möglich ist. Greift aber die Kraft nicht im Mittelpunkt an, so führt die Rechnung zu einer unendlich grossen Abweichung; daraus folgt dann unmittelbar, dass, wenn das Zerknicken vermieden werden soll, diese Belastung nicht überschritten werden darf. Jede Formel für die zulässige Belastung, welche einen grösseren Werth als P liefert, ist also auf jeden Fall zu verwerfen. *F. K.*

F. FRIELINGHAUS. Einfache Ableitung der Formeln für Knickfestigkeit. Wochenbl. f. Bauk. VIII, 381.

Hr. FRIELINGHAUS leitet auf einem zwar kurzen, aber, wie dem Referenten scheint, nicht völlig einwurfsfreien Wege für die Grenzbelastung Formeln ab, welche sich von den EULER'schen Werthen nur in den Zahlenkoefficienten und zwar um weniger als 3 pCt. des Betrages unterscheiden. *F. K.*

M. MÖLLER. Zur Ableitung von Formeln für Knickfestigkeit. Wochenbl. f. Bauk. VIII, 409-410, 460-461.

H. ZIMMERMANN. Zur Ableitung von Formeln für Knickfestigkeit. Wochenbl. f. Bauk. VIII, 451-452.

Anknüpfend an den soeben besprochenen Artikel von Hrn. FRIELINGHAUS, begründet Hr. MÖLLER zunächst in äusserst klarer Weise die beiden Forderungen

$$(1.)\quad P \leqq \frac{\pi^2}{m}\frac{EJ}{l^2}, \qquad (2.)\quad P \leqq SF,$$

wo m einen von der Befestigungsart abhängenden Zahlenkoefficienten, S das Maass der zulässigen Beanspruchung bezeichnet, und geht dann zu der Darlegung der Gründe über, welche ihn bewegen, die SCHWARZ'sche Formel

$$(3.)\quad P \leqq \frac{SF}{1+K\frac{Fl^2}{J}}$$

vorzuziehen (K ein Koefficient).

Hr. ZIMMERMANN verweist bezüglich dieses Punktes auf seine oben besprochene Abhandlung und zieht die Versuchsergebnisse des Hrn. BAUSCHINGER heran, um darzulegen, dass der rechtstehende Ausdruck nicht denjenigen Druck darstelle, bei welchem Säulen zerknicken.

Dem gegenüber hebt Hr. Möller an der Hand einiger Zahlenbeispiele hervor, welche Unzuträglichkeiten die einseitige Benutzung der beiden ersten Formeln in sich schliesst. *F. K.*

M. Westphal. Festigkeit und elastische Durchbiegung eines Ringes. ZS. D. Ing. XXX, 91.

Ein ringförmiger elastischer Körper, dessen Mittellinie eine ebene Kurve mit zwei resp. einer Symmetrieaxe ist, wird zwei gleichen aber entgegengesetzten Kräften unterworfen, welche in den Endpunkten der einen Symmetrieaxe angreifen und die Richtung der letzteren haben. Mit den üblichen Hülfsmitteln werden die betreffenden Spannungs- und Deformationsverhältnisse bestimmt. *F. K.*

F. Steiner. Theorie statisch unbestimmter Systeme unter Berücksichtigung der Anfangsspannungen. ZS. Oesterr. Arch. und Ing. XXXVIII, 179-182.

Obgleich in einem elastischen Systeme durch schon vorhandene Belastungen Formänderungen auftreten, berechnet man gewöhnlich die Spannungen, welche eine neue hinzutretende Belastung hervorruft, so, als ob keine Formänderungen vorhanden wären. Der Verfasser sucht an einem Beispiele zu zeigen, dass dieses Verfahren unter Umständen zu Resultaten führen könne, welche von richtigen Ergebnissen zu weit differiren. Referent muss gestehen, dass er sich mit den Ausführungen des Verfassers nicht in Uebereinstimmung bsfindet. Man erlaubt sich jenes Verfahren in der Voraussetzung, dass die mit demselben verbundenen Fehler nicht grösser sind, als die mit den elastischen Grundgesetzen verbundenen, welche die Spannungen als lineare Funktionen der Dilatationen der elastischen Körper erklären. Will Hr. Steiner den Einfluss der Deformationen auf die statischen Beziehungen nicht vernachlässigen, so darf er konsequenter Weise die Spannungen nicht mehr als lineare Funktionen der Deformationen ansehen. Ausserdem scheint uns, dass Hr. Steiner bei Durchführung seines Beispiels Vernachlässigungen begeht, die einer Rechtfertigung bedurft hätten. *F. K.*

M. LÉVY. Formules directes pour le calcul des moments de flexion dans les poutres continues de section constante on variable. C. R. CII, 470-476; [Beibl. XI, 309. 1887.

A_0, A_1 bis A_n seien $n+1$ Stützen, welche den Balken in n Fächer theilen, von links nach rechts gerechnet; jedes Fach für sich sei homogen und beliebig mit vertikalen Drucken belastet. l_i sei die Länge des i^{ten} Faches, M_i das Biegungsmoment auf der Stütze A_i, y_i ihre Ordinate, M das Moment an einer beliebigen Stelle x des Balkens, μ dasselbe, wenn das Fach, welches die Stelle x enthält, allein existirte und mit seinen Endpunkten auf den begrenzenden Stützen aufläge. E sei der Elasticitätskoefficient und J das Trägheitsmoment in einem beliebigen Querschnitt; man setze $EJ = kE_0J_0$, wo E_0, J_0 Konstanten sind, dann ist k eine reine Zahlenfunktion von x, die gleich 1 wird, wenn Querschnitt und Elasticität konstant sind. Die Neigung der Tangente über der Stütze A_i wird auf zweierlei Weise berechnet, indem man A_i einmal als den Endpunkt des $i-1^{\text{ten}}$, das andere Mal als den Anfangspunkt des i^{ten} Faches betrachtet. Durch Gleichsetzung der so gefundenen Ausdrücke ergiebt sich die Fundamentalformel „welche die ganze Theorie der Balken umfasst"

$$\frac{1}{l_i}\int_0^{l_i} \frac{Mx}{k}\,dx + \frac{1}{l_i}\int_0^{l_{i+1}} \frac{M(l_{i+1}-x)}{k}\,dx$$
$$= E_0J_0\left(\frac{y_i-y_{i-1}}{l_i} + \frac{y_i-y_{i+1}}{l_{i+1}}\right).$$

Aus dieser Gleichung werden nun Einzelsätze abgeleitet. Bemerkenswerth ist besonders das Hervortreten gewisser Punkte, welche der Verfasser die Brennpunkte der Balkenfächer nennt; in ihnen verschwindet das Flexionsmoment an den Stützen aus der Gleichung für das Flexionsmoment im untersuchten Punkte. Ferner ergeben sich Beziehungen zwischen den Momenten M_{i-1} und M_i, aus diesen die Mittel zur direkten Berechnung der M_i, und daraus schliesslich die Werthe der Biegungsmomente in einem beliebigen Punkte des Balkens. *Bde.*

W. Voigt. Bestimmung der Elasticitätsconstanten von Beryll und Bergkrystall. Gött. Nachr. 1886, 93-120, 289-339; Auszug Wied. Ann. XXXI, 474-501, 701-724†.

Die Beobachtungen sind mit etwas veränderten Apparaten, aber nach derselben Methode angestellt wie die früheren an Steinsalz und Flussspath (s. diese Ber. XL, (1) 405); gemessen wurden die Biegungen und Drillungen rechteckiger Prismen.

Beryll. Es werden die Formeln für die elastischen Kräfte aufgestellt, wie sie bei den holoëdrisch-hexagonalen Krystallen stattfinden; die Anzahl der Elasticitätskonstanten ist fünf.

Die beobachteten Biegungswiderstände (Elasticitätskoefficienten) E_φ für Stäbchen, welche den Winkel φ mit der Hauptaxe einschliessen, sind — Gramm und Millimeter als Einheiten vorausgesetzt —

$$E_0 = 21{,}65 . 10^6, \quad E_{45} = 17{,}96 . 10^6, \quad E_{90} = 23{,}12 . 10^6;$$

die Drillungswiderstände T_0 und T_{90}

$$T_0 = 6{,}67 . 10^6, \quad T_{90} = 8{,}83 . 10^6;$$

der letzte Werth gilt für Prismen, deren Breitseite normal zur Hauptaxe liegt.

Hieraus folgen für die fünf Elasticitätskonstanten des Beryll die Zahlenwerthe

$$c_{11} = 27{,}46 . 10^6, \quad c_{12} = 9{,}80 . 10^6, \quad c_{13} = 6{,}74 . 10^6,$$
$$c_{33} = 24{,}09 . 10^6, \quad c_{44} = 6{,}66 . 10^6.$$

Die Relation $c_{13} = c_{44}$, welche sich aus der Poisson'schen Theorie unter Annahme nicht polar wirkender Moleküle ergiebt, ist sehr nahe erfüllt.

Bergkrystall, obwohl trapezoëdrisch-tetartoëdrisch krystallisirend, zeigt dieselben Elasticitätsverhältnisse, wie die Formen der rhomboëdrischen Hemiëdrie. Die Anzahl der Elasticitätskonstanten ist hier sechs.

Die komplicirteren Symmetrieverhältnisse erfordern eine specielle Ableitung der Gesetze der Drillung (s. das Referat auf p. 445); gedrillt werden schliesslich Prismen, deren Axen parallel und normal zur krystallographischen Hauptaxe liegen, — letztere mit Breitseiten normal resp. parallel zur Hauptaxe (T_{90A} resp. T_{90B}), — gebogen Prismen, deren Axen in der Ebene normal zu einer zweizähligen Symmetrieaxe liegen und den Winkel φ mit der Hauptaxe einschliessen. φ ist positiv nach der Seite der Fläche $+R$ gerechnet.

Die Resultate der Beobachtungen sind in den oben angegebenen Einheiten

$$E_0 = 10{,}30 . 10^6, \quad E_{+45} = 8{,}41 . 10^6, \quad E_{-45} = 13{,}05 . 10^6, \quad E_{90} = 7{,}85 . 10^6;$$

$$T_0 = T_{90B} = 5{,}09 . 10^6, \quad T_{90A} = 3{,}48 . 10^6.$$

Hieraus folgt das System der Elasticitätskonstanten:

$$c_{11} = 8{,}68 . 10^6, \quad c_{12} = 0{,}71 . 10^6, \quad c_{13} = 1{,}44 . 10^6, \quad c_{14} = 1{,}72 . 10^6, \quad c_{33} = 10{,}75 . 10^6, \quad c_{44} = 5{,}82 . 10^6.$$

Die POISSON'schen Relationen

$$c_{13} = c_{44}, \quad c_{11} = 3c_{12}$$

finden sich nicht bestätigt.

In einem Zusatz wird der Satz bewiesen, dass zwei rechteckige Prismen aus beliebiger krystallinischer Substanz, welche vertauschte Richtungen der Länge und Breite besitzen, die gleichen Drillungskoefficienten zeigen. *W. V.*

H. VATER. Der Apparat von WARBURG und KOCH zur Bestimmung der Elasticitätscoefficienten, sowie Anwendung desselben auf zur Axe senkrechte Platten von Kalkspath und Apatit. ZS. f. Kryst. XI, 549-587†; [J. de Phys. (2) VI, 393. 1887; [Beibl. X, 552-555.

Die Arbeit enthält eine eingehende Schilderung des Apparates von WARBURG und KOCH, genaue Angaben über Justirung desselben und Abänderungen, welche theils GROTH und BECKENKAMP, theils der Verfasser an demselben angebracht haben, oder die letzterer für eine später etwa auszuführende Kopie desselben empfiehlt. Den besagten Apparat wendet der Verfasser zur Untersucchung der Durchbiegung kreisförmiger Platten, wie GROTH sie vorgeschlagen und BECKENKAMP schon ausgeführt hat, an. Für Glas und Kalkspath ergaben sich die auf diesem Wege nach einer von BECKENKAMP angegebenen Formel berechneten Werthe (E') des Elasticitätskoefficienten als durchaus verschieden von den bei der Anwendung von Stäbchen beobachteten (E)

Glas $E' = 0,73\ E$

Kalkspath $E' = 0,76\ E$.

An senkrecht zur Axe geschnittenen Platten von Kalkspath und Apatit war die Elasticität gleich in den verschiedenen Richtungen, in Uebereinstimmung mit den Formeln VOIGT's. Das Verhältniss der auf diesem Wege gewonnenen Elasticitäten von Flussspath senkrecht zur Würfelfläche und senkrecht zur Dodekaëderfläche, nämlich 1,08, weicht dagegen von dem Werthe, den VOIGT dafür bestimmte, 1,45, völlig ab. Aus alledem folgt, dass die Methode wohl gestattet, Unterschiede in den verschiedenen Richtungen festzustellen, aber keine brauchbaren Zahlen ergiebt, wenigstens nicht nach der Formel von BECKENKAMP, die übrigens nicht berücksichtigt, dass die nicht zwischen den Schneiden liegenden Theile der Platte nicht an beiden Enden unterstützt sind. Bei sämmtlichen vom Verfasser untersuchten Substanzen, Glas, Flussspath, Kalkspath, Apatit und Beryll, fand derselbe die von BECKENKAMP am Alaune beobachtete stetige Abnahme des Elasticitätskoefficienten bei wiederholter Belastung. Die ersteren drei Substanzen blieben dabei intakt, was sich möglicherweise durch ihre vollkommene Homogenität erklärt. *E. B.*

V. H. BECKENKAMP. Zur Bestimmung der Elasticitätsconstanten von Krystallen. GROTH. ZS. f. Kryst. Min. X, 41 bis 57†. 1885; [J. de Phys. (2) VI, 392; [J. Chem. Soc. XLVIII, 729.

Die Arbeit des Verfassers hatte hauptsächlich den Zweck, das Resultat der NEUMANN'schen Theorie zu prüfen, wonach die hemiëdrischen Krystalle des regulären Systems in elastischer Beziehung dieselbe Symmetrie besitzen, wie die holoëdrischen. Zur Entscheidung dieser Frage wollte der Verfasser die Biegungskoefficienten pentagonal hemiëdrischer Krystalle nach verschiedenen, einer Hexaëderfläche parallelen Richtungen durch Beobachtungen an einer kreisförmigen Platte bestimmen, die symmetrisch auf zwei parallele Schneiden aufgelegt und längs eines Durchmessers belastet wurde. Indessen erwiesen sich die hierfür hergestellten Pyritplatten als zu wenig homogen, und bei Alaun ergab die Biegung von Kreisplatten wegen zu geringer Unterschiede der Biegungskoefficienten und beständiger Abnahme derselben bei wiederholter Belastung ebenfalls keine brauchbaren Resultate, weshalb der Verfasser dann wieder Stäbchen verwendete. Es sei bemerkt, dass die Methode der Biegung von Kreisplatten auch theoretisch grosse Schwierigkeiten bieten würde, da die vom Verfasser in § 2 durchgeführte einfache Behandlungsweise des Problems ganz unzulässig ist.

Die Beobachtungen an Alaunstäbchen, die $\perp$ (100), $\perp$ (110), $\perp$ (111) und nahezu $\perp$ (210) geschnitten waren, ergaben folgende Resultate:

1. Eine Abweichung von der Symmetrie holoëdrischer regulärer Krystalle ist nicht erkennbar.

2. Die Biegungs- (Dehnungs-) Koefficienten des Alauns sind grösser, und ihre Abhängigkeit von der Richtung ist kleiner, als bei allen anderen untersuchten Krystallen.

Die absoluten Werthe des Dehnungswiderstandes sind (in mm, sec., g):

für die Hexaëdernormalen: $E_1 = 1793000$,
für die Dodekaëdernormalen: $E_3 = 1998000$.

Im Gegensatz zu Steinsalz, Sylvin, $NaClO_3$, (sowie Flussspath und Pyrit nach W. VOIGT) ist hier $E_3 > E_1$.

Die Beobachtungsmethode war die von WARBURG und KOCH angegebene (WIED. Ann. V, 251. 1878), welche auf der mikroskopischen Beobachtung der Verschiebung von Interferenzstreifen beruht. Der Apparat, welcher durch GROTH einige Verbesserungen erfahren hatte, ist in der Abhandlung des Verfassers beschrieben und abgebildet. *F. P.*

J. TROWBRIDGE and A. L. McRAE. Elasticity of Ice. SILL. J. (3) XXIX, 349-55; [J. de Phys. (2) V, 133; [Naturf. XVIII, 275; [Beibl. IX. 706.

Aus Transversalschwingungen einer Eisstange wurde der Elasticitätsmodul des Eises zu 55 bis 66.10^9 bestimmt. Aus der Durchbiegung eines Stabes ergaben sich Werthe, die zwischen 26 und 109.10^9 liegen, aus longitudinalen Schwingungen Werthe zwischen 65 und 96.10^9, das Mittel aus den besten Beobachtungen ergiebt 77.10^9 und für die Schallgeschwindigkeit den Werth 2900 $\frac{\text{m}}{\text{sec}}$. *Bde.*

H. Schneebeli. Recherches expérimentales sur le choc de corps élastiques. Arch. Soc. Phys. Nat. (3) XIV, 435-442; Exner Rep. XXII, 143-147; [J. de phys. (2) V, 291; [Beibl. X, 328. 1886.

Die Untersuchung bezweckt die Prüfung der Hertz'schen Formeln für den Stoss zweier Kugeln. Zur Beobachtung wurden vier Paare gleicher Kugeln aus Stahl mit Durchmessern von 20 bis 70 mm benutzt, die an Fäden hingen; ein Galvanometer, durch welches während der Dauer der Berührung der Kugeln ein Strom floss, diente zur Bestimmung dieser Dauer.

Die Beobachtung bestätigte das Resultat der Theorie, wonach die Stossdauer dem Radius der Kugeln und der $\frac{1}{5}$ten Potenz der relativen Anfangsgeschwindigkeit direkt proportional sein soll. Auch der absolute Werth der beobachteten Stossdauer stimmte angenähert mit dem berechneten.

Was ferner die Grösse der während des Stosses stattfindenden Abplattung anbetrifft, so wird dieselbe durch die Theorie mit dem Quadrat des Kugelradius und der $\frac{4}{5}$ten Potenz der relativen Anfangsgeschwindigkeit proportional gegeben. Die Beobachtung an den leicht mit Paraffin eingeriebenen Kugeln zeigte sowohl hinsichtlich der relativen, wie der absoluten Werthe eine vollkommene Uebereinstimmung; eine angenäherte ergab sich auch, als die beiden Kugeln mit einer Presse dauernd gegeneinander gedrückt wurden.

W. V.

H. Schneebeli. Sur les déformations que subissent des sphères en caoutschouc par des forces extérieures. Arch. sc. Phys. (3) XV, 534-542; [Beibl. X, 602.

Der Verfasser prüft die von Hertz (Crelle's J. Bd. 92) gegebene Formel für die Abplattung zweier Kugeln durch gegenseitiges Andrücken. Der Radius r des Abplattungskreises ist bestimmt durch den ausgeübten Gesammtdruck p, durch die Radien R_1 und R_2 der Kugeln, und zwei nur von ihren Elasticitätskonstanten abhängige Grössen ϑ_1 und ϑ_2, gemäss der Formel

$$r = \sqrt[3]{\frac{3p(\vartheta_1+\vartheta_2)}{16\left(\frac{1}{R_1}+\frac{1}{R_2}\right)}}.$$

Diese Formel liefert, wenn die zweite Kugel eine starre Platte ist und auch wenn sie der ersten völlig gleich ist, den Werth

$$r = \sqrt[3]{\frac{3p\vartheta R}{16}}.$$

Die Prüfung der Formel geschah mittelst zweier Kautschukkugeln von 52,4 mm Radius und einer dicken Kupferplatte; die Gesammtdrucke wurden von 4,932 bis 76,932 kg gesteigert. Die Resultate bestätigen die HERTZ'sche Formel sehr vollkommen.

Schliesslich werden die gemessenen Werthe r zur Berechnung des sogenannten Elasticitätskoefficienten für Kautschuk benutzt; die gefundene Zahl ist

$$E = 0{,}164\ \mathrm{kg/mm^2}.$$

W. V.

J. KIEWIET. Ueber die Biegungselasticität von reinem Zink, Kupfer, Zinn und ihren Legirungen. WIED. Ann. XXIX, 617-654†; [Cim. (3) XXIII, 87. 1888; [Rundsch. II, 86. 1887; [J. de phys. (2) VI, 516. 1887.

Die Untersuchung wurde nach den von W. VOIGT ausgebildeten Methoden der Stäbchenbiegung vorgenommen. Die Stäbchen wurden mit grosser Sorgfalt hergestellt und durch Anätzung auf ihr Gefüge untersucht. Bei Zink und Zinn zeigte sich erhebliche, mit der Temperatur stark wachsende Nachwirkung. Die allgemeinen Ergebnisse lauten:

Der Elasticitätskoefficient einer Substanz ist durch ihren Namen und ihre chemische Zusammensetzung nicht genügend bestimmt, sondern hängt von ihrem Gefüge (Art des Zusammenschmelzens etc.) ab. Bei Legirungen weicht er oft merklich von dem Werth ab, der sich nach dem Verhältniss der Zusammensetzung aus den Koefficienten der Bestandtheile berechnen lässt. Die Aenderung der Elasticitätskoefficienten mit der Temperatur lässt sich in der Regel zwischen 0° und 100° durch eine lineare Gleichung

$E = E_0(1-\alpha t)$ darstellen; die Ausnahmen siehe unten. Die Zahlenresultate sind in folgender Tabelle enthalten (die mit einem Stern bezeichneten Metalle sind gewalzt):

Stoff	Analyse	Spec. Gew.	E_0	$\alpha . 10^4$
Zn	rein	7,115	$10,4_{77}$	14,71
N	Zn 54,95 Cu 45,06	8,127	$12,1_{75}$	siehe unten
A	Zn 53,12 Cu 46,88	8,166	$9,6_{08}$	-
-	Zn 51,97 Cu 48,03	8,215	$10,6_{43}$	3,41
-	Zn 41,48 Cu 58,52	8,228	$9,0_{12}$	2,75
-	Zn 22,29 Cu 77,71	8,46	$9,8_{3}$	3,59
*Messing	Zn 34,58 Cu 65,38	8,404	$10,8_{18}$	4,00
*-	Zn 33,95 Cu 66,03	8,506	$10,8_{81}$	3,49
Cu gegossen	rein	8,76	$10,8_{47}$	3,72
*Cu	rein	8,86	$12,2_{98}$	3,8
Cu galvanopl.	rein	9,936	$12,3_{06}$	7,52
Cu Sn	Cu 89,76 Sn 10,20	8,58	$9,7_{3}$	6,27
Cu Sn	Cu 67,06 Sn 32,91	8,927	$11,8_{63}$	3,21
-	Cu 49,97 Sn 50,02	8,679	$8,6_{05}$	9,99
-	Cu 41,23 Sn 58,75	8,314	$8,3_{11}$	10,89
Sn	rein	7,164	$4,7_{68}$	siehe unten.

Reines Zinn und die beiden ersten Legirungen *N* und *A* schmiegen sich nicht der linearen Temperaturformel an; ihr Verhalten wird ausgedrückt durch die Formeln

$$\begin{array}{lll} \text{Sn} & E = E_0(1-0{,}00311\,t-0{,}0_542t^2) \\ \text{Legirung } A & E = E_0(1+0{,}00067\,t-0{,}0_582t^2) \\ \text{.}\quad N & E = E_0(1+0{,}00047\,t-0{,}0_571t^2). \end{array}$$

Im ersten Anhang ist für ein Glasstäbchen angegeben

$$E = 7{,}6_{92}(1-0{,}000321)t.$$

Ferner sind die Elasticitätsverhältnisse von Cu, Zn und S aus Torsionsbeobachtungen bestimmt. Die Torsionskoefficienten ergeben sich für

$$\text{Zink } T = 3{,}8_2,\quad \text{Zinn } T = 1{,}5_{31},\quad \text{Zink } T = 4{,}6_{45}.$$

Nach den Formeln

$$E = \frac{\mu(2\mu+3\lambda)}{\mu+\lambda},\quad T=\mu,\quad a-b=2\mu,\quad \lambda=b$$

ergiebt sich daraus für

Zink	$a = 14{,}94$,	$b = 7{,}29$,	$b/a = 2{,}05$
Zinn	$a = 11{,}5$,	$b = 8{,}4$,	$b/a = 1{,}4$
Kupfer gewalzt	$a = 17{,}08$,	$b = 7{,}75$,	$b/a = 2{,}2$
Kupfer ungewalzt	$a = 11{,}89$,	$b = 2{,}94$,	$b/a = 4{,}04$.

Die POISSON'sche Relation $a = 3b$ ist bei keinem der vier Stoffe auch nur annähernd erfüllt. *Bde.*

M. HAMBURGER. Untersuchungen über die Zeitdauer des Stosses elastischer cylindrischer Stäbe. Diss. Breslau 1885, 27 pp. [Beibl. X, 271.

— — Untersuchungen über die Zeitdauer des Stosses von Cylindern und Kugeln. WIED Ann. XXVIII, 653-665. 1886†; [Cim. (3) XXII, 181.

Die letzte Abhandlung ist, soweit sie sich auf Cylinder bezieht, ein Auszug der ersteren.

1. Es wurden longitudinale Zusammenstösse freihängender Cylinder aus Messing beobachtet und die Stosszeit mittelst der elektromagnetischen Wirkung gemessen, die ein während der Dauer des Stosses geschlossener Strom hervorbringt. Die Zeitdauer des Stosses wächst mit abnehmender Geschwindigkeit, mit

wachsender Stablänge und mit wachsender Stabdicke. Die Resultate sind im Widerspruch mit der Theorie von St. Venant, vereinbar mit derjenigen von Voigt.

2. Die beobachtete Stossdauer für Kugeln von Stahl und Messing finden sich in guter Uebereinstimmung mit der Theorie von Hertz. *W. V.*

R. Maurer. Ueber das Verhältniss der Quercontraction zur Längendilatation bei Stäben aus Leimgallerte. Wied. Ann. XXVIII, 628-653†; [Cim. (3) XXIII, 181; [J. de phys. (2) VI, 517. 1887.

Cylinder und Bänder von verschiedenen leimigen Gallerten wurden gegossen und bei den besseren Versuchen möglichst frisch benutzt, um Heterogeneitäten durch Verdunstung zu vermeiden. Vier Methoden sind angewendet; 1) Vergleich von Dehnungs- und Torsionselasticität, μ liegt zwischen 0,375 und 0,800; 2) direkte Beobachtung zweier linearen Dilatationen, μ zwischen 0,410 und 0,523; 3) Messung der Länge eines ausgedehnten Cylinders und Berechnung seiner Dicke aus dem elektrischen Leitungswiderstand, μ zwischen 0,392 und 0,426; 4) gleichzeitige Messung von Längendehnung und Volumänderung; diese Versuche geben sehr gut übereinstimmende Resultate, μ = 0,499978 bis 0,499994. Der Verfasser sieht die nach der letzten Methode gewonnenen Resultate als die massgebenden an und schliesst, dass μ für Gallerten aus 1 Theil Gelatine nnd 2 bis 5 Theilen Wasser zwischen 0,499 und 0,5 liegt. *Bde.*

G. R. Dahlander. Ueber die Beziehung zwischen dem Dilatationskoefficienten und dem Elasticitätskoefficienten bei verschiedenen Temperaturen. Öfvers Svensk. Vet. Ak. Förh. No. 7, 213. 1886.

In einer früheren Arbeit hat der Verfasser die Beziehung zwichen Spannung und Temperaturdilatation bei Metalldrähten ausgedrückt durch die Gleichung:

$$(1.)\quad k'-k = \frac{\Delta P}{a\Delta t}\left(\frac{1}{E'}-\frac{1}{E}\right),$$

wo P Spannung, a Querschnitt, t Temperatur, k' und k mittlere Dilatationskoefficienten, E' und E die Elasticitätskoefficienten bezeichnen. Zu demselben Resultat ist auch RÜHLMANN in seiner Arbeit: „Handbuch der mech. Wärmetheorie" p. 524 gekommen. Wenn man $E = 1/\varepsilon$ setzt, geht die Gleichung für unendlich kleine Veränderungen in

$$(2.)\qquad \frac{dk}{dP} = \frac{1}{a}\frac{d\varepsilon}{dt}$$

über. Neulich hat nun Hr. GRAETZ eine Modifikation der Formel vorgeschlagen (WIED. XXVIII, 354, 1886). Er bemerkt nämlich, die Gleichung (2) sei unter der Voraussetzung hergeleitet, dass die schliessliche Länge des Drahtes dieselbe sei, gleichgültig in welcher Ordnung die Aenderungen von Temperatur und Spannung vor sich gehen und dass, wenn dies nicht der Fall ist, die Gleichung nicht richtig ist. Die von Hrn. GRAETZ vorgeschlagene Gleichung ist

$$\frac{dk}{dP} = \frac{1}{a}\frac{d\varepsilon}{dt} + \delta . l$$

wo δ eine Konstante ist und l die ursprüngliche Länge des Drahtes bezeichnet. Dagegen bemerkt Hr. DAHLANDER, die erste Gleichung sei unter der Annahme hergeleitet, dass die Elasticitätsgrenze nicht erreicht ist; dann wird aber die oben erwähnte Voraussetzung erfüllt, also ist dann auch $\delta = 0$. Uebrigens sei die von GRAETZ vorgeschlagene Aenderung ziemlich willkürlich und kaum von praktischer Anwendbarkeit. *K. A.*

L. GRAETZ. Ueber die Abhängigkeit der Elasticität des Kautschuks von der Temperatur und ihre Beziehung zum thermischen Ausdehnungscoefficienten. WIED. ANN. XXVIII, 354-364.

Nach einer kritischen Besprechung der von DAHLANDER (POGG. Ann. 145) und SCHMULEWITSCH (POGG. Ann. 144) aufgestellten Theorien über den Elasticitätsmodul des Kautschuks untersucht der Verfasser direkt experimentell, wie der Torsionsmodul F von Kautschukfäden durch die Temperatur beeinflusst wird. Die Beobachtung geschah in gewöhnlicher Weise durch langsame, also isotherme Torsionsschwingungen, bei welchen die Fäden mittelst eines Mantels von warmem Wasser bis gegen 50° C. erwärmt werden konnten. Es fand sich (die einzelnen Fäden sind durch ihre Farben bezeichnet):

Roth I:	$F = F_{20}\{1+0{,}00706\ (t-20)-0{,}00012\ (t-20)^2\}$
Roth II:	$F = F_{20}\{1+0{,}00601\ (t-20)-0{,}0001\ (t-20)^2\}$
Grau I:	$F = F_{20}\{1+0{,}00424\ (t-20)-0{,}00008\ (t-20)^2\}$
Grau II:	$F = F_{20}\{1+0{,}0055\ (t-20)+0{,}00002\ (t-20)^2\}$
Schwarz I:	$F = F_{20}\{1+0{,}005922(t-20)-0{,}000096(t-20)^2\}$
Schwarz II:	$F = F_{20}\{1+0{,}00455\ (t-20)+0{,}000121(t-20)^2\}$

Im Text steht in der ersten Formel statt des + vor 0,00706 ein —, was nach den Schwingungszahlen offenbar ein Druckfehler ist. Sonach wachsen in allen 6 Fällen die Torsionsmoduln mit der Temperatur. Der absolute Werth des Torsionsmoduls wurde an dem Faden „Schwarz I“ zu $F_{20} = 0{,}1629 \frac{\text{kg}}{\text{mm}^2}$ bestimmt. Dass die isothermische Elasticität des Kautschuks mit der Temperatur zunimmt, ist eine Bestätigung der von Schmulewitsch ausgesprochenen, wenn auch nicht richtig begründeten Theorie und befindet sich in Uebereinstimmung mit theoretischen Betrachtungen, wegen deren wir, da sie sich nicht wohl kurz wiedergeben lassen, auf das Original verweisen. *Bde.*

A. Miller. Der primäre und secundäre longitudinale Elasticitätsmodul und die thermische Constante des letzteren. Münch. Denkschr. 1886, 707-758; [Beibl. XI, 211. 1887.

Unter „primärem Elasticitätsmodul E_p“ eines Drahtes versteht der Verfasser den elastischen Widerstand desselben bei seiner ersten Deformation, unter „sekundärem Elasticitätsmodul E_s“ dagegen den Grenzwerth, dem sich diese Grösse durch wiederholtes An- und Abspannen ziemlich schnell nähert.

Bezüglich dieser Grösse und ihrer Aenderung mit der Temperatur schliesst der Verfasser aus seinen Beobachtungen u. a. folgende Sätze.

1. Der sekundäre Elasticitätsmodul ist eine lineare Funktion der Temperatur t.

2. Falls man $E_s = E_0 (1 + \gamma t)$ setzt, so ist für

Platina	$\gamma = -0{,}0003636$,	Zink	$\gamma = -0{,}0033$,
Eisen	$\gamma = -0{,}0003760$,	Blei	$\gamma = -0{,}0047$,
Silber	$\gamma = -0{,}0007776$,	Messing	$\gamma = -0{,}0004726$,
Kupfer	$\gamma = -0{,}0009983$,	Neusilber	$\gamma = -0{,}0006536$.

3. Die Koefficienten γ sind bei den einfachen Metallen um so grösser, je niedriger deren Schmelzpunkt ist; nur Silber und Kupfer folgen dieser Regel nicht, insofern γ für das erstere kleiner ist, als für das letztere.

4. Mit derselben Ausnahme ergeben sich die Koefficienten γ den thermischen linearen Ausdehnungskoefficienten parallel verlaufend. *W. V.*

C. PULFRICH. Ueber die elastische Nachwirkung eines Kautschukschlauches und deren Einfluss auf die Constante μ. WIED. Ann. XXVIII, 87-107†; [Cim. (3) XXI, 174; [Rundsch. I, 287; [J. de phys. (2) VI, 517. 1887.

Die Versuche sind angeregt durch die Frage, ob das Verhältniss (μ) der Querkontraktion zur Längendilatation von der Nachwirkung und damit von der Zeit abhängig sei. Der aus den Nachwirkungsänderungen allein ermittelte Quotient der Querkontraktion durch die Längendilatation wird als Nachwirkungskoefficient (μ') bezeichnet. Das Beobachtungsverfahren ist das WERTHEIM'sche; die Volumänderung eines Rohrs aus bestem „rothen englischen Röhrenkautschuk" wurde dadurch bestimmt, dass das Rohr mit Wasser gefüllt und die Aenderung seines Volumens beim Ausziehen an einem angesetzten Kapillarröhrchen abgelesen wurde. Die durch Tabellen belegten Ergebnisse sind hauptsächlich folgende: Die Verkürzung, welche einer Belastungsabnahme folgt, ist im Allgemeinen grösser als die Verlängerung durch die entsprechende Belastungszunahme; durch diese Verkürzung verkleinert sich aber das Volumen nicht, sondern geht merklich genau wieder auf den ursprünglichen Werth zurück. Die Verlängerungen wachsen durchweg schneller als die Belastungen. Die KOHLRAUSCH'sche Formel bestätigt sich mit genügender Genauigkeit, und zwar ist die Uebereinstimmung merkwürdiger Weise bei längerer Belastungszeit besser als für kurze. Die Nachwirkungen in der Quer- und Längsrichtung erfolgen in genau identischer Weise und mit derselben Geschwindigkeit. Es besteht kein wesentlicher Unterschied zwischen der durch momentane Belastung entstandenen Volumänderung und derjenigen, die durch Nachwirkung eintritt; μ' ist merklich gleich μ. Der Werth von μ ist im Mittel 0,458 (Röntgen 0,457, Naccari und Bellati 0,41 bis 0,36). *Bde.*

H. Tomlinson. The influence of stress and strain on the physical properties of matter. Part I. Elasticity, continued. The internal friction of metals. Proc. Roy. Soc. XL, 240†; [Beibl. XI, 176.

— — Dasselbe. The effect of change of temperature on the internal friction and torsional elasticity of metals. Ibild. 343†; [Beibl. XI, 213.

— — Dasselbe. The effect of magnetisation on the elasticity and the internal friction of metals. Ibid. 447†; [Beibl. XI, 751.

Phil. Trans. CLXXVII, 801-837†.

Der erste Theil der Untersuchung beschäftigt sich mit den Energieverlusten, welche eine drehende Schwingung durch die innere Reibung des Suspensionsdrahtes erleidet. Nachdem der Einfluss der Luftwirkung eliminirt ist, ergeben sich folgende Sätze: Das logarithmische Dekrement (immer, so weit es von der inneren Reibung des Drahtes herrührt) ist unabhängig von der Amplitude, so lange die Deformation eine gewisse Grenze nicht überschreitet. Es wächst mit der Dauer der Schwingungsperiode; diese Zunahme variirt von einem Metall zum andern und wird bei den reibungsfreieren Metallen fast unmerklich. (Bei Flüssigkeiten nimmt die Viscositätswirkung ab, wenn die Periode wächst.) Streckung des Drahtes durch ein Gewicht vermindert die innere Reibung und vermehrt die Torsionselasticität, so lange die Streckung eine gewisse Grenze nicht überschreitet. Bedeutende Streckung dagegen hat die entgegengesetzte Wirkung. Der Drahtzug erhöht die innere Reibung oft enorm; bei 6 Metallen wurde ihr Betrag durch sorgfältiges Anlassen auf $^1/_2$ bis $^1/_{30}$ herabgesetzt. Schnelle Temperaturschwankungen, auch nur von wenigen Graden, erhöhen gleichfalls die Viscosität auffallend stark. Die „elastische Ermüdung“ Sir W. THOMSON's macht sich erst geltend, wenn die Amplituden eine gewisse Grenze überschreiten. Für Nickel liegt diese Grenze so ausserordentlich niedrig, dass es schwer ist, sie nicht zu überschreiten. Der Verfasser stimmt der Ansicht WIEDEMANN's zu, dass die Energieverluste beim Schwingen wesentlich von der Rotation der Moleküle abhängen. Die Moleküle streben nach einer Lage, in welcher die „molekulare Rotationselasticität“ ein Maximum ist, und man kann ihnen dies durch thermische wie durch mechanische Einwirkungen erleichtern: Ruhiges Hängen mit gelegentlichen Schwingungen vermindert die innere Reibung eines frisch aufgehängten oder sonst gestörten Drahtes. Heftigere mechanische Störungen dagegen, wie Stösse und Erwärmungen, vermehren die Viskosität. Das logarithmische Dekrement ist unabhängig von der Länge und Dicke des Drahtes.

Der zweite Theil der Untersuchung beschäftigt sich speciell mit der Einwirkung der Temperatur auf Elasticität und innere Reibung. Schwingungszeit und Dekrement wurden bei vier Temperaturen zwischen 0 und 100° C. bestimmt. Die Ergebnisse sind in den folgenden Tabellen enthalten; α und β sind die Koefficienten in der Formel für das Torsionsmoment r, wo r_0 dasjenige bei 0° ist,

$$r = r_0\,(1+\alpha t+\beta t^2);$$

a und b sind Koefficienten in der entsprechenden Formel

$$\lambda = \lambda_0\,(1+at+bt^2)$$

für das logarithmische Dekrement, so weit es von der inneren Reibung herrührt. Die Zahlen gelten zwischen 0 und 100° C.

Metall	α	β	a	b
Silber	$-0{,}0_3 3769$	$-0{,}0_6 1690$	$-0{,}01244$	$+0{,}0_3 3016$
Platin	$-0{,}0_4 4456$	$-0{,}0_6 2987$	$-0{,}01235$	$+0{,}0_3 1040$
Platinsilber	$-0{,}0_3 3555$	$+0{,}0_6 5467$	$+0{,}01410$	$+0{,}0_3 1005$
Aluminium	$-0{,}0_3 5713$	$-0{,}0_7 109$	$-0{,}00806$	$+0{,}0_3 6644$

Metall	α	β	a	b
Zink	$-0{,}0_2 1080$	$-0{,}0_5 4947$	$+0{,}01413$	$+0{,}0_3 7122$
Nickel	$-0{,}0_3 2267$	$-0{,}0_6 3474$	$+0{,}00057$	$-0{,}0_4 205$
Eisen	$-0{,}0_3 2442$	$-0{,}0_6 2510$	$-0{,}01599$	$+0{,}0_4 814$
Kupfer	$-0{,}0_3 2472$	$-0{,}0_6 4488$	$-0{,}01801$	$+0{,}0_3 6345$

Die Drähte waren vorher gut angelassen und darauf wiederholt auf 100° erwärmt und abgekühlt, bis ihre Eigenschaften sich konstant zeigten. Diese vorbereitende Behandlung erhöhte ihre Elasticität, verminderte ihre innere Reibung und vergrösserte die Grenzamplitude, innerhalb deren keine Abweichung vom Dekrementgesetz stattfand. Bemerkenswerth ist, dass die meisten Drähte nach der Tabelle zwischen 0 und 100° C. ein Minimum der inneren Reibung haben. Bei hartgezogenen Drähten fällt das Minimum unter 0°.

Der dritte Theil der Untersuchung geht speciell darauf aus, die Wiedemann'sche Theorie der inneren Reibung zu prüfen. Die Drähte wurden mit einer magnetisirenden Spirale umgeben, gegen deren Wärmeentwickelung sie geschützt waren. Macht der Draht kleine Schwingungen, so ist seine innere Reibung von mässiger Magnetisirung unabhängig. Auch von starker Magnetisirung wird sie nicht afficirt, wenn der Strom vorher wiederholt umgekehrt war; im anderen Falle ruft starke Magnetisirung eine leichte Vergrösserung der Viskosität hervor. Macht der Draht grosse Schwingungen, so wächst seine innere Reibung wesentlich durch dauernde kräftige Magnetisirung. Das Torsionsmoment zeigt sich bei kleinen Schwingungen ganz unabhängig vom Magnetismus, bei grossen nimmt es durch starke Magnetisirung ein wenig ab. Oeftere Unterbrechung oder besser noch Umkehrung des magnetisirenden Stromes während der Schwingungen erhöht die innere Reibung, lässt aber die Elasticität ziemlich unberührt. Unterhalb einer gewissen Grenze bringt die magnetisirende Einwirkung keine permanente Rotation der Molekeln hervor. Ein mässiger Strom, der der Länge nach durch den untersuchten Draht geht, afficirt den letzteren nur insofern er ihn erwärmt, wenigstens wenn die Schwingungen des Drahtes klein sind. Longitudinale Magnetisirung hat keine Wirkung auf die longitudinale Elasticität des Drahtes. *Bde.*

TH. SCHRÖDER. Experimentaluntersuchung über den Einfluss der Temperatur auf die elastische Nachwirkung. [WIED. Ann. XXVIII, 369-393; [Cim. (3) XXII, 172.

Es wurde die Nachwirkung der Torsionselasticität untersucht; der schwingende Draht befand sich in einem doppelwandigen Messingrohr, zwischen dessen Wänden Dampf oder kaltes Wasser cirkulirte. Die Schwingungen waren einer Flüssigkeitsdämpfung ausgesetzt; eine besondere Untersuchung zeigte, dass es für die Nachwirkung keinen merklichen Unterschied machte, ob als dämpfende Flüssigkeit reines Olivenöl oder 1 Olivenöl mit 1 Petroleum diente.

Versuchsgegenstand 1; hartgezogener Silberdraht von 183 mm Länge und 0,163 mm Durchmesser. Jede einzelne Messungsreihe liess sich durch die KOHLRAUSCH'sche Formel

$$\vartheta = c \cdot e^{-at^m}$$

darstellen, in welcher t die Zeit, ϑ die Gleichgewichtslage des Spiegels ist, aber von einer Reihe zur anderen zeigten die Konstanten der Formel bedeutende Abweichungen; weitere Verfolgung der Umstände zeigt, dass die Nachwirkung nach jedem Temperaturwechsel abnimmt.

Versuchsgegenstand 2—4; hartgezogenes Neusilber, hartgezogenes Eisen, geglühtes Platin. Bei dem Platindraht zeigten sich so bedeutende dauernde Deformationen, dass von seiner Auswerthung Abstand genommen werden musste; beim Neusilberdraht blieben von Anfang an die Deformationen innerhalb der Elasticitätsgrenze, beim Eisendraht brachte die erste Drehung um 180° eine dauernde Aenderung von 7,5′ hervor, nachher blieb auch er konstant. Das Ergebniss, in Tabellen und Kurven verzeichnet, lautet dahin, dass sowohl die Nachwirkung wie ihre Aenderung mit der Temperatur beim Silber grösser ist als beim Eisen und bei diesem grösser als beim Neusilber.

KOHLRAUSCH hat vermuthet, der bekannte Unterschied zwischen den Werthen des Elasticitätsmoduls, welche einerseits aus Schwingungen, andererseits aus statischen Formänderungen bestimmt sind, rühre von den elastischen Nachwirkungen her, die sich hauptsächlich bei der statischen Methode merklich machen. Um diesen Satz zu prüfen, wurde untersucht, ob der genannte Unterschied mit der Beobachtungstemperatur steigt, indem der Verfasser das Direktionsmoment eines Drahtes das einemal aus Ablenkungsversuchen, das andere Mal aus Schwingungen bestimmte. Wird der erste Werth mit D_{st}, der zweite mit D_d bezeichnet, so ergab sich iu der That

$$\frac{D_{st}}{D_d} = 0{,}987 \text{ bei } 15{,}1^\circ, \quad \frac{D_{st}}{D_d} = 0{,}918 \text{ bei } 99{,}7^\circ,$$

also eine Bestätigung des Satzes von Kohlrausch.

Schliesslich wird untersucht, wie die Nachwirkung sich gestaltet, wenn während ihres Verlaufs grössere Temperaturänderungen eintreten. Wird ein Draht auf 100° erwärmt, tordirt und sich dann selbst überlassen, so bewegt sich seine Ruhelage mit allmählich abnehmender Geschwindigkeit in einer der Torsion entgegengesetzten Richtung. Erniedrigt man nun die Temperatur, so wird die Bewegung im ersten Augenblick beschleunigt, hört aber bald völlig auf und tritt erst wieder bei einer neuen Temperaturerhöhung ein. Durch Tordiren eines warmen Drahtes und Abkühlen kann man ihm also eine dauernde Torsion ertheilen. Zwischen dieser permanenten Torsion und der Nachwirkung, welche der Draht nachher bei neuen Torsionen zeigt, besteht keine merkliche Abhängigkeit. Lässt man umgekehrt bei Zimmertemperatur eine elastische Nachwirkung entstehen und erwärmt dann den Draht, so wird der Verlauf der Nachwirkung erheblich beschleunigt. Die Abhängigkeit der Ruhelage von der Temperatur wird näher erörtert; zu ihrer Erklärung schliesst sich der Verfasser der Annahme an, dass der Draht in der von Warburg (Wied. Ann. X, 13) angegebenen Weise äolotrop geworden sei. *Bde.*

J. T. Bottomley. On secular experiments in Glasgow on the elasticity of wires. Rep. Brit. Ass. 1886, 537-538.

Im Jahre 1879 wurden im Thurm der Glasgower Universität je zwei Drähte von Pt, Au, Pd neben einander an demselben Balken aufgehängt; von jedem Paar trug der eine $^1/_{10}$, der andere $^3/_4$ desjenigen Gewichtes, bei dem er zerreist. Die Längen der beiden Glieder eines Paares wurden von Zeit zu Zeit mit einander verglichen. Nach dreitägigem Hängen waren die Drähte, deren ursprüngliche Länge rund 1553 cm betrug, leidlich stabil geworden; in den folgenden 15 Monaten nahm der schwerer belastete Platindraht um 1,15 mm, der Golddraht um 1,45 mm mehr zu als der weniger belastete. Von August 1880 bis März 1886 betrug die relative Verlängerung des schwerer belasteten Drahtes bei Platin noch 0,40, bei Gold 0,80 mm. *Bde.*

H. MURAOKA. Ueber die Deformation der Metallplatten durch Schleifen. WIED. Ann. XXIX, 471-484†; [Cim. (3) XXII, 261; Japan. J. I, 69-84.

Nachdem der Verfasser gezeigt (diese Ber. XL, (2) 276), dass dünne Platten durch Ritzen und Schleifen nach der geritzten Seite hin konvex werden, versucht er hier, den Krümmungsradius einer geschliffenen Scheibe als Funktion der Dicke und der Elasticitätskonstante darzustellen. Um behufs der Bestimmung des Krümmungsradius eine regelmässige Schleifung ausführen zu können, muss man die untersuchte Platte während des Schleifens in ebener Form halten; das geschieht, indem man sie unter Anwendung von Löthwasser mit WOOD'schem Metall überzieht und dann einen dicken Block von WOOD'schen Metall an ihr festgiesst. Wird nachher das WOOD'sche Metall durch warmes Wasser abgelöst, so krümmt sich die Platte. Der Verfasser fand es technisch schwierig, die Platte eben zu schleifen, schliff sie daher von vorn herein konvex (Krümmungsradius r_1), maass den nach der Entfernung des WOOD-schen Metalls vorhandenen Krümmungsradius r_2 und bestimmte den „Radius der reducirten Krümmung“ r nach der Gleichung $1/r = 1/r_2 - 1/r_1$. Für vier Metalle, Kupfer, Messing, Stahl und Gold liess sich r leidlich durch die Formel

$$r = Aa^3$$

ausdrücken, in der A eine Konstante, a die Dicke bezeichnet. A ist für Kupfer 84100, Stahl 169000, Messing 94100, Gold 268000. Auffallend war das Verhalten des Antimons, welches nahe eine lineare Gleichung befolgte. Für die Grösse A deducirt der Verfasser aus theoretischen Betrachtungen, dass sie der Gleichung

$$A = \frac{E}{12} \cdot \frac{1}{P\lambda^2}$$

gehorcht, in welcher E der Elasticitätsmodul, λ die Weite ist, bis zu der sich die von einer einzelnen sehr feinen Verletzung der Oberfläche ausgehende Krümmung dieser Oberfläche erstreckt, P die aus inneren Spannungen hervorgehende biegende Kraft, welche durch das Schleifen der Flächeneinheit entsteht. Aus den obigen Zahlen erhält man damit für $P\lambda$ die Werthe bei

Kupfer	Messing	Stahl	Gold
1,23	0,795	1,04	0,253.

Das Produkt $P\lambda$ kann vorläufig nicht in seine Faktoren zerlegt werden. *Bde.*

Th. Turner. An apparatus for determining the hardness of metals. Rep. Brit. Ass. 1886, 554-555.

Die auf ihre Härte zu untersuchende Fläche wird mit einem belasteten Diamanten gekratzt, und diejenige Belastung, bei welcher der Kratzstrich eben aufhört merklich zu sein, gilt als Maass der Härte. Als Beispiel eines Ergebnisses wird angeführt, dass Härte und Zähigkeit beim Gusseisen durchaus nicht proportional, sondern innerhalb weiter Grenzen von einander unabhängig sind.

Bde.

C. Barus and V. Strouhal. The internal Structure of tempered Steel. Bull. 35 US. Geol. Survey, 1886, 11-50†; [Sill. J. (3) XXXI, 386; [J. de phys. (2) VI, 442. 1887†; [Beibl. XII, 442.

Nachdem die Verfasser in ihren früheren Arbeiten den Zusammenhang zwischen dem Härtezustande und den magnetischen, elektrischen und mechanischen Konstanten des Stahles ermittelt hatten, wenden sie sich in der vorliegenden Arbeit, anknüpfend an eine ähnliche Untersuchung Fromme's, welche die Frage nicht völlig erschöpfte, zum näheren Studium der Dichtevertheilung im Inneren des glasharten Stahles. Eine Reihe von Stahlcylindern wurde in geschlossenen, mit Asbest gefüllten Eisenröhren zur Rothglut erhitzt, und sodann in strömendem Wasser abgekühlt. Nachdem die Dimensionen und die Dichte der einzelnen Cylinder bestimmt worden waren, wurde von jedem derselben eine Schicht galvanisch abgelöst, indem jeder Cylinder als Anode einer 2—10 becherigen GROVE-Batterie in verdünnte Salzsäure tauchte; sodann wurde die nun rauh gewordene Oberfläche auf einer Drehbank mittelst Diamanten vorsichtig geglättet und wieder möglichst cylindrisch formirt, und abermals die Messung der Dimensionen und der Dichte vorgenommen; aus diesen und den vor der galvanischen Ablösung gewonnen Daten wurden die Dicke und Dichte der abgelösten Schicht ermittelt. Der Vorgang des Ablösens von Schichten und der darauf folgenden Messungen wurde bei den verschiedenen Cylindern je nach den Umständen mehrmals wiederholt, sodass für jeden Cylinder eine Reihe von Dichtebestimmungen einzelner koaxialer Schichten vorliegt. — Das Resultat dieser höchst mühevollen Arbeit ist, dass die Dichte von der Oberfläche ab, wo sie nicht dem glasharten Zustande entspricht, rasch abnimmt, und etwa $^1/_2$ mm unterhalb der Oberfläche auf ein bis weit unter den Minimalwerth des „glasharten“ Zustandes (den Cylinder als Ganzes betrachtet) gehendes Minimum sinkt, um dann im weiteren Verlaufe periodische Schwankungen innerhalb weit auseinanderliegender Grenzen zu zeigen; das Intervall der grössten und kleinsten vorkommenden Dichte ist hiebei etwa doppelt so gross, als das ganze Intervall „hart-weich.“ Als Ursache dieser periodischen Dichte-Schwankungen der einzelnen Schichten längst des Radius können drei Annahmen angeführt werden: entweder die einer wirklichen periodischen Vertheilung der Dichte, oder die Annahme, dass beim Ablösen der Schichten ein periodisches, durch die Aenderungen der Oberflächenspannung hervorgebrachtes Zusammenschrumpfen (shrinkage) eintritt, oder endlich die an verschiedenen Punkten im Inneren je nach der bei Rothglut herrschenden inneren Spannung in verschiedenem Grade vor sich gehende Karburation des Eisens. Welche von diesen Ursachen vorwiegt, ist vorläufig nicht möglich zu entscheiden, jedoch ist es wahrscheinlich, dass eine jede derselben von Einfluss ist. — Die nicht vollkommene Uebereinstimmung der für einzelne Cylinder erhaltenen Resultate beruht in den zahlreichen bei diesen subtilen Arbeiten vorkommenden, kaum zu überwältigenden Schwierigkeiten. Es sind hauptsächlich: die nie erreichbare cylindrische Form der Stäbe, da die Enden beim Ablösen mehr in Anspruch genommen sind, als die Mitte, ferner dass die molekulare Struktur nicht einfach um die Axe herum symmetrisch ist, sondern ausserdem noch den mittleren Querschnitt zur Symmetrieebene hat, und schliesslich die an der Oberfläche auftretende Dekarburation.

Da die vorliegende Arbeit bloss den glasharten Zustand des Stahles behandelt, so ist dieselbe als Ausgangspunkt weiterer Untersuchungen anzusehen. *Str.*

C. Barus and V. Strouhal. Strain-Effect of sudden Cooling exhibited by Glass and Steel. Sill. J. (3) XXXI, 439-452, (3) XXXII, 181-192†; [J. d. phys. (2) VI, 442, 1887; [Rundsch. I, 436; [Beibl. XI, 499. 1887.

— — Note on the hydro-electric Effect of Temper, in case of Steel. Sill. J. (3) XXXII, 276-283; [J. de phys. (2) VI, 442. 1887; [Rundsch. I, 478; Beibl. XI, 153. 1887.

— — The Effect of sudden Cooling exhibited by Glass and by Steel, considered both physically and chemically. Bull. US. Geol. Survey 42, 98-131†.

Den Ausgangspunkt dieser Arbeiten bilden die Dichteänderungen des glasharten Stahls beim Anlassen. Betrachtet man die Dichte als von der Temperatur abhängig, bei welcher der Stahl hinreichend lange angelassen wurde, und stellt man die Resultate graphisch dar, so zeigen die Kurven einen Wendepunkt zwischen 200° und 500°; bis etwa 300° sind sie konkav nach der Temperaturaxe, dann werden sie konvex um schliesslich wiederum konkav zu verlaufen. Dadurch wird es wahrscheinlich, dass das Anlassen in zwei verschiedene Phasen zu zerlegen wäre; in der ersten tritt eine Verminderung der mechanischen Spannung ein, in der zweiten sind mechanische und chemische Einflüsse übereinandergelagert; hier sind die Aenderungen gross, dort gering. Die Verfasser wurden dadurch angeregt ähnliche Dichteänderungen beim Glas zu studiren. Die Untersuchung wird an vielen rasch abgelöschten RUPERT'schen Tropfen ausgeführt; alle enthielten anscheinend Luftblasen. Es wird die Dichte der Tropfen bestimmt; dann werden sie nach und nach bei immer höheren Temperaturen bis zur Rothgluth angelassen und es wird jedesmal deren Dichte ermittelt. Dieselbe nimmt bedeutend zu, von etwa 2,44 „abgelöscht" bis 2,49 „geglüht"; die Extreme der Dichte stimmen gut miteinander. Bis zur Anlasstemperatur 200° bleiben die Tropfen explosiv; im kochenden Schwefel, bei 450°, verschwindet jede Spur davon. Jene „Luftblasen" verschwinden mit Anfang der Rothgluth fast vollständig; es sind also keine Luftblasen, sondern leere Räume; be Rothgluth werden sie durch den Luftdruck nach und nach ausgefüllt, das Volumen nimmt ab und daher die Dichte zu. Die Verfasser weisen dies nach durch eine Berechnung, dass jene scheinbaren Bläschen weder Luft noch Wasserdampf enthalten können. Dadurch ist die starke Dichtezunahme erklärt, sowie auch, warum der Anstieg der Dichte bis 500° gering bleibt und erst bei höheren Temperaturen stärker wird. Beim Ablöschen der Tropfen erstarrt die Oberfläche zuerst und in Folge der Zähigkeit des Glases zieht sich die Masse von innen nach aussen zusammen, wobei dort, wo durch eingeschlossene Gasspuren der Zusammenhang der Masse gelockert ist, Risse entstehen, welche leer bleiben. Es ist wahrscheinlich, dass auch im Innern des gehärteten Stahls ähnliche Risse entstehen; die Periodicität in der Dichtevertheilung koaxialer Schichten eines gehärteten Stahlcylinders, wie sich solche in einer früheren Arbeit ergeben hat, wäre damit erklärt. Die Verfasser untersuchen die Glastropfen auch optisch mittelst eines Polariskops. Das optische Verhalten der Tropfen zeigt Analogien mit dem galvanischen Verhalten des Stahls. Die charakteristischen (in der Arbeit durch Zeichnungen erläuterten) Polarisationsfiguren verschwinden gänzlich nach Erhitzen im kochenden Schwefel. Es wird ferner auch die Struktur der Glastropfen untersucht und zwar zunächst dadurch, dass einzelne Schichten sowohl von abgelöschten als auch von angelassenen Tropfen durch Flusssäure abgelöst werden. Dieses Auflösen, welches in Flusssäure ruhig geschah, wurde nie so weit getrieben, dass die inneren Bläschen erreicht worden wären. Nach Wegnahme einer Schicht von etwa $^1/_2$ mm Dicke verschwand der explosive Charakter der Tropfen. Die Dicke der aufeinanderfolgenden Schichten nimmt nach innen zu ab.

An diese Arbeiten schliesst sich eine Untersuchung über die hydroelektrische Wirkung des Anlassens des Stahls. Stab-Stahlstäbe, 1 mm dick, gleichmässig gehärtet, wurden in vier gleiche Stücke zerbrochen, welche dann einzeln bei 100° durch 4 Stunden, bei 200° durch 1 Stunde, bei 360° durch 1 Stunde und bei 1000° durch 5 Minuten angelassen wurden. Mit kalter Salzsäure behandelt wurden die glasharten und die bei 100° angelassenen ohne Rückstand aufgelöst; jene, welche bei höheren Temperaturen angelassen wurden, lieferten immer mehr graphitische Kohle, nämlich 0,9—4,7 mg auf je 1g Stahl. Die Löslichkeit nimmt dabei stetig zu.

Die Unterschiede zeigen sich auffallend, wenn man von einem glasharten Stahlstab die eine Hälfte bei Glühhitze anlässt; wird dann der Stab in Salzsäure gelegt, so verkleinert sich der Durchmesser des weichen Theiles rascher als der des harten. In der Mitte, wo der harte und weiche Stahl zusammentreffen, tritt eine lokale galvanische Aktion auf. Hierdurch wurden die Verfasser veranlasst, die elektromotorischen Differenzen zu untersuchen, welche sich zwischen Stahlstäben verschiedenen Härtegrades ergeben. Diese Differenzen werden mit einem Mascart'schen Elektrometer gemessen, um die Polarisation zu vermeiden. Die Messungen ergaben, dass mit zunehmender Härte sich die hydroelektrische Stellung des Stahls kontinuirlich in elektronegativer Richtung bewegt. Die elektromotorischen Kräfte sind sehr klein; grösser sind sie im destillirten Wasser, wo sie bis zu 0,25 Volt ansteigen; kleiner im Zinksulphat, wo kaum ein Drittel hiervon erreicht wird.

Str.

C. Barus and V. Strouhal. The Viscosity of Steel and its Relations to Temper. Sill. J. XXXII u. XXXIII, Dez. 1886, Jan. 1887, 43 pp.†; [Rundsch. II, 135. 1887; [J. d. phys. (2) VI, 442. 1887† u. VII, 544. 1888.

Die Viskosität des Stahles bei verschiedenen Härtegraden wird von den Verfassern einem eingehenden Studium unterzogen. Die

Beobachtungsmethode ist eine Differentialmethode, bei welcher die Torsionsviskosität verschieden angelassener Drähte mit jener der glasharten verglichen wird. Die zu beobachtenden Drähte werden der Reihe nach mit einem womöglich gleich langen und gleich dicken glasharten Stahldrahte zu einer bifilaren Kombination verwendet, nachdem beide Drähte in entgegengesetzten Richtungen um je 180° tordirt worden waren. Die mittelst Fernrohr und Skala ermittelten zeitlichen Aenderungen der hierdurch erzielten Gleichgewichtslage ergeben die Daten zur Schätzung der Viskosität. — Hierbei wurden die Dimensionen des Apparates so gewählt, dass von den auftretenden Kräftepaaren das Torsions-Kräftepaar bei weitem vorwiegt, indem das bifilare und das durch Biegung hervorgebrachte Moment zusammen bloss etwa 0,4 pCt. des Torsionsmomentes ausmachen. — Ausserdem ist noch eine Reihe von Experimenten mittelst eines zweiten Apparates, des „Röhrenapparates“ ausgeführt, welcher vor dem erstgenannten den Vorzug hat, dass er den Verlauf der ganzen Erscheinung unmittelbar von dem Zeitpunkte der ertheilten Torsion an zu beobachten gestattet.

Für den Stahl ergab sich aus den zahlreich ausgeführten Beobachtungen, dass die Viskosität bei abnehmendem Härtegrade zunimmt, wahrscheinlich ist es, dass zwischen „angelassen bei 450°“ und „bei 1000°“ ein Viskositäts-Maximum liegt, welche Erscheinung in Anbetracht der zahlreichen in demselben Bereiche auftretenden bemerkenswerthen Phänomene von Wichtigkeit wäre. — Die Viskosität verläuft im Ganzen ähnlich, wie das thermoelektrische Verhalten angelassener Stahlstäbe. — Durch Vergleichung von Stahlstäben mit Eisen- und Glasstäben ergab sich, dass für kleinere, innerhalb der Elasticitätsgrenzen des Eisens liegende Spannungen die Viskosität des Eisens jener des weichen Stahles im Ganzen gleichkomme; während der ersten 10 Stunden bleibt die Viskosität des Eisens unterhalb der Viskosität des bei 450° angelassenen Stahles, später wird die Viskosität des harten Eisens grösser, um jedoch im weiteren Verlaufe zu jener des Stahles zurückzukehren, während die des weichen Eisens stets unterhalb jener des Stahles bleibt. Der glasharte Stahl ist bedeutend weniger viskös als das Eisen.

Was die Beziehung zwischen Glas und Stahl anbelangt, so ist die Viskosität des angelassenen Stahles (bei 450°) grösser als die des Glases; während der ersten 10 Stunden ist die Viskosität des harten Stahles bedeutend grösser als die des Glases, später jedoch wird sie kleiner.

Gleichzeitig mit der Viskosität wächst bei dem Uebergange aus dem harten in den weichen Zustand auch das lineare magnetische Moment gesättigter Stahlstäbe, wogegen andererseits die magnetische Stabilität (Coërcitivkraft) mit abnehmender Härte abnimmt. — Ein ähnliches paralleles Verhalten zwischen Viskosität und Intensität der maximalen Magnetisirung zeigt auch das Eisen. *Str.*

C. Barus and V. Strouhal. The Color-Effect produced by slow Oxidation of Iron-Carburets. Bull. US. Geol. Survey, 35 1886, 51-60†.

Die vorliegende Untersuchung ist eine Fortsetzung der in Bull. Geol. Survey No. 27 p. 51-61 erschienenen Arbeit über den Zusammenhang der Oberflächenfärbung des Stahles mit der Temperatur und Zeitdauer des Erhitzens. Die hier in Anwendung kommende Methode ist im Wesentlichen dieselbe, wie in der erwähnten Abhandlung; es wird nämlich ein Stahlcylinder (25 cm lang, 6,5 cm im Durchmesser) vertikal aufgestellt, von unten mittelst Gasflamme erwärmt, und die mit der Zeit vor sich gehende Aufwärtsbewegung der einzelnen Farben beobachtet. Zur Bildung der Farben sind immer mehrere Hundert Stunden erforderlich. Die Hauptergebnisse dieser Arbeit sind folgende: Die Oxidation der Oberfläche beginnt erst bei einer Temperatur von etwa 125°. Der zeitliche Verlauf derselben ist für niedere Temperaturen (125° bis 160°) anders beschaffen als für hohe Temperaturen (200—300°). Bei niederen Temperaturen schreitet die Oxidation sehr langsam vor, und sind die Lagenänderungen nur unbeträchtlich. (Während der Dauer von 486 Stunden nach dem Auftreten bewegte sich der purpurfarbene Ring blos um 2 cm aufwärts.) Die Färbung ist demnach vor allem eine Funktion der Temperatur, und wird bei relativ kleinen Werthen von t (Zeit) beinahe stationär. — Bei höheren Temperaturen ist der Einfluss der Zeit bedeutend bemerklicher; er nimmt mit wachsender Zeitdauer ab, sodass schliesslich für sehr grosse Zeitdauer ($t = \infty$) die Färbung ebenfalls eine blosse Funktion der Temperatur wird. Es verhält sich also die Aenderung der Färbung mit Temperatur und Zeit umgekehrt wie die Aenderung des Härtezustandes, da dieser beim Anlassen bei niederen Temperaturen (unter 100°) wesentlich von der Dauer des Erhitzens abhängt, und sich mit fortschreitender Zeit asymptotisch einem Grenzwerthe nähert, wogegen bei hohen Temperaturen (über 200°) der Einfluss der Zeit von untergeordneter Bedeutung ist, indem der Härtegrad schon in relativ kurzen Zeitabschnitten stationär wird. *Str.*

O. Strack. Ein neuer Apparat zur Bestimmung der Standfestigkeit eines Körpers. ZS. f. Unterr. 1886, 73-81.

Ein parallelepipedischer Rahmen ist durch Scheidewände in 8 würfelförmige Räume zerlegt, von denen je zwei auf die Schmalseite, 4 auf die Langseite kommen. Indem man einzelne der Räume durch massive Holzwürfel ausfüllt, kann man 256 verschiedene Combinationen herstellen; deren Schwerpunkte sind auf zwei Seitenplatten durch 139 Durchbohrungen bezeichnet. Bezüglich der Theorie unterscheidet der Verfasser Standfestigkeitsmoment (Produkt aus dem Gewicht und dem Abstand der Schwerlinie von der Drehkante), statische Standfestigkeit (die horizontal im Schwerpunkt angreifende Kraft, welche den Körper eben um die Kante dreht), und dynamische Standfestigkeit (Arbeit, welche erforderlich ist, um den Körper aus der Bahn in die Lage labilen Gleichgewichts zu bringen). *Bde.*

W. Anderson. On new applications of the mechanical properties of cork to the arts. Nature XXXIV, 181-185†; [Beibl. XI, 752. 1887.

Die Elasticität des Korks beruht wesentlich darauf, dass er aus mit Luft gefüllten Zellen besteht. Im Kork hat man also gewissermassen eine elastische Gasmasse von sich, die in bestimmte

Form gebracht und in dieser Form ein für allemal eingeschlossen werden kann. Hierauf beruht, dass die kubische Kompressibilität des Korks sehr bedeutend ist; sie kann verwendet werden an Stellen, wo blosse Gase ihrer Diffusionsfähigkeit wegen unbrauchbar sind. Der Verfasser hat die Kompressibilität des Korks mit der Druckpumpe bestimmt und gefunden, dass ein Druck von 250 Pfund per Quadratzoll sein Volumen auf die Hälfte reducirt. 1000 Pfund per Quadratzoll reduciren das Volumen auf 44 pCt., und von da ab wird die Nachgiebigkeit sehr gering. Der Verfasser verwendet Kork statt Luft im Windkessel des hydraulischen Widders und macht dadurch das kleine Nebenventil entbehrlich, welches früher gebraucht wurde, um die durch Absorption verloren gehende Luft zu ersetzen. Ferner lässt er ein zurückprallendes Geschütz auf einen Kolben wirken, der sich in einem zum Theil mit Wasser, zum Theil mit Kork gefüllten Cylinder verschiebt und die Füllung zusammendrückt; die Elasticität des Korks vernichtet den Rückstoss und die dabei im Kork angesammelte Arbeit kann nachher wieder gebraucht werden, um das Geschütz vorwärts zu bewegen.

Bde.

Litteratur.

E. Seelig. Molekularkräfte. Physikalisch-chemische Studie der verschiedenen Körperzustände. Dresden: Schönfeld 1886, 58 pp. [Chem. CBl. (3) XVII, 354.

W. Ackroyd. Cohäsion und Cohäsionsfiguren. Chem. News LIV, 38-59; [J. chem. Soc. L, 971; [Beibl. XI, 812.

L. Todhunter. History of the theory of elasticity and of the strength of materials from Galilei to the present time. Edited by K. Pearson. I. From Galilei to Saint-Venant. London, Cambridge: Warehouse, 920 pp. 1886.

A. König. Ueber eine neue Methode zur Bestimmung des Elasticitätsmoduls. Wied. Ann. XXVIII, 108-110. 1886†; [Cim. (3) XXI, 174; [J. de phys. (2) 516. 1887; sh. diese Ber. XLI, (1) 415.

Gros. Sur le coefficient de contraction des solides élastiques. C. R. CII, 418-421; [Beibl. XI, 309. 1887.

R. R. Webb. The problem of three moments. Proc. Soc. Cambridge VI, 42-45.

E. Dreher. Ueber die Natur der Torsionsschwingungen. Natur 1886, 193-194; [Beibl. X, 552.

H. Resal. Sur la flexion des prismes. C. R. CII, 658-664, 719-722.

Boussinesq. Bemerkungen dazu. C. R. CII, 797-799; [Beibl. X, 609. Siehe oben Seite 442.

W. J. Ibbetson. On the Airy-Maxwell Solution of the equations of Equilibrium of an Isotropic Elastic Solid under conservative Forces. Proc. Math. Soc. London XVII, 296-309.

P. Jaerisch. Ueber das Gleichgewicht einer elastischen Kugel. Hamb. Mitth. No. 6, 155-167.

— — Ueber das Gleichgewicht des elastischen Kreiscylinders. Ibid. 167-186.

Beide Aufgaben werden mit Polarcoordinaten nach der vom Verfasser in seiner Abhandlung „über die elastischen Schwingungen einer isotropen Kugel“ entwickelte Methode behandelt.

A. J. Courtin. La résistance des matériaux. Mons 1886.

A. Flamant. Stabilité des constructions, résistance des matériaux. Paris: Baudry & Co. VII + 632 pp. 1886.

P. Uhlich. Die Festigkeitslehre und ihre Anwendung. Dresden: Knecht, VIII + 150 pp. 1886.

R. Krohn und Andere. Beitrag zur Frage der Werthziffern für Constructionsmaterialien. Dingl. J. CCLX, 69-73.

Stress in beams. Eng. XLII, 455.

L. Dyrssen. Ermittelung von Futtermauerquerschnitten mit gebogener oder geschobener vorderer Begrenzungslinie. ZS. f. Bauwesen XXXVI, 127-130, 389-392.

L. v. Willmann. Beitrag zur Berechnung der Rollvorrichtungen für Brückenverschiebungen. ZS. D. Ing. XXX, 914-917; [F. d. Math. XVIII, 978.

E. WINKLER. Vorträge über Brückenbau. I. Wien: Karl Gerold Sohn. [Hannöv. ZS. XXXII, 686; [ZS. d. Ing. XXX.; [CBl. d. Bauverw. VI.

G. RICHERT. Tabellen zur Berechnung der Tragfähigkeit schmiedeeiserner Stäbe bei Beanspruchung auf Zerknicken. Göteberg: Wettergren & Kerber, 1886. [Hannöv. ZS. XXXIII, 681.

WIECHEL. Genauigkeitsgrad des geometrischen Näherungsverfahrens für Durchbiegungsberechnungen. Civiling. (2) XXXII, 529.

M. MÖLLER. Zur Frage des Verhaltens gusseiserner und schmiedeeiserner Stützen. Deutsch. Bauz. XX, 314-316; [Fortschr. d. Math. XVIII, 976.

CURIONI. Relazione „sulle curve delle pressioni negli archi e nelle volte“ del sig. Ing. C. GUIDI. Atti Torino XXI, 146-148.

W. RITTER. Der elastische Bogen berechnet mit Hülfe der graphischen Statik. Zürich: Meyer & Zeller, 64 pp.; [Fortschr. d. Math. XVIII, 976.

G. HOCH. Des canons à fils d'acier. Revue d'Art. XXVIII, 48-76, 147-161, 256-276, 369-388, 553-579; [Fortschr. d. Math. XVIII, 981-982.

K. HAESLER. Berechnung des Tangentialgelenkes und der Rollen eines Kipplagers. Wochenbl. f. Baukunde VIII, 248-251.

E. A. HACKET. Letter on Strength of Beams. Engineering XLI, 604.

H. MÜLLER-BRESLAU. Zur Theorie der Biegungsspannungen in Fachwerksträgern. Hannöv. ZS. XXXII, 399-404; [Fortschr. d. Math. XVIII, 979.

H. MÜLLER-BRESLAU. Elasticitätstheorie der nach der Stützlinie geformten Gewölbe. Z. f. Bauwesen XXXVI, 273; Fortschr. d. Math. XVIII, 978.

H. HAASE. Die Theorie der parabolischen und elliptischen Bögen in ihrer Anwendung auf Eisenconstructionen. Wien: W. v. Waldheim, 1886. [CBl. d. Bauv. VI, 268.

Sehr ungünstig recensirt.

W. HARKNESS. Investigation into the question of the strength and proportion of toothed wheels. Am. Ass. [Eng. XLII, 398; [Science VIII, 215.

DUMIOT. Pratique de la résistance des materiaux. Ass. Franç. de Nancy XV, (1) 84.

Kaum mehr als der Titel. *Bdę.*

EDLUND. Referat über Isberg Bestämning af jernträdars elasticitets gräns och absoluta hallfasthet. Öfvers. Svensk. Vet. Ak. Förh. XLII, No. 7. p. 1.

W. H. BARLOW . . . Report of the committee for obtaining information with reference to the endurance of metals under repeated and variyng stresses . . . Rep. Brit. Ass. 1886, 284.

Das Comité will seinen Bericht später erstatten.

W. VOIGT. Bestimmung der Elasticitätsconstanten für Steinsalz und Flusspath. Jahrb. für Min. 1886. Beilage-Bd. 228-240. Sh. diese Ber. XL, (1) 405.

H. GÖTZ und A. KURZ. Messungen der durch Anspannen von Drähten bewirkten Quercontraction. EXNER Rep. XXII, 9-15, 274-282, 511-517; [Beibl. X, 603, XII, 166.

W. THOMSON. Ueber die Eigenschaften von Kautschuk. DINGL. J. CCLIX, 563.

G. WEIDMANN. Ueber den Zusammenhang zwischen elastischer und thermischer Nachwirkung des Glases. WIED. Ann. XXIX, 214-249; [Cim. (3) XXII, 189. 1887; [ZS. f. Instrk. VII, 31. 1887; [Rundsch. II, 10. 1887; [J. d. phys. (2) VI, 245. 1887. Siehe Wärmelehre Cap. 20.

E. KIRCHEIS. Druckfestigkeitsprüfungswaage. ZS. D. Ing. XXX, 197.

A. MARTENS. Neuere Festigkeitsprüfungsmaschinen. ZS. D. Ing. XXX, 171-175.

A. MARTENS. Grundsätze für die Konstruktion von Festigkeitsprüfungsapparaten für Papier. Centrztg. f. Opt. u. Mech. VII, 229-231.

R. WEINLIG. Prüfung der Festigkeit von Eisenblechen für Dampfkessel. DINGL. J. CCLIX, 20-21.

P. ZETSCHE u. A. Mittheilungen aus russischen Versuchsanstalten über Festigkeitsuntersuchungen an Eisenbahnmaterial. DINGL. J. CCLIX, 355-357.

Testing Iron and steel. Eng. XLI, 175, 326.

PERCY. On Steel wire of High Tenacity. Engineering XLII, 86-87.

LEBEDUR. Ueber das Verhalten des Roheisens beim Glühen in Holzkohle. Stahl und Eisen 1886. December.

A. LEBEDUR. Einige neuere Untersuchungen und Theorien über die Formen des Kohlenstoffs im Eisen und Stahl. Stahl und Eisen 1886. Juni.

Beitrag zur Zellentheorie der Eigenschaften des Flusseisens. Stahl und Eisen 1886. August.

H. WEDDING. Untersuchungen über die Festigkeit der Metalle bei verschiedenen Wärmegraden. Stahl und Eisen 1886. November.

H. WEDDING. Mikrostructur einer Panzerplatte. Verh. d. V. f. Gewerbefl. LXV, 293-300. 1886.

WEDDING. Die Eigenschaften des schmiedbaren Eisens abgeleitet aus der mikroskopischen Untersuchung des Gefüges. Berg- u. Hüttenm. Ztg. 1886.

H. WEDDING. Die Mikrostructur verbrannten Eisens. Stahl u. Eisen 1886. October.

C. WEYRICH. Ueber die Wirkung dauernder oder häufig wiederholter Beanspruchungen auf die Eigenschaften des Stahls. Dtsch. Bauztg. XX, 471-476, 491-492. 1886.

J. BAUSCHINGER. Vergleichende Versuche über die Schweissbarkeit des Fluss- und Schweisseisens. DINGL. J. CCLXII, 543-544.

Ueber die Formen des Kohlenstoffs in Eisen und Stahl. Berg- u. Hüttenm. Ztg. 1886.

F. KRAUSE. Veränderungen der Zugfestigkeit und Dehnbarkeit von Stahl und Eisen bei gewissen Erwärmungsgraden. ZS. D. Ing. XXX, 137-139.

C. STROMEYER. Ueber den Einfluss der sogenannten Blauhitze auf Stahl und Eisen. DINGL. J. CCLXI, 46-47; Engin. XLI, 106.

L. TETMAJER. Einfluss der Lochung auf die Festigkeitsverhältnisse des Schweisseisens. DINGL. J. CCLXII, 257-59.

OSMOND. Ueber die Erscheinungen, die beim Erhitzen und Abkühlen des geschmolzenen Eisens auftreten. C. R. CIII, 743-746, 1135-37; [Beibl. XI, 519. 1887.

OSMOND. Heating and cooling of fused steel. C. R. CIII, 1135-37; [Chem. CBl. (3) XVIII, 111. 1887; J. Chem. Soc. LII, 219. 1887; [Chem. News LIV, 322; [Beibl. XI, 519. 1887.

OSMOND und WERTH. Erklärung der Eigenschaften des Stahls durch seine zellige Structur. Ann. des Mines (8) VIII, 5; Rundsch. I, 116.

OSMOND. Structure de l'acier. Assoc. Franç. de Nancy XV, (1) 90.

Ganz kurze Notiz über die Arbeiten des Verfassers. *Bde.*

F. LYNWOOD GARRISON. The microscopic structure of Iron and Steel. Eng. XLI, 293-294, XLII, 144.

Enthält einige Mikrophotographien von Eisen- und Stahlschliffen, welche eine Verschiedenheit der Struktur deutlich erkennen lassen. *Cn.*

THOMAS TURNER. The Influence of Remelting on the Properties of Cast Iron. Notes on Sir W. FAIRBOIRN's 1053 Experiments. J. Chem. Soc. XLIX, 493-500.

WILLIAM RAMSAY and SIDNEY YOUNG. Influence of remelting on the properties of cast iron. J. Chem. Soc. XLIX, 453-462; [Beibl. XI, 334. 1887.

J. A. BRINELL. Ueber die Texturveränderungen des Stahles bei Erhitzung und bei Abkühlung. DINGL. J. CCLXI, 341-344; [Beibl. XI, 131. 1887.

CORNUT. Ueber die Veränderungen der Zugfestigkeit und Dehnbarkeit (Blaubruch) von Stahl und Eisen bei gewissen Erwärmungsgraden. DINGL. J. CCLXII, 544-545.

C. B. DUDLEY and F. N. PEASE. Constitution of cast iron. Eng. XLI, 293.

Härten von Stahl. Polyt. Notizbl. XLI, 311.

Sur le verre trempé. La Nat. XIV, (2) Suppl. zu Num. 682.

Härteskala der Metalle. Polyt. Notizbl. XLI, 28.

TH. TURNER. An apparatus fer determining the hardness of metals. Rep. Brit. Ass. 1886, 545-555.

TURNER. The Hardness of metals. Brit. Ass.; Eng. XLII, 311, 419, 482, 521.

BENNET H. BROUGH. Letter on the Hardness of Metals. Engineering XLII, 447, 556.

TH. TURNER. Influence of silicon on the properties of iron and steel. Rep. Brit. Ass. 1886, 597.

TH. TURNER. Silicon in cast iron. Rep. Brit. Ass. 1886, 595-597.

G. A. A. MIDDLEBERG. The Hardness of Metals. Engineering XLII, 481.

F. PFAFF. Härtecurve der Zinkblende auf der Dodekaederfläche. ZS. f. Kryst. XII, 180; [J. de phys. (2) VII, 265. 1888; [Beibl. XI, 319. 1887.

L. J. O. MOUCHEL. Ueberführung des Kupfers und seiner Legirungen in ein sehr ductiles, bezw. sehr hartes Metall durch Zusatz von Chrom. Polyt. Notizbl. XLI, 28.

E. BÖHME. Ueber die Druckfestigkeit natürlicher Gesteine. DINGL. J. CCLIX, 52.

Aluminium. Engineering XLI, 39-40.

E. WEHRENPFENNIG. Wirkung von abwechselnder Hitze und Kälte auf Metalle. Org. f. d. Fortschr. d. Eisenbahnwesens. [Polyt. Notizbl. XLI, 203; [Chem. CBl. (3) XVII, 687; [CZ. f. Opt. Mech. VII, 144; [Beibl. XI, 32. 1887.

Influence of alternative heat and cold on metals. Tel. J. and El. Rev. XIX, H. 449. 1886.

W. A. ANTHONY. Experiments showing an increase in the torsional elasticity of metallic wires. Science VIII, 208.

K. R. KOCH. Beitrag zur Kenntniss der Elasticität des Eises. WIED. Ann. XXV, 438; [ZS. f. Kryst. XII, 190; sh. diese Ber. XLI, (1) 424.

HUGO FISCHER. Beitrag zur mechanischen Untersuchung plastischer Körper. DINGL. J. CCLIX, 70-74.

G. SPEZIA. Ueber die Biegsamkeit des Itacolumit. Atti Torino XXI, 51; [Rundsch. I, 232; [ZS. f. Kryst. XII, 207; [J. chem. Soc. LII, 21. 1887.

L. STANDAERT. Un préjugé sur la porosité du verre. La Nat. XIV, (1) 363.

J. SALLERON. Un préjugé sur la porosité du verre. La Nat. XIV, 395.

Physique sans appareils. La Nat. XIV, (2) 368.

Mechanical properties of Cork. Eng. XLI, 385†.

H. SCHROEDER. Ueber die Structur geschliffener und polirter Oberflächen. Centrztg. f. Opt. u. Mech. VII, 20-21.

R. HENNIG. Untersuchungen über Homogeneität von Messing, Zink, Kupfer und Eisen. Centrztg. f. Opt. u. Mech. VII, 127-128; siehe S. 104 dieses Bandes. *Bde.*

W. MICHAILOFF und G. CHLOPIN. Ueber den gelatineartigen Zustand von Eiweisskörpern. J. d. russ. phys. chem. Ges. XVIII, chem. Th. p. 303-311†.

Referirt Ber. d. D. Chem. Ges. 86, p. 555. *O. Chw.*

E. MEUSEL. The Swelling Power of the Sulphocyanides and Tumefaction as the cause of Fermentative Reactions. Gera: A. Reisewitz, 1886. [Chem. News LIV, 284†.

Von physiologisch-chemischem Interesse. *Cn.*

W. Thomson. Ueber die Prüfung der Zähigkeit von Stärkekleister. Dingl. J. CCLXI, 88-89, 144.

A. Bartoli. Weshalb viele Harze nach der Schmelzung beim plötzlichen Erkalten weich und plastisch werden. l'Orosi (8) Juli p. 1-5. 1885; [Beibl. X, 94; siehe diese Ber. XLI, (1) 431.

7b) Kapillarität.

B. Weinstein. Untersuchungen über Capillarität. Wied. Ann. XXVII, 544-584†; [Cim. (3) XXI, 168; [Fortschr. d. Math. XVIII, 983.

Zunächst werden die in dem Ausdruck für den Normaldruck einer Flüssigkeitsoberfläche

$$N = K - H\left(\frac{1}{r_1} + \frac{1}{r_2}\right)$$

vorkommenden Konstanten K und H von neuem auf dem von Laplace und von Poisson gegebenen Wege berechnet. Die von Laplace dafür gegebenen Ausdrücke werden für exakter befunden. Es werden weiter die Laplace'schen Rechnungen mit denen von Gauss verglichen.

Es ergiebt sich, dass die Ausdrücke für K und H bei den einzelnen Autoren nicht identisch sind, vielmehr es erst bei besonderen Annahmen über die Molekularkräfte werden. Vom physikalischen Standpunkt müssen die Gauss'schen Konstanten als die massgebenden bezeichnet werden. Die Gauss'sche Theorie der Kapillaritätserscheinungen wird durch die Arbeiten von van der Waals auch für die Ableitung der Zustandsgleichung der Körper noch massgebend werden. *P. V.*

J. Delsaulx. Sur la tension superficielle dans la théorie de la capillarité. Extrait des Ann. de la soc. scient. Bruxelles X, 1886, 43-74†; [Fortschr. d. Math. XVIII, 986.

Die Abhandlung giebt einen Ueberblick über die hauptsächlichen Resultate der Kapillaritätstheorie. Es wird insbesondere betont, dass die auf Grundlage der Existenz von Molekularkräften aufgeführten Theorien von LAPLACE und GAUSS nicht im Widerspruch stehen mit der Anschauung einer Oberflächenspannung.

P. V.

S. PROVENZALI. Sulla tensione superficiale de' liquidi. Atti Nuovi Linc. XXXIX, 143-150†.

Der Verfasser glaubt, dass sämmtliche Kapillarerscheinungen sich leicht aus der Tangentialspannung der flüssigen Oberflächen erklären lassen; die Schwierigkeit liege nur darin, diese Tangentialspannung selbst zu begründen. Um das zu thun, nimmt er an, dass die ponderablen Moleküle bei ihren Bewegungen im Aether eine Art von elastischem Widerstand finden. Der Aether ist in den Flüssigkeiten dünner, als in der Luft, und „in Folge dessen ist der Widerstand des Aethers gegen die Bewegung der oberflächlichen Moleküle ein Minimum in der zur flüssigen Oberfläche tangentialen Richtung". Diese Art der Erklärung wird auf verschiedene Oberflächenerscheinungen, sowie auf die Osmose ausgedehnt.

Bde.

A. W. REINOLD and A. W. RÜCKER. On the Relation between the Thickness and the Surface Tension of Liquid Films. Phil. Trans. London CLXXVII, 627-684†; [Proc. R. Soc. XL, 441-445; [Beibl. XI, 215. 1887.

Zunächst werden die Untersuchungen von PLATEAU, LÜDTGE und VAN DER MENSBRUGGHE über die Unabhängigkeit der Oberflächenspannung der Flüssigkeitslamellen von ihrer Dicke einer Besprechung unterzogen. Die Methode der Verfasser besteht darin, dass 2 Flüssigkeitslamellen unabhängig von einander zu verschiedenen Zeiten gebildet werden; dieselben können durch einen Hahn in Verbindung mit einander gebracht werden und es lässt sich dann aus der Gestalt der Unduloide die Oberflächenspannung verschieden dicker Häute mit einander vergleichen. In der Dicke der Lamellen gelang es dabei bis zu dem Schwarz erster Ordnung, also bis zu einer Dicke von 12 Millionstel Millimeter herunter zu gehen.

Das Resultat der Untersuchung fassen die Verfasser dahin zusammen: Wenn der schwarze Theil einer Seifenhaut sich in normaler Weise langsam über die Oberfläche ausbreitend bildet, lässt sich keine augenscheinliche Veränderung in der Oberflächenspannung abhängig von der Dicke der Haut aus einem genauen Vergleich der Spannungen dünner und dicker Häute zwischen 1350 bis 12 Millionstel Millimeter Stärke nachweisen. Dieser Schluss ist auf einer Experimentalmethode begründet, durch welche sich eine Veränderung von $^1/_2$ pCt. im Werthe der Oberflächenspannung hätte nachweisen lassen müssen, wenn sie existirt hätte.

Die Grösse der Molekularwirkungssphäre folgt danach kleiner als 6 Millionstel Millimeter. Es wird noch auf die Thatsache aufmerksam gemacht, dass die schwarzen Flecke scharf begrenzt erscheinen. Es lässt sich diese Thatsache unter der Annahme ersehen, dass die Oberflächenspannung bei einer Dünne von etwas grösser als 12.10^{-6} mm ein Minimum hat, eine Annahme, die auch Sir W. THOMSON gemacht hat. *P. V.*

G. VAN DER MENSBRUGGHE. Sur l'instabilité de l'équilibre de la couche superficielle d'un liquide. Bull. Brux. (3) XI, 341-355 u. (3) XII, 17-37†; [Beibl. X, 754 u. XI, 413. 1887; [Fortschr. d. Math. XVIII, 986.

SPRING et DE HEEN. Lecture du rapport fait sur le travail de VAN DER MENSBRUGGHE: Sur l'instabilité de l'équilibre de la couche superficielle d'un liquide. Bull. Brux. (3) XI, 338.

G. VAN DER MENSBRUGGHE. Réflexions sur les principales théories capillaires. Instabilité de la couche superficielle d'un liquide. Ass. Franç. de Nancy XV, (1) 104.

Nach dem Verfasser ist das Gleichgewicht in der Oberflächenschicht einer Flüssigkeit nicht stabil. Es werden zwei Annahmen gemacht: 1) Die Moleküle sind unterworfen anziehenden Kräften, die mit zunehmender Entfernung sehr schnell abnehmen, und abstossenden Kräften, die schneller zu und abnehmen als erstere. 2) Die abstossenden Kräfte nehmen mit steigender Temperatur zu.

Nach dem Verfasser führen die Moleküle einer frisch entwickelten Flüssigkeitslamelle Schwingungen aus derart, dass die mittleren Abstände zweier benachbarter Theilchen von jeder Oberfläche bis zu einer gewissen Tiefe abnehmen, entsprechend dem Molekularwirkungsradius. Die Temperatur einer frisch entwickelten Lamelle ist nicht überall die gleiche, dieselbe nimmt innerhalb der Grenzschicht nach aussen ab. Jede Schicht besitzt eine besondere potentielle Energie, die Gesammtheit aller Schichtenergien wird gewöhnlich als Oberflächenenergie gemessen.

Für jede innere gegebene Temperatur besitzt jede Flüssigkeit eine eigene Oberflächenspannung. An der Berührungsfläche einer Flüssigkeit und eines festen Körpers findet eine zusammenziehende oder ausdehnende Kraft statt. Schliesslich wird die Oberflächenspannung an der gemeinsamen Oberfläche zweier sich nicht mischender Flüssigkeiten behandelt. *P. V.*

W. F. MAGIE. Note on a method of measuring the Surface Tension of Liquids. SILL. J. (3) XXXI, 189-193; Beibl. X, 555.

Die Methode knüpft an eine Formel von POISSON für Luftblasen unter einer horizontalen ebenen Platte, welche für benetzende Flüssigkeiten und hinreichend grosse Blasen besonders einfach wird. Es kommt dann darauf an, die Höhe der Blase genau zu messen, der Durchmesser derselben kann durch einen angelegten Massstab hinreichend genau erhalten werden.

Die Höhe der Blase wurde in folgender Weise gemessen: Auf die Mitte des Objektivs eines vertikal gestellten Mikroskops wird ein Stückchen weisses Papier geklebt und dasselbe möglichst hell erleuchtet. Es wird dann auf die beiden Spiegelbilder des weissen Papierstücks hervorgerufen durch die untere Glasfläche und durch das mittlere Oberflächenstück der Blase eingestellt. Die Höhendifferenz beider Einstellungen ist die Höhe der Blase.

Es wurden als Capillaritätsconstanten (Oberflächenspannung) erhalten für Wasser 15,31, Alkohol 5,76, Olivenöl 7,41, Petroleum 6,76. Der Verfasser spricht sich zum Schluss im Ganzen für verschwindende Randwinkel bei diesen Flüssigkeiten aus.

P. V.

K. Fuchs. Ueber den Randwinkel einander berührender Flüssigkeiten. Wied. Ann. XXIX, 140-152†; [Cim. XXII, 185; [Fortschr. d. Math. XVIII, 985.

Eine Oberflächenvergrösserung einer Flüssigkeitsmasse kann entweder durch Zerreissen, also Ueberwindung der Cohäsion, oder durch Hinausschieben des Flüssigkeitsrandes, also Ueberwinden der Oberflächenspannung, zu Stande kommen. Der Verfasser bezeichnet den Zustand der Theile im Innern einer Flüssigkeitsmasse als Sättigung und gewinnt so die Formulirung:

Die Entsättigungsarbeit für die Flächeneinheit ist gleich der Spannung der Oberflächenhaut. Die Zerreissungsarbeit für die Flächeneinheit ist das Doppelte der Oberflächenspannung.

Die Kontaktspannung (an der Trennungsfläche zweier Flüssigkeiten) ist kontraktiv, so lange die Adhäsionsarbeit kleiner ist, als das arithmetische Mittel der beiden Kohäsionsarbeiten, sie ist gleich Null, wenn die Adhäsionsarbeit diesem Mittel gleich ist, sie ist expansiv, wenn die Adhäsion grösser ist, als jenes Mittel.

Es werden weiter für 2 gewichtslose Flüssigkeiten die 3 Kugelbegrenzungsflächen abgeleitet und die Konstanz der Randwinkel für Flüssigkeiten unter einander und für Flüssigkeiten an festen Wänden erwiesen. *P. V.*

G. Quincke. Ueber die Bestimmung der Capillarconstanten von Flüssigkeiten. Wied. Ann. XXVII, 219-228†; [Cim. (3) XXI, 81.

P. Volkmann. Notiz zu Hrn. G. Quincke's Bemerkungen „Ueber die Bestimmung der Capillarconstanten von Flüssigkeiten". Wied. Ann. XXVIII, 135-144†; [Cim. (3) XXI, 178.

Hr. Quincke vertheidigt die aus der Gesammtheit seiner früheren Kapillaritätsbeobachtungen gezogenen Folgerungen gegen eine Reihe neuerer Angriffe und betont die Mannigfaltigkeit seiner Beobachtungsmethoden, die ihn zu denselben Schlüssen geführt haben; insbesondere spricht er sich gegen das Verschwinden des Randwinkels bei Wasser am Glas aus.

Volkmann bemängelt die Formulirung der Frage: Ist der Randwinkel von Wasser gegen eine trockene Glasfläche 0? Es handelt sich bei seinen Beobachtungen darum, ob reine Glasflächen mit Wasser und wässerigen Salzlösungen überhaupt vollkommen benetzbar herstellbar sind. Es werden neue Beobachtungen mitgetheilt, welche diese Möglichkeit erweisen: Auf reinen Glasflächen kommen Wasser und Alkohol zum Verdunsten, die NEWTON'schen Farben in der Nähe der Kontaktlinie sprechen dann für einen verschwindenden Randwinkel. *P. V.*

C. MARANGONI. La staderina dei coseni e le variazioni della constante di capillarità. Atti R. Acc. dei Lincei Rend. (4) II, (2) 224-28†; [Rundsch. II, 47. 1887†.

Die Flüssigkeitslamelle wird begrenzt oben durch einen horizontalen Draht und unten durch einen um eine seitliche Axe beweglichen Zeiger, dessen Einstellung an einer Kreistheilung abgelesen werden kann. Dieser Apparat gestattet unter Anderem, die Einwirkung von Dämpfen und Gasen auf die Spannung von Seifen- und Wasser-Lamellen zu studiren.

Ammoniak und Tabakrauch vermehren die Oberflächenspannung von Seifenwasser und vermindern die Oberflächenspannung von Wasser. *P. V.*

P. JANET. Sur la formule de VAN DER WAALS et son application aux phénomènes capillaires. J. de Phys. (2) V, 328-334†; [Beibl. XI, 132. 1887.

In der Zustandsgleichung von VAN DER WAALS

$$RT = \left(p + \frac{a}{v^2}\right)(v - b)$$

beziehungsweise

$$\Sigma \tfrac{1}{2} m\omega^2 = \tfrac{3}{2}(p + N)v$$

bezieht sich N auf den auf der äusseren Begrenzungsfläche der Körper lastenden Druck.

Diese Gleichung lässt noch eine Vervollständigung zu, wenn wir der Oberflächenschicht eine durch die molekulare Wirkungssphäre bedingte Dicke geben und den mit der Tiefe innerhalb dieser

Schicht zunehmenden molekularen Oberflächendruck berücksichtigen.

Die Gleichung wird dann

$$\Sigma \tfrac{1}{2} m \omega^2 = \tfrac{1}{2} \Sigma m m' r \varphi(r) + \tfrac{3}{2} p v = F(p.v) - \tfrac{1}{3} \lambda S$$

hierin bezieht sich $\varphi(r)$ auf das Molekularanziehungsgesetz, S auf die Grösse der Begrenzungsfläche.

In dem S proportionalen Gliede ist das Potential der GAUSS'schen Kapillaritätstheorie gewonnen und damit eine Zustandsgleichung aufgestellt, welche die Kapillaritätserscheinungen mit umfasst. *P. V.*

J. STEFAN. Ueber die Beziehung zwischen den Theorieen der Capillarität und der Verdampfung. WIED. Ann. XXIX, 655-665†; Sitzber. d. Ak. zu Wien, Bd. 94; [Cim. (3) XXIII, 87. 1888; [J. Chem. Soc. LII, 323. 1887.

Um ein Theilchen aus dem Innern einer Flüssigkeit in die ebene Oberfläche derselben zu schaffen, ist dieselbe Arbeit nothwendig, als um ein Theilchen aus der ebenen Oberfläche der Flüssigkeit bis ausserhalb der Wirkungssphäre derselben zu bringen. Dieser Gedanke in Verbindung mit der CLAUSIUS'schen Vorstellung über den Vorgang der Verdampfung liefert die Beziehung zwischen Kapillarität und Verdampfung, wenn die Moleküle des Dampfes von denen der Flüssigkeit nicht verschieden sind.

Die Grundgleichung der Hydrostatik liefert den molekularen Oberflächendruck auf das Innere gleich ϱA, wo ϱ die Dichte der Flüssigkeit, A die Arbeit, um die Masseneinheit aus dem Innern an die Oberfläche zu schaffen; letztere kann aus der Verdampfungswärme berechnet werden. Auf diese Weise ergiebt sich für Aethyläther $\varrho A = 2574$ Atmosphären.

Die Berechnung wird dann auf den Fall einer kontinuirlichen Dichteänderung innerhalb der Oberflächenschicht ausgedehnt, auch lässt sich eine solche unter Benutzung der Kompressionskoefficienten durchführen.

Endlich gestattet der Gedanke, dass die Vergrösserung der Oberfläche um den Querschnitt eines Moleküls denselben Aufwand an Energie erfordert wie die Verdampfung eines Moleküls, die Grösse des mittleren Durchmessers eines Moleküls zu berechnen.

P. V.

Sir WILLIAM THOMSON. Capillary Attraction. Nat. XXXIV, 270-272, 290-294, 366-369; [Beibl. XI, 511. 1887.

Ein populärer Vortrag, welcher in ansprechender Form sich zunächst über die Molekularkräfte und die Möglichkeit ihrer Zurückführung auf das NEWTON'sche Gesetz auslässt, sofern eine atomistische Konstitution der Materie vorausgesetzt wird. Weiter wird die Tropfengestalt einer und zweier sich berührender Flüssigkeiten ohne und unter Einwirkung der Schwere, sowie die an der Wand fester Körper gebildeten Flüssigkeitsoberflächen in zahlreichen Beispielen durch Abbildungen in vergrössertem Maassstab zur Anschauung gebracht. *P. V.*

E. GOSSART. Voyage à la surface d'une goutte d'eau. Rev. Scient. (3) VI, (2) 620-626.

Eine Plauderei über die verschiedenen Formen der Energie, zu deren Betrachtung ein Wassertropfen auffordert. *P. V.*

R. BLONDLOT. Expérience concernant des propriétés de la surface d'un liquide. J. d. Phys. (2) V, 456-457†; [Rundsch. II, 23. 1887; [Beibl. XI, 133. 1887.

Ein auf einer Wasseroberfläche schwimmender Tropfen Oel breitet sich aus, sobald durch Emportauchen eines Stückes Papier aus dem Wasser die Wasseroberfläche gedehnt wird, beim Eintauchen zieht er sich wieder zusammen. *P. V.*

A. B. WYCKOFF. The use of oil in Storms at Sea. Proc. Amer. Phil. Soc. XXIII, 383-388†; [Rundsch. II, 79. 1887.

Der Verfasser, welcher im hydrographischen Amt in Philadelphia thätig war, berichtet auf Grund eines umfassenden Materials an der Hand einiger Beispiele über die zweckmässige Verwendung des Oels auf Schiffen zur Beruhigung des Meeres. *P. V.*

W. C. Röntgen und J. Schneider. Ueber Compressibilität und Oberflächenspannung von Flüssigkeiten.

Wied. Ann. XXIX, 165-213†; [Cim. (3) XXII, 186-189. 1887; [Sill. J. (3) XXXII, 481; [Chem. Ber. XIX, (2) 730; Rundsch. I, 442; [J. de phys. (2) VI, 244. 1887.

Es handelt sich zuerst um Bestimmung der relativen Werthe der scheinbaren Kompressibilität von Flüssigkeiten $(\gamma_3-\gamma_1)/(\gamma_2-\gamma_1)$ wenn γ_1 die Kompressibilität des Piezometermaterials, γ_2 die des Wassers, γ_3 die einer Lösung ist bei 18° C. Es wurden gleichzeitig 2 Piezometer demselben Druck ausgesetzt; das eine, dauernd mit Wasser gefüllt, diente gleichzeitig als Manometer und Thermometer. Als Absperrung der zu untersuchenden Flüssigkeiten diente nicht Quecksilber, sondern in mehrfacher Beziehung vortheilhaft Luft, ohne dass dadurch störende Einflüsse hervortraten. Der guten Wärmeleitung und der geringen specifischen Wärme des Quecksilbers wegen, tauchen die Piezometergefässe in Quecksilber. Alle Fehlerquellen sind gründlich behandelt, vor Allem die in Folge einer Kompression oder Dilatation eintretende Temperaturänderung, welche bei einer Druckänderung von 8 Atm. in der Regel nach 15 Minuten verschwunden war.

Es wurden nicht Lösungen gleichen Procentgehalts, sondern Lösungen, bei denen auf 1 g Wasser für die koncentrirteren Lösungen das $^{1500}/_{1000000}$fache, für die verdünnten Lösungen das $^{700}/_{1000000}$fache des Molekulargewicht der gelösten Substanz kommt, untersucht.

Die relativen scheinbaren Kompressibilitäten können für eine Reihe Flüssigkeiten aus folgenden Tabellen entnommen werden:

Die 1500-moleküligen Lösungen:

	H	Am	Li	K	Na
J	—	0,910	0,888	0,869	0,863
NO_3	0,958	0,908	0,870	0,863	0,853
Br	0,960	0,910	0,869	0,862	0,851

	H	Am	Li	K	Na
Cl	0,949	0,901	0,858	0,848	0,837
OH	1,000	0,972	0,793	0,777	0,770
SO_4	0,920	0,741	0,655	—	—
CO_3	—	—	—	0,63S	0,631

Die 700-moleküligen Lösungen:

	H	Am	Li	K	Na
J	—	0,954	0,940	0,932	0,924
NO_3	0,981	0,954	0,934	0,930	0,922
Br	0,981	0,953	0,934	0,930	0,923
Cl	0,974	0,945	0,928	0,919	0,917
OH	1,000	0,992	0,895	0,884	0,881
SO_4	0,970	0,853	0,813	0,804	0,803
CO_3	—	—	—	0,798	0,797

Die Reihenfolge

J NO_3 Br Cl OH SO_4 CO_3

H Am Li K Na

ist so beschaffen, dass die Kompressibilität der Lösung einer aus je einem in der ersten und einem in der zweiten Reihe stehenden Bestandtheil zusammengesetzte Verbindung um so kleiner ist, je weiter diese Bestandtheile in der Reihe stehen. Ausnahmen bilden Wasser (HOH) und Ammoniaklösungen (AmOH).

Ferner liegt die Kompressibilität der meisten Salzlösungen zwischen den Kompressibilitäten der gleichviel Moleküle enthaltenden Lösungen der betreffenden Säure und der Base. Die Ammoniumsalze machen wieder eine Ausnahme.

Die Abhängigkeit der Kompressibilität vom Koncentrationsgehalt wurde genauer untersucht an NaCl-Lösungen und an Schwefelsäurelösungen. Die erste Lösung repräsentirt ein normales, die letzte ein anomales Verhalten — bei Schwefelsäurelösungen ändert sich die Beschaffenheit der Schwefelsäuremoleküle mit der Koncentration.

Endlich wurde noch der absolute Werth der scheinbaren Kompressibilität des Wassers $(\gamma_2 - \gamma_1)$ bei 18° C. mit Hülfe eines Quecksilbermanometers bestimmt; es ergiebt sich dann derselbe Werth für die untersuchten Flüssigkeiten ($\gamma_3 - \gamma_1$), die Entnahme des Werthes $\gamma_1 = 0{,}000\,002\,92$ von BUCHANAN lässt auch γ_3 bestimmen.

Bisher sind bei der Kompression Volumänderungen von gleichen Volumina der Lösung und des Wassers verglichen, weiter wird die relative molekulare Kompressibilität eingeführt; hierbei werden Volumänderungen in verschiedenen Flüssigkeiten von der gleichen Molekülzahl verglichen. Man erkennt dann, wie die Kompressibilität einer Quantität Wasser sich ändert, wenn eine gewisse Anzahl Wassermoleküle durch dieselbe Anzahl Moleküle einer anderen Substanz ersetzt wird.

Die Verfasser wenden sich nun zur Bestimmung der relativen Oberflächenspannungswerthe derselben Flüssigkeiten, für welche die relative Kompressibilität untersucht war. Es genügte dann die Steighöhen in demselben Thermometerrohr zu beobachten (Durchmesser 0,026 cm). Für eine gute Benetzbarkeit wurde Sorge getragen; um den Meniskus immer an dieselbe Stelle des Rohres zu bringen, wurde das Rohr verschieden tief eingetaucht; die Steighöhe wurde durch Fallen und Steigen erhalten — kurz alle möglichen Fehlerquellen berücksichtigt bezw. vermieden.

Es wird dann die relative molekulare Kompressibilität und die Oberflächenspannung der untersuchten Lösungen in folgender Tabelle zusammengestellt:

Gelöste Substanz	700 Moleküle in Lösung		1500 Moleküle in Lösung	
	relat. mol. Kompr.	Produkt $h.d$	relat. mol. Kompr.	Produkt $h.d$
HNO_3	0,990	110,60	0,980	109,75
HBr	0,986	110,88	0,972	110,40
HCl	0,976	111,12	0,954	110,88
HOH	1,000	111,45	1,000	111,45
H_2SO_4	0,984	111,55	0,942	112,49
AmJ	0,979	112,25	0,960	113,14
$AmNO_3$	0,976	112,60	0,953	113,86
AmBr	0,973	112,89	0,951	114,33
AmCl	0,961	113,06	0,933	114,48
AmOH	1,010	108,66	1,009	106,81
Am_2SO_4	0,887	113,99	0,808	116,91

Gelöste Substanz	700 Moleküle in Lösung relat. mol. Kompr.	700 Moleküle in Lösung Produkt $h.d$	1500 Moleküle in Lösung relat. mol. Kompr.	1500 Moleküle in Lösung Produkt $h.d$
LiJ	0,955	112,27	0,918	113,23
$LiNO_3$	0,945	112,81	0,893	114,22
LiBr	0,943	112,89	0,887	114,43
LiCl	0,933	113,20	0,868	115,01
LiOH	0,888	113,27	0,782	115,21
Li_2SO_4	0,827	114,23	0,682	117,61
KJ	0,954	112,46	0,913	113,58
KNO_3	0,948	112,61	0,901	113,92
KBr	0,947	112,78	0,894	114,68
KCl	0,931	113,18	0,872	114,79
KOH	0,884	113,45	0,779	115.54
K_2SO_4	(0,828)	(114,09)	—	—
K_2CO_3	0,813	115,44	0,669	118,23
NaJ	0,939	112,55	0,892	113,84
$NaNO_3$	0,934	112,88	0,878	114,25
NaBr	0,932	113,01	0,870	114,73
NaCl	0,922	113,20	0,849	115,05
NaOH	0,875	113,41	0,761	115,87
Na_2SO_4	0,817	114,14	—	—
Na_2CO_3	0,801	115,55	0,644	117,54

Innerhalb jeder Gruppe kommt der Flüssigkeit mit der kleineren molekularen Kompressibilität die grössere Oberflächenspannung zu. Ausnahmen bilden das Wasser und die Na_2CO_3-Lösung.

Zum Schluss wird noch einer theoretischen Beziehung von van der Waals zwischen Kompressibilität und Kapillarität gedacht. *P. V.*

R. Eötvös. Ueber den Zusammenhang der Oberflächenspannung der Flüssigkeiten mit ihrem Molekularvolumen. Wied. Ann. XXVII, 448-459†; Ungar. Berichte IV, 33-45; [Cim. (3) XXI, 164; [J. de phys. (2) VI, 511-515. 1887; [Fortschr. d. Math. XVIII, 984-985†.

Der Verfasser bestimmt die Oberflächenspannung (α) dadurch, dass er die von 2 Lichtpunkten herrührenden an der kapillaren

Flüssigkeits-Oberfläche reflektirten horizontalen Strahlen mit dem Fernrohr eines Kathetometers auffängt. Das Kathetometer gestattet den Abstand der horizontal reflektirten Strahlen zu messen, ausserdem wird die Neigung derselben gegen die Oberflächennormale aus den einfallenden Strahlen nach dem Reflexionsgesetz bestimmt. Bei dieser Methode fallen alle Unsicherheiten wegen des Kontaktwinkels heraus. Auch konnten Flüssigkeiten in zugeschmolzenen Glasgefässen untersucht werden.

Im Weiteren handelt es sich um Definition übereinstimmender Zustände verschiedener einfach zusammengesetzter Flüssigkeiten, das sind solche, bei denen die Moleküle der Flüssigkeit gleiche Massen mit denen des Dampfes haben. Die Temperaturzustände zweier solcher Flüssigkeiten T_1 und T_2 sind vergleichbar, wenn bei beiden die Verhältnisse der Molekularvolumina der Flüssigkeit (v) und des gesättigten Dampfes (u) dieselben sind. Es folgt dann auch für die Flüssigkeitsvolumina

$$v_1 p_1 / T_1 = v_2 p_2 / T_2.$$

Es wird weiter die Formel abgeleitet

$$\alpha_1 / p_1 v_1^{\frac{1}{3}} = \alpha_2 / p_2 v_2^{\frac{1}{3}},$$

woraus

$$\alpha_1 v_1^{\frac{2}{3}} / T_1 = \alpha_2 v_2^{\frac{2}{3}} / T_2.$$

Nach einem Satz von VAN DER WAALS bleiben Flüssigkeiten in übereinstimmenden Zuständen, wenn die Zuwächse ihrer Temperaturen mit T_1 und T_2 proportional sind; daraus folgt:

$$T_1 \frac{d}{dt}\left(\frac{\alpha_1 v_1^{\frac{2}{3}}}{T_1}\right) = T_2 \frac{d}{dt}\left(\frac{\alpha_2 v_2^{\frac{2}{3}}}{T_2}\right),$$

also:

$$\frac{d}{dt}(\alpha_1 v_1^{\frac{2}{3}}) = \frac{d}{dt}(\alpha_2 v_2^{\frac{2}{3}}).$$

Für eine Reihe Flüssigkeiten, welche somit als einfach zusammengesetzt erkannt werden, ergiebt sich dieser Werth unter Benutzung eigener Beobachtungen und solcher von SCHIFF

$$\frac{d}{dt}(\alpha v^{\frac{2}{3}}) = 0{,}227,$$

innerhalb weiter Temperaturgrenzen unabhängig von der Temperatur.

Wasser, Alkohole und Fettsäuren werden erst bei höheren Temperaturen einfach zusammengesetzt. *P. V.*

J. Traube. Ueber die innere Reibungsconstante und die specifische Zähigkeit organischer Flüssigkeiten und ihrer wässerigen Lösungen. Chem. Ber. XIX, 871-892†; [J. Chem. Soc. L, 657; [Rundsch. I, 314; [Beibl. XI, 309. 1887.

Der Beobachtungsapparat ist dem Poiseuille'schen nachgebildet und soll gleichzeitig zum Studium der inneren Reibung und der Kapillarität (durch Beobachtung abfallender Tropfen) dienen.

In g, cm, sec ergiebt sich die Reibungskonstante bei Wasser für

T nach	Poiseuille u. Hagenbach	Sprung	Slotte	Traube I	Traube II
0	0,018142	0,018136	0,01796	0,01822	0,01826
10	13351	13271	1315	1336	1329
20	10296	10214	1009	1035	1029
30	08212	08186	0804	0819	0818
40	06718	06725	0659	0668	0669
50	—	05667	0554	0566	0568
60	—	—	0473	0495	0490

Es sind weiter unter Anderem untersucht Methylalkohohl, Aethylalkohol, Normaler Propylalkohol, Isopropylalkohol, Ameisensäure, Essigsäure, Propionsäure. Der Zweck der Untersuchung liegt wohl hauptsächlich in chemischen Konstitutionsfragen.

Es zeigte sich weiter, dass bei etwa 20° das Zähigkeitsmaximum meist mit dem Maximum der Kontraktion zusammenfällt, für höhere Temperaturen nicht mehr. Es scheint danach keine einfache Beziehung zwischen Zähigkeit und Kontraktion zu bestehen. *P. V.*

J. Traube. Ueber die Grösse der Maximaltropfen der gewöhnlichen Alkohole und Fettsäuren und ihrer wässrigen Lösungen. Chem. Ber. XIX, 1673-1679†; [Bull. soc.

chim. XLVII, 104. 1887; [J. Chem. Soc. L, 844; [Rundsch. I, 370; [Beibl. XI, 309-312. 1887.

Maximaltropfen sind solche, welche von einer benetzten Ebene abtropfen. Die Schwierigkeit besteht darin die Ebenen, von denen das Abtropfen geschieht, benetzbar zu erhalten. Das Maximaltropfengewicht für Wasser beträgt 0,233 gr. *P. V.*

J. Traube. Bemerkungen über die Abhängigkeit der Tropfengrösse von äusseren Einflüssen. Chem. Ber. XIX, 1679-1682†; [J. Chem. Soc. L, 844; [Rundsch. I, 370; [Beibl. XI, 309-312. 1887.

Es wird untersucht der Einfluss der Krümmung der Wand auf die Tropfengrösse, der Ausflussgeschwindigkeit, des Materials, an dem das Abtropfen geschieht und dabei auf die Beobachtungen Guthrie's Bezug genommen. *P. V.*

G. Bodländer u. J Traube. Ueber die Unterscheidung von Eiweisskörpern, Leim und Peptonen auf capillarimetrischem Wege. Chem. Ber. XIX, 1871-1876†; [Beibl. X, 757.

Die Tropfmethode verdient hier den Vorzug vor der Methode der Steighöhe. Die Tropfenzahl wächst sehr schnell mit zunehmendem Gehalt an Pepton. *P. V.*

J. Traube. Ueber Tropfengewichte und deren Beziehung zu den Capillaritäts-Constanten, und über den capillaren Randwinkel. J. Prakt. Chem. XXXIV, 292-311, 515-538†; [J. Chem. Soc. LII, 101, 210. 1887; [Chem. News LIV, 286; [Chem. Ber. (3) XVIII, 161; [Rundsch. II, 106-107; [Beibl. XI, 504-508.

Ueber die Grösse und das Gewicht abfallender Tropfen giebt bekanntlich die Kapillaritätstheorie keine Auskunft. Man darf daher der vorliegenden Arbeit auch nur empirisches Material über Tropfengewichte und deren Beziehung zu Kapillaritäts-Konstanten entnehmen. Dagegen müssen Beobachtungen von Tropfengewichten als gänzlich ungeeignet zur Entscheidung theoretischer Fragen bezeichnet werden.

Der Verfasser darf daher seine Beobachtungen von Tropfengewichten z. B. auch nicht zur Frage nach dem Einfluss der Krümmung der Wand auf Kapillaritätskonstanten (WILHELMY) und zur Frage nach der Konstanz oder dem Verschwinden des Randwinkels heranziehen.

Der Verfasser betrachtet das unmittelbar nach Abfall des Tropfens zurückbleibende Segment, welches er „Meniskus des Tropfens“ nennt, als Träger des Tropfens in demselben Sinne, wie der Meniskus im Steigrohr als Träger der Steighöhe angesehen wird. Er treibt den Vergleich soweit, dass er den Winkel, unter dem der „Meniskus des Tropfens“ zurückbleibt, gleich dem Randwinkel des Meniskus im Steigrohr setzt, und bemerkt nicht, dass er sich dadurch ebenso von dem Boden der Theorie wie von dem Boden seiner eigenen Beobachtungen entfernt.

Die Beobachtungen lehren, dass innerhalb gewisser Grenzen „die Tropfenvolumina proportional den Steighöhen in entsprechenden kapillaren Röhren sind oder die Tropfengewichte proportional den Produkten aus Steighöhe und specifischem Gewicht sind“. Die Uebertragung aber der Bedeutung des „Meniskus des Tropfens“ auf den Meniskus im Steigrohr ist gänzlich haltlos und willkürlich.

Der Beobachtungsapparat war ähnlich dem POISEUILLE'schen Ausflussapparat. Die Tropfen bildeten sich unter gleichem Druck an dem unteren Ende dickwandiger Kapillarröhren, ein dünner Ueberzug von Fett hinderte die Flüssigkeiten sich an den seitlichen Wänden der Röhren emporzuziehen. Die untersuchten Flüssigkeiten haben für die chemische Konstitutionslehre Interesse.

P. V.

J. B. COHEN. Capillary Constants of Benzene and its Homologues occurring in Coal-Tar. Chem. News LIV, 306 bis 307†; [Beibl. XI, 617. 1887.

Die Kapillaritätskonstanten des Benzols und seiner Homologen sind in reinem Zustand sehr wenig verschieden; dagegen drücken geringe Verunreinigungen von Schwefelkohlenstoff oder Petroleum die Kapillaritätskonstanten herab — das liefert eine Methode solche Verunreinigungen nachzuweisen. *P. V.*

C. Decharme. Application de l'électricité à l'étude du mouvement spontané des liquides dans les tubes capillaires. Lum. él. XIX, 289-295, 341-348, 395-402, 449-453.

Der Verfasser hat Beobachtungen angestellt über die Geschwindigkeit des Ansteigens benetzender Flüssigkeiten in kapillaren Röhren. Dabei wurden die Bedingungen möglichst modificirt, die Weite der Röhren, die Temperatur, die Neigung der Röhren. Die Beobachtungsresultate sind graphisch wiedergegeben und lassen vielfache praktische Verwendung zu, z. B. auf die Alkoholometrie und Sacharimetrie und zum Nachweis kleiner Verunreinigungen von Flüssigkeiten. Der Beobachtungsapparat ist ausführlich beschrieben. *P. V.*

M. Leblanc. Du role de la tension superficielle dans les phénomènes physiologiques. Lum. él. XIX, 441-449, 497-505†.

Es werden zunächst die Eigenschaften des Protoplasmas, der löslichen Fermente und der Zelle, dann weiter die komplicirten organischen Vorgänge unter Berücksichtigung der Oberflächenspannung besprochen. *P. V.*

Elmer Starr. Surface tension and muscular contraction. Science VIII, 36†.

Es wird auf die Anwendung der Erscheinungen der Oberflächenspannung auf die Vorgänge der Muskelkontraktion hingewiesen. *P. V.*

W. Holtz. Ein Vorlesungsversuch über die Adhäsion der Flüssigkeiten. Gött. Nachr. 1886, 567; [Beibl. XII, 16.

Um die Aenderung der Adhäsion der Flüssigkeiten mit der Temperatur zu zeigen, bringt der Verfasser in eine 5—6 mm weite Glasröhre einen kurzen Wasserfaden und unterstützt dieselbe horizontal liegend an den Enden. Erwärmt man dann das eine Ende des Fadens etwas, so bewegt er sich sofort von der Erwärmungsstelle abwärts, weil die Adhäsion kleiner, die konkave Oberfläche ebener und somit die Oberflächenspannung grösser wird. Je weiter die Röhre, um so beweglicher ist der Wasserfaden, und bei um so geringerer Erwärmung tritt die Bewegung ein. Mit Wasser gelingt der Versuch leichter als mit anderen Flüssigkeiten.

O. Kch.

Litteratur.

A. W. RÜCKER. On the critical mean curvature of liquid surfaces of revolution. Rep. Brit. Assoc. 1886, 518-519; [Eng. XLII, 569.

Erscheint ausführlich 1887 im Phil. Mag. und wird dort besprochen. *Bde.*

Official Report on the Use of Oil at Sea for modyfying the Effect of Breaking Waves. Nat. XXXV, 63.

Empfiehlt die Anwendung des Oels bei schwerer See und gibt technische Anweisungen.

CHARLES K. WEAD. Oil on troubled waters. Science VII, 77, 167, 214-216.

C. SCHALL. Beziehungen zwischen den Capillarconstanten der Glieder homologer Reihen in Bezug auf das specifische Gewicht. Chem. Ber. XVIII, 2042-2052. 1885; [Beibl. X, 83.

A. W. RÜCKER. On soap bubbles. Brit. Ass. Engineering XLII, 285.

H. GREELMAN. On a Repetition of BERTHELOT's Experiment on the Tenacity of Water and its Adhesion to Glass. Edinb. Proc. Roy. Soc. XIII, 546. (Titel.) *Bde.*

7c) Lösung.

W. ALEXEJEW. Ueber Lösungen. WIED. Ann. XXVIII, 305 bis 338†; [J. de phys. (2) VI, 153. 1887; [J. chem. Soc. L, 847; [Chem. Ber. XIX, [2] 428, wo die früheren Referate über Theile der

Arbeit citirt sind; [Rundschau I, 282; [Naturf XIX, 319; [Bull. soc. chim. XLV, 251.

Die Abhandlung stellt die Resultate einer zehnjährigen Arbeit des Verfassers zusammen, welche zum Theil in diesen Berichten schon besprochen worden ist. Sie behandelt im ersten Theile die Lösung der Flüssigkeiten in Flüssigkeiten. Die Zusammensetzung der gesättigten Lösungen wurde in der Weise festgestellt, dass die Temperatur bestimmt wurde, bei welcher die abgewogenen Körper eine gesättigte Lösung bilden. Dieselbe wurde gefunden, indem die zusammengegossenen Flüssigkeiten erhitzt wurden, bis sich eine gleichartige Lösung gebildet hatte, und dann bei der Abkühlung beobachtet wurde, wann die erste Spur der Trübung eintrat. Wenn die Löslichkeit mit steigender Temperatur abnimmt, wurde die Mischung erst abgekühlt und dann erwärmt. — Die beigefügten Tafeln stellen durch Kurven die gegenseitige Löslichkeit der Flüssigkeitspaare bei verschiedenen Temperaturen dar. Untersucht wurden die Lösungen von Wasser und Anilin, Phenol, Phenolat des Phenylammoniums und geschmolzener Benzoësäure, Salicylsäure und Metanitrobenzoësäure.

Für Anilin und Wasser ergab sich z. B.:

Procentgehalt an Anilin	3,11	3,58	5,25	14,11	21,01	36,87
Sättigungstemperatur	16	55	77	142	156	164,5
Procentgehalt an Anilin	74,06	84,03	93,96	94,57	95,02	95,42
Sättigungstemperatur	157,5	137	68	39	25	8°

Ferner wurde bestimmt die Löslichkeit des Benzol, Toluol, Chlorbenzol, Anilin und Senföl in geschmolzenem Schwefel, und diejenige der wässerigen Lösungen von sekundärem Butylalkohol, Isobutylalkohol und Amylalkohol. — Weitere Versuche betrafen die Wärmetönungen, welche beim gegenseitigen Lösen von Flüssigkeiten stattfinden. — Die Resultate des ersten Theiles fasst der Verfasser in die Sätze zusammen: Es lassen sich 2 Typen von Lösungen unterscheiden. Zum ersten Typus gehören diejenigen Lösungen, welche ohne Bildung einer chemischen Verbindung vor sich gehen; zum zweiten diejenigen, bei deren Bildung eine mehr oder minder stabile Verbindung wahrzunehmen ist.

Für den ersten Typus gelten folgende Sätze:

1) Die Löslichkeit wächst regelmässig mit dem Steigen der

Temperatur und geht endlich bei einer gewissen Temperatur in die Fähigkeit, sich in allen Verhältnissen zu mischen, über. 2) Die gegenseitige Löslichkeit zweier Flüssigkeiten in einander ist verschieden. Diejenige, welche die grössere Cohäsion besitzt, ist auch löslicher. 3) Das Lösen ist von einer negativen Wärmetönung begleitet, und das Maximum derselben fällt auf Gemische aus gleichen Theilen. 4) Die Wärmecapacität der Lösung ist gleich oder grösser, als die mittlere der Bestandtheile.

Für den zweiten Typus gelten folgende Sätze:

5) Die gegenseitige Löslichkeit wächst nicht regelmässig mit der Temperatur: Die Kurve derselben weist Maxima und Minima auf. 6) Eine Regelmässigkeit in Bezug auf Cohäsion lässt sich nicht wahrnehmen. 7) Die Löslichkeit eines Hydrates ist immer grösser, als die der wasserfreien Verbindung. 8) Die Stabilität der Verbindung, welche aus einer ungleichen Anzahl von Molekülen der Bestandtheile zusammengesetzt ist, ist verschieden, je nachdem ein Ueberschuss des einen oder des anderen der Bestandtheile zugegen ist. 9) Dieser Unterschied ist die Ursache, warum die Wärmetönung bald positiv, bald negativ wird, denn die positive Wärmetönung des Verbindens kann durch die negative des Lösens kompensirt oder sogar überstiegen werden. 10) Die Stabilität der Verbindung in gewissen Temperaturschranken bedingt auch die angeführten Biegungen (Maximum und Minimum) der Löslichkeitskurven. —

Der zweite Theil der Abhandlung behandelt den Einfluss des Aggregatzustandes der Körper auf ihre Löslichkeit.

Sowohl mit Benzoë- als mit Salicylsäure lassen sich wässerige Lösungen herstellen bei Temperaturen, die höher und die niedriger liegen, als die Schmelzpunkte der Säuren. In beiden Fällen erscheint die Löslichkeit (entgegen der Meinung von GAY-LUSSAC) sehr verschieden, so erhält z. B. eine Lösung bei 80°, nach der gewöhnlichen Methode bereitet, 2,4 pCt. Salicylsäure, eine Lösung aber, welche vorher über 100° erhitzt worden war, 8 pCt. Bei ein und derselben Temperatur löst sich also ein Körper besser im flüssigen, als im festen Aggregatzustande. — Solche Lösungen nennt der Verfasser „isomer". Zwei Lösungen von gleicher Zusammensetzung scheiden beim Abkühlen die eine eine feste, die andere eine flüssige Substanz aus. Der Zustand einer Lösung, in welcher auch bei Temperaturen unterhalb des Schmelzpunktes des gelösten Körpers dieser noch in flüssigem Zustande enthalten ist, ist der gleiche wie bei Wasser, welches unter 0° abgekühlt ist. Wie das Wasser bei 0°. in Gegenwart von Eis und bei —10° unumgänglich erstarrt, so kann eine Salicylsäurelösung von 1,05 pCt. beim Abkühlen auf +60° Krystalle abschneiden, wogegen sie bei +8° unumgänglich krystallisiren muss.

Der Verfasser fasst die Resultate des zweiten Theiles in folgende Sätze zusammen:

1) Feste Körper lösen sich besser als flüssige. 2) Bei ein und derselben Temperatur geben erstere nur eine gesättigte Lösung, letztere aber zwei. 3) Gesättigte Lösungen fester Körper bilden sich bei den Sättigungstemperaturen, Lösungen aber, welche die gelöste Substanz beim Abkühlen flüssig ausscheiden, entstehen immer bei Temperaturen, welche höher liegen, als die Temperatur der Sättigung. 4) Isomere Lösungen unterscheiden sich durch ihre Entstehungsweise, ihre Zersetzungstemperatur und ihre Zersetzungsprodukte. 5) Uebersättigte Lösungen haben zwei Zersetzungstemperaturen: eine, bei welcher die Zersetzung möglich ist, und eine, bei welcher die Zersetzung unumgänglich stattfinden muss. 6) Die Temperatur, bei welcher ein fester Körper in Gegenwart von Wasser schmilzt, ist der Uebergangspunkt (point de transition), welcher dem Uebergang der Lösung des festen Körpers in die Lösung des Wassers in ebendenselben, aber im geschmolzenen Zustande befindlichen Körper entspricht. *O. Kch.*

W. Ramsay, Tilden, Marshall and Goodwin. Second report of the committee appointed for the purpose of investigating certain physical constants of solution, especially the expansion of saline solutions. Rep. Brit. Ass. 1886, 207-213†; [Nature XXXIV, 506.

Salzlösungen absorbiren Wasserdampf aus einer mit diesem Dampf gesättigten Atmosphäre. Graham hat den Process Invaporation genannt. Die Verfasser beschäftigten sich in dem vorliegenden Bericht mit ihm. Sie machen zunächst darauf aufmerksam, dass, wenn man zwei Salzlösungen in Bezug auf ihre Invaporation vergleichen will, man ihre Diffusionsfähigkeit berücksichtigen muss; der absorbirte Dampf verdünnt nämlich die oberste Schicht der Flüssigkeit und der Invaporationskoefficient wird dadurch umsomehr beeinträchtigt, je langsamer sich das Koncentrationsgleichgewicht durch Diffusion wiederherstellt. Sie haben nun speciell die Frage behandelt: Man denkt sich zwei Salze mit derselben Wassermenge in einem Raume eingeschlossen; wie vertheilt das verdampfende und von ihnen absorbirte Wasser sich zwischen ihnen? Zu dem Ende wurden das eine Mal NaCl und KCl, das andere Mal NaCl und LiCl in Röhrchen nebst einem mit Wasser gefüllten Röhrchen in einen Ballon eingeschlossen. Die Salze wurden entweder von vornherein mit gleichen Wassermengen versehen oder trocken hingestellt. Es zeigte sich, dass NaCl den Wasserdampf erheblich kräftiger verschluckt als KCl. Dem entsprechend geht, wenn man zwei Lösungen von NaCl und KCl in geschlossenem Raum einander gegenüber stellt, das Wasser allmählich von der Chlorkaliumlösung in die Kochsalzlösung über. Zu einer bestimmten Angabe über die procentische Vertheilung des Wassers zwischen KCl und NaCl sind die Verfasser nicht gelangt, weil bei ihren Versuchen überhaupt kein Gleichgewichtszustand zu Stande kam; die Kochsalzlösung entzog der Chlorkaliumlösung noch nach 151 Tagen Wasser, wenn auch wenig.

Das an gewöhnlicher Luft zerfliessliche Lithiumchlorid nahm zunächst fast alles dargebotene Wasser für sich in Anspruch; wenn aber sehr viel Wasser in dem abgeschlossenen Raum zur Verfügung stand, fing nach 177 Tagen das Chlornatrium an, seinerseits der Lithiumlösung das überreichlich aufgenommene Wasser zu entziehen; dieser Vorgang dauerte 129 Tage und hatte dann noch sein Ende nicht erreicht. Dem Referenten scheint, dass die auf diesem Wege etwa zu gewinnenden Resultate sämmtlich durch die Dampfspannungen und Invaporationsgeschwindigkeiten der einzelnen Salzlösungen vorher bestimmt sind und dass sie demgemäss reiner und bequemer durch direkte Spannungsmessungen zu erreichen wären. *Bde.*

W. Tilden, W. Ramsay and W. W. J. Nicol. Second report of the Committee appointed for investigating the subject of vapour pressures and refractive indices of salt solutions. Rep. Brit. Ass. 1886, 204-207†; [Nature XXXIV, 506.

Vier Salze Na Cl, K Cl, $Na O_3$ und $K NO_3$ wurden in Lösungen verschiedenster Stärke bei Temperaturen zwischen 70° und 95° auf ihren Dampfdruck untersucht. Die Ergebnisse bestätigen, was früher in vorläufigen Versuchen gefunden wurde; sie lauten folgendermaassen: Ist n die Koncentration (dem Anscheine nach ausgedrückt in Molekülen des Salzes per 100 Moleküle Wasser), p der Dampfdruck des reinen Wassers und p_1 derjenige der Lösung, so wächst $(p—p)_1/n$ mit wachsendem n schnell bei Na Cl, langsamer bei K Cl, es nimmt langsam ab bei $Na NO_3$ und sehr schnell ab bei $K NO_3$. Die Zahlen stimmen gut überein mit denen von Tammann (Wied. Ann. XXIV), dagegen nicht mit den Angaben von Wüllner (Pogg. Ann. CX.). Ist n konstant und nimmt die Temperatur zu, so wird $(p—p)_1/np$ bei Na Cl kleiner, ist bei K Cl so gut wie konstant, wächst langsam bei $Na NO_3$ nnd schnell bei $K N O_5$. Dies stimmt wieder mit Tammann's Erfahrungen und mit denen von Legrand (Ann. chim. phys. 1835). Die Ordnung, in welcher sich die Salze gruppiren, ist in beiden Fällen dieselbe, wenn man ihre Löslichkeit als Funktion der Temperatur betrachtet; die Löslichkeit von Na Cl wächst am wenigsten, die von $K N O_3$ am meisten mit der Temperatur. Der Werth von $(p—p)_1/n$ ist für alle vier Salze sehr nahe derselbe, wenn $n = 1$ ist. Die Lösungswärmen endlich sind für

Na Cl	$Na N O_3$	K Cl	$K N O_3$
—1,180	—5,200	—4,400	—8,500

Bezüglich der Brechungsindices von Salzlösungen theilt das Komité keine eigenen Versuche mit, sondern zieht die Ergebnisse aus, welche Ostwald in seinen optisch-chemischen Studien, Dorpat 1878, niedergelegt hat.

Es folgen einige Bemerkungen über Sättigung und Ausdehnung von Salzlösungen, sowie über Krystallwasser, die an anderen Stellen in selbstständigen Abhandlungen behandelt sind und deshalb hier übergangen werden können. *Bde.*

W. A. TILDEN. On the phenomena and theories of solution. Rep. Brit. Ass. 1886, 444-469†; [Chem. News LIV, 181 bis 183†; [Chem. CBl. (3) XVIII, 3. 1887.

In Nature XXXV, 21-22 findet sich dieselbe Veröffentlichung wie in Chem. News unter dem blossen Titel „Solution".

Die Auszüge in Nature and Chem. News geben in bequemer und nicht zu sehr gekürzter Form den Hauptinhalt des ausführlichen Vortrags, mit welchem der Verfasser die Erörterungen über die Natur der Lösung vor der Sektion *B* der Brit. Ass. einleitete. Für ihn liegt der Hauptpunkt der älteren Theorie in der Frage, ob der Lösungsvorgang auf chemischen Anziehungen oder auf physikalisch-mechanischer Vertheilung beruht, und er giebt zunächst eine historische Uebersicht der Autoren, welche sich für die eine oder die andere Ansicht ausgesprochen haben.

Die thatsächlich wichtigen festgestellten Punkte sind folgende: Die Wärmetönung bei der Bildung oder Verdünnnng einer Lösung, sowie die Kontraktion bei derselben sind kontinuirliche Funktionen der zugesetzten Wassermenge; ebenso ist das Molekularvolumen eines gelösten Salzes eine kontinuirliche Funktion der in der Lösung enthaltenen Salzmenge. Bis zu den hochgradigsten Verdünnungen zeigt sich die Lösung homogen. Der Dampfdruck etc. der ganzen Wassermasse wird afficirt, wenn sie nur eine verhältnissmässig kleine Anzahl von Salzmolekülen enthält. Aus diesen Erscheinungen ist, da unter Umständen, z. B. bei Schwefelsäure und Wasser, chemische Aktionen sicherlich mit unterlaufen, ersichtlich, dass die chemische Aktion im Fall der Lösung sich von der rein mechanischen nicht mehr bestimmt unterscheiden lässt. Der Verfasser bevorzugt demnach „eine kinetische Theorie der Lösung, welche sich auf die mechanische Wärmetheorie stützt". Die Lösung eines festen Körpers ist demnach analog der Sublimation eines festen Körpers in ein Gas; die Moleküle beider Substanzen mischen sich, und ob diese Mischung mehr als eine chemische oder als eine physikalische zu betrachten sei, das wird schliesslich darauf hinauslaufen, dass eine chemische Verbindung vorhanden ist, wenn die Atome oder Moleküle der Körper einander sehr nahe kommen, eine physikalische, wenn die Durchdringung weniger innig ist.

Mit Bezug auf das Verhalten des Krystallwassers erwähnt Tilden die Ansichten von Nicol, glaubt übrigens, dass farblose Salze, deren Hydrate und deren Lösungen gefärbt sind, ihr Wasser in der Lösung gebunden halten. Er bekennt sich schliesslich zu der Ansicht, dass die gelöste Substanz „in some mysterious way" mit der Gesammtmasse des lösenden Wassers verknüpft ist. Uebersättigung ist nach Ansicht des Verfassers identisch mit Ueberschmelzung.

In ähnlich unbestimmter Weise, wie sämmtliche hier berührten Dinge, wird schliesslich die Frage behandelt, was die Löslichkeit einer Substanz bestimmt. Als Hauptergebnisse der Erfahrung werden folgende Sätze ausgesprochen: 1) Fast alle Salze, die Krystallwasser enthalten, sind in Wasser löslich und meistens leicht löslich. 2) Unlösliche Salze enthalten meistens kein Wasser. 3) Salze von verwandten Metallen haben um so weniger Neigung, sich zu lösen und Krystallwasser aufzunehmen, je höher ihr Atomgewicht ist. Die Schmelzbarkeit eines Salzes hat gleichfalls viel mit der Löslichkeit zu thun, ohne dieselbe allein zu bestimmen. Salze, die Krystallwasser enthalten, können als nahe Verwandte des Wassers angesehen werden und sind deswegen leicht schmelzbar und löslich.

Bde.

S. U. Pickering. On the nature of solution. [Rep. Brit. Ass. 1886, 581†; [Chem. News LIV, 215-218; Nature XXXV, 64-67†; [Chem. Ber. XX, [2] 89. 1887; [Chem. CBl. (3) XVIII, 3. 1887; [Naturf. XX, 145-147. 1887; [Beibl. XI, 502. 1887.

Der Auszug im Report ist sehr kurz, die längere Darstellung findet sich in Nature. Der Verfasser vertritt die „Hydrattheorie" der Lösung; er nimmt an, dass in einer Lösung bestimmte, flüssige, in fester Form gewöhnlich unbekannte, stabile oder dissociirte Verbindungen des gelösten Stoffes mit dem Wasser existiren, die ihrerseits sich mit dem überschüssigen Wasser vermengen. Es scheint ihm zunächst a priori unwahrscheinlich, dass Stoffe mit grosser Verwandtschaft zu Wasser, wie z. B. Kalihydrat, in Gegenwart einer unbegrenzten Wassermenge wasserfrei existiren sollten. Man weiss ferner, dass wasserfreie Salze sich oft vor der Lösung hydriren, wo es dann ungereimt wäre, anzunehmen, dass eine grosse Wassermenge diese Hydrirung wieder aufhebe. Salze, die sich gern mit Wasser verbinden, sind auch in Wasser löslich, was dafür spricht, dass Lösung und Verbindung verwandte Akte sind. Dass ein hydrirtes Salz bei der Lösung eine algebraische kleinere Wärmetönung liefert als ein wasserfreies, hält PICKERING gleichfalls für eine Bestätigung seiner Ansicht. Wenn NICOL aus der Beobachtung, dass Krystallwasser in Lösungen denselben Raum einnimmt wie das Lösungswasser, den Schluss zieht, es sei in der Lösung kein Krystallwasser vorhanden, so geht er zu weit; man könnte dann auch schliessen, dass in der Lösung nicht die Salze selbst, sondern nur ihre Radikale vorhanden sind, weil die Raumerfüllung der Radikale in der Lösung dieselbe ist, als ob sie unvereinigt wären. [Viele Physiker scheuen bekanntlich vor diesem Schluss durchaus nicht zurück. Referent.] Aehnlich wurden die Beobachtungen über die Dampfspannungen der Lösungen gedeutet.

Es werden dann generelle Einwürfe gegen die Hydrattheorie besprochen: „Die Hydrattheorie kann die negative Wärmetönung vieler Lösungen, die Kontinuität zwischen Lösung und Schmelzung, die regelmässige Aenderung der Löslichkeit mit der Temperatur u. s. w. nicht erklären". PICKERING weicht diesen Einwürfen dadurch aus, dass er sagt: Wir fassen eben das Wort Molekül in einem Sinne, in dem vielfach keine Moleküle existiren. Definite Moleküle kommen nur vor, wo zwei nahe verwandte Substanzen sich vereinigen; bei der Vereinigung von weniger verwandten Stoffen entstehen indefinite Moleküle und die Lösungshydrate sind eben indefinite Hydrate.

Was die negative Wärmetönung angeht, so ist dieselbe theils auf Verflüssigung zurückzuführen, theils darauf, dass die Moleküle fester Körper immer noch komplexer sind, als die der komplexesten Lösungshydrate. *Bde.*

W. W. J. NICOL. Saturation of salt solutions. Part II. Phil. Mag. (5) XXI, 70-76†; [Cim. (3) XXI, 183; [J. Chem. Soc. L, 763.

— — A theory of solution. Proc. Edinb. XIII, 26-29.

Die erste Abhandlung ist die Fortsetzung der in diesen Berichten XL, (1) 445 und 447 erwähnten; sie beschäftigt sich besonders mit der Zunahme des mittleren Molekularvolumens der Salze in Lösung, welche bei steigender Koncentration eintritt. Nach den Messungen NICOL's lässt sich das Molekularvolumen der Lösung ausdrücken durch eine empirische Formel von der Gestalt

$$V = 1800 + n\alpha + n^2\beta - n^3\gamma,$$

in welcher α, β, γ Konstanten sind und n die Zahl der Moleküle des Salzes in 100 H_2O. Das mittlere Volumen des einzelnen Moleküls ist also $\alpha + n\beta - n^2\gamma$, und aus der Zusammenstellung der empirisch bestimmten Koefficienten ergiebt sich nun, dass sehr nahe $m = \beta/2\gamma$, wenn m denjenigen Werth bezeichnet, den n bei der Sättigung annimmt. Hiernach liegt der Sättigungspunkt an der Stelle, wo das mittlere Volumen des einzelnen gelösten Salzmoleküls seinen Maximalwerth hat; denn $\alpha + n\beta - n^2\gamma$ ist ein Maximum für $2\gamma n = \beta$ (der Verfasser setzt hier eine andere, wie mir scheint, nicht ganz richtige Rechnung ein, durch die er für den Sättigungspunkt $n = (\beta + \gamma)/2\gamma$ findet, was auch mit seinen empirischen Zahlen nicht stimmt).

Im zweiten Theile der ersten Abhandlung beschäftigt sich NICOL mit den Versuchen von RÜDORFF (WIED. Ann. XXV) über Doppelsalze und versucht die Ausfällung dieser Doppelsalze nach seiner Theorie zu erklären: Man denke sich eine Lösung, die mit dem Salze A gesättigt ist; setzt man derselben die Lösung eines Salzes B zu, so kommt bei Zunahme von B schliesslich ein Punkt, wo jedes Molekül A mit einem Moleküle B in Kontact ist. Dann beginnt die Bildung des Doppelsalzes AB und insofern die Lösung für das Doppelsalz übersättigt ist, das Auskrystallisiren des letzteren. Bei weiterem Zusatz von B wird A vollständig ausgefällt, wenn die Anziehung zwischen A und B grösser ist, als die Cohäsion von A und von B; ist dies nicht der Fall, so findet bloss theilweise Fällung statt.

In der zweiten Abhandlung wird das Vorstehende nebst dem Inhalt der früheren Untersuchungen des Verfassers rekapitulirt.

Bde.

W. W. J. NICOL. Water of crystallisation in solution. Chem. News LIV, 191-193†; [Chem. CBl. (3) XVIII, 3. 1887; [Chem. Ber. XIX, [2] 809; [Rep. Brit. Ass. 1886, 578.

Der Verfasser ist der Ansicht, dass das Krystallwasser bei der Auflösung eines krystallinischen Salzes in Wasser nicht mit dem Salz verbunden bleibt, sondern einfach zu Lösungswasser wird. Um dieselbe zu begründen, prüft er die thermochemischen, volumchemischen und optochemischen Gründe, welche man gewöhnlich für die gegentheilige Behauptung anführt. Bei seiner theoretischen Diskussion setzt er stark verdünnte Lösungen voraus. Bei der thermochemischen Untersuchung legt er den Nachdruck auf die physikalische Seite des Vorgangs. Zwischen den Wasser- und den Salzmolekülen besteht sicherlich eine Anziehung chemischer oder physikalischer Art, und diese leistet beim Vorgang der Lösung positive Arbeit, wie aus der Kontraktion ersichtlich wird. Ihr gegenüber steht die Disgregationszunahme des Salzes, die selbstverständlich beim hydrirten Salz mehr Arbeit erfordert als beim wasserfreien. Dass die hydrirten Salze bei der Auflösung mehr Wärme verschlucken als die wasserfreien, folgt hieraus von selbst; es kann auch vorkommen, dass die Arbeit der Anziehung zwischen Salz- und Flüssigkeitsmolekülen dem absoluten Werth nach grösser ist als die Arbeit, welche zur Trennung der Salzmoleküle verbraucht wird; so erklärt sich, dass die Lösung wasserfreier Salze oft exotherm ist. Ein wichtiges Argument ist folgendes: Bekanntlich haben Schwefelsäure und Salpetersäure, wenn sie in wässeriger Lösung mit verschiedenen Metallen von Li bis Ca neutralisirt werden, nahe dieselben Neutralisationswärmen; das wäre ganz undenkbar, wenn die Krystallwasserwärme mit in den Process einginge, denn die verschiedenen Salze nehmen ganz verschiedene Mengen von Krystallwasser an. Der Verfasser lässt übrigens die Möglichkeit zu, dass Konstitutionswasser in den Lösungen an die

Salzmoleküle gebunden sei und einen geringen Einfluss auf die Wärmetönung bei der Lösung übe.

Die volumchemischen Betrachtungen führen zu demselben Ergebniss: Die Raumerfüllung der Salze in verdünnter Lösung liefert Zahlen, welche in regelmässigen Reihen fortschreiten, ganz unabhängig davon, ob und wieviel Krystallwasser in den gebräuchlichen festen Formen der Salze enthalten ist; also kann das Krystallwasser als solches in der Lösung keine Rolle spielen. Dagegen scheint auch hier das Konstitutionswasser sich durch leichte Verschiebungen in den Zahlenwerthen merklich zu machen.

Was endlich die optochemischen Argumente — Farbe der Lösungen — angeht, so glaubt der Verfasser, dass man ihnen viel zu viel Werth beigelegt hat. Das bekannte Beispiel vom Kobaltchlorid würde Werth haben, wenn man annehmen könnte, dass Kobaltchlorid in Lösung in demselben Zustande wäre, wie als fester Körper nach dem Trocknen bei 150° C., aber diese Annahme erscheint dem Verfasser ungereimt. *Bde.*

W. W. J. Nicol. Note on Water of Crystallisation.

Chem. News LIV, 53; [Rep. Brit. Ass. Birmingham 578-479; [J. chem. Soc. L, 972.

Der Verfasser fasst seine Einwüfe gegen die Pickering'schen Behauptungen noch einmal zusammen. Entscheidend scheint ihm die Betrachtung der Verbindungswärmen, welche bei der Neutralisation einer gelösten Base durch eine gelöste Säure auftreten. Er bestätigt die bekannte Thatsache, dass $H_2 SO_4$, $2H Cl$ und $2H NO_3$ mit ganz verschiedenen Basen konstante Wärmeverbindungen geben, während die entsprechenden festen Salze mit den verschiedensten Krystallwassermengen behaftet sind, und schliesst daraus, dass diese verschiedenen Krystallwassermengen unmöglich als solche mit in die Lösung eingehen können. Die Jonentheorie der Lösungen berührt er nicht; sie steht übrigens mit dem hier gezogenen Schluss offenbar nicht in Widerspruch. *Bde.*

W. Durham. Chemical affinity and solution. Nat. XXXIII, 615-617; [Rundsch. I, 263; [Beibl. X, 674.

— — Laws of solution. Edinb. Proc. XIII, 779-783; [Nature XXXIV, 263†; [Beibl. XII, 16-18. 1888.

Durham glaubt, dass der Begriff „chemische Verwandtschaft“ auf Grund der Valenztheorie zu eng gefasst werde; es giebt auch chemische Verwandtschaften, die über die Grenze bestimmter Valenz hinaus gehen. Eine solche Verwandschaft ist die Ursache der Löslichkeit: Na Cl löst sich in Wasser, weil das Na des Salzes zum O und das Cl des Salzes zum H des Wassers Verwandtschaft hat. Demgemäss sind z. B. verschiedene Chloride um so leichter löslich, je kleiner die Differenz (R Cl)—(R O) ist, wo (R Cl) die Wärmeentwicklnng bei der Bildung des Chlorides und (R O) diejenige bei der Bildung des Oxides bedeutet. Aehnlich steht es mit Oxiden: Bei der Lösung von Oxiden wirkt die Verwandtschaft des Metalles zum O nicht, trotzdem sind die Oxide um so leichter löslich, je kleiner ihre Bildungswärme ist. Als Beispiele werden Mg, Ca, Sr, Ba angeführt. Die Metalle der Alkalien werden nicht berücksichtigt und ausserdem werden die Begriffe Löslichkeit und Lösungsarbeit in der Art durcheinandergeworfen, dass die als Beispiele gegebenen Reihen bald Löslichkeiten bald Lösungswärmen enthalten. Das übrige, was die Abhandlung enthält, gehört kaum zur Sache.

In dem zweiten Artikel stellt der Verfasser zur Stütze seiner Ansicht aus verschiedenen Zahlenbeispielen folgende Sätze auf: In allen Chloriden, Bromiden, Jodiden, Sulfaten und Nitraten ist die Wärmeentwickelung beim Lösen um so grösser, je grösser die (durch die Verbindungswärme gemessene) Verwandschaft des positiven Salzelements zum Sauerstoff ist; sie ist ferner um so grösser, je grösser die Verwandtschaft des negativen Radikals zum Wasserstoff ist, und sie ist um so kleiner, je grösser die Verwandtschaft zwischen dem positiven und dem negativen Element des Salzes ist. Auf Grund der Jonentheorie ist der letztere Satz offenbar selbstverständlich, während die beiden ersten neue Gesichtspunkte liefern. *Bde.*

ARMSTRONG, W. N. HARTLEY, GLADSTONE. Discussion on solution. Nat. XXXV, 66-67.

Nachdem TILDEN, PICKERING und DURHAM (siehe die vorstehenden Referate) ihre Ansichten über Lösung vor der Sektion B der Brit. Ass. ausgesprochen, betheiligen sich die obengenannten Autoren an der Diskussion. ARMSTRONG hält dafür, dass die Farbenerscheinungen und andere zu Gunsten der Existenz des Krystallwassers in Lösungen sprechen, er ist übrigens geneigt anzunehmen, dass die Valenzen einer sogenannten gesättigten Verbindung thatsächlich nicht vollständig gesättigt sind, und dass ihre ungesättigten Reste diejenige Art von Verwandtschaft liefern, welche bei der Lösung in Thätigkeit tritt. Ungesättigte Kohlenstoffverbindungen z. B. sind bessere Lösungsmittel für Kohlenwasserstoffe und Harze als Petroleum mit seinen völlig gesättigten und kraftlosen Paraffinen.

HARTLEY spricht gleichfalls dafür, dass die Farbenerscheinungen auf Existenz des Krystallwassers in Lösungen schliessen lassen.

GLADSTONE wirft die Frage auf, ob bei der Lösung eine Wechselzersetzung zwischen Salz und Lösungsmittel stattfindet. Nach seinen Erfahrungen ist dieselbe wenigstens in der Regel zu verneinen. Er hat ferner konstatirt, dass Salze in Lösungen ihr Refraktionsäquivalent behalten, und dass Krystallwasser in Lösungen vom Lösungswasser optisch nicht zu unterscheiden ist. Die Sache scheint ihm daher noch nicht spruchreif. *Bde.*

CH. TOMLINSON. Note on supersaturated saline solutions. Phil. Mag. (5) XXI, 417-418; [Cim. (3) XXIII, 89. 1888; [Chem. Ber. XIX, [2] 380.

Der Verfasser verweist kurz auf den Gegensatz zwischen LÖWEL's älterer und NICOL's neuerer Ansicht von den Salzlösungen. Zur Stütze der letzteren führt er die Versuche von WÜLLNER (POGG. Ann. CIII und CX) an, wonach die Spannungsverminderung, die durch eine Glaubersalzlösung in Wasserdampf hervorgebracht wird, der Menge des in der Lösung enthaltenen wasserfreien Salzes proportional ist. Nach denselben Versuchen ist ferner der Temperaturpunkt der maximalen Löslichkeit kein ausgezeichneter Punkt der Dampfspannungskurve; hieraus ist zu schliessen, dass bei der fraglichen Temperatur keine molekulare Aenderung des Salzes eintritt. *Bde.*

F. BRAUN. Untersuchungen über die Löslichkeit fester Körper und die den Vorgang der Lösung begleitenden Volum- und Energieänderungen. Münch. Ber. 1886, 192 bis 219†; ZS. phys. Chem. I, 259-272; WIED. Ann. XXX, 250-274; [J. de phys. (2) VII, 575-579. 1888; [Cim. (3) XXIV, 82-84. 1888; [J. chem. Soc. LII, 436-440; [Chem. CBl. XVIII, 709; [Chem. Ber. XIX, [2] 865, XX, [2] 87, 358.

— — Berichtigung. Münch. Ber. 1886, 450-452†.

Die Abhandlung zerfällt in vier Abtheilungen. Die erste, die den Titel führt „über den Einfluss des Druckes auf die Löslichkeit“, geht aus von der Bemerkung, dass man offenbar einen umkehrbaren Kreisprocess konstruiren kann, wenn man das Gemenge eines Salzes mit seiner gesättigten Lösung Druck- und Temperaturänderungen unterwirft. Es sei p der Druck, T die absolute Temperatur, V das Volumen, E die innere Energie von Salz und Lösung, dQ die bei Aenderung von p und T zugeführte Wärmemenge, J das Arbeitsäquivalent der Wärmeeinheit, so ist

$$J d Q = p d V + d E = \left(p \frac{\partial V}{\partial p} + \frac{\partial E}{\partial p}\right) dp + \left(p \frac{\partial V}{\partial T} + \frac{\partial E}{\partial T}\right) dT.$$

Da TdQ ein vollständiges Differential sein muss, folgt hieraus

$$p \frac{\partial V}{\partial T} + \frac{\partial E}{\partial p} + T \frac{\partial V}{\partial T} = 0.$$

Ist nun

v das specifische Volumen der gesammten Lösung,
φ - - - - des Salzes,
m der kubische Kompressionskoefficient der Lösung,
μ - - - - des Salzes,
a der thermische Ausdehnungskoefficient der Lösung,
α - - - des Salzes,
ε die Masse Salz, welche sich bei konstanter Temperatur in 1 gr der unter dem Druck p gesättigten Lösung weiter löst durch die Druckzunahme 1,

η die Masse Salz, welche sich bei konstantem Druck p in 1 gr der bei der Temperatur T gesättigten Lösung weiter löst durch die Temperatursteigerung 1° C.,

λ die Wärmemenge, welche gebunden wird, wenn eine nahe gesättigte Lösung sich durch Aufnahme von 1 gr Salz vollständig sättigt,

$\varepsilon\nu$ die Kontraktion per ccm, welche eintritt, wenn aus dem Gemisch von Salz und nahezu gesättigter Lösung die Salzmenge ε in Lösung übergeht und dadurch Sättigung eintritt;

dann leitet der Verfasser aus dem Obigen drei Hauptgleichungen ab:

$$(1.)\qquad \varepsilon(J\lambda+p\nu\varphi) = -T\nu\eta\varphi,$$

$$(2.)\qquad \varepsilon\left\{(av-\alpha\varphi)+\frac{\partial(\nu\varphi)}{\partial T}\right\} = -\eta\left\{(mv-\mu\varphi)-\frac{\partial(\nu\varphi)}{\partial p}\right\},$$

$$(3.)\qquad \varepsilon\frac{\partial\lambda}{\partial T} = \eta\frac{\partial\lambda}{\partial p}.$$

Die erste dieser Gleichungen enthält den Satz, dass Stoffe, welche sich unter Wärmeverbrauch in ihrer nahe gesättigten Lösung auflösen, und dabei Kontraktion bewirken, durch Drucksteigerung stärker löslich werden, während solche, bei denen entweder die Wärmetönung oder die Volumenänderung beim Lösen positiv ist, durch Drucksteigerung theilweise ausfallen. Dieser Satz wird auf Salmiak, Kochsalz, Alaun und schwefelsaures Natron angewendet, wobei die Zahlenwerthe von λ, ν, η aus den Beobachtungsresultaten von Winkelmann, Gerlach u. A. entnommen bez. berechnet sind. Es ergiebt sich, dass die Löslichkeit des Salmiaks durch eine Drucksteigerung abnehmen, die der drei andern Salze zunehmen muss. Dann werden Druckversuche mit den gesammten Lösungen beschrieben. Der Kompressionsapparat war dem von Mousson nachgebildet und lieferte (nicht genau bestimmte) Drucke bis zu 900 Atmosphären, die übrigens durch die während der Versuche selbst eintretenden Kontraktionen modificirt werden konnten. Die Ergebnisse stimmten qualitativ ausnahmslos mit der Theorie überein. Die Lösungen von Alaun, schwefelsaurem Natron und

Kochsalz nahmen unter hohem Druck Salz auf, während Salmiaklösung Salz fallen liess.

Die zweite Abtheilung führt den Titel „Ueber die Kompressibilität von Salzen und deren Lösungen“ und giebt Versuchsresultate, welche mit dem Piëzometer gewonnen wurden. Die Lösungen waren ausgekocht; die Kompressibilität des Gefässes wurde durch Beobachtung der scheinbaren Kompressibilit von destillirtem Wasser ermitttelt, wobei der Kompressionskoefficient des reinen Wassers gleich 51.16^{-6} pro Atm. bei 1° C. genommen wurde. Die festen Krystalle wurden entweder im Dilatometer aus der Lösung abgeschieden oder in Krystallstücken eingebracht und dann mit der Lösung ausgekocht. Die Ergebnisse sind bei 1° C.:

	festes Salz	Lösung
Salmiak	$4{,}9.10^{-6}$	$38\ .10^{-6}$
Alaun	$1{,}9.10^{-6}$	$46\ .10^{-6}$
Kochsalz	$1{,}4.10^{-6}$	$27\ .10^{-6}$
Glaubersalz	$7{,}1.10^{-6}$	$42{,}5.10^{-6}$.

Die dritte Abtheilung hat die Ueberschrift „Ueber die den Vorgang der Lösung begleitenden Volum- und Energieänderungen“ und beschäftigt sich mit den Aenderungen des Kontraktionskoefficienten v durch Druck- und Temperaturvariation. Das Volumen, welches eine Lösung einnimmt, ist unabhängig von dem Wege, auf welchem die Lösung entsteht. Man erhält also dasselbe Volumen, wenn man eine Lösung beim Drucke p herstellt und dann den Druck auf $p+dp$ steigert, das andere mal Wasser und Salz getrennt komprimirt und die Lösung unter dem Druck $p+dp$ entstehen lässt. Aus der mathematischen Betrachtung dieser beiden Wege ergeben sich die beiden Gleichungen:

$$(4.)\qquad \frac{\partial v}{dp} = (\bar{m}-\mu)+(\bar{m}-m)\frac{rv}{\varepsilon\varphi}-\bar{m}v,$$

$$(5.)\qquad -\frac{\partial v}{\partial T} = (\bar{a}-\alpha)+(\bar{a}-\alpha)\frac{rv}{\varepsilon\varphi}-\bar{a}v.$$

Hierin bedeutet $\bar{m}$ die kubische Kompressibilität und $\bar{a}$ den thermischen Ausdehnungskoefficienten der gesättigten Lösung, während m und a dieselben Grössen für die nicht vollständig gesättigte Lösung sind.

Das Vorzeichen von $\partial v/dp$ ist positiv, wenn die Volumänderung der Mischung durch Druck grösser als die Summe der Volumänderungen der Komponenten ist, und umgekehrt. Bei den untersuchten vier Lösungen ist $\partial v/dp$ immer negativ und wahrscheinlich ist das allgemein der Fall. Bei grossen Drucken ist also die durch die Auflösung entstehende Volumänderung stets eine Dilatation. Die Grenze, bei der dies eintritt, liegt für Kochsalz bei 1530, Glaubersalz 2200, Alaun 587 Atmosphären. Die wenigen Salze, welche, wie Salmiak, schon bei gewöhnlichem Drucke eine Dilatation zeigen, treten hierdurch in die Regel ein.

$\partial v/\partial T$ scheint immer negativ zu sein. Die Zahlenrechnungen, welche auf Grund dieser Bemerkung geführt werden, führen (s. d. Berichtigung S. 451) auf einen Widerspruch, der seinen Grund vermuthlich in mangelhafter Kenntniss der Konstanten hat.

Die vierte Abtheilung hat den Titel: Ist die thermische Löslichkeitsänderung zu erklären durch eine Aenderung der Molekularkräfte oder durch einen specifischen Einfluss der Wärme?“ Drucksteigerung nähert die Moleküle einander und vergrössert in der Regel die Löslichkeit; Wärme entfernt die Moleküle von einander. Wenn also bloss die Molekularkräfte in Betracht kämen, müsste die Wärme qualitativ wie eine Druckverminderung wirken d. h. sie müsste die Löslichkeit in der Regel vermindern. Da die Erfahrung das Gegentheil lehrt, muss eine specifische, die Lösung befördernde Wirkung der Temperaturerhöhung angenommen werden. Die Wirkung der Wärme auf die Löslichkeit setzt sich vermuthlich aus zwei Posten (von meist entgegengesetztem Vorzeichen) zusammen, deren erster die specifische, erhöhende Wirkung der Wärme, deren zweiter die begleitende, in der Regel vermindernde Wirkung der Dilatation ist. Jenachdem die eine oder andere überwiegt, kann das thermische Verhalten der Löslichkeit die Verschiedenheiten zeigen, die wir bei Kalk (Abnahme), Kochsalz (annähernde Indifferenz), Alaun (Zunahme) beobachten. Bei Salmiak haben die beiden Posten gleiches Vorzeichen, sodass für dieses Salz die reine specifische Wirkung der Temperaturerhöhung kleiner sein würde als die thatsächlich beobachtete Löslichkeitszunahme.

Bde.

G. G. GEROSA. Studio sui miscugli delle soluzioni dei sali affini. Lincei Rend. (4) II, (1) 60-65, 89-95, 141-145, 174 bis 179.

Der Verfasser bespricht im Eingang das Gesetz von VALSON, wonach in normalen Salzlösungen jedes Metall und jedes Säureradikal einen bestimmten Modulus für Kapillarität, Dichte und Brechungsvermögen besitzt, so dass, wenn M_1, R_1, M_2, R_2 zwei Metalle und zwei Säureradikale sind, μ_1, ϱ_1, μ_2 und ϱ_2 die entsprechenden Moduli, der Modulus der Kombination (M_1, R_1) gleich $\mu_1 + \varrho_1$, der von (M_1, R_2) gleich $\mu_1 + \varrho_2$ u. s. w. ist. Er referirt ferner eingehend über die Untersuchungen von BENDER (WIED. Ann. XX, 560, 1883 und XXII, 179, 1884). Auf Grund derartiger Beobachtungen hat er sich die Frage vorgelegt, ob das VALSON'sche Gesetz auch für beliebige Gemische von Lösungen gilt, und ob die Abweichungen von demselben, welche aus der Kontraktion hervorgehen, auf gemeinsame Gesetze gebracht werden können. Die Eigenschaften, welche er untersucht, sind: specifisches Gewicht, Wärmeausdehnung, Koefficient der inneren Reibung, wie er sich aus Ausflussversuchen ergiebt, Brechungsindex und Dampfspannung. Seine durch längere Tabellen belegten Ergebnisse sind in folgenden Sätzen ausgesprochen:

1. Specifisches Gewicht bei 0^0. Die Versuchskörper sind Salze von Mn, Al, Ni und CO, von deren Lösungen binäre und ternäre Gemische hergestellt wurden. Die Kontraktion beim Mischen ist im allgemeinen um so grösser, je grösser der Dichtigkeitsunterschied zwischen den Komponenten war. Das VALSON'sche Gesetz gilt angenähert auch für die Gemische; es stellen sich aber kleine Abweichungen heraus, die von der Kontraktion herrühren. Dabei zeigen sich folgende Regelmässigkeiten:
   a) Die Dichtigkeitsvariationen, welche eine Lösung in zwei anderen A und B hervorbringt, unterscheiden sich von einander um eine Grösse, welche gleich ist der Variation, die sich beim Mischen von A mit B einstellt.
   b) Die Dichtigkeitsvariationen, welche zwei Lösungen A und B und zwei andere B und C hervorbringen, unterscheiden

sich von einander um eine Grösse, welche gleich ist der Dichtigkeitsvariation, die A und B, plus derjenigen die B und C miteinander hervorbringen.

c) Die Dichtigkeitsvariation, welche eine Lösung in einem Gemisch von zwei anderen $A+B$ hervorbringt, ist eine Drittel der Summe der Variationen, welche sie in A allein und in B allein erzeugt.

d) Setzt man einem Gemisch $A+B+C$ von drei Lösungen eine vierte zu, so ist die entstehende Dichtigkeitsvariation $^1/_4$ von der Summe der Variationen, welche dieselbe Lösung einleitet, wenn sie den A, B, C einzeln zugesetzt wird.

Der Satz a) lässt sich, wenn d die Dichte ist, und die Marken 1, 2, 3 drei Einzellösungen, die Marken 1,2 aber ein Gemisch der Lösungen 1 und 2 bezeichnen, in leicht verständlicher Weise schreiben

$$(d_1-d_{1,2})-(d_1-d_{1,3}) = d_2-d_{2,3}.$$

Nun ist, wenn $k_{1,2}$ den Kontraktionskoefficienten für die Mischung der beiden ersten Lösungen bezeichnet

$$\{d_{1,2} : \tfrac{1}{2}(d_1+d_2)\}-1 = k_{1,2},$$

und wenn man dies in die erste Gleichung substituirt, findet sich

$$\tfrac{1}{2}(d_1+d_2)k_{1,2}+\tfrac{1}{2}(d_2+d_3)k_{2,3} = \tfrac{1}{2}(d_1+d_3)k_{1,3},$$

eine dem VOLTA'schen Spannungsgesetz analoge Beziehung. Im weiteren Verfolg lassen sich die sämmtlichen obigen Sätze zusammenfassen, indem man sie auf die Formel bringt

$$d_{1,2,3\ldots n} = \frac{\sum_1^n d}{n}+\frac{\frac{1}{2}(d_1+d_2)k_{1,2}}{1}+\frac{\frac{1}{2}(d_1+d_3)k_{1,3}+\frac{1}{2}(d_2+d_3)k_{2,3}}{1+2}$$
$$+\frac{\frac{1}{2}(d_1+d_4)k_{1,4}+\frac{1}{2}(d_2+d_4)k_{1,4}+\frac{1}{2}(d_3+d_4)k_{3,4}}{1+2+3}$$
$$+ \text{etc.} \ldots \ldots \ldots \ldots \ldots$$

Dieselbe stimmt mit den beobachteten Zahlen sehr gut überein.

2. Dieselben Resultate ergeben sich für die Dichte bei 100° C., sie gelten auch für die Ausdehnungskoefficienten, ebenso gelten sie, wenn man in den obigen vier Sätzen statt „Dichtigkeit" liest „Brechungskoefficienten".

3. Für die Koefficienten der inneren Reibung und für die Dampfspannungen wird nun festgestellt, dass die erfahrungsmässig gefundenen Werthe für Gemische kleiner sind als die nach dem arithmetischen Mittel berechneten.

Die Beobachtungsergebnisse sind in folgender Tabelle enthalten; es bezeichnet d_0 die Dichtigkeit bei 0°, d_{100} diejenige bei 100°, n den Brechungsindex bei 5°, α den Koefficienten der inneren Reibung bei 14,67°, f die Differenz zwischen Spannung des Wasserdampfes und Spannung der Lösung bei 16,60° Millimetern. Die Salze sind sämmtlich Sulfate.

Salz	d_0	d_{100}	n	1000α	f
Mn	1,4389	1,3860	1,4063	0,1589	2,20
Al	1,3164	1,2442	1,3917	0,2929	1,55
Ni	1,2752	1,2210	1,3849	0,0407	0,38
Co	1,2508	1,1973	1,3780	0,0319	0,15
Mn Al	1,3786	1,3153	1,3988	0,1698	1,70
Mn Ni	1,3588	1,3049	1,3953	0,0765	1,39
Mn CO	1,3475	1,2938	1,3918	0,0705	1,22
Al Ni	1,2965	1,2333	1,3882	0,0875	0,84
Al CO	1,2852	1,2224	1,3846	0,0814	0,72
Ni CO	1,2693	1,2100	1,3813	0,0347	0,25
Mn Al Ni	1,3452	1,2849	1,3939	0,1058	1,50
Mn Al CO	1,3377	1,2776	1,3916	0,1003	1,45
Mn Ni CO	1,3245	1,2705	1,3892	0,0575	1,07
Al Ni CO	1,2823	1,2223	1,3846	0,0629	0,51
Al Al CO	1,2955	1,2296	1,3869	—	—
Al CO CO	1,2747	1,2150	1,3823	—	—
Mn Al Ni CO	1,3231	1,2643	1,3898	0,0789	1,14
Mn Al Co Co	1,3178	1,2593	1,3880	—	—

Bde.

R. ENGEL. Sur la solubilité du sulfate de cuivre en présence du sulfate ammonique. Bull. soc. chim. XLV, 128 bis 131†; C. R. CII, 113-115; [Chem. News LIII, 60, 107; [J. chem. Soc. L, 305; [Chem. Ber. XIX, 94; [Chem. CBl. (3) XVII, 155; [Beibl. X, 377.

R. Engel. Influence de l'oxalate neutre d'ammoniaque sur la solubilité de l'oxalate acide. C. R. CII, 365-368; Bull. soc. chim. XLV, 315-318†; [J. chem. Soc. L, 443; [Chem. CBl. (3) XVII, 268; [Beibl. X, 588.

— — Influence de l'oxalate neutre de potassium sur la solubilité de l'oxalate acide. Bull. soc. chim. XLV, 318-320†; [Beibl. X, 588.

— — Solubilité de certains chlorures en présence de l'acide chlorhydrique. C. R. CII, 619-691; Bull. soc. chim. XLV, 683-685†; [J. chem. soc. L, 505; [Chem. Ber. XIX, [2] 229; [Chem. News LIII, 167, 312; [Chem. CBl. (3) XVII, 340; [Naturf. XIX, 259; [Beibl. X, 460.

Es handelt sich bei den Versuchen nicht eigentlich um die Löslichkeit der in den Ueberschriften genannten Einzelstoffe sondern um die Bildung und Präcipitirung von Doppelsalzen oder sauren Salzen. Kupfervitriol wird durch Ammoniaksulfat (in einer Lösung die ausserdem mit dem Doppelsalz von Cu und Am gesättigt ist) als Doppelsalz niedergeschlagen; die Summe der gelösten Moleküle ist ein Minimum, nicht wenn gleich viele Moleküle beider Salze in der Lösung vorhanden sind, sondern bei einem Ueberschuss des Ammoniaksalzes.

In der zweiten Abhandlung wird zunächst festgestellt, dass das saure oxalsaure Ammonium sich gelöst z. Th. in neutrales und vierfach saures Salz zersetzt. Setzt man einer Lösung des neutralen Salzes, (die durch überschüssiges festes neutrales Salz gesättigt erhalten wird) Oxalsäure zu, so wächst die Menge des gelösten Ammoniaks in arithmetischer Progression, wenn die der zugesetzten Säure nach geometrischer Progression zunimmt. Die Vorgänge lassen sich darstellen durch die Gleichung

$$m \log yk = \log k + \log x;$$

hierin ist x die Menge der Normalschwefelsäure, y diejenige der Normalkalilösung, welche man braucht, um einerseits das Ammoniak, andererseits die Säure von 10 ccm der Lösung zu neutralisiren. m und k sind Versuchskonstanten, $m = 2{,}74$, $\log k = 1{,}517636$. Die Menge des sauren Salzes in der Flüssigkeit nimmt ab, wenn die des neutralen zunimmt, und umgekehrt. Ist die Lösung gleichzeitig mit beiden Salzen gesättigt (2,38 neutrales Oxalat auf 2,9 saures) und man setzt weitere Oxalsäure zu, so findet sich, dass die Flüssigkeit weder an Ammoniak- noch an Oxalsäuregehalt zunimmt, so lange noch festes neutrales Salz in ihr vorhanden ist — das neutrale Salz verwandelt sich in saures. Wenn aber die Lösung kein festes neutrales Oxalat mehr enthält, dann sinkt bei weiterem Säurezusatz die Menge des gelösten Ammoniaks plötzlich, es wird also eine chemische Verbindung gebildet.

Nach der dritten Abhandlung zersetzt sich das saure oxalsaure Kalium ähnlich wie das entsprechende Ammoniumsalz; die Lösung des neutralen Kaliumoxalats löst aber nur Spuren des sauren Salzes. Verdünnt man die Lösung, so nimmt sie mehr von dem sauren Salz auf. Setzt man zu der Lösung des sauren Salzes weitere Oxalsäure, so wird schwer lösliches Quadroxalat ausgefällt. Die Kurve der Gesammtlöslichkeit hat demnach eine Spitze an der Stelle, welche der gleichzeitigen Sättigung mit saurem Salz und Quadroxolat entspricht.

Die vierte Abhandlung endlich ergiebt den Satz: Die Löslichkeit derjenigen Chlorüre, welche von Salzsäure und ihrer wässerigen Lösung gefällt werden, nimmt in Gegenwart der Salzsäure um eine Grösse ab, die merklich ein Aequivalent des Chlorürs für jedes zugesetzte Salzsäureäquivalent ausmacht. Der Satz gilt, so lange die Verminderung der Löslichkeit nicht mehr als $^3/_4$ der Löslichkeit des reinen Chlorürs beträgt. Nach ihm ist die Summe der gelösten Aequivalente von Chlorür und Salzsäure konstant. Das wird am Chlorkalium und Chlorammonium bestätigt.

Nebenbei finden sich in den Abhandlungen folgende Angaben über Löslichkeit reiner Salze. 100 Aq. lösen bei 0° C. 14,92 Theile wasserfreien Kupfersulfats in Form von Kupfervitriol, 2,215 Theile neutralen oxalsauren Ammoniums, 25,24 Theile neutralen oxalsauren Kaliums. Die Löslichkeiten der sauren Salze lassen sich wegen der oben erwähnten Zersetzungen nicht genau bestimmen.

Bde.

G. JEANNEL. Étude sur les variations de solubilité de certains chlorures dans l'eau, en présence de l'acide chlorhydrique. C. R. CIII, 381-384; [J. chem. Soc. L, 972; [Chem. Ber. XIX, [2] 740; [Chem. News LIV, 108; [Chem. CBl. (3) XVII, 756; [Beibl. XI, 195. 1887.

Der Verfasser hat unabhängig von ENGEL (siehe oben) die in der Ueberschrift bezeichnete Frage bezüglich des Chlorkaliums untersucht. Das Gesetz, dass die Summe der Aequivalente von gelöstem Chlorür und gelöster Salzsäure konstant sei, bestätigt sich, bis etwa 16 Aequivalente der Säure gelöst sind; von da ab treten starke Abweichungen ein. Er hat daher das in der Lösung enthaltene Wasser auch mit in Rechnung gezogen, und findet, dass der folgende Satz bis zu den grössten Salzsäurezusätzen auf etwa 2 pCt. genau ist: „Die Löslichkeit von KCl variirt bei Zusatz von HCl in der Art, dass die Summe der Moleküle des in 1 l der Lösung enthaltenen H_2O, KCl und HCl konstant (etwa 1030) ist". Berechnet man die ENGEL'schen Zahlen mit diesem Gesetz, so findet sich ein Fehler von etwa 6 pCt. bei Salmiak, während die Abweichungen im übrigen klein sind. JEANNEL hält daher den vorstehenden Satz für annehmbar. *Bde.*

J. B. DOTT. Die Löslichkeit des Salicins. Pharm. J. III, 621-622; [Chem. Ber. XIX, [2] 211†; [Arch. d. Pharm. CCXXIV, 460.

Ein Theil Salicin löst sich bei

	0,	6,	11,	15,	29° C.	
in	34,74	31,76	29,4	28,1	21,0	Theilen Wassers
	48,	56,	75,	95,	102° C.	
in	11,5	9,01	3,82	1,17	0,68	Theilen Wassers.

Bde.

A. GOLDAMMER. Ueber Löslichkeit des Calciumoxyds nebst einigen Bemerkungen über Kalkwasser. Pharm. Centralh. XXVI, 442-446, 455-457; [Chem. Ber. XIX, [2] 92.

Nach Bestätigung schon bekannter Thatsachen wird konstatirt, dass Calciumoxid in hervorragendem Maasse die Fähigkeit besitzt, übersättigte Lösungen zu bilden, während das Calciumoxidhydrat dieselbe nicht hat. In Folge dessen hält es schwer, genaue Lösungsverhältnisse für CaO anzugeben: 1 : 800 bei mittlerer Temperatur hält der Verfasser für ziemlich richtig. *Bde.*

R. F. Carpenter. Ueber die Löslichkeit von Silberchromat in Ammoniumnitrat. J. Soc. chem. Ind. V, 286; [Chem. Ber. XIX, [2] 528†.

Ammoniumnitrat löst Silberchromat in der Wärme beträchtlich, in der Kälte wenig. Kaliumnitrat verhält sich ähnlich, Natriumnitrat löst nicht mehr als reines Wasser. *Bde.*

H. Kümmerer. Ueber die Löslichkeitsverhältnisse des Disilberchromats. Rep. anal. Chem. V, 398-399; [Chem. Ber. XIX, [2] 178†.

Wasser löst das genannte Chromat ein wenig; in Flüssigkeiten, die Kaliumchromat enthalten, ist es unlöslich. *Bde.*

Z. N. Miczynski. Ueber die Bestimmung der Löslichkeit einiger Säuren und Salze der Oxalsäurereihe bei verschieden Temperaturen. Wien. Ber. XCIV, [2] 15-33†; Monatsh. f. Chem. VII, 207-252; [Chem. Ber. XIX, [2] 728; [J. chem. Soc. L, 935.

Nach Methoden, für welche auf Raupenstrauch (Monatschr. für Chemie 1885, 563; das Citat „Monatsschr.“ soll vielleicht „Monatshefte“ heissen) verwiesen wird, wurden folgende Löslichkeitszahlen bestimmt; S bedeutet die Menge des auf 100 Aq. entfallenden wasserfreien Salzes:

Oxalsäure:

$$S = 3,543 + 0,1759016(t-0,5) + 0,002721258(t-0,5)^2 + 0,0001039899(t-0,5)^3.$$

Malonsaures Calcium:

$$S = 0,2897 + 0,004235441\,t - 0,00002335103\,t^2.$$

Malonsaures Baryum:

$$S = 0{,}1438 + 0{,}003825712(t - 0{,}2) - 0{,}00001925712(t - 0{,}2)^2.$$

Bernsteinsäure:

$$S = 2{,}883 + 0{,}1583091(t - 0{,}5) + 0{,}0003726299(t - 0{,}5)^2 + 0{,}0001054098(t - 0{,}5)^3.$$

Bernsteinsaures Calcium:

$$S = 1{,}291 - 0{,}01114291(t - 0{,}2) - 0{,}0001894618(t - 0{,}2)^2$$

bis gegen 24°; von 41° ab gilt die Gleichung

$$S = 1{,}1523 - 0{,}01512447(t - 41{,}6) + 0{,}00005809561(t - 41{,}6)^2.$$

Bernsteinsaures Baryum:

$$S = 0{,}4212 + 0{,}0007450901\,t + 0{,}00003093892\,t^2$$

von 0 bis 12°; von 24° ab gilt die Formel

$$S = 0{,}4077 - 0{,}002485821(t - 24{,}3) - 0{,}00001026092(t - 24{,}3)^2.$$

Isobernsteinsaures Calcium:

$$S = 0{,}5216 + 0{,}0007053213(t - 0{,}2) - 0{,}00004700974(t - 0{,}2)^2.$$

Isobernsteinsaures Baryum:

$$S = 1{,}9055 + 0{,}1065081(t - 0{,}2) - 0{,}001011789(t - 0{,}2)^2.$$

Die Formeln gelten, wo nichts angegeben ist, bis gegen 80° C. Für die sehr lösliche Malonsäure ist bei 0° $S = 108{,}7$, bei 16° $S = 138$. Die Ergebnisse sind in einer Kurventafel dargestellt.

Bde.

Fr. Iwig und O. Hecht. Notiz über die Calciumsalze der Apfelsäure. Lieb. Ann. CCXXXIII, 166-172; [Beibl. X, 674.

100 Theile Wasser lösen vom sauren äpfelsauren Calcium bei

15	17	45	57	68	78° C.	
1,287	1,386	8,514	32,236	13,127	7,435	Theile.

Dieselben lösen vom neutralen äpfelsauren Calcium bei

15	45	58	69	80	86° C.	
0,839	0,711	0,566	0,600	0,724	0,737	Theile.

Bde.

A. R. HASLAM. Note on the solubility of barium sulphate in hydrobromic and hydriodic acids. Chem. News LIII, 87†; [J. Chem. Soc. L, 422; [Chem. Ber. XIX, [2] 201; [Chem. CBl. (3) XVII, 226.

Durch eine zufällige Beobachtung aufmerksam gemacht, hat der Verfasser reine Brom- und reine Jodwasserstoffsäure hergestellt und durch direkte Auflösung konstatirt, dass 1 Theil schwefelsauren Baryts sich in 2500 Theilen der Bromwasserstoffsäure und in 6000 Theilen der Jodwasserstoffsäure löst. *Bde.*

A. G. BLOXAM. The solubility of sulphur in alcohol. Chem. News LIII, 181†; [J. Chem. Soc. L, 593; [Chem. CBl. (3) XVII, 417; [Beibl, X, 558.

Schwefel löst sich bekanntlich in heissem Alkohol und krystallisirt aus demselben in farblosen Prismen. Durch Auflösung von Schwefel in heissem Methylalkohol und langsame Abkühlung hat der Verfasser Prismen bis zur Länge von $^1/_2$ Zoll erhalten. Sie waren glänzend durchsichtig und so farblos wie Salpeterkrystalle, wurden aber unter der Flüssigkeit in 36 Stunden zu undurchsichtigen gelben Oktaëderaggregaten.

Der Verfasser macht darauf aufmerksam, dass man sich bei Verwendung von Kautschukstöpseln vor der Auslaugung des Schwefels durch Alkohol zu hüten habe. *Bde.*

H. LESCOEUR. Sur les relations de l'efflorescence et de la déliquescence des sels avec la tension maximum des solutions saturées. C. R. CIII, 1260-1263; [J. chem. Soc. LII, 208. 1887; [Chem. Ber. XX, [2] 37. 1887; [Chem. News LV, 24. 1887; [Chem. CBl. (3) XVIII, 79. 1887; [Beibl. XI, 384. 1887.

Der Verfasser stellt den selbstverständlichen Satz auf: „Damit ein Salz zerfliesse, ist erforderlich und hinreichend, dass seine gesättigte Lösung eine Dampfspannung besitzt, welche kleiner ist, als die Feuchtigkeitsspannung der Atmosphäre“. Die Richtigkeit dieses Satzes und seiner Umkehrung: „Damit eine Salzlösung fest werde, muss die Dampfspannung seiner gesättigten Lösung grösser sein, als die Feuchtigkeitsspannung der Luft“, wird aus DEBRAY-schen Zahlen nachgewiesen. *Bde.*

GERSTMANN. Ueber Strömung von Flüssigkeitsgemischen und Salzlösungen durch capillare Röhren. Tagebl. der Naturforschervers. Berlin 409-410; [Beibl. XI, 753. 1887.

Der Verfasser hat seine in diesen Berichten XL, (1) 464 erwähnten Versuche auf Oxalsäure und Natronlauge ausgedehnt, wobei poröse Thonzellen, gepresster Quarzsand und Pferdeharnleiter als feste Wände dienten. Der Erfolg war derselbe wie bei den früheren Versuchen. Mit Eiweisslösung liess sich nach 142-stündigem Strömen nicht erreichen, dass die ausfliessende Flüssigkeit dieselbe Koncentration hatte, wie die eingegossene. *Bde.*

A. LEDEBUR. Ueber Legirungen. Centrztg. f. Opt. u. Mech. VII, 77-79, 89-91†; [Beibl. X, 763.

Rekapitulirende Betrachtung der Eigenschaften von Legirungen, die von der Auffassung der Legirung als Lösung ausgeht. Das Härten des Stahls betrachtet der Verfasser als dadurch begründet, dass die schnelle Abkühlung das Aussaigern des Kohlenstoffs aus dem Stahl verhindert. *Bde.*

H. E. ARMSTRONG. The action of metals on acids. Chem. News LIII, 211-212†; [Chem. CBl. (3) XVII, 568; [Beibl X, 506.

Es wurden Legirungen untersucht, indem man sie in einer Flüssigkeit auflöste, welche beide Konstituenten der Legirung angreift, und, während die Auflösung fortschritt, die elektromotorische Kraft der Legirung gegen Platin feststellte. Im allgemeinen ergiebt sich nur, dass die Methode nicht zu bestimmten Ergebnissen führt, weil der positive Bestandtheil der Legirung sich vorwiegend auflöst und lokale Ströme veranlasst. Es folgen Bemerkungen, die nichts wesentlich neues enthalten. *Bde.*

Litteratur.

V. ALEXEEFF. De l'isomérie des dissolutions. Bull. Soc. chim. XLV, 178; aus Soc. chim. russc.

W. A. TILDEN. Letter „Discussion on the Nature of solution". Chem. News LIV, 95.

Orientirende Notiz für solche, die sich an der im Text besprochenen Discussion betheiligen wollen.

Dieselbe Notiz ist in Nature XXXIV, 389 veröffentlicht.

WM. DURHAM. Solution Discussion at the British Association. Nat. XXXIV, 468.

J. H. POLLOCK. Comparison of the volumes of saline solutions with the sums of the volumes of the constituents. Edinburgh Proc. XIII, 626-628; [Beibl. XII, 168. 1888.

K. KRAUT. Gehalt der Lösungen von saurem schwefligsaurem Kalk. ZS. R. Z. Ind. XXXVI, 790-793.

H. W. B. ROOZEBOOM. Solubilité de l'acide bromhydriqe à des températures et sous des pressions différentes. Rec. trav. chim. IV, 102, 331; [Bull. soc. chim. XLVIII, 252. 1887; [J. chem. Soc. L, 119. Siehe diese Ber. XLI, (1) 175.

G. BISCARO u. R. CARPENTER. Ueber die Löslichkeit von Silberchromat in Ammoniumnitrat. DINGL. J. CCLXI, 184.

JOSEPH FLETCHER Notes on the Solubility of the Phosphoric Acid contained in Thomas Slag. Chem. News LIV, 5-6.

L. LINDET. New solvents of anhydrous auric chloride. Bull. soc. chim. XLV, 149-151; [J. Chem. Soc. L, 430; [Chem. CBl. (3) XVII, 193.

TH. ROSENBLADT. Ueber die Löslichkeit einiger Goldverbindungen. Chem. Ber. XIX, 2535-2538; [Bull. soc. chim. XLVII, 114. 1887; [Beibl. XI, 79. 1887.

Löslichkeit einiger officineller Salze in Wasser. Polyt. Notizbl. XLI, 49.

D. SIDERSKY. Studien über gewisse Beziehungen, welche zwischen dem Strontian und dem Rohrzucker existiren I.

Bull. Assoc. Chim. 1885, 239; SCHEIBLER's N. Z. XV, 205-209; [Chem. CBl. (3) XVII, 57.

P. BEIERSDORF. Löslichkeit von Kautschuk in Aether. Pharm. Ztg. 1886, 187; [Chem. CBl. (3) XVII, 656.

C. MEHN. Löslichkeit des Quecksilberjodids in Fettkörpern und in anderen Lösungsmitteln. Pharm. J. III, 327 bis 328; [Chem. Ber. XIX, [2] 8.

K. KRAUT. Behaviour of plumbiferons zinc on remelting. ZS. f. anal. Chem. XXV, 169-172*; [J. Chem. Soc. L, 594.

Bestätigt das Absaigern des Bleis aus geschmolzenem bleihaltigem Zink.

R. ENGEL. De l'action d'un sel sur la solubilité d'un autre sel. Ass. Franç. de Nancy XV, (1) 107.

Ganz kurzer Auszug aus den oben referirten Untersuchungen des Verfassers.

CARTER N. DRAPER. Insolubility of Barium Chloride in presence of Lithium Chloride. Chem. News LIII, 52†; [J. Chem. Soc. L, 422; [Chem. Ber. XIX, [2] 901.

Der Titel gibt die in dem Aufsatze mitgetheilte Thatsache an.

J. SCHROEDER. Expériences sur les solutions sursaturées d'hyposulfite de sodium. Bull. soc. chim. XLVI, 825; aus soc. chim. russc.

GOLDSTEIN a observé qu'une solution de chlorure de calcium en passant à travers un tube capillaire, devient moins concentrée, qu'elle ne l'était auparavant. Bull. Soc. chim. XLV, 252; aus Soc. chim. russc. *Bde.*

7d) Emulsion und Suspension.

Litteratur.

Ueber die Einwirkung der Entladung hochgespannter Elektricität auf feste in Luft suspendirte Theilchen. Naturf. XIX, 281-83; Wien. Ber. März. Siehe Cap. 28.

RENK. Vorlesungsversuche über das Verhalten des Luftstaubes. Tagebl. d. Naturf.-Vers. z. Berlin 1886, 433-34, München; [Chem. CBl. (3) XVII, 839.

Smoke condensed by means of electricity. The Electrician XVII, H. 2. 1886.

LODGE, WALKER, PARKER. La condensation et la précipitation des fumées dans les usines au moyen de l'électricité. Soc. électrotechn. Frankfurt a. M. 14. déc. 1885; Rer. intern. Electr. II, (1) 206.

R. WARINGTON. Purification of air. Chem. News LIII, 296.

G. F. FITZGERALD. Notiz über die Staubabstossung. Proc. Dublin. Roy. Soc. IV, 338. 1885; [Beibl. X, 566.

P. F. FRANKLAND. Lettre on a Purification of air. Chem. News LIII, 311.

THOS. CARNELLEY. Lettre on a Purification of air. Chem. News LIV, 22.

Condensation des fumées par l'électricité statique. Bull. soc. d'encouragement LXXXV, H. 9.

O. HEMPEL. Condensation des fumées par l'électricité statique: Appareils de démonstration. Soc. intern. des Électric. Paris 3. févr. 1886; Rev. intern. Electr. II, (1) 191-93.

STEIN. Dépôt des fumées sous l'influence de l'électricité. Electrotechn. Ges. Frankfurt a. M. 15. März 1886; Rev. intern. Electr. II, (2) 27.

7e) Diffusion.

A. WINKELMANN. Ein Vorlesungsversuch über Gasdiffusion. WIED. Ann. XXVII, 479†; [Cim. (3) XXI, 165; [J. Chem. Soc. L, 591; [Phil. Mag. (5) XXI, 451; [J. de phys. (2) VI, 515. 1887.

Bringt man in ein mit Quecksilber gefülltes Rohr, welches Luft unter einem Drucke von 300 mm. enthält, von unten her eine überschüssige Menge Flüssigkeit, so füllen die Dämpfe nicht sofort den ganzen Raum oberhalb des Quecksilbers aus; vielmehr erfolgt dies nur allmählich entsprechend dem Fortschritt der Diffusion der Dämpfe in die darüber befindliche Luft. Diesen Vorgang benutzt der Verfasser, um den Unterschied der Diffusionsgeschwindigkeit in verschiedenen Gasen, z. B. in Luft und Wasserstoff zu zeigen. Er füllt zu diesem Zweck in zwei gleich lange Barometerröhren Luft, resp. Wasserstoff, sodass die Quecksilberkuppen in beiden Röhren gleich hoch stehen und lässt in beide Röhren Aether in überschüssiger Menge eintreten. Das Quecksilber sinkt alsdann in der zweiten Röhre schneller als in der ersten und zeigt somit, dass der Aetherdampf in Wasserstoff beträchlich schneller diffundirt als in Luft. — Erst nach längerer Zeit wird die Druckdifferenz in beiden Röhren zu Null. *O. Kch.*

A. Zott. Ueber die relative Permeabilität verschiedener Diaphragmen und deren Verwendbarkeit als dialytische Scheidewände. Wied. Ann. XXVII, 229-89†; [Cim. (3) XXI, 82; [J. Chem. Soc. L, 414; [Phil. Mag. (5) XXI, 288.

Der Verfasser gelangt u. A. zu folgenden Resultaten: Das brauchbarste Diaphragma zur dialytischen Trennung ist Goldschlägerhäutchen. — Alle Erscheinungen der Diffusion treten in gesteigertem Maasse auf, wenn die Diaphragmen zuerst evakuirt werden. — Nach vorhergegangener Evakuirung findet Endosmose auch bei solchen Diaphragmen und porösen Platten statt, welche vorher eine Volumvergrösserung der inneren Flüssigkeit nicht zeigten. — Auch langsam diffundirende Stoffe, also die sogenannten Colloide, sind im Stande, eine bedeutende Endosmose herbeizuführen. — Lösungsgemische, welche zwei verschiedene Stoffe enthalten, können auf dem Dialysator um so leichter und vollständiger getrennt werden, je weiter die relativen Diffusionsgeschwindigkeiten dieser Stoffe auseinander liegen. — Eine dialytische Trennung wird um so rascher bewerkstelligt, je öfter das äussere Wasser erneuert wird.

O. Kch.

R. Tigerstedt und C. G. Santesson. Einige Betrachtungen und Versuche über die Filtration in ihrer Bedeutung für die Transsudationsprocesse im Thierkörper. Bihang Sc. Ak. XI, Nr. 2, 67 p. 1886/87.

Der erste, physikalische Theil der Abhandlung beschäftigt sich mit der Filtration von Wasser durch todte Membranen, Goldschlägerhäutchen, Katzenperitoneum etc. Die zu untersuchende Membran bildet den Boden eines Glasrohrs und steht unter dem Druck einer gemessenen, konstanten Wassersäule; das durchfiltrirte Wasser wird in einem mit Wasserdampf gesättigten Raume aufgefangen und gemessen. Es zeigt sich: die Filtrationsgeschwindigkeit nimmt von Anfang jedes Versuchs fortwährend ab und nähert sich anscheinend asymptotisch einem (nicht erreichbaren) Minimum. Abnahme und Annäherung an das Minimum erfolgen um so schneller, je grösser der Druck ist. Die Filtrationsgeschwindigkeit nimmt bei steigendem Druck zu. Die Abnahme derselben mit der Zeit beruht nicht auf Verstopfung der Membranporen, denn bei einer fein porösen Gypsschicht tritt sie nicht ein. Zu ihrer Erklärung wird angenommen, dass die Porenkanäle der thierischen Membran schräg verlaufen und wegen der unvollkommenen Elasticität des Materials durch den hydrostatischen Druck der über ihnen stehenden Wassersäule allmählich zusammengepresst werden. (Stillschweigend ist dabei vorausgesetzt, dass das in den Kanälen enthaltene Wasser keinen hydrostatischen Druck übt.)

Im zweiten, physiologischen Theil ergiebt sich, dass die für todte Membranen aufgestellten Sätze auf lebende Membranen nicht anwendbar sind. *Bde.*

Litteratur.

F. SCHIDLOFFSKY. Anwendung der Diffusion der Gase und Dämpfe durch poröse Körper zur Bestimmung des Gehaltes an Wasserdampf und Kohlensäure in der Luft. J. d. russ. phys.-chem. Ges. XVIII, phys. Theil p. 182-204†.

— — Ueber Diffusion der Gase. Protocolle der Ges. der Marine-Aerzte XXIV, 41-46 (russich).

Referirt in den Beibl. XI, p. 618-620. Aufsatz der Verfassers ausserdem in der ZS. f. analyt. Chemie XXVII, H. 6 p. 712-721. *O. Chw.*

E. DETLEFSEN. Die experimentelle Behandlung der Diffusion der Flüssigkeiten im elementaren physikalischen Unterricht. Festschrift Wismar 1886.

A. LEWY. Ueber den Einfluss der Temperatur auf die

Filtration von Eiweisslösungen durch thierische Membranen. ZS. f. physiol. Chem. IX, 537-562; [Chem. Ber. XIX, [2] 453. *O. Kch.*

C. A. Weber. Ueber den Einfluss höherer Temperaturen auf die Fähigkeit des Holzes den Transpirationsstrom zu leiten. Ber. d. bot. Ges. III, 345-374. 1885.

A. M. Chavez. Fenomenos osmoticos. Mexico 1885, Mata. *Bde.*

7f) Absorption und Adsorption.

H. W. Bakhuis Roozeboom. Solubilité du chlore dans l'oxychlorure de chrome. Rec. trav. chim. IV, 379-381†; [Chem. CBl. (3) XVII, 467; [J. chem. Soc. L, 500; [Beibl. X, 461.

Der Verfasser bestimmt bei 0° und tiefer liegenden Temperaturen die Spannkraft p (in cm) von verschieden koncentrirten Lösungen des Chlors in CrO_2Cl_2 und findet z. B. für 0°, wenn c den Chlorgehalt in Atomen ausdrückt:

$c =$	1,70	1,43	1,40	1,35	1,30	1,25	1,20
$p =$	130,2	120,8	119,8	118,9	115	112,5	110,1
$c =$	1,16	1,12	1,04	1,00	0,91	0,78	0,68
$p =$	106,9	105,1	101,6	98,4	92,3	82,4	75,3.

Aus den Beobachtungen bei niedrigeren Temperaturen, welche sämmtlich eine Zunahme der Spannkraft mit der Quantität des in der Flüssigkeit enthaltenen Chlors erkennen lassen, ergiebt sich bei einem Druck von 76 cm folgender Gehalt an Cl (in Atomen) der gesättigten Lösung,

$t =$	0°	−14°	−21°	−24°
$c =$	0,70	1,24	2,31	3,00.

Die Löslichkeit wächst schnell mit abnehmender Temperatur. *O. Kch.*

H. W. Bakhuis Roozeboom. Solubilité du bioxyde d'azote dans le brome. Rec. trav. chim. IV, 382-383†; [Chem. CBl. (3) XVII, 466; [Beibl. X, 462; [J. chem. Soc. L, 501.

Der Verfasser leitet Stickoxid in Brom, bis die Zusammensetzung der Formel $NOBr_2$ entspricht. Für verschiedene Temperaturen t besitzt die Spannkraft p (in mm) von $NOBr_2$ die folgenden Werthe:

$t =$	-10^0	-9^0	-8^0	-5^0	-4^0	-3^0	-2^0	0^0
$p =$	601	617	631	698	729	760	791	889.

Kommen c Moleküle NO auf 1 Molekül Br_2, so ist bei 0^0 für

$c =$	1	0,90	0,79	0,68	0,60	0,42
$p =$	889	700	631	545	491	401.

Die Spannkraft ändert sich also kontinuirlich, wenn sich die Zusammensetzung von $NOBr_2$ bis $NOBr_5$ verändert. *O. Kch.*

O. LUBARSCH. Ueber ein neues Nitrometer und die Löslichkeit des Stickoxydes in Schwefelsäure. Diss. Halle, 21 pp†.

Der Verfasser hat mit einem von ihm selbst angegebenen Nitrometer, welches speciell für Stickstoffbestimmungen in der Schiesswolle, sowie in porösen und in Schwefelsäure unlöslichen Nitraten geeignet ist, die Löslichkeit der Kohlensäure und des Stickoxides in Schwefelsäure bestimmt. Er findet, dass es unter den Mischungen von Schwefelsäure und Wasser je eine giebt, welche für Kohlensäure, wie für Stickoxid ein Minimum von Absorptionskraft besitzt; sowohl reine Schwefelsäure, als auch reines Wasser lösen eine grössere Menge beider Gase auf. Die Zahlenresultate sind die folgenden:

100	vol.	H_2SO_4	absorbiren	77,0	vol.	CO_2
100	-	$(H_2SO_4+9H_2O)$	-	73,8	-	-
100	-	$(H_2SO_4+17H_2O)$	-	69,5	-	-

Es sinkt bei weiterer Verdünnung die Lösungskraft bis auf ein Minimum und steigt dann schnell bis 95.

100	vol.	H_2SO_4	absorbiren	3,5	vol.	NO
100	-	$(H_2SO_4+2,5H_2O)$	-	1,7	-	-
100	-	$(H_2SO_4+6,5H_2O)$	-	2,0	-	-
100	-	$(H_2SO_4+9H_2O)$	-	2,7	-	-
100	-	$(H_2SO_4+17H_2O)$	-	4,5	-	-
100	-	Wasser	-	7,2	-	-.

O. Kch.

J. Setschenow. Ueber die Absorptionscoefficienten der Kohlensäure in den zu diesem Gase indifferenten Salzlösungen. Petersburg. Mém. XXXIV, Nr. 3, 24 pp. und Tafel†; [Beibl. XI, 79-82; J. d. russ. chem. Ges. XVIII, [1] 237-264; Bull. soc. chim. XLVI, 821, 825.

Der Verfasser hat systematische Versuche über die Absorption der Lösungen von $NaCl$, $NaNO_3$ und Na_2SO_4 angestellt und denselben eine mechanische Deutung zu geben versucht. Er denkt sich zunächst statt der Lösung ein ideales Gemenge von a Theilen Salz und b Theilen Wasser, in welchem Salz und Wasser nicht auf einander wirken, sondern jedes für sich seinen Absorptionskoefficienten beibehält. Ein solches würde, wenn ε der Absorptionskoefficient des Salzes und η der des Wassers ist, den Absorptionskoefficienten $(a\varepsilon + b\eta)/a + b$ haben. Die realen Lösungen werden nun nicht dieser Formel gehorchen, sondern ihr Absorptionskoefficient wird bei wachsender Verdünnung langsamer ansteigen, weil die diluirenden Wassermengen nicht frei sind. Die Abweichung von der Formel wird aber bei stets wachsendem b schliesslich unmerklich werden, weil für $b = \infty$ die Lösung reines Wasser ist, die Formel also richtig sein muss. Diese Erwartungen werden durch die Zahlenresultate der Messungen bis zu einer gewissen Grenze bestätigt.

Weiter wird festgestellt: Löst man $NaCl$ einerseits in Wasser, andererseits in $NaNO_3$ Lösung, so verhalten sich die Absorptionskoefficienten zweier Wasserlösungen wie diejenigen zweier entsprechenden Lösungen in Chilisalpeterlösung.

Auf diese Bemerkung wird der Gedanke gegründet, eine gegebene Lösung eines Salzes aufzufassen als Lösungsmittel für weiter zugesetztes Salz. Hieraus zieht er den Schluss, dass für Lösungen, soweit das Salz nicht durch Wasser zersetzt wird, eine Gleichung von der Form

$$y = ae^{-\frac{k}{x}}$$

bestehen muss, in welcher y den Absorptionskoefficienten, x den Wassergehalt bezeichnet, a und k Konstanten sind. a ist der Absorptionskoefficient der CO_2 in reinem Wasser. Die Kurven der realen beobachteten Lösungen steigen nun sämmtlich etwas steiler an, als dieser Gleichung entspricht, und daraus wird der Schluss gezogen, dass die Salze in ihren Lösungen dissociirt sind, wobei die Nebenannahme zutritt, dass die Kohlensäure von den dissociirten Basisradikalen z. Th. chemisch gebunden wird.

Endlich wurde der Einfluss der Temperatur auf die Absorption berührt, aber nur in unvollkommenen Versuchen zwischen 12 und $18^1/_3{}^0$. Vorläufig ergiebt sich, dass die Absorptionskoefficienten der Lösungen ziemlich in demselben Verhältniss mit der Temperatur abnehmen, wie die des reinen Wassers, oder ein wenig langsamer. Hieraus ist zu schliessen, dass die Wärme 1) den Absorptionskoefficienten der Lösung afficirt, insofern sie den des Lösungsmittels schwächt, 2) dass sie ausserdem noch eine andere (vermuthlich dissociirende) Wirkung auf das Salz übt, welches den Absorptionskoefficienten wieder erhöht. *Bde.*

J. GÁSPÁR. Die Absorption von Gasen durch Glas. Ungar. math.-naturw. Ber. III, 250. 1885†; [Beibl. X, 675.

Wurde in zugeschmolzenen Glasröhren Wasserstoff, Kohlensäure, Nitrogenoxid oder Kohlenoxid dargestellt und diese Gase 10—15 Stunden lang auf 240° erhitzt, so zeigten die Röhren nach dem Erkalten und Reinigen keine Veränderung und hatten eine ganz glatte Oberfläche. Im Gebläse erhitzt, bedeckte sich die ganze innere Oberfläche mit einer Unzahl kleiner Blasen. Der Verfasser ist der Ansicht, dass absorbirtes Gas aus dem weichgewordenen Glas austritt. Bei dem mit Kohlensäure durchgeführten Versuch konnte nachgewiesen werden, dass beim Erhitzen der Glasröhre dies Gas entweicht. Die Absorption erfolgt nur bei grösserem Druck und höherer Temperatur. *O. Kch.*

J. D. VAN DER PLAATS. Over het voorkomen van Zuurstof in zilver. Maandbl. voor Natuurwetenschappen XIII, 25-32; [Rec. trav. chim. V, 212-214†; [Chem. CBl. (3) XIII, 906; [Beibl. X, 579.

Der Verfasser erhitzte Silber, welches nach den Angaben von STAS bereitet war, nach einander in einem Strome von Luft,

Wasserstoff und Kohlenoxid bis zur Erweichungstemperatur des böhmischen Glases, ohne dass dasselbe einen Gewichtsverlust erlitten hätte. Das Gleiche fand statt, als das Silber im Vakuum auf 600° erhitzt worden war, und der Verfasser schliesst daraus, dass das Silber vorher keinen Sauerstoff enthalten habe.

O. Kch.

A. Ledebur. Ueber den Sauerstoffgehalt einiger Metalle und Legirungen. Centrztg. f. Opt. u. Mech. VII, 102-104, 139 bis 141†.

Es enthält

	pCt.
Gewöhnliches Handelskupfer	0,227
Kupferblech	0,124
Unter Salz geschmolzenes Kupfer	0,092
Gegossene Bronze mit 4 pCt. Zinn	0,070
Andere Bronzen	0,038 bis 0,126
Messing	0,015 bis 0,033
Nickel	0,084 bis 0,304
Neusilber gegossen	0,061

Sauerstoff, vermuthlich in Form gelöster Oxide. Kupfer und Kupferzinnlegirungen geben, wenn sie unter Wasserstoff geglüht werden, recht merkliche Mengen von Schwefelwasserstoff aus. *Bde.*

Christian Bohr. Undersögelser over den af Blodfarvestoffet optagne Iltmaengde udförte ved Hjälp af et nyt Absorptiometer (Untersuchungen über die vom Blutfarbstoffe aufgenommene Sauerstoffmenge mittels eines neuen Absorptiometers. Danske Vid. Selsk. Skr. (6) naturvidensk. og mathem. Afd. II, 421-450. 1886.

Um die Sauerstoffmenge, welche das Oxyhämoglobin unter verschiedenen Bedingungen binden kann, zu bestimmen, hat der Verfasser ein neues Absorptiometer konstruirt und zuerst den Apparat zur Bestimmung des Absorptionskoefficienten des reinen Sauerstoffs für Wasser benutzt. Diesen Koefficienten hat Bunsen nur mittelbar aus Gemischen aus Sauerstoff und anderen Gasen bestimmt, weil der reine Sauerstoff das feuchte Quecksilber schwärzte. Die Eigenthümlichkeiten des Absorptiometers des Verfassers sind die folgenden. Das Quecksilber wird nicht mit der absorbirenden Flüssigkeit zusammengeschüttelt. Das Auskochen der Flüssigkeit wird im Apparat selbst vorgenommen. Der Apparat kann mittelst einer Luftpumpe (HAGEN'scher Pumpe) evakuirt werden. Das Gas wird im Apparate ausgemessen, bevor es mit der absorbirenden Flüssigkeit in Berührung kommt.

Die gläserne, getheilte Absorptionsröhre ist ca. 1 cm weit und 1 m hoch; sie steht unten in einem Quecksilbergefäss und hat oben eine kugelförmige Erweiterung zur Aufnahme des Gases. Von dieser Erweiterung geht aufwärts ein Röhrenstück aus, das mit einem Hahn und oben mit einem Schliff für die Luftpumpe versehen ist. Eine andere Röhre geht seitwärts von der Erweiterung aus; sie ist nach unten gebogen und endigt in eine Kugel zur Aufnahme der absorbirenden Flüssigkeit. (Es erinnert somit die Röhre an den REGNAULT'schen Apparat zur Bestimmung des Dampfdruckes des Wassers bei niedrigen Temperaturen.) Die seitwärts gehende Röhre hat einen Hahn und über der Kugel noch eine Erweiterung, welche den Hahn gegen das Spritzen der Flüssigkeit schützt.

Zuerst wird die Flüssigkeit in die seitlich angebrachte Kugel durch eine biegsame Metallröhre (z. B. ein Katheter) hineingebracht, ohne dass die Wände der übrigen Theile der Röhre nass werden; dann sperrt man die Röhre unten mit Quecksilber ab und entleert sie mittelst der Luftpumpe. Wenn hierbei nach einiger Zeit das Wasser nur stossweise oder gar nicht siedet, schüttelt man es heftig um die letzten Spuren von Gasen zu entfernen. Das Schütteln geschieht dadurch, dass man die senkrecht stehende Röhre in schnelle hin und hergehende Schwingungen um ihre Axe versetzt. Um darnach Absorptionsversuche zu machen, bringt man etwas Sauerstoff durch das Quecksilber in die Röhre ein, nachdem beide Hähne geschlossen worden sind; man misst seinen Druck, Temperatur und Volumen und öffnet dann den Hahn, welcher nach dem Wasser führt. Durch erneuertes Schütteln vollführt man die Absorption und misst wieder Druck, Temperatur und

Volum. Man kann jetzt eine ganze Serie von Versuchen mit abnehmenden Drucken machen, indem man nach jedem Versuch die Verbindung zum Wasser schliesst und mittelst der Pumpe etwas Sauerstoff entfernt. Auch Versuchsserien mit wachsenden Drucken hat der Verfasser gemacht. Die Berechnung der Sauerstoffmenge geschieht nach den Resultaten des Verfassers über das Verhalten des Sauerstoffs gegen Druckänderungen (Wiedem. Ann. XXVII, 459. 1886). Der Verfasser fand das Henry'sche Gesetz zwischen 10 und 400 mm Druck bestätigt. Den Absorptionskoefficienten fand er gleich 0,03218 bei 20,2° (später fand er mittelst eines anderen Apparates 0,03272 bei 30°), während Bunsen 0,02834 gefunden hat. Der Verfasser meint, dass der Unterschied von dem indirekten Verfahren Bunsen's herrührt. *K. P.*

E. Warburg und T. Ihmori. Ueber das Gewicht und die Ursache der Wasserhaut bei Glas und anderen Körpern. Wied. Ann. XXVII, 481-507†; [Cim. (3) XXI, 166; [Phil. Mag. (5) XXI, 452; [Chem. Ber. XIX, [2] 279; [Rundsch. I, 307; [J. de phys. (2) II, 521-533. 1887; [Naturf. XIX, 241-243.

Die Versuche beziehen sich auf den Theil der Wasserhaut, welcher nicht erst bei Anwendung hoher Temperaturen ausgetrieben wird, sondern welcher schon in einem Raum von dem Dampfdruck Null verschwindet und dessen Dicke durch direkte Wägung gemessen wurde. Die Beobachtungen wurden mittelst Spiegelablesung an einer empfindlichen Waage vorgenommen, deren 8 cm langer Waagebalken, aus einem Glasröhrchen bestehend, sammt den mit ihm fest verbundenen Theilen 0,21 g wog. Dieselbe befand sich unter dem Recipienten einer Luftpumpe, welcher durch einen Hahn mit einem Phosphorsäureanhydrid enthaltenden Kolben, durch einen zweiten Hahn mit einem Gefäss in Verbindung stand, in welcher sich Wasser befand, und das auf konstanter Temperatur gehalten werden konnte. Das zu untersuchende Glas wurde angewandt in Form dünnwandiger, ungefähr 0,4 g schwerer Ballons. Mit Hülfe des zweiten Hahnes konnte die Oberfläche desselben einem bestimmten Wasserdampfdruck ausgesetzt, mit Hülfe des ersten Hahnes der Dampfdruck wieder auf Null erniedrigt werden. Die Resultate sind von den Verfassern in folgende Sätze zusammengefasst worden: 1) An keinem in Wasser unlöslichen Körper (Platin, Glas mit Kieselsäureüberzug, alkalifreiem Glase) mit glatter Oberfläche konnte oberhalb des Thaupunktes ein Wasserbeschlag durch Wägung nachgewiesen werden; ein etwa gebildeter kann bei der Empfindlichkeit der benutzten Waage die Dicke von 1 bis 2 milliontel Millimeter nicht übersteigen. 2) Die durch Wägung gemessene Wasserhaut, welche sich bei alkalihaltigem Glase oberhalb des Thaupunktes bildete, rührt von einer kleinen Quantität freien oder locker gebundenen Alkalis an der Glasoberfläche her. Dasselbe muss jedesmal soviel Wasser anziehen, bis der Dampfdruck über der gebildeten Alkalilösung gleich dem Dampfdruck im Versuchsraume geworden ist. 3) Dieser durch Wägung gemessene Wasserbeschlag beim alkalihaltigen Glase ist die Ursache der elektrischen Oberflächenleitung, welche solches Glas in feuchter Luft vor dem Elektroskop zeigt; jedes Glas, bei welchem die benutzte Waage keinen messbaren Wasserbeschlag angab, erwies sich vor dem Elektroskop als guter Isolator. 4) Steinsalz zeigte einen viele milliontel Millimeter dicken Wasserbeschlag bei Temperaturen, für welche der Dampfdruck über gesättigter Chlornatriumlösung grösser war, als der Dampfdruck im Versuchsraume. Es ist aber in dem benutzten Steinsalz eine kleine Quantität Chlormagnesium nachgewiesen worden, welche Wasser anziehen musste, bis der Dampfdruck über der gebildeten Chlormagnesiumlösung gleich dem Dampfdruck im Versuchsraume geworden war. Zur Annahme einer Oberflächenanziehung mit messbarem Wirkungsbereich geben diese Resultate keine Veranlassung. *O. Kch.*

O. Schumann. Ueber die Dicke der adsorbirten Luftschicht auf Glasflächen. Wied. Ann. XXVII, 91-94†; [Cim. (3) XXI, 73; [J. de phys. (2) VI, 518. 1887.

Ein Quecksilberfaden von genau bestimmtem Gewicht und gemessener Länge befindet sich in einer passend gebogenen Kapillarröhre, deren beide Enden in ein und dasselbe Glasrohr eingeschmolzen sind. Dasselbe erweitert sich an einer Stelle zu einer

Kugel, in welche das Quecksilber geleitet werden kann, und führt dann zu einer Luftpumpe. Mit derselben wurde der Apparat aus gepumpt, während das Quecksilber in der Kugel war, und dieses alsdann in die Kapillarröhre zurückgebracht. Es zeigte die Länge des Fadens keine ablesbare Differenz mit derjenigen bei gewöhnlichem Luftdrucke. Die Dicke der durch einfache Druckverminderung von dem Glase losgelösten Schicht ist also ausserordentlich klein. — Wurde die Kapillare ausgepumpt und unter Kommunikation mit einem Trockenapparate auf 312° erhitzt, so zeigte der Quecksilberfaden später ebenfalls keine Aenderung seiner ursprünglichen Länge. Ebenso wenig trat dies ein, nachdem in die ausgepumpte Röhre schweflige Säure eingelassen worden war. — Unter Annahme eines Beobachtungsfehlers von 0,5 mm bei der Messung der Länge des Fadens berechnet der Verfasser, dass die Dicke der adsorbirten Schicht auf Glas, sowohl bei Luft, wie bei schwefliger Säure kleiner ist, als 0,000007 cm. *O. Kch.*

W. Müller-Erzbach. Das Gesetz der Abnahme der Absorptionskraft bei zunehmender Entfernung.

Wied. Ann. XXVIII, 684-96†; [Cim. (3) XXII, 182; [Naturf. XIX, 432-433.

Der Verfasser untersuchte zunächst die Absorption von Wasserdampf durch reine Thonerde. Legte er als Maass für die Anziehungskraft des absorbirenden Körpers die Spannkraft des absorbirten Wassers zu Grunde, so ergaben sich für den Exponenten, der die Abnahme der Anziehung mit der Entfernung bestimmt, desto grössere Werthe, je näher die Schichten an der Thonerde liegen. Da jedoch die Spannkraft des absorbirten Wassers nur die Differenz zwischen der Spannungsenergie des ungebundenen Wassers und der Anziehungsenergie der Thonerde ausdrückt, so lassen die nach derselben berechneten Exponenten das Gesetz der Veränderung der Energie selbst nicht erkennen. Der Verfasser bringt deshalb ein neues Kraftmaass für die Absorption in Anwendung. Er denkt sich die Gewichtseinheit des ungebundenen Wassers von einer bestimmten Temperatur soweit abgekühlt, bis es durch

Abkühlung die Dampfspannung in gleichem Grade verringert hat, wie es durch Absorption bei der Anfangstemperatur geschieht. Diese Temperaturdifferenz giebt die Zahl von Wärmeeinheiten, welche auf das Wasser dieselbe Wirkung ausübt, wie die Absorption, und deshalb als gleichwerthig angenommen werden kann. Eine der angestellten Versuchsreihen ergab z. B. unter Benutzung dieses Maases die folgenden Zahlen:

Mittlerer Procent-gehalt	Entfernung der Schichten	Mittlere Temp.	Relative Spannung	Calorien	Exponenten der Entfernungsverhältnisse
22,7	1	12,6°	0,67	3,0	für die 1. u. 15. Schicht 1,7
18,7	0,82	15,1°	0,64	3,36	- - 2. - 15. - 1,9
16	0,705	15,9°	0,61	3,8	- - 3. - 15. - 2,0
14	0,615	16°	0,46	5,8	- - 4. - 15. - 1,87
11,8	0,52	18,1°	0,34	8,1	- - 5. - 15. - 1,85
10	0,44	17,6°	0,28	9,4	- - 6. - 15. - 2,1
9	0,39	16°	0,19	11,7	- - 7. - 15. - 2,1
8,3	0,366	15,8°	0,10	15,8	- - 8. - 15. - 1,8
8,1	0,36	13°	0,09	16,3	- - 9. - 15. - 1,85
7,3	0,32	13,1°	0,05	19,4	- -10. - 15. - 1,9
7,1	0,31	12,1°	0,044	20,1	- -11. - 15. - 1,9
6,5	0,29	12,8°	0,019	24,1	- -12. - 15. - 1,8
6	0,266	12,1°	0,012	26,4	- -13. - 15. - 2,4
5,67	0,25	11,7°	0,007	29,7	- -14. - 15. - 3,3
5,4	0,239	11,8°	0,002	34,2	

Der aus den 14 einzelnen Bestimmungen resultirende Mittelwerth ist 2,04, bei der Absorption des Wasserdampfes durch Kobaltoxid und Eisenoxid ergaben sich für den Exponenten ebenfalls Werthe, welche ungefähr gleich 2 waren. Der Verfasser schliesst aus diesen Resultaten, dass für die Molekularkräfte der Absorption wie bei den in die Ferne wirksamen Kräften die Abnahme mit grösserem Abstande nach der geometrischen Zunahme der Angriffsfläche erfolgt, oder dass die Stärke der Adhäsion dem Quadrate der Entfernung umgekehrt proportional ist. *O. Kch.*

W. MÜLLER-ERZBACH. Die Unabhängigkeit der Stärke der Absorptionskraft von der Temperatur und daraus abgeleitete Folgerungen für die chemische Affinität.

EXNER Rep. XXII, 538-546†; [Beibl. XI, 314. 1887; [Chem. Ber. XX, [2] 245.

Unter Anwendung des im vorhergehenden Referate definirten neuen Kraftmasses für die Adhäsion hat der Verfasser in dem Temperaturintervall von 12° bis 59° die Absorption des Wasserdampfes durch Thonerde bestimmt, wobei sich folgende Zahlen ergaben:

Mittlerer Procentgehalt an absorb. Wasser	Mittlere Temperatur	Relative Dampfspannung	Adhäsionskraft nach Wärmeeinheiten	Mittlere Temperatur	Relative Dampfspannung	Adhäsionskraft nach Wärmeeinheiten	Unterschied der Wärmeeinheiten
14,3	16,9°	0,547	5,8	59,1°	0,577	5,65	+0,15
10,0	17,6°	0,28	9,1	41,3°	0,34	9,55	−0,15
8,2	15,9°	0,13	14,1	48,5°	0,20	15,9	−1,8
7,7	14,4°	0,07	17,85	43,6°	0,105	18,8	−0,95
6,8	12,2°	0,031	22,25	46,7°	0,06	22,9	−0,65

Da die Anzahl der der Verminderung der Dampfspannung entsprechenden, der Adhäsion äquivalenten Wärmeeinheiten für gewöhnliche und höhere Temperaturen gleich gross ist, so kann geschlossen werden, dass die Stärke der Absorptionskraft von der Temperatur unabhängig ist. Die Thatsache, dass feste Körper bei erhöhter Temperatur einen geringeren Procentsatz am Gas absorbiren, würde demnach nicht durch das Abnehmen der Absorptionskraft des festen Körpers, sondern allein durch die Vergrösserung der Energie der Gasmoleküle bedingt sein. — Der Verfasser hat ausserdem die Beobachtungen von G. WIEDEMANN (POGG. Jubelband S. 474. 1874) über die Dampfspannung wasserhaltiger Salze und die von A. WÜLLNER über die Dampfspannung wässeriger Salzlösungen benutzt, um eine etwaige Abhängigkeit der Anziehung des chemisch gebundenen Wassers von der Temperatur zu bestimmen. Da der Betrag der der Spannungsabnahme äquivalenten Wärmeeinheiten bei den ersteren Beobachtungen regellos um gewisse Mittelwerthe schwankt, bei den letzteren innerhalb gewisser Temperaturintervalle übereinstimmende Werthe besitzt, so schliesst der Verfasser, dass die Anziehung des chemisch gebundenen Wassers von der Temperatur unabhängig ist, und betrachtet das Resultat als eine Bestätigung für die Richtigkeit des gewählten Kraftmaasses.

O. Kch.

R. W. Bunsen. Ueber capillare Gasabsorption.

Wied. Ann. XXIV, 321-347†; [J. d. phys. (2) V, 83-88.

Der Verfasser bestimmte zunächst die Dicke der Wasserschichten, welche auf Glasfäden von bekannter Oberfläche haften bleiben, wenn diese Glasfäden bei stufenweise gesteigerten konstanten Temperaturen einem trockenen, hinlänglich lange andauernden Luftstrome ausgesetzt werden. Diese Dicke wurde berechnet aus der Gewichtszunahme von mit Glasperlen und Phosphorsäureanhydrid gefüllten Trockenröhren, welche das von den Fäden abgedunstete Wasser aufnahmen. Hinsichtlich der Herstellung des konstanten Luftstromes und der konstanten Temperatur muss auf die Abhandlung selbst verwiesen werden. — Die Versuche zeigten, dass in einem Luftstrome von konstanter Temperatur die Verdunstung kapillarer Wasserschichten sehr langsam erfolgt und unter allmählicher Abnahme zuletzt nahezu ganz aufhört. Sie beginnt von Neuem, wenn die Temperatur zu einer höheren konstanten gesteigert wird, um allmählich abermals auf 0 herabzusinken. Erst bei sehr hoher Temperatur und nach sehr langer Zeit ist die ganze Wasserbedeckung als Dampf fortgeführt. An den Punkten, wo die Verdampfung bei den Temperaturen t aufhört, muss der Dampfdruck an der kapillaren Wasserschicht gleich Null sein, und also mit der im entgegengesetzten Sinne vom Glase ausgehenden Kapillaranziehung im Gleichgewicht stehen. Die den Temperaturen t entsprechenden Wasserdampftensionen sind daher ein Maass für den Kapillardruck, welcher von der Glasoberfläche auf die Wasseroberfläche ausgeübt wird.

In der folgenden Tabelle giebt t die konstanten Temperaturen, bei welchen die Verdunstung zum Stillstand gebracht wurde, d die Höhe der bei diesen Temperaturen noch vorhandenen Wasserschicht in Millimetern bei 4° C., d_1 die Höhe derselben bei t^0 und p die den Temperaturen t entsprechenden Wasserdampfspannungen.

t	d	d_1	p
23°	0,000 010 52	0,001 010 55	0,027
107	0,000 006 70	0,000 007 03	1,278
215	0,000 005 47	0,000 006 45	20,791
329	0,000 003 63	—	—
415	0,000 001 32	—	—
468	0,000 000 42	—	—
503	0,000 000 00	—	—

Es ist nach diesen Beobachtungen wahrscheinlich, dass der auf die Wasseroberfläche ausgeübte Druck in der Nähe der Glasfläche nach Hunderten von Atmosphären zählen muss.

Weitere Versuche beschäftigten sich mit der Kondensation von Kohlensäure. Es zeigte sich, dass an der völlig von Feuchtigkeit befreiten Glasfläche gar keine nachweisbare Kondensation stattfand; dass dagegen Glasflächen an der Oberfläche einer ihnen innerhalb der Kapillarsphäre aufgelagerten Wasserschicht durch Kapillaranziehung einen Druck auszuüben vermögen, der eine ungeheuere Gasabsorption zur Folge hat. So hatten z. B. 22,6 ccm Wasser, welche sich auf der Oberfläche der zur Beobachtung benutzten Glasfäden befanden, in einem Zeitraum von 33 Tagen 48700 ccm Kohlensäure von 0° und 0,76 m Quecksilberdruck, also ihr 2155faches Volumen aufgenommen. — Die Geschwindigkeit der Gasverdichtung stieg stets mit steigender Temperatur und nahm mit sinkender ab. — Die Versuche wurden in einem calibrirten Barometerrohre ausgeführt. *O. Kch.*

R. Bunsen. Zersetzung des Glases durch Kohlensäure enthaltende capillare Wasserschichten. Wied. Ann. XXIX, 161-164; [Phil. Mag. XXII, 530-533; [J. chem. Soc. LII, 13. 1887; [Sill. J. (3) XXXIII, 68. 1887; [Chem. Ber. XIX, [2] 729; [Rundsch. I, 478; J. de phys. (2) VI, 288. 1887.

Die Glassorten, welche der Verfasser zu seinen Absorptionsversuchen (vergl. diese Ber. XL, (1) 484 und XLI, (1) 486) benutzt hatte, wurden nachträglich mit reinem Wasser ausgelaugt; es zeigte sich, dass die von ihnen absorbirt gewesene Kohlensäure 5,83 pCt. der angewandten Glasmasse zersetzt und kohlensaures

Natron gebildet hatte. Erklärlich wird diese bedeutende Wirkung, wenn man bedenkt, dass die Kohlensäure vermuthlich in der dünnen, dem Glase adhärirenden Feuchtigkeitsschicht absorbirt war, mit der zusammen sie eine sehr koncentrirte Kohlensäurelösung bildete. Wahrscheinlich wird erst einfach kohlensaures Natron, dann bei der weiteren Einwirkung der CO_2 doppelt kohlensaures Na gebildet. Nimmt man übrigens an, die ganze chemisch gebundene CO_2 sei in Form des sauren Salzes gebunden gewesen und bei den früheren Glühversuchen ausgetrieben worden, so hätten sich beim Glühen 165,2 statt 236,0 ccm CO_2 entwickeln müssen; es bleibt also neben der chemisch gebundenen CO_2 immer noch ein erheblicher Rest von kapillar absorbirter.

Wasser dürfte sich ähnlich wie CO_2 verhalten; bei 550° C. greift es das Glas sehr erheblich an und verwandelt es unter Schwellung in eine porzellanartige Masse. Es wird der Schluss gezogen, dass zu reinen Adsorptionsversuchen nicht Glas und ähnliche Silikate, sondern Metallfäden verwendet werden müssen.

Bde.

T. Ihmori. Ueber die Aufnahme des Quecksilberdampfes durch Platinmohr. Wied. Ann. XXVIII, 81-86†; [Cim. (3) XXI, 173; [J. Chem. Soc. L, 766; [Chem. Ber. XIX, [2] 382; [Rundsch. I, 279; [J. de phys. (2) VI, 523.

Die Versuche wurden angestellt mit der im obigen Referate (vgl. p. 552) erwähnten Waage. 0,3 g Platinmohr nahmen an Quecksilberdampf von dem 17° entsprechenden Sättigungsdruck in 5 Stunden 0,0021 g auf. Stark absorbirend wirkten ebenfalls Platinschwamm, geringer Silberblech, am stärksten fein vertheiltes Silber; dagegen zeigte Platin-, Gold- und Messingblech keine Gewichtszunahme. — Ausserdem hat der Verfasser die Aufnahme des Quecksilberdampfes durch Platinmohr benutzt, um durch Wägung eine untere Grenze für den Druck des gesättigten Quecksilberdampfes bei gewöhnlichen Temperaturen festzustellen. Für denselben sind von Regnault, Hagen (Wied. Ann. XVI, 610. 1882) und Hertz (Wied. Ann. XVII, 193. 1882) von einander abweichende Angaben gemacht worden. Der Verfasser gelangt zu dem Schluss, dass die Zahlen von Hertz zwar etwas zu klein zu sein, aber den wahren Werthen viel näher zu liegen scheinen, als die von Hagen. *O. Kch.*

Litteratur.

L. Rohrmann und M. Hiller. Absorptionsapparat. D. R. P. Nr. 34938; [Chem. Ber. XIX, [2] 150.

Th. Blunt. Condensation of gases by porous bodies. Chem. News LIV, 212.

F. Hurter. Ueber Behandlung von Flüssigkeiten mit Gasen. Dingl. J. CCLIX, 469-471. *O. Kch.*

E. J. Mills and J. Muter. Bromine absorptions. J. Soc. Chem. Ind. IV, 96-98; [J. Chem. Soc. L, 119.

J. W. Mallet. On „explosive ice“. Chem. News LIII, 304.

Eis aus Selterswasser enthielt zahlreiche Gasbläschen, die durch Erwärmung oder Schlag explodirten. *Bde.*

Zweiter Abschnitt.

A k u s t i k.

8. Physikalische Akustik.

V. v. LANG. Bestimmung der Tonhöhe einer Stimmgabel mit dem HIPP'schen Chronoskop. Wien. Ber. XCIII, [2] 424-433†; WIED. Ann. XXIX, 132-140; EXNER Rep. XXII, 367-374; [Rundschau I, 247; [Cim. (3) XXIII, 185. 1887; [ZS. f. Mathem. XXXI, 125-127.

TH. v. OPPOLZER. Bestimmung der Schwingungszahl einer Stimmgabel. Wien. Anz. 1886, 82†; ZS. f. Instrk. VI, 288; [J. d. phys. (2) VI, 296; [Rundsch. I, 247.

E. DOUMER. Mesure de la hauteur des sons par les flammes manométriques C. R. CIII, 340-343†; [Cim. (3) XXI, 63; [Phil. Mag. (5) XXII, 309; [ZS. f. Instrk. VII, 71. 1887; [Beibl. XI, 416. 1887; [Eng. XLII, 220.

G. GOVI. Su un'antica determinazione del numero delle vibrazioni che corrispondono a un suono dato della scala musicale. Rend. Nap. XXV, 106-107†; [Rundsch. I, 343; [Beibl. X. 560.

Diese vier Arbeiten handeln von der Bestimmung der absoluten Schwingungszahl gegebener Töne.

Die Methode von V. v. LANG ist schon im vorigen Jahrgange anlässlich einer vorläufigen Mittheilung beschrieben worden (siehe diese Berichte XLI, (1) 495. 1885). In der vorliegenden Abhandlung sind alle Einzelheiten der Apparate genau beschrieben: Befestigung der zu prüfenden Stimmgabel am Ende eines wagerecht schwebenden Holzstabes nebst Vorrichtung zum Anschlag der Gabel vom anderen Ende des Stabes her; ferner die Veränderungen am

Hipp'schen Chronoskop, nämlich Verlängerung der schwingenden Feder behufs Herstellung des Tones a', und endlich die Einrichtung zur elektromagnetischen Auslösung und Arretirung des Zählwerkes zu Beginn und Schluss der Zeit, während welcher die Schwebungen gezählt wurden. Zu letzterem Zwecke war ein Platin-Quecksilberkontakt am Sekundenpendel einer Uhr nöthig und ein Gehülfe, welcher während des Spielraumes einer Sekunde vor Beginn und Schluss der Beobachtung einen Stromwender umzulegen hat. Das Geräusch eines bei Beginn der nächsten auf den Stromschluss folgenden Sekunde fallenden Ankers giebt dem Beobachter das Zeichen zum Beginn der Zählung der Schwebungen, und ebenso das Zeichen zum Schluss.

Eine Fehlerquelle, die darin bestand, dass Auslösung und Arretirung des Zählwerkes nicht gleichschnell nach Schluss des Pendelkontaktes stattfinden, wurde eliminirt, indem abwechselnd 1 Min. lang und 3 Min. lang beobachtet wurde, und aus der Differenz der gefundenen Zahlen die Schwebungen während 2 Min. berechnet wurden.

Durch Mittelwerth nehmen aus den Resultaten vieler Beobachtungen, die ja verhältnissmässig schnell auszuführen sind, konnte man das Resultat bis auf 2 Decimalen genau erhalten, wenn gesorgt wurde, dass die Temperatur hinreichend konstant blieb. Selbst Temperaturkoefficienten konnten bestimmt werden. Eine König'sche Normalstimmgabel ergab für t^0 C.

$$n = 435{,}64[1 - 0{,}0_3111 . (t - 15)].$$

Die Temperatur wurde durch ein grosses Metallthermometer gemessen, von dem anzunehmen war, dass es die Temperatur der Umgebung eben so langsam annehme wie die Stimmgabel.

Die Methode von Th. v. Oppolzer ist eine stroboskopische. Eine in die Endfläche der zu prüfenden Gabel geritzte Marke wird im Mikroskop bei intermittirender Beleuchtung beobachtet, deren Periode nahezu in einem möglichst einfachen Zahlenverhältniss zur Periode der Gabel steht. Alsdann scheint sich die Marke im Mikroskope nur im Zeitmass der Schwebungen zwischen beiden Perioden zu bewegen, und diese Schwebungen kann man genau zählen. Man braucht nun nur die absolute Zahl der während der Zeit der Zählung aufgefallenen Lichtblitze um die Schwingungszahl der Gabel finden zu können. Die intermittirende Beleuchtung wurde durch ein mit 11 spiegelnden Flächen versehenes rotirendes Prisma erzeugt. Diese Flächen warfen das Licht einer ruhenden Lichtquelle auf die Marke an der Stimmgabel. Als Rotationsapparat diente ein durch ein schweres Schwungrad in sehr gleichmässigem Gange erhaltener VILLARCEAU'scher Regulator mit Zählwerk. Es wurden etwa 10 Umdrehungen in der Sekunde benutzt, also etwa 110 Lichtblitze. Dies ist nahezu der vierte Theil der Schwingungszahl der *a'* Stimmgabeln und man kann daher die schwebende Bewegung der Marke beobachten. Bei den bis jetzt angestellten provisorischen Versuchen wurde die Gabel nicht gegen die Erwärmung durch den nahen Beobachter geschützt. Es wurden deshalb die gefundenen Zahlen unter Annahme des mittleren Temperaturkoefficienten auf gleiche Temperatur reducirt. In einer Reihe von 8 Beobachtungen war der wahrscheinliche Fehler der einzelnen $\pm 0{,}045$, derjenige des Mittels $\pm 0{,}016$ Schwingungen.

Die von E. DOUMER benutzte Methode ist eine graphische und ist nicht auf Stimmgabeln beschränkt, sondern auf alle Töne anzuwenden, durch welche man eine manometrische Flamme erregen kann. Diese erregte Flamme wird photographirt auf einer mit konstanter Geschwindigkeit in der Camera vorbeiziehenden Platte. Man erhält dadurch eine graphische Darstellung der durch den zu prüfenden Ton erzeugten Flammenschwankungen. Auf derselben Platte photographirt man zugleich eine zweite manometrische Flamme, welche durch eine wohlbestimmte Normal-Stimmgabel erregt wird. Durch den sehr genau auszuführenden Vergleich der Perioden der beiden Zickzacklinien, sei es durch Messung der Längen, welche eine gleiche Zahl von Zacken auf beiden Kurven einnimmt, oder durch Abzählung der Perioden, welche in dieselbe Länge bei beiden Kurven hineingehen, kann man das Intervall zwischen dem zu prüfenden Tone und demjenigen der Normalgabel finden, und da man die absolute Schwingungszahl der letzteren kennt, so ist die Aufgabe gelöst. Die Resultate der Messung von anderweitig schon bestimmten Stimmgabeln verschiedener Tonhöhe (*c* bis *e''*) gaben Fehler unter einer Schwingung.

Die Hauptschwierigkeit ist die Erzeugung einer hinreichend starken Negativbildes. Zu dem Zwecke musste ein Objektiv von sehr kurzer Brennweite, die allerempfindlichsten Platten (Jodsilber nach FRANK) und möglichst hellleuchtende Flammen (Gas mit Benzindampf gemischt in Sauerstoff brennend) angewendet werden.

Der Aufsatz von G. GOVI ist nur von historischem Interesse. Es wird darin die älteste Methode, absolute Schwingungszahlen zu messen, beschrieben: MERSENNE nahm eine gespannte Darm- oder Messingsaite von solcher Länge, dass er die Schwingungen mit blossem Auge zählen konnte, verkürzte darauf die Saite ohne Aenderung ihrer Spannung durch einen Steg soweit, bis sie einen Ton gab, welcher dem zu bestimmenden gleich war. Die Schwingungszahl derselben verhielt sich dann zu der bekannten Schwingungszahl der unverkürzten Saite, wie die ganze Länge derselben zu dem kurzen Abschnitt. An den von MERSENNE mitgetheilten Resultaten, sieht man wie tief damals (1630—50) die Stimmung war. Das a', welches jetzt auf 870 v. s. festgesetzt ist, hatte danach damals 780 v. s. Der Verfasser sichert ferner MERSENNE die Priorität der ersten Bestimmung der Schallgeschwindigkeit, welche gewöhnlich P. GASSENDI zugeschrieben wird. *K.-M.*

P. BLASERNA. Sulla conferenza internazionale di Vienna per l'adozione di un corista uniforme. Atti. R. Acc. d. Linc. Rend. (4) II, 71-77, 307-313, 421-428†.

Nachdem in der ersten, im vorigen Jahrgang dieser Ber. S. 500 besprochenen Note die der internationalen Konferenz vorgeschlagenen Normalstimmungen mit ihren Vorzügen einzeln betrachtet und die Entscheidung der Konferenz für die Stimmung $a = 435$ Schwingungen mitgetheilt war, entwickelt der Verfasser in der zweiten Note noch des weiteren die Unmöglichkeit, eine Normalstimmung zu finden, in der sämmtliche gebrauchte Töne ganzzahlige Schwingungszahlen erhalten, wie überhaupt die Unmöglichkeit, bei Instrumenten, die nicht täglich gestimmt werden können, namentlich Orgeln, die absolute Tonhöhe konstant zu erhalten wegen der Einflüsse der Temperatur. Es wird dann eine Schrift von Monsign.

B. GRASSI LANDI „L'armonia dei suoni nel vero corista o diapason“ kritisirt, und andere erwähnt, z. B. A. MONTANELLI „Il diapason italiano (432 v. c.) e la conferenza di Viena. Carrara 1886“.

Note III und IV enthalten weitläufige Betrachtungen über die bekannten im System der reinen Stimmung auftretenden Verhältnisse: Die Werthe des Komma $= \frac{81}{80}$ und der Erhöhung resp. Vertiefung der durch Quintenschritte gefundenen ♯ oder ♭ $= \frac{135}{128}$ werden berechnet. Auf zwei Tabellen werden die relativen Schwingungszahlen aller Dur- und Molltonleitern mitgetheilt.

Was hat das mit der Wiener Konferenz zu thun?

K.-M.

C. SAINT-SAENS. Sur le métronome normal. C. R. CII, 1530-1531†.

Schwingungszahl und Tempo sind die beiden Maasse in der Musik. Auf ihren mehr oder weniger einfachen Zahlenverhältnissen beruhen Harmonie und Rythmus. Der absolute Maassstab dafür ist willkürlich. Er wird erst durch Tonhöhe (Tonart) und Zeitmaass des Musikstückes bestimmt. Zur Festsetzung des ersten Maassstabes haben wir Stimmgabeln, welche sorgfältig geaicht werden, für den zweiten Fall Metronome, welche meist fehlerhaft sind. Deshalb stellt der Verfasser an die Pariser Akademie den Antrag, Metronome aichen zu lassen. Der Präsident überweist die Frage der mechanisch-physikalischen Sektion zur Prüfung. *K.-M.*

CH. K. WEAD. On the time of contact between the hammer and string in a piano. SILL. J. (3) XXXII, 366 bis 368†; [Rundsch. II, 54. 1887; [J. d. phys. (2) VI, 573. 1887.

Die Zeit der Berührung zwischen Hammer und Saite im Pianoforte wird durch eine mit der Berührung erfolgende Schliessung eines elektrischen Stromes und Messung des Stromstosses in einem Galvanometer gemessen. Der Hammer wird leitend gemacht durch Bedeckung des Filzlagers mit einem Streifen Blattgold. Nach vorangegangener Auswerthung der Grösse der Ausschläge kann man aus den Aussschlägen direkt die Berührungszeiten finden.

Die Versuche wurden an Saiten verschiedener Tonhöhe, vermuthlich auf eine guten Flügel (bezeichnet als „Knabe Grand“) ausgeführt. In einer Tabelle sind die Berührungszeiten sowohl absolut als auch als Bruchtheile der Schwingungsdauern der betreffenden Saiten angeführt. Bei hartem Anschlag sind die Berührungszeiten kürzer, als bei sanften. Der Bruchtheil der Schwingungsdauer ist für die höheren Töne nur wenig grösser, er schwankt bei allen je nach dem Anschlag zwischen 0,15 und 0,24, im Mittel beträgt er etwa 0,2. Helmholtz hatte früher aus der ungefähren Stärke der Obertöne einen theoretischen Rückschluss auf die Dauer der Berührung gezogen, und $\frac{3}{14} = 0{,}214$ von der Schwingungsdauer gefunden. *K.-M.*

S. P. Thompson. Note on a mode of maintaining tuning forks by Electricity. Proc. Phys. Soc. VIII, 42-76; Phil. Mag. (5) XXII, 216-219†; [Beibl. XI, 64 u. 294. 1887; [Chem. News LIV, 20; [Eng. XLII, 37; [Cim. (3) XXIII, 164. 1888.

Die häufigen Störungen im Gange der üblichen elektromagnetischen Unterbrechungsgabeln rühren daher, dass der die Bewegung erhaltende Antrieb nicht zu der Zeit eintritt, wo die Gabel in Richtung dieses Antriebes durch ihre Ruhelage geht, sondern gerade dann, wenn sie in ihrer grössesten Elongation ist. Nur die Unregelmässigkeiten des Kontaktes, der Oeffnungsinduktionstrom und die Nachwirkung im Eisen bewirken, dass die Wirkung nicht absolut gleich Null ist. Die Phase der Kraft ist fast genau 180° der Bewegung voraus (Lord Rayleigh). Der günstigste Effekt liegt aber bei einem Vorsprung von 90°. Diesen erreicht nun der Verfasser, indem er zwei gleiche Stimmgabeln kombinirt, so dass der Kontakt einer jeden den Strom für die andere schliesst. Man kann für beide Ströme dieselbe Batterie verwenden, da der Stromschluss zu verschiedenen Zeiten erfolgt. Der Kontakt wird durch eine Platinkuppe und ein federndes Platinblech gebildet und wird von der einen Gabel bei grösster Einbiegung, von der anderen bei grösster Ausbiegung geschlossen. Als Elektromagnete dienen kurze Eisenkerne zwischen den Zinken der Gabel. Eine leichte Ueberlegung zeigt, dass in diesem Falle der Strom durch die Elektromagneten fliesst, wenn die Gabeln in grösster Geschwindigkeit durch ihre Ruhelage nach innen schwingen, also zum günstigsten Zeitpunkt. Es wird noch bemerkt, dass es vortheilhaft ist, den Platinkontakt näher an der Wurzel der Gabel anzubringen, als früher üblich. Ferner wird die übliche horizontale Befestigung als unzweckmässig verworfen, weil sie im Falle unsymmetrischer Lage des Elektromagneten Anlass zu Schwingungen der Gabel als Ganzes geben kann. *K.-M.*

F. NEESEN. Elektromagnetische Stimmgabeln mit veränderlicher Tonhöhe. Verh. Phys. Ges. Berlin V, 115-116†.

Die Zinken einer Stahlgabel enthalten Kanäle, welche sich im Stiele vereinigen und mit einem auf- und abbeweglichen Gefässe kommiciren, welches Quecksilber enthält. Durch Hebung des Gefässes füllen sich die Kanäle in den Zinken, und der Ton wird tiefer. *K.-M.*

GUTHRIE. A musical instrument adapted to acoustical investigations. Chem. News LIII, 58†.

Der Verfasser beschreibt ein von ihm in einer Sitzung der Phys. society of London vorgeführtes Instrument ähnlich einer Stab-Harmonika. Die rechteckigen Messigplatten tragen ein wenig ausserhalb einer ihrer beiden unterstützten Knotenlinie eine festgelöthete Feder, welche denselben Eigenton hat, wie die Platte, und deren freies Ende vor der Oeffnung eines abgestimmten Resonators schwingt. Die erzeugten Töne sind ähnlich denen von Stimmgabeln, und man wird sich nach einer Bemerkung von P. S. THOMPSON dieses Instrumentes für manche Zwecke statt eines Satzes von Stimmgabeln bedienen können. *K.-M.*

H. TOMLINSON. The effect of change of temperature on the velocity of sound in iron. Nat. XXXIII, 282†.

Es wird auf die von WERTHEIM herrührende und in manche neueren Bücher übergegangene irrthümliche Ansicht hingewiesen, wonach die Fortpflanzungsgeschwindigkeit des Schalles (also die

Volumelasticität) in Eisen und Stahl bei Erwärmung von 0° auf 100° zunehmen soll. Beim ersten Erwärmen eines neuen Drahtes tritt zwar eine geringe Steigerung auf, welche indessen permanent bleibt. Dagegen beweisen akustische Versuche über die Longitudinaltöne in geriebenen Eisenstäben dass die Elasticität mit erhöhter Temperatur sinkt. Auch die analoge Erscheinung der Stimmgabeltöne, die von der Formelasticität abhängen, spricht dafür. *K.-M.*

F. Fouqué et M. Lévy. Mesures de la vitesse de propagation des vibrations dans le sol. C. R. CII, 237-239†; [Beibl. X, 472, XI, 501; [Rundsch. I, 311.

H. W. Viley. Unexplained noises. Science VIII, 348†.

Die Verfasser der erstgenannten Arbeit haben die Fortpflanzungsgeschwindigkeit von Erschütterungen in verschiedenem Erdreich bestimmt. Als Erschütterungsquelle benutzten sie den Fall eines 100 Tonnen schweren Dampfhammers im Eisenwerk zu Creuzot, oder den Fall eines schweren Rammklotzes. Der Moment des Stosses wird der entfernten Beobachtungsstation elektrisch, d. h. durch Stromschluss oder Telephon übermittelt. Die Ankunft der Erschütterung in sonst ruhiger Gegend konnte bis auf weite Entfernungen mit einem astronomischen Nadirapparat (Quecksilberspiegel) erkannt werden. Zunächst werden beide Momente, der im Telephon gehörte Stoss und die Ankunft mit der Hand auf einer rotirenden Trommel registrirt. Da dies jedoch eine sehr unsichere Methode ist, wurde folgender automatische Apparat gebaut. Ein Lichtstrahl fällt auf die empfindliche Quecksilberfläche und der reflektirte Strahl auf eine mit lichtempfindlichem Brom-Gelatine-Papier bezogene rotirende Walze. Doch schliesst eine Klappe den Weg der Strahlen so lange ab, bis durch den Fall des Hammers auf der anderen Station ein Strom geschlossen wird, welcher durch einen Elektromagneten die Klappe öffnet. Die Erschütterung des Quecksilberspiegels erkennt man deutlich an dem Eindruck des Lichtstrahles auf die photographische Platte. Die Genauigkeit der Methode ist etwa $^1/_{50}$ Sek.

So fand sich die Fortpflanzungsgeschwindigkeit in permischem

Sandstein zu Creuzot gleich 1200 m längs den Schichten und 1050 m quer gegen dieselben. Der sehr kurze Stoss wird dabei im Abstand von 1200 als Erschütterung von etwa 1 Sek. Dauer wahrgenommen. In losem Sandboden, bei Fontainebleau, war die Geschwindigkeit nur 320 bis 360 m, und schon im Abstand von 500 m dauerte die Erschütterung gegen 5 Sek. lang.

Auf wie weite Strecken hin der Schall durch Felsgestein geleitet wird, erkennt man aus der Mittheilung von H. W. Wiley. Dieser erzählt, dass er und viele andere Zeugen am 14. Febr. 1862 bei Madison (Indiana U.-S.) den ganzen Tag über Kanonendonner hörten, der sich am Tage darauf aufklärte als herrührend von der Beschiessung von Fort Donelson, welches mehr als 200 (engl.) Meilen entfernt ist. Leitung durch die Luft ist ausgeschlossen, indessen tritt ein und dasselbe Kalksteinlager an beiden Punkten zu Tage, während es in der dazwischen liegenden Gegend (Kentucky) tief in der Erde liegt. *K.-M.*

E. Semmola. Sons engendrés dans les lames vibrantes par les décharges d'électricité statique. C. R. CII, 1059†; [Beibl. X, 505; [Cim. (3) XX, 50, 176-177; [Ann. d. R. Inst. tecn. e naut. di Nap. 1884; [Chem. News LIII, 262; [Lum. El. XX, 349.

Semmola. A propos des sons provoqués dans une corde ou lame métallique par l'action des décharges électriques. Lum. El. XX, 413-416.

Wenn man in den durch eine kurze Funkenstrecke unterbrochenen Stromkreis einer Holtz'schen Maschine eine Metallplatte von etwa $^1/_2$ mm Dicke einschaltet, so hört man durch ein Höhrrohr, welches in einen von dieser Platte geschlossenen Trichter endet, einen Ton, welcher von der Schwingung der Platte herrührt und wohl unterschieden ist von dem Geräusch der Funkenentladung. Um jeden Zweifel in dieser Hinsicht auszuschliessen, wurde an Stelle der Entladung die Reibung des einen Drahtendes gegen ein rotirendes Zahnrad gesetzt. Der knarrende Ton war stärker als derjenige der elektrischen Entladung, doch hörte man im Höhrrohr keinen Ton von der Platte. Auch durch statische Induktion konnte die Platte zum Schwingen gebracht werden. Man brauchte nur der soeben beschriebenen Platte eine zweite in geringem Abstand gegenüberzustellen, um auch von dieser Töne zu erhalten, welche stärker wurden, wenn die inducirte Platte zur Erde abgeleitet wurde und wenn ein Dielektricum (Glasplatte) zwischen beide Metallplatten eingeschaltet wurde.

Mit gespannten Saiten statt der Metallplatten gelangen die Versuche ebenfalls, doch sind die Töne sehr schwach.

Ueber die Einflüsse auf die Tonhöhe und Verstärkung der Wirkung durch Mikrophone sollen noch Berichte folgen.

K.-M.

C. Baur. Erregung von Schwingungen elastischer Platten durch einen Wasserstrahl. Verh. Phys. Ges. Berlin V, 43-44†.

Wasserstrahlen bringen elastische Platten, auf die sie fallen, zum Schwingen, namentlich wenn dieselben längst einer bestimmten Knotenlinie unterstützt sind. Dabei zeigt der Wasserstrahl selbst in seiner ganzen Länge Knoten und Bäuche. Es wurden Strahlen von ca. 4 mm Dicke einem Druck von 10 cm Wasser und einer Fallhöhe von 1 bis 2 m verwendet. Der Klang der Platten war sehr stark und konstant, und bestand meist aus mehreren Tönen.

K.-M.

Chichester A. Bell. On the sympathic vibrations of jets. Phil. Trans. Lond. CLXXVII, 383-423†; Proc. R. Soc. XL, 368-377; Science VII, 494-503; [Eng. XLI, 567; [Chem. News LIII, 270-271; [Beibl. XI, 513 1887; [Rundsch. I, 375.

Nach einer historischen Einleitung, in welcher die Ergebnisse der Forschungen über die Schwingungen von Gas- und Wasserstrahlen von Savart, Masson, Sondhauss, Kundt, Laconte, Barret und Tyndall, Decharme, Neyreneuf besprochen werden, beschreibt der Verfasser zunächst die zufällig beobachtete Erscheinung, die den Anlass zu den nachfolgenden Untersuchungen bildete, dass nämlich eine Gasflamme, in welche ein feiner Luftstrahl geblasen wurde, einen Ton gab, dessen Höhe von der Geschwindigkeit des Stromes abhing, und dessen Intensität mit dem Abstand der

Flamme vom Ursprung des Strahles wuchs. Sodann wurde der Luftstrahl in vorgeschriebene Schwingungen versetzt, indem man ihn unter schwachem Drucke aus dem Innern eines Telephons durch ein feines Loch in der Membran austreten liess, und das Telephon durch ein damit verbundenes Mikrophon nebst Batterie in Schwingungen versetzte. Es zeigte sich dabei, dass der in die Flamme blasende Strahl gesprochene Worte und Musik laut und deutlich wiedergiebt. Man kann das Arrangement mannigfach abändern, braucht auch gar kein Telephon; es kommt nur darauf an, dass das Mundstück, aus dem der Strahl austritt, in Erschütterung versetzt wird. Daher reproducirt ein solcher Strahl nebst Flamme allen Schall, der in der Nähe erregt wird, ähnlich einem Echo von einer nahen Wand. Die Schwingungen gehen nämlich in dem Strahle nicht mit der Schallgeschwindigkeit vorwärts, sondern mit der mittleren Geschwindigkeit des Luftstromes. (Man kann überhaupt nicht sagen, dass die Schwingungen im Strahle selbst als solche vorhanden sind.) Der Luftstrahl ist der Träger der Schallerregung, doch hört man nichts, wenn man nach Entfernung der Flamme den Strahl in einem Schalltrichter auffängt. Das kommt daher, dass die verschiedenen Theile desselben Querschnittes bei dem breiter und breiter werdenden Strahle in verschiedenen Schwingungsphasen sind, und sich gegenseitig aufheben oder verwirren. Die Geschwindigkeit des Strahles nimmt nämlich von seiner Axe nach der Umhüllung hin ab, daher wird eine Erschütterung, die einem bestimmten Querschnitt beim Austritt aus der Röhre ertheilt wurde, nicht auf demselben Querschnitt bleiben, sondern die Ränder weichen zurück und die Mitte drängt vor. Nimmt man statt des weiten Trichters ein Rohr mit einer sehr feinen, spitzen Oeffnung, welche eine ganz enge Partie des Strahles abfängt, und leitet diese zum Ohre, so hört man den Schall deutlich, und zwar wächst die Intensität mit der Entfernung des Höhrröhrchens von dem Ursprung des Strahles bis zu der Stelle, wo sich dessen cylindrische Gestalt verliert und er zerstiebt, was man mittelst Rauchstrahlen erkennen kann.

Die Länge des ungestörten Theiles verkürzt sich bei stärkeren Schallerregungen; bei Mundöffnungen von 1 bis 1,5 mm Durchmesser schwankte diese Länge zwischen 1 und 6 cm. Bei sehr schwachem Ausströmungsdruck giebt der Strahl nur tiefe Töne gut wieder, aber bei 10 bis 12 mm Wasserdruck werden alle beim Sprechen und Musiciren gebräuchlichen Töne reproducirt; bei höherem Druck bis zu 25 mm haben hohe Töne und Geräusche eine starke Wirkung, tiefere aber nicht mehr. Ein Luftstrahl hat nämlich (wie schon SONDHAUSS erkannte) einen Eigenton. Dieser stört die gleichmässige Resonanz, und man muss den Druck so weit steigern, dass dieser Eigenton höher wird, als alle zu reproducirenden Klänge. Ein Strahl, der aus einer vollkommen glatten Röhre mit kreisrunder Oeffnung austritt, schwingt von selbst nicht, wohl aber, wenn die Luft auf ihrem Wege durch einen Hohlraum oder an einem Hinderniss vorbei muss, oder endlich, wenn dem Strahl selbst in genügender Entfernung ein Hinderniss in den Weg gestellt wird, welches im Stande ist, die durch die Begegnung entstehenden Stauungen schnell bei Seite zu bringen. Daher eignen sich die Flammen mit ihrem energischen Luftstrom besonders. Am besten gerathen die Töne, wenn der Strahl die Flamme das Ende der blauen Zone trifft. Es entsteht dann an der Durchschnittsstelle ein scharfer blauer Ring, welcher sichtlich in Vibrationen geräth, wenn der Strahl erschüttert wird. Die Wirkung beruht auf einem periodischen Wechsel der Verbrennung, denn die Temperatur der Flamme schwankt dabei, wie man erkennen kann, indem man einen dünnen Platindraht in den blauen Ring einführt, durch denselben einen Strom leitet, und diesen durch ein Telephon schickt. Man hört dann eine schwache Wiedergabe des Tones.

Wenn man statt des Luftstrahles den Brenner der Flamme in Schwingungen versetzte, so gab die Bewegung von Flamme und Strahl ebenfalls einen Ton.

Flüssigkeitsstrahlen wurden, nach SAVART's Vorgange, auf eine gespannte Membran gerichtet, welche das Ende eines Höhrrohres verschloss. Ein Flüssigkeitsstrahl hat seinen Eigenton und giebt alle ihm von aussen zugeführten Klänge wieder, die tiefer sind, als dieser Eigenton. Um ihn durch die Luft hindurch in Erschütterung zu versetzen, bringt man das Ausflussrohr in einem grossen Schallbrett aus dünnem Fichtenholz an. Um den Strahl bei einer

Oeffnung von 0,7 mm Durchmesser für Sprachlaute und Musik empfindlich zu machen, gehörte ein Druck von 1,5 Meter Wasser. Wird die Membran nahe dem Ausfluss angebracht, so hört man wenig, der Schall nimmt mit der Länge des Strahles zu, bis zu einem Maximum von Deutlichkeit und Stärke. Bei noch grösserer Entfernung wird der Klang zwar stark aber verworren, endlich ganz wüst; der Strahl ist dann in Tropfen zerronnen. Durch Momentphotographien konnte die Gestalt der schallleitenden Strahlen fixirt werden, sie zeigen Anschwellungen und Einschnürungen, welche sich mit der Geschwindigkeit des Wassers fortbewegen und dabei an Stärke zunehmen.

Auch telephonisch lassen sich diese Schwingungen beobachten. Ein Strahl, welcher auf eine kleine Fläche normal auffällt, breitet sich glockenförmig aus, und diese dünne Wasserhaut macht alle Schwingungsbewegungen des Strahles mit. Man nimmt nun der galvanischen Leitung wegen angesäuertes Wasser und leitet den Strom durch die kleine Platte, auf welche der Strahl fällt; abgeleitet wird er durch einen Platindraht, welcher von der Wasserhaut bespült wird. Wegen des grossen Widerstandes braucht man eine Batterie von 12 bis 14 Volt. Alsdann hört man aber in einem eingeschalteten Telephon selbst die schwächsten, dem Strahle mitgetheilten Schwingungen, so dass dieser Apparat, richtig justirt, einen ausserordentlich empfindlichen Transmitter darstellt.

Dies sind die hauptsächlichsten Punkte aus der Arbeit. Sie enthält zu viele Einzelheiten, als dass es möglich wäre, sie alle in Kürze zu berichten. *K.-M.*

R. GERHARDT. Ueber die Rohrflöte, ein Pfeifenregister der Orgel. WIED. Ann. XXVIII, 281-305†; [Cim. (3) XXI, 267; [J. d. phys. (2) VI, 151-153. 1887.

Die Rohrflöte, schon im 16ten Jahrhundert beim Orgelbau verwendet, ist eine gedackte Pfeife, deren Deckel durchbohrt ist und ein enges offenes Rohr trägt, welches wohl aus der Pfeife heraus nicht aber hineinragt. Die vorliegende Arbeit enthält eine experimentelle und theoretische Untersuchung über die Klänge der Rohrflöte. Es wurden drei weite gedackte Pfeifen verschiedener Länge und viele verschiedene Deckel mit Ansatzröhrchen zu den Versuchen benutzt. Die Resultate über die beobachteten Töne, welche tabellarisch mitgetheilt sind, ergeben, dass die Tonhöhe der gedackten Pfeife durch das Ansatzröhrchen erhöht wird, und zwar um so mehr, je weiter und je kürzer dieses ist. Ansatzröhren mit geschlossenem Ende vertiefen den Ton der gedackten Pfeife. In allen Fällen sind die Obertöne unharmonisch und variiren in Höhe und Stärke beträchtlich. Je enger und kürzer das Ansatzröhrchen ist, um so höher und schwächer sind diese Obertöne, während der Grundton durch Erweiterung der Mundöffnung begünstigt wird. So allein ist es zu erklären, dass das Rohrflöten-Register musikalisch brauchbar ist, denn in der Praxis sind diese Obertöne so hoch und schwach, dass sie nicht leicht isolirt wahrgenommen werden, sondern nur eine eigenthümliche Helligkeit des Klanges bewirken.

Mit diesen Erfahrungen in vollkommener Uebereinstimmung ist die Theorie der Luftschwingungen in solchen Pfeifen. Es wird angenommen, dass nur ebene Wellen in Richtung der Pfeifenaxe (x-Axe) entstehen, dass also das Geschwindigkeitspotential sowohl in der eigentlichen gedackten Pfeife, wo es φ heissen soll, als in der Ansatzröhre, wo es mit φ' bezeichnet sei, folgender Differentialgleichung genüge:

$$\frac{\partial^2\varphi}{\partial t^2} = a^2 \frac{\partial^2\varphi}{\partial x^2} \quad \text{und} \quad \frac{\partial^2\varphi'}{\partial t^2} = a^2 \frac{\partial^2\varphi'}{\partial x^2}.$$

Partikuläre Integrale, einfachen Pendelschwingungen vom Parameter p entsprechend, werden aufgestellt:

$$\begin{aligned} \varphi &= (A \sin px + B \cos px) \cos pat \\ \varphi' &= (A' \sin px + B' \cos px) \cos pat. \end{aligned}$$

Zur Bestimmung der unbestimmten Grössen A, B, A', B', und p hat man folgende aus der Natur der Rohrflöte hervorgehenden Bedingungen

a) In der Mundöffnung ($x = 0$) muss die Verdichtung zu allen Zeiten $= 0$ sein, also:

$$\left(\frac{\partial\varphi}{\partial t}\right)_{x=0} = 0.$$

b) Das gleiche gilt vom offenen Ende des Ansatzröhrchens

($x = l + l'$, wo l die Länge der Pfeife, l' die des Ansatzes bedeutet):

$$\left(\frac{\partial \varphi'}{\partial t}\right)_{x = l + l'} = 0.$$

c) An der Grenze beider Röhren müssen die aus φ und aus φ' berechneten Verdichtungen einander gleich sein:

$$\left(\frac{\partial \varphi}{\partial t}\right)_{x = l} = \left(\frac{\partial \varphi'}{\partial t}\right)_{x = l}.$$

d) Endlich muss durch den Querschnitt q der Pfeife dicht an deren Ende ($x = l - 0$) ebensoviel Luft ausströmen, als durch den Querschnitt q' der Ansatzröhre bei $x = l + 0$ einströmt. d. h.

$$q\left(\frac{\partial \varphi}{\partial x}\right)_{x = l} = q'\left(\frac{\partial \varphi'}{\partial x}\right)_{x = l}.$$

Dadurch werden φ und φ' auf folgende Form gebracht:

$$\varphi = A' \sin px . \cos pat . [1 - \operatorname{ctg} pl . \operatorname{tg} p(l + l')]$$
$$\varphi' = A' \sin px . \cos pat . [1 - \operatorname{ctg} px . \operatorname{tg} p(l + l')] .$$

Dabei muss die Grösse p eine der unendlich vielen Wurzeln der transcendenten Gleichung sein:

$$\frac{q'}{q} \operatorname{tg} pl = -\operatorname{tg} pl'.$$

Die noch unbestimmte Konstante A' giebt die Intensität der durch eine bestimmte Wurzel p bezeichneten Partialschwingung.

(Für Rohrflöten mit geschlossenem Ansatzrohr, welche des schlechten Klanges wegen in der Musik nicht verwendet werden, lautet die Grenzbedingung b) anders, nämlich

$$\left(\frac{\partial \varphi'}{\partial x}\right)_{x = l + l'} = 0,$$

wodurch die weitere Rechnung unwesentlich alterirt wird.)

Das allgemeine Integral erhält man durch Summirung aller φ und φ' für alle Wurzeln p.

Bei der graphisch auszuführenden Lösung der transcendenten Gleichung erkennt man, dass die Wurzeln abhängen von den beiden Quotienten q'/q und l/l', dass nämlich die Partialtöne um so höher liegen, je kleiner diese Verhältnisse sind, dass dagegen bei geschlossenen Ansatzröhren stets dem Grundton nahe liegende unharmonische Partialtöne auftreten.

Mit den Experimenten, bei denen q'/q und l/l' gemessen und p beobachtet werden konnte, stimmten die Wurzeln der transcendenten Gleichung im schlechtesten Falle bis auf einen halben Ton.

K.-M.

M. Neyreneuf. Sur la vitesse du son dans des vapeurs. Ann. Chim. Phys. (6) IX, 535-553†; [ZS. phys. Chem. I, 90.

Die Methode zur Messung der Schallgeschwindigkeit in Dämpfen, schon im vorigen Jahrgang dieser Berichte (S. 510) beschrieben, besteht in der Anwendung einer metallnen Zungenpfeife, welche das Ende eines ausziehbaren Rohres abschliesst und durch dieses Rohr hindurch mit dem zu prüfenden Dampfe angeblasen wird. Der Eigenton der Zunge ist nämlich (nach Biot und bestätigt durch eigne Versuche des Verfassers) unabhängig von der Natur des Gases, mit welchem man die Zunge anbläst; die Wirkung des Anblasens aber ist abhängig von der Länge der in dem Rohre eingeschlossenen und mit in Schwingungen versetzten Gassäule. Bei allmäliger Verlängerung oder Verkürzung des Rohres wechseln die Zustände, in denen die Zunge vollkommen schweigt, zu tönen beginnt, ein Maximum erreicht, welches hauptsächlich durch seine gute Klangfarbe charakterisirt ist, abnimmt und wieder verstummt. Aus der Strecke, um welche die Rohrlänge verändert werden muss, um von einer Phase der Erregung bis zur nächsten ihr gleichen zu gelangen, ergiebt sich die Wellenlänge des Tones der Zunge für das Gas oder den Dampf, welcher das Rohr erfüllt. Am genauesten fallen die Messungen aus, wenn man diejenigen Längen des Rohres misst, für welche der Ton der Zunge gerade verstummt oder auftaucht, während die Bestimmung der Maxima weniger genau ist. Die Versuche werden so ausgeführt, dass unmittelbar nacheinander mit Luft und mit dem zu untersuchenden Dampfe angeblasen wird, so dass man das Verhältniss der Wellenlängen für denselben Ton, und damit auch dasjenige der Fortpflanzungsgeschwindigkeiten finden kann.

Ist n die Schwingungszahl der Zunge, p der Atmosphärendruck, t die Temperatur des Gases oder Dampfes im Rohre, δ dessen normale Dichtigkeit, α der Ausdehnungskoefficient und m das Verhältniss der specifischen Wärmen des Gases und L die Wellenlänge, so ist die bekannte LAPLACE'sche Gleichung:

$$L = \frac{1}{n} \cdot \sqrt{m \cdot p \cdot \frac{1+\alpha t}{\delta}}.$$

Also liefert der Vergleich zweier Gase oder Dämpfe:

$$\frac{L_1}{L} = \sqrt{\frac{m_1}{m} \cdot \frac{\delta}{\delta_1} \cdot \frac{1+\alpha_1 t_1}{1+\alpha t}}.$$

Diese Formel ist darum wichtig, weil sie ein Mittel zur Bestimmung von m_1, dem Verhältniss der specifischen Wärmen für die verschiedenen Dämpfe bietet. Für die Ausdehnungskoefficienten der gesättigten Dämpfe wird dabei als Annäherung der Werth für Wasserdampf von 100° nach ZEUNER $\alpha_1 = 0{,}004257$ angenommen, während für Luft $\alpha = 0{,}00367$ ist.

Die Bestimmungen wurden ausgeführt an den Dämpfen von siedendem Wasser, Alkohol und Aether. Dabei war anzunehmen, dass namentlich die beiden letzteren Dämpfe gelinde überhitzt waren, da das Rohr mit einer regulirbaren Dampf- oder Heisswasser-Spülung umgeben war, die zur Vermeidung von Kondensationen stets etwa 1° über der Siedetemperatur gehalten wurde. Unter Zugrundelegung des Werthes für Luft $m = 1{,}41$ wurden für die Verhältnisse der specifischen Wärmen folgende Zahlen gefunden:

Siedender	Wasserdampf	1,321,
-	Alkoholdampf	1,14,
-	Aetherdampf	1,093.

K.-M.

M. BOUTET. Etude expérimentale sur les meilleurs moyens de produire des sons purs et constants dans des tuyaux et spécialement sur l'influence de la matière, de la forme, du diamètre et de l'épaisseur des orifices sonores. Ann. chim. Phys. (6) IX, 406-422†; [J. de phys. (2) 253. 1887.

Die Luft in cylindrischen und konischen Röhren wird zum Schwingen gebracht durch den Eintritt eines Luftstromes, der durch ein scharfkantiges Loch in einer auf der Windlade eines Wassergebläses befestigten Scheibe austritt. Die Scheiben waren theils aus Zinkblech, mitunter in mehreren genau passenden Lagen übereinander, theils aus Holz und Kork. Die Dicke schwankt zwischen 1 und 14 mm. Die Oeffnungen in denselben waren kreisförmig, quadratisch, rechteckig, dreieckig, 5—10 mm breit. Auch der Anblasedruck und die Länge und Gestalt der Röhren wurde mannigfach verändert. Die Beobachtungsresultate sind auf 11 Seiten Tabellen mitgetheilt. Es geht aus demselben hervor, dass die Form der Löcher in den Scheiben gleichgültig ist, dass dagegen die Dicke von Einfluss ist, indem die Scheiben selbst ohne Röhre schwingen, und bei grösserer Dicke höhere Töne geben und daher die Neigung haben, einen der Obertöne der aufgesetzten Röhre hervorzubringen. Die hervorgebrachten Töne sind stets aus der Reihe der Eigentöne der Röhre, während die Eigentöne der Scheibe nicht verstärkt werden. Das beste Material, um für eine bestimmte Röhre die besten Dimensionen der Scheibe zu finden, ist Kork, wegen seiner leichten Bearbeitung. Auch ist der Klang bei sorgsam gefeilten Löchern in Kork sehr voll und weich.

K.-M.

A. Toepler. Ueber einige Vorlesungsversuche zur Wellenlehre. Wied. Ann. XXVIII, 447-453†; [Cim. (3) XXII, 174; [J. d. phys. (2) VI, 524. 1887.

F. Halsch. Versuche über die Reflexion des Schalles in Röhren. Wien. Ber. XCIV, [2] 763-769†; [Beibl. XI, 620. 1887.

Violle et Vautier. Sur la propagation du son dans un tuyau cylindrique. C. R. CII, 103-106†; [Cim. (3) XX, 42; [Rundsch. I, 134.

Diese drei Arbeiten beschäftigen sich mit der Fortpflanzung des Schalles in langen Röhren.

A. Töpler und F. Halsch verwendeten an den Wänden des Beobachtungsraumes vielfach entlang geführte Messingröhren, ersterer von 100 m Länge und 1,5 cm Durchmesser, letzterer von 42 m Länge und 2,4 cm Durchmesser. Die Töpler'sche Einrichtung ist wesentlich zu Vorlesungsversuchen eingerichtet. Da die schnellen Schallschwingungen, welche hörbaren Tönen oder Geräuschen entsprechen, selbst bei grosser Intensität durch die Reibung an den Wänden der langen und engen Röhre schnell vernichtet werden, so wird ein viel langsamerer Verdichtungs- und folgender Verdünnungsstoss verwendet, wie er durch das schnelle Zusammendrücken und Wiederaufspringen eines mit dem einen Ende der Röhre kommunicirenden starkwandigen Kautschukballes erzeugt wird. Den Verlauf der dadurch erzeugten Welle kann man etwa 5 Mal durch die Röhrenleitung hin- und zurückverfolgen. Die Ankunft der Welle in einem bestimmten Punkt der Leitung wird sichtbar gemacht durch eine besondere Art von Flammenanzeiger. Es wird nämlich aus dem Inneren der Röhre ein sehr feines kurzes Röhrchen von höchstens $^1/_2$ mm Durchmesser abgezweigt, und unmittelbar vor dessen scharfrandiger Mündung eine kleine Leuchtgasflamme angebracht. Der geringste Ueberdruck im Innern der Röhre genügt, um durch Austritt eines feinen Luftstrahles die Flamme weithin sichtbar zu stören. Ein kleiner Minderdruck wie ihn Verdünnungswellen erzeugen, wirkt nicht auf die Flamme, weil dabei die Luft nicht als scharfer Strahl, sondern von allen Richtungen her angesaugt wird. Mit Hülfe dieser Flammenzeiger kann man annähernd die Fortpflanzungsgeschwindigkeit der Welle ermitteln; dieselbe ist bedeutend kleiner, als in freier Luft, nämlich etwa 299 m. Je nachdem das zweite Ende der Röhre geschlossen oder offen ist, wird die Verdichtungswelle als solche oder als Verdünnungswelle reflektirt. Zur Unterscheidung dieser Fälle ist es sehr zweckmässig, dass die Flammenzeiger nur Verdichtungen anzeigen, auf Verdünnungen aber nicht reagiren. Es werden 9 verschiedene Experimente mit dieser Vorrichtung beschrieben.

F. Halsch benutzt als Wellenerregung die Explosion von Knallsilber, welches durch einen elektrischen Funken im geschlossenen Endraum der Röhre entzündet wird. Zum Nachweis der Ankunft der dadurch erzeugten Verdichtungswellen, werden an beiden Röhrenenden manometrische Kapseln mit Schreibhebeln angebracht, welche so nahe bei einander liegen, dass sie auf ein und derselben rotirenden Walze schreiben können, auf der ausserdem noch eine chronographische Stimmgabel schreibt. Verdichtungs- und Verdünnungswellen sind durch entgegengesetzt gerichtete Ausschläge der Schreibhebel charakterisirt. Es wird durch die gezeichneten Kurven einerseits die Fortpflanzungsgeschwindigkeit bestimmt, andererseits die Reflexion am geschlossenen und offenen Ende mit gleicher resp. entgegengesetzter Phase sichtbar gemacht.

Führte man von der Nähe des die Funkenstrecke enthaltenden Endraumes aus Gummischläuche in den Gehörgang und liess Funken (ohne Knallsilber) überschlagen, so konnte man die physiologisch interessante Thatsachen wahrnehmen, dass das Ohr die beiden Arten von Reflexion nicht unterscheiden kann, dass vielmehr die Verdünnungswelle, welche bei offenem Röhrenende reflektirt wird, genau denselben Eindruck macht, wie die vom geschlossenen Ende reflektirte Verdichtungswelle. Bei der Gelegenheit wird auf das Purkinje'sche Phänomen der Lokalisation des Schalles im Hinterkopf beim Hören mit beiden Ohren aufmerksam gemacht.

Anhangsweise wird erwähnt, dass man im Freien von der vorspringenden Kante eines Hauses ein deutliches Echo erhält, obgleich kein Flächenelement nach dem Reflexionsgesetz den Schall zurücksendet. Dies beweist die starke Beugung des Schalles.

Die Versuche von Violle und Vautier endlich wurden in den noch leeren neuen Wasserleitungsanlagen zu Grenoble als Fortsetzung der berühmten Regnault'schen Arbeit ausgeführt. Es wurden zwei parallele Röhren von 70 cm Durchmesser und 6375 Meter Länge benutzt, die mit offenen oder geschlossenen Enden oder durch ein gebogenes Röhrenstück verbunden benutzt werden konnten. Durch Mascart's Vermittelung wurden dazu die Regnault-schen Apparate zur Verfügung gestellt, nachdem dieselben mit neuen empfindlicheren Manometer-Membranen bespannt waren. Schallquelle war eine abgefeuerte Pistole und Musikinstrumente. Dabei zeigte sich, übereinstimmend mit der Toepler'schen Erfahrung, dass der hörbare Schall der Explosion und die musikalischen Töne durch die lange Leitung viel schneller absorbirt werden, als die durch die plötzliche Gaserzeugung entstehende längere Verdichtungswelle, welche nach einigen Reflexionen an den Enden allein übrig bleibt, so dass man wohl noch einen Windstoss aus dem offenen Rohrende empfindet, aber keinen Knall mehr. Diese Luftwelle ist noch nach Durchlaufen von 50 km merkbar.

Dasselbe bestätigten die mit Schreibhebeln versehenen manometrischen Membranen durch ihre Aufzeichnungen auf rotirenden Walzen. An der Abgangsstation entsteht im Moment des Schusses ein sehr steil ansteigender und durch viele kleine Oscillationen zum Normaldruck zurückkehrender Verdichtungsstoss. Bei den mehrfach reflektirten Wellen wird der Anstieg immer sanfter, die Amplitude geringer und die kleinen Oscillationen (Schall) verschwinden ganz. Es bleibt nur ein langsamer Verdichtungsstoss übrig. Die Aufzeichnungen auf den Walzen in Verbindung mit einer schreibenden Stimmgabel erlauben die Zeit bis auf $^1/_{2560}$ Sek., den Luftdruck bis auf $^1/_{10}$ mm Wasser zu messen. Die Resultate sind folgende: Die Grösse des Druckes sinkt in geometrischer Progression, wenn die Weglänge in arithmetischer Progression wächst. Dies stimmt überein mit der von v. Helmholtz und Kirchhoff abgeleiteten Formel für die Amplitude von Wellen in reibenden Röhren $a = a_0 . e^{-\alpha x}$, doch wurde der Koefficient α kleiner gefunden, als er theoretisch berechnet wird. Das Maximum des Druckes weicht im Verlauf der Fortschreitung zurück. Die Zeiten, die zum Durchlaufen der Röhre nöthig sind, werden mit sinkender Intensität etwas grösser. Es soll eine weitere Veröffentlichung über denselben Gegenstand folgen. *K.-M.*

H. J. Oosting. Notiz über die Kundt'schen Staubfiguren.

Wied. Ann. XXIV, 319-320. 1885†; [Cim. (3) XVIII, 175.

Die tieferen Tönen entsprechenden Kundt'schen Staubfiguren wurden in einer an einem Ende mit einem Stöpsel verschlossenen Glasröhre von 1 m Länge und 35 mm innerem Durchmesser, in welcher Korkfeilicht enthalten war, erregt. Zur Erregung wurde eine König'sche Stimmgabel von 256 ganzen Schwingungen in der Sekunde verwendet, über deren eine Zinke ein Korkstück geschoben wurde, von welcher ein kreisscheibenförmiger Ansatz in die Röhre ragte. Die auf dem Korkfeilicht entstehenden Rippen hatten einen mittleren Abstand von 4 mm.

Dieselben Figuren entstanden, wenn man das offene Ende der Glasröhre 1 cm weit in die Oeffnung des Resonanzbodens der Stimmgabel hineinschob. *Adl.*

W. Elsässer. Ueber Transversalschwingungen von Röhren. Diss. Marburg 1886, 34 pp†. [Beibl. XI, 14. 1887.

Die Schwingungen einer leeren Röhre sind der Theorie nach dieselben, wie die eines massiven Stabes, wenn man das Trägheitsmoment des Röhrenquerschnitts für dasjenige des Stabquerschnitts substituirt. Wird die Röhre mit Flüssigkeit gefüllt, so addirt sich die Trägheit der Flüssigkeit zu der der Wand, der Ton sinkt also; füllt man sie aber mit Wachs etc., so wirkten auch die elastischen Kräfte des Wachses mit, und der Ton steigt oder sinkt, je nachdem die Zunahme der trägen Masse durch die vermehrte Elasticität überwogen wird oder nicht. Dass diese Sätze mit der Erfahrung übereinstimmen, weist der Verfasser an den Versuchen von Heuser (diese Berichte XL, (1) 494) nach und stellt zu weiterer Bestätigung eigene Versuche an Röhren von verschieden geformtem Querschnitt an. *Bde.*

N. Hesehus. Ueber die Abhängigkeit der Schallstärke von der Entfernung. J. d. russ. phys.-chem. Ges. XVIII, phys. Theil p. 268-274†.

K. Vierordt hatte aus seinen Versuchen (Wied. Ann. LXXXIII) gefolgert, dass das Gesetz der umgekehrten Quadrate für die Schallstärke unrichtig sei. Im Freien vom Verfasser ausgeführte Versuche beweisen dagegen die Richtigkeit des Gesetzes. Er benutzte kleine kugelförmige Glocken, die in Gruppen zu 1, 4, 9 oder 16 Stück gleichzeitig geläutet wurden. Die Entfernungen, in welchen zwei Gruppen eine gleiche Schallstärke ergaben, wurden aufgesucht. Vierordt's Resultate erklären sich durch die Grösse und unregelmässige Form der Tonquelle, da die Schwingungen der horizontalen Platte, auf welche die Kugel auffiel, sich dem ganzen Apparat und sogar dem Tisch mittheilen mussten. Ausserdem beobachtete

Vierordt in zu kleinen Entfernungen, bei welchen auch der Verfasser unregelmässige Resultate fand. *O. Chw.*

Schwalbe. Einige Schulversuche. ZS. f. Unterr. 1886, 2-5.

Herstellung einer sensitiven Flamme. Man lässt einen gewöhnlichen Bunsenbrenner, in dessen Röhre sich an einer Seite ein Stückchen Eisendraht befindet, zurückschlagen und regulirt die Flamme auf 8 bis 10 cm. Höhe. Sie ist dann auf *a* und *o*, Klopfen und Klatschen ausserordentlich empfindlich und kann durch Aenderung der Höhe für andere Vocale empfindlich gemacht werden. *Bde.*

A. Heritsch. Ueber die Radiophonie. Wied. Ann. XXIX, 665-670†; [Cim. (3) XXIII, 87. 1888; [Rundsch. II, 70. 1887; [J. de phys. (2) 536 1887; [Natf. XX, 77.

G. Bell erklärte die Töne, welche poröse Kohlen bei intermittirender Beleuchtung erzeugen, durch die mit der Temperaturschwankung verbundene abwechselnde Absorption und Freigebung von Gasen. Dagegen führt nun der Verfasser Experimente an, bei denen sich die Radiophonie deutlich zeigt, aber eine Occlusion von Gasen ausgeschlossen ist. Er lässt die intermittirende Bestrahlung auf galvanisch-weissglühende Cokesplatten wirken, die sicher keine Spur von Gasen mehr occludiren, und trotzdem die Radiophonie sehr deutlich zeigen. Sogar Flammen: Stearin-, Petroleum- und nicht leuchtende Alkoholflammen, in Cylinder eingeschlossen und dem intermittirenden Sonnenlichte ausgesetzt, geben Töne, die man durch dem Flammencylinder angesetzte Hörrohre wahrnehmen kann.

Tyndall und Röntgen erklären die Radiophonie bei Gasen durch die bei der Lichtabsorption erzeugte Wärme. Dann bleibt aber unerklärlich, warum die heissen Flammengase über der Flamme dieselbe Wirkung nicht auch haben. Eine eigene Meinung über die wahre Ursache spricht der Verfasser nicht aus. *K.-M.*

O. Lummer. Ueber eine empfindliche objective Klanganalyse. Verh. Physik. Ges. Berlin V, 66-70†.

Ein Resonator, ähnlich den Helmholtz'schen Kugelresonatoren, wird statt mit der ins Ohr zu steckenden Oeffnung mit einer geschlossenen Membran versehen, welche einen Mikrophoncontact aus einem Berliner'schen Transmitter trägt. Dieser wird durch einen zu der auf der Membran klebenden Kohlenplatte führenden dünnen Silberdraht in einen Stromkreis geschaltet, welcher ein Telephon enthält. Dieser Apparat ist für den Eigenton des Resonators sehr empfindlich. Wird eine diesen Ton gebende Stimmgabel in einige Nähe des Resonators gehalten, so dass man sie mit blossem Ohre kaum hören kann, so giebt das Telephon einen lauten im ganzen Raume sark hörbaren Ton. Vor dem Ohre hat der Apparat den Vorzug der Objectivität. Ferner können nur Töne, welche wirklich in der Luft vorhanden sind, den Resonator erregen. Es wurde auf diese Weise die Objectivität der Combinationstöne beim Harmonium nachgewiesen, wo sie ja allerdings wegen des gemeinsamen Windraumes besonders stark auftreten. Es soll nun weiter versucht werden, die Objektivität der Combinationstöne bei getrennten Tonquellen nachzuweisen.

Zu dem Vortrage von Lummer fügte H. v. Helmholtz hinzu, dass der geplante experimentelle Beweis für getrennte Tonquellen wichtig sei, als Bestätigung seiner Theorie der Kombinationstöne, wenngleich die Richtigkeit derselben neuerdings aus den von der British Association durch Sir W. Thomson veröffentlichten Beobachtungen an den Fluthwellen bereits nachgewiesen sei. Es treten nämlich Kombinationswellen der Sonnen- und Mondwellen auf.

K.-M.

G. Bell. The graphophone. Engin. XLII, 90†; Dingl. J. CCLXII, 334.

G. Richard. Les graphophones. Lum. El. XXII, 299-305†.

Das Bell'sche Graphophon zeichnet die Spur der empfangenen Schwingungen nicht, wie der Edison'sche Phonograph, durch mechanische Eindrücke, sondern durch eine eigenthümliche photographische Wirkung auf. Ein durch eine Linse konvergent gemachter Lichtstrahl fällt auf eine mit stark lichtempfindlichem Bromsilberpapier überzogene schnell rotirende ebene Scheibe, deren Drehungsaxe langsam fortrückt, so dass der Lichtstrahl eine Spirallinie auf der Platte zeichnet. In den Weg des Lichtstrahles ist eine fast lothrechte kleine Glasplatte gestellt, über welche sich ein aus einem sehr feinen Mundstück spritzender Strahl einer Lösung von Kaliumbichromat ergiesst, welche die chemisch wirksamen Lichtstrahlen stark absorbirt. Das Mundstück sitzt an einem dünnen hölzernen Schallbrett, welches durch die dagegen gesendeten Klänge in Erschütterungen geräth, das Mundstück zugleich erschüttert, und dadurch die Menge der ausgespritzten Lösung in einer für die Schwingungsform charakteristischen Weise vermehrt und vermindert. Dadurch wird nun auch die Schicht des auf der Scheibe reducirten Silbersalzes dünner und dicker, und stellt nach Entwickelung der Platte eine Spur dar, welche hinreichend uneben ist, um einen Mikrophonkontakt, denen eine Hälfte gegen die Spur drückt, so zu erschüttern, dass man im Telephon den erzeugenden Klang reproduciren kann.

In dem Aufsatze von RICHARD werden verschiedene Formen der von einer amerikanischen Gesellschaft „the Volta Graphophone Co." ausgeführten Graphophone beschrieben. Die einen drücken die Spuren der Klänge durch eine Membran mit Meissel in rotierende Walzen oder ebene Scheiben mit Wachsüberzügen ein, und reproduciren die Klänge durch das Schleifen einer auf einer Membran befestigten stumpfen Spitze in der Spur. Bei anderen wird die Spur im Wachs galvanoplastisch abgeformt und dann in Eisen hergestellt, und die Variationen der magnetischen Induktion, welche durch die Unebenheiten der Spur auf ein sehr nahe davor stehendes nadelförmiges Ende eines Elektromagneten ausgeübt werden, induciren in der ihn umgebenden Drahtrolle Ströme, welche in einem Telephon die Klänge reproduciren. Bei noch anderen wird der Austritt eines Luftstromes aus einer sehr feinen, dicht über der Spur liegenden Oeffnung durch die Unregelmässigkeiten derselben mehr oder weniger gehemmt, und so ein Schall erzeugt, den man durch ein Rohr, welches mit der Luftstromleitung communicirt und in einer Membran endigt, wahrnehmen kann.

K.-M.

A. G. Miller's akustisches Telephon. Dingl. J. CCLII, 388, 1884.

Das Instrument ist der alte „Telegraph für Liebende“; ein Resonanzboden überträgt seine Schwingungen rein akustisch auf einen Draht, der sie zu einem zweiten entfernten Resonanzboden hinleitet. Die Besonderheiten der Müller'schen Konstruktion sind aus dem Referat ohne Zeichnung nicht recht deutlich zu entnehmen.

Bde.

Nouvelles formes de téléphones mécaniques. Lum. Electr. XXI, 372†.

Es werden verschiedene Formen von Telephonen mit mechanischer Fortleitung des Schalles beschrieben; bei einigen ist an Stelle der Membran eine elastische Feder getreten. Als Erfinder werden genannt Hugh Lamont und W. Hubbard. Einer der Apparate hat sich bis auf 4 Meilen Distanz bewährt. Eine Gesellschaft hat im Staate Michigan bereits 40 Linien in Betrieb gesetzt, die bis 6 Meilen (engl.?) Länge haben. *K.-M.*

M. v. Baumgarten. Kritischer Versuch über ein Maass für Schallintensitäten. Wien: Teufen 1886, 15 pp. [Naturf. XIX, 447†.

Nach dem uns vorliegenden Referate wird in dem Buche das Bedürfniss nach einem Apparate besprochen, welcher erlaubt, Schallintensitäten objektiv zu messen. Es werden die Forderungen aufgestellt, welche man an einen solchen Apparat stellen müsste, ohne dass die Lösung der Aufgabe angegriffen zu sein scheint.

K.-M.

A supposed Chinese phonograph. Science VII, 348†.

Nach einer Mittheilung von Macgowan beschreibt ein chinesischer Schriftsteller des 17. Jahrhunderts einen Apparat, der hineingesprochene Worte zu späterer Zeit — er sagt, nach dem man ihn 1000-Li weit transportirt hat (daher der Name „thousand-li-speaker") — wiederholt: also ein Phonograph. Es ist nur gesagt, dass der Apparat aus einer Bambusröhre mit Glasplattenverschluss bestanden habe, über die Wirkungsweise nichts.

K.-M.

Litteratur.

A. Elsas. Der Schall. Eine populäre Darstellung der physikalischen Akustik mit besonderer Berücksichtigung der Musik. Leipzig: Freitag, 1886. 216 pp. [ZS. f. Naturw. LIX, 252.

T. Martini. Sulla velocità del suono nei liquidi. Venezia 1886.

Rollmann. Nachweis des Doppler'schen Princips für den Schall. ZS. phys. Unterr. III, 236-237; [Beibl. XII, 27. 1888.

C. Baur. Einige neue Vorlesungsversuche. ZS. phys. Unterr. III, 113-114.

Der Verfasser erhält einen gegen bestimmte Töne empfindlichen Wasserstrahl, indem er Wasser durch eine ausgezogene Spitze ausströmen lässt, deren Oeffnung etwa 1 mm weit ist. Differenztöne bringt er mit Glaspfeifchen von 4-8 cm Länge hervor, die durch ein kleines Glasrohr schräg angeblasen werden.

Karl Noack. Ein akustischer Schulapparat. ZS. f. phys. Unterr. III, 55-59.

P. B. Delany. Regulirung von elektromagnetisch erregten schwingenden Stäben. D. R. P. Nr. 37820.

Photophonische Beobachtungen von Henry Dufour. Naturf. XIX, 251; Bull. Soc. Vaud. XVII.

Bois de résonnance. La Nat. XIV, (2) 378.

Piano à résonnateur. La Nat. XIV, (2) 234-235.

P. Starke. Die Messung der Schallstärken. Leipz. Universitätsschrift 41 pp. Wundt Philos. St. III, 264; [Rundsch. I, 273.

Téléphonie mécanique. Système de connexion Shaver. Génie civil 37 mars 1886, 324. *Bde.*

E. de M. Malan. Vibration of Telegraph-Wires. Nat. XXXIII, 295.

Vermeintliche Beobachtung von Schwingungsknoten an Telegraphendrähten bei transversalen Oscillationen.

R. Mountford Deely. Movement of Telegraph-Wires. Nat. XXXIII, 343.

Sucht die von de Malan beschriebene Erscheinung als optische Täuschung zu erklären. Einseitiger Reif auf den Drähten werde bei Bewegung der letzteren durch den Wind in gewisser Stellung der Gesichtswahrnehmung entzogen; daher die vermeintliche Schwingung.

Movement of Telegraph-Wires. Nat XXXIII, 366.

Bestätigung der Erklärung von Hrn. R. Mountford Deely.

Lp.

---

9. Physiologische Akustik.

a) Physiologische Schallerzeugung.

D. Koschlakoff. Ueber die Schwingungstypen der Stimmbänder. Pflüger's Arch. XXXVIII, 428-476†.

Die Bewegungen der Stimmbänder künstlicher Kehlköpfe wurden sowohl durch eine stroboskopische Scheibe beobachtet als auch durch graphische Aufzeichnung auf rotirender Walze fixirt. Zu letzterem Zwecke trugen die Ränder der beiden Bänder je ein feines Borsthaar, welches auf der berussten Walze schrieb. Auch wurden die Ränder mit feinen Streifen weisser Farbe bestrichen, oder mehrere Längs- und Querstreifen oder endlich einzelne weisse Punkte über die Flächen der Bänder vertheilt, um die Bewegungen bestimmter Gegenden der Bänder genauer verfolgen zu können. Es wurden 4 Kehlköpfe verwendet, die sich durch die Neigung der beiden Bandflächen unterschieden, Spannung und Weite der Stimmritze waren veränderlich.

Es stellten sich zwei Haupt-Schwingungstypen heraus, die „alternirenden“ und die „synchronischen“.

a) Alternirende Schwingungen sind solche, bei denen beide Bänder entgegengesetzt gerichtete Bewegungen ausführen. Wenn das eine nach aussen schwingt, schwingt das andere nach innen; in der Ruhelage begegnen sich beide und bewirken dadurch den Verschluss der Stimmritze. Diese Schwingungen treten auf, wenn beide Bänder schwache Neigung gegeneinander haben (180° bis 160°) und wenn die Stimmritze so weit ist, dass sich die Bänder nicht berühren. Der Effekt ist, wie der bei durchschlagenden Zungen. Die Töne klingen voll und rein. Die Bänder machen totale Schwingungen, d. h. alle Theile nehmen an der Bewegung in gleicher Richtung Theil.

b) Bei synchronistischen Schwingungen bewegen sich beide Bänder gleichzeitig nach aussen, und nach innen, und verschliessen bei letzterer Bewegung die Ritze vollkommen, da die Bänder, bei denen diese Schwingungen auftreten, stärker gegen einander geneigt sein müssen. Bei mittlerer Neigung entscheidet über die Entstehung des Typus a) oder b) die Spannung und die Breite der Ritze.

Synchronische Schwingungen haben die Neigung, auf den Bändern eine Knotenlinie parallel dem Rand zu bilden. Die Fläche jenseits dieser Linie schwingt entgegengesetzt, aber äusserst schwach. Man nennt diese Bewegung Fallsettschwingungen. Auch Obertonschwingungen können vorkommen, wobei eine Knotenlinie quer zur Stimmritze durch die Mitte der Stimmbänder geht. Dabei erhöht sich der Ton ungefähr um eine Oktave, während durch Fallsettschwingungen eine viel geringere Erhöhung entsteht. Mitunter schwingt ein Band total, das andere im Fallsett. Auch wenn beide Bänder etwas ungleich gespannt sind, also verschiedene Eigentöne haben, so geben sie doch bei den Kehlkopfschwingungen nur einen Ton. Die Schwingungen beider Bänder sind also stark durcheinander beeinflusst. Doch kann man an dünnen in derselben Ebene ungleich gespannten Bändern und weiter Stimmritze auch zwei unabhängige Töne zugleich erzeugen, die am leichtesten entstehen, wenn sie ein konsonantes Intervall, wie Quint, Quart oder Sext bilden. Auch Töne mit sehr stark hervortretenden Obertönen z. B. die Kombinationen 1 : 2 : 3 und 1 : 3 : 4 können die Stimmbänder hervorbringen. Dabei zeigen die graphischen Kurven, dass häufig nur das eine Band die zusammengesetzten Schwingungen ausführt, während das andere einfache synchronische oder alternirende Schwingungen ausführt.

Beobachtungen an natürlichen Kehlköpfen, todten wie lebenden (Kehlkopf-Spiegel und Stroboskop) zeigten, dass hier nur synchronische Schwingungen vorkommen. Fallsett- und Kopftöne (Obertonschwingungen) wurden ebenfalls beobachtet. Dass zwei unabhängige Töne gleichzeitig vom menschlichen Kehlkopf unter gewissen Umständen (Katarrh) hervorgebracht werden können, ist bekannt. *K.-M.*

C. S. Middlemiss. Soundproducing apparatus of the cicadas. Nat. XXXIII, 282-283.

Das massenhafte Auftreten der Cicaden im Himalaya gab dem Verfasser Gelegenheit, den in einem Trommelfell bestehenden Schallapparat, den schon L. Morgan (Nature XXXIII, 368) beschrieb, genauer zu studiren. *K.-M.*

Mit welchem Organe verursacht der Todtenkopfschwärmer (Sphinx oder Acherontia Atropos) Töne? Natur, Halle 1886. XXXV (XII), 63-65. Aus Bull. de Pét. III, 11.

Die ältere Ansicht (Réaumur) über Hervorbringung der Töne durch diesen Schmetterling war, dass es geschehe mittelst der Reibung des Rüssels an der mit Leistchen besetzten Innenfläche der Tasterwurzel; die neuere (Wagner, Landois, Haase), dass die Stimme durch Ein- oder mehr noch Austreiben der Luft aus einer grossen Saugblase durch die enge Speiseröhre, und vornehmlich den Rüssel erzeugt werde, dessen Länge und Spalte hierfür massgebend sei. Nun veröffentlich Hr. v. Rydzewski eine Untersuchung des finnischen namhaften Zoologen Alex. v. Nordmann, welche in der Sitzung der russischen Akademie vom 8. Dezbr. 1837 gelesen, dann aber vergessen wurde. „Das Organ, mit dessen Hülfe der Todtenkopfschwärmer einen lauten pfeifenden Ton hervorbringt, hat weder seinen Sitz im Kopfe noch im Rüssel, sondern an den beiden unteren Seiten des Hinterkörpers.“ In der zu Berlin 1832 erschienenen Entomologie von BURMEISTER sind eigene wie fremde Beobachtungen über Stimmwerkzeuge der Insekten zusammengestellt. Sowohl hier als bei CARUS und WAGNER ist jedoch auf RÉAUMUR's und ROSSI's oben erwähnte Reibungstheorie Bezug genommen. PASSERINI [1]) verlegt die Tonbildung jenes Thieres in den Kopf, wo eine Höhle liege, welche mit einem falschen Kanale des Rüssels in Verbindung stehe. Besondere Muskeln treiben hier Luft ein und aus. Auch funktionire eine feine Haut zwischen Augen und Rüsselwurzel gleich einem Trommelfelle, unter den Luftstössen schwingend. Diese Membran fand indess DU PONCHEL auch beim stummen Schmetterlinge Sphinx convolvuli. NORDMANN nun fing bei seinem Abchasischen Aufenthalt zu Suchumkalé im Oktober 1836 einen Todtenkopfschwärmer, der bei Nacht ins Zimmer flog, und beim Anfassen gellende rhythmisch wiederholte Laute ausstiess. Irgend ein sogen. falscher Kanal wurde nicht gefunden, sondern die einzige und echte Rüsselröhre führte in Schlund und Magen, während Luft-Ein- und -Austritt, also Athmung bloss in den Tracheen stattfindet. Dagegen liegt am ersten Bauchsegment, unterhalb des ersten Luftloches eine 4''' lange, oben breite, abwärts verschmälerte Falte, welche von den Rändern der beiden Segmente gebildet wird; sie ist, künstlich ausgebreitet, $^1/_2$''' breit. Auf der Rückseite wird sie von einer schmal-ovalen weissen Membran bedeckt, welche gegenüber dem ersten Segment gekerbt ist. Aussen pelzig erscheint innen dies Häutchen ganz glatt. Die obere Ansatzstelle desselben endet unter dem letzten Fusspaar zipfelartig. Die innere Höhlung der Spalte, mit feiner weisser nackter elastischer Haut bekleidet, wirkt als Resonanzboden beim Ausströmen der Luft. Deren Austrittsöffnung ist besetzt mit langen gelben Haaren, welche in der Ruhe dicht anliegen und vom Trommelfell bedeckt kaum gesehen werden. Im gereizten Zustand sträuben sie sich und zittern unter der ausströmenden Luft, welche das Trommelfell erschüttert und zum Tönen bringt. Der Laut verstummt, sobald die Ausathmung aufhört. Im aufgeschnittenen Hinterleib des Thieres sieht man zwei dünnhäutige Luftblasen, von Innen das Stigma berührend, den Körperraum grossentheils

[1]) An. des sc. nat. XIII, 332. 1828. — HEUSINGER, ZS. f. Phys. II, 552.

ausfüllend, und wohl zur Verstärkung des Lautes dienend. Das Stimmorgan des Todtenkopfschwärmer gleicht demnach demjenigen der Singcikaden (Tettigonia). *Hh.*

9b) Wahrnehmung des Schalles.

A. Fick. Ueber den Mechanismus des Paukenfelles. Verh. phys. med. Ges. Würzb. 1886; [Naturf. XIX, 488.

Die durch den starren Hammerstiel nach innen gezogene Membran des Paukenfells zeigt, gleich wie alle nach seinem Muster gebauten künstlichen Apparate, die man mittelst eines am Hammerstiel befestigten Hebels zum graphischen Darstellen der Bewegung benutzen kann, die Eigenschaft, keinerlei Eigentöne durch hervorragende Resonanz zu bevorzugen, sondern alle (innerhalb weiter Grenzen) gleich gut wiederzugeben. Es wird dies dadurch erklärt, dass man die einerseits am Hammerstiel, andererseits am Rande angewachsenen Fasern, welche das Paukenfell bilden, als Saiten verschiedener Länge und Spannung ansehen kann, welche ein Continuum bilden, welches für jede Tonhöhe an einer bestimmten Stelle resonirt und so den Hammerstiel erregt. Es ist dies der umgekehrte Mechanismus, wie in der Schnecke, wo auch ein solches Continuum von Resonanzkörpern vorliegt. Dort aber werden die Reizungen räumlich getrennt, während sie hier gerade durch den Hammerstiel gesammelt werden. *K.-M.*

Ch. R. Cross. Notes on equal temperament and the charakter of musical keys. Proc. Amer. Acc. XXI, (2) 499 bis 514†; [Beibl. XII, 28. 1888.

Der Verfasser versucht die im Bewusstsein aller Musikverständigen bestehende Individualität oder Charakteristik der verschiedenen Tonarten zu ergründen.

Um zunächst zu sehen, ob etwa die sogenannte gleichschwebende Temperatur durch irgend einen unbewussten Gefühlseinfluss von den Stimmern der Klaviere und Harmoniums in bestimmter Weise modificirt wird, wurden drei gutgestimmte Harmoniums mit einem Stimmgabeltonometer durch Zählung der Schwebungen genau bestimmt. Es zeigte sich aber, dass die Abweichungen ganz zufällige und sehr geringe waren. H. v. HELMHOLTZ's Vermuthung, dass am Klaviere der verschiedene Anschlag der Unter- und Obertasten die Ursache der Verschiedenheit sein könnte, wurde an zwei Klavieren geprüft, deren Stimmung genau $^1/_2$ Ton differirte, aber so, dass das eine $^1/_4$ Ton zu tief, das andere $^1/_4$ zu hoch stand. So konnte natürlich, kein entscheidendes Resultat gefunden werden. Der Verfasser kommt endlich zu dem Schluss, dass ein Charakter, der Tonarten ausser der absoluten Höhe ihres Grundtones nicht existire, und dass das scheinbar Charakteristische nur daher rühren könne, dass den Tonarten der Charakter irgend eines hervorragenden Musikstückes, welches in derselben geschrieben ist, im Bewusstsein anhaften bleibt. *K.-M.*

PAUL ROBIN. Sur la théorie de la gamme. J. d. Phys. (2) V, 419-427†.

Es wird eine Tonleiter aufgestellt, welche sich auf die Autorität von HHrn. E. CHEVÉ (1844) und RITTER (Mém. de l'Inst. Gén.) stützt. Dieselbe soll der von Sängern und Geigern thatsächlich ausgeführten oder wenigstens angestrebten entsprechen, während die von den Physikern als reingestimmt bezeichnete wegen der „zu niedrigen“ Terz, Sext und Septime verworfen wird. In dieser Tonleiter kommen nur zwei Schritte vor: der grosse Ganzton $= \frac{9}{8}$ und ein Halbton $= \frac{256}{243}$. Die relativen Schwingungszahlen sind folgende:

c		d		e		f		g		a		h		c'
1		$\frac{9}{8}$		$\frac{81}{64}$		$\frac{4}{3}$		$\frac{3}{2}$		$\frac{27}{16}$		$\frac{243}{128}$		2
	$\frac{9}{8}$		$\frac{9}{8}$		$\frac{256}{243}$		$\frac{9}{8}$		$\frac{9}{8}$		$\frac{9}{8}$		$\frac{256}{243}$	

Die Kreuz- und Be-Noten werden durch das Intervall des Halbtones gefunden, z. B. *des* von c aus $= 1 \,.\, \frac{256}{243}$, *cis* von d aus $= \frac{9}{8} \cdot \frac{243}{256} = \frac{2187}{2048}$. Hierbei wird cis höher als des, worüber sich mancher Musiker freut. In der That aber hat die Aufstellung dieser Tonleiter etwas vollkommen willkürliches und schlägt allen Forderungen an die Konsonanz der Dreiklänge ins Gesicht. Als

Hauptstütze für diese Tonleiter wird der Umstand angeführt, dass sie von der temperirten Stimmung weit weniger abweiche, als die „reine Stimmung“, und dass sie dem Gefühl der Musiker, (wohl nur derer, welche durch die einseitige Gewöhnung an die gleichschwebende Temperatur verdorbene Ohren haben) mehr entspräche. Diese Tonleiter klingt in Wirklichkeit schlechter als die temperirte, denn die Pythagoräischen Terzen und Sexten sind abscheulich.

K.-M.

J. LAHR. Die GRASSMANN'sche Vocaltheorie im Lichte des Experiments. Diss. Jena 28 pp. WIED. Ann. XXVII, 94 bis 119†; [Cim. (3) XXV, 77; [Naturf. XIX, 79-81; [Rundsch. I, 87-89; [J. d. phys. (2) VI, 526-529. 1887.

Nach der GRASSMANN'schen Vokaltheorie (Progr. d. Stett. Gymn. 1854, WIED. Ann. I, 606. 1877) sind die Vokale der Reihe u—ü—i durch einen einzigen verstärkten Oberton des gesungenen Tones charakterisirt, welcher für u von c bis c''', für ü von c''' bis e^{IV} und für i von da bis zu unbestimmter Höhe reicht. Beim Vokal a dagegen findet man eine ganze Reihe von Obertönen, wenigstens 7 in gleicher Stärke ausgebildet, während bei der Reihe o—ö—e, welche in der Mitte zwischen der Reihe u—ü—i und a steht, mehre Obertöne verstärkt sind, deren Tonhöhen gerade die Mitte halten zwischen den bei a verstärkten und dem einen bestimmten Ton aus der Reihe u—ü—i. Man kann so symbolisch darstellen $o = \frac{1}{2}(a+u)$, $ö = \frac{1}{2}(a+ü)$, $e = \frac{1}{2}(a+i)$ und kann das System der Vokale abbilden in einer Dreiecksfläche, deren Ecken a, u, i sind. Da GRASSMANN selbst seine Theorie sehr spärlich durch Experimente gestützt hat, so unternahm es der Verfasser, die Aussagen derselben zu prüfen.

Einmal durch Untersuchung der Resonanz der Mundhöhle bei bestimmten Vokalen durch vorgehaltene Stimmgabeln (HELMHOLTZ-sche Methode). Es wurde dadurch u. a. festgestellt, dass die Charakteristik des Vocals u an keine feste Tonhöhe des verstärkten Obertons gebunden ist. Ferner wurde die synthetische Methode der Erzeugung der Vokalklänge durch Stimmgabeln (ebenfalls von HELMHOLTZ) in einer etwas groben Form durch Anstreichen von

Stimmgabeln, die auf Resonanzkästen stehen, benutzt. Um ü und i zu erzeugen, mussten die Obertöne sehr stark angegeben werden.

Da in der GRASSMANN'schen Theorie jeder Vokal einen gewissen Spielraum für die Tonlage der verstärkten Obertöne hat, so werden letztere stets harmonische Obertöne der angegebenen Grundtöne sein können, während bei der Theorie, wonach feste Töne für bestimmte Vokale charakteristisch sein sollen, diese im Allgemeinen unharmonisch sein müssen. Diese Frage wurde untersucht an den Spuren der Vokalklänge in der Zinnfolie des EDISON-schen Phonographen. Dieselben wurden durch Schreibhebel vergrössert aufgezeichnet, ausgemessen und nach der FOURIER'schen Reihe in Sinuswellen aufgelöst. Sie zeigten sich stets vollkommen periodisch, also aus harmonischen Tönen zusammengesetzt, und die Resultate über die auf diese Weise gefundenen verstärkten Obertöne bestätigten die GRASSMANN'sche Theorie vollkommen. Auch aus der Reproduktion der Vokale durch den Phonographen bei gesteigerter oder verminderter Rotationsgeschwindigkeit folgt eine Bestätigung der GRASSMANN'schen Theorie. Es geht nämlich bei zunehmender Geschwindigkeit u in ü und endlich in i, o in ö und e über, während a seinen Charakter behält. *K.-M.*

A. RAGGI. Di un fenomeno di intermittenza in rapporto colla sensazione uditiva. Rend. Lomb. (2) XIX, 214-217†; Rundsch. I, 200; [Science VII, 570.

Legt man bei vollkommener Stille der Umgebung eine tickende Taschenuhr so weit von sich weg, dass man ihren Schlag gerade noch wahrnimmt, so bemerkt man, dass Pausen eintreten, in denen man die Uhr nicht hören kann. Diese Pausen dauern 7 bis 22 Sek., während die Zeiten, während man die Uhr hört, meist etwas kürzer sind. Dass äussere Ursachen (Luftströmungen, Unregelmässigkeiten im Gang der Uhr) nicht die Ursache sind, erkennt man daran, dass verschiedene Beobachter die Pausen zu verschiedenen Zeiten empfinden. Nachdem mehrere rein physiologische Erklärungen (Blutumlauf, Athmung, vermuthete Oeffnung der EUSTACHI'schen Trompeten) verworfen sind, kommt der Verfasser zu dem Schluss, dass man es entweder mit einer periodischen Empfindlichkeitsänderung des Nerven, oder gar einer Erscheinung der Wahrnehmung zu thun hat, dass nämlich die Aufmerksamkeit durch den sehr schwachen Reiz nicht konstant erhalten werden kann. *K.-M.*

St. Hall und Jastrow. Einige Beobachtungen über rhythmisch erfolgende Sinneseindrücke. Mind. XI, Nr. 41; [Naturf. XIX, 363†.

Die Fähigkeit des Ohres, sehr schnell auf einander folgende Schläge zu trennen und ihre Anzahl aufzufassen, wurde an einem Apparat geprüft, der aus einer schnell rotirenden Axe bestand, welche Scheiben mit beliebig aufzusetzenden äquidistanten Metall bügeln trug. Diese schleiften gegen die Spitze eines Federkieles, welcher dabei sehr kurze und scharfe Schläge hören liess. Die Zeitmessung wurde durch eine chronographische Stimmgabel besorgt welche auf einer durch dieselbe Axe gedrehten Walze schrieb.

Zwei Schläge wurden selbst bei nur 0,05 Sek. Abstand stets richtig erkannt, 3 Schläge nur bis zu 0,09 Sek. und so weiter die zahlreicheren bei immer langsamerer Folge. Sehr zahlreiche schnelle Schläge (etwa 40) wurden stets für viel zu wenige geschätzt.

K.-M.

Yves Delage. Sur la fonction des canaux demicirculaires de l'oreille interne. C. R. CIII, 749-752†.

Die Versuche, welche zur Erkennung des Sitzes der Drehempfindung angestellt wurden, waren folgende. Es wurden die Empfindungen studirt, die bei einer festgehaltenen aber ungewöhnlichen Stellung des Kopfes auftreten, wenn der ganze Körper Rotationsbewegungen ausführt. Getrennt mussten davon natürlich die Empfindungen werden, welche ohne Rotation durch die Kopfhaltung allein entstanden, und welche durch das Auge und die Schwerkraft vermittelt werden. Die Wirkungen zeigen sich bei geschlossenen Augen ebenso deutlich, die Rotationsaxe scheint in entgegengesetzter Richtung und um dieselbe Axe gedreht, wie der Kopf. Also liegt das Gefühl für Drehung im Kopf, und das einzige Organ welches durch seine Konstruktion dafür empfindlich sein muss, sind die Bogengänge.

Bei translatorischen Bewegungen täuscht eine ungewöhnliche Kopfhaltung bei geschlossenen Augen nicht über die Richtung. Die translatorischen Geschwindigkeitsänderungen werden eben im ganzen Körper empfunden, wahrscheinlich nur durch das Beharrungsvermögen der Weichtheile unseres Körpers. *K.-M.*

Yves Delage. Sur une fonction nouvelle des otocystes chez les invertébrés. C. R. CIII, 798†; [Rundsch. II, 32. 1887.

Die Otocysten bei den wirbellosen Wasserthieren, Polypen und Krebsarten sind membranöse Bläschen, bedeckt mit sehr feinen Härchen (Nervenendigungen) und gefüllt mit einer Flüssigkeit, die feste Steinchen (Otolithen) enthält. Dieselben gelten allgemein als Gehörsorgane. Es wurde nun durch zahlreiche Experimente an verschiedenen Gattungen der bezeichneten Thiere nachgewiesen, dass diese Otocysten das Gefühl für eine bestimmte Richtung beim Schwimmen vermitteln; denn nach Amputation der Otocysten traten die auffälligsten Störungen beim Schwimmen ein, Kreisbewegungen, Ueberschlagen, Schwimmen und Liegen auf dem Rücken etc. Bei geschickter Operation lebten die Thiere im übrigen ungestört weiter.

Die ganze Erscheinung zeigt eine merkwürdige Analogie mit dem Ohre des Menschen und der höheren Thiere, wo auch ein Theil (die Bogengänge) der Bewegungsempfindung dienen.

K.-M.

W. Kiesselbach. Ueber Ohrenklingen. Erl. Ber. XVIII, 94-97†; Münch. med. Wochenschr. 1886, XLIX.

Aus den früher gegebenen Erklärungen über die physiologische Ursache des Ohrenklingens kann man nicht begreifen, warum ein Ton von bestimmter Höhe erregt wird. Lucae hatte ihn dann als Eigenton des äusseren Gehörganges ausgelegt, erregt durch einen Krampf des M. tensor tympani. Diese Erklärung ist hinfällig, denn bei geschlossenem Gehörgang bleibt der Ton ungeändert.

Nach Ansicht des Verfassers ist der Ton der Eigenton der inneren Höhlung (welche auch wohl mehrere Eigentöne haben kann) und besteht fortwährend objektiv in unserem Ohre, erregt durch das Blutgeräusch. Wir hören aber beides durch die Gewöhnung daran im Allgemeinen nicht, sondern nur wenn durch irgend welche Einflüsse dies Geräusch und damit der ausgewählte Eigenton der Höhlung stärker wie gewöhnlich ist, oder die Gehörsnerven in einem Zustand von gesteigerter Reizbarkeit sind. *K.-M.*

ALPH. DE CANDOLLE. Ueber eine durch Inzucht entstehende Taubstummen-Rasse in den vereinigten Staaten (nach Mittheilung von GRAHAM BELL). Arch. des Sciences phys. et natur. XV, 50; Naturf. Tübingen 1886 XIX, 160-161.

In der Union waren 1880 amtlich bekannt 33878 Taubstumme, wovon $^1/_3$ taubstumm geboren, $^1/_3$ nachträglich später geworden war, während vom letzten Drittel nichts über die Ursache ihres Zustandes zu ermitteln war. Die Thatsachen wurden vornehmlich entnommen sechs grossen amerikanischen Instituten für Taubstumme, 1817—1857. Im American Asylum Connecticut fanden sich unter 2000 Zöglingen 43 pCt., deren nicht ganz gewöhnlicher Name mindestens dreimal erschien. Alle sechs Anstalten zusammen zeigten nahe 30 pCt. Taubstumme von gleichfalls taubstummen Verwandten. Ehen unter Taubstummen sind verhängnissvoll, nehmen aber in Amerika zu, wo denn auch die Zahl der Taubstummen schneller steigt, als die Bevölkerung überhaupt. Die äussere Abschliessung der Taubstummen in Anstalten zu alleinigem, begünstigten Verkehr unter sich wird verstärkt durch vorwiegenden Unterricht in der Zeichensprache. Während in Europa 65 pCt. der Taubstummen artikulirt reden lernen, verstehen in Amerika blos 14 pCt. in dieser Weise ihre Lehrer, 18 pCt. theilweise, 68 pCt. garnicht. Zur Besserung solcher Zustände, welche durch den von Taubstummen selbst ausgehenden, zum Glück rechtzeitig vereitelten Versuch, in besonderen Territorien sich anzusiedeln, noch schlimmer zu werden drohten, sollte die Zeichensprache durch die Artikulationsmethode ersetzt werden, der Taubstumme in der Familie verweilen, in möglichst vielen Gegenständen mit Gesunden gemeinsamen Unterricht geniessen, die Ehe unter Taubstummen aber ganz vermieden werden. — Schlimm ist die geringe Geeignetheit der englischen Sprache für Lippenbewegungen, denen eine Hauptrolle für das Verständniss der Taubstummen zukommt.

Hh.

Litteratur.

BREBION. Vollständige Aphonie, verursacht durch Veränderungen in der Nase, refer. durch Dr. NEIDERT in Baden-Baden. Med. Wochenschrift München, 12. Jan. 1886, XXXII, 2.

COËN. Pathologie und Therapie der Sprach-Anomalien. Wien, Leipzig 1886.

WIGLEWORTH. Sensory Aphasia. Lancet 1886 II, 116.

NEUKIRCH. Gespaltene Herztöne. Jahrb. d. Med. 1886. VIII, 172.

Bde.

E. STEPANOFF. Die Function der Schnecke. Med. Uebers. (Obosrenjė, russ.) XXV, 249-268.

O. Chw.

Dr. HELMHOLTZ's Sensations of Tone as a Physiological Basis for the Theory of Music. Phil. Mag. (5) XXI, 445 bis 448.

BÜRKNER. Beleuchtungsbilder des Trommelfells. Jena: Fischer, 1886.

EITELBERG. Vergleichende Hörprüfungen. Jahrb. d. Med. 1886, IX.

ROHRER. RINNE's Versuch für Hörweite und Perception hoher Töne. Zürich: Rohrer, 1886.

P. BLASERNA. Le son et la musique. Suivi des causes physiologiques de l'harmonie musicale par H. HELMHOLTZ. Paris: Alcan 1886. 212 pp.

Miot. Schwerhörigkeit durch Geschwulst am Hammergriff. Jahrb. d. Med. 1886 VII, 102.

Kaufmann. Gekreuzte centrale Taubheit. Jahrb. d. Med. 1886 IX, 255.

Das Hörcentrum reicht über den Schläfenlappen hinaus. Auch das Sprachcentrum scheint nicht ausschliesslich auf Broca's Windung beschränkt. *Hh.*

FSC
www.fsc.org
MIX
Papier | Fördert gute Waldnutzung
FSC® C083411

Kolibri 360 GmbH
Ferdinand-Jühlke-Straße 7
99095 Erfurt, Deutschland
produktsicherheit@kolibri360.de